京大の化学

25ヵ年［第9版］

斉藤正治 編著

教学社

はしがき

　本書は，京大の化学の入試問題について，最近の 25 年間分を解答・解説付きでまとめた本である。それだけでも画期的であるが，問題分野別に経年配列されていて，しかも，大問毎にタイトルが付き，一覧表も付いている。そのため，分野別の特徴や傾向，最近のトレンドなどを一目にして理解することができるようになっている。また，問題分析に際して大きな流れをつかむのには，章毎に設けられている傾向と対策が大いに役立つ。大問の構成，出題分野の比重の軽重など大雑把な全体像を的確に捉えることができる。京大の化学入試問題のデータブックといえるであろう。

　京大を受験する人は，個々の問題に挑戦することで，過去の入試問題に対して自らの実力を測ることができるのは当然であるが，本書全体を通して，出題形式，求められている能力の種類，難易度などを大きな流れとして捉えることもできる。例としてあげれば，京大が求めている能力は，論理的思考力であり，問題文中に説明された目新しい内容をその場で的確に理解し，いかにして筋道立てた考え方で展開していくか，これまでの学習内容をいかに適用していくかを問われていることが本書から感じられるだろう。そのことがどれだけできたかで合否の判定が分かれるといっても過言ではない。いわゆる「やや難」から「難」のレベルの出題である。

　さらに，学習指導要領の改訂に対応して一定の変化を経ていることもわかる。それを受けての最近の傾向というものを把握してほしい。特に理論分野では，学習指導要領の改訂により教科書から外れたりする単元があるから注意してほしい。ただ，京大では教科書から外れた内容でも，問題文中に説明して解答させることがある。

　京大は日本を代表する大学の一つである。そこへ受け入れる学生にどのような能力を期待しているかが入試問題でわかる。そのことはとりもなおさず，高校レベルでの化学教育の最高到達目標を示しているといえる。京大を受験するしないにかかわらず，化学を志す人への大きな目標，指針となるだろう。本書に接することで化学の神髄に触れてほしい。

　本書の特徴を生かし，実力を蓄えて難関を突破されんことを心より願っている。

斉藤正治

目次

問題編——別冊

本書の活用法

受験勉強の方法に応じてさまざまな活用方法が考えられるが，標準的なものは次のようになる。

①受験勉強の初期に

分野別に1，2の大問に当たってみて，おおよその到達度の目標をつかむこと。完全には解けなかったり，問題の意味が一部理解できなくても悲観することはない。高い頂が見えたことに満足すればよい。また，併行して，データブック的活用も考えられる。出題分野の比重の軽重，出題形式などの概略を見ておくことも参考になる。

②受験勉強の中期に

学習状況のチェックに活用しよう。ある程度まとめることができており，いくぶん自信のある分野について実力を試してみよう。7〜8割方得点できるようであれば上出来である。その調子で学習を進めよう。得点が思わしくなければ，その原因を分析しよう。京大の問題のような総合問題では，他分野との連携，知識の運用という面でいまだ十分に対応できないということもあるだろう。苦手分野により一層力を注ぎ，何回も挑戦してみよう。

③受験勉強の終期に

年度別に全問題を正規の試験時間に対応して解くなど工夫してみよう。時間配分なども十分に考慮するのがよい。計算なども手抜きせず，筆算で確実に解いていくことで，より実際的な対応が可能になってくる。また，この時期は安易に解答・解説を見てしまわないよう注意した方がよい。本番ではまさに力を絞り出さねばならない。これらのことを実行した結果をよく分析しよう。不十分な分野や単元があったら，しっかり勉強をやり直そう。

【お断り】本書では，国際単位系（SI）の表記に基づきリットルをLと表しております。また，編集の都合上，実際の問題冊子には掲載されていた構造式の記入例を省略している場合があります。

学習指導要領の変更により，問題に現在使われていない表現がみられることがありますが，出題当時のまま収載しています。解答・解説につきましても，出題当時の教科書の内容に沿ったものとなっています。

京大の化学　傾向と対策

　1991 年度以降，大問 4 題で一定している。ただし，大問が(a)(b)など異なる出題分野に分かれて実質的に問題数が増えていることもあるから注意しておこう。試験時間は，2006 年度以前は理科 2 科目で 150 分，2007 年度以降は理科 2 科目で 180 分（教育学部（理系）は 1 科目 90 分）となっている。

　出題分野は，長らく理論・無機 2 題，有機（高分子含む）2 題が続いている。教科書のページ数からすると有機重視といえる。

　理論分野で最も出題されているのは「化学平衡」である。ついで「結晶構造」「気体の法則」「電池」「電気分解」となっている。有機分野でよく出題されるのは，「構造決定」とそれに関連して「異性体」である。理論的要素の強い内容が，近年は「生化学」や「高分子」の分野にまで及んできているというのが特徴であろう。新奇の内容が多く，受験生にとっては圧倒される気がするのではないだろうか。しかし，よくよく問題文を読んでみれば解決の糸口が示されているのが，京大の化学の特徴である。

　出題内容に一種の偏りがあるのには訳がある。いずれの内容も理論や有機の集大成的な内容だからである。

　したがって，理論は全分野についてマスターする必要がある。その行き着くところが「化学平衡」なのである。単元毎にその内容をノートに自ら書き示してみよう。その際，筋道立てて説明することを心がけよう。そうすることで自らの習得できていない単元を把握できるだろう。それからその部分を重点的に勉強すればよい。また，それに加えて少し難度の高い計算問題集を仕上げよう。

　有機（高分子）も理論と同様，全体的にマスターしていることが前提である。その上で，元素分析，組成式，官能基の性質などから導かれる構造決定の考え方に徹底的になじもう。また，教科書で扱われる反応を類似の化合物に当てはめて考える応用力も必要である。つまり，論理的思考（その過程で基礎知識を活用する）を身につけることである。異性体については，立体構造など空間把握の能力を求められることもあるので，普段から意識しておこう。ここでも，そのような問題を多く掲載している問題集をこなし，慣れておくとよい。すなわち，構造決定（異性体）も有機の総合問題なのである。

　なお，教科書を超えた単なる知識を求められることはないから，その点に関しては安心しておいてよいだろう。

第1章　物質の構造

🔍 傾向　　頻出のテーマは「結晶構造」,「気体の法則」

☑ 結晶構造

　氷（3），硫化亜鉛（5），二酸化炭素（6），ダイヤモンド（11），黒鉛（11），硫化カドミウム（20），黄銅鉱・黄鉄鉱（24）が題材となっているほか，格子面という考え方（9），八面体と四面体の間隙（20）も取り上げられている。これらは教科書に詳しく扱われておらず，やや難のレベルである。原子間距離や単位格子内の原子数，結晶の密度など空間把握を要求されており，対称性や規則性を見抜く力が必要となっている。

☑ 気体の法則

　飽和蒸気圧（4），ヘンリーの法則（7），理想気体と実在気体（8）が題材として取り上げられている。全圧一定，体積一定，温度一定などの条件を踏まえ，それぞれの条件下での分圧と物質量の関係などが問われている。さらに，気体反応の反応速度や平衡定数と絡ませたり，水蒸気圧の存在を前提としたりすることが多い。化学反応と量的関係の理解が前提となっている。レベルとしてはやや難である。

☑ その他

　その他に見られる題材は，固体の溶解度と水和水（1），電子式と分子の形（2，8），気体の溶解度（4），化学結合（6，8），溶液の性質（9，10，18）である。溶液の性質で取り上げられているのは，凝固点降下，沸点上昇と浸透圧である。凝固点降下は単純な凝固点降下度と溶質の分子量との関係ではなく，溶質の会合度や会合反応の平衡定数を求めさせたりする。さらには，凝固点の降下に伴い溶液が飽和溶液となった後の凝固の状態と温度変化の関係を問う場合もある。沸点上昇は，溶解度と沸点上昇の変化について問うている。化学結合については，結合する両原子の電気陰性度の差が結合の種類に影響することや，電子式から分子の形を推定させるなど，教科書よりやや踏み込んだ扱いになっている。これらはレベルとしては標準からやや難である。

対策

☑ **結晶構造**

　目新しい結晶構造が提示され，必要な説明がなされてから問題が提示されることが多く，前もって具体的な結晶構造について準備しておくことは難しい。正四面体，体心立方格子，面心立方格子や典型的なイオン結晶などの基本的構造について，その頂点や中心に原子を配置した場合の原子間距離や配位数などを調べておこう。さらに，単位格子そのものや結晶構造中の繰り返し単位構造の見分け方などが重要になるから，幾何学的素養を養う訓練をしておこう。CdS結晶におけるイオンの空間的配置（20）のようなイオン結晶のやや複雑な構造について問われるようになってきた。単位格子の粒子組成はその物質の組成式での比に等しいことも大きなヒントとなる。

☑ **気体の法則**

　分圧の法則を使いこなすことに尽きる。各成分の分圧の比が混合気体各成分の物質量の比に等しいことを常に意識しておくこと。また，体積・温度一定のもとでは，反応前後での全圧の比は総物質量の比に等しいこと，全圧・温度一定のもとでは，反応前後での混合気体の体積の比が総物質量の比に等しいことも併せて大切である。さらに，蒸気圧を分圧に含める場合は，その分圧に対応する物質量の気体が存在することになるから，実際に気液平衡の状態であるのかどうかを判断する手がかりになる。ある物質について，与えられた温度での蒸気圧を超える分圧をもつことはありえない。これらをおさえて多くの演習問題をこなすことが力をつけることになる。

☑ **その他**

　溶液の性質については，固体の溶解度と気体の溶解度をしっかりおさえておくこと。溶液の性質は，何が溶けているかによって大きく左右される。特に気体と溶液は密接な関係にあるから，常に意識して考える癖をつけておこう。化学結合については，共有結合（配位結合も含む）の仕組みを理解すること。電気陰性度の差により結合に極性が生じること，それが極端になった状態がイオン結合であることが理解できると，化学結合を一連のものとして捉えることができる。ともに電気陰性度が小さい原子が共有結合をすると，特定の原子間に電子対が束縛されなくなり，金属結合状態になることもわかる。さらに，電子式に基づいて分子の構造を考えることも必要である。化学結合を広い視野で理解することが，目新しい視点からの出題に対応する方法である。

第2章　物質の変化

※第3章に収録されています。

🔍 傾向　　頻出のテーマは「電池」，「電気分解」

☑　電池

　リチウム二次電池 (14)，鉛蓄電池 (14)，ダニエル電池 (17)，濃淡電池 (22) が題材として取り上げられている。これらは，問題文である程度の説明を与え，その上で問うという形式の出題である。リチウム二次電池では電極の構造を説明し，それをもとに反応式を推察させている。燃料電池でも水素と酸素を反応物質とした単純な形式でなく，メタン，水蒸気，二酸化炭素，空気を用いる実際的な内容となっていた。これらについてはレベル的にやや難である。

☑　電気分解

　I^- や I_3^- が関与する電気分解 (12)，直列電解槽における電気分解 (13)，イオン交換膜を用いた電気分解 (3，16)，白金電極による硫酸銅(Ⅱ)の電気分解 (17) が題材として取り上げられている。イオン交換膜を用いた電気分解では，各電解槽での電気的中性についての理解を求めている。全般的には標準からやや難のレベルといえる。

☑　その他

　その他の題材は，酸化還元滴定（ヨウ素滴定）(12)，酸化剤・還元剤と酸化数 (15)，電離平衡と発熱量 (19) である。酸化還元反応を酸化数の面から捉えることは標準的な内容である。また，半反応式が電子を含め正しく書けることが求められている。反応による平衡の移動と各成分の物質量変化，およびその際の反応熱の関係を捉えることが必要になる。これらのレベルはやや難である。

対策

☑ 電池

　まずは，ダニエル電池などの基本的な電池の原理を整理して完全にマスターしておこう。電極の選択については多くの可能性があることも併せて理解しておこう。アルコールやメタンを用いる燃料電池についても調べておこう。その上で，濃淡電池，リチウム二次電池，ニッケル・カドミウム蓄電池，空気電池などの構造や反応の原理などについても調べておくとよい。日常から新しい電池のニュースに接したら興味をもつことも大切である。

☑ 電気分解

　典型的な電気分解について理解することが基本である。陽極での酸化反応，陰極での還元反応とイオン化傾向との関係や，電極の種類によって陽極での反応が異なることも整理しておこう。次に，電気量と反応・生成する物質との量的関係を把握することが重要である。電気分解は外部電池からエネルギーと電流が供給されて初めて行うことができる。これが自発的に生じる電池反応との大きな違いである。電流効率や電池の消費したエネルギーと電解槽での反応熱との比較（エネルギー効率）なども計算できるように演習問題で訓練しておこう。

☑ 熱化学と酸・塩基

　上記の2つの対策は，熱化学や酸・塩基についての力量が基礎として備わっていることが前提である。すなわち，電池や電気分解がテーマとなる場合，熱化学や酸・塩基の知識をもとに思考を進めることが多いのである。反応式と量的関係なども含めてしっかりマスターしておこう。化学反応の領域では，熱化学分野での生成熱，結合エネルギーや各種の反応熱などの考え方（例えば生成熱や結合エネルギーと反応熱の量的関係）は，電池や電気分解でのエネルギー変化やその効率を考える上で基礎となるものである。酸・塩基の反応や中和の量的関係，pH さらには酸化剤・還元剤における電子の移動や酸化数の変化も，電池や電気分解を本質的に理解する上での基礎となるから，しっかり学習すること。

第3章　反応の速さと平衡

1	アルカリ土類水酸化物の溶解度，クロム酸の電離平衡	2022 年度　第 1 問	※	※
2	電子式と分子の形，気体反応の平衡定数と物質量	2019 年度　第 2 問	※	※
3	氷の結晶格子，陽イオン交換膜法と炭酸塩の電離平衡	2018 年度　第 1 問	※	※

※第 1 章に収録されています。

🔍 傾向　化学平衡（平衡定数）が中心テーマ

　すべての問題で化学平衡（平衡定数）が扱われている。化学平衡は高校化学において理論分野の終着点のようなものであり，量的関係，気体の法則，熱化学，酸・塩基，酸化還元などすべてを基礎にして成り立っている。逆に，各分野の発展問題の終着点が化学平衡に関する問いとなることも多い。レベルはやや難から難である。

☑ 化学平衡（平衡定数）

・気体反応：（2，21，23，25，27，30，32，34，36，38，42）　アンモニア合成などが取り上げられることが多い。気体反応の平衡定数を扱う場合，体積，圧力，温度などの条件に応じた各成分の分圧と物質量の関係が大切であり，そのことを関連づけて問われる。また，その分圧を用いる圧平衡定数については，濃度平衡定数との関係も含めて出題されたり，反応物質中に水蒸気が含まれていて，水蒸気の分圧を考慮して平衡定数を計算することが要求されたりすることもある。さらに，モル分率平衡定数（2），ラウールの法則を用いる混合溶液の気液平衡（25），多孔質物質の気体吸着量と表面積という目新しい出題（30）や，律速段階の反応速度定数の温度依存性を考察させる出題（27）も見られる。

・水溶液の反応：（1，3，19，26，28，29，33，35，39，43）　クロム酸，硫酸，サリチル酸，炭酸，リン酸，シュウ酸などの多段階電離の pH と電離定数間の関係や，水のイオン積を用いて特定のイオンの濃度を求めさせる問題，電離度や pH を近似計算させる問題，さらには平衡の移動と反応熱との関係を問う問題が出されている。また，平均荷電数を用いる電気泳動による分離（26）や，有機溶媒と接する水溶液の分配率を用いる目新しい問題（18，33）なども出題されている。

・緩衝液：（12，28，31，40，44）　酢酸や炭酸，アンモニア，さらにはリン酸を題材にすることが多いが，シュウ酸やアミノ酸が扱われることもある。電離定数や水のイオン積を用いて pH を計算させたり，わずかな酸や塩基を加えたときの pH 変化などが問われたりする。緩衝作用そのものの説明を求められることもある。

・溶解度積：（20，22，24，29，37，41）　溶解度積に基づいたイオン濃度の計算が中心である。さらに，水酸化物の沈殿から OH^- を配位子とする錯イオン形成の平衡定数（20，24）や，共通イオン効果による特定イオンの沈殿除去後のイオン濃度やその

応用としての塩化銀—クロム酸銀の滴定（モール法），硫化物の沈殿条件などの問題が見られる。

☑ 反応の速さ

気体反応（27，34，38）についての出題と，溶液反応（25，43，44），さらには気体分子の吸着速度（30）についての出題がある。多段階反応における平衡定数と反応速度定数の関係（27）や，グラフから反応の速さと生成物の量的関係を読み取り（34），さらに反応速度式を推定させる（44）といった難度の高い問題が見られる。これらは，与えられたグラフや問題文から論理的思考力によって解答を導くという京大の化学の特色を代表したような問題である。

✏ 対策

☑ 化学平衡（平衡定数）

総合的な問題であるから，理論分野に含まれる量的関係，気体の法則，蒸気圧，熱化学，酸・塩基，酸化還元反応などすべてをマスターしておくことが必要条件である。これをもとに，化学平衡の法則（さらにはルシャトリエの原理）や，特に平衡定数の意味をしっかりおさえ，多くの問題演習をこなすようにしよう。そうすることによって，化学平衡が総合的な問題であることの実感を得るとともに，さまざまな理論分野の法則などの使い方が飲み込めるようになる。

☑ 反応の速さ

反応の速さを支配する要因（濃度，温度，触媒，固体反応なら表面積など）をしっかりおさえることが基本である。その上で，反応速度式について理解することが必要となる。反応速度式や速度定数は反応式から自動的に導かれるものではなく，実験結果に基づいて推定されるものであり，この点が平衡定数とは異なる。教科書ではわずかに扱う程度であるが，反応速度定数と平衡定数の関係についても学習しておこう。

第4章　無機物質

番号	内　　　容	年　　　度	問題頁	解答頁
45	金属の性質と電解，チタンの水素吸収と HI の分解平衡	2016 年度　第 1 問	126	150
46	ガリウムの反応・結晶構造・充填率・融点	2012 年度　第 1 問	129	153
47	酸化鉄の組成と結晶構造	2011 年度　第 1 問	131	155
48	アルミニウムの性質・製法と結晶構造	2007 年度　第 1 問	133	157
49	溶鉱炉の反応と鉄の実験	2001 年度　第 2 問	135	159
50	銅の性質と反応	1998 年度　第 1 問	137	161

🔍 傾向　理論分野と関連づけての出題

　過去 25 年間で大問 6 題の出題であることから，よく出題される領域とはいえない。量的関係をはじめとして理論分野と関連づけて出題されることが多いのが特徴である。このことは，単なる知識の有無を問うというより，理論分野で学んだことを具体的な物質の性質や反応についてどのように適用することができるかが試されているとも受け取れる。

　少し細かく分析すると次のように捉えることができる。

　まず，金属単体や化合物の特徴と結晶構造をあわせた題材（45〜48）に特徴を見いだすことができる。これらは理論的要素が大変強く，しかもやや難であるから十分な注意が必要である。

　次に観点を変えて，元素について見れば，鉄 2 題（47，49），アルミニウム 1 題（48）が目につくところである。目新しい元素としては，チタン（45）やガリウム（46）が取り上げられている。

　その他では，銅と錯イオンおよび金属イオンの分離（50）といった出題が見られる。

対策

<傾向>でも述べたように，京大の無機物質についての問題の特徴は，細かい知識を次々と問い続けるようなことはなく，理論分野と関連づけて設問が展開していくことが圧倒的に多いということである。このため，教科書の反応式や物質の性質を丸暗記しても高得点は望めない。

一般的には，次のような総合的な学習が有効である。

☑ 理論分野をマスターする

まずは，理論分野を確実におさえることである。計算問題を含めて各単元における概念や法則，定式化された内容などを習得・理解することは当然であるが，さらにそれらに対応する具体的事象や反応についても知識として整理しておこう。このことが大きな余裕となって本番を支えてくれる。学習の進め方としては，以下のような内容をチェックポイントにするとよい。

① 代表的な無機物質に関して扱われる反応式にはどのようなものがあるか。その量的関係はどうか。

② 単体や化合物における結晶構造の具体例にはどのようなものがあるか。構造の違いにより，粒子間距離や密度計算などにどのような違いが生じるか。

③ 気体平衡反応における量的関係の把握とその具体的計算方法はどうか。有名な工業的製法を例に確認する。

④ 化合物の水溶液の性質を考える上で具体的な例は何か。塩の水溶液や気体と水との反応はどうか。

⑤ 反応を，酸・塩基反応，酸化還元反応，平衡の移動に伴う反応（弱酸や弱塩基の遊離），沈殿や気体発生に伴う反応系からの離脱など具体的に分類できるか。そしてそれらの代表例をあげることができるか。

⑥ 反応速度の要因とそれによって左右される生成物の具体例をあげられるか。

⑦ 電子配置の周期性をもとに原子および単体の性質について一定程度説明できるか。

☑ 工業的製法への関心

無機物質が世の中でどのように製造・利用されているかに関心をもとう。アンモニアソーダ法，ハーバー・ボッシュ法，オストワルト法，接触法，製鉄，アルミニウムの製錬，銅の電解精錬，ガラス・セラミックの製造などについて，物質の循環や流れに関する反応の種類，条件も含めて自身で説明できるようにしておこう。

第 5 章　有機化合物

番号	内　　　　　容	年　　　度	問題頁	解答頁
51	酸クロリド，酸ジクロリドのアミン化合物の構造決定	2022 年度　第 3 問	139	164
52	リグニンの熱分解と生成物の構造決定，バニリンの製法	2021 年度　第 3 問	142	167
53	トリエステルの加水分解と構造決定	2020 年度　第 3 問	146	170
54	芳香族炭化水素と等価な炭素原子，イミドの構造決定	2019 年度　第 3 問	148	173
55	配向性と合成反応，アリザリンの合成経路	2018 年度　第 3 問	151	177
56	トリグリセリドの構造決定，ラクチドの鏡像異性体とポリ乳酸	2017 年度　第 3 問	154	180
57	脂肪酸ジエステル・芳香族エーテルの構造決定と異性体	2016 年度　第 3 問	156	183
58	六員環構造をもつ化合物の構造と異性体，ヒドロキシカルボン酸縮合体の構造	2015 年度　第 3 問	158	187
59	ジエステル $C_{32}H_{39}NO_3$ の構造と反応，アセトアルデヒドの合成実験	2014 年度　第 3 問	160	192
60	ジエステル，ヘミケタール構造を含む芳香族の構造決定	2013 年度　第 3 問	163	196
61	炭化水素および分子式 $C_{27}H_{28}O_8$ のエステルの構造決定	2012 年度　第 3 問	165	200
62	C_9H_{10} の化合物および芳香族エステルの構造決定	2011 年度　第 3 問	167	205
63	芳香族ジエステルの構造決定，置換基効果と反応速度	2010 年度　第 3 問	169	209
64	$C_{30}H_{25}NO_5$ の化合物の加水分解，アルケンの異性体	2009 年度　第 3 問	172	213
65	C_4H_8O の化合物の構造決定，エステルの加水分解	2008 年度　第 3 問	174	218
66	芳香族炭化水素とエステル	2007 年度　第 3 問	176	221
67	アミド結合の加水分解	2006 年度　第 3 問	178	224
68	有機化学工業と化合物	2005 年度　第 3 問	179	226
69	水素還元と生成物	2004 年度　第 3 問	181	229
70	ケト・エノール異性体	2003 年度　第 3 問	183	232
71	鎖式・環式炭化水素の異性体	2002 年度　第 3 問	185	235
72	芳香族エステルの構造	2001 年度　第 3 問	186	238
73	不飽和化合物の $KMnO_4$ 酸化	2000 年度　第 3 問	187	241
74	未知エステルの加水分解	1999 年度　第 3 問	188	243
75	ジエステルの加水分解	1998 年度　第 3 問	189	246

🔍 傾向　未知有機化合物の構造決定と異性体を中心とした出題

　過去 25 年間で大問 25 題が出題されていることからも，重要な出題領域の一つであることは間違いない。扱われるテーマは，未知有機化合物の構造決定と異性体が中心である。出題形式としては，最近は互いに直接は関係しない 2，3 の小問グループに分かれることが多いが，以前は一連の発展形式の総合問題が通常であった。

☑ 未知有機化合物の構造決定と異性体

　扱われる物質は，炭化水素，脂肪族化合物，芳香族化合物において偏りはなく，いずれも十分に出題される可能性がある。際立っているのは扱う物質というより，有機化学領域での理論分野である。分子の構造決定とそれに伴う異性体の構造が大きなウェイトを占めていることである。このような問題は，有機化学全般はもちろんのこと，理論や無機化学までも含めた集大成としての色合いが濃いことが多い。これが京大有機化学領域の一大特徴であろう。

　具体的には，未知有機化合物として，エステル，アミドが登場することが多く，これらの加水分解生成物についての性質や反応が与えられて，最終的にもとの物質（エステルやアミド）の構造式を決定するという流れが多い。そして，個々の誘導化合物などについて，可能な異性体の構造式すべてを求められることもある。シス・トランス異性体や不斉炭素原子の有無による光学異性体など，立体異性体（D 型，L 型も含む）についても問われるのは当然である。一方では，組成式や分子式のみが与えられ，それらの化学式に可能な構造式を問うという形式もある。

☑ 目新しい物質や反応

　目新しい物質や反応を提示して，その構造から推測できる反応や生成物を既習の類似化合物や共通する官能基に関する知識をもとに導かせる問題もよく見られる。アセタール化やケト・エノール異性体についても出題されることがある。

　題材には，酸ジクロリドとアミンの反応および生成物（51），リグニンの熱分解生成物（52），バニリンの製法（52），芳香族化合物における等価な炭素原子（54），イミドの構造決定（54），アリザリンの合成経路（55），ラクチドの鏡像異性体とポリ乳酸の構造（56），芳香族エーテルの分解反応（57），アセトアルデヒドの合成実験（59），ヘミケタール構造（60），ケト・エノール互変異性（60，70），ゴム状不飽和化合物の構造決定（73）などがある。これらについても，軽重はあっても構造式や異性体を問うという要素は含まれている。

☑　未知有機化合物の構造決定と異性体

　まずは元素分析と組成式，分子量の算出と分子式，構造異性体の数え上げ，立体異性体の数え上げなどの例題をたくさんこなして，基本的な考え方を身につけよう。立体異性体（メソ体も）については空間的な想像力も必要であるから，フィッシャー投影式を描くなど工夫して確かなものにしよう。さらに，アミノ酸などのD型，L型構造を識別し，自分で描けるようにしよう。

　次に，炭化水素，脂肪族化合物，芳香族化合物などで現れる有機化学反応をその具体例とセットでまとめよう。不飽和結合，環式構造，官能基，芳香環などそれぞれに特色がある。例えば，エステルは加水分解によりカルボン酸とアルコール（ときにはフェノール性ヒドロキシ基）を生じ，アミドはカルボン酸とアミンを生じる。逆に，アルコールやアミンと酸無水物との反応ではエステルやアミドが生成する。これらのことは基本中の基本であり，目新しい物質が提示されたとき，その反応を推測する上で，重要な手がかりとなる。

　そして，以上の内容を総合的にまとめた上でやや難から難のレベルの問題集に当たり，筋道立てた推論の展開を身につければよい。確実に明らかなことだけでなく，おおよその見当をつけることも大切である。

☑　目新しい物質や反応

　エチレン，アセチレン，ベンゼンの誘導体などは反応系統図まで描けるようになっておきたい。分離操作は基本的に酸・塩基の理解でまとめることができる。また，油脂もけん化価，ヨウ素価などから平均分子量や不飽和度などが導けることが必要である。さらに，酸ジクロリドとアミンの反応（51），リグニンの熱分解反応（52），バニリンの製法（52），芳香族エーテルの分解反応（57），ケト・エノール互変異性（60，70）やゴム状不飽和化合物（73）などに見られるような新傾向の問題は，問題文をしっかり読んでその意味するところを確実に理解することが重要である。必ず既習の知識や考え方で取りかかれるよう配慮されている。ヒントをつかむ能力が試されるのであるが，それもやはり有機化合物についてどれだけ学習したかが影響するであろう。

第6章　高分子化合物

Q 傾向　糖類，アミノ酸，タンパク質が大半を占める

　過去 25 年間で大問 25 題が出題されている。このことからも有機化合物と並んで重要な出題領域の一つであるといえる。高分子や生化学は有機化学の集大成的要素が強い。さらに，理論的要素が加味されることが多く，やや難から難の出題である。

☑ 扱われる物質

　圧倒的に糖類，アミノ酸，タンパク質が多い。全 25 題中該当しないのは，2 題（88，97）のみである。

・**糖類**：単糖類・二糖類の構造（立体異性体を含む）と還元性，アルドースとケトース，フィッシャー投影式，ヒドロキシ基の反応（エステル化，アセタール化やグリコシド結合），デンプンの構造と性質，セルロースの構造と性質（再生繊維や半合成繊維を含む），デンプンやセルロースのアセチル化と構造など。

・**アミノ酸，タンパク質**：双性イオンと pH・等電点，滴定曲線と緩衝作用，電気泳動と pH，構造と光学異性体（フィッシャー投影式や D 型，L 型の区別），アミノ酸の分類と性質，ジペプチドの構造と異性体，−S−S− 結合とペプチド内のアミノ酸配列，ペプチドの加水分解とアミノ酸配列，環状ペプチドの構造，タンパク質の構造（水素結合，−S−S− 結合，イオン結合など）と反応，等電点と分離など。

・**その他の物質**：アスパルテーム（77），ラクタム（77），アスコルビン酸（78），合成ポリアミド（79），糖を含む界面活性剤（79），核酸の構造（81，83），イオン交換樹脂（90），合成ゴムの構造などがあり，新傾向として，グルコース誘導体の特定構造の酸化分解反応と生成（76），トリペプチド誘導体の構造決定（77），セレブロシド（84），糖誘導体のペプチドグリカン（85）やホモガラクツロナン（87），DNA とグリセロリン脂質（88），グリセロ糖脂質（89），ポリ乳酸（97）が取り上げられた。

☑ 近年の出題傾向

　従来は，与えられた各物質の構造を示させたり，官能基や加水分解による反応を別々に問うことが多かった。また，難度の少し高いものとしては，高分子化合物の繰り返し単位の個数や部分的反応（アセタール化やアセチル化）の割合や構造としての可能性などであった。しかし，近年では特に，分子構造の決定（76〜79，81〜89，92〜95）が多くなってきている。しかも，立体構造と立体異性体に関するもの（76〜79，81，82，92）がその中に含まれている。有機化合物より複雑性・多様性があると思われる生化学や高分子化合物領域でも理論の要素の濃い内容を取り上げてきているということであり，より高い目標設定が必要になってきたといえる。

対策

☑ **物質の構造と特性**

　高分子化合物といいながら問題で扱われる物質には，その単量体である単糖類やアミノ酸もかなり多い。これらは構造を図示できるのであるから，その利点を生かして確実にマスターしておき，それらについての設問は確実に得点できるように心がけておかねばならない。

・**糖類**：単糖類，二糖類，多糖類（高分子といえども規則的構造である）の典型例とその構造（立体構造も含む）をしっかりおさえる。図を描いて確認する努力を怠らないように。また，還元性，エステル化反応や加水分解などの基本的反応も整理しておこう。多糖類の構造や反応に伴う構造の変化（アセチル化，アセタール化など）にも慣れるようにしておくこと（デンプンとセルロースの比較も大切である）。

・**アミノ酸**：分類，立体構造と光学異性体（D型，L型），等電点と滴定曲線およびpH，双性イオンなどについてきちんと整理しておくこと。

・**ペプチド**：ジペプチドやトリペプチドなどの構造や種類，性質，pHと帯電状態の変化，加水分解とアミノ酸配列，さらには環状ペプチドの構造などについて，図を用いたりしながら実際に確認すること。

・**その他**：合成高分子としてフェノール樹脂，アミド系樹脂，ポリエチレン，ポリエステル，ナイロン，ビニロン，ポリアクリロニトリル，合成ゴムなどについても教科書に忠実にまとめることが大切である。その際，単に暗記するというのではなく，反応の成り立ちの理由や単量体の選択についても考えを巡らせるとよい。単量体の基本的知識は確実に整理しておくこと。また，フィッシャー投影式など表現方法にも慣れておきたい。

☑ **難度の高い問題への対応**

・**ポリペプチド**：構造を簡単には図示できない物質の代表がポリペプチドである。立体構造を決定する水素結合，$-S-S-$ 結合などの影響についてまとめるとともに，与えられた個数のアミノ酸によるポリペプチドやその誘導体の構造決定の方法について，本書の問題に即してまとめてみよう。

・**新傾向の問題**：与えられた説明文をしっかり読み取る読解力が必要である。物質や設定は新しいが，必ず問題中にヒントがあり，既習の知識や方法で取りかかることができるようになっている。諦めないことが大切である。

第1章
物質の構造

1

> **ポイント**　問題文では，何が与えられ何が求められているかを意識しよう
> (a)問 2 では最初に，表 1 の溶解度と 1 つだけ与えられた沈殿乾燥試料の質量からその化合物を推定することがポイントである。その後は，他の沈殿乾燥試料の水和物，無水物のいずれかの質量変化に注目して考察を進めるとよい。
> (b)図 2 の本質的な意味の理解は難しいが，境界線上ではその両側の成分濃度が等しいことをどのように活用するかが大切である。その発展として三重点の意味にも気づきたい。

解　説

問 1　**ア・イ**　1 族の元素（アルカリ金属元素）は価電子が 1 個であるのに対し，2 族の元素は 2 個であるから，その分金属結合が強く融点が高い。また，同一周期では，2 族の方が原子核の正電荷が多く最外殻電子に対する引力が強いため原子半径は小さくなり，さらに原子量も大きいことから密度は大きい。

ウ　2 族の中でも Ca, Sr, Ba, Ra は性質がよく似ているのでアルカリ土類金属元素と呼ばれ，同じ 2 族の Be, Mg と区別される。

エ　（反応例）$Ca + 2H_2O \longrightarrow Ca(OH)_2 + H_2$

問 2　各水酸化物が無水物として沈殿すると，溶解度よりそれぞれの質量は

$Ca(OH)_2$　$5.0 - 0.16 = 4.84 [g]$

$Sr(OH)_2$　$5.0 - 0.82 = 4.18 [g]$

$Ba(OH)_2$　$5.0 - 3.8 = 1.2 [g]$

$Ca(OH)_2$, $Sr(OH)_2$ の値は 2.3 g より大きいので，ビーカー(iii)は $Ba(OH)_2$ の水和物 $(Ba(OH)_2 \cdot nH_2O)$ が沈殿したものと考えられる。よって，ビーカー(iii)の飽和溶液中の $Ba(OH)_2$（無水物）の質量を $x [g]$ とすると，溶質と溶液の質量の比について

$$\frac{x}{105 - 2.3} = \frac{3.8}{103.8} \qquad x = 3.759 = 3.76 [g]$$

ここで $Ba(OH)_2 = 171$, $H_2O = 18$ だから

$$(5.0 - 3.76) \times \frac{171 + 18n}{171} = 2.3 \qquad n = 8.1 = 8$$

これより，水和水の蒸発に伴う質量減少率を求めると

$$\frac{8 \times 18}{171 + 8 \times 18} \times 100 = 45.71 = 45.7 [\%]$$

したがって，当てはまるグラフは(C)である。

一方，水酸化カルシウム，水酸化ストロンチウムのいずれかは無水物として沈殿しているので，それぞれの水酸化物の熱分解による質量減少率を求めると

$$\mathrm{Ca\,(OH)_2 \longrightarrow CaO + H_2O} \qquad \frac{18}{74}\times100 = 24.32 ≒ 24.3\,〔\%〕$$
（式量 74）

$$\mathrm{Sr\,(OH)_2 \longrightarrow SrO + H_2O} \qquad \frac{18}{122}\times100 = 14.75 ≒ 14.8\,〔\%〕$$
（式量 122）

また，無水物に対応する一段階のみの質量減少を示しているグラフは(B)であるから，(B)はカルシウムのグラフとなる。すなわち，$\mathrm{Ca\,(OH)_2}$ は無水物として沈殿する。

以上より，(A)ストロンチウム，(B)カルシウム，(C)バリウムとなる。

なお，グラフ(A)における水酸化物の熱分解による質量減少率は

$$\frac{6.77}{100-54.1}\times100 = 14.74 ≒ 14.7\,〔\%〕$$

よって，グラフ(A)は Sr に関するものであることが確認できる。

〔別解〕　図1のグラフで起きている反応は

$$\mathrm{M\,(OH)_2 \cdot \mathit{n}H_2O \longrightarrow M\,(OH)_2 + \mathit{n}H_2O}$$

$$\mathrm{M\,(OH)_2 \longrightarrow MO + H_2O}$$

の二段階である。(B)のグラフでは，沈殿が無水物であるため，二段階目の反応のみが起こっている。

グラフ(A)〜(C)の金属Mの原子量を M_A，M_B，M_C とすると，水酸化物の無水物と二段階目で放出される水の質量の関係より

(A)　$\dfrac{18}{M_\mathrm{A}+34} = \dfrac{6.77}{100-54.1}$ 　　∴　$M_\mathrm{A} = 88.0$

(B)　$\dfrac{18}{M_\mathrm{B}+34} = \dfrac{24.3}{100}$ 　　∴　$M_\mathrm{B} = 40.0$

(C)　$\dfrac{18}{M_\mathrm{C}+34} = \dfrac{5.71}{100-45.7}$ 　　∴　$M_\mathrm{C} = 137.1$

よって，(A)ストロンチウム，(B)カルシウム，(C)バリウムとなる。

問3　**オ**　$\mathrm{Ca\,(OH)_2}$ は無水物として沈殿するから

$$5.0-0.16 = 4.84 ≒ 4.8\,〔\mathrm{g}〕$$

カ　(A)がストロンチウムのグラフであるから，水和水の放出について

$$\frac{18n}{122+18n}\times100 = 54.1 \qquad n = 7.9 ≒ 8$$

よって，ビーカー(ii)に沈殿する $\mathrm{Sr\,(OH)_2 \cdot 8H_2O}$ の質量を $x\,〔\mathrm{g}〕$ とすると，(A)のグラフより，無水物の質量は

$$x\times\frac{100-54.1}{100} = \frac{45.9}{100}\times x\,〔\mathrm{g}〕$$

ビーカー(ii)の飽和溶液の溶質と溶液の質量の比について

$$\frac{5.0-\dfrac{45.9}{100}\times x}{105-x}=\frac{0.82}{100+0.82} \qquad x=9.19 \fallingdotseq 9.2 \text{〔g〕}$$

なお，無水物の質量は，$Sr(OH)_2 \cdot 8H_2O = 266$ だから，次のように計算してもよい。

$$x \times \frac{122}{266} \text{〔g〕}$$

問4 下線部の反応は酸化還元反応であるから，まず係数を考えずに反応物と生成物および酸化数を並べると次のようになる。なお，生成物に炭素原子を含む化合物が与えられていないので，炭酸ナトリウムの酸に対する性質や Na_2CrO_4 の生成から二酸化炭素の発生を考慮する。

$$\underset{+2\ +3}{FeCr_2O_4} + \underset{0}{O_2} + Na_2CO_3 \longrightarrow \underset{+3\ -2}{Fe_2O_3} + Na_2\underset{+6\ -2}{Cr O_4} + CO_2$$

よって，還元剤 $FeCr_2O_4$ 中の Fe と Cr の酸化数の増加量は，1 化学式当たり，$1+3\times2=7$ である。

一方，酸化剤 O_2 の酸化数の減少量は 1 分子当たり 4 であるから，過不足なく反応するためには，両者の物質量比は

$$FeCr_2O_4 : O_2 = 4 : 7$$

なお，Na_2CO_3 の係数は両辺の原子数の保存から決めればよい。

$$4FeCr_2O_4 + 7O_2 + 8Na_2CO_3 \longrightarrow 2Fe_2O_3 + 8Na_2CrO_4 + 8CO_2$$

〔**別解**〕 題意より反応物，生成物は次のように考えられる（$a \sim f$ は係数）。

$$aFeCr_2O_4 + bO_2 + cNa_2CO_3 \longrightarrow dFe_2O_3 + eNa_2CrO_4 + fCO_2$$

$a=2$ とおくと，Fe の数より $d=1$，Cr の数より $e=4$，Na の数より $c=4$，C の数より $f=4$，O の数より $b=\dfrac{7}{2}$ となるから，全体を 2 倍すると

$$a=4,\ b=7,\ c=8,\ d=2,\ e=8,\ f=8$$

よって，化学反応式は

$$4FeCr_2O_4 + 7O_2 + 8Na_2CO_3 \longrightarrow 2Fe_2O_3 + 8Na_2CrO_4 + 8CO_2$$

問5 $[Cr]_{TOTAL} = [CrO_4{}^{2-}] + [HCrO_4{}^-] + 2[Cr_2O_7{}^{2-}]$ である。

式(3)より $\qquad [HCrO_4{}^-] = \dfrac{[CrO_4{}^{2-}][H^+]}{K_1}$

式(4)および式(3)より

$$[Cr_2O_7{}^{2-}] = K_2[HCrO_4{}^-]^2 = \frac{K_2}{K_1{}^2} \times [CrO_4{}^{2-}]^2[H^+]^2$$

よって

$$[Cr]_{TOTAL} = [CrO_4{}^{2-}] + \frac{[CrO_4{}^{2-}][H^+]}{K_1} + \frac{K_2}{K_1{}^2} \times [CrO_4{}^{2-}]^2[H^+]^2 \times 2$$

$$= [CrO_4{}^{2-}]\left(1 + \frac{[H^+]}{K_1} + \frac{2K_2}{K_1{}^2} \times [H^+]^2[CrO_4{}^{2-}]\right)$$

問6 **コ** 線A上では，$[HCrO_4{}^-] = [CrO_4{}^{2-}]$ であるから，式(3)より

$$K_1 = [H^+]$$

よって $\quad pH = -\log_{10} K_1 = -\log_{10}(1.25 \times 10^{-6}) \fallingdotseq -\log_{10}(1.3 \times 10^{-6})$

サ 線B上では，$[Cr_2O_7{}^{2-}] = [HCrO_4{}^-]$ であるから，式(4)より

$$K_2 = \frac{1}{[Cr_2O_7{}^{2-}]} = 60$$

$$[Cr_2O_7{}^{2-}] = \frac{1}{60} = 1.66 \times 10^{-2} \fallingdotseq 1.7 \times 10^{-2} \,(mol/L)$$

シ 線C上では，$[Cr_2O_7{}^{2-}] = [CrO_4{}^{2-}]$ であるから

$$\frac{K_1{}^2}{K_2} = \frac{[CrO_4{}^{2-}]^2 [H^+]^2}{[Cr_2O_7{}^{2-}]} = [CrO_4{}^{2-}][H^+]^2$$

よって $\quad [CrO_4{}^{2-}] = \frac{K_1{}^2}{K_2} \times \frac{1}{[H^+]^2}$

したがって，シの値は

$$\frac{(1.25 \times 10^{-6})^2}{60} = 2.60 \times 10^{-14} \fallingdotseq 2.6 \times 10^{-14} \,(mol/L)^3$$

ス 線B上では，$[Cr_2O_7{}^{2-}] = \dfrac{1}{60}$ mol/L であるから点Dでも同じ値であり，しかも点

Dでは3つのイオン種の値が等しいから

$$[Cr]_{TOTAL} = [CrO_4{}^{2-}] + [HCrO_4{}^-] + 2[Cr_2O_7{}^{2-}]$$

$$= \frac{1}{60} + \frac{1}{60} + \frac{1}{60} \times 2 = \frac{4}{60}$$

$$= 0.0666 \fallingdotseq 6.7 \times 10^{-2} \,(mol/L)$$

解 答

問1 ア. 高く イ. 大きい ウ. アルカリ土類金属元素 エ. H_2

問2 お

問3 オ. 4.8 カ. 9.2

問4 $4FeCr_2O_4 + 7O_2 + 8Na_2CO_3 \longrightarrow 2Fe_2O_3 + 8Na_2CrO_4 + 8CO_2$

問5 キ. 1 ク. $[H^+]$ ケ. $2K_2[H^+]^2$

問6 コ. 1.3×10^{-6} サ. 1.7×10^{-2} シ. 2.6×10^{-14} $(mol/L)^3$

　　　ス. 6.7×10^{-2}

2

> **ポイント**　電子対相互の反発と平衡定数の中身を理解しよう
> (a)オクテット則により，共有結合をする原子の周りには 4 組（H 原子は 1 組）の電子対が存在する。基本的には，電子対は相互に反発して，できるだけ離れて存在する傾向があるが，4 組の電子対が原子間でどのように配分されるかによって，電子対の相互の位置が決まり，結果として分子の形が決まる。
> (b)平衡定数は，濃度とは異なる量を用いても表すことができる。濃度，分圧，モル分率を相互に変換できれば，どのような平衡定数も表現可能になる。

解　説

問 1　E 原子の周りに二重結合に関わる 2 組の電子対が配置される場合，右図のような直線形であれば電子対の間の反発が最小となる。また E 原子の周りに 4 組の電子対が配置される場合，電子対が右図のように，E を中心とする正四面体の頂点方向にあれば，反発が最小となる。したがって，5 つの条件を考慮した表 1 の物質の電子対の様子，および分子の形は次図のようになる。

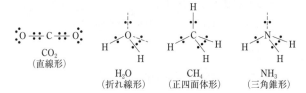

ただし，折れ線形，正四面体形，三角錐形における共有結合の結合角はそれぞれ異なる。

問 2　N^+ の価電子数は C 原子と同じなので，CO_2 と同じ電子対の配置と形になると考えられる。ただし，実際には次式のような共鳴構造となるため，常に N 原子上に正電荷が存在するわけではない。

$$O^+ \leftmiddleharpoons N=O \longleftrightarrow O=N^+=O \longleftrightarrow O=N \rightmiddleharpoons O^+$$

（二重結合 $\rightmiddleharpoons$（$\leftmiddleharpoons$）における →（←）は配位結合を表す）

なお，N^+ でなく 1 個の O^+ を想定すると，O^+ は N と同じ電子配置であるから

$$O \leftarrow N \equiv O^+ \quad \left(\left[\ddot{\mathrm{O}} : \mathrm{N} :: \mathrm{O} : \right]^+ \right)$$

が可能となる。これも N に対して 2 カ所に電子対が存在するので直線形である。また，次のような共鳴構造となる。

$$O^+ \equiv N \rightarrow O \longleftrightarrow O=N^+=O \longleftrightarrow O \leftarrow N \equiv O^+$$

問3 (い)　平衡状態における化合物 A および B の物質量を n_A および n_B，気体の体積を V とすると，A および B それぞれについて

$$p_A V = n_A RT \qquad \therefore \quad p_A = \frac{n_A}{V} RT = [A] RT$$

$$p_B V = n_B RT \qquad \therefore \quad p_B = \frac{n_B}{V} RT = [B] RT$$

が成り立つ。よって

$$K_p = \frac{(p_B)^2}{p_A} = \frac{([B] RT)^2}{[A] RT} = \frac{[B]^2}{[A]} RT = K_c RT$$

(う)　分圧 = 全圧 × モル分率 より，$p_A = p \times x_A$，$p_B = p \times x_B$ が成り立つので

$$K_p = \frac{(p_B)^2}{p_A} = \frac{(x_B p)^2}{x_A p} = \frac{(x_B)^2}{x_A} p = K_x p \qquad \therefore \quad K_x = \frac{K_p}{p}$$

問4 (え)　x_A と x_B が等しくなるときは，$x_A = x_B = 0.5$ となるので

$$K_x = \frac{(0.5)^2}{0.5} = 0.5$$

(お)　K_x が 0.5 のときは，$K_x = \dfrac{K_p}{p} = 0.5 = \dfrac{1}{2}$ より，p が K_p の 2 倍のときである。

問5　コックを開く直前の A と B の物質量は等しく，それぞれの分圧は $\dfrac{p}{2}$，コックを開いた瞬間に気体の体積は 3 倍になるので，ボイルの法則からそれぞれの圧力は $\dfrac{p}{6}$ となる。全圧が下がったので，ルシャトリエの原理に従って分子数の増加する向きに平衡が移動する。そのため，A が減少し B が増加するが，温度が変化していないので圧平衡定数 K_p は $\dfrac{p}{2}$ に保たれる。

解　答

問1　㋐共有　㋑非共有　㋒二酸化炭素　㋓0　㋔水　㋕2　㋖4　㋗0
　　　㋘アンモニア　㋙1

問2　(1) $\left[\,:\overset{\cdot\cdot}{O}::N::\overset{\cdot\cdot}{O}:\,\right]^{+}$ （または $\left[\,:\overset{\cdot\cdot}{O}:\overset{\cdot\cdot}{N}::O:\,\right]^{+}$ ）　(2)直線形

問3　㋐ $\dfrac{[\mathrm{B}]^2}{[\mathrm{A}]}$ 　㋑ $K_c RT$ 　㋒ $\dfrac{K_p}{p}$

問4　㋓ 0.5　㋔ 2

問5　容器1内の全圧が p のとき，平衡移動によって変化した A の分圧を x とする。コックを開いた瞬間には，体積が3倍になるので，A，B の分圧はコックを開く前の $\dfrac{1}{3}$ 倍になる。また，新たな平衡において，A の分圧が x だけ減少すると，式(1)より，B の分圧は $2x$ 増加する。したがって，コックを開く前後と新しい平衡に達したときの分圧の変化は次のように考えられる。

$$A \;\rightleftharpoons\; 2B$$

	A	$2B$
コックを開く前	$\dfrac{p}{2}$	$\dfrac{p}{2}$
コックを開いた瞬間	$\dfrac{p}{6}$	$\dfrac{p}{6}$
新たな平衡	$\dfrac{p}{6}-x$	$\dfrac{p}{6}+2x$

新たな平衡状態でも温度 T は変化していないので，$K_p = \dfrac{p}{2}$ が成り立つ。よって

$$\dfrac{\left(\dfrac{p}{6}+2x\right)^2}{\dfrac{p}{6}-x} = K_p = \dfrac{p}{2}$$

$$72x^2 + 21px - p^2 = 0$$

$$(24x - p)(3x + p) = 0$$

$$x = \dfrac{p}{24}, \quad -\dfrac{p}{3} \ （不適）$$

これより　$\dfrac{\dfrac{p}{6}-\dfrac{p}{24}}{\dfrac{p}{6}} = \dfrac{4-1}{4} = 0.75$ 倍　……(答)

3

ポイント 結晶格子の特徴を捉えよう

(a)与えられた氷の結晶格子は立方体ではないことを前提とし、色分けされた原子の意味を理解することで、すべてのH_2O分子を構成する全原子が表示されているわけではないことがわかる。また、ファンデルワールス半径の意味を知っていると有利であるが、貴ガス原子の大きさはファンデルワールス半径で表されていることや、問題文の流れから類推できるとよい。

(b)問4(ii)では、すでに生成しているOH^-が陽極のまわりにも存在していることに気づくことが、大きなポイントである。問5では、HCO_3^-とCO_3^{2-}に関する電離定数を求めて、それを利用する必要がある。

解 説

問1 (ア) 結晶格子の面上の原子は$\dfrac{1}{2}$個、結晶格子内の原子は1個として扱ってよいから　　$16 \times \dfrac{1}{2} + 4 = 12$個

(イ) (ア)と同様に考えて　　$16 \times \dfrac{1}{2} + 16 = 24$個

H_2Oの結晶格子では、その中に含まれるO原子とH原子の数の比は $1:2$ となる。

(ウ) 結晶格子の底面は右図のようなひし形となるので、底面積は

$$\left(0.780 \times \frac{\sqrt{3}}{2} \times 2\right) \times \left(0.780 \times \frac{1}{2} \times 2\right) \times \frac{1}{2}$$

$$= 0.780^2 \times \frac{\sqrt{3}}{2} \ [\text{nm}^2]$$

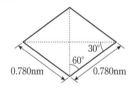

よって、体積は

$$0.780^2 \times \frac{\sqrt{3}}{2} \times 0.740 = \frac{0.450 \times 1.73}{2} = 0.389 \fallingdotseq 0.39 \ [\text{nm}^3] = 0.39 \times 10^{-21} \ [\text{cm}^3]$$

(エ) 1つの結晶格子に12個分のH_2Oが含まれるので

$$\frac{12 \times \dfrac{18.0}{6.0 \times 10^{23}}}{0.389 \times 10^{-21}} = 0.925 \fallingdotseq 0.93 \ [\text{g/cm}^3]$$

(オ) 酸素原子のファンデルワールス半径とは、右図のように酸素分子どうしのファンデルワールス力による結合における原子核間距離の半分である。つまり原子を硬い球と仮定した場合の半径でもあり、ファンデルワ

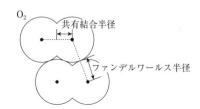

ールス半径では酸素原子の原子核同士は

$$0.152 \times 2 = 0.304 \fallingdotseq 0.30 \, (\text{nm})$$

までしか近づけないことになる。しかし，原子核のまわりの電子雲が重なって共有結合や水素結合ができるため，原子半径はファンデルワールス半径より短くなる。

問2　A．右図のように，1個の水分子は正四面体の頂点方向にある別の4個の水分子と水素結合を形成する。このことは，図1の中央にある2個の水分子（灰色で示されている）に注目するとよくわかる。

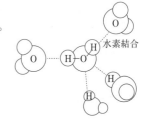

問3　問2より，1つの水素結合は2個の水分子で形成されることから，1つの水素結合に対する各水分子の寄与は $\dfrac{1}{2}$ である。

したがって，1個の水分子が形成する水素結合の数は

$$4 \times \frac{1}{2} = 2$$

と考えてよい。よって，水素結合1カ所あたりの結合エネルギーは

$$\frac{2.83 \times 10^3}{\dfrac{1}{18.0} \times 6.0 \times 10^{23} \times 2} = 4.24 \times 10^{-20} \fallingdotseq 4.2 \times 10^{-20} \, (\text{J})$$

問4　陰極では H_2 が発生すると同時に OH^- が生じるが，陽イオン交換膜を通過できないので陰極槽にとどまる。陽極では Cl_2 が発生するが，Na^+ は変化せず陽イオン交換膜を通過して陰極槽に移動する。つまり陰極槽では NaOH 水溶液ができることになる。この Na^+ の移動によって，陽イオン交換膜の両側溶液での電気的中性が保たれる。

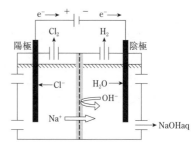

液の供給と排出を止め，陽イオン交換膜を取り除くと，陰極で生じた OH^- が陽極槽に移動し，〔解答〕のように O_2 が発生する。

〔注〕　電解液は塩基性であるから，陰極での H^+ の還元反応は生じない。なお，(ii)の文中にある「電極は腐食されない」とは，電極自身は反応しないという意味である。

問5　題意の緩衝溶液に対して，HCl 水溶液を加えない場合の平衡(Ⓐ)，HCl 水溶液を v〔mL〕加えた場合の平衡(Ⓑ)の，各イオンの物質量の関係は次のようになる。

$$\text{HCO}_3^- \quad \Longleftrightarrow \quad \text{H}^+ \quad + \quad \text{CO}_3^{2-}$$

Ⓐ	0.200	$10^{-10.0}$	0.100	〔mol〕
Ⓑ	$0.200+\dfrac{v}{1000}$	$10^{-9.9}$	$0.100-\dfrac{v}{1000}$	〔mol〕

Ⓑでは，強酸の HCl 水溶液を加えることによって，平衡が左に移動している。そのため，Ⓐと比べて HCO_3^- は $\dfrac{v}{1000}$〔mol〕増加し，CO_3^{2-} は $\dfrac{v}{1000}$〔mol〕減少する。なお，Ⓐでは，Na_2CO_3，NaHCO_3 からそれぞれ生じる CO_3^{2-}，HCO_3^- についての加水分解反応は無視できると考える。また，体積は 1L，電離定数は不変とみなしてよいので，〔解答〕の計算ができる。

解　答

問1　㋐12　㋑24　㋒0.39　㋓0.93　㋔0.30　㋕解答省略

問2　A．4　B．解答省略　　問3　4.2×10^{-20} J

問4　(i)㋐$2\text{Cl}^- \longrightarrow \text{Cl}_2+2\text{e}^-$　㋑$2\text{H}_2\text{O}+2\text{e}^- \longrightarrow \text{H}_2+2\text{OH}^-$

　　　(ii)陽極，$4\text{OH}^- \longrightarrow 2\text{H}_2\text{O}+\text{O}_2+4\text{e}^-$

問5　$\text{HCO}_3^- \Longleftrightarrow \text{H}^++\text{CO}_3^{2-}$ より，電離定数 K_a は

$$K_\text{a}=\frac{[\text{H}^+][\text{CO}_3^{2-}]}{[\text{HCO}_3^-]}=\frac{10^{-10.0}\times0.100}{0.200}=5.0\times10^{-11.0} \text{〔mol/L〕}$$

調製時に HCl 水溶液を v〔mL〕加えたとすると，平衡時の各イオンの物質量はそれぞれ

$$\text{HCO}_3^-=0.200+1.00\times\frac{v}{1000} \text{〔mol〕}$$

$$\text{CO}_3^{2-}=0.100-1.00\times\frac{v}{1000} \text{〔mol〕}$$

$$\text{H}^+=10^{-9.9} \text{〔mol〕}$$

と考えられるので

$$K_\text{a}=\frac{10^{-9.9}\times\left(0.100-\dfrac{v}{1000}\right)}{0.200+\dfrac{v}{1000}}=5.0\times10^{-11.0}$$

$$\frac{0.100-\dfrac{v}{1000}}{0.200+\dfrac{v}{1000}}=\frac{5.0\times10^{-11.0}}{10^{-9.9}}=\frac{5.0\times10^{-11.0}}{10^{-10}\times10^{0.1}}=\frac{1}{2.52}$$

$$v=14.7\fallingdotseq15 \text{〔mL〕}\quad \cdots\cdots\text{(答)}$$

4

> **ポイント** **与えられた条件を使いこなす**
> (a) 47℃，5.0L の飽和水蒸気の質量は 0.34g であることを使いこなすことがポイントである。そして，各操作において，状態方程式を用いて得られる圧力と飽和蒸気圧の大小関係より，実際の圧力を求める。問 2 では，容器が断熱材で覆われていることがポイントであり，蒸発熱は液体の水自体が供給せねばならない。
> (b)ボイル・シャルルの法則とヘンリーの法則を正しく適用することで，正解が得られる。

解　説

問 1 (ア)　容器 **A** 内には，0.34g 以上の水が入っており，容器内は 47℃における飽和蒸気圧を示す。なお，0.88g の水は，0.34g が水蒸気，0.88−0.34＝0.54〔g〕が液体として存在する。

(イ)　容器 **A**，**B** がともに 47℃の飽和水蒸気で満たされたとすると，その合計の質量は 0.34×2＝0.68〔g〕であり，0.88g よりも少ない。したがって容器 **A**，**B** とも圧力は $1.0×10^4$ Pa で，0.88−0.68＝0.20〔g〕の液体の水が容器 **A** に存在している。

〔**参考**〕　0.88g の水がすべて気体になったと仮定し，その圧力を p'〔Pa〕とすれば

$$p'×10.0＝\frac{0.88}{18}×8.3×10^3×(273＋47)$$

$$p'＝1.29×10^4≒1.3×10^4〔Pa〕$$

この値は 47℃における飽和蒸気圧より大きい。したがって，容器内の圧力は飽和蒸気圧を示す。

〔注〕　液体の水の体積は無視している。

(ウ)　容器 **B** を真空にすると，それまで飽和蒸気圧を示していた 0.34g 分の水蒸気が失われる。したがって，(0.88−0.34) g の水がすべて気体になったと仮定し，その圧力を p''〔Pa〕とすれば

$$p''×10.0＝\frac{0.88−0.34}{18}×8.3×10^3×(273＋47)$$

$$p''＝7.96×10^3≒8.0×10^3〔Pa〕$$

この値は 47℃における飽和蒸気圧より小さい。つまり容器内は飽和しておらず，この圧力を示す。

〔注〕　(イ)で示したように，容器 **A**，**B** を 47℃の飽和水蒸気で満たすには 0.68g 以上の水が必要である。一方，この問いで存在する水は 0.88−0.34＝0.54〔g〕であるから，飽和蒸気圧を示すことはない。

〔**参考**〕　0.34g，5.0L で 1.0×10^4Pa なので，0.54g，10.0L で

$$1.0\times10^4\times\frac{0.54}{0.34}\times\frac{5.0}{10.0}=7.94\times10^3\fallingdotseq7.9\times10^3\,〔Pa〕$$

となる。

㈗　容器 **A** と **B** を満たしていた気体の半分が失われるため，圧力は㈅の半分となり

$$\frac{7.96\times10^3}{2}=3.98\times10^3\fallingdotseq4.0\times10^3\,〔Pa〕$$

問2　排気を始めてすぐに水は蒸発し始め，その際に蒸発熱が奪われるため温度が下がる。沸騰している間も蒸発熱は奪われるので，温度は下がり続ける。このとき，水蒸気の温度も下がり続ける。

〔**参考**〕　日常生活におけるコップの水の蒸発では，周囲の空気から蒸発熱が与えられるので，水の温度はほぼ一定である。

問3　㈍　求める分圧を P_{N_2}〔Pa〕とすれば，ボイル・シャルルの法則より

$$\frac{1.0\times10^5\times50}{273+10}=\frac{P_{N_2}\times50}{273+35}\qquad\therefore\quad P_{N_2}=1.08\times10^5\fallingdotseq1.1\times10^5\,〔Pa〕$$

㈎　ヘッドスペース中の CO_2 の分圧と物質量の関係は，気体の状態方程式で表されるので

$$p\times\frac{50}{1000}=n_1\times8.3\times10^3\times(273+35)$$

$$\therefore\quad n_1=0.0195\times10^{-6}\times p\fallingdotseq2.0\times10^{-8}\times p$$

㈏　溶解した CO_2 の物質量は，ヘンリーの法則により分圧に比例するので

$$n_2=0.59\times\frac{500}{1000}\times\frac{p}{1.0\times10^5}\times\frac{1}{22.4}$$

$$=0.0131\times10^{-5}\times p\fallingdotseq1.3\times10^{-7}\times p$$

㈐　$n_1+n_2=8.1\times10^{-3}$〔mol〕より

$$1.95\times10^{-8}\times p+1.31\times10^{-7}\times p=8.1\times10^{-3}$$

$$p=5.38\times10^4\fallingdotseq5.4\times10^4\,〔Pa〕$$

㈑　全圧は，N_2 と CO_2 の分圧の和になるので，㈍，㈐より

$$1.08\times10^5+5.38\times10^4=1.61\times10^5\fallingdotseq1.6\times10^5\,〔Pa〕$$

解　答

問1　㈀1.0×10^4　㈁1.0×10^4　㈂8.0×10^3　㈗4.0×10^3

問2　ⓒ

問3　㈍1.1×10^5　㈎2.0×10^{-8}　㈏1.3×10^{-7}　㈐5.4×10^4　㈑1.6×10^5

5

> **ポイント**　ZnS 結晶構造のイメージ化が大切
>
> (a)問4は溶解度積の違いで陽イオンを分離する操作である。問題集でもよく見かけるタイプの問題であるから確実に得点できる。
>
> (b) ZnS 結晶構造は教科書では詳しく扱われない構造である。説明文や図から構造を正しくイメージできたかどうかで差がつく。Zn^{2+} の配列は，S^{2-} と同じく面心立方形であることに気づくことがポイントである。

解　説

問1　ア・イ　反応物の表面積が大きいほど反応速度は大きくなるが，反応熱は反応物の物質量で決まるため，粉末状にしても変化しない。

ウ　H_2S は弱酸で，$H_2S \rightleftharpoons 2H^+ + S^{2-}$ の電離平衡の状態にある。酸性では平衡が左に移動して $[S^{2-}]$ が小さくなっているため，溶解度積が小さい CuS のみ沈殿するが，中性にすれば平衡が右に移動して $[S^{2-}]$ が大きくなるため，溶解度積が大きい ZnS も沈殿する。

問2　この反応は酸化還元反応であり，ZnS 中の S^{2-} が還元剤，空気中の O_2 が酸化剤である。したがって，Zn の酸化数は +2 のままで変化していない。なお，SO_2 は刺激臭をもつ有毒な気体である。

問3　弱酸の塩である ZnS に強酸を作用させると弱酸である H_2S が遊離する。例えば，希硫酸を作用させると

$$ZnS + H_2SO_4 \longrightarrow ZnSO_4 + H_2S$$

さらに H_2S は還元力をもつため，SO_2 と酸化還元反応をして，S を遊離させる。

〔参考〕　酸化力の強い希硝酸 HNO_3 を用いると，次のような反応が生じる可能性がある。

$$ZnS + 2HNO_3 \longrightarrow Zn(NO_3)_2 + H_2S$$
$$3H_2S + 2HNO_3 \longrightarrow 3S + 2NO + 4H_2O$$

問4　CuS が沈殿している水溶液中には

$$[Cu^{2+}][S^{2-}] = 9.0 \times 10^{-36} \, [mol^2/L^2]$$

を満たすだけのイオンが溶解している。つまり $[S^{2-}] = 1.0 \times 10^{-20} \, [mol/L]$ の場合，$[Cu^{2+}] = 9.0 \times 10^{-16} \, [mol/L]$ となる。ZnS の場合も同様に計算すると，$[Zn^{2+}] = 1.0 \times 10^{-1} \, [mol/L]$ となるが，調製した試料溶液は $[Zn^{2+}] = 1.0 \times 10^{-5}$ $[mol/L]$ で計算値よりも小さいため，沈殿はできずにすべての Zn^{2+} が残存する。これらの違いからわかる通り，CuS は酸性条件下で $[S^{2-}]$ が小さくても $[Cu^{2+}][S^{2-}]$ の値が溶解度積よりも大きくなるので沈殿が生じるが，ZnS は中・

塩基性条件下で〔S^{2-}〕が大きくならないと沈殿しない。

〔**参考**〕 与えられた条件では，下の計算で示すように，もとの Cu^{2+} のうちほぼ100％が沈殿していることがわかる。

$$\frac{1.0\times10^{-5}-9.0\times10^{-16}}{1.0\times10^{-5}}\times100\fallingdotseq100〔\%〕$$

問5 $NaCl$ 結晶については，図2の中央の Na^{+} に着目すれば最近接の Cl^{-} は6個，Na^{+} 12個と容易にわかる。一方，ZnS 結晶については図1において，単位格子を8等分した各立方体の中心に1つおきに Zn^{2+} が配置されており，下の（図あ）のようになる。さらに Zn^{2+} だけの結晶構造は（図い）のように表すことができる。

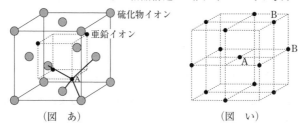

（図　あ）　　　　　　（図　い）

これらより，Zn^{2+} は4個の S^{2-} と最近接（四配位）であり，12個の Zn^{2+} が最も近い位置に存在する。

〔**参考**〕 Zn^{2+} の配置については次のように考えるとよい。

（図あ）の点線で示された，立方体を単位とする立体的な格子を想定する。この格子では，隣り合う平行な辺において Zn^{2+} が互い違いになるように辺の交点に配置されているのである。したがって，（図い）のような配置となる。なお，（図い）のBで示した Zn^{2+} は，（図あ）の単位格子の右面と接する単位格子に含まれる Zn^{2+} を示しており，その他の（図あ）と接する単位格子に含まれる Zn^{2+} の位置も同様に考えればよい。

〔注〕 （図い）は問題文の図2における Na^{+} と同じ配置なので，面心立方格子を形成しているから，そのことからも配位数を求めることができる。

問6 陽イオンと陰イオンに加え，陰イオンどうしが接した場合の様子が図3の中央の図であり，これにイオン半径を書き入れると右の（図う）となる。これよりイオン半径の関係は

$$\sqrt{2}\times2(r^{+}+r^{-})=4r^{-}$$

$$\frac{r^{+}}{r^{-}}=\sqrt{2}-1=0.41$$

$2(r^{+}+r^{-})$

（図　う）

つまり，限界半径比が0.41より大きくなる陽イオン半径であれば，陰イオンどうしは接しないので $NaCl$ 型の結晶構造がとれる。

問7 （図あ）のAを中心とする四配位の結晶格子は右の（図え）である。さらに，Zn^{2+} の半径が小さくなり S^{2-} どうしが接したとき，結晶格子を（図え）の対角線で切り取った断面が（図お）である。（図お）の a に関して，$2a : 2r^- = 1 : \sqrt{2}$ が成り立

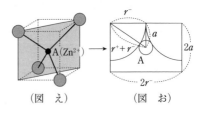

（図　え）　　　（図　お）

つため，$a = \dfrac{\sqrt{2}}{2} r^-$ である。これより，（図お）に三平方の定理を用いると

$$(r^-)^2 + a^2 = (r^-)^2 + \left(\frac{\sqrt{2}}{2} r^-\right)^2 = (r^+ + r^-)^2$$

$$\frac{3}{2}(r^-)^2 = (r^+ + r^-)^2$$

$$\frac{r^+ + r^-}{r^-} = \frac{\sqrt{3}}{\sqrt{2}} \qquad \therefore \quad \frac{r^+}{r^-} = \frac{\sqrt{3}}{\sqrt{2}} - 1 = 0.226 \fallingdotseq 0.23$$

つまり，限界半径比が 0.23 より大きくなる陽イオン半径であれば，ZnS 型の結晶構造がとれる。

〔注〕 $2r^-$ は，（図え）の立方体の面の対角線の長さに等しく，$2a$ は立方体の一辺の長さに等しい。よって，ZnS 型結晶では正四面体の頂点に陰イオン，中心に陽イオンが配置されている。

解　答

問1　アー1　イー2　ウー1

問2　$2ZnS + 3O_2 \longrightarrow 2ZnO + 2SO_2$

問3　$2H_2S + SO_2 \longrightarrow 2H_2O + 3S$

問4　(a)9.0×10^{-16}　(b)1.0×10^{-5}

問5　(c)6　(d)12　(e)4　(f)12

問6　0.41

問7　0.23

6

ポイント　錯イオンの異性体は立体構造を考えよう

(a)二酸化炭素の分子結晶は，面心立方格子を形成している。分子を1個の粒子と考え，金属結晶と同様に扱えばよい。

(b)6配位の錯イオンは八面体を形成する。配位子AとBの数はともに3個であるから，いずれか一方の立体配置について考えるだけで十分である。キレートについては，立体的な障害の有無を考えればよい。

解　説

問1・問3　(I)　水素と4種類のハロゲンについて ΔE を計算・比較すればよい。ただし，計算しなくてもすべての原子の中でFの電気陰性度が最大であることは知っているだろう。

H–F の ΔE を計算すると，次のようになる。

$$\Delta E_{H-F} = E(H-F) - \frac{1}{2}\{E(H-H) + E(F-F)\}$$

$$= 5.7 \times 10^2 - \frac{1}{2}(4.3 \times 10^2 + 1.5 \times 10^2) = 2.8 \times 10^2 \,(kJ/mol)$$

同様に，H–Cl，H–Br，H–I の ΔE を計算する。

$$\Delta E_{H-Cl} = 4.3 \times 10^2 - \frac{1}{2}(4.3 \times 10^2 + 2.4 \times 10^2) = 0.95 \times 10^2 \,(kJ/mol)$$

$$\Delta E_{H-Br} = 3.6 \times 10^2 - \frac{1}{2}(4.3 \times 10^2 + 1.9 \times 10^2) = 0.50 \times 10^2 \,(kJ/mol)$$

$$\Delta E_{H-I} = 2.9 \times 10^2 - \frac{1}{2}(4.3 \times 10^2 + 1.5 \times 10^2) = 0.00 \times 10^2 \,(kJ/mol)$$

このとき，問題文でH原子の電気陰性度が最も小さいとされているので，ΔE が大きいハロゲン原子ほど電気陰性度が大きいことになる。

よって，電気陰性度の大きさは F>Cl>Br>I>H となる。

問2　イ・ウ　イオン化エネルギーとは，原子から電子を奪うのに必要なエネルギーのことである。

エ・オ　電子親和力とは，原子が電子を得ることで放出するエネルギーのことである。

カ・キ　電気陰性度が大きい原子とは，共有結合において負に帯電しやすい原子であるから，電子を失いにくく，電子を得やすい原子のことである。イオン化エネルギーが大きい原子ほど電子を失いにくく，電子親和力が大きい原子ほど電子を得やすい。よって，このような原子は電気陰性度が大きいといえる。陰性が強い原子は電気陰性度が大きく，陽性が強い原子は電気陰性度が小さいともいえる。

問3 (Ⅱ) CO_2 分子を 1 つの球と考えると，単位格子は右図のようになる。球の中心が C 原子の中心であるから，x が求める距離となる。よって

$$0.56 \times \sqrt{2} \times \frac{1}{2} = 0.56 \times 1.4 \times \frac{1}{2} = 0.392 \fallingdotseq 0.39 〔nm〕$$

(Ⅲ) 面心立方格子の単位格子中には 4 個の分子が存在するので，$CO_2 = 44.0$ より

$$\frac{44.0 \times \dfrac{4}{6.0 \times 10^{23}}}{(0.56 \times 10^{-7})^3} = 1.67 \fallingdotseq 1.7 〔g/cm^3〕$$

問4 HCl，NH_3 などが極性分子であり，H_2，CH_4 などが無極性分子である。

問5 NH_3，CN^- ではそれぞれ $:NH_3$，$:C^- \equiv N$ で示される非共有電子対が配位結合に用いられる。

〔注〕 N 原子も非共有電子対をもつが，陰イオンの中心である C 原子の非共有電子対の方が陽イオンに配位結合しやすい。

問6 $Ag_2O + 4NH_3 + H_2O \longrightarrow 2[Ag(NH_3)_2]^+ + 2OH^-$ でもよい。

問7 $[MA_3B_3]$ で表される八面体構造の錯イオンには，右の 2 つの異性体が存在する。㈠では 3 つの配位子が八面体を構成する 1 つの三角形の頂点に位置（facial 型という）し，㈡では 3 つの配位子が錯イオンを 2 等分する面（meridional 型という）に含まれている。

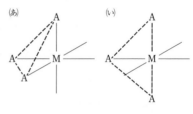

問8 エチレンジアミンは両末端にアミノ基を有し，2 個の N 原子が同じ金属イオンに配位結合ができる。このような配位子を二座配位子といい，できた錯体は，配位子が金属イオンを挟み込む形をしているのでキレート錯体と呼ばれる（キレートとはギリシア語で"エビやカニのはさみ"の意味）。キレート錯体では金属イオンと配位子で環状構造ができるため，似た構造の配位子であっても錯体が立体的に不安定となる場合，配位結合ができない。

解　答

問1　F

問2　イー②　ウー①　エー①　オー②　カー①　キー①

問3　(Ⅰ) $2.8×10^2$　(Ⅱ) 0.39　(Ⅲ) 1.7

問4　H_2O は折れ線形分子のため正電荷
　　の重心と負電荷の重心が一致せず，
　　分子全体が極性をもつのに対して，
　　CO_2 は直線形分子のため正電荷と
　　負電荷の重心が一致し，分子全体と
　　しては極性をもたない。

●正電荷の重心
×負電荷の重心

問5　非共有電子対

問6　$Ag_2O + 4NH_3 + H_2O \longrightarrow 2[Ag(NH_3)_2]OH$

問7　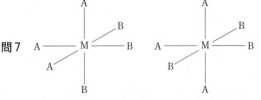

問8　ヘキサメチレンジアミンは分子が長く，安定な配位
　　結合が形成できないのに対し，右図のように，エチ
　　レンジアミンはその分子の長さが，安定な配位結合
　　を形成するのに適当であるため。

7

ポイント　多数の理論を総合的に用いる

　気体の状態方程式と物質量，ヘンリーの法則，浸透圧，反応速度式など，各種の理論を状況に応じて適用できるかどうかにかかっている。特に，気体の圧力と溶液のモル濃度とが平衡状態を決めることと，それに最初の物質量がどう関係しているかを見定める必要がある。また，高分子生成による浸透圧と反応速度式については，浸透圧が一定であることがポイントである。

解　説

問1　物質 A の全量を n〔mol〕とすると，気体の状態方程式 $PV=nRT$ より

$$10\times1.0=n\times R\times T$$

$$n=\frac{10}{RT}\,\text{〔mol〕}$$

溶媒 B を入れた後の気相中の物質 A の物質量を n'〔mol〕とすると

$$8.0\times0.70=n'\times R\times T$$

$$n'=\frac{5.6}{RT}\,\text{〔mol〕}$$

したがって，溶媒 B 中の物質 A のモル濃度は

$$(n-n')\times\frac{1000}{300}=\frac{10-5.6}{0.082\times300}\times\frac{1000}{300}=0.596\fallingdotseq0.60\,\text{〔mol/L〕}$$

問2　この容器内には気相中に存在する A，溶媒 B に溶けている A，重合してポリプロピレンとなった A が存在する。1.0 時間後の圧力は 6.0atm であるから，1.0 時間後に溶けている A の物質量はヘンリーの法則に従い，反応開始時の $\frac{6.0}{8.0}$ 倍の

$$\frac{10-8.0\times0.70}{RT}\times\frac{6.0}{8.0}\,\text{〔mol〕になることに注意する。}$$

問3　反応開始時から 1.0 時間後までの A の減少量は，問 2 の〔解答〕より

$$\frac{2.5}{0.082\times300}=0.101\,\text{〔mol〕}$$

題意より，この値を用いて，反応開始直後の v を求めると，容器の体積が 1.0L，反応時間は 1.0 時間であるから

$$v=0.101\times\frac{1}{1.0}\times\frac{1}{1.0}$$

$$=0.101\,\text{〔mol/(h·L)〕}$$

よって，$v=k[\text{A}]$ は

$$0.101=k\times0.596$$

$$\therefore \quad k = 0.169 \fallingdotseq 0.17 \,[\mathrm{h}^{-1}]$$

なお，物質**C**は重合反応の触媒だと考えられる。

問4　容器内に存在する物質**A**のモデルは次図のとおりである。

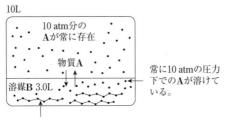

常に 0.082 atm の浸透圧を示す
ポリプロピレンが存在する。

容器内の物質**A**の圧力は常に一定に保たれているので，溶媒**B**には一定量の**A**が溶けた状態を保ちながら（**A**の減少速度は 10 時間一定に保たれながら）重合反応が進行し，ポリプロピレンが合成される。ただし，溶液の浸透圧が変わらないので溶媒**B**中のポリプロピレンの分子数は変わらず，重合度のみが大きくなる反応が起こる。

(ⅰ)　ヘンリーの法則により，溶媒**B** 3.0L 中の**A**の濃度は常に

$$0.596 \times \frac{10}{8.0}\,[\mathrm{mol/L}]$$

に保たれる。

この濃度における容器 1.0L あたりの**A**の減少速度は，問 3 の結果より

$$v = 0.169 \times 0.596 \times \frac{10}{8.0}\,[\mathrm{mol/(h \cdot L)}]$$

容器の体積が 10L で，10 時間この状態を続けたので，減少した**A**の物質量は

$$0.169 \times 0.596 \times \frac{10}{8.0} \times 10 \times 10 = 12.5\,[\mathrm{mol}]$$

よって　　$12.5 \times 42.0 = 525 \fallingdotseq 5.3 \times 10^2\,[\mathrm{g}]$

〔**別解**〕　問 2 のポリプロピレンの生成質量は反応時間 1.0 時間，溶媒**B** 0.30L（または容器 1.0L）に対する値である。生成量は，プロピレンの分圧，反応時間，溶媒の体積（または容器の全体積）に比例するので，本問のポリプロピレンの生成量は

$$4.26 \times \frac{10}{8.0} \times \frac{10}{1.0} \times \frac{3.0}{0.30} \fallingdotseq 5.3 \times 10^2\,[\mathrm{g}]$$

となる。

〔**注**〕　実験 2 の $v = k[\mathbf{A}]$ が実験 3 にも当てはまる（k が共通）のは，反応容器中の気相と液相の体積比が 7：3 で同じためである。

(ⅱ)　合成されるポリプロピレンのモル濃度は，$\varPi = mRT$ より

44

$$0.082 = m \times 0.082 \times 300$$

$$m = \frac{1}{300} \, [\text{mol/L}]$$

に保たれる。

溶液の体積 3.0L より生じたポリプロピレンは $\frac{1}{300} \times 3.0 = \frac{1}{100}$ [mol] となり，求める分子量を M とすれば

$$\frac{525}{M} = \frac{1}{100} \qquad \therefore \quad M = 52500 \fallingdotseq 5.3 \times 10^4$$

〔注〕 浸透圧の式を用いると

$$0.082 = 525 \times \frac{1}{M} \times \frac{1}{3.0} \times 0.082 \times 300$$

$$\therefore \quad M = 52500 \fallingdotseq 5.3 \times 10^4$$

解 答

問1　0.60mol/L

問2　物質Aの全量は $\dfrac{10}{RT}$ [mol]

1.0 時間後の気相中の物質Aは $\dfrac{6.0 \times 0.70}{RT} = \dfrac{4.2}{RT}$ [mol]

1.0 時間後の溶媒Bに溶解している物質Aは，ヘンリーの法則を用いて

$$\frac{10 - 8.0 \times 0.70}{RT} \times \frac{6.0}{8.0} = \frac{4.4}{RT} \times \frac{6.0}{8.0} \, [\text{mol}]$$

よって，生成したポリプロピレンは，$C_3H_6 = 42.0$ より

$$\left(\frac{10}{RT} - \frac{4.2}{RT} - \frac{4.4}{RT} \times \frac{6.0}{8.0} \right) \times 42.0 = \frac{2.5}{0.082 \times 300} \times 42.0$$

$$= 4.26 \fallingdotseq 4.3 \, [\text{g}] \quad \cdots \cdots \text{(答)}$$

問3　0.17h^{-1}

問4　(i)5.3×10^2g　(ii)5.3×10^4

8

> **ポイント** **オゾンは配位結合**
>
> オゾンO_3では，酸素O_2における$O=O$の二重結合の他に，O_2の片方のO原子の非共有電子対が，3つ目のO原子に与えられて，配位結合が形成されると考えればよい。これを電子式で表すと次のようになる。
>
> $:\ddot{O}::\ddot{O}\dot{|}\ddot{O}:$
>
> └── 中心のO原子の非共有電子対
>
> したがって，3つのO原子の最外殻電子数はいずれも8個となる。

解 説

問1 (ア)~(エ) 水分子の電子式は，$H:\ddot{O}:H$と表される。2組の共有電子対と2組の非共有電子対の合計4組の電子対が右図のように酸素原子を中心とする四面体形の頂点方向に位置するため，分子は折れ線形となる。

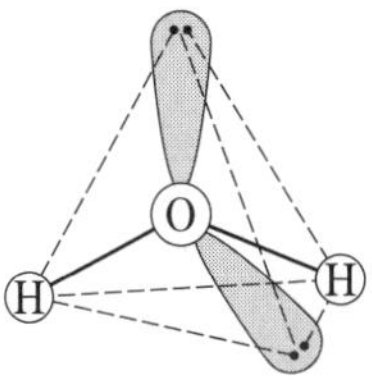

(オ) 二酸化炭素の電子式は，$\ddot{O}::C::\ddot{O}$のように表され，中央の炭素原子はそれぞれの酸素原子と二重結合で結合している。

炭素原子には2組の二重結合以外の電子対は存在しないので，分子は直線形となる。

問2・問3 オゾンは酸素分子のもつ非共有電子対が，酸素原子に下のように配位結合すると考えればよい。

$:\ddot{O}::\ddot{O}: \rightarrow \ddot{O}:$

したがって，生成するオゾンの電子式は，$:\ddot{O}::\ddot{O}\ddot{O}:$のように表される。よって，オゾンの構造は，中心の$O$原子について二重結合，単結合および1組の非共有電子対が反発することにより，右のように折れ線形となる。

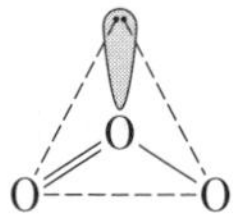

問4 理想気体と実在気体の違いは，分子間力と分子自身の体積によって説明される。どのような分子であっても，分子間に働く引力としてファンデルワールス力がある。ファンデルワールス力は，分子量が大きいほど，分子間距離が小さいほど大きくなる。理想気体では分子間力は0であるが，実在気体では無極性分子であっても，ファンデルワールス力によって圧力は理想気体より小さくなる。分子に極性があったり，分子間に水素結合がある場合は，理想気体との差はさらに大きくなる。また，分子自身の体積は理想気体では0であるが，実在気体の場合，気体の占める体積から分子自身の体積を除いた空間を分子が運動できることになる。同物質量なら分子

自身の体積が大きいほど，分子が運動できる空間が小さくなり，圧力が大きくなるので理想気体との差が大きくなる。

Z は理想気体では1である。実在気体では，圧力が低圧から大気圧付近であれば，分子間力により，Z は1より小さくなる。圧力が大気圧よりもはるかに大きい範囲では，同温で圧力が大きくなるほど，分子自身の体積の影響により，Z は1より大きくなっていく。

問5 H_2 は4種類の物質の中で分子量が最も小さく，無極性分子であり，分子間力の影響は小さいので，Z が1より小さくなる傾向が最も少ない。O_2 は無極性分子ではあるが，H_2 よりも分子量が大きく，Z が1より小さくなる傾向は H_2 よりも大きくなる。O_3 は O_2 よりも分子量が大きいので，Z が1より小さくなる傾向は O_2 よりも大きくなる。H_2O は O_2 よりも分子量は小さいが，極性分子で分子間に水素結合があるので，Z が1より小さくなる傾向は最も大きくなる。したがって，分子間力は $H_2 < O_2 < O_3 < H_2O$ であり，H_2O は常圧で気体と液体の間で状態変化をすることも考慮すると，A が H_2，B が O_2，C が O_3，D が H_2O と推定できる。

問6 (1) 容器 D では，大気圧に近い圧力 p' で Z が急激に小さくなっていることから，状態変化が起きたと考えられる。問5より，D 内の物質は H_2O であり，問題文の選択肢より，この変化は温度が90℃から110℃の間で起きていることから，H_2O が気体から液体へと凝縮したとみなせる。つまり，$Z = \dfrac{pV}{nRT}$ において V が急激に減少したことにより，Z も減少したのである。なお，温度が0℃，圧力が600Pa 付近では 気体 ⟷ 固体 の変化が起こり，この場合は昇華となる。

(2) 凝縮が起きるとき，その物質の気体の圧力を飽和蒸気圧という。この場合は H_2O なので，飽和水蒸気圧となる。

(3) H_2O の，100℃での飽和蒸気圧は 1.0×10^5 Pa であり，p' は大気圧 1.0×10^5 Pa より小さいので，温度は100℃より低いとわかる。したがって，この中では90℃と決まる。

解　答

問1　㋐2　㋑2　㋒4　㋓折れ線　㋔直線　㋕6　㋖12　㋗2　㋘二

問2　$:\!\overset{..}{\underset{..}{O}}\!::\!\overset{..}{O}\!:\!\overset{..}{\underset{..}{O}}\!:$

問3　中央の酸素原子のまわりには，非共有電子対が1組，共有電子対が1組，二重結合が1組存在している。これらの電子対が，酸素原子を中心とした三角形となり，その頂点のうち2つに酸素原子があるので，オゾンは折れ線形となる。

問4　コ―①　サ―①　シ―②

問5　A．水素（または H_2）　B．酸素（または O_2）　C．オゾン（または O_3）
　　　D．水（または H_2O）

問6　⑴―㋒　⑵飽和水蒸気圧　⑶―①

9

ポイント　イオン結晶の平面内のイオン数とへき開
平面内のイオン数を考えるときは，イオンをその平面に平行な円として計算する。
平面 abc では Na^+，Cl^- ともに同数含まれるが，平面 abd では Cl^- のみが含まれる。
よって，平面 abc に平行に結晶がずれると，隣り合う平面に存在するイオンとの間で電気的反発が大きくなり，結晶が壊れやすい。これがへき開である。

解　説

問1　Mg は 2 族，O は 16 族の典型元素である。それぞれ，Mg^{2+}，O^{2-} の 2 価のイオンになり，イオン結合によって集合してイオン結晶を形成する。

問2　(イ)　右図の NaCl 単位格子中には，Na^+ が

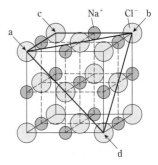

$\dfrac{1}{4} \times 12 + 1 = 4$ 個，Cl^- が $\dfrac{1}{8} \times 8 + \dfrac{1}{2} \times 6 = 4$ 個

含まれている。

(ウ)　一辺が 0.56 nm の単位格子中には，Na^+ と
Cl^- が 4 個ずつ存在している。したがって，
$1\,nm^3$ あたりに存在する Na^+ と Cl^- の数はともに

$$\frac{1\,nm^3}{(0.56\,nm)^3} \times 4 = 22.7 \fallingdotseq 23\ 個$$

(エ)・(オ)　下の図に示した三角形 abc には，Na^+ が $\dfrac{1}{2} \times 2 = 1$ 個，Cl^- が $\dfrac{1}{8} \times 2$

$+ \dfrac{1}{2} + \dfrac{1}{4} = 1$ 個存在している。三角形 abc の面積は $\dfrac{1}{2} \times (0.56)^2\ [nm^2]$ である。

したがって，平面 abc $1\,nm^2$ あたりに存在する Na^+ と Cl^- の数はともに

$$\frac{1}{\frac{1}{2} \times (0.56)^2} \times 1 = 6.37 \fallingdotseq 6.4\ 個$$

〔注〕　三角形 abc ではなく，正方形 acbf について考えても答えは同じである。

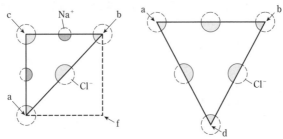

㈹　平面 abd 内には Na^+ は含まれないので，0個である。

㈺　前ページの図に示した三角形 abd には Cl^- が $\frac{1}{6} \times 3 + \frac{1}{2} \times 3 = 2$ 個含まれる。

　三角形 abd は，一辺が $0.56\sqrt{2}$ nm の正三角形なので，その面積は

$$\frac{\sqrt{3}}{2}(0.56)^2 \text{〔nm}^2\text{〕}$$

したがって，平面 abd $1\,\text{nm}^2$ あたりでは

$$\frac{1}{\dfrac{\sqrt{3}}{2}(0.56)^2} \times 2 = \frac{2 \times 2}{\sqrt{3}\,(0.56)^2} = \frac{4}{1.7 \times (0.56)^2} = 7.50 \fallingdotseq 7.5 \text{ 個}$$

〔**参考**〕　この計算を有理化して行うと

$$\frac{1}{\dfrac{\sqrt{3}}{2}(0.56)^2} \times 2 = \frac{2 \times 2 \times \sqrt{3}}{3 \times (0.56)^2} = \frac{4 \times \sqrt{3}}{3 \times (0.56)^2} = 7.22 \fallingdotseq 7.2 \text{ 個}$$

問3　イオン結晶には，割れやすい方向がある。このことは，結晶構造に関係する。平面 abc には，Na^+ と Cl^- が交互に配列している。また，その平面の上下には，逆の電荷をもつイオンが配列している。イオンの位置が平面 abc に平行な格子面に沿ってずれると，Na^+ の上に Na^+ が，Cl^- の上に Cl^- がくる状態となり，同じ電荷の間に静電気力による反発が生じて結晶は壊れやすくなる。これに対して，平面 abd には，Cl^- のみが配列している。また，その平面 abd の上下の平面には，Na^+ のみが配列している。したがって，平面 abd に平行な格子面に沿ってずれても，常に反対の電荷のイオンが接した状態が保たれるので，平面 abc がずれたときのような静電気力による反発が生じない。よって，平面 abd に平行な格子面に沿ってよりも，平面 abc に平行な格子面に沿っての方が割れやすい。このような性質をへき開という。

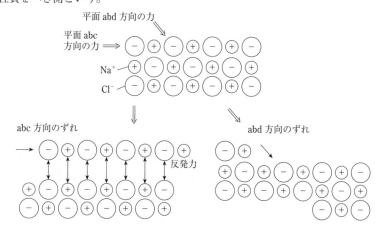

問4 HCl と HF は揮発性の酸であり，加熱によって気体となって出ていく。一方，H_2SO_4 は不揮発性の酸である。この性質の違いによって反応は進行する。

問5 分子間で F, O, N などの電気陰性度の大きな原子の間に，H 原子が仲立ちをして生じる結合を水素結合という。水素結合は，ファンデルワールス力（同じタイプの分子では，分子量が大きくなると強くなる）よりも強い結合である。このため，ファンデルワールス力だけから推測すると HF は HCl より沸点が低くなると考えられるが，HF 分子間には水素結合が働くので，実際には HF は HCl より沸点が高くなる。

問6 $K(g) = K^+(g) + e^- - 418\,kJ$ ……①

$K(s) = K(g) - 89\,kJ$ ……②

$\dfrac{1}{2}Cl_2(g) = Cl(g) - 122\,kJ$ ……③

$Cl(g) + e^- = Cl^-(g) + 349\,kJ$ ……④

$K(s) + \dfrac{1}{2}Cl_2(g) = KCl(s) + 437\,kJ$ ……⑤

$K^+(g) + Cl^-(g) = K^+(aq) + Cl^-(aq) + 700\,kJ$ ……⑥

求める溶解熱を $Q\,[kJ/mol]$ とすると，求める熱化学方程式は次のように表される。

$KCl(s) = K^+(aq) + Cl^-(aq) + Q\,kJ$

① ＋ ② ＋ ③ ＋ ④ － ⑤ ＋ ⑥より

$KCl(s) = K^+(aq) + Cl^-(aq) - 17\,kJ$

KCl の結晶が水に溶解するとき，1 mol につき 17 kJ のエネルギーが必要である。このことだけから考えると，KCl の結晶は自然に水に溶解しにくいと予想される。しかし，自然界の物質は，規則性の高い状態から低い状態に，つまり自由度の高い状態（乱雑さの増大する方向；エントロピーが大きい状態）へと変化する傾向がある。KCl の結晶は，溶解熱は負の値であるが，水に溶解してイオンの自由度が大きくなる傾向の方が勝り，自然に水に溶解する。

問7 80℃での飽和水溶液 75.7 g 中に溶解している KCl の質量を $x\,[g]$ とすると

$$\dfrac{51.4}{100 + 51.4} = \dfrac{x}{75.7} \qquad \therefore \quad x = 25.7\,[g]$$

したがって，この飽和水溶液中の水の質量は

$75.7\,g - 25.7\,g = 50.0\,g$

蒸留水 50 g を加えた希釈水溶液中では，KCl は完全に電離していると考える。ここで，KCl のモル質量を $M\,[g/mol]$，溶液中の溶質粒子の質量モル濃度を $m\,[mol/kg]$，水のモル沸点上昇を $k_b\,[K \cdot kg/mol]$ とすると，沸点上昇度 $\Delta t\,[℃]$ は質量モル濃度に比例するから

$$\Delta t = k_b m = k_b \times \frac{25.7}{M} \times 2 \times \frac{1000}{100}$$

$\Delta t = 103.4 - 100 = 3.4 〔℃〕$ であるので

$$3.4 = k_b \times \frac{25.7 \times 2}{M} \times 10$$

$$\therefore \quad k_b = \frac{1.7}{257} M$$

20℃まで冷却した上澄液はやはり飽和水溶液であるから，飽和水溶液 13.4 g 中に溶解している KCl の質量を y〔g〕とすると

$$\frac{34.2}{100 + 34.2} = \frac{y}{13.4} \quad \therefore \quad y = 3.41 〔g〕$$

したがって，この上澄液中の水の質量は

$$13.4\,g - 3.41\,g = 9.99\,g ≒ 10\,g$$

よって，上澄液に蒸留水 20 g を加えて得た KCl 水溶液の沸点上昇度 $\Delta t'$〔℃〕は，質量モル濃度 m' に比例するから

$$\Delta t' = k_b m' = \frac{1.7}{257} M \times \frac{3.41}{M} \times 2 \times \frac{1000}{30} = 1.50 ≒ 1.5 〔℃〕$$

解 答

問1 $Mg^{2+}O^{2-}$

問2 (イ) 4　(ウ) 23　(エ) 6.4　(オ) 6.4　(カ) 0　(キ) 7.5（または 7.2）

問3 平面 abd に平行な格子面に沿ってずれても，異なる電荷をもつイオンが接触しており，同符号の電荷をもつイオンどうしの接触はないが，平面 abc に平行な格子面に沿ってずれると，同符号の電荷をもつイオンどうしが接触するため，イオン間に電気的な反発が起きて割れやすくなる。

問4 (ク) $NaCl + H_2SO_4 \longrightarrow NaHSO_4 + HCl$
　　　(ケ) $CaF_2 + H_2SO_4 \longrightarrow CaSO_4 + 2HF$

問5 (コ) 電気陰性度　(サ) 水素原子

問6 KCl 結晶の水への溶解は，溶解熱が $-17\,kJ/mol$ と吸熱反応であることから起こりにくい変化と考えられるが，溶解するとそれまで結晶中で規則正しく配列していたイオンが乱雑になり，その影響の方が大きいため，自然に水に溶解すると考えられる。

問7 1.5

10

　平衡定数 K は，温度が一定なら一定である。K が m_0 と会合度 α を含む式であるから，m_0 の変化に対して K が一定を保つように α が変化する。

　一般に，ルシャトリエの原理と K の関係は

温度が一定のとき：必ず「$K=$ 一定」となるように，各成分の濃度がルシャトリエの原理に沿って変化する。

温度が変化するとき：ルシャトリエの原理に沿って，温度変化を和らげる方向に平衡は移動し，K も変化する。

	加熱する（昇温する）	冷却する（降温する）
正反応が発熱反応	K は小さくなる	K は大きくなる
正反応が吸熱反応	K は大きくなる	K は小さくなる

解　説

問 1 (ア)　$\Delta T = k_f m$ において，質量モル濃度 m 〔mol/kg〕は

$$m = \frac{\dfrac{W_1}{M}}{\dfrac{W_0}{1000}} = \frac{1000 W_1}{M W_0} \ \text{〔mol/kg〕}$$

したがって，$\Delta T = k_f m = k_f \dfrac{1000 W_1}{M W_0}$ より

$$M = \frac{1000 W_1 k_f}{\Delta T W_0} \ \text{〔g/mol〕}$$

(イ)　$2\mathrm{A} \rightleftharpoons \mathrm{A}_2$ において，m_0 〔mol〕の A を溶解したとき，会合度が α であるとすると，溶媒は 1 kg であるから

$$2\mathrm{A} \qquad\qquad \rightleftharpoons \qquad\qquad \mathrm{A}_2$$

平衡時　$m_0(1-\alpha)$ 〔mol/kg〕 　　　$\dfrac{m_0}{2}\alpha$ 〔mol/kg〕

(ウ)　$\Delta T_0 = k_f m_0$

$$\Delta T = k_f \left\{ m_0(1-\alpha) + \frac{m_0 \alpha}{2} \right\} = k_f m_0 \left(1 - \frac{1}{2}\alpha \right)$$

したがって

$$\frac{\Delta T}{\Delta T_0} = 1 - \frac{\alpha}{2}$$

(エ)　平衡定数 K_3 は　　$K_3 = \dfrac{[\mathrm{A_2}]}{[\mathrm{A}]^2} = \dfrac{\dfrac{m_0 \alpha}{2}}{\{m_0(1-\alpha)\}^2} = \dfrac{\alpha}{2m_0(1-\alpha)^2}$ 〔kg/mol〕

(オ)・(カ)　安息香酸には，極性の大きなカルボキシ基があり，次図のように2分子が，水素結合により会合している。

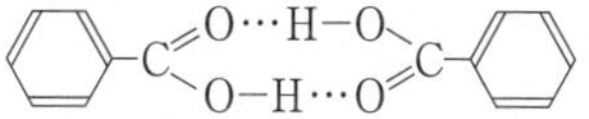

(…は水素結合)

問2　a．一定量の溶媒に溶解している溶質粒子の物質量が大きいほど，凝固点降下度は大きくなる。一定の質量の溶質を溶解したとき，モル質量が大きいと溶質の物質量は小さくなるため，凝固点降下度も小さい。

b．K_3 が一定であることより，m_0〔mol〕が大きくなると，α（$0 < \alpha < 1$）も増大することがわかる。

c．相対凝固点降下度 $\dfrac{\Delta T}{\Delta T_0} = 1 - \dfrac{\alpha}{2}$ は，α が1に近づくと $\dfrac{1}{2}$ に近づく。

d．安息香酸は一部の2分子が会合して1つの分子のようにふるまい，溶質粒子の物質量が見かけ上小さくなるので，凝固点降下度は安息香酸の濃度から予想されるよりも小さくなる。

e．−COOH は極性が大きく，水素結合もする。

f．希薄な水溶液中では，−COOH は電離したり，H_2O と水素結合をするが，無極性のベンゼン溶液では2個の −COOH が水素結合をする。

問3　$\alpha = 0.50$，初期濃度 5.0×10^{-3} mol/kg のとき，平衡定数 K_3 は

$$K_3 = \frac{\alpha}{2m_0(1-\alpha)^2} = \frac{0.50}{2 \times 5.0 \times 10^{-3}\,\mathrm{mol/kg} \times (1-0.50)^2}$$
$$= 2.0 \times 10^2 \,〔\mathrm{kg/mol}〕$$

平衡定数 K_3 は，温度が変わらなければ一定の値を保つので，会合度が0.80となるときの初期濃度 m_0〔mol/kg〕は

$$K_3 = \frac{0.80}{2m_0(1-0.80)^2} = 2.0 \times 10^2 \,〔\mathrm{kg/mol}〕$$

よって　　$m_0 = 5.0 \times 10^{-2}$〔mol/kg〕

解　答

- -

問1　(ア) $\dfrac{1000 W_1 k_f}{\Delta T W_0}$　(イ) $\dfrac{m_0}{2}\alpha$　(ウ) $1 - \dfrac{\alpha}{2}$　(エ) $\dfrac{\alpha}{2m_0(1-\alpha)^2}$

　　　(オ) カルボキシ　(カ) 水素

問2　a−①　b−②　c−②　d−②　e−①　f−②

問3　5.0×10^{-2} mol/kg　　**問4**　解答省略

11

ポイント　**与えられた結晶構造の繰り返し構造に注目**
　与えられた図がヒントになる。一般に密度を求める場合は，繰り返し構造（必ずしも単位格子ではない）を見つけること。また，結晶構造の幾何学的性質から原子間距離や配位数（ある原子に最も近い原子の数）を求めることができる。

解　説

問1・問2　(エ)・(オ)　ともに炭素原子だけからできているダイヤモンドと黒鉛は，同素体の関係にある。ダイヤモンドでは，C原子が他の4個のC原子と共有結合して結晶は巨大分子となり，極めて硬く，また，電気を通さない。黒鉛では，C原子は他の3個のC原子と共有結合して平面状の巨大分子をつくる。平面状の巨大分子の間に働くファンデルワールス力（分子間力）は弱いので黒鉛は軟らかい。C原子の価電子の中の1個は，平面状の巨大分子に沿って自由に動くことができるので，黒鉛は電気伝導性を示す。

問2　(a)　炭素原子間の結合距離は，ダイヤモンドの単位格子の体対角線の $\frac{1}{4}$ に相当するから　　$0.36\,\mathrm{nm} \times \sqrt{3} \times \dfrac{1}{4} = 0.153\,\mathrm{nm} \fallingdotseq 0.15\,\mathrm{nm}$

〔別解〕　図1の単位格子の $\frac{1}{8}$ 体積である立方体の体対角線の $\frac{1}{2}$ が炭素原子間の結合距離である。　　$\dfrac{0.36}{2}\,\mathrm{nm} \times \sqrt{3} \times \dfrac{1}{2} = 0.153\,\mathrm{nm} \fallingdotseq 0.15\,\mathrm{nm}$

(b)　黒鉛の平面状分子の1層目と3層目の間にできる六角柱を結晶の繰り返し単位（単位格子ではないことに注意）と考える。この六角柱中の炭素原子の数は，1層目と3層目はそれぞれ $\dfrac{1}{6} \times 6 = 1$ 個，2層目は $\dfrac{1}{3} \times 3 + 1 = 2$ 個である。したがって，合計 $1 + 2 + 1 = 4$ 個であるから

$$六角柱の質量 = \frac{12.0\,\mathrm{g/mol}}{6.0 \times 10^{23}\,/\mathrm{mol}} \times 4 = 8.0 \times 10^{-23}\,\mathrm{g}$$

$$六角柱の体積 = \left\{ \frac{1}{2} \times (0.14 \times 10^{-7}\,\mathrm{cm})^2 \times \frac{\sqrt{3}}{2} \right\} \times 6 \times 0.67 \times 10^{-7}\,\mathrm{cm}$$

$$= 3.348 \times 10^{-23}\,\mathrm{cm}^3 \fallingdotseq 3.35 \times 10^{-23}\,\mathrm{cm}^3$$

よって　　$黒鉛の密度 = \dfrac{8.0 \times 10^{-23}\,\mathrm{g}}{3.35 \times 10^{-23}\,\mathrm{cm}^3} = 2.38\,\mathrm{g/cm}^3 \fallingdotseq 2.4\,\mathrm{g/cm}^3$

(c)　CO_2 1 mol には C=O 結合が 2 mol 含まれ，C（ダイヤモンド）1 mol には C−C 結合が 2 mol 含まれる。求める燃焼熱を Q〔kJ/mol〕とすると，熱化学方程式は次のように表すことができる。

　　　C（ダイヤモンド）＋ O_2（気体）＝ CO_2（気体）＋ Q kJ

Q ＝〔CO_2（気体）の結合エネルギー〕

　　 −〔C（ダイヤモンド）の結合エネルギー ＋ O_2（気体）の結合エネルギー〕

の関係より

　　　Q ＝ 804 kJ/mol × 2 − (357 kJ/mol × 2 ＋ 498 kJ/mol) ＝ 396 kJ/mol

(d)　ダイヤモンド 12.0 g は 1 mol で，その中に C−C 結合は 2 mol 存在するから

　　　357 kJ/mol × 2 mol ＝ 714 kJ

〔注〕　1 個の C 原子は 4 個の C 原子と 4 つの C−C 結合をしている。各結合は 2 個のCで形成されているから，特定のC原子に注目して考えると，4 つの C−C 結合はそれぞれその $\dfrac{1}{2}$ がこの特定の C 原子に所属していることになる。よって，

C 原子 1 個あたり $4 × \dfrac{1}{2} = 2$ つの C−C 結合を形成しているとみなせる。

(e)　黒鉛 12.0 g（1 mol）に含まれる結合をすべて切断するのに必要なエネルギーを Q' kJ とすると，C（黒鉛）＋ O_2（気体）＝ CO_2（気体）＋ 394 kJ より

　　　394 kJ ＝ 804 kJ × 2 − (Q' ＋ 498 kJ)　　　∴　Q' ＝ 716 kJ

問 3　ダイヤモンドの完全燃焼で生成する CO_2 は酸性酸化物であるので，水酸化バリウム水溶液に吸収されて，水に難溶の炭酸バリウム $BaCO_3$ の沈殿を生じる。

問 4　実験に用いたダイヤモンドの物質量を n〔mol〕とする。完全燃焼で生じる CO_2 も n〔mol〕，それと反応した $Ba(OH)_2$ も n〔mol〕であり，さらに

　　　$Ba(OH)_2$ ＋ 2HCl $\longrightarrow$ $BaCl_2$ ＋ $2H_2O$

であるので，題意の逆滴定について次の量的関係が得られる。

$$\left(0.0050 \text{ mol/L} × \frac{100}{1000}\text{L} − n\right) × \frac{10}{100} × 2 = 0.010 \text{ mol/L} × \frac{6.0}{1000}\text{L} × 1$$

　　　∴　n ＝ $2.0 × 10^{-4}$ mol

したがって，求める質量は

　　　12.0 g/mol × $2.0 × 10^{-4}$ mol ＝ $2.4 × 10^{-3}$ g ＝ 2.4 mg

---

解　答

問 1　(ア)同素体　(イ)3　(ウ)ファンデルワールス（分子間）

問 2　(エ)なし　(オ)あり　(a)0.15　(b)2.4　(c)396　(d)714　(e)716

問 3　$Ba(OH)_2$ ＋ CO_2 $\longrightarrow$ $BaCO_3$ ＋ H_2O　　問 4　2.4 mg

第 2 章
物質の変化

12

> **ポイント**　化学反応式と量的関係の考え方を駆使しよう
> 　電気分解とヨウ素滴定を組み合わせた問題で，このような設定は目新しいかもしれないが，いずれも化学反応と量的関係を当てはめることで対処できる。三ヨウ化物イオンもヨウ素デンプン反応で扱う。オーソドックスに取り組めば高得点が期待できる。

解　説

問1・問2　『　』内の文章の変化に関して，次の各反応が進行している。

$$Cu^{2+} + e^- \longrightarrow Cu^+$$
$$Cu^+ + I^- \longrightarrow CuI$$
$$2I^- \longrightarrow I_2 + 2e^-$$
$$I^- + I_2 \longrightarrow I_3^-$$

最終的に CuI と I_3^- が生成するので，それら以外の化学種を消去すると，〔解答〕のイオン反応式が得られる。

問3　手順(2)の滴定における酸化剤および還元剤の半反応式は，次の通りである。

酸化剤：$I_3^- + 2e^- \longrightarrow 3I^-$　……①

還元剤：$2S_2O_3^{2-} \longrightarrow S_4O_6^{2-} + 2e^-$　……②

①＋②より，〔解答〕のイオン反応式が得られる。この手順の中でデンプンは指示薬であり，ヨウ素デンプン反応の青紫色が消えたところで I_3^- が全て反応する。

問4　問2・問3の反応式より

$$2Cu^{2+} + 2I^- + 2S_2O_3^{2-} \longrightarrow 2CuI + S_4O_6^{2-}$$

これより，2.00 mL の水溶液中に溶けている Cu^{2+} の物質量は，滴定に要した $S_2O_3^{2-}$ の物質量に等しいことがわかる。よって

$$0.1000 \times \frac{18.20}{1000} = 1.820 \times 10^{-3} \text{〔mol〕}$$

水溶液全体の体積は 10.00 L より

$$1.820 \times 10^{-3} \times \frac{10.00 \times 10^3}{2.00} = 9.10 \text{〔mol〕}$$

問5　この緩衝液中には CH_3COOH と CH_3COO^- が共存し，この溶液に酸を加えると

$$CH_3COO^- + H^+ \longrightarrow CH_3COOH　……③$$

塩基を加えると

$$CH_3COOH + OH^- \longrightarrow CH_3COO^- + H_2O　……④$$

の反応が進行し，pH はあまり変化しない。ここで，CH_3COOH や CH_3COO^- の量

に大きな違いがあった場合，③や④の反応のどちらかが起こりにくくなる。つまり，$[CH_3COOH] = [CH_3COO^-]$ で緩衝作用の能力は最も大きくなる。このときの $[H^+]$ は

$$K_a = \frac{[CH_3COO^-][H^+]}{[CH_3COOH]} \quad より \quad [H^+] = K_a$$

よって　　$pH = -\log_{10}K_a$

問 6　陽極では水の酸化が，陰極では Cu^{2+} の還元が起こる。

問 7　流れた電子〔mol〕と Cu の析出量〔mol〕の比は 2：1 より

$$\frac{193 \times 1000}{9.65 \times 10^4} \times \frac{1}{2} = 1.00 \, 〔mol〕$$

問 8　理論量は問 7 より 1.00 mol，実際の析出量は問 4 より

$$1.000 \times 10.0 - 9.10 \, 〔mol〕$$

となる。よって

$$\frac{1.000 \times 10.0 - 9.10}{1.00} \times 100 = 9.0 \times 10 〔\%〕$$

解　答

問 1　ア．Cu^{2+}　イ．還元　ウ．I^-　エ．酸化　オ．I_2　カ．I_3^-

問 2　$2Cu^{2+} + 5I^- \longrightarrow 2CuI + I_3^-$

問 3　$I_3^- + 2S_2O_3^{2-} \longrightarrow 3I^- + S_4O_6^{2-}$

問 4　9.10 mol

問 5　$-\log_{10}K_a$

問 6　(a) $2H_2O \longrightarrow 4H^+ + O_2 + 4e^-$　(b) $Cu^{2+} + 2e^- \longrightarrow Cu$

問 7　1.00 mol

問 8　$9.0 \times 10 \%$

13

ポイント　各電解槽での反応を正しく理解

　3つの電解槽での電解液と電極の組み合わせで，どのような反応が生じるかを正しく理解することが基本である。教科書では詳しく扱わないが，ZnSO₄水溶液を電解すると，陰極では Zn と H₂ がともに生成することがポイントである。また，硫酸酸性下での電解であるため，陰極に生成した Zn は，H₂SO₄ と反応して再溶解する可能性がある点にも注意が必要である。

解　説

問1　電解槽 **A** ～ **C** の各極板の左側は陽極，右側は陰極となり，それぞれ次の反応が起こる。

電解槽**A**　陽極（Pt）：$2Cl^- \longrightarrow Cl_2 + 2e^-$　　……(1)

　　　　　　陰極（Pt）：$2H_2O + 2e^- \longrightarrow H_2 + 2OH^-$　……(2)

電解槽**B**　陽極（C）：$2H_2O \longrightarrow O_2 + 4H^+ + 4e^-$　……(3)

　　　　　　陰極（Cu）：$Zn^{2+} + 2e^- \longrightarrow Zn$　（主たる変化）

電解槽**C**　陽極（Ag）：$Ag \longrightarrow Ag^+ + e^-$　　……(4)

　　　　　　陰極（Ag）：$Ag^+ + e^- \longrightarrow Ag$

問2　(2)式と(3)式より，電子の数に注目すると，発生する H₂ の体積は O₂ の2倍とわかる。

問3　(1)式より，発生する気体は黄緑色の Cl₂ である。

問4　酸化力の強さは Cl₂＞I₂ より，Cl₂ は I⁻ を酸化して I₂ に変化させる。この I₂ によりデンプンが青紫色になる（ヨウ素デンプン反応）。

　〔参考〕　ハロゲンの酸化力の強さは，$F_2 > Cl_2 > Br_2 > I_2$ である。

問5　極板の Cu は希硫酸に溶解しないが，析出した Zn は溶解するため，すぐに取り出す必要がある。

問6　水溶液の電気分解においては，イオン化傾向が H₂ より特に大きい Li，K，Ca，Na，Mg，Al などは析出せず，H₂ が発生する。イオン化傾向が H₂ に近い Zn，Fe，Ni，Sn，Pb などは析出すると同時に，H₂ も発生する。本問では，電解槽 **B** 内の電解液は硫酸酸性となっているため H⁺ の濃度が高く，H₂ はさらに発生しやすい。

　なお，電解液が中性や塩基性では，Zn(OH)₂ などの沈殿が生成して電気分解自体が行えない可能性がある。

問7　(2)式より OH⁻ が生成するため，水溶液は塩基性になる。

　〔参考〕　陽極（左側の Pt）では，発生する Cl₂ が一部次のように反応するので酸性を示す可能性がある。

$$\text{Cl}_2 + \text{H}_2\text{O} \rightleftharpoons \text{HCl} + \text{HClO}$$

問8 (エ) 溶解した Ag の物質量は

$$\frac{0.540}{108} = 5.00 \times 10^{-3} \, [\text{mol}]$$

(4)式より，流れた電子の物質量も 5.00×10^{-3} mol となる。

(オ) 求める電流値を $i \, [\text{A}]$ とすれば

$$i \times 15 \times 60 = nF \, [\text{C}]$$

$$i = \frac{nF}{900} \, [\text{A}]$$

解 答

問1　$2\text{H}_2\text{O} \longrightarrow \text{O}_2 + 4\text{H}^+ + 4\text{e}^-$

問2　2

問3　黄緑

問4　$\text{Cl}_2 + 2\text{KI} \longrightarrow 2\text{KCl} + \text{I}_2$

問5　析出した亜鉛が希硫酸に溶解して，質量が減少するため。（30字以内）

問6　$2\text{H}^+ + 2\text{e}^- \longrightarrow \text{H}_2$

問7　3

問8　(エ)5.0×10^{-3}　(オ)$\dfrac{nF}{900}$

14

> **ポイント**　**リチウムの変化に注目**
> 　リチウム二次電池が放電する際に，実質的に変化するのはリチウム Li のみである。この反応は次のような反応式とみなしてよい。
> 　　正極：$Li^+ + e^- \longrightarrow Li$（還元反応）
> 　　負極：$Li \longrightarrow Li^+ + e^-$（酸化反応）
> ただ，Li は反応性の大きい物質であり，単体を水溶液中で用いることはできない。そのため，電解液として有機溶媒を用い，負極に黒鉛を用いて化合物としているのである。

解　説

問1　㈠　LiC_n は電気的に中性な化合物であるから，Li^+ の正電荷を打ち消すだけの e^- を取り込んだと考えられる。

㈢　黒鉛 C は，炭素原子が他の3つの炭素原子と共有結合によって結合し，六角形を基本パターンとした平面網目状の構造をとっている。リチウム Li が最も多く取り込まれた構造では，リチウムはそれぞれの網目の層に隣り合わないように配置されるので，1つのリチウムに対して6個の炭素原子が配置されることになる。

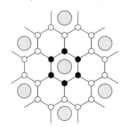

◯はリチウム，●は中央の◯を囲んでいる炭素原子，〇は他のリチウム原子を囲んでいる炭素原子と考える。

問題文にある「リチウムは…黒鉛の層間では1層である」とは，黒鉛の層間にリチウム原子は1層のみ入っているということである。よって，炭素の層とそれに接するリチウムの層のまとまりを繰り返し構造の単位とみなせる。

問2　LiC_n が水と反応するとき Li は金属 Li と同様な反応をするということであるから，LiOH と H_2 に変化すると考えられる。したがって，Li については

　　$2Li + 2H_2O \longrightarrow 2LiOH + H_2$

のような反応となる。黒鉛は変化しない。

問3　図3より鉛蓄電池の電極 I および II は，それぞれリチウム二次電池の正極，負極につながっている。よって，鉛蓄電池の電極 I は正極，電極 II は負極である。充電時の鉛蓄電池の反応は，放電時のそれぞれの極の逆反応で，電極 I では酸化反応，電極 II では還元反応が生じる。

問 4　リチウム二次電池の放電時の負極での反応は

$$LiC_n \longrightarrow Li^+ + nC + e^-$$

であるから，変化した LiC_n と電子は同じ物質量である。したがって，流れた電子の物質量は

$$\frac{2.30\,\text{g}}{6.94\,\text{g/mol}} = 0.3314\,\text{mol} \fallingdotseq 3.31 \times 10^{-1}\,\text{mol}$$

電極 I の反応は $PbSO_4 + 2H_2O \longrightarrow PbO_2 + 4H^+ + SO_4{}^{2-} + 2e^-$ であるから，電極自体は，$PbSO_4 \rightarrow PbO_2$ となるので，電子 2 mol につき，SO_2（式量 64.0）分だけ質量が減少する。したがって，電極 I の質量減少分は

$$0.3314\,\text{mol} \times 64.0\,\text{g/mol} \times \frac{1}{2} = 10.60\,\text{g} \fallingdotseq 10.6\,\text{g}$$

問 5　理論的には問 4 のように 10.6 g が減少しなければならないが，実際にはロスがあるため，9.80 g の減少であったのである。その充電の効率は

$$\frac{9.80\,\text{g}}{10.60\,\text{g}} \times 100\,\% = 92.45\,\% \fallingdotseq 92.5\,\%$$

ロスは主として鉛蓄電池の電解液（H_2SO_4）の電気分解に用いられたと考えられる。

〔**参考**〕　リチウム二次電池の負極の繰り返し構造（単位構造）は，下図の点線で示した六角形と考えることができる。このことで，すべての Li 原子と C 原子が 1：6 の個数比で点線で示したような正六角形に囲まれることになる。

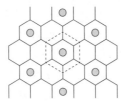

解　答

問 1　㋐ 共有　㋑ ファンデルワールス力（分子間力）

　　　㋒ $Li^+ + nC + e^- \longrightarrow LiC_n$　㋓ 6

問 2　$2LiC_n + 2H_2O \longrightarrow 2LiOH + H_2 + 2nC$

問 3　㋔ $PbSO_4 + 2H_2O \longrightarrow PbO_2 + 4H^+ + SO_4{}^{2-} + 2e^-$

　　　㋕ $PbSO_4 + 2e^- \longrightarrow Pb + SO_4{}^{2-}$

問 4　㋖ 3.31×10^{-1}　㋗ 10.6

問 5　92.5 %

15

> **ポイント**　半反応式をつくるときは，酸化剤，還元剤以外に注意
>
> 　水溶液中での酸化還元反応では，酸化剤や還元剤のほかに，H_2O，H^+，OH^- が関与することが多い。このことを前提として，半反応式をつくるとよい。酸化剤の多くは O 原子を含むが，この O 原子の多くは H^+ と反応して H_2O となる。また，還元剤で H 原子を含むものは，これを H^+ として放出することが多い。これらのことをもとに，両辺の電荷を一致させるように e^- を加えるとよい。

解　説

問2　反応物と生成物がわかっているとき，2 つのイオン半反応式を作成することができる。この場合，MnO_4^- と Mn^{2+} から MnO_2 が生成するのであるから

$$MnO_4^- \longrightarrow MnO_2 \qquad Mn^{2+} \longrightarrow MnO_2$$

の 2 つの関係がわかる。

水分子によって，それぞれの式の両辺の酸素原子の数を合わせる。

$$MnO_4^- \longrightarrow MnO_2 + 2H_2O \qquad Mn^{2+} + 2H_2O \longrightarrow MnO_2$$

次に，水素イオンによって，両辺の水素原子の数を合わせる。

$$MnO_4^- + 4H^+ \longrightarrow MnO_2 + 2H_2O \qquad Mn^{2+} + 2H_2O \longrightarrow MnO_2 + 4H^+$$

さらに，電子 e^- によって，両辺の電気量を等しくする。

$$MnO_4^- + 4H^+ + 3e^- \longrightarrow MnO_2 + 2H_2O$$
$$Mn^{2+} + 2H_2O \longrightarrow MnO_2 + 4H^+ + 2e^-$$

この 2 式から，電子を消去すればイオン反応式が得られる。

$$2MnO_4^- + 3Mn^{2+} + 2H_2O \longrightarrow 5MnO_2 + 4H^+$$

問3　問 2 と同様に，$S^{2-} + NO_3^- + 2H^+ + H_2O \longrightarrow SO_4^{2-} + NH_4^+$ において

$$S^{2-} \longrightarrow SO_4^{2-} \qquad NO_3^- \longrightarrow NH_4^+$$

酸素原子の数を合わせる。

$$S^{2-} + 4H_2O \longrightarrow SO_4^{2-} \qquad NO_3^- \longrightarrow NH_4^+ + 3H_2O$$

水素原子の数を合わせ，両辺の電気量を等しくする。

$$S^{2-} + 4H_2O \longrightarrow SO_4^{2-} + 8H^+ + 8e^-$$
$$NO_3^- + 10H^+ + 8e^- \longrightarrow NH_4^+ + 3H_2O$$

問4　Mn^{2+} が酸化されて MnO_2 に変化する（Mn 原子の酸化数増大）とき，H_2O_2 は還元されて H_2O になる（O 原子の酸化数減少）。問 2 で示した方法を用いて，それぞれの反応をイオン反応式で表すと次のようになる。

$$Mn^{2+} + 2H_2O \longrightarrow MnO_2 + 4H^+ + 2e^-$$

$$H_2O_2 + 2H^+ + 2e^- \longrightarrow 2H_2O$$

この反応は塩基性溶液中での反応であるから，上の反応式中の H^+ は OH^- と反応して H_2O になる。Mn^{2+} の反応式には $4OH^-$ を，H_2O_2 の反応式には $2OH^-$ を加えて整理し，塩基性溶液中での半反応式をつくる。

$$Mn^{2+} + 4OH^- \longrightarrow MnO_2 + 2H_2O + 2e^-$$

$$H_2O_2 + 2e^- \longrightarrow 2OH^-$$

上の2式から電子を消去すれば，次の反応式が得られる。

$$Mn^{2+} + H_2O_2 + 2OH^- \longrightarrow MnO_2 + 2H_2O$$

問5 (1) 酸性の溶液で，MnO_4^- は H_2O_2 と

$$2MnO_4^- + 5H_2O_2 + 6H^+ \longrightarrow 2Mn^{2+} + 5O_2 + 8H_2O$$

のように反応する。MnO_4^- は濃い赤紫色，Mn^{2+} はほとんど無色である。したがって，未反応の H_2O_2 が残っている間は MnO_4^- の赤紫色が消えるが，H_2O_2 がなくなり MnO_4^- が過剰になると，MnO_4^- の赤紫色が消えずに残り，溶液全体が赤紫色になる。このことによって反応が完了したことがわかる。

(2) $KMnO_4$ 溶液を一度に多量に加えると，問2と同じ次の反応が起こり，褐色の MnO_2 が生成する。

$$2MnO_4^- + 3Mn^{2+} + 2H_2O \longrightarrow 5MnO_2 + 4H^+$$

(3) $2MnO_4^- + 5H_2O_2 + 6H^+ \longrightarrow 2Mn^{2+} + 5O_2 + 8H_2O$ より，MnO_4^- と H_2O_2 は，2:5の割合で反応することがわかる。このオキシドール $1.0\,g$ には，加えた MnO_4^- の物質量の2.5倍の H_2O_2（分子量34）が存在することになるので

$$0.020\,\text{mol/L} \times 18.0 \times 10^{-3}\,\text{L} \times \frac{5}{2} = 9.0 \times 10^{-4}\,\text{mol}$$

となり，その質量は　$9.0 \times 10^{-4}\,\text{mol} \times 34\,\text{g/mol} = 3.06 \times 10^{-2}\,\text{g}$

したがって，過酸化水素の質量パーセント濃度は

$$\frac{3.06 \times 10^{-2}\,\text{g}}{1.0\,\text{g}} \times 100\,\% = 3.06\,\% ≒ 3.1\,\%$$

解 答

問1 (ア) $+7$ (イ) $+2$ (ウ)増加 (エ)減少 (オ) $+4$

問2 $2MnO_4^- + 3Mn^{2+} + 2H_2O \longrightarrow 5MnO_2 + 4H^+$

問3 (キ) $S^{2-} + 4H_2O \longrightarrow SO_4^{2-} + 8H^+ + 8e^-$

　　　(ク) $NO_3^- + 10H^+ + 8e^- \longrightarrow NH_4^+ + 3H_2O$

問4 $Mn^{2+} + H_2O_2 + 2OH^- \longrightarrow MnO_2 + 2H_2O$

問5 (1)滴下した過マンガン酸イオンの赤紫色が消えなくなることで判断する。

　　　(2)酸化マンガン(Ⅳ) (3)3.1%

16

> **ポイント**　**イオン交換膜を移動するイオンの種類と方向を確認**
>
> 　イオン交換膜をイオンが移動することによって，そのイオン交換膜の両側のイオンによる電荷の和が電気的中性となる。このことに基づいて考えると，陽イオン交換膜，陰イオン交換膜を問わず，イオンの種類とその移動の方向が判断できる。

解　説

問 1　NaCl 水溶液の電気分解において，各電極で起こる変化は次式で示される。

陽極：$2Cl^- \longrightarrow Cl_2 + 2e^-$　　　……(i)

陰極：$2H_2O + 2e^- \longrightarrow H_2 + 2OH^-$　……(ii)

陰極で発生した H_2 は電解液にほとんど溶けないが，陽極で発生した Cl_2 は電解液中の水と次のように反応する。

$$Cl_2 + H_2O \rightleftharpoons HCl + HClO$$

問 2　Ⅳ室で発生した H_2 の物質量を n_{H_2}〔mol〕とすると，気体の状態方程式より

$$n_{H_2} = \frac{PV}{RT} = \frac{1.0\,\text{atm} \times 1.2\,\text{L}}{0.082\,\text{L·atm/(K·mol)} \times (273 + 20)\,\text{K}}$$

$$= 0.0499\,\text{mol} \fallingdotseq 0.050\,\text{mol}$$

流れた e^- の物質量は，上記の問 1(ii)式より

$$0.050\,\text{mol} \times 2 = 0.10\,\text{mol}$$

求める電流の強さを x〔A〕とすると

$$x = \frac{96500\,\text{C/mol} \times 0.10\,\text{mol}}{(60 \times 60 \times 5.0)\,\text{s}} = 0.536\,\text{A} \fallingdotseq 0.54\,\text{A}$$

問 3　0.10 mol の e^- が流れると，Na^+，Cl^- はそれぞれ 0.10 mol ずつ交換膜を通って移動する。

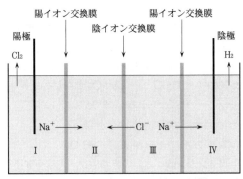

(a)　Ⅱ室では，0.10 mol の Na^+ が Ⅰ 室から，0.10 mol の Cl^- がⅢ室からそれぞれ入

ってくる。したがって，NaCl が 0.10 mol 増加する。

よって，II室の NaCl 濃度を x〔mol/L〕とすると

　　$x \times 2.0\,L = 0.10\,mol/L \times 2.0\,L + 0.10\,mol$

　　$\therefore\quad x = 0.15\,mol/L$

〔注〕　I室で Cl^- が消費され，電気量的に Na^+ が過剰になるので，その分がII室へ移動する。このためII室の正電荷が過剰になり，これを中和するために，増加した Na^+ と同物質量の Cl^- がIII室からII室に入ってくる。

(b)　III室では，Na^+，Cl^- がそれぞれ 0.10 mol ずつIV室とII室へ移るから，0.10 mol 分の NaCl が失われる。よって，III室の NaCl 濃度を y〔mol/L〕とすると

　　$y \times 2.0\,L = 0.10\,mol/L \times 2.0\,L - 0.10\,mol$

　　$\therefore\quad y = 0.050\,mol/L \fallingdotseq 0.05\,mol/L$

〔注〕　IV室で OH^- が生じるので，これを電気的に中和するためにIII室から Na^+ がIV室へ移動する。III室からはII室へ Cl^- が移動しているので，III室の電気的中性は保たれる。

問4　CH_3COONa は水に溶ける塩であり，水中でよく電離する。電離で生成した CH_3COO^- は弱酸の陰イオンであり，加水分解して弱塩基性を示す。

問5　$CH_3COOH \rightleftharpoons CH_3COO^- + H^+$ の電離定数 K_a は

$$K_a = \frac{[CH_3COO^-][H^+]}{[CH_3COOH]}$$

であるので，下線部②の加水分解反応

　　$CH_3COO^- + H_2O \rightleftharpoons CH_3COOH + OH^-$

の電離定数は

$$\frac{[CH_3COOH][OH^-]}{[CH_3COO^-]} = \frac{[CH_3COOH][OH^-][H^+]}{[CH_3COO^-][H^+]} = \frac{K_W}{K_a}$$

となる。いま，$[CH_3COOH] \fallingdotseq [OH^-]$，$[CH_3COO^-] \fallingdotseq 0.10\,mol/L$ としてよい（OH^- のほとんどは加水分解反応によって生じたとみなせる）ので

$$[CH_3COOH][OH^-] = [OH^-]^2 = [CH_3COO^-] \times \frac{K_W}{K_a} = 0.10 \times \frac{K_W}{K_a}$$

$[OH^-] = \dfrac{K_W}{[H^+]}$ を代入して

$$[H^+] = \sqrt{\frac{K_a K_W}{0.10}} = \sqrt{10 K_a K_W}$$

以上より　　$pH = -\log_{10}[H^+] = -\log_{10}\sqrt{10 K_a K_W}$

$$= -\frac{1}{2}(\log_{10} K_a + \log_{10} K_W + \log_{10} 10)$$

$$= -\frac{1}{2}(\log_{10} K_a + \log_{10} K_W + 1)$$

問 6 (エ)　Ⅰ室の溶液中には NaCl の他に，Cl_2 が水と反応して生成した HCl，HClO が溶けている。したがって，酸性を示す。Ⅱ室には初めから溶けている CH_3COONa の他にⅠ，Ⅲ室から Na^+，CH_3COO^- が移ってくる（OH^- の移動は題意より無視できる）。よって，液性は CH_3COO^- の加水分解によって弱塩基性を示すから，pH はⅠ室＜Ⅱ室となる。

(オ)　電流が流れると，Ⅱ室には，Ⅰ室から Na^+ が，Ⅲ室から CH_3COO^- が入ってくる。一方，Ⅲ室からは，Ⅱ室へ CH_3COO^- が，Ⅳ室へ Na^+ が出ていく。よって，CH_3COO^- の濃度は，Ⅱ室の方がⅢ室よりも高い。

また，問 5 より，$[OH^-]^2 = [CH_3COO^-] \times \dfrac{K_W}{K_a}$ であるから，酢酸イオンの濃度が高いほど，pH も大きい。

以上より，pH の大小関係は，Ⅱ室＞Ⅲ室となる。

(カ)　Ⅳ室では電気分解の結果，OH^- が生じている。したがって，強塩基性であることは明白であり，pH はⅢ室＜Ⅳ室となる。

問 7　Ⅲ室では，CH_3COO^- がⅡ室へ，Na^+ がⅣ室へ移動する。問 3 の場合と同様に，e^- が 1 mol 流れると Na^+，CH_3COO^- はともに 1 mol 移動する。したがって，電気分解を行った後の CH_3COONa の濃度は，Ⅱ室が 0.15 mol/L，Ⅲ室が 0.050 mol/L となっている。問 5 の結果を用いると，Ⅱ，Ⅲ室の溶液の pH は

Ⅱ室：$pH = -\dfrac{1}{2}(\log_{10}K_a + \log_{10}K_W - \log_{10}0.15)$　……①

Ⅲ室：$pH = -\dfrac{1}{2}(\log_{10}K_a + \log_{10}K_W - \log_{10}0.050)$　……②

pH の差の絶対値は $|① - ②|$ を計算すればよい。

$$|① - ②| = \frac{1}{2}|\log_{10}(1.5 \times 10^{-1}) - \log_{10}(0.50 \times 10^{-1})| = \frac{1}{2} \times \left|\log_{10}\frac{1.5 \times 10^{-1}}{0.50 \times 10^{-1}}\right|$$

$$= \frac{1}{2}\log_{10}3 = \frac{1}{2} \times 0.48 = 0.24$$

解答

問 1　(ア) Cl_2　(イ) H_2　(ウ) $Cl_2 + H_2O \rightleftharpoons HCl + HClO$

問 2　0.54 アンペア　　**問 3**　(a) 0.15　(b) 0.05

問 4　① $CH_3COONa \longrightarrow CH_3COO^- + Na^+$

　　　② $CH_3COO^- + H_2O \rightleftharpoons CH_3COOH + OH^-$

問 5　$-\dfrac{1}{2}(\log_{10}K_a + \log_{10}K_W + 1)$

問 6　(エ)＜　(オ)＞　(カ)＜　　**問 7**　0.24

17

> **ポイント**　**直列，並列を見極める**
>
> 　電池を用いた電気分解を考える場合，電池および電解槽の直列，並列をきちんと見極める必要がある。
>
> 　　電池　　電解槽
> ① 　直列　　直列　　すべての電池・電解槽に同一の電気量が流れる。
> ② 　直列　　並列　　電池の電気量は同一で，各電解槽の電気量の和が電池の電気量に等しい。
>
> ※異なる電池を並列にすると，電池内で電解反応が生じる可能性があり，複雑な状況となるので考えなくてもよい。

解　説

問 1　(ア)・(イ)　硝酸銀水溶液は無色であるが，そこへ銅板を入れると，イオン化傾向は銀より銅の方が大きいため青色の銅(Ⅱ)イオン（水和しているので青色を呈する）が生じ，銀イオンは電子を受け取って金属銀となり，銅板の表面に析出する。

$$Cu \longrightarrow Cu^{2+} + 2e^-$$

$$Ag^+ + e^- \longrightarrow Ag$$

これを 1 つの式にまとめると

$$2Ag^+ + Cu \longrightarrow Cu^{2+} + 2Ag$$

問 1　(カ)・(キ)，**問 2 〜問 4**　電解質の水溶液に 2 種の金属を浸すと電池が構成されるが，このときイオン化傾向の大きい金属が負極となって外部回路へ電子 e^- を送り出し，その電子をイオン化傾向の小さい金属が正極となって受け取る。すなわち，負極で酸化が起こり，正極で還元が起こる。外部回路を e^- が移動する向きの逆向き（正極から負極への向き）が電流の向きである。

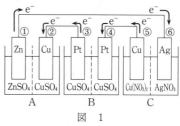

図　1

図 1 の容器 **A 〜 C** において，**A** はダニエル電池そのものであり，**C** は $(-)Cu|Cu^{2+}|Ag^+|Ag(+)$ と表されるダニエル型の電池で，電池 **A** と電池 **C** を直列に接続して **B** の電解槽で電気分解を行っている。各電極における変化は次式のとおりである。

電 池 **A** $\begin{cases} 電極① （負極）\quad Zn \longrightarrow Zn^{2+} + 2e^- \\ 電極② （正極）\quad Cu^{2+} + 2e^- \longrightarrow Cu \end{cases}$

電 池 **C** $\begin{cases} 電極⑤ （負極）\quad Cu \longrightarrow Cu^{2+} + 2e^- \\ 電極⑥ （正極）\quad Ag^+ + e^- \longrightarrow Ag \end{cases}$

電解槽**B** $\begin{cases} 電極③（陽極） & 2H_2O \longrightarrow O_2 + 4H^+ + 4e^- \\ 電極④（陰極） & Cu^{2+} + 2e^- \longrightarrow Cu \end{cases}$

図1からわかるように，電極③では e^- を送り出しており，電極②では e^- を受け取っている。よって，e^- の流れる向きは③→②，したがって，電流の方向はその逆の②→③となる。気体の発生する金属板は，上記の①～⑥の電極における反応式からわかるように③だけで，発生する気体は酸素である。

問5 (a) 発生した気体（O_2）が n〔mol〕とすると，1気圧 = 760 mmHg であるから，気体の状態方程式より

$$\frac{760 - 23.8}{760} \text{atm} \times 2.60 \times 10^{-1} \text{L}$$

$$= n \times 8.20 \times 10^{-2} \text{atm·L/(mol·K)} \times (273 + 25) \text{K}$$

$$\therefore \quad n = 0.01030 \text{ mol} \fallingdotseq 1.03 \times 10^{-2} \text{ mol}$$

(b) 流れた e^- の物質量は，電極③の反応式より $(1.030 \times 10^{-2} \times 4)$ mol である。
①の金属板では Zn が溶け出すから

$$65.4 \text{ g/mol} \times (1.030 \times 10^{-2} \times 4) \text{ mol} \times \frac{1}{2} = 1.347 \text{ g} \fallingdotseq 1.35 \text{ g}$$

よって，1.35 g 減少した。
③の白金板では O_2 が発生し，電極板には変化がないから　　0.00 g
⑥の金属板では Ag が析出するから

$$108 \text{ g/mol} \times (1.030 \times 10^{-2} \times 4) \text{ mol} \times 1 = 4.449 \text{ g} \fallingdotseq 4.45 \text{ g}$$

よって，4.45 g 増加した。

解　答

問1 (ア)無色　(イ)青色　(ウ)酸化　(エ)イオン化傾向　(オ)電子　(カ)負　(キ)正

問2 ②→③

問3 ① $Zn \longrightarrow Zn^{2+} + 2e^-$　④ $Cu^{2+} + 2e^- \longrightarrow Cu$
⑥ $Ag^+ + e^- \longrightarrow Ag$

問4 ③

問5 (a) 1.03×10^{-2} mol　(b)① 1.35 g 減　③ 0.00 g　⑥ 4.45 g 増

第3章
反応の速さと平衡

18

2022年度　第2問

ポイント　(a)**緩衝液を使うことで計算が簡便に**

問1～問3での計算は，問題文の展開に即して考えていけばよい。問4では，純水で考えることで，これまでの考察がどのように影響を受けるか，その方向性を定性的に見定めることがポイントとなる。

(b)**U字管でのマクロな変化をミクロな思考でイメージ**

U字管での移動水量は，液面差の半分の高さに対応することに気づくことが重要で，ここでつまずくと影響が大きい。問7(iii)は，操作の前の状況をしっかり把握する必要がある。知識だけで判断しようとすると誤ってしまう。イメージ力が大切である。

解　説

問1　蒸発皿に残った物質はHAの二量体であろうがなかろうが，HAとしての物質量は，$a=\frac{m}{M}$〔mol〕である。よって

$$b=n-a=n-\frac{m}{M}$$

問2　**ア**　pH4.0であるから，電離定数K_aについて

$$K_a=\frac{[H^+][A^-]_w}{[HA]_w}=\frac{1.0\times10^{-4}\times[A^-]_w}{[HA]_w}=2.5\times10^{-5}$$

$$[A^-]_w=2.5\times10^{-1}\times[HA]_w$$

イ　$K_c=\frac{[(HA)_2]_t}{[HA]_t^2}$ だから　　$[(HA)_2]_t=K_c[HA]_t^2$

ウ　$b=([A^-]_w+[HA]_w)\times0.10=1.25\times[HA]_w\times0.10$

$$a=(2[(HA)_2]_t+[HA]_t)\times0.10=(2K_c[HA]_t^2+[HA]_t)\times0.10$$

よって

$$\frac{a}{b}=\frac{2K_c[HA]_t^2+[HA]_t}{1.25[HA]_w}=\frac{8K_c[HA]_t^2+4[HA]_t}{5[HA]_w}$$

エ　$[HA]_t=P_{HA}[HA]_w$ だから，**ウ**の式は

$$\frac{a}{b}=\frac{8K_cP_{HA}^2[HA]_w^2+4P_{HA}[HA]_w}{5[HA]_w}$$

$$=1.6K_cP_{HA}^2[HA]_w+0.8P_{HA}$$

オ　$$\frac{[HA]_w}{[HA]_w+[A^-]_w}\times100=\frac{[HA]_w}{1.25[HA]_w}\times100=80=8.0\times10〔\%〕$$

カ　$$1.6K_cP_{HA}^2[HA]_w=1.6K_cP_{HA}^2\times\left(0.80\times b\times\frac{1}{0.10}\right)$$

$$=12.8\times K_cP_{HA}^2\times b\fallingdotseq1.3\times10\times K_cP_{HA}^2\times b$$

問3 次に示す式(5)をグラフにしたものが図2である。

$$\frac{a}{b} = 0.8P_{HA} + 13K_cP_{HA}{}^2b$$

よって，図2より $b=0$ のとき縦軸切片は $\frac{a}{b} = 1.5$ と読み取れるから

$$\frac{a}{b} = 0.8P_{HA} = 1.5 \qquad P_{HA} = 1.87 \fallingdotseq 1.9$$

問4 **キ** 弱酸は濃度が大きくなると電離度は小さくなる。

ク 会合度 r は次のように表すことができる。

$$r = \frac{2\left[(HA)_2\right]_t}{2\left[(HA)_2\right]_t + [HA]_t} = \frac{2K_c[HA]_t{}^2}{2K_c[HA]_t{}^2 + [HA]_t}$$

$$= \frac{2K_c[HA]_t}{2K_c[HA]_t + 1}$$

よって，$[HA]_t$ が大きくなると r は1に近づくことになるので，会合度 r は大きくなると考えられる。

ケ 水層に存在する HA を $(HA)_w$，トルエン層に存在する HA を $(HA)_t$ と表すと，全体として，次の平衡が成り立っている。

$$H^+ + A^- \underset{}{\overset{①}{\rightleftharpoons}} (HA)_w \overset{P}{\rightleftharpoons} (HA)_t \overset{②}{\rightleftharpoons} \frac{1}{2}(HA)_2 \quad \cdots\cdots(*)$$

ここに新たに HA を加えると，**キ**より，平衡①は右に移動し $(HA)_w$ の割合が大きくなり，また $(HA)_t$ は $(HA)_w$ に比例するので，これも大きくなる。さらに，**ク**より，$(HA)_t$ が大きくなると平衡②は右に移動し $(HA)_2$ の割合が大きくなる。したがって，新たに HA を加えると，全体として式(*)の平衡は右に移動し $(HA)_t$ と $(HA)_2$ の物質量（つまり a）の増加が b の増加よりも大きくなり $\frac{a}{b}$ はより大きくなる。

〔注〕 このことは気体反応の平衡移動で説明できる。平衡状態にある混合気体を圧縮すると各成分の濃度が上昇し，その結果，総気体分子数が減少する方向へ平衡は移動する。これをこの水溶液に当てはめると，HA の総量（濃度）が上昇すると水溶液中の総粒子数が減少する方向に平衡は移動する。つまり HA の電離の抑制，会合分子 $(HA)_2$ の生成の方向へ進む。したがって，式(*)の平衡は右に移動し，$\frac{a}{b}$ はより大きくなると考えられる。

〔参考〕 式(5)で考えてもよい。この式は緩衝液（pH4.0）での $\frac{a}{b}$ と b の関係を示しており，b が大きくなると a はより大きくなって $\frac{a}{b}$ は大きくなることを表して

いる。また，式(5)は式(＊)において [H⁺] が一定の場合を示している。よって，HA を加えることで H⁺，A⁻ の両方が増加する純水の場合より，緩衝液の場合の方が式(＊)の右への平衡移動の割合は小さい。それにもかかわらず，b が増加すると $\dfrac{a}{b}$ は大きくなるので，純水の場合は $\dfrac{a}{b}$ の増加はこれよりも激しいと考えられる。

問5 液面の高さの差の半分である 2.5cm 分の水が移動したから

$4.0 \times 2.5 = 10 = 1.0 \times 10\,[\mathrm{cm}^3]$

問6 水の移動が止まったときの NaCl 水溶液の濃度は

$$x \times \frac{100}{100+10} = \frac{x}{1.10}$$

NaCl が電解質であることを考慮して，このときの浸透圧 $\varPi$ をファントホッフの法則により示すと

$$\varPi = cRT = \frac{x}{1.10} \times 2 \times 8.31 \times 10^3 \times 300 = 5.0 \times 100$$

$$x = 1.10 \times 10^{-4} ≒ 1.1 \times 10^{-4}\,[\mathrm{mol/L}]$$

問7 (i) 浸透圧は絶対温度に比例するので水面の高さの差は長くなる。

(ii) U字管の断面積を大きくすると，液面差 1.0cm に対して移動する水の量が大きくなるので，水溶液の濃度はより低下する。そのため浸透圧は低下し液面差は 5.0cm に至らない。

(iii) 図3の右側の状態のときに等量のショ糖を加えると，U字管の左右のショ糖濃度は左側が小さく右側が大きくなる。そのためショ糖による浸透圧は右側の方が大きくなるので，その分だけ左側から右側へ水が移動して液面の差は短くなる。

解 答

問1 $n - \dfrac{m}{M}$

問2 ア．2.5×10^{-1}　イ．$K_c[\mathrm{HA}]_t^2$　ウ．$\dfrac{8K_c[\mathrm{HA}]_t^2 + 4[\mathrm{HA}]_t}{5[\mathrm{HA}]_w}$

エ．1.6　オ．8.0×10　カ．1.3×10

問3 1.9

問4 キ．小さくなる　ク．大きくなる　ケ．大きくなる

問5 1.0×10

問6 $1.1 \times 10^{-4}\,\mathrm{mol/L}$

問7 (i)—⑤　(ii)—ぁ　(iii)—ぁ

19

> **ポイント**　反応量と平衡の移動との関係をしっかり把握しよう
> 　問 2・問 3・問 5 について，H^+，HSO_4^-，SO_4^{2-} が共存する平衡系では，NaOH を加える（問 5 では逆の操作）ことで，それぞれの化学種を含む平衡の移動が生じる。しかし，結果としての発熱量は，式(5)および式(6)に基づく各化学種の物質量の変化によって得られることをしっかり理解していることがポイントである。そのために図 1 が必要なのである。問 4 では，得られた $Q_2>0$ に基づいてルシャトリエの原理を当てはめればよい。

解　説

問 1　ア　電離反応(1)はほぼ完全に進行するため，(1)で生じる H^+ については

　　$[H^+] = 0.080 \, [mol/L]$

$V_{NaOH} = 0 \, [mL]$ では，SO_4^{2-} の存在比率が 0.11 となるので，電離反応(2)で生じる H^+ については

　　$[H^+] = 0.080 \times 0.11 = 0.0088 \, [mol/L]$

よって，全体では

　　$[H^+] = 0.080 + 0.0088 = 0.0888 \fallingdotseq 8.9 \times 10^{-2} \, [mol/L]$

イ　　$K = \dfrac{[H^+][SO_4^{2-}]}{[HSO_4^-]} = \dfrac{0.0888 \times 0.080 \times 0.11}{0.080 \times 0.89}$

　　　$= 0.0109 \fallingdotseq 1.1 \times 10^{-2} \, [mol/L]$

問 2　NaOHaq を加えたことにより

　　$H^+ + NaOH \longrightarrow H_2O + Na^+$　　　　　……①

　　$HSO_4^- + NaOH \longrightarrow Na^+ + SO_4^{2-} + H_2O$　……②

の反応が進行する。つまり加えた NaOH の物質量は，H^+ の減少量 $\Delta n(H^+)$ と，HSO_4^- の減少量 $\Delta n(HSO_4^-)$ の和に等しい。これらは負の値となるので，式(4)が成り立つ。

また，NaOHaq を $V_{NaOH} \, [mL]$ 加えたとき，式①による発熱量は式(5)から

　　$-1 \times Q_1 \times \Delta n(H^+)$

式②による発熱量は式(5)・式(6)から

　　$-1 \times (Q_1 + Q_2) \times \Delta n(HSO_4^-)$

となる。

問 3　キ〜コ　NaOHaq を 40mL 加えたとき，NaOH の物質量は $40a \, [mol]$ となるので式(5)による発熱量は $40a \times Q_1 \, [kJ]$ である。また H_2SO_4 の物質量も $40a \, [mol]$ で表せ，HSO_4^- の存在比が 0.89 から 0.60 に減少している。したがって，$40a \times (0.89 - 0.60) \, [mol]$ の HSO_4^- が電離したことになる。よって，式(6)による

76

発熱量は $40a \times (0.89 - 0.60) \times Q_2$〔kJ〕となる。同様に NaOHaq を 80mL 加えたとき，NaOH の物質量は $80a$〔mol〕となり，式(5)による発熱量は $80a \times Q_1 = 40a \times 2.0Q_1$〔kJ〕である。また $40a \times 0.89$〔mol〕の HSO_4^- が電離したことになり，式(6)による発熱量は $40a \times 0.89 \times Q_2$〔kJ〕となる。

サ 式(8)・式(9)より

$$4.2 \times 80 \times 0.54 \times 10^{-3} = 3.2 \times 10^{-3} \times (Q_1 + 0.29Q_2)$$

$$Q_1 + 0.29Q_2 = 56.7$$

$$4.2 \times 120 \times 0.76 \times 10^{-3} = 3.2 \times 10^{-3} \times (2Q_1 + 0.89Q_2)$$

$$2Q_1 + 0.89Q_2 = 119.7$$

が成り立ち，これを解くと

$$Q_2 = 20.3 ≒ 2.0 \times 10〔kJ〕$$

問4 $Q_2 > 0$ より，式(6)における HSO_4^- の電離は発熱反応となり，ルシャトリエの原理から温度を上げると反応は左に進んで H^+，SO_4^{2-} は減少する。よって，電離定数は小さくなり pH は大きくなる。

問5 NaOH が 30mL に対して H_2SO_4 が 10mL の場合には HSO_4^- の存在比は 0 で，量的関係の条件は $q(80)$ と同じになる。ただし，反応する H_2SO_4 の量は $\dfrac{10}{40}$ となる。NaOH が 30mL に対して H_2SO_4 が 30mL の場合には HSO_4^- の存在比は 0.60 で，量的関係の条件は $q(40)$ と同じになる。ただし，反応する H_2SO_4 の量は $\dfrac{30}{40}$ となる。

解 答

問1 ア．8.9×10^{-2}　イ．1.1×10^{-2}

問2 ウ．-1　エ．-1　オ．$-Q_1$　カ．$-Q_1 - Q_2$

問3 キ．1.0　ク．0.29　ケ．2.0　コ．0.89　サ．2.0×10

問4 シ．ルシャトリエ　ス．小さくなる　セ．大きくなる

問5 ソ．$0.25q(80)$　タ．$0.75q(40)$

20

ポイント (a) pHと電離定数の関係を使いこなそう

pH，気体のH_2Sの溶解度，および2段階の電離定数を用い，近似計算をして$[S^{2-}]$を求める必要がある。そしてCdSの溶解度積から水溶液中の$[Cd^{2+}]$を算出する。なお，Cd^{2+}とOH^-による各錯イオンの濃度は，pHが与えられていれば$[Cd^{2+}]$で表せることに気づくことが必要である。

(b) イオンと四面体間隙の位置関係をイメージしよう

まず，四面体間隙と八面体間隙が最密に充填された粒子とどのような位置関係にあるかをイメージ・理解する必要がある。次に，閃亜鉛鉱型構造，ウルツ鉱型構造におけるS^{2-}は，それぞれ面心立方格子，六方最密構造を形成しており，それぞれにおいてCd^{2+}は四面体間隙に配置されているが，組成式CdSからわかるようにCd^{2+}とS^{2-}の個数の比は1:1であるので，すべての四面体間隙にCd^{2+}が存在することはなく，1つおきの四面体間隙に配置されていることをイメージ・理解する必要がある。

解 説

問1 (ア) 1段階目の反応のみを考えればよいから，$[H^+]=[HS^-]$より

$$K_{a1}=\frac{[H^+][HS^-]}{[H_2S]}=\frac{[H^+]^2}{1.0\times10^{-1}}=1.0\times10^{-7}$$

$$[H^+]=1.0\times10^{-4}\,(mol/L) \qquad \therefore \quad pH=4$$

(イ) Sを含む3種類の化学種について，モル濃度の比は

$$[H_2S]:[HS^-]:[S^{2-}]=\frac{[H^+][HS^-]}{K_{a1}}:[HS^-]:\frac{[HS^-]K_{a2}}{[H^+]}$$

$$=\frac{[H^+]}{K_{a1}}:1:\frac{K_{a2}}{[H^+]}$$

pH$=4$の場合，$[H^+]=1.0\times10^{-4}\,(mol/L)$なので

$$[H_2S]:[HS^-]:[S^{2-}]=\frac{1.0\times10^{-4}}{1.0\times10^{-7}}:1:\frac{1.0\times10^{-14}}{1.0\times10^{-4}}$$

$$=1.0\times10^3:1:1.0\times10^{-10}$$

$[H_2S]+[HS^-]+[S^{2-}]=1.0\times10^{-1}\,(mol/L)$なので

$$[S^{2-}]=1.0\times10^{-1}\times\frac{1.0\times10^{-10}}{1.0\times10^3+1+1.0\times10^{-10}}\fallingdotseq1.0\times10^{-14}\,(mol/L)$$

〔別解〕 $[HS^-]=[H^+]$だから，K_{a2}について

$$K_{a2}=\frac{[H^+][S^{2-}]}{[HS^-]}=[S^{2-}]=1.0\times10^{-14}$$

したがって

$$[S^{2-}]=1.0\times10^{-14}\,(mol/L)$$

(ウ) $[Cd^{2+}][S^{2-}] \geqq 2.1 \times 10^{-20}\,(mol/L)^2$ で沈殿が生じるので

$$[Cd^{2+}][S^{2-}] = [Cd^{2+}] \times 1.0 \times 10^{-14} \geqq 2.1 \times 10^{-20}$$

$$[Cd^{2+}] \geqq 2.1 \times 10^{-6}\,(mol/L)$$

(エ) pH＝7 の場合，(イ)と同様に

$$[H_2S] : [HS^-] : [S^{2-}] = \frac{1.0 \times 10^{-7}}{1.0 \times 10^{-7}} : 1 : \frac{1.0 \times 10^{-14}}{1.0 \times 10^{-7}}$$

$$= 1.0 : 1 : 1.0 \times 10^{-7}$$

よって

$$[S^{2-}] = 1.0 \times 10^{-1} \times \frac{1.0 \times 10^{-7}}{1.0 + 1 + 1.0 \times 10^{-7}} \fallingdotseq 5.0 \times 10^{-9}\,(mol/L)$$

〔別解〕 $\quad K_{a1} = \dfrac{[H^+][HS^-]}{[H_2S]} = \dfrac{1.0 \times 10^{-7} \times [HS^-]}{[H_2S]} = 1.0 \times 10^{-7}$

$$[H_2S] = [HS^-]$$

$$K_{a2} = \frac{[H^+][S^{2-}]}{[HS^-]} = \frac{1.0 \times 10^{-7} \times [S^{2-}]}{[HS^-]} = 1.0 \times 10^{-14}$$

$$[S^{2-}] = 1.0 \times 10^{-7} \times [HS^-]$$

一方

$$[H_2S] + [HS^-] + [S^{2-}] = (2 + 1.0 \times 10^{-7})[HS^-] = 1.0 \times 10^{-1}\,(mol/L)$$

したがって $\quad [HS^-] \fallingdotseq 5.0 \times 10^{-2}\,(mol/L)$

よって

$$[S^{2-}] = 1.0 \times 10^{-7} \times [HS^-]$$

$$\fallingdotseq 1.0 \times 10^{-7} \times 5.0 \times 10^{-2} = 5.0 \times 10^{-9}\,(mol/L)$$

(オ) (ウ)と同様に

$$[Cd^{2+}][S^{2-}] = [Cd^{2+}] \times 5.0 \times 10^{-9} \geqq 2.1 \times 10^{-20}$$

$$[Cd^{2+}] \geqq 4.2 \times 10^{-12}\,(mol/L)$$

(カ) $[H^+] = 1.0 \times 10^{-14}\,(mol/L)$ のとき，$[OH^-] = 1.0\,(mol/L)$ なので

$$\frac{[[Cd(OH)]^+]}{[Cd^{2+}][OH^-]} = K_{b1} \text{ より}$$

$$[[Cd(OH)]^+] = K_{b1}[Cd^{2+}][OH^-]$$

$$= 1.4 \times 10^4 \times [Cd^{2+}] \times 1.0$$

$$= 1.4 \times 10^4 \times [Cd^{2+}]$$

(キ) $\dfrac{[Cd(OH)_2]}{[[Cd(OH)]^+][OH^-]} = K_{b2}$ より

$$[Cd(OH)_2] = K_{b2}[[Cd(OH)]^+][OH^-]$$

$$= 1.7 \times 10^4 \times 1.4 \times 10^4 \times [Cd^{2+}] \times 1.0$$

$$= 2.38 \times 10^8 \times [Cd^{2+}]$$

$$\fallingdotseq 2.4 \times 10^8 \times [Cd^{2+}]$$

(ク)　同様に

$$[[Cd(OH)_3]^-] = K_{b3}[Cd(OH)_2][OH^-]$$
$$= 1.0 \times 2.38 \times 10^8 \times [Cd^{2+}] \times 1.0$$
$$= 2.38 \times 10^8 \times [Cd^{2+}]$$
$$\fallingdotseq 2.4 \times 10^8 \times [Cd^{2+}]$$

(ケ)　同様に

$$[[Cd(OH)_4]^{2-}] = K_{b4}[[Cd(OH)_3]^-][OH^-]$$
$$= 1.0 \times 2.38 \times 10^8 \times [Cd^{2+}] \times 1.0$$
$$= 2.38 \times 10^8 \times [Cd^{2+}]$$
$$\fallingdotseq 2.4 \times 10^8 \times [Cd^{2+}]$$

(コ)　$[Cd]_{total} = [Cd^{2+}] + 1.4 \times 10^4 \times [Cd^{2+}] + 3 \times (2.38 \times 10^8 \times [Cd^{2+}])$
$$= (1 + 1.4 \times 10^4 + 7.14 \times 10^8) \times [Cd^{2+}] \fallingdotseq 7.1 \times 10^8 \times [Cd^{2+}]$$

(サ)　pH = 14 の場合，(イ)と同様に

$$[H_2S] : [HS^-] : [S^{2-}] = \frac{1.0 \times 10^{-14}}{1.0 \times 10^{-7}} : 1 : \frac{1.0 \times 10^{-14}}{1.0 \times 10^{-14}}$$
$$= 1.0 \times 10^{-7} : 1 : 1.0$$

よって

$$[S^{2-}] = 1.0 \times 10^{-1} \times \frac{1.0}{1.0 \times 10^{-7} + 1 + 1.0} \fallingdotseq 5.0 \times 10^{-2} \,(mol/L)$$

〔別解〕　$[H_2S] \fallingdotseq 0$ としてよいので，K_{a2} のみを考えると

$$K_{a2} = \frac{[H^+][S^{2-}]}{[HS^-]} = \frac{1.0 \times 10^{-14} \times [S^{2-}]}{[HS^-]} = 1.0 \times 10^{-14}$$
$$[S^{2-}] = [HS^-]$$

したがって

$$[S^{2-}] = \frac{1}{2} \times 1.0 \times 10^{-1} = 5.0 \times 10^{-2} \,(mol/L)$$

(シ)　(ウ)と同様に

$$[Cd^{2+}][S^{2-}] = [Cd^{2+}] \times 5.0 \times 10^{-2} \geqq 2.1 \times 10^{-20}$$
$$[Cd^{2+}] \geqq 4.2 \times 10^{-19} \,(mol/L)$$

(ス)　(コ)より

$$[Cd]_{total} = 7.14 \times 10^8 \times 4.2 \times 10^{-19}$$
$$= 29.98 \times 10^{-11} \fallingdotseq 3.0 \times 10^{-10} \,(mol/L)$$

問2 (あ) 八面体間隙は，図1の第1層のくぼみのうち，第2層の粒子が乗らなかっ
たくぼみのことを指す。このくぼみは，次図で示すように第1層，第2層の各3個
の粒子で形成される正八面体の中心と考えられる。

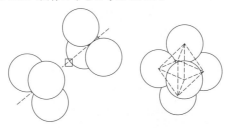

最密充塡構造である面心立方格子で考えると，次図に示すように，正八面体の中心
は単位格子の中心と各辺上に存在することから，八面体間隙（□）も単位格子の立
方体の中心と辺の中心にあり，単位格子には4個含まれる。一方，S^{2-} も単位格子
中に4個含まれるので，1倍となる。

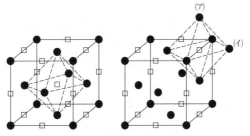

((ア), (イ)は隣接する単位格子内に存在する粒子（S^{2-}）である)

(い) 四面体間隙は，図1からわかるように，4個の粒子で形成される正四面体の中心
のことである（次図参照）。

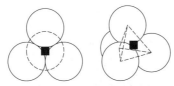

こちらも面心立方格子で考えると，四面体間隙（■）は面心立方格子を8等分した
小立方体の中心にあるので，単位格子には8個含まれる。よって，2倍。

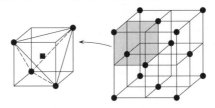

(う) 図3より，相対的な高さ1と0の面上に配置されたイオンは，右図のような個数分が単位格子に含まれる。さらに，相対的な高さ$\frac{1}{2}$の面上には1個分の原子が含まれるので

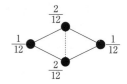

$$\frac{1}{12} \times 4 + \frac{2}{12} \times 4 + 1 = 2 \text{個}$$

問3 (え) 右図のようにS^{2-}間距離をa〔nm〕，正四面体の高さをx〔nm〕とし，破線部分で切った断面を考える。格子の高さは$2x$となるので，まずxの値を求める。

垂線xの足Aは正四面体の底面の三角形の重心であるから

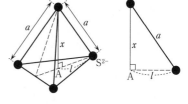

$$l = \frac{\sqrt{3}}{2} a \times \frac{2}{3} = \frac{\sqrt{3}}{3} a$$

したがって

$$a^2 = x^2 + l^2 = x^2 + \left(\frac{\sqrt{3}}{3} a\right)^2 \qquad x = \frac{\sqrt{2}}{\sqrt{3}} a = \frac{\sqrt{6}}{3} a$$

よって，求める結晶格子の高さhは

$$h = 2x = \frac{2\sqrt{6}}{3} a = \frac{2 \times 2.4}{3} \times 0.41$$
$$= 0.656 \fallingdotseq 0.66 \text{〔nm〕}$$

問4 次図は高さ0の断面上のあるS^{2-}を上から見たときの四面体間隙の位置と，格子を横から見たときの間隙の高さの概略を表す。つまりCd^{2+}は高さ$\frac{1}{8}, \frac{3}{8}, \frac{5}{8}, \frac{7}{8}$の位置に配列され，$Cd^{2+}$は間隙に1つおきに存在するので，$\frac{1}{8}$と$\frac{5}{8}$または$\frac{3}{8}$と$\frac{7}{8}$の2つの高さの組み合わせが考えられる。

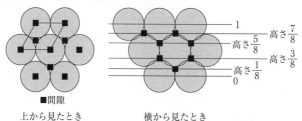

■間隙

上から見たとき　　　横から見たとき

〔**参考**〕 右図は図3の単位格子を真上および真横から見たものである。網かけの部分はア，イ，およびイの真下の粒子（S^{2-}）イ′をそれぞれ頂点とする正四面体を真横から見たものである。これらより，正四面体の高さは$\dfrac{h}{2}$であることがわかる。xは各正四面体の重心（四面体間隙）の底面からの高さであり，この位置にCd^{2+}が配置される。

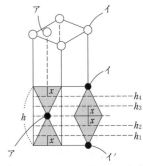

$\begin{pmatrix}\text{ア，イ（イ′）以外の粒子が頂点と}\\\text{なる正四面体は省略してある}\end{pmatrix}$

次に，xを求める。

この正四面体の底面を底面とする高さxの三角錐の体積は，この正四面体の体積の$\dfrac{1}{4}$倍である。

したがって，正四面体の底面の面積をSとすると

$$S \times \frac{h}{2} \times \frac{1}{3} = S \times x \times \frac{1}{3} \times 4 \qquad x = \frac{h}{8}$$

よって，各正四面体の相対的高さ$h_1 \sim h_4$は

$$h_1 = \frac{h}{8} \qquad h_2 = \frac{h}{2} - \frac{h}{8} = \frac{3}{8}h \qquad h_3 = \frac{h}{2} + \frac{h}{8} = \frac{5}{8}h \qquad h_4 = h - \frac{h}{8} = \frac{7}{8}h$$

また，Cd^{2+}は近接する四面体間隙には配置されず，1つおきになるので，h_1とh_3，h_2とh_4となる。なお，配置されるCd^{2+}の位置は，対応するS^{2-}の真下または真上である。

解 答

問1 ㋐ 4　㋑ 1.0×10^{-14}　㋒ 2.1×10^{-6}　㋓ 5.0×10^{-9}　㋔ 4.2×10^{-12}
　　　㋕ 1.4×10^{4}　㋖ 2.4×10^{8}　㋗ 2.4×10^{8}　㋘ 2.4×10^{8}　㋙ 7.1×10^{8}
　　　㋚ 5.0×10^{-2}　㋛ 4.2×10^{-19}　㋜ 3.0×10^{-10}

問2 ㋐ 1　㋑ 2　㋒ 2

問3 ㋔ 0.66

問4 ㋔ ◇　㋕ $\dfrac{1}{8}$　㋖ ◇　㋗ $\dfrac{5}{8}$　㋘ ◇　㋙ $\dfrac{3}{8}$　㋚ ◇

　　　㋛ $\dfrac{7}{8}$

21

ポイント　**2 種類のグラフを正確に読み取ろう**
(a)密閉容器の中に気体と純水が存在するときの全圧や分圧を考えるのと同様に，水溶液の蒸気圧曲線を用いて考えればよい。電気分解によって発生した気体の分圧は容易に求めることができる。
(b)この反応の圧平衡定数は図 3 の値を用いて求めることができる。図 3 は目新しいグラフであるが，一定温度における CO_2 と CO の平衡関係を表したものであることがわかれば設問の意味や解答の方向性が得られるだろう。

解　説

問 2　$T = 87$ 〔℃〕での飽和水蒸気圧は，図 2 より 625×10^2 Pa なので，操作Ⅰでバルブを閉じたあとの空気の圧力は

$$1.013 \times 10^5 - 625 \times 10^2 = 388 \times 10^2 \,(Pa)$$

$T = 27$ 〔℃〕まで下げたときの空気の圧力は，シャルルの法則より

$$388 \times 10^2 \times \frac{273 + 27}{273 + 87} = 323.3 \times 10^2 \fallingdotseq 323 \times 10^2 \,(Pa)$$

$T = 27$ 〔℃〕での蒸気圧は，図 2 より 33.2×10^2 Pa なので

$$323 \times 10^2 + 33.2 \times 10^2 = 356.2 \times 10^2 \fallingdotseq 3.6 \times 10^4 \,(Pa)$$

問 3　Na，Ca はイオン化傾向が大きく，陰極には析出しない。

問 4　流れた電子の物質量は

$$\frac{1.00 \times 10^2 \times 10^{-3} \times (32 \times 60 + 10)}{9.65 \times 10^4} = 2.00 \times 10^{-3} \,(mol)$$

イオン反応式より，発生する気体の総物質量も 2.00×10^{-3} mol となるので，発生した気体の圧力を x 〔Pa〕とすると，状態方程式より

$$x \times \frac{3.00 \times 10^2}{1.00 \times 10^3} = 2.00 \times 10^{-3} \times 8.31 \times 10^3 \times 300$$

$$\therefore \quad x = 1.662 \times 10^4 \,(Pa)$$

温度が 27℃ のままなので，空気と水蒸気の分圧の和は変化せず大気圧に等しい。
したがって，容器内の全圧は

$$1.013 \times 10^5 + 1.662 \times 10^4 = 1.17 \times 10^5 \fallingdotseq 1.2 \times 10^5 \,(Pa)$$

問 5　平衡状態における各成分の分圧は，図 3 より $p_{CO_2} = 1.0 \times 10^5$ 〔Pa〕のとき $p_{CO} = 1.0 \times 10^5$ 〔Pa〕と読み取れるので，(2)式に代入する。

$$K_p = \frac{(1.0 \times 10^5)^2}{1.0 \times 10^5} = 1.0 \times 10^5 \,(Pa)$$

問 6　容器内の全圧を P_1 に保っているので，$p_{CO_2} + p_{CO} = P_1$ が成り立つ。

問7 (i) 求める圧力を y 〔Pa〕とすると，CO_2 の分圧は $7.5 \times 10^4 - y$ 〔Pa〕となり，点Bは平衡状態にあるので

$$K_P = \frac{y^2}{7.5 \times 10^4 - y} = 1.0 \times 10^5$$

が成り立つ。よって

$$y^2 + 1.0 \times 10^5 y - 7.5 \times 10^9 = 0 \qquad (y + 1.5 \times 10^5)(y - 0.5 \times 10^5) = 0$$

$$\therefore \quad y = 5.0 \times 10^4 \text{〔Pa〕}$$

(ii) $p_{CO2} = p_{CO}$ なので，$K_P = \dfrac{(p_{CO})^2}{p_{CO2}} = p_{CO}$ となり

$$p_{CO} = K_P = 1.0 \times 10^5 \text{〔Pa〕}$$

$$P_2 = p_{CO2} + p_{CO} = 2.0 \times 10^5 \text{〔Pa〕}$$

よって $\dfrac{P_2}{P_1} = \dfrac{2.0 \times 10^5}{7.5 \times 10^4} = \dfrac{8}{3}$

解 答

問1 求める物質量を x 〔mol〕とすると，NaCl，$CaCl_2$ は完全に電離するので，水溶液中に溶解しているイオン粒子の質量モル濃度は

$$x \times \frac{1.0 \times 10^3}{1.3 \times 10^2} \times 5 = \frac{50}{1.3} x \text{〔mol/ kg〕}$$

また，図2より 1.013×10^5 Pa の大気圧における沸点上昇度は2Kなので

$$2 = 5.2 \times 10^{-1} \times \frac{50}{1.3} x \qquad \therefore \quad x = 0.1 \text{〔mol〕} \quad \cdots\cdots \text{(答)}$$

問2　3.6×10^4

問3　陰極A：$2H_2O + 2e^- \longrightarrow 2OH^- + H_2$

　　　陽極B：$2Cl^- \longrightarrow Cl_2 + 2e^-$

問4　1.2×10^5

問5　1.0×10^5

問6　$p_{CO_2} + p_{CO} = P_1$

問7　(i)5.0×10^4Pa　(ii)$\dfrac{8}{3}$

(iii)　操作1開始時のCO_2の物質量および操作2終了時の平衡（図3の点Bの状態）までに反応したCO_2の物質量をそれぞれ，n〔mol〕およびa〔mol〕とすると，平衡状態における物質量の関係は以下のようになる。

$$CO_2 + C\,(固) \rightleftharpoons 2CO \qquad 全物質量$$
$$n-a \qquad\qquad\quad 2a \qquad n+a$$

物質量比と分圧比は等しくなるので，図3の点Bでの値$p_{CO_2} : p_{CO}$
$= 2.5 \times 10^4 : 5.0 \times 10^4 = 1 : 2$より

$$n-a : 2a = 1 : 2 \qquad \therefore \quad a = \frac{n}{2}$$

全物質量は　　$n + a = \dfrac{3}{2}n$〔mol〕

次に，操作3終了時の平衡までに反応したCO_2の物質量をb〔mol〕とすると，平衡状態における物質量の関係は以下のようになる。

$$CO_2 + C\,(固) \rightleftharpoons 2CO \qquad 全物質量$$
$$n-b \qquad\qquad\quad 2b \qquad n+b$$

ここで，$p_{CO_2} : p_{CO} = 1.0 \times 10^5 : 1.0 \times 10^5 = 1 : 1$より

$$n-b : 2b = 1 : 1 \qquad \therefore \quad b = \frac{n}{3}$$

全物質量は　　$n + b = \dfrac{4}{3}n$〔mol〕

$PV = nRT$より，$V = \dfrac{nRT}{P}$となるので

$$\frac{V_2}{V_1} = \frac{\dfrac{\frac{4}{3}nRT_e}{P_2}}{\dfrac{\frac{3}{2}nRT_e}{P_1}} = \frac{8}{9} \times \frac{P_1}{P_2} = \frac{8}{9} \times \frac{3}{8} = \frac{1}{3} \quad \cdots\cdots(答)$$

22

> **ポイント**　溶解度積を使いこなし，濃淡電池の作動原理を理解する
> (a)モール法の原理が理解できていれば，求めるべき各イオンの濃度は計算可能である。
> (b)濃淡電池がどのような原理で作動するかを知っていると有利であるが，設定条件から2
> つの電解槽での銀イオン濃度が等しくなる方向に変化が生じ，電流が流れると推論できる
> だろう。ただ，このときに AgCl と AgBr の溶解度積を用いて電解液の濃度を求める必要
> がある点がポイントとなる。

解　説

問1　水溶液中で $CrO_4{}^{2-}$ は $Cr_2O_7{}^{2-}$ と平衡状態にあり，酸性にすると平衡が右に移動して $Cr_2O_7{}^{2-}$ が増加する。

$$2CrO_4{}^{2-} + 2H^+ \rightleftharpoons Cr_2O_7{}^{2-} + H_2O$$

また，塩基性条件下では褐色の Ag_2O が生成するため，滴定に影響を与える。

$$2Ag^+ + 2OH^- \longrightarrow Ag_2O + H_2O$$

問2　AgCl と Ag_2CrO_4 では AgCl の方が溶解度が小さいため，少量の $CrO_4{}^{2-}$ を含む Cl^- 水溶液に Ag^+ を滴下すると，まず白色の AgCl が沈殿し，その後暗赤色の Ag_2CrO_4 が沈殿する。ここが滴定の終点と考えられ，含まれていた Cl^- のほとんどが沈殿している。よって，滴下した Ag^+ の物質量と含まれていた Cl^- の物質量が等しいとみなせるので，Cl^- を定量することができる。このような K_2CrO_4 を指示薬とする沈殿滴定をモール法という。

(I)　$[Ag^+]^2[CrO_4{}^{2-}] \geq K_{sp}$　（Ag_2CrO_4 の溶解度積）

を満たすところで沈殿が生じる。よって

$$[Ag^+]^2[CrO_4{}^{2-}] = [Ag^+]^2 \times 1.0 \times 10^{-3} = 3.6 \times 10^{-12} \,(mol/L)^3$$

$$[Ag^+]^2 = 3.6 \times 10^{-9}$$

$$[Ag^+] = 6.0 \times 10^{-5} \,(mol/L)$$

(II)　水溶液中には $[Ag^+][Cl^-] = 1.8 \times 10^{-10} \,(mol/L)^2$ を満たす Ag^+ と Cl^- が沈殿せずに溶解している。よって

$$[Ag^+][Cl^-] = 6.0 \times 10^{-5} \times [Cl^-] = 1.8 \times 10^{-10} \,(mol/L)^2$$

$$[Cl^-] = 3.0 \times 10^{-6} \,(mol/L)$$

問3　Ag^+ の滴下に伴って AgCl が沈殿するが，滴定の終点では $[Ag^+] = [Cl^-]$ となる。このとき，$[Ag^+][Cl^-] = 1.8 \times 10^{-10} \,(mol/L)^2$ が成り立つので，$[Ag^+] = [Cl^-] = \sqrt{1.8} \times 10^{-5} \,(mol/L)$ となる。

ちょうどここで指示薬が変化すれば，より正確な終点を知ることができるが，

K_2CrO_4 の量によっては操作上の滴定終点とより正確な終点が異なってしまう。実際に題意の条件では，$[Ag^+]=6.0\times10^{-5}$〔mol/L〕で Ag_2CrO_4 が沈殿するので，やや過剰に Ag^+ を滴下することになる。より正確な終点では，$[Ag^+]=\sqrt{1.8\times10^{-5}}$〔mol/L〕であるので，$Ag_2CrO_4$ の沈殿が生じるために必要な $[CrO_4^{2-}]$ は

$$[Ag^+]^2[CrO_4^{2-}]=(\sqrt{1.8\times10^{-5}})^2\times[CrO_4^{2-}]=3.6\times10^{-12}\,(mol/L)^3$$
$$[CrO_4^{2-}]=2.0\times10^{-2}\,〔mol/L〕$$

問4　(Ⅲ)　水溶液 **A** には $[Ag^+][Cl^-]=1.8\times10^{-10}\,(mol/L)^2$ を満たす Ag^+ が溶解している。題意より，$[Cl^-]=1.0\times10^{-3}$〔mol/L〕なので

$$[Ag^+]\times1.0\times10^{-3}=1.8\times10^{-10}\,(mol/L)^2$$
$$[Ag^+]=1.8\times10^{-7}\,〔mol/L〕$$

(Ⅳ)　水溶液 **B** も同様に

$$[Ag^+]\times1.0\times10^{-3}=5.4\times10^{-13}\,(mol/L)^2$$
$$[Ag^+]=5.4\times10^{-10}\,〔mol/L〕$$

(Ⅴ)　電流が流れなくなったときの水溶液 **A** に溶解している Ag^+ の濃度は

$$[Ag^+][Cl^-]=[Ag^+]\times2.0\times10^{-3}=1.8\times10^{-10}\,(mol/L)^2$$
$$[Ag^+]=9.0\times10^{-8}\,〔mol/L〕$$

このとき，水溶液 **A** および **B** の Ag^+ の濃度が等しい。よって，水溶液 **B** の Ag^+ も 9.0×10^{-8} mol/L となるので

$$[Ag^+][Br^-]=9.0\times10^{-8}\times[Br^-]=5.4\times10^{-13}\,(mol/L)^2$$
$$[Br^-]=6.0\times10^{-6}\,〔mol/L〕$$

問5　Ag^+ の濃度は水溶液 **B** の方が小さいため

水溶液 **B** の電極では　　$Ag\longrightarrow Ag^++e^-$　（酸化）

水溶液 **A** の電極では　　$Ag^++e^-\longrightarrow Ag$　（還元）

の反応がおこり，濃度差を小さくしようとする方向に反応が進行する。

その結果，e^- は水溶液 **B** の電極から水溶液 **A** の電極に移動する，つまり電流は水溶液 **A** から水溶液 **B** の方向へ流れる。水溶液 **A** では Ag^+ が減少するため $AgCl$ が溶解し，水溶液 **B** では Br^- が減少し Ag^+ が増加するので銀電極が溶解している。このようなしくみで電流を取り出す装置を濃淡電池という。

解　答

問1　$Cr_2O_7^{2-}+H_2O$　　　問2　(Ⅰ)6.0×10^{-5}　(Ⅱ)3.0×10^{-6}

問3　2.0×10^{-2} mol/L　　問4　(Ⅲ)1.8×10^{-7}　(Ⅳ)5.4×10^{-10}　(Ⅴ)6.0×10^{-6}

問5　ア—2　イ—1　ウ—2

23

ポイント　水溶液を冷却し続けるとやがて飽和溶液になる

(a)一定量の水溶液を冷却して凝固が始まると，氷の質量が増加し水溶液の濃度は上昇するが，全体の質量は変化しない。また，水溶液の濃度が飽和に達すると，その濃度と同じ溶質と溶媒の割合で凝固が起こり，水溶液の濃度は飽和のままである。したがって，凝固点は降下しない。

(b)同温・同体積では，全圧は全物質量に比例する。

解　説

問1　Δt（凝固点降下度）$= K_f$（モル凝固点降下）$\times C$（質量モル濃度）より

$T_0 - T_1 = K_f C_1$ 　　　$T_1 = T_0 - K_f C_1$

問2　(ア)　状態②では，$(1000 + M_s C_2)$〔g〕の溶液に対して，$M_s C_2$〔g〕の溶質が溶解している。したがって，溶液が w_2〔g〕なので，溶質の質量は

$$w_2 \times \frac{M_s C_2}{1000 + M_s C_2} = \frac{w_2 M_s C_2}{1000 + M_s C_2} \text{〔g〕}$$

となる。

(イ)　ビーカー内の物質の総量（質量）に関して

$w_1 + M_1 = w_2 + M_2$

$M_2 = w_1 + M_1 - w_2$　……(i)

また，ビーカー内の溶質の質量に関して，状態①，②ともに，溶質は溶液中にしか存在しないから

$$w_1 \times \frac{M_s C_1}{1000 + M_s C_1} = w_2 \times \frac{M_s C_2}{1000 + M_s C_2}$$

$$w_2 = \frac{w_1 C_1 (1000 + M_s C_2)}{C_2 (1000 + M_s C_1)} \quad \text{……(ii)}$$

がそれぞれ成り立つ。

(ii)を(i)に代入して

$$M_2 = w_1 + M_1 - \frac{w_1 C_1 (1000 + M_s C_2)}{C_2 (1000 + M_s C_1)}$$

$$= M_1 + w_1 \left\{ 1 - \frac{C_1 (1000 + M_s C_2)}{C_2 (1000 + M_s C_1)} \right\}$$

問3　室温付近にある水溶液を冷却した場合の温度と時間のグラフは，右図のようになる。Xまでは水溶液のまま温度が下がり，Xで氷が生じ始める。X—Y間は水のみが凝固するので，溶液の濃度は次第

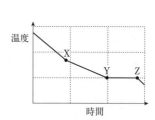

に大きくなり凝固点が下がる。Yで溶液は飽和溶液となるので，Y－Z間は水と溶質が飽和溶液の組成比と同じ比率で同時に凝固する。したがって，溶液の濃度はYでの飽和溶液のまま変化しないので，凝固点も変化しない。そして，Zですべてが凝固する。Z以降は全量が固体として温度が降下する。加熱する場合の温度変化は，その逆を考える。

Z以降のすべてが凝固した状態では，純溶媒の固体とY以降で生じた飽和溶液と同じ組成比の固体の2種類の固相が存在する。これを加熱すると，温度がZの状態まで上昇したとき，飽和溶液組成の固相が融解を始め，この固相が完全に融解するまで温度は変化しない。その後の加熱で純溶媒のみの固相が融解することで溶液の濃度が低下し，温度は上昇して，純溶媒の固相が全量融解するとXでの温度となる。

問4　(あ)　両気体の圧力は等しいため，物質量の比＝体積の比 となる。

(い)　充填時と平衡時の物質量の関係は次のようになる。

$$2CO + O_2 \rightleftharpoons 2CO_2$$

充填時	n_{CO}	n_{O_2}	－　〔mol〕
平衡時	$n_{CO}-a$	$n_{O_2}-\dfrac{a}{2}$	a　〔mol〕

よって

$$n_{CO}-a+n_{O_2}-\frac{a}{2}+a=n_{CO}+n_{O_2}-\frac{a}{2}\text{〔mol〕}$$

(う)　(い)より，平衡時の物質量は充填時より減少しているので，圧力も減少する。

(え)　平衡状態における全圧を P，CO，O_2，CO_2 の分圧をそれぞれ P_{CO}，P_{O_2}，P_{CO_2} とすると

$$K_p=\frac{P_{CO_2}{}^2}{P_{CO}{}^2\times P_{O_2}}$$

$$=\frac{\left(\dfrac{a}{n_{CO}+n_{O_2}-\dfrac{a}{2}}P\right)^2}{\left(\dfrac{n_{CO}-a}{n_{CO}+n_{O_2}-\dfrac{a}{2}}P\right)^2\left(\dfrac{n_{O_2}-\dfrac{a}{2}}{n_{CO}+n_{O_2}-\dfrac{a}{2}}P\right)}\quad\cdots\cdots(\text{iii})$$

また，$PV=\left(n_{CO}+n_{O_2}-\dfrac{a}{2}\right)RT$ より

$$P=\frac{n_{CO}+n_{O_2}-\dfrac{a}{2}}{V}RT\quad\cdots\cdots(\text{iv})$$

(iv)を(iii)に代入して

$$K_p = \frac{\left(\dfrac{a}{V}RT\right)^2}{\left(\dfrac{n_{CO}-a}{V}RT\right)^2\left(\dfrac{n_{O_2}-\dfrac{a}{2}}{V}RT\right)} \quad \cdots\cdots(v)$$

さらに，可動壁を取り去ることによる全圧の減少分は，全物質量の減少分 $\dfrac{a}{2}$ を用いると

$$\frac{\dfrac{a}{2}RT}{V}$$

したがって，$x=\dfrac{a}{2}$ より $a=2x$ を(v)に代入して

$$K_p = \frac{\left(\dfrac{2x}{V}RT\right)^2}{\left(\dfrac{n_{CO}-2x}{V}RT\right)^2\left(\dfrac{n_{O_2}-x}{V}RT\right)} = \frac{4x^2V}{(n_{CO}-2x)^2(n_{O_2}-x)RT}$$

解　答

問1　$T_1 = T_0 - K_f C_1$

問2　(ア) $\dfrac{w_2 M_s C_2}{1000 + M_s C_2}$　　(イ) $\dfrac{C_1(1000 + M_s C_2)}{C_2(1000 + M_s C_1)}$

問3　(B)

問4　(あ) $\dfrac{l_{CO}}{l_{O_2}}$　　(い) $n_{CO} + n_{O_2} - \dfrac{a}{2}$　　(う)減少　　(え) $\dfrac{4x^2V}{(n_{CO}-2x)^2(n_{O_2}-x)RT}$

24

> **ポイント**　溶解度積と pH の関係を使いこなそう
>
> (a)黄銅鉱・黄鉄鉱とも，単位格子中のいずれか 1 種類のイオンの個数がわかれば，組成式から他のイオンの個数は計算できる。問 4 では，Fe と Cu のイオン化傾向の大小を考えるのではなく，Fe^{3+} は $Fe^{3+} + e^- \longrightarrow Fe^{2+}$ のように，酸化剤としてはたらくことに気づかねばならない。
>
> (b)金属イオンの水酸化物の溶解度積は，$[OH^-]$ を含んでいるから，その溶解度は直接 pH の影響を受ける。図 2 の座標軸は，いずれも対数目盛であることに気づくと，溶解度積との関係が見えてくる。この場合の溶解度とは，金属イオンの濃度に等しい。問 7 では，平衡定数は固体を含まないことに気づくことがポイントである。

解　説

問1　黄銅鉱の単位格子 1 つに含まれるイオンの数は

$$Cu^{2+} : \frac{1}{8} \times 8 + \frac{1}{2} \times 4 + 1 = 4 \text{ 個}$$

$$Fe^{2+} : \frac{1}{4} \times 4 + \frac{1}{2} \times 6 = 4 \text{ 個}$$

$$S^{2-} : 1 \times 8 = 8 \text{ 個}$$

黄鉄鉱も同様に

$$Fe^{2+} : \frac{1}{8} \times 8 + \frac{1}{2} \times 6 = 4 \text{ 個}$$

$$S_2{}^{2-} : \frac{1}{4} \times 12 + 1 = 4 \text{ 個}$$

〔**参考**〕　単位格子に含まれる各粒子数の比は，組成式における粒子数の比に等しい。ⓐでは，S^{2-} はすべて単位格子内部に存在し，その数は 8 個である。黄銅鉱の組成式は $CuFeS_2$ だから，ⓐに含まれる Cu^{2+} と Fe^{2+} はいずれも 4 個である。このように組成式を用いると，必ずしも各イオンを逐一数えあげる必要はない。ⓑでは，Fe^{2+} は面心立方格子状に配置されているから，その数は 4 個である。黄鉄鉱の組成式は FeS_2 だから，$S_2{}^{2-}$ として 4 個が単位格子内に含まれている。

問2　FeS_2 における S の酸化数は −1 である。希硫酸には酸化作用はないから，FeS_2 中の S の酸化数の和（−2）は変化しない（Fe^{2+} もそのままである）。ところが，H_2S が発生し，この S 原子の酸化数は −2 なので，もう一方の S 原子の酸化数は，2 個の S 全体で −2 となるためには，0（即ち単体）でなければならない。したがって FeS_2 中の S は，H_2S と S とに変化すると考えられる。

問3　最終生成物が Cu と SO_2 なので，下線部②では S 成分が SO_2 となって取り除

かれる必要がある。よって，下線部①で生成する Cu 化合物は Cu_2O と考えられる。

〔注〕 Cu_2O と Cu_2S の Cu の酸化数は $+1$ で等しい。また，Cu_2O と Cu_2S の Cu^+ が酸化剤であり，S^{2-} が還元剤である。

問4 イオン化傾向は $Fe>Cu$ であるが，Fe^{3+} は酸化力をもつため

$$Fe^{3+}+e^- \longrightarrow Fe^{2+}$$

の変化により，金属の Cu をイオン化することができる。

〔注〕 イオン化傾向の大小関係は，次の反応式の正反応は起こるが逆反応は起こらないことを示すのみで，Fe^{3+} の酸化作用とは別な反応である。

$$Cu^{2+}+Fe \rightleftharpoons Cu+Fe^{2+}$$

問5 各水酸化物の溶解度積は次のようになり，概ね溶解度積の値が大きいほど溶解度も大きい。

$$[Zn^{2+}][OH^-]^2=1.2\times10^{-17}\,[mol^3/L^3]$$

$$[Al^{3+}][OH^-]^3=1.1\times10^{-33}\,[mol^4/L^4]$$

$$[Fe^{3+}][OH^-]^3=7.0\times10^{-40}\,[mol^4/L^4]$$

$$[Cu^{2+}][OH^-]^2=6.0\times10^{-20}\,[mol^3/L^3]$$

例えば $pH=5$ の状態を考えると，$[OH^-]=1.0\times10^{-9}\,[mol/L]$ なので，溶解している金属イオンの濃度はそれぞれ

$$[Zn^{2+}]=1.2\times10\,[mol/L] \qquad [Al^{3+}]=1.1\times10^{-6}\,[mol/L]$$

$$[Fe^{3+}]=7.0\times10^{-13}\,[mol/L] \qquad [Cu^{2+}]=6.0\times10^{-2}\,[mol/L]$$

となる。これよりグラフと対応する金属イオンは〔解答〕の通りである。

〔参考〕 水のイオン積 $K_w=[H^+][OH^-]=1.0\times10^{-14}\,(mol/L)^2$，$Zn(OH)_2$ の溶解度積を $K_{sp}(Zn)$ とすると

$$[Zn^{2+}][OH^-]^2=K_{sp}(Zn)$$

両辺の常用対数をとると

$$\log_{10}[Zn^{2+}]+2\log_{10}[OH^-]=\log_{10}[Zn^{2+}]+2(\log_{10}K_w-\log_{10}[H^+])$$
$$=\log_{10}[Zn^{2+}]+2(pH-14)=\log_{10}K_{sp}(Zn)$$

よって

$$\log_{10}[Zn^{2+}]=-2pH+28+\log_{10}K_{sp}(Zn)=-2pH+28+\log_{10}1.2\times10^{-17}$$
$$=-2pH+11+\log_{10}1.2$$

左辺の $\log_{10}[Zn^{2+}]$ は図2の縦軸の値に等しい。他の水酸化物についても同様に計算すると

$$\log_{10}[Al^{3+}]=-3pH+9+\log_{10}1.1$$

$$\log_{10}[Fe^{3+}]=-3pH+2+\log_{10}7.0$$

$$\log_{10}[Cu^{2+}]=-2pH+8+\log_{10}6.0$$

アとイのグラフの傾きは -3 であり，ウとエは -2 である。

以上より，アが Fe^{3+}，イが Al^{3+}，ウが Cu^{2+}，エが Zn^{2+} を表していることがわかる。

問6　(i)　図2の溶解度（縦軸）は各イオンの濃度を表している。したがって，pH＝5.0 のときの溶解度が工場廃水中の各イオンの濃度 1.0×10^{-2} mol/L より大きい場合は沈殿せず，小さい場合は沈殿する。よって，ア，イに該当する $Fe(OH)_3$，$Al(OH)_3$ が沈殿を形成する。

〔**参考**〕
$$[Zn^{2+}][OH^-]^2 = 1.0 \times 10^{-2} \times 1.0 \times 10^{-18}$$
$$= 1.0 \times 10^{-20} < 1.2 \times 10^{-17}$$

$$[Al^{3+}][OH^-]^3 = 1.0 \times 10^{-2} \times 1.0 \times 10^{-27} = 1.0 \times 10^{-29} > 1.1 \times 10^{-33}$$

$$[Fe^{3+}][OH^-]^3 = 1.0 \times 10^{-29} > 7.0 \times 10^{-40}$$

$$[Cu^{2+}][OH^-]^2 = 1.0 \times 10^{-20} < 6.0 \times 10^{-20}$$

各イオンの濃度の積が溶解度積より大きくなる $Al(OH)_3$ と $Fe(OH)_3$ が沈殿となっている。

(ii)　$[Zn^{2+}][OH^-]^2 = 1.0 \times 10^{-2} \times [OH^-]^2 = 1.2 \times 10^{-17}$

$[OH^-] = 2\sqrt{3} \times 10^{-8}$〔mol/L〕

よって

$$[H^+] = \frac{1.0 \times 10^{-14}}{2\sqrt{3} \times 10^{-8}} = \frac{\sqrt{3} \times 10^{-6}}{6} = 2.88 \times 10^{-7} \fallingdotseq 2.9 \times 10^{-7} \text{〔mol/L〕}$$

問7　(i)　$Zn(OH)_2$ の溶解反応は

$$Zn(OH)_2(固) + 2OH^- \rightleftharpoons [Zn(OH)_4]^{2-}$$

となるが，$Zn(OH)_2$ は固体なので平衡定数には含まれない。

解　答

問1　それぞれの単位格子1つの中に，4個分の $CuFeS_2$ と FeS_2 が含まれる。アボガドロ定数を N_A〔/mol〕とすれば

$$\frac{d_1}{d_2} = \frac{\dfrac{\dfrac{184}{N_A} \times 4}{2.93 \times 10^{-28}}}{\dfrac{\dfrac{120}{N_A} \times 4}{1.57 \times 10^{-28}}} = 0.821 \fallingdotseq 0.82 \quad \cdots\cdots（答）$$

問2　$FeS_2 + H_2SO_4 \longrightarrow FeSO_4 + H_2S + S$

問3　①$2Cu_2S + 3O_2 \longrightarrow 2Cu_2O + 2SO_2$
　　　　②$2Cu_2O + Cu_2S \longrightarrow 6Cu + SO_2$

問4　Fe^{3+} は酸化力を有するので，$2Fe^{3+} + Cu \longrightarrow 2Fe^{2+} + Cu^{2+}$ の反応により銅をイオン化できるため。

問5　ア．Fe^{3+}　イ．Al^{3+}　ウ．Cu^{2+}　エ．Zn^{2+}

問6　(i) $Al(OH)_3$, $Fe(OH)_3$　(ii) 2.9×10^{-7} mol/L

問7　(i)　題意より

$$[H^+] = 1.0 \times 10^{-x} \text{(mol/L)}$$

$$[[Zn(OH)_4]^{2-}] = 1.0 \times 10^{y} \text{(mol/L)}$$

$$K = \frac{[[Zn(OH)_4]^{2-}]}{[OH^-]^2}$$

よって　$K = \dfrac{1.0 \times 10^{y}}{\left(\dfrac{1.0 \times 10^{-14}}{1.0 \times 10^{-x}}\right)^2}$

両辺の常用対数をとって

$$\log_{10}K = y + 28 - 2x$$

$$y = 2x + \log_{10}K - 28 \quad \cdots\cdots(\text{答})$$

(ii)　$[Zn^{2+}][OH^-]^2 = K_{sp}$ より　　$[Zn^{2+}] = \dfrac{K_{sp}}{[OH^-]^2}$

$K = \dfrac{[[Zn(OH)_4]^{2-}]}{[OH^-]^2}$ より　　$[[Zn(OH)_4]^{2-}] = K[OH^-]^2$

題意より

$$\frac{[[Zn(OH)_4]^{2-}]}{[Zn^{2+}]} = \frac{K[OH^-]^2}{\dfrac{K_{sp}}{[OH^-]^2}} = \frac{K}{K_{sp}}[OH^-]^4 = 10$$

$$[OH^-]^4 = 10 \times \frac{K_{sp}}{K} = 10 \times \frac{1.2 \times 10^{-17}}{4.4 \times 10^{-5}} = \frac{1.2}{4.4} \times 10^{-11}$$

両辺の常用対数をとると

$$4\log_{10}[OH^-] = \log_{10}\left(\frac{1.2}{4.4} \times 10^{-11}\right)$$

また，水のイオン積について

$$\log_{10}[OH^-] = \log_{10}\frac{1.0 \times 10^{-14}}{[H^+]} = -14 - \log_{10}[H^+] = -14 + pH$$

だから

$$4 \times (pH - 14) = \log_{10}1.2 - \log_{10}4.4 - 11$$

ゆえに

$$pH = \frac{1}{4}(\log_{10}1.2 - \log_{10}4.4 - 11) + 14$$

$$= \frac{1}{4}(7.92 \times 10^{-2} - 0.643 - 11) + 14$$

$$= 11.1 \fallingdotseq 11 \quad \cdots\cdots(\text{答})$$

25

ポイント ラウールの法則を理解し，与えられた変化をイメージする

(a)初濃度と平衡時の濃度の量的関係を，正しく理解し表現することが重要である。そこから，平衡時における分子の総濃度の変化（減少分）を導くことができ，浸透圧と結びつけることが可能になる。

(b)ラウールの法則を，x_A（および x_B）の取り得る値全体に当てはめて考えると，問 6 の解説〔参考〕で示したグラフをイメージすることができる。このように視覚化すると，全圧の上昇による液体相と気体相のモル分率の動向を推測できる。

解 説

問 1 X と Y の濃度の和は常に $1.000 \times 10^{-4}\,\mathrm{mol/L}$ なので，①の平衡状態では

$$[\mathrm{X}] = 2.000 \times 10^{-5}\,(\mathrm{mol/L}), \quad [\mathrm{Y}] = 8.000 \times 10^{-5}\,(\mathrm{mol/L})$$

$$k_P[\mathrm{X}] = k_R[\mathrm{Y}]$$

が成り立っており，$k_P : k_R = 4 : 1$ となる。

〔別解〕 平衡状態だから

$$k_P[\mathrm{X}] = k_R[\mathrm{Y}]$$

よって

$$k_P : k_R = [\mathrm{Y}] : [\mathrm{X}] = 4.00 : 1.00 = 4 : 1$$

問 2 $[\mathrm{Y}]_1 = 8.00 \times 10^{-5}\,(\mathrm{mol/L})$，$[\mathrm{Y}]_2 = 7.82 \times 10^{-5}\,(\mathrm{mol/L})$ と考えて，式(1)に代入する。

問 3 下線部③の状態では X の一部は Y に変化し，さらに Y の一部は YZ に変化しているので

$$[\mathrm{X}]_0 - [\mathrm{X}] = [\mathrm{Y}] + [\mathrm{YZ}]$$

$$[\mathrm{X}] = [\mathrm{X}]_0 - [\mathrm{Y}] - [\mathrm{YZ}]$$

また，Z の一部は YZ に変化しているので

$$[\mathrm{Z}]_0 - [\mathrm{Z}] = [\mathrm{YZ}]$$

$$[\mathrm{Z}] = [\mathrm{Z}]_0 - [\mathrm{YZ}]$$

問 4 左側の水溶液と G 水溶液の濃度差が，浸透圧 $2.00 \times 10^2\,\mathrm{Pa}$ となる。

X が Y に変化しても，溶質分子の総濃度は変化しないが，Y と Z が結合して YZ となると，分子数が 2 分子が 1 分子になったのだから，YZ の分子数だけ，総分子数が減少したことになる。すなわち，総分子の濃度は $[\mathrm{YZ}]$ だけ減少し，その減少分に対応する浸透圧が必要になる。

問 5 (ア) 300 K から 370 K に加熱した際に吸収された熱量は

$$1.4 \times 10^2 \times n_A \times (370 - 300) = 9.8 \times 10^3 \times n_A\,(\mathrm{J})$$

$0.10 \times n_A$〔mol〕の気体が生じた際に吸収された熱量は

$$31 \times 10^3 \times 0.10 \times n_A = 3.1 \times 10^3 \times n_A \text{〔J〕}$$

合計 $12.9 \times 10^3 \times n_A$〔J〕の熱量が吸収されたことになり，1 mol あたりだと

$$12.9 \times 10^3 \doteqdot 1.3 \times 10^4 \text{〔J〕}$$

(イ) 図2ⓒの状態における気体相の体積を V〔L〕とすれば

$$1.70 \times 10^5 \times V = n_A \times R \times 400$$

図2ⓓの状態で注入した物質**B**の物質量を n_B〔mol〕とすれば

$$7.0 \times 10^4 \times 5V = (n_A + n_B) \times R \times 370$$

よって

$$\frac{1.70 \times 10^5 \times V}{7.0 \times 10^4 \times 5V} = \frac{n_A \times R \times 400}{(n_A + n_B) \times R \times 370}$$

$$(\text{成分}\mathbf{A}\text{のモル分率}) = \frac{n_A}{n_A + n_B} = 0.4492 \doteqdot 0.45$$

(ウ) 図2ⓔの状態における成分**A**，**B**の分圧をそれぞれ P_A, P_B〔Pa〕とすれば，$x_A + x_B = 1$ より

$$P = P_A + P_B$$
$$= x_A \times \pi_A + x_B \times \pi_B$$
$$= x_A \times \pi_A + (1 - x_A) \pi_B$$

$$x_A = \frac{P - \pi_B}{\pi_A - \pi_B}$$

〔**参考**〕 $P_A = x_A \times \pi_A$ で表される関係をラウールの法則という。実在の物質では $x_A \ll 1$，$x_A \doteqdot 1$ のときに成立する。成分**B**についても同様である。すなわち，**A**，**B**いずれかが溶質として希薄な場合に成立するのである（$x_A \ll 1$ のとき**A**が溶質で**B**が溶媒，$x_A \doteqdot 1$ のとき**A**が溶媒で**B**が溶質となる）。

(エ) 370 K における成分**A**の蒸気圧 π_A は，図2ⓑの状態から 1.60×10^5 Pa とわかる。よって

$$x_A = \frac{1.00 \times 10^5 - 6.7 \times 10^4}{1.60 \times 10^5 - 6.7 \times 10^4} = 0.354 \doteqdot 0.35$$

問6 〔解答〕の式を変形すると

$$y_A = \frac{\pi_A}{\pi_A - \pi_B + \dfrac{\pi_B}{x_A}} = \frac{\pi_A}{\pi_A + \left(\dfrac{1}{x_A} - 1\right)\pi_B} \quad (0 < x_A < 1)$$

となり，x_A が増加すれば y_A も増加することがわかる。

〔**参考**〕 370 K における P, p_A, p_B, x_A, x_B の関係を示すと，次ページの図のようになる。実線が全圧 P を，2本の破線が p_A と p_B を表している（ラウールの法則をグラフ化したものである）。

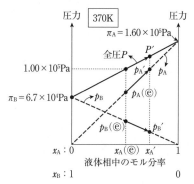

また，図2 ⓔの状態での液体相の成分 **A** のモル分率を x_A (ⓔ) とすると，$P = 1.00 \times 10^5$ Pa であり，**A**，**B** の分圧は p_A (ⓔ)，p_B (ⓔ) となる。いま，ピストンを押し込むと，全圧 P は大きくなるから，x_A が大きくなり，x_A' となったとすると **A**，**B** の分圧は p_A'，p_B' となり，全圧は $P' = p_A' + p_B'$ となる（グラフ中の矢印の変化）。$P' > 1.00 \times 10^5$ Pa，$p_A' > p_A$ (ⓔ)，$p_B' < p_B$ (ⓔ) であり，気体相のモル分率は，分圧に比例するから，y_A は増加することになる。

解 答

問1　$k_P : k_R = 4 : 1$

問2　$-\dfrac{7.82 \times 10^{-5} - 8.00 \times 10^{-5}}{5.0 - 0} = k_R \times 8.00 \times 10^{-5}$ より

　　$k_R = 0.0045 = 4.5 \times 10^{-3}\,[\mathrm{s^{-1}}]$　　……(答)

問3　$[\mathrm{X}] = [\mathrm{X}]_0 - [\mathrm{Y}] - [\mathrm{YZ}]$

　　　$[\mathrm{Z}] = [\mathrm{Z}]_0 - [\mathrm{YZ}]$

問4　図1ⓑの左側の水溶液の総濃度は

　　$[\mathrm{X}] + [\mathrm{Y}] + [\mathrm{Z}] + [\mathrm{YZ}]$

　$= ([\mathrm{X}]_0 - [\mathrm{Y}] - [\mathrm{YZ}]) + [\mathrm{Y}] + ([\mathrm{Z}]_0 - [\mathrm{YZ}]) + [\mathrm{YZ}]$

　$= [\mathrm{X}]_0 + [\mathrm{Z}]_0 - [\mathrm{YZ}]$

　$= [\mathrm{G}]_0 - [\mathrm{YZ}]$

$[\mathrm{YZ}]$ に相当する浸透圧が $2.00 \times 10^2\,\mathrm{Pa}$ であるので，浸透圧に関するファントホッフの式より

　　$2.00 \times 10^2 = [\mathrm{YZ}] \times 8.31 \times 10^3 \times 300$

　　$[\mathrm{YZ}] = 8.02 \times 10^{-5} \fallingdotseq 8.0 \times 10^{-5}\,[\mathrm{mol/L}]$　　……(答)

問5　㋐ 1.3×10^4　㋑ 0.45　㋒ $\dfrac{P - \pi_B}{\pi_A - \pi_B}$　㋓ 0.35

問6　$p_A = y_A \times P = x_A \times \pi_A$ より　　$P = \dfrac{x_A \times \pi_A}{y_A}$

$x_A = \dfrac{P - \pi_B}{\pi_A - \pi_B}$ に代入し

　　$x_A = \dfrac{\dfrac{x_A \times \pi_A}{y_A} - \pi_B}{\pi_A - \pi_B}$

　　$y_A = \dfrac{x_A \times \pi_A}{x_A(\pi_A - \pi_B) + \pi_B}$　　……(答)

㋔ー2

26

> **ポイント**　図 2 と pH から二段階電離での各成分の濃度比がわかる
> (a) o-ヒドロキシ安息香酸であるサリチル酸と m-ヒドロキシ安息香酸の違いは，官能基間の水素結合の有無である。このことで第一段階の電離度が大きく異なる。
> (b)問 5 では，問 4 の解答と図 2 を用いて，近似計算により特定の平均荷電数を示す pH 値を求めることでグラフの概要を得ることができる。問 6 では，平均荷電数の差が大きいほど電気泳動速度に差があることを用いて，適切な pH を選択する。

解　説

問1　図 2 より，pH3.8 では A^{2-} はほとんど存在しないため，第一段階の電離だけを考える。電離前のサリチル酸（H_2A とする）の濃度を C〔mol/L〕，求める電離度を α とすれば，平衡時の各成分のモル濃度はそれぞれ

$$[H_2A] = C(1-\alpha), \quad [HA^-] = C\alpha, \quad [H^+] = 1.0 \times 10^{-3.8}$$

したがって

$$K_{a1} = \frac{[H^+][HA^-]}{[H_2A]} = \frac{1.0 \times 10^{-3.8} \times C\alpha}{C(1-\alpha)} = 1.0 \times 10^{-2.8}$$

$$\therefore \quad \alpha = 0.909 \fallingdotseq 0.91$$

〔注〕　近似計算ができる量は何であるかを適切に判断することは極めて重要である。

問2　炭酸 H_2CO_3 のように $K_{a1} \gg K_{a2}$ である 2 価の酸の強さは，第一段階の電離でほとんど決まる。サリチル酸の場合，第一段階で生じた陰イオンがさらに安定な分子内水素結合体を作るため，逆反応が起こりにくくなり，K_{a1} が m-ヒドロキシ安息香酸より大きくなる。また K_{a2} の値は m-ヒドロキシ安息香酸の方が大きいが，これは水素結合によってフェノール性ヒドロキシ基の電離が妨げられるからである。

問3　(ア)　$K_a = \dfrac{[H^+][Z^-]}{[HZ]} = 1.0 \times 10^{-5.0}$ より

$$\frac{[Z^-]}{[HZ]} = \frac{1.0 \times 10^{-5.0}}{[H^+]}$$

$[H^+]$ が大きいほど $\dfrac{[Z^-]}{[HZ]}$ が小さくなる。

選択肢のうち pH2.0 が $[H^+] = 1.0 \times 10^{-2.0}$ になるので，$\dfrac{[Z^-]}{[HZ]}$ が最も小さい。よって 2.0 を選ぶ。

(イ)　Z^- は陰イオンであるから，陽極の方へ移動する。

問4　平均荷電数は，各イオンの価数にその存在比率を乗じた値の和であるから

$$0 \times \frac{x}{100} + (-1) \times \frac{y}{100} + (-2) \times \frac{z}{100} = -\frac{y+2z}{100}$$

問5 サリチル酸は水溶液中で

$$H_2A \rightleftharpoons HA^- + H^+$$

$$HA^- \rightleftharpoons A^{2-} + H^+$$

の平衡が成り立っており，pH の違いにより平衡が移動して，H_2A，HA^-，A^{2-} の存在比率が変わる。図2より，pH が約 5～11 の範囲では HA^- の存在比率がほぼ 100% となっている。つまりこの範囲では，$y = 100$，$z = 0$ より，平均荷電数は -1 となる。pH がこの範囲より小さくなれば，図2に従い H_2A が増加（x が増加）し，HA^- が減少（y が減少）するが，A^{2-} は存在しない（$z = 0$）。つまり平均荷電数は -1 より大きくなる。したがって，平均荷電数が -0.5 の場合

$$-\frac{y + 2z}{100} = -\frac{y + 0}{100} = -0.5$$

$$x + y = 100$$

これより　$x = y = 50$

よって

$$K_{a1} = \frac{[H^+][HA^-]}{[H_2A]} = [H^+] = 1.0 \times 10^{-2.8} \qquad \therefore \quad pH = 2.8$$

同様に，pH が 11 より大きくなれば，図2に従い A^{2-} が増加（z が増加）し，HA^- が減少（y が減少）するが，H_2A は存在しない（$x = 0$）。つまり平均荷電数は -1 より小さくなる。したがって，平均荷電数が -1.5 の場合

$$-\frac{y + 2z}{100} = -1.5$$

$$y + z = 100$$

これより　$y = z = 50$

よって

$$K_{a2} = \frac{[H^+][A^{2-}]}{[HA^-]} = [H^+] = 1.0 \times 10^{-13.4} \qquad \therefore \quad pH = 13.4$$

すなわち，平均荷電数が -0.5，-1.5 のときの $[H^+]$ は，それぞれ K_{a1}，K_{a2} に等しい。

したがって，m-ヒドロキシ安息香酸についても同様に考えて，〔解答〕のグラフが描ける。

〔参考〕 (i)において，pH $= 1$ のとき

$$K_{a1} = \frac{[H^+][HA^-]}{[H_2A]} = \frac{1.0 \times 10^{-1} \times [HA^-]}{[H_2A]} = 1.0 \times 10^{-2.8}$$

$$\frac{[HA^-]}{[H_2A]} = 1.0 \times 10^{-1.8}, \quad [H_2A] \gg [HA^-]$$

となるので，平均荷電数は 0 とみなせる。

同様に pH＝14 のとき

$$K_{a2} = \frac{[H^+][A^{2-}]}{[HA^-]} = \frac{1.0 \times 10^{-14} \times [A^{2-}]}{[HA^-]} = 1.0 \times 10^{-13.4}$$

$$\frac{[A^{2-}]}{[HA^-]} = 1.0 \times 10^{0.6}, \quad [A^{2-}] \fallingdotseq [HA^-] \times 4$$

したがって，A^{2-} が 80 ％，HA^- が 20 ％と考えられるから，平均荷電数は

$$-\frac{20 + 2 \times 80}{100} = -1.8$$

(ii)についても，同様に考えればよい。

問 6　問 5 の 2 つのグラフ，および選択肢を考慮すると，pH＝3.5 以上では pH＝11.6 のときの平均荷電数の差が 1.0 で最も大きく，電気泳動速度が最も異なるとわかる。

解　答

問 1　0.91

問 2　サリチル酸の 1 価の陰イオンは，右図のように分子内水素結合を形成し安定化する。したがって，m-ヒドロキシ安息香酸と比べると，第一段階の電離は起こりやすく，第二段階の電離が起こりにくい。酸としての強さは第一段階の電離が起こりやすいほど大きいので，サリチル酸の方が酸性は強い。

問 3　(ア) 2.0　(イ) 陽極　　**問 4**　$-\dfrac{y + 2z}{100}$

問 5　(i)

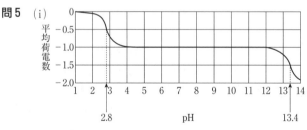

(ii)

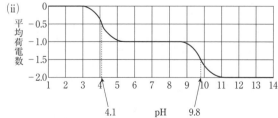

問 6　11.6

27

> **ポイント**　速度定数と対数グラフの関係を把握する
> (a)組成が同じ気体を同温・同圧にすると，平衡時の組成も同じになることがポイントである。このことを数式で確認せずとも理解できることが，平衡の意味をより深く理解している指標になる。
> (b)多段階反応の各素反応の速度定数と，実験的に得られる反応速度式の速度定数との関係式を導くことが第1のポイントであり，その関係式の対数グラフと反応速度の温度依存性を見抜くことが第2のポイントである。

解　説

問1　(ア)

$$K = \frac{[\mathrm{N_2O_4}]}{[\mathrm{NO_2}]^2} = \frac{\dfrac{y}{V}}{\left(\dfrac{x}{V}\right)^2} = \frac{yV}{2x^2}\,[\mathrm{L/mol}]$$

(イ)　$\mathrm{NO_2}$ および $\mathrm{N_2O_4}$ の分圧をそれぞれ $P_{\mathrm{NO_2}}$ および $P_{\mathrm{N_2O_4}}$ とすれば

$$P_{\mathrm{NO_2}} = \frac{x}{x+y}p, \quad P_{\mathrm{N_2O_4}} = \frac{y}{x+y}p$$

$$K_{\mathrm{P}} = \frac{P_{\mathrm{N_2O_4}}}{P_{\mathrm{NO_2}}^2} = \frac{\dfrac{y}{x+y}p}{\left(\dfrac{x}{x+y}p\right)^2} = \frac{(x+y)\,y}{x^2 p}\,[1/\mathrm{Pa}]$$

問2　新しい平衡状態では部屋 **A** と **B** の全圧と温度は等しい。その上で容積比が5：2であるのは，存在する気体の全物質量比が5：2ということである。しかも，最初に **A** と **B** に入れた気体の組成が同じであるから，新しい平衡状態における **A** と **B** の気体の組成も同じである。したがって，最初に入れた気体の物質量比も5：2であったことになり，$\dfrac{2}{5} = 0.4$ 倍となる。

〔注〕　最初の気体の組成が同じであれば，同温・同圧下の平衡状態における気体の組成も同じである。なぜなら，同じ組成でなければ互いに等しい平衡定数の値を示すことができないからである。したがって，**A** における最初の総物質量を M_{A}，平衡時の総物質量を αM_{A}（α：定数）とすると，**B** の最初の総物質量が M_{B} のとき，平衡時の総物質量は αM_{B} となる。したがって，$\dfrac{\alpha M_{\mathrm{A}}}{\alpha M_{\mathrm{B}}} = \dfrac{M_{\mathrm{A}}}{M_{\mathrm{B}}}$ となり，平衡時

の総物質量の比は最初の総物質量の比，すなわち体積の比に等しくなる。

問 3　**エ**　部屋**A**の容積が増加するため，全圧が低下する。したがって，ルシャトリエの原理によって全圧の低下をやわらげるために全粒子数が増加するよう(1)式の平衡は左に移動する。

　オ・カ　壁が固定のまま Ar を加えると，部屋**A**の全圧は増加するが，N_2O_4 や NO_2 の分圧は変化しないため，平衡は移動しない。

問 4　(キ)　式(4)の平衡において $v_1 = v_2$ より

$$k_1[NO]^2 = k_2[N_2O_2]$$

　よって　　$K = \dfrac{[N_2O_2]}{[NO]^2} = \dfrac{k_1}{k_2}$　……①

(ク)　題意のような二段階の反応において，全体の反応速度は最も遅い反応（律速段階）の速度で決定される。ここでの律速段階は式(5)であり

$$v \fallingdotseq v_3 = k_3[N_2O_2][O_2]　……②$$

　また，式①は

$$[N_2O_2] = \dfrac{k_1[NO]^2}{k_2}$$

と変形でき，式②に代入して

$$v = \dfrac{k_1k_3}{k_2}[NO]^2[O_2]$$

これと式(3)より

$$k = \dfrac{k_1k_3}{k_2}$$

〔注〕　v_1，$v_2 \gg v_3$ であるため，式(5)の反応はほとんど生じていないと近似できるので，式①が成立する。

問 5　「温度上昇とともに式(4)の平衡は左側に移動する」とあるので，正反応は発熱反応である。

問 6　絶対温度 T が大きくなる（グラフの横軸で左へ進む）ほど平衡は左へ移動し，K の値が小さくなるため $\log_{10}(K/K_0)$ の値も小さくなる。つまり③と㋔は適さない。また下線部①が示すように T が大きくなるほど個々の素反応の速度定数は例外なく大きくなるため，$\log_{10}(k_3/k_0)$ の値も大きくなる。問 4 の結果より

$$k = k_3 \times \dfrac{k_1}{k_2} = k_3 \times K$$

常用対数をとると

$$\log_{10}k = \log_{10}k_3 + \log_{10}K$$
$$= \log_{10}\dfrac{k_3}{k_0} + \log_{10}\dfrac{K}{K_0} + (\log_{10}k_0 + \log_{10}K_0)$$

反応速度 v の低下は反応速度定数 k の低下を表し，下線部③のようになるためには，2つのグラフの縦軸の和

$$\log_{10}\frac{k_3}{k_0} + \log_{10}\frac{K}{K_0}$$

が温度上昇とともに低下，すなわち右上がりのグラフにならなければならず，⑧が適当とわかる。つまり，⑧の場合，高温になると式(4)の平衡が大きく左に偏り $[N_2O_2]$ が極端に小さくなる。そのため，式(6)の v_3 $(\fallingdotseq v) = k_3[N_2O_2][O_2]$ の値が小さくなってしまうのである。

〔注〕 ⑩では，$\log_{10}\dfrac{k_3}{k_0} + \log_{10}\dfrac{K}{K_0}$ は右下がりのグラフになる。 なお，$\log_{10}k_0$ $+\log_{10}K_0$ は定数である。

解 答

問1 ㋐$\dfrac{yV}{2x^2}$ ㋑$\dfrac{y(x+y)}{x^2p}$

問2 0.4

問3 エー2 オー2 カー2

問4 ㋖$\dfrac{k_1}{k_2}$ ㋗$\dfrac{k_1k_3}{k_2}$

問5 発熱

問6 ㋙ー⑤・② ㋚ー⑧

28

ポイント　平衡定数間の関係を見抜こう

(a)平衡定数の特定の成分に着目して他の成分を表す方法は，応用性が高い。また，ある水溶液が緩衝作用を示す理由も一般化できる。これらのことが身についていると時間が節約できる。

(b)基本は(a)と同じなので，(a)での考え方を利用して解答を進めよう。近似計算を行うことと，たくさん導入された平衡定数間の関係をしっかり見抜くことができれば決して歯が立たない問題ではない。

解 説

問1　(ア)　$K_1 = \dfrac{[HA^-][H^+]}{[H_2A]}$ より

$$[HA^-] = \frac{K_1[H_2A]}{[H^+]} \quad \cdots\cdots ①$$

(イ)　$K_1K_2 = \dfrac{[A^{2-}][H^+]^2}{[H_2A]}$ より　　$[A^{2-}] = \dfrac{K_1K_2[H_2A]}{[H^+]^2}$ $\quad \cdots\cdots ②$

(ウ)　式(1)に①，②を代入すると

$$c = [H_2A] + \frac{K_1[H_2A]}{[H^+]} + \frac{K_1K_2[H_2A]}{[H^+]^2}$$

$$\frac{[H_2A]}{c} = \frac{1}{1 + \dfrac{K_1}{[H^+]} + \dfrac{K_1K_2}{[H^+]^2}} = \frac{[H^+]^2}{[H^+]^2 + K_1[H^+] + K_1K_2}$$

〔参考〕　2 価の弱酸の電離について，K_3 を次のようにおくと，K_1，K_2 とのあいだに以下のような関係が成り立つ。

$$H_2A \rightleftharpoons 2H^+ + A^{2-}$$

$$K_3 = \frac{[H^+]^2[A^{2-}]}{[H_2A]} = K_1K_2$$

$$[A^{2-}] = \frac{K_3[H_2A]}{[H^+]^2} = \frac{K_1K_2[H_2A]}{[H^+]^2}$$

問2　①より　　$[HA^-] = [H_2A] \times \dfrac{K_1}{[H^+]}$

②より　　$[A^{2-}] = [H_2A] \times \dfrac{K_1K_2}{[H^+]^2}$

よって

$$[H_2A] : [HA^-] : [A^{2-}] = [H_2A] : [H_2A] \times \frac{K_1}{[H^+]} : [H_2A] \times \frac{K_1K_2}{[H^+]^2}$$

$$= 1 : \frac{K_1}{[\mathrm{H}^+]} : \frac{K_1 K_2}{[\mathrm{H}^+]^2}$$

$$= 1 : \frac{5.4 \times 10^{-2}}{10^{-4}} : \frac{5.4 \times 5.4 \times 10^{-7}}{(10^{-4})^2}$$

$$\fallingdotseq 1 : 5.4 \times 10^2 : 2.9 \times 10^2$$

問3 加えた NaOH 水溶液の量が 12mL 付近ということは，第1中和点と第2中和点のほぼ真ん中にあたる。このとき $\mathrm{HA}^- + \mathrm{OH}^- \longrightarrow \mathrm{A}^{2-} + \mathrm{H_2O}$ の中和反応がほぼ半分完了した状態であり，HA^- と A^{2-} がいずれも多量に存在していると考えられる。問2でも，pH4 においては $\mathrm{H_2A}$ がほとんどなく，HA^- と A^{2-} がともに多量に存在することが示されている。

問4 (エ)　通常は近似的に $K_1 = K_a$ として扱うが，$G^+ \rightleftharpoons G^\pm + \mathrm{H}^+$ だけでなく，$G^+ \rightleftharpoons G^0 + \mathrm{H}^+$ の電離平衡も考慮すると

$$G^+ \xrightleftharpoons{K_1} (G^\pm + G^0) + \mathrm{H}^+$$

のように捉えることができるので

$$K_1 = \frac{([G^\pm] + [G^0])[\mathrm{H}^+]}{[G^+]} = \frac{[G^\pm][\mathrm{H}^+]}{[G^+]} + \frac{[G^0][\mathrm{H}^+]}{[G^+]} = K_a + K_b \quad \cdots\cdots ③$$

〔注〕　電荷0の状態は $G^\pm \rightleftharpoons G^0$ のような平衡状態にあり，電荷0の粒子の全濃度は $[G^\pm] + [G^0]$ となる。

(オ)　通常は近似的に $K_2 = K_c$ として扱うが，$G^\pm \rightleftharpoons G^- + \mathrm{H}^+$ だけでなく，$G^0 \rightleftharpoons G^- + \mathrm{H}^+$ の電離平衡も考慮すると，(エ)と同様に

$$(G^\pm + G^0) \xrightleftharpoons{K_2} G^- + \mathrm{H}^+$$

のように捉えて

$$K_2 = \frac{[G^-][\mathrm{H}^+]}{[G^\pm] + [G^0]} = \frac{[G^-][\mathrm{H}^+]}{\dfrac{[G^-][\mathrm{H}^+]}{K_c} + \dfrac{[G^-][\mathrm{H}^+]}{K_d}} = \frac{K_c K_d}{K_c + K_d} \quad \cdots\cdots ④$$

〔別解〕　K_2, K_c, K_d の式より

$$\frac{1}{K_2} = \frac{1}{K_c} + \frac{1}{K_d}$$

の関係がわかるから

$$K_2 = \frac{K_c K_d}{K_c + K_d}$$

問5 グリシンのメチルエステルの電離式は次のようになる。

$$\mathrm{H_3}^+\mathrm{N{-}CH_2{-}COOCH_3} \rightleftharpoons \mathrm{H_2N{-}CH_2{-}COOCH_3} + \mathrm{H}^+$$

カルボキシ基はエステルになっており電離できないので，これは陽イオン型のグリシン G^+ と分子型のグリシン G^0 間の平衡と同様に考えられ，電離定数は K_b に等

しいと仮定できる。

問6　与えられた平衡定数 K_a, K_b, K_c, K_d より

$$\frac{[G^\pm]}{[G^0]}=\frac{K_d}{K_c}=\frac{K_a}{K_b} \quad \cdots\cdots ⑤$$

が得られる。一方，$K_E=K_b=2.0\times10^{-8}\,[\text{mol/L}]$ であるから，③より

$$K_a=K_1-K_b=4.5\times10^{-3}-2.0\times10^{-8}$$

$$\fallingdotseq 4.5\times10^{-3}\,[\text{mol/L}]$$

よって　　$\dfrac{[G^\pm]}{[G^0]}=\dfrac{4.5\times10^{-3}}{2.0\times10^{-8}}=2.25\times10^5\fallingdotseq2.3\times10^5$

ゆえに，$[G^\pm]\gg[G^0]$ となる。

問7　④の両辺の逆数をとると

$$\frac{1}{K_2}=\frac{1}{K_c}+\frac{1}{K_d} \quad \cdots\cdots ⑥$$

また，⑤より $\dfrac{1}{K_c}=\dfrac{K_a}{K_b}\times\dfrac{1}{K_d}$ であるから，これを⑥に代入すると

$$\frac{1}{K_2}=\left(\frac{K_a}{K_b}+1\right)\frac{1}{K_d}=\left(\frac{4.5\times10^{-3}}{2.0\times10^{-8}}+1\right)\frac{1}{K_d}\fallingdotseq\frac{2.25\times10^5}{K_d}=\frac{1}{1.7\times10^{-10}}$$

よって　　$K_d=2.25\times10^5\times1.7\times10^{-10}=3.82\times10^{-5}\fallingdotseq3.8\times10^{-5}\,[\text{mol/L}]$

〔注〕　$\left|\dfrac{y}{x}\right|<0.01$ のとき $x\pm y\fallingdotseq x$ を用いた。

解　答

問1　(ア)$\dfrac{K_1[\text{H}_2\text{A}]}{[\text{H}^+]}$　(イ)$\dfrac{K_1K_2[\text{H}_2\text{A}]}{[\text{H}^+]^2}$　(ウ)$\dfrac{[\text{H}^+]^2}{[\text{H}^+]^2+K_1[\text{H}^+]+K_1K_2}$

問2　(あ)5.4×10^2　(い)2.9×10^2

問3　この水溶液では HA^- と A^{2-} がともに多く存在し，H^+ を加えると

　　　$\text{A}^{2-}+\text{H}^+\longrightarrow\text{HA}^-$

OH^- を加えると

　　　$\text{HA}^-+\text{OH}^-\longrightarrow\text{A}^{2-}+\text{H}_2\text{O}$

の反応が生じて H^+ や OH^- が消費されるため，$[\text{H}^+]$ や $[\text{OH}^-]$ はあまり変化しない。

問4　(エ)K_a+K_b　(オ)$\dfrac{K_cK_d}{K_c+K_d}$

問5　K_b　**問6**　2.3×10^5　**問7**　$3.8\times10^{-5}\text{mol/L}$

29

ポイント　近似計算と pH より複数の電離平衡定数の成分間の関係を導く

　pH から求められる [H⁺] の値から，それぞれの電離平衡定数のほかの成分が求められることに気づくこと。[H⁺] がそれぞれの電離平衡定数に共通していることが重要である。そして，その基礎として，溶解度積，二段階電離，水溶液におけるすべてのイオンの電荷についての電気的中性など総合的な理解が要求されている。近似計算を適切に用いることで，解答時間が短縮されることも実感できる問題である。

解　説

問1　石けんは下図のような疎水性部分と親水性部分からなり，水中では疎水性部分を内側に向けて球状に集まり，コロイド粒子となって分散する。このコロイド粒子を特にミセルという。

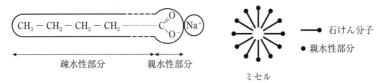

問2　(a)　式(4)，式(5)の辺々を掛けると

$$\frac{[HCO_3^-][H^+]}{[CO_2]} = 4.5 \times 10^{-7}\,[mol/L] \quad \cdots\cdots(8)$$

pH=5.5 のとき，$[H^+] = 1.0 \times 10^{-5.5}\,[mol/L]$，また式(5)より $[HCO_3^-] = [H^+]$ なので

$$\frac{1.0 \times 10^{-5.5} \times 1.0 \times 10^{-5.5}}{[CO_2]} = 4.5 \times 10^{-7}\,[mol/L]$$

$$[CO_2] = 2.22 \times 10^{-5} \fallingdotseq 2.2 \times 10^{-5}\,[mol/L]$$

(b)　式(2)より　$K_{sp} = [RCOO^-][H^+] = 2.0 \times 10^{-10}\,[(mol/L)^2]$

pH=8.0 のとき，$[H^+] = 1.0 \times 10^{-8}\,[mol/L]$ なので

$$[RCOO^-] = 2.0 \times 10^{-2}\,[mol/L]$$

[RCOO⁻] に直接影響を与えるのは式(2)における [H⁺] であって，式(4)～(6)の [H₂CO₃] ではない。ただし，これらの値は [H⁺] に影響を与えている。

問3　電荷量に関する等式であるから，[CO₃²⁻] は2価のイオンであるので，2倍する。

問4　$[Na^+] = \dfrac{4.66}{222} = 2.099 \times 10^{-2} \fallingdotseq 2.10 \times 10^{-2}\,[mol/L]$ より，$[Na^+] \gg [H^+]$，

$[Na^+] \gg [OH^-]$ であるため，式(7)は

$$[Na^+] \fallingdotseq [HCO_3^-] + 2[CO_3^{2-}] + [RCOO^-]$$

と近似できる。

式(6)より

$$\frac{[CO_3^{2-}] \times 1.0 \times 10^{-8.0}}{[HCO_3^-]} = 4.7 \times 10^{-11} \qquad \therefore \quad \frac{[CO_3^{2-}]}{[HCO_3^-]} = 4.7 \times 10^{-3}$$

ここで電荷の関係を考えると

$$\frac{2[CO_3^{2-}]}{[HCO_3^-]} = 9.4 \times 10^{-3} < 0.01$$

となり，$[CO_3^{2-}]$ は無視できる。よって

$$2.10 \times 10^{-2} \fallingdotseq [HCO_3^-] + 2.0 \times 10^{-2}$$

$$\therefore \quad [HCO_3^-] = 1.00 \times 10^{-3} \fallingdotseq 1.0 \times 10^{-3} \,[mol/L]$$

これを式(6)に代入して

$$[CO_3^{2-}] = 4.7 \times 10^{-3} \times [HCO_3^-]$$
$$= 4.7 \times 10^{-3} \times 1.0 \times 10^{-3} = 4.7 \times 10^{-6} \,[mol/L]$$

同様に，式(5)に代入して

$$[H_2CO_3] = \frac{1.0 \times 10^{-3} \times 1.0 \times 10^{-8.0}}{2.5 \times 10^{-4}}$$
$$= 4.0 \times 10^{-8} \,[mol/L]$$

この値を式(4)に代入して

$$[CO_2] = \frac{4.0 \times 10^{-8}}{1.8 \times 10^{-3}}$$
$$= 2.22 \times 10^{-5} \fallingdotseq 2.2 \times 10^{-5} \,[mol/L]$$

解　答

- -

問1 ㋐疎水性　㋑親水性　㋒ミセル

問2 (a)2.2×10^{-5}　(b)2.0×10^{-2}

問3 $[HCO_3^-] + 2[CO_3^{2-}] + [RCOO^-] + [OH^-]$

問4 (c)2.2×10^{-5}　(d)1.0×10^{-3}　(e)4.7×10^{-6}

30

ポイント　**通常の平衡状態の考え方と同様に考える**

(a)平衡状態では，吸着速度と脱離速度が等しい，つまり通常の可逆反応と同様に考えればよい。このことから，それぞれの平衡状態に対応する平衡定数が定義される。(エ)，(オ)については式(3)から関数関係を導く工夫が必要である。

(b)シリカゲルはヘリウムを吸着しないから，窒素の分圧に着目して計算すればよい。

解　説

問 1　(ア)　空いている吸着点の数は N_0-N であり，r_a が P と N_0-N に比例する。

(イ)　r_d は気体分子を吸着している吸着点の数 N に比例する。

(ウ)　$$r_a = k_a P \times (N_0 - N) \quad \cdots\cdots(1)$$

$$r_d = k_d \times N \quad\cdots\cdots(2)$$

平衡状態では $r_a = r_d$ なので

$$k_a P \times (N_0 - N) = k_d \times N$$

$$\frac{k_a}{k_d} P (N_0 - N) = N$$

$\dfrac{k_a}{k_d} = K$ とおくと　　$KPN_0 = N + KPN$

$$\therefore \quad N = \frac{KPN_0}{1 + KP} \quad\cdots\cdots(3)$$

(エ)・(オ)　式(3)を変形すると次式となり，傾きと切片が求められる。

$$\frac{P}{N} = \frac{1}{N_0} P + \frac{1}{KN_0}$$

(カ)　2 つの平衡状態の圧力と吸着量に関して次の 2 式が成り立つ。

$$\frac{P_1}{N_1} = \frac{1}{N_0} P_1 - \frac{1}{KN_0} \quad\cdots\cdots(\mathrm{i})$$

$$\frac{P_2}{N_2} = \frac{1}{N_0} P_2 - \frac{1}{KN_0} \quad\cdots\cdots(\mathrm{ii})$$

(ii)−(i)より

$$\frac{P_2}{N_2} - \frac{P_1}{N_1} = \frac{P_2 - P_1}{N_0}$$

$$N_0 = \frac{P_2 - P_1}{\dfrac{P_2}{N_2} - \dfrac{P_1}{N_1}} \quad\cdots\cdots(4)$$

問 2　シリカゲルはヘリウムを吸着しないので，求める体積を v〔mL〕とすると，ボイルの法則より

$$1.5 \times 10^4 \times 50 = 1.0 \times 10^4 \times (50 + v)$$

$$v = 25 \text{〔mL〕}$$

問 3　導入された N_2 を n_1〔mol〕，平衡時に存在する N_2 を n_2〔mol〕とすると，気体の状態方程式より

$$1.7 \times 10^4 \times \frac{50}{1000} = n_1 \times 8.3 \times 10^3 \times 100$$

$$n_1 = 1.02 \times 10^{-3} \text{〔mol〕}$$

$$0.80 \times 10^4 \times \frac{75}{1000} = n_2 \times 8.3 \times 10^3 \times 100$$

$$n_2 = 7.22 \times 10^{-4} \text{〔mol〕}$$

したがって，シリカゲル試料に吸着された N_2 は

$$1.02 \times 10^{-3} - 7.22 \times 10^{-4} = 2.98 \times 10^{-4} \fallingdotseq 3.0 \times 10^{-4} \text{〔mol〕}$$

問 4　$P_1 = 0.80 \times 10^4$〔Pa〕

$N_1 = 3.0 \times 10^{-4}$〔mol〕

$P_2 = 0.16 \times 10^4$〔Pa〕

$N_2 = 3.0 \times 10^{-4} - 2.0 \times 10^{-4} = 1.0 \times 10^{-4}$〔mol〕

として，それぞれを式(4)に代入して N_0 を求める。

$$N_0 = \frac{0.16 \times 10^4 - 0.80 \times 10^4}{\dfrac{0.16 \times 10^4}{1.0 \times 10^{-4} \times 6.0 \times 10^{23}} - \dfrac{0.80 \times 10^4}{3.0 \times 10^{-4} \times 6.0 \times 10^{23}}}$$

$$= 3.6 \times 10^{20} \text{ 個}$$

以上より，シリカゲル試料 0.10 g には 3.6×10^{20} 個の吸着点があることから，シリカゲル試料 1 g あたりの表面積は

$$3.6 \times 10^{20} \times \frac{1}{0.10} \times 2.0 \times 10^{-19} = 7.2 \times 10^2 \text{〔m}^2\text{〕}$$

解　答

問 1　(ア)$N_0 - N$　(イ)N　(ウ)$\dfrac{KPN_0}{1 + KP}$　(エ)$\dfrac{1}{N_0}$　(オ)$\dfrac{1}{KN_0}$　(カ)$\dfrac{P_2}{N_2} - \dfrac{P_1}{N_1}$

問 2　25 mL

問 3　3.0×10^{-4} mol

問 4　7.2×10^2 m^2

31

> **ポイント**　**電離平衡は近似計算を用いる**
> (a)リン酸の脱水縮合体については立体的な把握ができるとわかりやすい。また，四員環は
> できないという意味をしっかり理解することが大切である。十酸化四リンの構造を知って
> いると有利である。
> (b)電離平衡の計算は，平衡定数と水のイオン積等を組み合わせることと，各成分間でどの
> ような近似が成り立つかを推理することがポイントである。

解　説

問1　(ア)　液体物質を冷却すると凝固点に達しても固体とならず，液体のまま温度が
　　　下がり続けることがある。これは結晶核ができるまでの不安定な一時的状態で，過
　　　冷却という。

問2　ピロリン酸はリン酸2分子から水1分子がとれてでき
　　　る図1のような化合物である。リン酸 n 分子が縮合して
　　　鎖状または枝分かれポリリン酸を形成する場合，$(n-1)$
　　　分子の水がとれるので

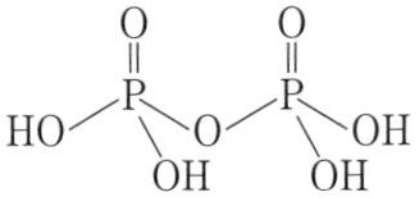

$$n\mathrm{H_3PO_4} - (n-1)\,\mathrm{H_2O} = \mathrm{H}_{n+2}\mathrm{P}_n\mathrm{O}_{3n+1}$$

図1

問3　(i)　3分子のリン酸が鎖状ポリリン酸を形成し
　　　た場合，図2のような構造となるが，さらに分子内
　　　で縮合し環状ポリリン酸を形成する場合，①と③，
　　　②と③，③と④，③と⑤の隣接している分子の

図2

　　　－OH 間では四員環構造となるため縮合せず，②と④などで縮合した形の図3の化
　　　合物が題意を満たす（①と⑤も縮合するが，結果として図3と同じ分子を生じる）。
　　　分子式は

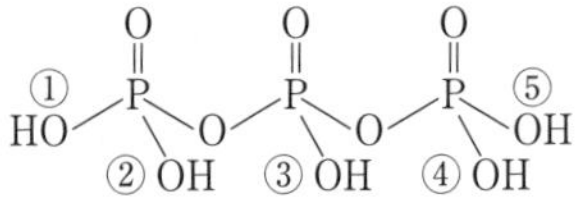

$$3\mathrm{H_3PO_4} - 3\mathrm{H_2O} = \mathrm{H_3P_3O_9}$$

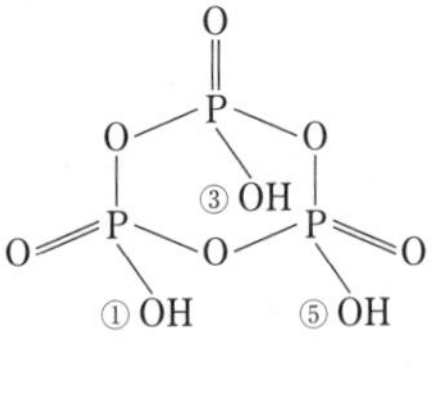

図3 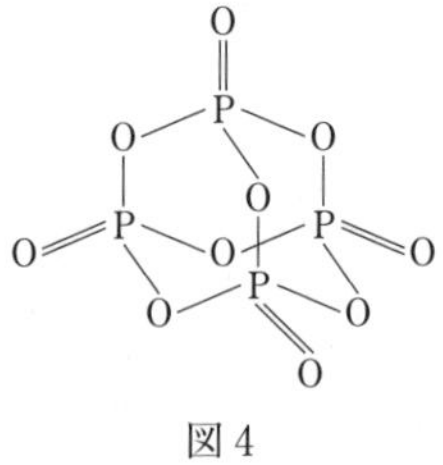　　　　　　　　　図4 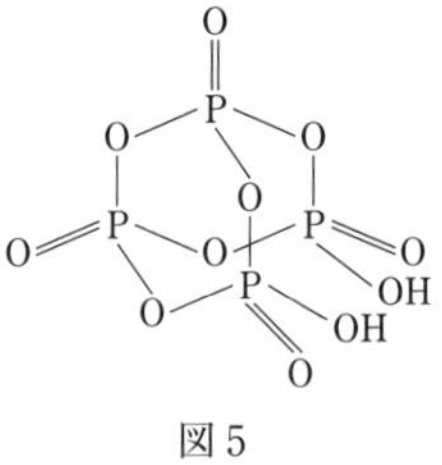　　　　　　　　　図5

(ii)　4分子で環状ポリリン酸を形成する場合，最も分子量が小さくなるのは，図3の
　　①，③，⑤の －OH が別のリン酸の3つの －OH と縮合した形の化合物であり，こ

れは図4のような十酸化四リン P_4O_{10} となる。組成式が P_2O_5 だから五酸化二リン ともいう。ただし，この反応は非常に起こりにくい。通常は2つの水分子がとれて 図5のような化合物 $H_2P_4O_{11}$ ができると考えられる。したがって，解答は P_4O_{10} で も $H_2P_4O_{11}$ でもよいと思われる。

問4～問6　リン酸は3価の中程度の強さの酸で，水溶液中では3段階に電離して平 衡状態となるが，電離度は 1段階＞2段階＞3段階 の順に小さくなるため，電離 定数もこの順に小さくなる。この電離定数を利用してリン酸塩水溶液の平衡と液性 を考えることができる。

NaH_2PO_4 水溶液では $H_2PO_4^-$ の電離である(2)式と加水分解である(4)式の平衡が成 り立っている。電離が起こりやすければ酸性，加水分解が起こりやすければ塩基性 を示すので，電離定数 K_2 と加水分解定数 K_4 を比較する。K_4 の値を求めると

$$K_4 = \frac{[H_3PO_4][OH^-]}{[H_2PO_4^-]} = \frac{[H_3PO_4][OH^-][H^+]}{[H_2PO_4^-][H^+]} = \frac{K_w}{K_1}$$

$$= \frac{1.0 \times 10^{-14}}{7.5 \times 10^{-3}} = 0.133 \times 10^{-11} \fallingdotseq 1.3 \times 10^{-12} \,(mol/L)$$

したがって，K_2 の値より非常に小さいことがわかる。ここで $[H_2PO_4^-]$ は K_2，K_4 に共通であり，$[H^+] \fallingdotseq [HPO_4^{2-}]$，$[OH^-] \fallingdotseq [H_3PO_4]$ と近似できるので，K_2 ＞K_4 より $[H^+] > [OH^-]$ である。つまり，(2)式の方が起こりやすく，この水溶液 は酸性を示すことになる。

また，Na_2HPO_4 水溶液の液性も同様に考える。加水分解定数 K_5 の値を求めると

$$K_5 = \frac{[H_2PO_4^-][OH^-]}{[HPO_4^{2-}]} = \frac{[H_2PO_4^-][OH^-][H^+]}{[HPO_4^{2-}][H^+]} = \frac{K_w}{K_2}$$

$$= \frac{1.0 \times 10^{-14}}{6.2 \times 10^{-8}} = 0.161 \times 10^{-6} \fallingdotseq 1.6 \times 10^{-7} \,(mol/L)$$

となり，K_3 の値より非常に大きい。よって，K_2 と K_4 の関係と同様に考えると， $K_3 < K_5$ より $[H^+] < [OH^-]$ となる。つまり，(5)式の方が起こりやすく，この水 溶液は塩基性を示すことになる。

Na_2HPO_4 水溶液の水素イオン濃度を考える場合，HPO_4^{2-} の関わる平衡(2)，(3)， (5)式をすべて考慮する。(2)式と(3)式をまとめると(6)式が得られるが，その平衡定数 K_6 の値を求めると

$$K_6 = \frac{[H_2PO_4^-][PO_4^{3-}]}{[HPO_4^{2-}]^2} = \frac{[H_2PO_4^-][PO_4^{3-}][H^+]}{[HPO_4^{2-}]^2[H^+]} = \frac{K_3}{K_2}$$

$$= \frac{2.1 \times 10^{-13}}{6.2 \times 10^{-8}} = 0.338 \times 10^{-5} \fallingdotseq 3.4 \times 10^{-6} \,(mol/L)$$

となる。K_3 と K_5 の値を比較すると K_5 の方が大きく，(5)式の平衡が(3)式の平衡よ りも右に偏っていることがわかる。そして，K_3 の値は非常に小さいため(3)式の平

衡は無視できる。つまり，(3)式による H^+ の生成は無視できる。そこで，題意に沿って(5)式および(6)式の平衡におけるイオンの増減を考えると

$$HPO_4{}^{2-} + H_2O \rightleftharpoons H_2PO_4{}^- + OH^-$$

平衡前	0.10	0	0
変化量	$-x$	$+x$	$+x$
平衡後	$0.10-x$	x	x

$$2HPO_4{}^{2-} \rightleftharpoons H_2PO_4{}^- + PO_4{}^{3-}$$

平衡前	0.10	0	0
変化量	$-y$	$+\dfrac{y}{2}$	$+\dfrac{y}{2}$
平衡後	$0.10-y$	$\dfrac{y}{2}$	$\dfrac{y}{2}$

これより

$$[H_2PO_4{}^-] = x + \frac{y}{2}, \quad [HPO_4{}^{2-}] = 0.10 - x - y, \quad [PO_4{}^{3-}] = \frac{y}{2}$$

となる。また，(5)式と(6)式の平衡定数が非常に小さく，$0.10 - x - y \fallingdotseq 0.10$ と近似できるので，$[HPO_4{}^{2-}] \fallingdotseq 0.10$ と近似できる。よって，K_5 と K_6 に関して次の2式が成り立つ。

$$\frac{\left(x + \dfrac{y}{2}\right)x}{0.10} = K_5 \quad \cdots\cdots\text{①}$$

$$\frac{\left(x + \dfrac{y}{2}\right)\dfrac{y}{2}}{(0.10)^2} = K_6 \quad \cdots\cdots\text{②}$$

①より　　$\dfrac{y}{2} = \dfrac{K_5}{10x} - x \quad \cdots\cdots\text{①}'$

①′ を②に代入し

$$\frac{K_5}{10x}\left(\frac{K_5}{10x} - x\right) = \frac{K_6}{100} \qquad \left(\frac{K_5}{x}\right)^2 = 10K_5 + K_6$$

$$\frac{1}{x} = \frac{1}{[OH^-]} = \sqrt{\frac{10}{K_5} + \frac{K_6}{K_5{}^2}} = \sqrt{\frac{10K_2}{K_W} + \frac{K_2 K_3}{K_W{}^2}}$$

$$[H^+] = \frac{K_W}{x} = \sqrt{10K_2 K_W + K_2 K_3}$$

問7　(i)　(2)式の電離平衡において

$$H_2PO_4{}^- \rightleftharpoons H^+ + \quad HPO_4{}^{2-}$$
　　　弱酸　　　　　　その塩の陰イオン

と考えると，両者の等モル混合物は，電離，加水分解とも少なく，しかもそれらを打ち消し合うので，もとの濃度とほとんど同じである。よって，$[H_2PO_4{}^-]$

≒$[HPO_4{}^{2-}]$ と近似できる。

$$K_2 = \frac{[H^+][HPO_4{}^{2-}]}{[H_2PO_4{}^-]} ≒ [H^+] = 6.2×10^{-8} \,(mol/L)$$

〔注〕 $0.10mol/L$ の CH_3COOH と CH_3COONa を同体積混合したとき

$$[CH_3COOH] ≒ [CH_3COO^-] = \frac{0.10}{2} = 0.050 \,(mol/L)$$

と近似するのと同じ考え方である。

(ii) この緩衝液には，$H_2PO_4{}^-$ と $HPO_4{}^{2-}$ が $1.0×10^{-3}$〔mol〕ずつ含まれ，H^+ を加えると

$$HPO_4{}^{2-} + H^+ \longrightarrow H_2PO_4{}^-$$

の変化により H^+ が消費され緩衝作用を示す。つまり，加えた HCl を x〔mol〕とすれば，$HPO_4{}^{2-}$ が x〔mol〕減少し $H_2PO_4{}^-$ が x〔mol〕増加するため，〔解答〕の式が立てられる。

解 答

問1 (ア)凝固 (イ)潮解　　問2 $H_{n+2}P_nO_{3n+1}$

問3 (i)$H_3P_3O_9$ (ii)P_4O_{10} または $H_2P_4O_{11}$

問4 (ウ)酸 (エ)塩基 (オ)5

問5 (I)$x+\dfrac{y}{2}$ (II)$\dfrac{y}{2}$　　問6 (A)$\dfrac{K_w}{K_1}$ (B)$\dfrac{K_w}{K_2}$ (C)$\dfrac{K_3}{K_2}$ (D)$10K_2K_w$

問7 (i)$6.2×10^{-8}$mol/L

(ii) 求める塩酸の体積を v〔mL〕，この中に含まれる HCl を x〔mol〕，塩酸を加えた後の水溶液全体の体積を V〔L〕とすると，$[H^+]=1.0×10^{-7}$〔mol/L〕より

$$K_2 = \frac{(1.0×10^{-3}-x)×\dfrac{1}{V}×1.0×10^{-7}}{(1.0×10^{-3}+x)×\dfrac{1}{V}} = 6.2×10^{-8}$$

$$x = 2.34×10^{-4} \,(mol)$$

$$0.10×\frac{v}{1000} = 2.34×10^{-4}$$

∴ $v = 2.34 ≒ 2.3$〔mL〕 ……(答)

$$\frac{\varDelta[H^+]}{\varDelta[Cl^-]} = \frac{1.0×10^{-7}-6.2×10^{-8}}{0.10×\dfrac{2.34}{1000}×\dfrac{1000}{20+2.34}}$$

$$= 3.65×10^{-6} ≒ 3.7×10^{-6} \quad ……(答)$$

32

> **ポイント　温度が一定のとき平衡定数も一定**
>
> 　温度が保たれた状態で，体積や各成分の量が一時的に変化させられても，平衡に達したときの平衡定数は，もとの平衡定数の値である。
> 　一方，正反応が発熱反応であるとき，温度を上昇させると，平衡は左へ移動するから，平衡定数は小さくなる。

解　説

問1　40 秒後に 2.0 mol の H_2 を加えたということは，この反応を H_2 が $1.0+2.0$ mol，I_2 が 3.0 mol からはじめたのと同じである。t_1 秒後に容器内の H_2 の物質量が 0.8 mol となったとすると，各物質の物質量の変化は次のようになる。

$$\begin{array}{ccccc} & H_2 & + \quad I_2 & \rightleftharpoons \quad 2HI & 合計 \\ 反応前 & 1.0+2.0 & 3.0 & 0 & 6.0 \,〔mol〕 \\ 変化量 & -2.2 & -2.2 & +4.4 & 〔mol〕 \\ t_1 秒後 & 0.8 & 0.8 & 4.4 & 6.0 \,〔mol〕 \end{array}$$

よって，容器内の HI の物質量は 4.4 mol である。

問2　(1)式より，この反応では，反応の前後で気体の総物質量が変化しないことがわかる。点 **A** における気体の総質量は

$1.0+3.0=4.0 〔mol〕$

点 **B**，点 **C** における気体の総質量は

$4.0+2.0=6.0 〔mol〕$

容器内の温度・体積が一定であるので，容器内の圧力は物質量に比例するから

$$\frac{6.0}{4.0}P=1.5P$$

問3　化学平衡の状態では，正反応と逆反応の反応速度が等しくなり，見かけ上は反応速度が 0 になるので

$v_1=v_2$

$k_1[H_2][I_2]=k_2[HI]^2$

$$\frac{k_1}{k_2}=\frac{[HI]^2}{[H_2][I_2]}$$

図 2 より，温度 T_1 での平衡定数 $K=36$，$k_1=48$ であるので

$$\frac{48}{k_2}=\frac{[HI]^2}{[H_2][I_2]}=36 \qquad \therefore \quad k_2=\frac{48}{36}=1.33 ≒ 1.3 〔L/(mol \cdot s)〕$$

問5　① 0〜40 秒で $\dfrac{[HI]^2}{[H_2][I_2]}$ の値が 36 で一定になり，平衡状態となっている。平

衡定数は温度によって決まり，この温度 T_1 での値は 36 である。40 秒間反応させた後 1.0 mol の H_2 を補給しても，T_1 であれば，平衡状態になったときの平衡定数は 36 であるはずだが，40〜70 秒で，$\dfrac{[HI]^2}{[H_2][I_2]}$ が一定になったときの値は 32 となっている。

② 70〜80 秒で，$\dfrac{[HI]^2}{[H_2][I_2]}$ が一定になったときの値は 42 となっているが，その間の温度は T_2（$>T_1$）である。

$$H_2 + I_2 = 2HI + Q \quad (Q > 0)$$

であり，HI の生成は発熱反応であるから，ルシャトリエの平衡移動の原理より，高温では平衡は吸熱反応（逆反応）の方向に移動するので，$\dfrac{[HI]^2}{[H_2][I_2]}$ は T_1 のときの 36 よりも小さくなるはずである。

問6　実験 3 の状態を，すべてが反応物（H_2 と I_2）になるように換算すると

$$H_2 : 3.0 + 2.0 \times \frac{1}{2} = 4.0 \ [mol]$$

$$I_2 : 3.0 + 2.0 \times \frac{1}{2} = 4.0 \ [mol]$$

$$HI : 2.0 - 2.0 = 0 \ [mol]$$

となる。(あ)〜(え)を同様に換算して，上の状態と同じになれば，平衡時の各成分の物質量も同じになる。

(あ)　$H_2 : 4.0 \ mol$

　　　$I_2 : 4.0 \ mol$

　　　$HI : 0 \ mol$

(い)　$H_2 : 1.5 + 1.0 \times \dfrac{1}{2} = 2.0 \ [mol]$

　　　$I_2 : 1.5 + 1.0 \times \dfrac{1}{2} = 2.0 \ [mol]$

　　　$HI : 1.0 - 1.0 = 0 \ [mol]$

(う)　$H_2 : 2.0 + 4.0 \times \dfrac{1}{2} = 4.0 \ [mol]$

　　　$I_2 : 2.0 + 4.0 \times \dfrac{1}{2} = 4.0 \ [mol]$

　　　$HI : 4.0 - 4.0 = 0 \ [mol]$

(え)　$H_2 : 1.0 + 4.0 \times \dfrac{1}{2} = 3.0 \ [mol]$

　　　$I_2 : 3.0 + 4.0 \times \dfrac{1}{2} = 5.0 \ [mol]$

　　　HI：$4.0 - 4.0 = 0$〔mol〕

したがって，㈅と㈎が同じになる。

〔注〕　平衡定数は，温度が同じであれば等しい値になるが，各成分の濃度は，最初
　　　に与えられた条件によって異なることがある。

解　答

問1　4.4 mol　　問2　点B：$1.5P$　点C：$1.5P$

問3　1.3 L/(mol·s)

問4　T_1で平衡状態に達したとき，生成しているI_2の物質量をa〔mol〕とする
と，各物質の物質量は次のように表される。

	H_2	$+$	I_2	$\rightleftharpoons$	$2HI$	
反応前	1.0		0		7.0	〔mol〕
変化量	$+a$		$+a$		$-2a$	〔mol〕
平衡時	$1.0+a$		a		$7.0-2a$	〔mol〕

T_1での平衡定数Kは図2より36であるから，容器の体積をV〔L〕とすると

$$K = \frac{[HI]^2}{[H_2][I_2]} = \frac{\left(\dfrac{7.0-2a}{V}\right)^2}{\dfrac{1.0+a}{V} \times \dfrac{a}{V}} = 36$$

$$32a^2 + 64a - 49 = 0$$

$a > 0$より　　$a = 0.586 \fallingdotseq 5.9 \times 10^{-1}$〔mol〕　……（答）

問5　① 40 〜 70 秒での平衡に達したときの$\dfrac{[HI]^2}{[H_2][I_2]}$の値が 36 になっていな

い。

　　根拠：平衡定数$K = \dfrac{[HI]^2}{[H_2][I_2]}$は温度によって決まり，1.0 mol の$H_2$を

補給しても 40 〜 70 秒の温度はT_1なので，平衡定数Kは 36 のはずであ

る。

　　② 70 〜 80 秒での平衡に達したときの$\dfrac{[HI]^2}{[H_2][I_2]}$の値が 36 より大きくな

っている。

　　根拠：$H_2 + I_2 = 2HI + Q$（$Q > 0$）であるから，T_2（$> T_1$）では，化学

平衡は逆反応の方向に移動するので，$K = \dfrac{[HI]^2}{[H_2][I_2]}$は$T_1$のときの値 36

よりも小さくなるはずである。

問6　㈅・㈎

33

> **ポイント**　**2つの相にまたがる平衡**
>
> $$AH \rightleftharpoons A^- + H^+ \qquad K_a = \frac{[A^-]_{aq}[H^+]_{aq}}{[AH]_{aq}}$$
>
> $$AH（水）\rightleftharpoons AH（溶媒X）\qquad \frac{[AH]_X}{[AH]_{aq}} = 8.0$$
>
> 上記の両方が同時に成立している。成分 AH（未電離の AH）は2つの平衡状態に共通している。つまり，$[H^+]_{aq}$(pH) が変化すれば，$[A^-]_{aq}$，$[AH]_{aq}$ が変化し，$[AH]_X$ が変化する。

解　説

(I)　弱酸 AH の濃度を c〔mol/L〕，電離度を α とすると，電離平衡の状態では

$$\begin{array}{cccc} AH & \rightleftharpoons & A^- & + H^+ \\ c(1-\alpha) & & c\alpha & c\alpha \end{array} \quad〔mol/L〕$$

したがって，電離定数 K_a は

$$K_a = \frac{[A^-]_{aq}[H^+]_{aq}}{[AH]_{aq}} = \frac{c\alpha \times c\alpha}{c(1-\alpha)}$$

ここで $\alpha \ll 1$ とすると，$1 - \alpha \fallingdotseq 1$ とみなせるので

$$K_a \fallingdotseq c\alpha^2$$

$$\therefore \quad \alpha = \sqrt{\frac{K_a}{c}}$$

以上より，弱酸 AH の $[H^+]_{aq}$ は

$$[H^+]_{aq} = c\alpha = \sqrt{K_a c} = \sqrt{4.5 \times 10^{-5} \times 2.0 \times 10^{-1}} = 3.0 \times 10^{-3}\,mol/L$$

よって，2.0×10^{-1} mol/L の弱酸水溶液の pH は

$$pH = -\log_{10}[H^+]_{aq} = 3 - \log_{10}3.0 = 3 - 0.48 = 2.52 \fallingdotseq 2.5$$

(ア)・(イ)　A を含むものは，X 中では AH，水溶液中では AH と A^- である。それぞれの濃度と溶液の体積から

$$n_1 = [AH]_X V$$

$$n_2 = 0.20([AH]_{aq} + [A^-]_{aq})$$

(II)　$V = 0.20$ L のとき，$\dfrac{[AH]_X}{[AH]_{aq}} = 8.0$ より

$$n_0 = n_1 + n_2 = 8.0 \times [AH]_{aq} \times 0.20 + 0.20 \times [AH]_{aq} + 0.20 \times [A^-]_{aq}$$

$$= 2.0 \times 10^{-1} \times 0.20\,mol$$

ここで，弱酸の水溶液であるから(1)より

$$[A^-]_{aq} \fallingdotseq [H^+]_{aq}$$

したがって

$$1.8 \times [AH]_{aq} + 0.20 [H^+]_{aq} = 4.0 \times 10^{-2}$$

K_a に $[AH]_{aq}$ を代入すると

$$K_a = \frac{[A^-]_{aq}[H^+]_{aq}}{[AH]_{aq}} = \frac{[H^+]_{aq}{}^2}{\dfrac{4.0 \times 10^{-2} - 0.20 \times [H^+]_{aq}}{1.8}} = 4.5 \times 10^{-5} \, \text{mol/L}$$

$$1.8[H^+]_{aq}{}^2 + 9.0 \times 10^{-6}[H^+]_{aq} - 1.8 \times 10^{-6} = 0$$

$$[H^+]_{aq}{}^2 + 5.0 \times 10^{-6}[H^+]_{aq} - 1.0 \times 10^{-6} = 0$$

$[H^+]_{aq}$ に関する 2 次方程式を解くと，$[H^+]_{aq} > 0$ より

$$[H^+]_{aq} = \frac{-5.0 \times 10^{-6} + \sqrt{(5.0 \times 10^{-6})^2 - 4 \times 1 \times (-1.0 \times 10^{-6})}}{2}$$

$\dfrac{x}{y} \geqq 1000$ の場合には，$\sqrt{x+y} \fallingdotseq \sqrt{x}$ と考えてよいから

$$[H^+]_{aq} \fallingdotseq \frac{-5.0 \times 10^{-6} + \sqrt{4 \times 1 \times 1.0 \times 10^{-6}}}{2}$$

$$= \frac{-5.0 \times 10^{-6} + 2.0 \times 10^{-3}}{2}$$

$$= 0.9975 \times 10^{-3} \fallingdotseq 1.0 \times 10^{-3} \, \text{mol/L}$$

$$pH = -\log_{10}[H^+]_{aq} = 3 - \log_{10}1.0 = 3.0$$

(Ⅲ) NaOH(aq) を加えた後の各物質の濃度を，$[AH]_{X'}$, $[AH]_{aq}'$, $[A^-]_{aq}'$, $[H^+]_{aq}'$, X中および水中のAを含む化合物の物質量を n_1', n_2' とすると

$$n_1' = 0.20 \times [AH]_{X'} = 8.0 \times 0.20 \times [AH]_{aq}'$$

$$n_2' = 0.40 \times ([AH]_{aq}' + [A^-]_{aq}')$$

$$n_0 = n_1' + n_2' = 1.6 \times [AH]_{aq}' + 0.40 \times [AH]_{aq}' + 0.40 \times [A^-]_{aq}'$$

$$= 4.0 \times 10^{-2} \, \text{mol}$$

加えた NaOH と等量の AH が電離して A^- になるから

$$[A^-]_{aq}' = \frac{1.0 \times 10^{-1} \times 0.20}{0.40} = 5.0 \times 10^{-2} \, \text{mol/L}$$

したがって，n_0 の式より

$$[AH]_{aq}' = 1.0 \times 10^{-2} \, \text{mol/L}$$

$K_a = \dfrac{[A^-]_{aq}'[H^+]_{aq}'}{[AH]_{aq}'}$ より

$$[H^+]_{aq}' = K_a \frac{[AH]_{aq}'}{[A^-]_{aq}'} = 4.5 \times 10^{-5} \times \frac{1.0 \times 10^{-2}}{5.0 \times 10^{-2}} = 9.0 \times 10^{-6} \, \text{mol/L}$$

$$pH = -\log_{10}[H^+]_{aq}' = 6 - 2\log_{10}3 = 5.04 \fallingdotseq 5.0$$

(ウ) (3)より

$$[\mathrm{AH}]_{\mathrm{X}} = 8.0 \times [\mathrm{AH}]_{\mathrm{aq}}$$

(2)より

$$[\mathrm{A}^-]_{\mathrm{aq}} = K_{\mathrm{a}} \frac{[\mathrm{AH}]_{\mathrm{aq}}}{[\mathrm{H}^+]_{\mathrm{aq}}}$$

したがって

$$P = \frac{[\mathrm{AH}]_{\mathrm{X}}}{[\mathrm{AH}]_{\mathrm{aq}} + [\mathrm{A}^-]_{\mathrm{aq}}} = \frac{8.0 \times [\mathrm{AH}]_{\mathrm{aq}}}{[\mathrm{AH}]_{\mathrm{aq}} + K_{\mathrm{a}} \dfrac{[\mathrm{AH}]_{\mathrm{aq}}}{[\mathrm{H}^+]_{\mathrm{aq}}}} = \frac{8.0 \times [\mathrm{H}^+]_{\mathrm{aq}}}{[\mathrm{H}^+]_{\mathrm{aq}} + K_{\mathrm{a}}} \quad \cdots\cdots(8)$$

(エ)　$[\mathrm{H}^+]_{\mathrm{aq}} \ll K_{\mathrm{a}}$ のとき，$[\mathrm{H}^+]_{\mathrm{aq}} + K_{\mathrm{a}} \fallingdotseq K_{\mathrm{a}}$ とみなせるので

$$P = \frac{8.0 \times [\mathrm{H}^+]_{\mathrm{aq}}}{[\mathrm{H}^+]_{\mathrm{aq}} + K_{\mathrm{a}}} \fallingdotseq \frac{8.0 \times [\mathrm{H}^+]_{\mathrm{aq}}}{K_{\mathrm{a}}}$$

したがって

$$\log_{10}P = \log_{10}8.0 + \log_{10}[\mathrm{H}^+]_{\mathrm{aq}} - \log_{10}K_{\mathrm{a}}$$
$$= - \mathrm{pH} - \log_{10}K_{\mathrm{a}} + \log_{10}8.0 \quad \cdots\cdots(9)$$

問1　$K_{\mathrm{a}} = 4.5 \times 10^{-5}\,\mathrm{mol/L}$ であるから，$[\mathrm{H}^+]_{\mathrm{aq}} \gg K_{\mathrm{a}}$ の条件（酸性の強い状態）では，(8)より $P \fallingdotseq 8.0$ となるので

$$\log_{10}P = \log_{10}8.0 = 3\log_{10}2.0 = 0.9$$

で，一定となる。$[\mathrm{H}^+]_{\mathrm{aq}} \ll K_{\mathrm{a}}$ の条件（塩基性の強い状態）では，(9)より，右下がりのグラフとなるので，グラフ㈱が該当する。

問2　(1)　物質Cのように自身は変化せずに，化学反応の速さを変化させる物質を一般に触媒とよんでいる。

(2)　化学反応が起こるためには，一定以上のエネルギーをもって反応物が衝突し，活性化状態を経て，化学結合の組み換えが起こる必要がある。反応物が活性化状態になるために必要なエネルギーを活性化エネルギーという。触媒を加えると，活性化エネルギーが小さい，別の反応経路で反応が進行するので，反応速度が増大する。ただし，正反応も逆反応も速くなるので，平衡状態に速く到達するが，平衡移動は起こらない。また，触媒によって反応熱も変化しない。

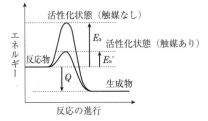

E_{a}：触媒がないときの正反応の活性化エネルギー

E_{a}'：触媒があるときの正反応の活性化エネルギー

Q：反応熱

問3　RCOOH と R′NH$_2$ は親水基である −COOH や −NH$_2$ があるので，比較的水溶液として存在しやすい。これに対して，RCONHR′には親水基がないので分子全体

として疎水性となり，X中に溶けやすい。また，どちらも十分に放置すると物質が X中から水中に移動する速さと逆に水中からX中に移動する速さが等しくなり平衡状態（分配平衡という）となる。このとき物質が，X中と水中に存在する割合（濃度の比）は一定になる。RCOOH と R′NH$_2$ とXと水を混合させると，RCOOH と R′NH$_2$ はX中にも水中にも存在するようになる。水溶液中に，触媒物質Cを加えると次の反応が起こる。

$$RCOOH + R'NH_2 \rightleftharpoons RCONHR' + H_2O \quad \cdots\cdots(10)$$

生成する RCONHR′ は，疎水性で，水溶液よりもX中に存在しやすいのでX中に移動すると同時に，RCOOH と R′NH$_2$ の濃度が反応によって減少するため，これらがX中から水中に移動する。この結果，ルシャトリエの原理により平衡は右方向に移動する。この傾向は反応が進むとさらに進み，X中の RCOOH と R′NH$_2$ が少なくなり，RCONHR′ は多くなる。ついにはX中ではほとんどが RCONHR′ になる。

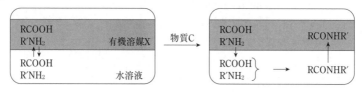

解 答

（I）2.5　（II）3.0　（III）5.0

（ア）$[AH]_x V$　（イ）$0.20([AH]_{aq} + [A^-]_{aq})$　（ウ）$\dfrac{8.0[H^+]_{aq}}{[H^+]_{aq} + K_a}$　（エ）$-pH - \log_{10} K_a$

問1　（か）

問2　（1）触媒

（2）触媒を使用することにより，反応物が活性化状態になる経路が変わり，活性化エネルギーが小さくなるので，活性化状態になる分子が増え，反応の速さが大きくなる。

問3　RCOOH と R′NH$_2$ は親水基をもつので，混合によって水層にその一部が抽出される。水溶液中では，物質 C の触媒作用によって RCOOH ＋ R′NH$_2$ ⟶ RCONHR′＋ H$_2$O の反応が進む。この反応によって，水溶液中の RCOOH と R′NH$_2$ の濃度が低くなると，X 中の RCOOH と R′NH$_2$ が水溶液中に移る。同時に，水溶液中で生成した RCONHR′ は疎水性のため，X 中に溶け込む。このため，最終的に X 中の物質はほぼ全量が RCONHR′ となる。

34

ポイント	反応の速さによる平衡状態の違い

　反応(1)が反応(2)より極めて速い場合では，CH_3OH はすぐに消費されるから，実質的には，CO，H_2，H_2O の混合物から反応(2)が開始される。したがって，[CO] は減少し，[H_2] は増加して平衡に達する。

　一方，反応(1)が反応(2)より極めて遅い場合では，CH_3OH の消費によって生じた CO と H_2 はすぐに反応(2)の平衡状態に達する。

解　説

問1　　$CH_3OH \longrightarrow CO + 2H_2$　　……(1)：吸熱反応（不可逆）

$CO + H_2O \rightleftharpoons CO_2 + H_2$　　……(2)：発熱反応（右方向）

$CO + 3H_2 \rightleftharpoons CH_4 + H_2O$　　……(3)：発熱反応（右方向）

ルシャトリエの原理によって考える。

反応(2)の H_2 の濃度を増加させるには，平衡を右に移動させればよい。右方向が発熱反応であるから，温度を下げれば，発熱反応の方向に平衡が移動し，H_2 の濃度は増加する。

反応(3)では，左辺と右辺の係数の合計に差がある（左辺4，右辺2）ので，圧力を高くすると物質量の減少する方向に平衡は移動する。CH_4 の生成を抑制するには，平衡を左に移動させるように条件を変えればよいので，圧力を下げればよい。

CO の存在量を減らすには，反応(2)では CO_2 を除けばよい。反応(3)では CH_4 を除けばよい。H_2O の除去も考えられるが，これは反応(2)において CO の増加をもたらす。

問2　容積一定なので，各物質の濃度はそれぞれの物質量に比例する。

(i)　反応(1)が進行すると，CO と H_2 が物質量（濃度）比で $1:2$ で生成する。反応(2)では平衡に達するまで，反応容器中の CO が減少し，H_2 が同じ物質量生成する。しかし，反応(2)の反応速度が小さく，平衡状態になるまでに時間がかかるので，反応(1)によって生成した CO は徐々に減少し，H_2 は徐々に増加してやがて一定となると考えられる。よって，(い)が該当する。

(ii)　反応(1)によって生成する CO は，速やかに(i)の反応(2)の平衡状態になるので，(お)が該当する。反応時，平衡時の [H_2] は [CO] の2倍より常に大きい。

　〔注〕　反応(1)の式より，CO が存在するのに H_2 が存在しないことはあり得ない。よって，(う)と(え)は誤り。同じく反応(1)より，H_2 は CO の2倍生成するので，(か)も誤り。また，反応(1)および(2)より，H_2 は増加しても減少することはないので，(あ)も誤り。

問3 (1) 容積が自由に変化する場合，全圧 P〔atm〕は一定で，温度が一定のとき容器中の物質量の合計と容器の容積が比例する。反応(1)により，2.00 mol の CH_3OH が完全に反応すると，2.00 mol の CO と 4.00 mol の H_2 が生成する。

反応(2)が平衡状態になったとき H_2 が 5.76 mol になったのだから，反応(2)によって H_2 が 1.76 mol 生成したことになる。

	CO	+	H_2O	$\rightleftharpoons$	CO_2	+	H_2	
反応前	2.00		3.00		0		4.00	〔mol〕
平衡時	2.00 − 1.76		3.00 − 1.76		1.76		4.00 + 1.76	〔mol〕

体積は総物質量に比例するから

$$\frac{V_1}{V_0} = \frac{0.24 + 1.24 + 1.76 + 5.76}{2.00 + 3.00} = 1.80 \fallingdotseq 1.8$$

(2) 上の平衡後の状態から　　$2.00 \text{ mol} - 1.76 \text{ mol} = 0.240 \text{ mol} = 2.4 \times 10^{-1} \text{mol}$

(3) $K_2 = \dfrac{[CO_2][H_2]}{[CO][H_2O]} = \dfrac{\dfrac{1.76 \text{ mol}}{V_1} \times \dfrac{5.76 \text{ mol}}{V_1}}{\dfrac{0.240 \text{ mol}}{V_1} \times \dfrac{1.24 \text{ mol}}{V_1}} = 34.0 \fallingdotseq 3.4 \times 10$

問4 式(6)，(7)，(8)はそれぞれ C，H，O の物質量についての関係式である。

（体積）×（濃度）＝（物質量）であるから

$$V_0 \times [CH_3OH]_0 = V_1 \times ([CO] + [CO_2]) \qquad\qquad \cdots\cdots(6)$$
$$V_0 \times (4[CH_3OH]_0 + 2[H_2O]_0) = V_1 \times (2[H_2] + 2[H_2O]) \qquad \cdots\cdots(7)$$
$$V_0 \times ([CH_3OH]_0 + [H_2O]_0) = V_1 \times ([CO] + [H_2O] + 2[CO_2]) \quad \cdots\cdots(8)$$

問5 式(6)〜(8)は物質量の関係式であるから，圧力や温度が変化しても成立する。

解　答

問1 (ア)下げる　(イ)下げる　(ウ)メタン

問2 (i)—(い)　(ii)—(お)

問3 (1) 1.8 倍　(2) 2.4×10^{-1} mol　(3) 3.4×10

問4 (I) $2[H_2] + 2[H_2O]$　(II) $[CO] + [H_2O] + 2[CO_2]$

問5 (う)

35

> **ポイント**　樹脂と水溶液の濃度をそれぞれ考える
> 　樹脂という固体（固相）と水溶液（液相）との平衡では，2 つの相間を H^+ や Na^+ が移動するので，それぞれの相での H^+ や Na^+ の濃度を考えることができる。また，樹脂の体積を算出できるようになっていることもヒントとなる。

解　説

問1　陽イオン交換樹脂は，次の(A)のような構造の高分子化合物で，分子内に多数のスルホ基をもっている。陽イオン交換樹脂に NaCl などの水溶液を接触させると，Na^+ が H^+ と交換され，NaCl 水溶液は，HCl 水溶液に変化する。

$$\left(\!CH_2\!-\!CH\!\right)_n + nNa^+Cl^- \longrightarrow \left(\!CH_2\!-\!CH\!\right)_n + nH^+Cl^-$$

(A)　SO₃H　　　　　　SO₃Na

問2　問 1 の $\left(\!CH_2\!-\!CH\!\right)_n$ を R で表すと

$$R{-}SO_3H + Na^+ \rightleftharpoons R{-}SO_3Na + H^+$$

のような化学平衡となっている。

問3　樹脂 1000 g にスルホ基が 2.50 mol 含まれているから，同じ樹脂 30.0 g に含まれるスルホ基は

$$2.50 \text{ mol} \times \frac{30.0 \text{ g}}{1000 \text{ g}} = 7.50 \times 10^{-2} \text{ mol}$$

0.100 mol/L の NaCl aq 500 mL 中に含まれる NaCl は

$$0.100 \text{ mol/L} \times 500 \times 10^{-3} \text{ L} = 5.00 \times 10^{-2} \text{ mol}$$

樹脂と反応させた後，水溶液を蒸発させると，交換されて生成した HCl は気体として除かれるため（HCl は揮発性），残った固体は NaCl（式量 58.5）である。未反応のまま残っている NaCl は

$$\frac{1.17 \text{ g}}{58.5 \text{ g/mol}} = 2.00 \times 10^{-2} \text{ mol}$$

したがって，反応した NaCl は

$$5.00 \times 10^{-2} \text{ mol} - 2.00 \times 10^{-2} \text{ mol} = 3.00 \times 10^{-2} \text{ mol}$$

このことから

$$\text{R–SO}_3\text{H} \quad + \quad \text{NaCl} \quad \rightleftharpoons \quad \text{R–SO}_3\text{Na} \quad + \quad \text{HCl}$$

反応前	7.50×10^{-2}	5.00×10^{-2}	0	0	〔mol〕
平衡時	4.50×10^{-2}	2.00×10^{-2}	3.00×10^{-2}	3.00×10^{-2}	〔mol〕

となる。樹脂の体積は 20.0 mL，水溶液は 500 mL であるから，それぞれの濃度は

(ア) $[\text{R–SO}_3\text{H}] = \dfrac{4.50 \times 10^{-2}\,\text{mol}}{20.0 \times 10^{-3}\,\text{L}} = 2.25\,\text{mol/L}$

(イ) $[\text{NaCl}] = [\text{Na}^+] = \dfrac{2.00 \times 10^{-2}\,\text{mol}}{500 \times 10^{-3}\,\text{L}} = 4.00 \times 10^{-2}\,\text{mol/L}$

(ウ) $[\text{R–SO}_3\text{Na}] = \dfrac{3.00 \times 10^{-2}\,\text{mol}}{20.0 \times 10^{-3}\,\text{L}} = 1.50\,\text{mol/L}$

(エ) $[\text{HCl}] = [\text{H}^+] = \dfrac{3.00 \times 10^{-2}\,\text{mol}}{500 \times 10^{-3}\,\text{L}} = 6.00 \times 10^{-2}\,\text{mol/L}$

〔注〕 固体である樹脂中に均等にスルホ基が存在するので，濃度の考え方が当てはまる。

問 4 $K = \dfrac{[\text{R–SO}_3\text{Na}][\text{H}^+]}{[\text{R–SO}_3\text{H}][\text{Na}^+]} = \dfrac{1.50\,\text{mol/L} \times 6.00 \times 10^{-2}\,\text{mol/L}}{2.25\,\text{mol/L} \times 4.00 \times 10^{-2}\,\text{mol/L}} = 1.00$

問 5 この場合，平衡定数を求めるには，濃度を用いても物質量を用いても同じ値になる（平衡定数の分母分子の次元が等しく，K に単位がないため）。反応の前後（反応前と平衡時）での各物質の物質量は

$$\text{R–SO}_3\text{H} \quad + \text{NaCl} \rightleftharpoons \text{R–SO}_3\text{Na} + \text{HCl}$$

反応前	x	y	0	0	〔mol〕
平衡時	$x - (y - y_1)$	y_1	$y - y_1$	$y - y_1$	〔mol〕

したがって

$$K = \frac{(y - y_1)^2}{\{x - (y - y_1)\}\,y_1} = \frac{y_1{}^2 - 2yy_1 + y^2}{y_1(y_1 + x - y)} = 1$$

ゆえに $\quad y_1 = \dfrac{y^2}{x + y}$

1 回目の操作の後，続けて，新たに x〔mol〕の R–SO$_3$H を加えて，イオン交換を行うと，平衡時の Na$^+$ の物質量は y_2〔mol〕だから，平衡時の各物質の物質量は

$$\text{R–SO}_3\text{H} \quad + \text{Na}^+ \rightleftharpoons \text{R–SO}_3\text{Na} + \quad\quad \text{H}^+$$

反応前	x	y_1	0	$y - y_1$	〔mol〕
平衡時	$x - (y_1 - y_2)$	y_2	$y_1 - y_2$	$(y - y_1) + (y_1 - y_2)$	〔mol〕

平衡定数は変化しないので

$$K = \frac{(y_1 - y_2)(y - y_2)}{y_2(x - y_1 + y_2)} = 1$$

したがって $\quad y_2 = \dfrac{y^3}{(x + y)^2}$

〔注〕 $[\text{R–SO}_3\text{Na}]$ と $[\text{R–SO}_3\text{H}]$ および $[\text{H}^+]$ と $[\text{Na}^+]$ の体積はそれぞれ等

しく，K は体積が分母分子で約されてしまうので物質量を用いてもよい。

問6　y_2 を y の 1.00 パーセントとすると

$$\frac{y}{y_2} = y \times \frac{(x + y)^2}{y^3} = \frac{(x + y)^2}{y^2} = 100$$

したがって　　$x + y = 10y$

ゆえに　　$x = 9y$

これに，$y = 5.00 \times 10^{-2}\,\text{mol}$ を代入すると

　　$x = 9 \times 5.00 \times 10^{-2}\,\text{mol} = 0.450\,\text{mol}$

よって，0.450 mol のスルホ基をもつ樹脂が必要である。樹脂は 1000 g で 2.50 mol のスルホ基を含むから，必要なイオン交換樹脂の質量を z〔g〕とすると

　　$1000\,\text{g} : 2.50\,\text{mol} = z : 0.450\,\text{mol}$

よって　　$z = 180\,\text{g} = 1.80 \times 10^2\,\text{g}$

解　答

- -

問1　スルホ基

問2　㋐SO_3H　㋑Na^+　㋒SO_3Na　㋓H^+

問3　㋐2.25 mol/L　㋑$4.00 \times 10^{-2}\,\text{mol/L}$　㋒1.50 mol/L

　　　㋓$6.00 \times 10^{-2}\,\text{mol/L}$

問4　1.00

問5　㋔$2y$　㋕$x - y$　㋖y^2　㋗$x + y$　㋘y^3　㋙$(x + y)^2$

問6　$1.80 \times 10^2\,\text{g}$

36

ポイント　水蒸気を忘れないこと

　水蒸気が含まれている混合気体では，（全圧 − P_w）が混合気体の全圧で，その体積は，水蒸気を含む混合気体の体積である。（分圧の法則）

解　説

問1　大気圧 P_0〔atm〕と気体を捕集したびんの内部の圧力 P〔atm〕との差がびんの内と外の水面の高さの差になっている。1 atm は密度 d〔g/cm^3〕の水銀柱 76.0 cm 分に相当し，$(P_0 − P)$〔atm〕が密度 d_w〔g/cm^3〕の水の水面の差 h〔cm〕に相当するから

$$d_w h = 76.0 \, (P_0 − P) \, d$$

$$\therefore \quad h = \frac{76.0 d \, (P_0 − P)}{d_w} \, \text{〔cm〕}$$

問2　$2A \rightleftharpoons A_2$ の平衡状態で，A が N_1〔mol〕のとき，その量的関係は次のようになる。

	2 A	$\rightleftharpoons$	A$_2$	合計	
平衡前	N		0	N	〔mol〕
増　減	$−(N − N_1)$		$\dfrac{N − N_1}{2}$		〔mol〕
平衡時	N_1		$\dfrac{N − N_1}{2}$	$\dfrac{N + N_1}{2}$	〔mol〕

また，A と A_2 の全圧は，水蒸気圧を考慮して $(P − P_w)$〔atm〕である。よって，N_1 は気体の状態方程式より

$$\frac{N + N_1}{2} = \frac{(P − P_w) \, V}{RT}$$

$$\therefore \quad N_1 = \frac{2V (P − P_w)}{RT} − N \, \text{〔mol〕}$$

問3　$2A \rightleftharpoons A_2$ において，平衡定数は

$$K = \frac{[A_2]}{[A]^2} \, \text{〔1/(mol/L)〕}$$

と表せる。問2で示した A および A_2 の物質量の値より

$$[A] = \frac{N_1}{V} \, \text{〔mol/L〕}, \quad [A_2] = \frac{N − N_1}{2V} \, \text{〔mol/L〕}$$

したがって

$$K = \frac{[A_2]}{[A]^2} = \frac{\dfrac{N - N_1}{2V}}{\left(\dfrac{N_1}{V}\right)^2} = \frac{N - N_1}{2N_1{}^2} V \, [1/(\text{mol/L})]$$

問 4　新しい平衡状態では，A が N_2 〔mol〕のとき，問 2 と同様に考えて A_2 は $\dfrac{N - N_2}{2}$ 〔mol〕であるから，A と A_2 の物質量の合計は $\dfrac{N + N_2}{2}$ 〔mol〕である。

また，A と A_2 の全圧は，$(P_0 - P_w)$ 〔atm〕であるから，気体の状態方程式より体積 V' 〔L〕は

$$V' = \frac{(N + N_2) RT}{2 (P_0 - P_w)} \, [\text{L}]$$

このとき平衡定数 K は

$$K = \frac{[A_2]}{[A]^2} = \frac{N - N_2}{2N_2{}^2} V' = \frac{N - N_2}{2N_2{}^2} \cdot \frac{(N + N_2) RT}{2 (P_0 - P_w)}$$

$$= \frac{(N^2 - N_2{}^2) RT}{4N_2{}^2 (P_0 - P_w)} \, [1/(\text{mol/L})]$$

よって　　$N_2 = N \sqrt{\dfrac{RT}{4K (P_0 - P_w) + RT}} \, [\text{mol}]$

問 5　気体反応の平衡状態は，気体の圧力や体積の変化にともないルシャトリエの原理によって移動する。圧力に関しては，$P - P_w < P_0 - P_w$ であるから，$2A \rightleftharpoons A_2$ の平衡は圧力が大きくなると総分子数が減少する方向の右に移動するので，$N_1 > N_2$ と予想できる。また，$T = $ 一定であるから $K = $ 一定 であることを用いて考える。体積の減少により $[A]^2$，$[A_2]$ とも大きくなるが，平衡の移動がなければ，$[A]^2$ の増加の割合の方がより著しいので，$K = $ 一定 を保つために平衡は右へ移動する。よって $N_1 > N_2$ となる。

解　答

問 1　$\dfrac{76.0d (P_0 - P)}{d_w}$

問 2　$\dfrac{2V (P - P_w)}{RT} - N$

問 3　$\dfrac{N - N_1}{2N_1{}^2} V$

問 4　$N \sqrt{\dfrac{RT}{4K (P_0 - P_w) + RT}}$

問 5　(ア)

37

> **ポイント　溶解度積 K の考え方**
>
> 溶解度積 K の一般的な考え方は次のとおりである。
>
> $M_mX_n \rightleftharpoons mM + nX$
>
> $K = [M]^m[X]^n$
>
> $Cu(OH)_2$ についても
>
> $Cu(OH)_2 \rightleftharpoons Cu^{2+} + 2OH^-$
>
> $K = [Cu^{2+}][OH^-]^2$
>
> が成立している。したがって，水溶液中の $Cu(OH)_2$ はすべて電離していると考える。

解　説

問1　(ア)　溶解している $BaSO_4$ の濃度は　　$\dfrac{1.0 \times 10^{-6}\,mol}{100 \times 10^{-3}\,L} = 1.0 \times 10^{-5}\,mol/L$

したがって　　$[Ba^{2+}] = [SO_4^{2-}] = 1.0 \times 10^{-5}\,mol/L$

よって，求めるモル濃度の積 K は

$K = [Ba^{2+}][SO_4^{2-}] = 1.0 \times 10^{-10}\,(mol/L)^2$

(イ)　$[Pb^{2+}][SO_4^{2-}] = 2.0 \times 10^{-8}\,(mol/L)^2$ より，$[Pb^{2+}] \leqq 1.0 \times 10^{-5}\,mol/L$ のとき，$[SO_4^{2-}] \geqq 2.0 \times 10^{-3}\,mol/L$ である。

最初に溶液中に存在する Pb^{2+} は $0.0010\,mol$ である。Na_2SO_4 水溶液を $x\,[mL]$ 加えたとき $PbSO_4$ が $y\,[mol]$ 生成するとして，$Pb^{2+} + SO_4^{2-} \rightleftharpoons PbSO_4$ の溶解平衡における $[Pb^{2+}]$ と $[SO_4^{2-}]$ を表すと

$[Pb^{2+}] = \dfrac{(1.0 \times 10^{-3} - y)\,mol}{(100 + x) \times 10^{-3}\,L} = 1.0 \times 10^{-5}\,mol/L$

$[SO_4^{2-}] = \dfrac{1.2 \times 10^{-2}\,mol/L \times x \times 10^{-3} - y}{(100 + x) \times 10^{-3}\,L} = 2.0 \times 10^{-3}\,mol/L$

これらの方程式から y を消去して x を求めると

$x = 119\,mL \fallingdotseq 1.2 \times 10^2\,mL$

問2　中性付近での水酸化物の生成は H_2O による。また，両辺の電荷の保存から考えるとよい。

問3　一種の中和反応である。

問4　操作(1)で，$[Cu(NH_3)_4]^{2+}$ のすべてが，Cu^{2+} に変化している。

	$[Cu(NH_3)_4]^{2+}$ +	$2H_2SO_4$	$\longrightarrow$ Cu^{2+}	+ $2(NH_4)_2SO_4$	
反応前	2.0×10^{-3}	5.0×10^{-3}	0	0	[mol]
反応後	0	$5.0 \times 10^{-3} - 4.0 \times 10^{-3}$	2.0×10^{-3}	4.0×10^{-3}	[mol]

この溶液を操作(2)で 200 mL にしたあと，操作(3)でコニカルビーカーに 10.0 mL とったから，反応後の各物質が上記の物質量の $\dfrac{1}{20}$ 含まれている。したがって，未反応の H_2SO_4 は

$$\dfrac{5.0 \times 10^{-3}\,\text{mol} - 4.0 \times 10^{-3}\,\text{mol}}{20} = 5.0 \times 10^{-5}\,\text{mol}$$

これを中和するのに 0.050 mol/L の NaOH 水溶液が x [mL] 必要であるとすると

$$2 \times 5.0 \times 10^{-5}\,\text{mol} = 1 \times 0.050\,\text{mol/L} \times x \times 10^{-3} \qquad \therefore \quad x = 2.0\,\text{mL}$$

この時点で過剰の H_2SO_4 が中和され，pH が大きく変化する。

問5　操作(3)のコニカルビーカーに含まれている Cu^{2+} は

$$2.0 \times 10^{-3}\,\text{mol} \times \dfrac{1}{20} = 1.00 \times 10^{-4}\,\text{mol}$$

その一部が操作(4)で $Cu(OH)_2$ に変化し，続いて操作(5)で CuO に変わる。

$$Cu^{2+} \xrightarrow[\text{操作(4)}]{NaOH} Cu(OH)_2 \xrightarrow[\text{操作(5)}]{\text{加熱}} CuO$$

CuO（式量 79.5）4.0 mg は　　$\dfrac{4.0 \times 10^{-3}\,\text{g}}{79.5\,\text{g/mol}} = 5.03 \times 10^{-5}\,\text{mol}$

操作(6)のろ液の体積は　　(10.0 + 40.0 + 4.0) mL = 54.0 mL

したがって，ろ液に含まれる Cu^{2+} イオンの濃度は

$$[Cu^{2+}] = \dfrac{1.00 \times 10^{-4}\,\text{mol} - 5.03 \times 10^{-5}\,\text{mol}}{54.0 \times 10^{-3}\,\text{L}}$$

$$= 9.20 \times 10^{-4}\,\text{mol/L} \fallingdotseq 9.2 \times 10^{-4}\,\text{mol/L}$$

問6　$[Cu(NH_3)_4]^{2+}$ を半分にすると，操作(1)で余る H_2SO_4 の物質量が大きくなるので，それを中和するために必要な NaOH 水溶液の体積は大きくなる。中和点で溶液中に存在する物質のうち，強酸と弱塩基からできている $CuSO_4$ や $(NH_4)_2SO_4$ は，加水分解によって弱酸性となる。$[Cu(NH_3)_4]^{2+}$ の量が減ると $CuSO_4$ や $(NH_4)_2SO_4$ の量も減り，pH はわずかに大きくなる。さらに，Cu^{2+} が少ないため，$Cu(OH)_2$ の沈殿が生じるのにより大きな $[OH^-]$ が必要となる。

〔注〕　点 **A** 以降では，加えた NaOH の OH^- が $Cu(OH)_2$ の生成に用いられるので，pH は大きく上昇しない。

解　答

問1　(ア) 1.0×10^{-10}　(イ) 1.2×10^2

問2　$[Cu(NH_3)_4]^{2+} + 2H^+ + 2H_2O \longrightarrow Cu(OH)_2 + 4NH_4^+$

問3　$Cu(OH)_2 + 2H^+ \longrightarrow Cu^{2+} + 2H_2O$　　**問4**　2.0 mL

問5　$9.2 \times 10^{-4}\,\text{mol/L}$　　**問6**　(う)

38

> **ポイント** N₂ と H₂ の比に注目
>
> 　残存する N₂ と H₂ および HCl と反応せずに残った NH₃ の合計を N₂ と H₂ に換算すると，その比は N₂：H₂＝1：3 であるから，図1のグラフ(b)を用いることができると考えてよい（NH₃ を N₂ と H₂ に換算すれば当然その比は 1：3 である）。したがって，$t = t_0$ では，別な N₂ と H₂ のみからなる初期条件（ただし，物質量比 N₂：H₂＝1：3）から合成反応が行われ，その平衡に至る途中の状態であると考える。

解　説

問1　ハーバー法による NH₃ 合成反応の熱化学方程式を示し，ルシャトリエの原理に基づいて平衡移動の向きを考えればよい。同圧で，温度が低いほどアンモニアの生成率が大きいことから，(a)または(b)と決まり，同温でアンモニアの生成率の大きい(b)が，より高圧の 100 atm での測定結果を表している。

問2　問1で，100 atm のときのグラフが(b)と決まったので，グラフ(b)について 300 ℃ のときの NH₃ の体積百分率をみると 50 ％ であることがわかる。求める NH₃ の物質量を $2n$〔mol〕とすると

	N₂	＋	3H₂	$\rightleftharpoons$	2NH₃	合計	
反応前	1		3		0	4	〔mol〕
増　減	$-n$		$-3n$		$+2n$		〔mol〕
平衡時	$1-n$		$3-3n$		$2n$	$4-2n$	〔mol〕

よって　　$\dfrac{2n}{4-2n} \times 100 \% = 50 \%$

$\therefore \ 2n = \dfrac{4}{3} \text{ mol} = 1.33 \text{ mol} \fallingdotseq 1.3 \text{ mol}$

問3　問2で，平衡時に NH₃ が $\dfrac{4}{3}$ mol 生成しているところへ HCl を 0.5 mol 加えた。

NH₃ ＋ HCl ⟶ NH₄Cl の反応が起こり，NH₃ は 0.5 mol が反応して白煙（NH₄Cl）

となり，$\dfrac{4}{3}$ mol $-$ $\dfrac{1}{2}$ mol $= \dfrac{5}{6}$ mol が残ることになる。このとき残存する N₂ と H₂

とは 1：3 の物質量比であるので，図1のグラフ(b)を用いることができる。新たに

生成する NH₃ が $2x$〔mol〕とすると，次の新しい平衡状態になる。

	N₂	＋	3H₂	$\rightleftharpoons$	2NH₃	合計	
反応前	$\left(1 - \dfrac{2}{3} =\right) \dfrac{1}{3}$		$(3 - 2 =) \ 1$		$\dfrac{5}{6}$	$\dfrac{13}{6}$	〔mol〕
増　減	$-x$		$-3x$		$+2x$		〔mol〕
平衡時	$\dfrac{1}{3} - x$		$1 - 3x$		$\dfrac{5}{6} + 2x$	$\dfrac{13}{6} - 2x$	〔mol〕

よって　　$\dfrac{\left(\dfrac{5}{6} + 2x\right)\text{mol}}{\left(\dfrac{13}{6} - 2x\right)\text{mol}} \times 100\ \% = 50\ \%$　　∴　$x = \dfrac{1}{12}$

したがって，NH_3 の存在量は　　$\left(\dfrac{5}{6} + 2 \times \dfrac{1}{12}\right)\text{mol} = 1.0\ \text{mol}$

問4　以下の点に注意してグラフを描けばよい。

時刻 t_0 での NH_3 の生成量は，問 2 の結果より

1.33 mol である。したがって，時刻 $\dfrac{1}{2}t_0$ での

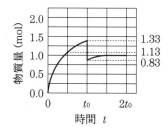

NH_3 の生成量は

　　1.33 mol × 0.85 ≒ 1.13 mol

また，t_0 において HCl 0.5 mol を加えた直後の

NH_3 の物質量は

　　1.33 mol − 0.5 mol = 0.83 mol

$t_0 \sim 2t_0$ 間の反応は，NH_3 がすでに $\dfrac{5}{6}$ mol 存在することから，$0 \sim t_0$ 間の反応よりも，

より短い時間で平衡に到達し，NH_3 の物質量が $\dfrac{5}{6} + 2 \times \dfrac{1}{12} = 1\ \text{mol}$ になると考え

られる。

問5　N_2 と H_2 の物質量比が $1:3$ のときは図 1 のグラフを用いることができるが，

本問では $x:3$ の混合比であるので図 1 は利用できない。そこで，温度が一定のと

き圧平衡定数 K_P が一定になることを使う。問 2 より，温度が 300 ℃ で圧力が 100

atm のとき，各成分気体の分圧は

$$P_{N_2} = 100\ \text{atm} \times \dfrac{\left(1 - \dfrac{2}{3}\right)\text{mol}}{\left(4 - \dfrac{4}{3}\right)\text{mol}} = \left(100 \times \dfrac{1}{8}\right)\text{atm}$$

$$P_{H_2} = 100\ \text{atm} \times \dfrac{(3 - 2)\ \text{mol}}{\left(4 - \dfrac{4}{3}\right)\text{mol}} = \left(100 \times \dfrac{3}{8}\right)\text{atm}$$

$$P_{NH_3} = \left(100 \times \dfrac{1}{2}\right)\text{atm}$$

このときの圧平衡定数 K_P は

$$K_P = \dfrac{P_{NH_3}^{\ 2}}{P_{N_2} \cdot P_{H_2}^{\ 3}} = \dfrac{\left(100 \times \dfrac{1}{2}\right)^2 \text{atm}^2}{\left(100 \times \dfrac{1}{8}\right)\text{atm} \times \left(100 \times \dfrac{3}{8}\right)^3 \text{atm}^3} = \dfrac{2^{10}}{3^3} \times 100^{-2}\ \text{atm}^{-2}$$

次に，N_2 を x〔mol〕と H_2 を 3 mol 混合し，300 ℃，100 atm のもとで NH_3 が

1 mol 生成して平衡に達したときの量的関係は

$$N_2 \quad + 3H_2 \rightleftharpoons 2NH_3 \quad 合計$$

	N_2	$3H_2$	$2NH_3$	合計	
反応前	x	3	0	$x + 3$	〔mol〕
増 減	$-\dfrac{1}{2}$	$-\dfrac{3}{2}$	$+1$		〔mol〕
平衡時	$x - \dfrac{1}{2}$	$\dfrac{3}{2}$	1	$x + 2$	〔mol〕

各成分気体の分圧は

$$P_{N_2} = \left(100 \times \frac{x - \dfrac{1}{2}}{x + 2}\right) atm \qquad P_{H_2} = \left(100 \times \frac{\dfrac{3}{2}}{x + 2}\right) atm$$

$$P_{NH_3} = \left(100 \times \frac{1}{x + 2}\right) atm$$

したがって $\quad K_P = \dfrac{(x + 2)^2 \times 2^3}{\left(x - \dfrac{1}{2}\right) \times 3^3} \times 100^{-2}\, atm^{-2} = \dfrac{2^{10}}{3^3} \times 100^{-2}\, atm^{-2}$

これを整理すると $\quad x^2 - 124x + 68 = 0$

〔注〕 容器の体積は圧力＝一定を保つために変化するので，濃度平衡定数を用いる
　　　ことは難しい。

問6 寒剤としてドライアイスだけを用いてもよい。1 atm 下でのNH_3の沸点は
　　$-33.4℃$，ドライアイスの到達温度は$-78.5℃$，ドライアイス ＋ エタノールの
　　到達温度は$-72℃$。他に解答として次のような例も考えられる。

　①NH_3を水に吸収させ，加熱または水酸化ナトリウムを加えて分離する。

　②NH_3を塩酸に吸収させ，水酸化ナトリウムを加えて分離する。

解　答

問1　A—(b)　B．容器内で起こる次の反応の反応熱 Q〔kJ〕を結合エネルギー
の値を用いて求めると

　　　N_2（気）$+ 3H_2$（気）$= 2NH_3$（気）$+ Q$ kJ

　　　$Q = (386 \times 3 \times 2)kJ - 928\,kJ - (432 \times 3)kJ = 92\,kJ > 0$

したがって，ルシャトリエの原理より，同圧のもとでは温度が低いほどアンモニ
アの生成率が大きく，同温のもとでは圧力が高いほどアンモニアの生成率が大
きくなるから。

問2　1.3 mol

問3　1.0 mol

問4　右図。

問5　(A) — 124　(B) 68

問6　「ドライアイス ＋ エタノール」の寒剤を用
　　　いて混合気体を冷却し，アンモニアだけを
　　　凝縮させて液体アンモニアとして分離する。

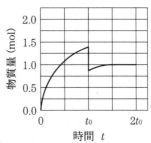

39

> **ポイント** 多段階電離での電離定数
>
> 　多段階電離での電離定数について，一般に $K_1 > K_2 > K_3 \cdots$ の関係が成立する。このことより各成分の濃度の大小について，一定の規則が見出せる。これを近似計算に用いることが大切である。

解　説

問1　(ア)　大気中の CO_2 の圧力は

$$1\,atm \times 0.032 \times 10^{-2} = 3.2 \times 10^{-4}\,atm$$

比 $\dfrac{C}{P}$ は一定であるので

$$\frac{C}{P} = \frac{[H_2CO_3]}{3.2 \times 10^{-4}\,atm} = 3.0 \times 10^{-2}\,mol/(L \cdot atm)$$

$$\therefore \quad [H_2CO_3] = 9.6 \times 10^{-6}\,mol/L$$

(イ)　題意より，$[H^+] \doteqdot [HCO_3^-]$ とすると，電離定数 K_1 は

$$K_1 = \frac{[HCO_3^-][H^+]}{[H_2CO_3]} \doteqdot \frac{[H^+]^2}{[H_2CO_3]}$$

したがって，$[H^+]$ は

$$
\begin{aligned}
[H^+] &\doteqdot \sqrt{K_1[H_2CO_3]} \\
&= \sqrt{4.2 \times 10^{-7}\,mol/L \times 9.6 \times 10^{-6}\,mol/L} \doteqdot 2.0 \times 10^{-6}\,mol/L
\end{aligned}
$$

(ウ)　$pH = -\log_{10}(2.0 \times 10^{-6}) = 6 - \log_{10}2.0 = 6 - 0.301 \doteqdot 5.7$

(エ)　(イ)と同様に考えると，電気的中性の関係および問3による近似より，
　$[H^+] = [HCO_3^-] + [NO_3^-]$ となるから，(3)式より

$$[NO_3^-] = [H^+] - [HCO_3^-] = [H^+] - K_1 \times \frac{[H_2CO_3]}{[H^+]} \quad \cdots\cdots\text{(A)}$$

この式に K_1，$[H_2CO_3]$ の値，および $[H^+] = 1.0 \times 10^{-5}\,mol/L$（$pH = 5.0$）を代入して

$$
\begin{aligned}
[NO_3^-] &= 1.0 \times 10^{-5}\,mol/L - 4.2 \times 10^{-7}\,mol/L \times \frac{9.6 \times 10^{-6}\,mol/L}{1.0 \times 10^{-5}\,mol/L} \\
&= 9.59 \times 10^{-6}\,mol/L \doteqdot 9.6 \times 10^{-6}\,mol/L
\end{aligned}
$$

(オ)　(A)の式に $[H^+] = 1.0 \times 10^{-4}\,mol/L$（$pH = 4.0$）を代入して

$$
\begin{aligned}
[NO_3^-] &= 1.0 \times 10^{-4}\,mol/L - 4.2 \times 10^{-7}\,mol/L \times \frac{9.6 \times 10^{-6}\,mol/L}{1.0 \times 10^{-4}\,mol/L} \\
&= 9.99 \times 10^{-5}\,mol/L \doteqdot 1.0 \times 10^{-4}\,mol/L
\end{aligned}
$$

問2 (I)　電離定数 K_1 は次のように表すことができる。

$$K_1 = \frac{[\mathrm{H^+}][\mathrm{HCO_3^-}]}{[\mathrm{H_2CO_3}]}$$

　　したがって　　$[\mathrm{HCO_3^-}] = \dfrac{K_1[\mathrm{H_2CO_3}]}{[\mathrm{H^+}]}$

(II)　電離定数 K_2 は次のように表すことができる。

$$K_2 = \frac{[\mathrm{H^+}][\mathrm{CO_3^{2-}}]}{[\mathrm{HCO_3^-}]}$$

　　したがって　　$[\mathrm{CO_3^{2-}}] = \dfrac{K_2[\mathrm{HCO_3^-}]}{[\mathrm{H^+}]}$

問3　雨滴が酸性であれば，$[\mathrm{H^+}] > 1.0 \times 10^{-7}\,\mathrm{mol/L}$ であるから，(4)式より

$$\frac{[\mathrm{CO_3^{2-}}]}{[\mathrm{HCO_3^-}]} = \frac{K_2}{[\mathrm{H^+}]} < \frac{5.5 \times 10^{-11}\,\mathrm{mol/L}}{1.0 \times 10^{-7}\,\mathrm{mol/L}} = 5.5 \times 10^{-4}$$

　　よって，$[\mathrm{HCO_3^-}] \gg [\mathrm{CO_3^{2-}}]$ となる。

問4　(5)式では，$\mathrm{CO_3^{2-}}$ が 2 価の陰イオンであることを考慮して

$$[\mathrm{H^+}] = 1 \times [\mathrm{OH^-}] + 1 \times [\mathrm{HCO_3^-}] + 2 \times [\mathrm{CO_3^{2-}}]$$

　　同様に(6)式では

$$[\mathrm{H^+}] = 1 \times [\mathrm{OH^-}] + 1 \times [\mathrm{HCO_3^-}] + 2 \times [\mathrm{CO_3^{2-}}] + 1 \times [\mathrm{NO_3^-}]$$

問5　1 段目の過程；NO は空気中で容易に酸化されて，$\mathrm{NO_2}$ になる。2 段目の過程；$\mathrm{NO_2}$ が室温水に溶け込むときには，N の酸化数が「$+4 \to +5$ と $+3$」と変化して硝酸と亜硝酸を生じる（①式）。そして，亜硝酸は温度を上げると $3\mathrm{HNO_2} \longrightarrow \mathrm{HNO_3} + 2\mathrm{NO} + \mathrm{H_2O}$ のように変化する。したがって，温水に溶けると N の酸化数が「$+4 \to +5$ と $+2$」と変化して硝酸と一酸化窒素が生成する（②式）。解答はどちらでもよいのではないかと思われるが，②式はオストワルト法による硝酸の製法の第 3 段目の反応として教科書に記されている。

$$2\mathrm{NO_2} + \mathrm{H_2O} \longrightarrow \mathrm{HNO_3} + \mathrm{HNO_2} \quad \cdots\cdots ①$$

$$3\mathrm{NO_2} + \mathrm{H_2O} \longrightarrow 2\mathrm{HNO_3} + \mathrm{NO} \quad \cdots\cdots ②$$

解　答

- -

問1　(ア) 9.6×10^{-6}　(イ) 2.0×10^{-6}　(ウ) 5.7　(エ) 9.6×10^{-6}　(オ) 1.0×10^{-4}

問2　(I) $\dfrac{K_1[\mathrm{H_2CO_3}]}{[\mathrm{H^+}]}$　(II) $\dfrac{K_2[\mathrm{HCO_3^-}]}{[\mathrm{H^+}]}$

問3　②　　**問4**　(a) 1　(b) 1　(c) 2　(d) 1　(e) 1　(f) 2　(g) 1

問5　$2\mathrm{NO} + \mathrm{O_2} \longrightarrow 2\mathrm{NO_2}$

　　　$2\mathrm{NO_2} + \mathrm{H_2O} \longrightarrow \mathrm{HNO_3} + \mathrm{HNO_2}$

　　　（または $3\mathrm{NO_2} + \mathrm{H_2O} \longrightarrow 2\mathrm{HNO_3} + \mathrm{NO}$）

40

> **ポイント** pH と平衡定数との関係を導く
>
> pH と K_a や K_w などの平衡定数との関係を手際よく導くことが重要である。そのため，平衡定数に含まれる各成分と［H^+］や［OH^-］など，水溶液では必ず関係してくる量との与えられた条件下での関連を，正しく把握すること。

解 説

問 1 (ア) (2)式の関係を「化学平衡の法則」といい，K_a を電離定数とよぶ。

(イ) α は，中和点に至るまでの $\dfrac{[\mathrm{CH_3COO^-}]}{[\mathrm{CH_3COOH}]+[\mathrm{CH_3COO^-}]}$ であるから

$$[\mathrm{CH_3COOH}]=C_A(1-\alpha),\quad [\mathrm{CH_3COO^-}]=C_A\alpha$$

したがって $K_a=\dfrac{C_A\alpha[\mathrm{H^+}]}{C_A(1-\alpha)}=\dfrac{\alpha[\mathrm{H^+}]}{1-\alpha}$ $\therefore$ $[\mathrm{H^+}]=K_a\times\dfrac{1-\alpha}{\alpha}$

よって $\mathrm{pH}=-\log_{10}[\mathrm{H^+}]=-\log_{10}K_a+\log_{10}\dfrac{\alpha}{1-\alpha}=\mathrm{p}K_a+\log_{10}\dfrac{\alpha}{1-\alpha}$

〔注〕 $[\mathrm{CH_3COOH}]+[\mathrm{CH_3COO^-}]=C_A$ なので

$$\alpha=\frac{[\mathrm{CH_3COO^-}]}{[\mathrm{CH_3COOH}]+[\mathrm{CH_3COO^-}]}=\frac{[\mathrm{CH_3COO^-}]}{C_A}$$

よって $[\mathrm{CH_3COO^-}]=C_A\alpha$

$$[\mathrm{CH_3COOH}]=C_A-[\mathrm{CH_3COO^-}]$$
$$=C_A-C_A\alpha=C_A(1-\alpha)$$

(ウ) $\mathrm{pH}=\mathrm{p}K_a+\log_{10}\dfrac{0.5}{1-0.5}=\mathrm{p}K_a$

(エ) $K=\dfrac{[\mathrm{OH^-}][\mathrm{CH_3COOH}]}{[\mathrm{CH_3COO^-}]}=\dfrac{[\mathrm{H^+}][\mathrm{OH^-}][\mathrm{CH_3COOH}]}{[\mathrm{H^+}][\mathrm{CH_3COO^-}]}$

$=\dfrac{K_w[\mathrm{CH_3COOH}]}{[\mathrm{H^+}][\mathrm{CH_3COO^-}]}=\dfrac{K_w}{K_a}$

(オ) (5), (6)式において $[\mathrm{CH_3COOH}]\fallingdotseq[\mathrm{OH^-}]$

したがって $K=\dfrac{[\mathrm{OH^-}]^2}{[\mathrm{CH_3COO^-}]}$ $\therefore$ $[\mathrm{OH^-}]=\sqrt{K[\mathrm{CH_3COO^-}]}$

よって $[\mathrm{H^+}]=\dfrac{K_w}{\sqrt{K[\mathrm{CH_3COO^-}]}}$

(エ)の解を用いて，K に $\dfrac{K_w}{K_a}$ を代入すると

$$[H^+] = K_w \sqrt{\frac{K_a}{K_w[CH_3COO^-]}} = \sqrt{\frac{K_a K_w}{[CH_3COO^-]}}$$

いま，中和が完了しているので $[CH_3COO^-] = C_A$ と考えてよい。

よって　　$pH = \dfrac{1}{2}(-\log_{10}K_w - \log_{10}K_a + \log_{10}C_A)$

$$= 7 + \frac{1}{2}(pK_a + \log_{10}C_A)$$

問2　(a)　濃度が C〔mol/L〕の酢酸水溶液の電離度が δ のとき

$$[CH_3COOH] = C(1 - \delta), \quad [CH_3COO^-] = [H^+] = C\delta$$

となるので　　$K_a = \dfrac{C\delta \cdot C\delta}{C(1 - \delta)} = \dfrac{C\delta^2}{1 - \delta}$

酢酸では $1 \gg \delta$ なので，$1 - \delta \fallingdotseq 1$ とすると

$$K_a \fallingdotseq C\delta^2 \quad \therefore \quad \delta = \sqrt{\frac{K_a}{C}}$$

よって　　$[H^+] = C\delta = \sqrt{CK_a}$

いま　　$[CH_3COOH] = \dfrac{1.0\,mol/L \times 10 \times 10^{-3}\,L}{200 \times 10^{-3}\,L} = 5.0 \times 10^{-2}\,mol/L$

したがって

$$[H^+] = \sqrt{CK_a} = \sqrt{5.0 \times 10^{-2}\,mol/L \times 2.8 \times 10^{-5}\,mol/L}$$
$$= \sqrt{14 \times 10^{-7}(mol/L)^2}$$

ゆえに　　$pH = -\log_{10}[H^+] = -\dfrac{1}{2}(0.301 + 0.845 - 7) = 2.92 \fallingdotseq 2.9$

〔**別解**〕　近似式 $[CH_3COO^-] \fallingdotseq [H^+]$，

$[CH_3COOH] \fallingdotseq 1.0\,mol/L \times \dfrac{10\,mL}{200\,mL} = 5.0 \times 10^{-2}\,mol/L$ が成り立つので

$$K_a = \frac{[CH_3COO^-][H^+]}{[CH_3COOH]} = \frac{[H^+]^2}{5.0 \times 10^{-2}\,mol/L} = 2.8 \times 10^{-5}\,mol/L$$

したがって

$$[H^+] = \sqrt{5.0 \times 10^{-2}\,mol/L \times 2.8 \times 10^{-5}\,mol/L} = \sqrt{14 \times 10^{-7}(mol/L)^2}$$

よって　　$pH = -\log_{10}[H^+] = -\dfrac{1}{2}(0.301 + 0.845 - 7) = 2.92 \fallingdotseq 2.9$

(b)　$\delta = \sqrt{\dfrac{K_a}{C}} = \sqrt{\dfrac{2.8 \times 10^{-5}\,mol/L}{5.0 \times 10^{-2}\,mol/L}} = \sqrt{56 \times 10^{-5}} = \sqrt{2^3 \times 7 \times 10 \times 10^{-6}}$

$\quad = 2 \times 1.414 \times 2.646 \times 3.162 \times 10^{-3} = 2.36 \times 10^{-2} \fallingdotseq 2.4 \times 10^{-2}$

(c)　$pK_a = -\log_{10}K_a = -\log_{10}(2.8 \times 10^{-5}) = -\log_{10}(2^2 \times 7 \times 10^{-6})$

$\quad = 6 - 2 \times 0.301 - 0.845 = 4.553$

$\quad \log_{10}C_A = \log_{10}0.050 = \log_{10}(5 \times 10^{-2}) = 0.699 - 2 = -1.301$

(オ)の解を用いて $\quad$ pH $= 7 + \dfrac{1}{2}(4.553 - 1.301) = 8.626 \fallingdotseq 8.6$

問3 (I)・(II) $\quad$ CH$_3$COOH + NaOH $\longrightarrow$ CH$_3$COO$^-$ + Na$^+$ + H$_2$O

(III) $\quad \alpha = 0.5$ 付近，すなわち中和滴定において中和が半分進んだところでは，少量の強塩基や強酸を加えても溶液の pH はあまり変動せず，pK_a に近い一定の値に保たれる。このような性質を緩衝作用という。

(IV) $\quad$ 中和点では，溶液は酢酸ナトリウム水溶液になっており，塩はほぼ完全に電離して CH$_3$COO$^-$ と Na$^+$ が生じている。

$\qquad$ 弱酸の陰イオンは(5)式の正反応のように塩基として働くので，水溶液中で加水分解して OH$^-$ を生じ弱塩基性を示す。

問4 $\quad$ 緩衝溶液の pH は pH $= pK_a + \log_{10}\dfrac{[\text{CH}_3\text{COO}^-]}{[\text{CH}_3\text{COOH}]}$ で与えられるが，$\alpha = 0.5$ のとき，[CH$_3$COO$^-$] ＝ [CH$_3$COOH] であるから

$\qquad$ pH $= pK_a = -\log_{10}(2.8 \times 10^{-5}) \fallingdotseq 4.6$

となる。ここで，[CH$_3$COO$^-$] ＝ [CH$_3$COOH] ＝ 1.0 mol/L の溶液（I）と [CH$_3$COO$^-$] ＝ [CH$_3$COOH] ＝ 2.0 mol/L の溶液（II）各 1 L の pH を 1 だけ変化させるのに必要な強塩基（OH$^-$）の物質量（x〔mol〕とする）を求めてみる。

溶液（I）の場合：$5.6 = 4.6 + \log_{10}\dfrac{1.0 + x}{1.0 - x}$

よって $\quad \dfrac{1.0 + x}{1.0 - x} = 10 \quad \therefore \quad x = 0.818 \fallingdotseq 0.82$

溶液（II）の場合：$5.6 = 4.6 + \log_{10}\dfrac{2.0 + x}{2.0 - x}$

よって $\quad \dfrac{2.0 + x}{2.0 - x} = 10 \quad \therefore \quad x = 1.636 \fallingdotseq 1.64$

このように酢酸の総濃度を 2 倍にすると，pH を 1 だけ変化させるのに必要な OH$^-$ の物質量も 2 倍になり，緩衝作用が大きくなる。

問5 $\quad$ 問2(c)で求めたように，中和点の pH は 8.6 となる。pH 8.6 を変色域に収めている指示薬は，4 のフェノールフタレインである。

解 答

問1 (ア) $\dfrac{[\text{CH}_3\text{COO}^-][\text{H}^+]}{[\text{CH}_3\text{COOH}]}$ $\quad$ (イ) $\dfrac{\alpha}{1-\alpha}$ $\quad$ (ウ) pK_a $\quad$ (エ) $\dfrac{K_w}{K_a}$ $\quad$ (オ) pK_a

問2 (a) 2.9 $\quad$ (b) 2.4×10^{-2} $\quad$ (c) 8.6

問3 (I) 酢酸 $\quad$ (II) 酢酸イオン $\quad$ (III) 緩衝 $\quad$ (IV) 塩基

問4 1 $\qquad$ **問5** 4

41

ポイント　**溶解度積から濃度を求める**
　溶解度積を用いる問題の特徴は，一方の濃度が求められると，他方の濃度が計算で得られるところにある。与えられた反応条件下で，どのようにして一方の濃度を固定するかを見つけだすことが大切である。

解　説

問 1　(ア)〜(エ)　水溶液中の Cl^- の濃度を定量するのに，$CrO_4{}^{2-}$ を指示薬として加え，$AgNO_3$ 水溶液を滴下して $AgCl$ の沈殿の生成終了点を求めるこのような方法はモール法とよばれる。Cl^- がほぼすべて白色の $AgCl$ として沈殿したとき暗赤色（赤褐色）の Ag_2CrO_4 の沈殿ができ始めるので，Cl^- の沈殿滴定の終点を知ることができる。

問 2　(オ)　Ag_2CrO_4 が沈殿し始めるときの $[Ag^+]$ は，試料中の $[CrO_4{}^{2-}]$ が $1.0 \times 10^{-4}\,mol/L$ であるので

$$[Ag^+]^2[CrO_4{}^{2-}] = [Ag^+]^2 \times 1.0 \times 10^{-4}\,mol/L = 1.0 \times 10^{-12}\,(mol/L)^3$$

$$\therefore\quad [Ag^+] = \sqrt{\frac{1.0 \times 10^{-12}\,(mol/L)^3}{1.0 \times 10^{-4}\,mol/L}} = 1.0 \times 10^{-4}\,mol/L$$

(カ)　$AgCl$ の沈殿生成終了時の $[Cl^-]$ は，(オ)の結果を用いて

$$[Ag^+][Cl^-] = 1.0 \times 10^{-4}\,mol/L \times [Cl^-] = 2.0 \times 10^{-10}\,(mol/L)^2$$

$$\therefore\quad [Cl^-] = \frac{2.0 \times 10^{-10}\,(mol/L)^2}{1.0 \times 10^{-4}\,mol/L} = 2.0 \times 10^{-6}\,mol/L$$

したがって

$$\frac{\text{滴定終了時の } [Cl^-]}{\text{初めの } [Cl^-]} \times 100\,\% = \frac{2.0 \times 10^{-6}\,mol/L}{1.0 \times 10^{-1}\,mol/L} \times 100\,\%$$

$$= 2.0 \times 10^{-3}\,\%$$

問 3　生成する $AgCl$ の沈殿に対応する Ag^+ の濃度を $a\,(mol/L)$ とする。滴定終了時の $[Ag^+]$ が $1.0 \times 10^{-4}\,mol/L$ であったから，題意より Cl^- の滴定値に対応する濃度は $(a + 1.0 \times 10^{-4})\,mol/L$ となる。ところが，下線部①のとき，溶液中の $[Cl^-]$ は $2.0 \times 10^{-6}\,mol/L$ であった。よって，下線部①の場合の Cl^- の濃度は $(a + 2.0 \times 10^{-6})\,mol/L$ である。以上より，求める差は

$$(a + 1.0 \times 10^{-4})\,mol/L - (a + 2.0 \times 10^{-6})\,mol/L = 9.8 \times 10^{-5}\,mol/L$$

問 4　(キ)・(ク)　NH_3 や $Na_2S_2O_3$ は Ag^+ と水溶性の錯イオンを形成するので，$AgCl$ の沈殿が生成しにくい。

$$AgCl + 2NH_3 \longrightarrow [Ag(NH_3)_2]^+ + Cl^-$$

142

$$AgCl + 2Na_2S_2O_3 \longrightarrow 4Na^+ + [Ag(S_2O_3)_2]^{3-} + Cl^-$$

問5 Ag_2O の沈殿が生じないようにするためには，Ag_2CrO_4 が生成し始めるとき，つまり $[Ag^+] = 1.0 \times 10^{-4}$ mol/L のとき $[Ag^+]^2[OH^-]^2$ が 4.0×10^{-16} (mol/L)^4 を上まわらないようにしなければならない。Ag_2O の沈殿が生成し始めるときの $[OH^-]$ は

$$K = [Ag^+]^2[OH^-]^2 = (1.0 \times 10^{-4}\,\text{mol/L})^2 \times [OH^-]^2$$
$$= 4.0 \times 10^{-16}\,(\text{mol/L})^4$$

よって　　$[OH^-] = 2.0 \times 10^{-4}$ mol/L

したがって，$[OH^-] \leqq 2.0 \times 10^{-4}$ mol/L であれば，Ag_2O の沈殿は生じない。

ゆえに　　$[H^+] \geqq \dfrac{K_w}{[OH^-]} = \dfrac{1.0 \times 10^{-14}\,(\text{mol/L})^2}{2.0 \times 10^{-4}\,\text{mol/L}} = 5.0 \times 10^{-11}$ mol/L

問6 試料中の $[CrO_4^{2-}]$ は 1.0×10^{-4} mol/L であったので，下線部③の平衡に達したときの $[CrO_4^{2-}]$ を x〔mol/L〕とすると

$$[HCrO_4^-] = (1.0 \times 10^{-4} - x)\,\text{mol/L}$$

また，pH が 4.0 のとき $[H^+] = 1.0 \times 10^{-4}$ mol/L であるので

$$K = \frac{[CrO_4^{2-}][H^+]}{[HCrO_4^-]} = \frac{(x \times 1.0 \times 10^{-4})\,(\text{mol/L})^2}{(1.0 \times 10^{-4} - x)\,\text{mol/L}} = 2.5 \times 10^{-7}\,\text{mol/L}$$

$$x = \frac{2.5 \times 10^{-7}}{1.0 + 2.5 \times 10^{-3}}\,\text{mol/L} \fallingdotseq 2.5 \times 10^{-7}\,\text{mol/L}$$

よって，求める $[Ag^+]$ は

$$[Ag^+]^2[CrO_4^{2-}] = [Ag^+]^2 \times 2.5 \times 10^{-7}\,\text{mol/L} = 1.0 \times 10^{-12}\,(\text{mol/L})^3$$

$$\therefore \quad [Ag^+] = \sqrt{\frac{1.0 \times 10^{-12}(\text{mol/L})^3}{2.5 \times 10^{-7}\,\text{mol/L}}} = 2.0 \times 10^{-3}\,\text{mol/L}$$

〔注〕この $[Ag^+]$ の値は Ag_2CrO_4 が生成する瞬間の値である。さらに Ag^+ を加えると，$HCrO_4^- \rightleftharpoons CrO_4^{2-} + H^+$ の平衡が右に移動すること，および $[Ag^+]$ の増加で沈殿生成は継続する。

解 答

問1　㋐ホールピペット　㋑ビュレット　㋒白色　㋓暗赤色

問2　㋔1.0×10^{-4}　㋕2.0×10^{-3}

問3　9.8×10^{-5} mol/L

問4　㋖$[Ag(NH_3)_2]^+$　㋗$[Ag(S_2O_3)_2]^{3-}$

問5　5.0×10^{-11} mol/L

問6　2.0×10^{-3} mol/L

42

ポイント　気体の状態方程式を用いる

濃度平衡定数と圧平衡定数の関係を導くには，気体の状態方程式を用いて，各成分の分圧と濃度の関係を示すことになる。また，モル分率の定義を正しく理解しておく必要がある。

解　説

問1　n〔mol〕の気体 X が T〔K〕のもとで V〔L〕の体積を占めるとき，その圧力は P〔atm〕とすると，気体の状態方程式に従い $PV = nRT$ となる。よって

$$P = \frac{n}{V}RT = [X]RT, \quad [X] = P(RT)^{-1}$$

したがって

$$K = \frac{[C_2H_6]}{[C_2H_4][H_2]} = \frac{P_{C_2H_6}(RT)^{-1}}{P_{C_2H_4}(RT)^{-1} \times P_{H_2}(RT)^{-1}} = RT \cdot K_P$$

問2　(イ)　混合気体中の成分気体の分圧は（全圧）×（モル分率）で求められるから

$$P_{C_2H_4} = P_{H_2} = P_{C_2H_6} = 1\,\text{atm} \times \frac{1}{3} = \frac{1}{3}\,\text{atm}$$

したがって　　$K_P = \dfrac{P_{C_2H_6}}{P_{C_2H_4} \cdot P_{H_2}} = \dfrac{\dfrac{1}{3}\,\text{atm}}{\dfrac{1}{3}\,\text{atm} \times \dfrac{1}{3}\,\text{atm}} = 3\,\text{atm}^{-1}$

(ウ)　C_2H_4，H_2 がそれぞれ x〔mol〕反応し，C_2H_6 が x〔mol〕（ただし $0 < x < 1$）生成して平衡に達したとすると

$$C_2H_4 \quad + \quad H_2 \quad \rightleftharpoons \quad C_2H_6 \quad 合計$$

反応前	2	1	0	3	〔mol〕
増　減	$-x$	$-x$	$+x$		〔mol〕
平衡時	$2-x$	$1-x$	x	$3-x$	〔mol〕

よって，C_2H_6 のモル分率が $\dfrac{x\,\text{mol}}{(3-x)\,\text{mol}} = \dfrac{1}{3}$ になるとき　　$x = 0.75$

また，C_2H_4，H_2 のモル分率はそれぞれ

$$\frac{(2-x)\,\text{mol}}{(3-x)\,\text{mol}} = \frac{2-0.75}{3-0.75} = \frac{1.25}{2.25} = \frac{5}{9}$$

$$\frac{(1-x)\,\text{mol}}{(3-x)\,\text{mol}} = \frac{1-0.75}{3-0.75} = \frac{0.25}{2.25} = \frac{1}{9}$$

求める圧力を P〔atm〕とすると

$$K_P = \frac{P_{C_2H_6}}{P_{C_2H_4} \cdot P_{H_2}} = \frac{P \times \dfrac{1}{3}}{P \times \dfrac{5}{9} \times P \times \dfrac{1}{9}} = 3\,\text{atm}^{-1} \qquad \therefore \quad P = 1.8\,\text{atm}$$

㈢ 圧力を 1 atm に保ったとき，C_2H_4，H_2 がそれぞれ y〔mol〕反応し，C_2H_6 が y〔mol〕生成して平衡に達したとし，㈡と同様の計算をすると （$y < 1$）

$$K_P = \frac{P_{C_2H_6}}{P_{C_2H_4} \cdot P_{H_2}} = \frac{\left(1 \times \dfrac{y}{3-y}\right)\text{atm}}{\left(1 \times \dfrac{2-y}{3-y}\right)\text{atm} \times \left(1 \times \dfrac{1-y}{3-y}\right)\text{atm}} = 3\,\text{atm}^{-1}$$

整理すると $4y^2 - 12y + 6 = 0$ となるので，これを解くと

$$y = 2.36,\ 0.634 \quad (y = 2.36\ \text{は不適})$$

したがって　　C_2H_6 のモル分率 $= \dfrac{0.634\,\text{mol}}{(3 - 0.634)\,\text{mol}} = 0.267 \fallingdotseq 0.27$

問3 それぞれの気体の完全燃焼を熱化学方程式で書くと次のようになる。

$$C_2H_4\,(気) + 3O_2\,(気) = 2CO_2\,(気) + 2H_2O\,(液) + 1410\,\text{kJ} \quad \cdots\cdots①$$

$$H_2\,(気) + \frac{1}{2}O_2\,(気) = H_2O\,(液) + 286\,\text{kJ} \qquad\qquad\qquad \cdots\cdots②$$

$$C_2H_6\,(気) + \frac{7}{2}O_2\,(気) = 2CO_2\,(気) + 3H_2O\,(気) + 1560\,\text{kJ} \quad \cdots\cdots③$$

①＋②－③より

$$C_2H_4\,(気) + H_2\,(気) = C_2H_6\,(気) + 136\,\text{kJ}$$

問4 炭素炭素間二重結合の結合エネルギーを x〔kJ/mol〕とすると

$$C_2H_4\,(気) = 2C\,(気) + 4H\,(気) - (x + 414 \times 4)\,\text{kJ} \quad \cdots\cdots④$$
$$H_2\,(気) = 2H\,(気) - 436\,\text{kJ} \qquad\qquad\qquad\qquad \cdots\cdots⑤$$
$$C_2H_6\,(気) = 2C\,(気) + 6H\,(気) - (348 + 414 \times 6)\,\text{kJ} \quad \cdots\cdots⑥$$

④＋⑤－⑥より

$$C_2H_4\,(気) + H_2\,(気) = C_2H_6\,(気) + (414 \times 2 - 436 + 348 - x)\,\text{kJ}$$

したがって

$$(414 \times 2 - 436 + 348 - x)\,\text{kJ} = 136\,\text{kJ}$$

$$\therefore \quad x = 604\,\text{kJ/mol}$$

ゆえに　　$\dfrac{炭素炭素間二重結合〔kJ〕}{炭素炭素間単結合〔kJ〕} = \dfrac{604\,\text{kJ}}{348\,\text{kJ}} = 1.73 \fallingdotseq 1.7$

解　答

問1　RT　　**問2**　㈡ $3\,\text{atm}^{-1}$　㈢ 1.8　㈣ 0.27

問3　$1.36 \times 10^2\,\text{kJ}$　　**問4**　1.7 倍

43

ポイント
①水溶液中のイオンによる電荷の中性を考えるときには，H_2O の電離による H^+ や OH^-，さらには各イオンの加水分解なども含めること。
②N_2 と H_2 の物質量の比が反応式の係数と同じ $1:3$ であるから，N_2 の反応の比率は，H_2 の反応の比率と等しく，全体の反応の比率とも等しくなる。

解　説

問1　NH_3 分子では，N原子の5個の価電子のうち3個が不対電子，2個が非共有電子対となって，H原子3個と共有結合して分子をつくっている。

問2　(ア)　(1)式は2molの NH_3 が N_2 と H_2 とから生成するとき92kJの熱量が発生することを示している。

(イ)　ルシャトリエの原理より，温度を高くすると吸熱の向き（左向き）に反応が進み，新しい平衡に達する。よって，NH_3 の割合は減少する。

(ウ)・(エ)　N原子の非共有電子対と価電子をもたない H^+ とが共有結合するとき，これを特に配位結合とよぶ。

(オ)　(2)式より NH_3 水の溶液中では $[H^+] < [OH^-]$ となり，弱塩基性を示す。

問3　$NH_3 + H_2O \rightleftharpoons NH_4^+ + OH^-$　……(2)

(2)式が平衡状態のとき，次の化学平衡の法則が適用される。$[H_2O]$ は実際上一定とみなせるので，(2)式の平衡定数にくり込んで(3)式となる。

$$K = \frac{[NH_4^+][OH^-]}{[NH_3]} = 1.7 \times 10^{-5} \, \text{mol/L}　……(3)$$

NH_3 の電離で生じるイオンは NH_4^+ と OH^- である。NH_4Cl は水によく溶ける塩であり，完全に電離して NH_4^+ と Cl^- をそれぞれ n_2〔mol〕生じる。また，溶媒の H_2O もわずかに電離しており，H^+ と OH^- を生じる。したがって，この水溶液中に存在する陽イオンは NH_4^+ と H^+，陰イオンは Cl^- と OH^- である。いずれも1価のイオンであり，水溶液全体として電荷は0であるから

$[NH_4^+] + [H^+] = [Cl^-] + [OH^-]$

よって　$[NH_4^+] + [H^+] - [OH^-] = [Cl^-] = n_2$〔mol/L〕　……(5)

（Cl^- は加水分解をしないので $[Cl^-] = n_2$〔mol/L〕である。）

n_1〔mol〕の NH_3 は，電離していない NH_3 のままか，電離して NH_4^+ になっているかのいずれかであり，n_2〔mol〕の NH_4Cl からは n_2〔mol〕の NH_4^+ を生じるから

$[NH_3] + [NH_4^+] = (n_1 + n_2)$〔mol/L〕　……(6)

(2)式において右向きの反応速度を v_1 とすると $v_1 = k_1[\text{NH}_3][\text{H}_2\text{O}]$

逆向き（左向き）の反応速度 v_2 は $v_2 = k_2[\text{NH}_4^+][\text{OH}^-]$

平衡時には $v_1 = v_2$ となるから $k_1[\text{NH}_3][\text{H}_2\text{O}] = k_2[\text{NH}_4^+][\text{OH}^-]$

したがって $K = \dfrac{[\text{NH}_4^+][\text{OH}^-]}{[\text{NH}_3]} = \dfrac{k_1[\text{H}_2\text{O}]}{k_2}$ ……(7)

問4 N_2 と H_2 とを物質量の比で $n:3n$ として混合したとき，N_2 の x〔mol〕が反応して平衡に達したとすると，平衡時の量的関係は次のようになる。

	N_2	$+$	3H_2	$\rightleftharpoons$	2NH_3	合計	
反応前	n		$3n$		0	$4n$	〔mol〕
増　減	$-x$		$-3x$		$+2x$		〔mol〕
平衡時	$n-x$		$3n-3x$		$2x$	$4n-2x$	〔mol〕

題意より $\dfrac{2x \text{ mol}}{(4n-2x) \text{ mol}} \times 100\,\% = 40\,\%$ $\therefore$ $x = \dfrac{4}{7}n$ mol

ここで，N_2 と H_2 は反応前は合計 $4n$〔mol〕，反応量は合計 $4x$〔mol〕であるから

$$\frac{\text{反応した気体}}{\text{最初の混合気体}} \times 100\,\% = \frac{4x \text{ mol}}{4n \text{ mol}} \times 100\,\% = \frac{\dfrac{4}{7}n \text{ mol}}{n \text{ mol}} \times 100\,\%$$

$$= 57.1\,\% \fallingdotseq 57\,\%$$

問5 pH 9 の溶液では $[\text{H}^+] = 1.0 \times 10^{-9}$ mol/L

したがって $[\text{OH}^-] = \dfrac{K_\text{w}}{[\text{H}^+]} = \dfrac{1.0 \times 10^{-14} \, (\text{mol/L})^2}{1.0 \times 10^{-9} \text{ mol/L}} = 1.0 \times 10^{-5}$ mol/L

NH_4Cl は完全に電離するので $[\text{NH}_4^+] = n_2$〔mol/L〕生じる。そのため，NH_3 の電離は NH_4^+ の共通イオン効果で妨げられ，電離していないとみなせる。よって

$[\text{NH}_4^+] = n_2$〔mol/L〕，$[\text{NH}_3] = n_1$〔mol/L〕$= 0.010$ mol/L

以上より

$$\frac{[\text{NH}_4^+][\text{OH}^-]}{[\text{NH}_3]} = \frac{n_2 \text{ mol/L} \times 1.0 \times 10^{-5} \text{ mol/L}}{0.010 \text{ mol/L}} = 1.7 \times 10^{-5} \text{ mol/L}$$

$\therefore$ $n_2 = 1.7 \times 10^{-2}$ mol

〔注〕 NH_4^+ の加水分解反応と NH_3 の電離が相殺していると考えてもよい。

解　答

問1 (a)5 (b)2 　問2 (ア)発 (イ)減少 (ウ)非共有電子対 (エ)配位 (オ)(弱)塩基

問3 (1)・(2)NH_4^+，OH^-（順不同） (3)$\dfrac{[\text{NH}_4^+][\text{OH}^-]}{[\text{NH}_3]}$

(4)$[\text{NH}_4^+] + [\text{H}^+] - [\text{OH}^-]$ (5)$[\text{NH}_3] + [\text{NH}_4^+]$ (6)$\dfrac{k_1[\text{H}_2\text{O}]}{k_2}$

問4 57 % 　問5 1.7×10^{-2} mol

44

ポイント　**緩衝溶液の水素イオン濃度**

$CH_3COOH \rightleftharpoons CH_3COO^- + H^+$ の電離平衡の平衡定数（電離定数）K は

$$K = \frac{[CH_3COO^-][H^+]}{[CH_3COOH]}$$

したがって　$[H^+] = K \times \dfrac{[CH_3COOH]}{[CH_3COO^-]}$

よって，CH_3COOH と CH_3COONa の混合による緩衝溶液の $[H^+]$ は $\dfrac{[CH_3COOH]}{[CH_3COO^-]}$ の比の値によって決まる。

解　説

問1　C_2H_5OH は還元剤として反応して CH_3CHO になり，$[Fe(CN)_6]^{3-}$ は酸化剤として反応して $[Fe(CN)_6]^{4-}$ になるから，それぞれの半反応式を書き，授受する e^- の量を過不足のないように係数をつけて，両式から誘導すればよい。

$$C_2H_5OH \longrightarrow CH_3CHO + 2H^+ + 2e^- \quad \cdots\cdots①$$

$$[Fe(CN)_6]^{3-} + e^- \longrightarrow [Fe(CN)_6]^{4-} \quad \cdots\cdots②$$

① ＋ ② × 2 より

$$C_2H_5OH + 2[Fe(CN)_6]^{3-} \longrightarrow CH_3CHO + 2[Fe(CN)_6]^{4-} + 2H^+$$

〔注〕　C_2H_5OH 中の C と $[Fe(CN)_6]^{3-}$ 中の Fe の酸化数の変化から，反応式を導くこともできる。

問2　1 mol の C_2H_5OH の酸化によって 2 mol の e^- が放出され，その 2 mol の e^- によって $[Fe(CN)_6]^{4-}$ が 2 mol 生成する。生じた $[Fe(CN)_6]^{4-}$ は電気分解により，陽極で次のように反応する。

$$[Fe(CN)_6]^{4-} \longrightarrow [Fe(CN)_6]^{3-} + e^-$$

したがって，〈操作1〉で反応した C_2H_5OH の物質量は〈操作2〉の電気分解で流れた e^- の物質量の $\dfrac{1}{2}$ に対応することになる。図1より，1 min あたり 2 C の電気量が流れたことがわかる。2 C は e^- の $\dfrac{2}{9.65 \times 10^4}$ mol の流れに相当し，C_2H_5OH が 1 min あたり $\left(\dfrac{2}{9.65 \times 10^4} \times \dfrac{1}{2}\right)$ mol 反応したことを示す。よって，1 L の溶液について

$$v = \left(\frac{2}{9.65 \times 10^4} \times \frac{1}{2}\right) \text{mol/min} \div (10.0 \times 10^{-3}) \text{ L}$$

$$= 1.03 \times 10^{-3}\,\text{mol/(L·min)} \fallingdotseq 1.0 \times 10^{-3}\,\text{mol/(L·min)}$$

問 3 (a) 〈操作 1〉で述べられているように，反応開始時の C_2H_5OH，$K_3[Fe(CN)_6]$ の濃度はともに $0.10\,\text{mol/L}$ で，両物質が反応して経過時間に比例して $[Fe(CN)_6]^{4-}$ が生成していることを図 1 は示している。したがって，本問で問うている v の関係式では $[C_2H_5OH]$，$[Fe(CN)_6]^{3-}$ は減少していくにもかかわらず，$v = $ 一定 であることになり，反応速度に関与しない。一方，触媒 A の濃度が増加するのに比例して $[Fe(CN)_6]^{4-}$ の濃度が増大することを図 2 は示している。以上より，本問の条件下では v は $[A]$ のみに依存することになり，$v = k[A]$ の関係式となる。

(b) $v = k[A]$ の関係式より

$$k = \frac{v}{[A]} = \frac{1.03 \times 10^{-3}\,\text{mol/(L·min)}}{1.0 \times 10^{-7}\,\text{mol/L}} \fallingdotseq 1.0 \times 10^{4}\,\text{min}^{-1}$$

問 4 (a) $[H^+] = K \times \dfrac{[CH_3COOH]}{[CH_3COO^-]} = 1.6 \times 10^{-5}\,\text{mol/L} \times \dfrac{0.100\,\text{mol/L}}{0.100\,\text{mol/L}}$

$\qquad\qquad = 1.6 \times 10^{-5}\,\text{mol/L}$

(b) 図 1 より，$20\,\text{min}$ の間に流れる電気量は $40\,\text{C}$ である。問 1 の反応式は $1\,\text{mol}$ の C_2H_5OH から $2\,\text{mol}$ の $[Fe(CN)_6]^{3-}$ へ $2\,\text{mol}$ の e^- が移動し，その結果，$2\,\text{mol}$ の H^+ が生成することを示している。したがって，生成する H^+ の濃度は

$$\frac{40\,\text{C}}{9.65 \times 10^{4}\,\text{C/mol}} \div (10.0 \times 10^{-3})\,\text{L} = 0.04145\,\text{mol/L} \fallingdotseq 0.0415\,\text{mol/L}$$

生成した H^+ は緩衝溶液中で $CH_3COO^- + H^+ \longrightarrow CH_3COOH$ のように反応するから，$20\,\text{min}$ 後では

$\qquad [CH_3COOH] = 0.100\,\text{mol/L} + 0.0415\,\text{mol/L} = 0.1415\,\text{mol/L}$

$\qquad [CH_3COO^-] = 0.100\,\text{mol/L} - 0.0415\,\text{mol/L} = 0.0585\,\text{mol/L}$

よって $\qquad [H^+] = 1.6 \times 10^{-5}\,\text{mol/L} \times \dfrac{0.1415\,\text{mol/L}}{0.0585\,\text{mol/L}}$

$\qquad\qquad\qquad = 3.87 \times 10^{-5}\,\text{mol/L} \fallingdotseq 3.9 \times 10^{-5}\,\text{mol/L}$

解 答

問 1　$C_2H_5OH + 2[Fe(CN)_6]^{3-} \longrightarrow CH_3CHO + 2[Fe(CN)_6]^{4-} + 2H^+$

問 2　1.0×10^{-3}

問 3　(a)—(ア)　(b) $1.0 \times 10^{4}\,\text{min}^{-1}$

問 4　(a) 1.6×10^{-5}　(b) 3.9×10^{-5}

第4章
無機物質

・非金属元素の性質
・金属元素の性質

45

ポイント　水素透過膜によって水素だけが容器 A，B の両方に存在する

(a)金属結晶の 3 種類の構造について，それぞれの代表的な金属を覚えておくとよい。
(b)チタン自身の体積，およびチタンに吸収された水素分子の量を無視することで，近似計算が可能となる。また，実験結果と図 1 から，水素分圧の常用対数の値が 4.0 であることが読み取れる。その他の成分であるヨウ素，ヨウ化水素は容器 B のみに存在すること，および HI の分解反応式からそれぞれの分圧が計算できる。

解　説

問 1　(ア)　文章(a)中の「延性・展性に極めて富んだ金属」がヒントである。Au の延性・展性は金属の中で最大である。また，Au のイオン化傾向は極めて小さく，塩酸・希硫酸などの強酸はもとより，希硝酸・濃硝酸・熱濃硫酸などの酸化力のある酸にも溶解しない。

(イ)については，文章(a)中の「電気伝導性・熱伝導性が金属の中で最大」がヒントであり，(ウ)については，同じく「電気伝導性が(イ)に次いで大きい」がヒントである。Ag の電気伝導性・熱伝導性は金属の中でも最大で，Cu はそれに次ぐ。Ag や Cu は上述の酸化力のある酸に溶解し，H_2 以外の気体（NO，NO_2，SO_2）を発生させる。また，ハロゲン化銀 AgX は次式のように光により分解し，銀が遊離する。

$$2AgX \longrightarrow 2Ag（黒）+ X_2$$

(オ)　Fe は希酸に溶解し H_2 を発生させるが，濃硝酸・熱濃硫酸には不動態を形成するため溶解しない。また，ヘモグロビンは赤血球中にあるタンパク質で，その中心に鉄イオン（Fe^{2+}）を含む。

(カ)・(キ)　常温における Ti の単位格子は，Zn，Co や Mg と同様，六方最密構造であるが，加熱により体心立方格子に変化する（変態）。また，Fe 同様，不動態を形成するため，耐食性が高い。

　　〔参考〕　六方最密構造や面心立方格子は最密充填（充填率 74 %）であるが，体心立方格子は最密充填ではない（充填率 68 %）ので，熱運動が激しくなる高温で体心立方格子をとることが多い。また，金属結合が弱い，すなわち融点が低いアルカリ金属は常温でも体心立方格子をとる。なお，Au，Ag，Cu，Al などは常温で面心立方格子をとる。

問 2　題意より，チタンのモル質量は 47.9g/mol だから

$$\frac{47.9}{10.6} = 4.51 \fallingdotseq 4.5〔g/cm^3〕$$

問 3　①　Cu と濃硝酸との反応式は次のとおりである。

$$Cu + 4HNO_3 \longrightarrow Cu(NO_3)_2 + 2H_2O + 2NO_2$$

② 4価のチタン酸化物はTiO_2である。このことから，水蒸気（H_2O）との反応で発生する気体はH_2と考えられる。高温の水蒸気と Al，Zn，Fe などとの反応を思い出せばよい。なお，TiO_2は光触媒として利用され，窓ガラスの有機物の汚れを酸化分解する。

問4 (1) $AgNO_3$水溶液の電解では，陽極において$NO_3{}^-$ではなく，H_2Oが酸化され，陰極においてAg^+が還元される。

(2) 陽極での電子e^-とO_2の物質量の比は $4:1$ であるから

$$\frac{0.50 \times (3 \times 60 + 13) \times 60}{9.65 \times 10^4} \times \frac{1}{4} \times 22.4 = 0.336 \fallingdotseq 0.34 〔L〕$$

問5 平衡時における HI と I_2 の体積は $1.0\,L$ だが，H_2 の体積は $(2.0 + 1.0)\,L$ となる。

〔**別解**〕 圧平衡定数 K_P を求める。

平衡時の H_2 の分圧 P_{H_2} は図1より $1.0 \times 10^4\,Pa$ であるから，同物質量生成した I_2 の分圧 P_{I_2} は，その存在する体積が H_2 の $\frac{1}{3}$ 倍であることから，ボイルの法則を用いて

$$P_{I_2} = P_{H_2} \times 3 = 1.0 \times 10^4 \times 3 = 3.0 \times 10^4 〔Pa〕$$

一方，実験開始時の HI の圧力 $P^{\circ}{}_{HI}$ は，気体の状態方程式より

$$P^{\circ}{}_{HI} \times 1.0 = 1.0 \times 10^{-2} \times 8.31 \times 10^3 \times 1273$$

$$P^{\circ}{}_{HI} = 1.05 \times 10^5 〔Pa〕$$

また，平衡反応は

$$2HI \rightleftharpoons H_2 + I_2$$

であり，$P_{I_2} = 3.0 \times 10^4 〔Pa〕$ であることから，平衡時における HI の分圧 P_{HI} は

$$P_{HI} = P^{\circ}{}_{HI} - P_{I_2} \times 2 = 1.05 \times 10^5 - 3.0 \times 10^4 \times 2$$
$$= 4.5 \times 10^4 〔Pa〕$$

したがって圧平衡定数 K_P は

$$K_P = \frac{P_{H_2} \times P_{I_2}}{(P_{HI})^2} = \frac{(1.0 \times 10^4) \times (3.0 \times 10^4)}{(4.5 \times 10^4)^2}$$
$$= 0.148 \fallingdotseq 0.15$$

〔**注**〕 HI の分解反応の平衡定数は単位をもたない（無次元）ので濃度平衡定数 K_C と圧平衡定数 K_P は等しくなる。したがって，いずれを求めてもよい。また，平衡時の H_2 と I_2 の物質量は等しいが，I_2 は容器 **B** のみに存在するので，P_{I_2} は P_{H_2} の3倍になる。さらに，I_2 と HI は同じ容器 **B** のみに存在するから，P_{HI} は，$P^{\circ}{}_{HI}$ より $P_{I_2} \times 2$ だけ小さくなる（HI と I_2 について，実験開始時と平衡時では，

同温・同体積であるから，物質量は分圧に比例している）。

　なお，K_C と K_P において，2けた目の有効数字が異なるのは，計算過程での有効数字の処理が原因であり，いずれも正解である。

解　答

問1　㋐Au　㋑Ag　㋒Cu　㋓イオン化傾向　㋔Fe　㋕六方最密構造
　　　㋖体心立方格子

問2　4.5

問3　①$3Cu + 8HNO_3 \longrightarrow 3Cu(NO_3)_2 + 4H_2O + 2NO$
　　　②$Ti + 2H_2O \longrightarrow TiO_2 + 2H_2$

問4　(1)(i)$2H_2O \longrightarrow 4H^+ + O_2 + 4e^-$　(ii)$Ag^+ + e^- \longrightarrow Ag$
　　　(2)0.34 L

問5　チタン原子数に対する水素原子数の比が 0.10 であるから，水素の分圧 P_{H_2} は図1より

$$\log_{10} P_{H_2} = 4.0 \qquad P_{H_2} = 1.0 \times 10^4 \, [Pa]$$

したがって，容器内に存在する H_2 の物質量 n_{H_2} は，気体の状態方程式より

$$1.0 \times 10^4 \times 3.0 = n_{H_2} \times 8.31 \times 10^3 \times (1000 + 273)$$

$$n_{H_2} = 2.83 \times 10^{-3} \, [mol]$$

$2HI \rightleftharpoons H_2 + I_2$ の平衡となるので，生成した I_2 も 2.83×10^{-3} mol である。
また，平衡時に存在する HI は

$$1.0 \times 10^{-2} - 2 \times 2.83 \times 10^{-3} = 4.34 \times 10^{-3} \, [mol]$$

よって，求める平衡定数は

$$K = \frac{[H_2][I_2]}{[HI]^2} = \frac{\left(\dfrac{2.83 \times 10^{-3}}{3.0}\right)\left(\dfrac{2.83 \times 10^{-3}}{1.0}\right)}{\left(\dfrac{4.34 \times 10^{-3}}{1.0}\right)^2}$$

$$= 0.141 \fallingdotseq 0.14 \quad \cdots\cdots(答)$$

46

ポイント　ガリウムの結晶と面心立方格子の共通性を活用しよう

　問2・問3では，ガリウムはアルミニウムと同様の反応性を示すとあるから，アルミニウムと同形式の反応式を考えればよい。問4の充塡率の問題は，単位格子の体積が与えられているから，面心立方格子の単位格子中の原子数をこの単位格子に用いればよい。原子間距離は原子の体積を求めるための値であり，ガリウムは原子対で存在することから，原子数は面心立方格子の2倍になることに注意すれば充塡率は計算できる。

解　説

問1　(ア)・(イ)　ロシアのメンデレーエフは，当時発見されていた元素を原子量の順番に，かつ性質の似た元素が縦に位置するよう並べて，周期表をつくった。しかし，原子量や性質から判断して，すべての元素を連続して並べることができなかったため，空欄として残し，未知の元素の存在を予言した。それが現在のガリウム Ga やゲルマニウム Ge で，メンデレーエフは似た元素の名を借りてエカアルミニウムやエカケイ素と名付けた。

(ウ)・(エ)　体心立方格子の単位格子では，立方体の各頂点に $\frac{1}{8}$ 個と中心に1個の原子が含まれている。したがって，単位格子全体では

$$\frac{1}{8} \times 8 + 1 = 2 \text{ 個}$$

の原子が含まれている。

(オ)　Ga 原子対を1つの粒子とみなすと，直方体の各頂点に $\frac{1}{8}$ 個と各面の中心に $\frac{1}{2}$ 個の粒子が含まれている。結晶構造は Al の面心立方格子に似た構造である。したがって，単位格子に含まれる粒子数は

$$\frac{1}{8} \times 8 + \frac{1}{2} \times 6 = 4 \text{ 個}$$

であり，原子はその2倍にあたる8個分含まれている。

問2・問3　Ga は Al と同様に両性元素であり，強酸，強塩基の両方と反応して水素を発生し，3価の陽イオンとなるので，Al の反応を参考に化学反応式をつくればよい。酸素との反応も Al と同様である。

問4　充塡率とは，単位格子の体積に対する原子の体積の占める割合である。Ga の結晶では，Ga 原子対における Ga 原子の中心間距離が 0.250 nm より，Ga 原子の半径はその半分となり，充塡率は

$$\frac{\frac{4}{3}\times 3.14\times\left(0.250\times\frac{1}{2}\right)^3\times 8}{0.157}\times 100 = 41.6 \fallingdotseq 42 \,[\%]$$

〔注〕 図3のGaの単位格子は面心立方格子と同じタイプであるから，4個の原子対が含まれていると考えてよい。したがって，原子の数は4×2=8個となる。

また，Gaの原子対は球状ではなく，細長い状態で存在すると考えられるので，その分，面心立方格子の充塡率74％より小さい充塡率を示す。

問5 水銀は融点が約 −39℃と金属では最も低く，常温・常圧で唯一液体の金属である。

問6 融解のときはGa原子対間の弱い結合を切るだけなので融点は低いが，沸騰のときはこの原子間の強い結合を切る必要もあるため，沸点は高くなる。

〔**参考**〕 Gaは，周期表上において非金属元素の近くに存在し，非金属的性質をいくらか備えていると考えてもよい。そのため，結晶はGa−Gaの原子対を形成し，あたかも分子結晶のような構造をもっている。したがって，原子間の結合は分子間力として，原子対内の結合は共有結合としての性質をもつとイメージして捉えることで，融点と沸点の関係が理解できる。

解 答

- -

問1 (ア)13　(イ)メンデレーエフ　(ウ)体心立方格子　(エ)2　(オ)8

問2 $4Ga + 3O_2 \longrightarrow 2Ga_2O_3$

問3 (a)$2Ga + 3H_2SO_4 \longrightarrow Ga_2(SO_4)_3 + 3H_2$

　　　(b)$2Ga + 2NaOH + 6H_2O \longrightarrow 2Na[Ga(OH)_4] + 3H_2$

問4 42

問5 水銀

問6 融解時は原子間の金属結合を切るのではなく，ガリウム原子対間の比較的弱い結合を切るだけでよいため。（50字以内）

47

ポイント　**原子空孔は問題文をよく読み込んで理解しよう**
(a)原子空孔という目新しい内容だが，x の値は酸化鉄中の鉄の質量組成が求まれば，鉄と酸素の質量比から求められる。x が大きくなると，鉄の酸化数も大きくなることに気づくこと。問 7 では，鉄の酸化数が大きくなれば，酸化物イオンとの静電気力が大きくなり，a が小さくなることも推測できるだろう。
(b)溶解度積の定義をもとに計算をしっかりする必要がある。

解　説

問 1　赤鉄鉱の成分は Fe_2O_3 である。

問 2・問 3　酸化物 **B** は Fe^{3+} と Fe^{2+} の両方を含むと考えられるので磁鉄鉱 Fe_3O_4 と推定できる。$Fe_3O_4 = 232$ なので推定が正しいことがわかる。これは，Fe^{3+} と Fe^{2+} が 2：1 の物質量比で含まれた黒色化合物で，酸化数の和は次のように 0 となる。

$$(+3) \times 2 + (+2) \times 1 + (-2) \times 4 = 0$$

問 4　プルーストの提唱した定比例の法則は，「物質を構成する成分元素の質量比は常に一定となる」というものである。しかし，原子空孔が存在すると，組成が一定せず，定比例の法則に矛盾する。

問 5　$\dfrac{16}{56(1-x)+16} \times 100 = 23.0$　　∴　$x = 0.0434 \fallingdotseq 4.3 \times 10^{-2}$

問 6　a は x に対して直線的に変化するので，$x=0$ のとき $a=a_0$ とすると

$$\frac{4.29 \times 10^{-8} - a_0}{4.30 \times 10^{-8} - a_0} = \frac{0.080 - 0}{0.060 - 0}　　∴　a_0 = 4.33 \times 10^{-8}〔cm〕$$

$x=0$ のとき，単位格子中には Fe と O がそれぞれ 4 個ずつ含まれるので，酸化物 **C** の密度は

$$\frac{\dfrac{56+16}{6.0 \times 10^{23}} \times 4}{(4.33 \times 10^{-8})^3} = 5.91 \fallingdotseq 5.9〔g/cm^3〕$$

〔注〕　a と x の関係をグラフで示すと右図のようになり，上記の計算式が成り立つ。

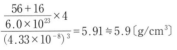

問 7　x が大きくなると，Fe の酸化数が大きくなったことになる。つまり，Fe^{3+} が増加することになり，その結果 O^{2-} との間に働くクーロン力が増し，イオン間距離が小さくなる。

問 8　鉄の製錬では，溶鉱炉の中でコークスの燃焼によって生じた CO が Fe_2O_3 を，$Fe_3O_4 \rightarrow FeO \rightarrow Fe$ へと順次還元する。こうして得られる鉄は炭素が比較的多く含

まれた銑鉄である。

問9 $Fe + H_2SO_4 \longrightarrow FeSO_4 + H_2$ より，発生した気体は H_2 であり，その物質量は

$$\frac{22.4}{22.4 \times 10^3} = 1.00 \times 10^{-3} \text{ [mol]}$$

H_2 と同物質量の Fe が溶解しているので，その重量は

$$1.00 \times 10^{-3} \times 56 = 5.6 \times 10^{-2} \text{ [g]}$$

得られた水溶液は Fe^{2+} が存在するために淡緑色をしているが，酸化剤で容易に酸化されて，黄褐色の Fe^{3+} となる。

問10 次のように，pOH を求めて計算してもよい。

$$pOH = -\log_{10}[OH^-] = 12 - \frac{1}{3}\log_{10}2 = 12 - \frac{1}{3}\log_{10}\frac{10}{5} = 11.9$$

$$\therefore \quad pH = 14 - 11.9 = 2.1$$

解 答

問1 (ア) $+3$ (イ) $+2$ **問2** Fe_3O_4 **問3** (ウ) 2 (エ) 1 **問4** 定比例

問5 4.3×10^{-2} **問6** $5.9 g/cm^3$

問7 鉄の酸化数が大きくなるとクーロン力が増し，イオン間距離が小さくなるため。

問8 $Fe_2O_3 + 3CO \longrightarrow 2Fe + 3CO_2$

問9 $5.6 \times 10^{-2} g$

問10 含まれている Fe^{3+} の濃度は

$$[Fe^{3+}] = \frac{22.4 \times 10^{-3}}{22.4} \times \frac{1000}{150 + 50.0} = 5.0 \times 10^{-3} \text{ [mol/L]}$$

$K_{sp} = [Fe^{3+}][OH^-]^3 = 1.0 \times 10^{-38} (mol/L)^4$ が成り立つため，沈殿が生じ始めるときの OH^- の濃度は

$$[OH^-]^3 = \frac{1.0 \times 10^{-38}}{5.0 \times 10^{-3}} = 2.0 \times 10^{-36}$$

$$\therefore \quad [OH^-] = 2^{\frac{1}{3}} \times 10^{-12} \text{ [mol/L]}$$

水のイオン積より

$$[H^+] = \frac{1.0 \times 10^{-14}}{2^{\frac{1}{3}} \times 10^{-12}} = 2^{-\frac{1}{3}} \times 10^{-2} \text{ [mol/L]}$$

よって

$$pH = -\log_{10}(2^{-\frac{1}{3}} \times 10^{-2}) = 2 + \frac{1}{3}\log_{10}2 = 2 + \frac{1}{3}\log_{10}\frac{10}{5}$$

$$= 2.1 \quad \cdots\cdots\text{(答)}$$

48

ポイント　結晶格子中に規則的な構造を見つける
　結晶格子においては，その中に正三角形，正四面体などの規則的な構造を見出して，原子間距離と関連づけること。複雑に見える構造でもこの方法で対処することができる。

解　説

問 1　地殻中に多い元素は，O，Si，Al，Fe，Ca の順となっている。Al の単体は高温の水蒸気と反応して水素を発生し酸化物になる。また Al は両性元素であり，酸にも塩基にも反応して水素を発生する。(エ)～(カ)の反応は一種の酸化還元反応である。H_2O，HCl 中の H が還元され，Al が酸化されている。

問 2　流れた電子の物質量は　$\dfrac{400\,A \times (4.0 \times 60 \times 60)\,s}{1.6 \times 10^{-19}\,C \times 6.0 \times 10^{23}/mol} = 60\,mol$

$Al^{3+} + 3e^- \longrightarrow Al$ より，流れた電子の物質量の $\dfrac{1}{3}$ の Al が生成する。よって，その質量は　$60\,mol \times \dfrac{1}{3} \times 27\,g/mol = 540\,g = 5.4 \times 10^{-1}\,kg$

$C + O^{2-} \longrightarrow CO + 2e^-$ より，流れた電子の物質量の $\dfrac{1}{2}$ の CO が生成するので，標準状態における体積 $V\,[L]$ は，気体の状態方程式より

$$V = \frac{nRT}{P} = \frac{30\,mol \times 0.082\,atm \cdot L/(mol \cdot K) \times 273\,K}{1\,atm} = 671\,L \fallingdotseq 6.7 \times 10^2\,L$$

問 3　$AlCl_3$ は強酸である HCl と弱塩基である $Al(OH)_3$ からできている塩なので，水中では次のように電離する。

$$AlCl_3 \longrightarrow Al^{3+} + 3Cl^-$$

Al^{3+} はさらに加水分解して水素イオンを生成するので，水溶液は酸性となる。

$$Al^{3+} + H_2O \rightleftharpoons [Al(OH)]^{2+} + H^+$$

問 4　(1)　六方最密構造では，右図の B 層の上下に A 層があり，この配列が繰り返される。図のアの粒子に注目すると同じ A 層内に 6 個の最近接粒子があり，さらに下の B 層の 3 個だけでなく，この図には示されていないが上の B 層にも同じように 3 個最近接粒子が存在するので，合計 12 個となる。

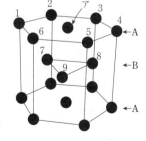

(2)　右図の六角柱内で上下の A 層には O 原子の $\dfrac{1}{6}$ が

12 個と $\dfrac{1}{2}$ が 2 個含まれ，B 層には合計 3 個存在するので，合計 6 個の O 原子が存

在する。Al_2O_3 の組成式から Al 原子は 4 個含まれる。

(3) 下図の A，B，C，D の 4 個の粒子に注目すると，A，B，C，D を頂点とする一辺の長さ a の正四面体となっている。この正四面体の高さは $\dfrac{c}{2}$ に相当する。

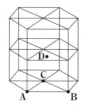 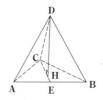

図で △ABC に D から下ろした垂線の足を H とすると，H は △ABC の重心であるため，CH：HE ＝ 2：1 となり AE ＝ EB である。このことから

$$CE = \sqrt{a^2 - \left(\frac{a}{2}\right)^2} = \frac{\sqrt{3}}{2}a \qquad CH = \frac{\sqrt{3}}{2}a \times \frac{2}{3} = \frac{\sqrt{3}}{3}a$$

△DCH において

$$DH = \sqrt{a^2 - \left(\frac{\sqrt{3}}{3}a\right)^2} = \frac{\sqrt{6}}{3}a \qquad \therefore \quad c = DH \times 2 = \frac{2\sqrt{6}}{3}a$$

(4) 六角柱の体積は，a を使って $3\sqrt{2}a^3$ と示すことができる。また六角柱内に Al_2O_3（式量102）が 2 組あるので，密度を d〔g/cm³〕とすると

$$d = \frac{102\,\text{g/mol} \times 2}{6.0 \times 10^{23}/\text{mol} \times 3\sqrt{2}a^3}$$

$a = 2.7 \times 10^{-8}$ cm を代入すると $\qquad d ≒ 4.0\,\text{g/cm}^3$

〔注〕 六角形の面積 $\qquad a \times \dfrac{\sqrt{3}}{2}a \times \dfrac{1}{2} \times 6 = \dfrac{3\sqrt{3}}{2}a^2$

六角柱の体積 $\qquad \dfrac{3\sqrt{3}}{2}a^2 \times \dfrac{2\sqrt{6}}{3}a = 3\sqrt{2}a^3$

解　答

問1　㋐酸素　㋑ケイ素　㋒$C + O^{2-} \longrightarrow CO + 2e^-$

　　　㋓$2Al + 3H_2O \longrightarrow Al_2O_3 + 3H_2$　㋔$2Al + 6HCl \longrightarrow 2AlCl_3 + 3H_2$

　　　㋕$2Al + 6H_2O + 2NaOH \longrightarrow 2Na[Al(OH)_4] + 3H_2$　㋖不動態

問2　a．5.4×10^{-1}kg　b．6.7×10^2L

問3　a—㋒　b．$AlCl_3$ は強酸と弱塩基からできている塩なので，水中では加水分解によって水素イオンが生成し酸性となる。

問4　(1) 12　(2) 4　(3) $c = \dfrac{2\sqrt{6}}{3}a$　(4) 4.0 g/cm³

49

ポイント　実験装置の違いがどの要素にかかわるか

　例えば問5において，シリンダー内の水面がビーカーの水面より高いとすると，その高さに相当する圧力の分だけ，シリンダー内の H_2 の圧力は大気圧より小さくなる。そのため，発生した H_2 の物質量を計算するのが複雑になる。実験装置を変化させることで，どの要素が変化するかに注意することが必要である。

解　説

(A)　(ア)～(エ)，①・②　溶鉱炉で鉄鉱石（主成分は Fe_2O_3）を還元して鉄を取り出すプロセスを問うた問題である。還元剤としてコークス（炭素）を加えているが，実際に還元作用を行うのは CO である。まず，上部から入れたコークスが下部から送り込まれる熱風で燃える。

$$C（コークス）+ O_2 \longrightarrow CO_2$$

2000℃ もの高温のもとでは，CO_2 はさらにコークスと反応して CO になる。

$$CO_2 + C（コークス）\longrightarrow 2CO$$

生じた CO が高温のもとで Fe_2O_3 を順次還元していく。

$$3Fe_2O_3 + CO \longrightarrow 2Fe_3O_4 + CO_2 \quad \cdots 温度域 I$$
$$Fe_3O_4 + CO \longrightarrow 3FeO + CO_2 \quad \cdots 温度域 II$$
$$FeO + CO \longrightarrow Fe + CO_2 \quad\quad \cdots 温度域 III$$

（Fe_3O_4 は FeO と Fe_2O_3 の混合物と考えてもよい。）

I～IIIの温度域の反応を一つにまとめると，次式のように鉄が製造される。

$$Fe_2O_3 + 3CO \longrightarrow 2Fe + 3CO_2$$

　石灰石は熱分解して生石灰になり（$CaCO_3 \longrightarrow CaO + CO_2$），鉄鉱石に含まれる岩石分などと反応してスラグになる（$SiO_2 + CaO \longrightarrow CaSiO_3$）。

(a)　溶鉱炉では還元剤として多量のコークスを用いるので，取り出される鉄には約4%もの炭素が含まれており，もろい性質をもつ。これが銑鉄である。銑鉄を転炉に移し，炭素を減らす操作を加えて鋼にする。

(B)　Fe は水素よりもイオン化傾向が大きく，酸と反応してH_2を発生しながら溶け，2価の鉄(II)イオンを含む水溶液になる。

$$Fe + H_2SO_4 \longrightarrow FeSO_4 + H_2$$

淡緑色の Fe^{2+} は過酸化水素によって酸化されて，黄かっ色の3価の Fe^{3+} になる。

$$2Fe^{2+} + H_2O_2 + 2H^+ \longrightarrow 2Fe^{3+} + 2H_2O$$

2価および3価の鉄イオンは，それぞれ次の呈色反応で調べることができる。

$$Fe^{2+} + K_3[Fe(CN)_6] \longrightarrow 濃青色沈殿（ターンブルブルー）$$

Fe^{3+} + KSCN ⟶ 赤色溶液

Ⓒ **問5** 発生した水素の体積を測定して，鉄が溶ける反応の速度を求めようとしているのであるから，水素の体積は同温・同圧のもとで測らなければならない。メスシリンダーの内外の水面の高さが等しくなるようにメスシリンダーを上げ下げしなくてはならないから，メスシリンダーは固定せず，上下に動けるようにしておく必要がある。

問6 水素ガスの発生速度と鉄球の重量との関係を調べるのが目的であるから，希硫酸に浸す鉄球は重量が変わるだけで，溶解速度に影響する他の要因はすべて一定で変わらないようにしなければならない。いま，鉄球を1個，2個，3個，…と入れていくと，重量は個数に比例して増加していくが，希硫酸と接触する鉄球の表面積も同様に増えていく。したがって，このままでは仮説の検証は不可能であるので，重量は増加しても希硫酸と接触する面積は一定になるようにしなければならない。たとえば，鉄球の外形を同じにして，中を空洞にすることで質量を調整するなどの工夫が必要になる。また，希硫酸が消費されて濃度が低下すると，反応速度が小さくなる。したがって，希硫酸の濃度が反応中に大きく変化しないように，大過剰の希硫酸を用いることも大切である。

〔**参考**〕 上記のように，中を空洞にすることで質量を調整すると，表面積は変わらないから水素の発生速度は一定だと推測できる。固体と溶液の反応では，反応速度は固体の表面積，溶液の濃度・温度に依存すると思われる。質量は，反応速度ではなく生成する水素の全量と比例関係にある。

解 答

問1 (ア) CO　(イ) Fe_3O_4　(ウ) FeO　(エ) CO_2　(オ) H_2　(カ) $K_3[Fe(CN)_6]$

問2 (a) 銑鉄　(b) 2　(c) 3　(d) 酸化

問3 ① $3Fe_2O_3 + CO ⟶ 2Fe_3O_4 + CO_2$　② $C + CO_2 ⟶ 2CO$

問4 ③ 濃青色　④ 淡緑色　⑤ 黄かっ色　⑥ 赤色

問5 メスシリンダーの内外の水面の高さを一致させてから体積を測る。(30字程度)

問6 鉄球の数を増やすと，質量だけでなく総表面積も増えるから。(30字程度)

50

> **ポイント**　錯イオンがどのような構造になっているか
> 　錯イオンは正方形，正四面体，正八面体といった構造をもつ。記入例のように $[Zn(NH_3)_4]^{2+}$ は正四面体の錯イオンなので，$[Zn(NH_3)_2(H_2O)_2]^{2+}$ は 1 種しかなく，幾何異性体は存在しない。ところが，$[Cu(NH_3)_4]^{2+}$ は正方形の錯イオンなので，H_2O の配位子が正方形の隣り合う頂点に配位する場合と，1 つおいて配位する場合とが生じる。

解　説

問1　銅の酸化物には黒色の酸化銅（Ⅱ）CuO と赤色の酸化銅（Ⅰ）Cu_2O がある。CuO は，青白色で水に難溶性の塩基である $Cu(OH)_2$ を加熱分解（脱水）して得られる黒色の塩基性酸化物で，硫酸と中和反応して塩 $CuSO_4$ と水を生じる。

$$Cu(OH)_2 \longrightarrow CuO + H_2O$$

$$CuO + H_2SO_4 \longrightarrow CuSO_4 + H_2O$$

$CuSO_4$ 水溶液に塩基の NH_3 水を加えていくと，まず青白色の沈殿が生じる。

$$Cu^{2+} + 2OH^- \longrightarrow Cu(OH)_2$$

さらに NH_3 水を過剰に加えていくと，深青色のテトラアンミン銅（Ⅱ）イオンを生じて溶ける。

$$Cu(OH)_2 + 4NH_3 \longrightarrow [Cu(NH_3)_4]^{2+} + 2OH^-$$

塩酸を加えると再び $Cu(OH)_2$ の沈殿が生じる。溶液は中性付近の状態なので次の反応式を用いる。

$$[Cu(NH_3)_4]^{2+} + 2H_2O + 2H^+ \longrightarrow Cu(OH)_2 + 4NH_4{}^+$$

フェーリング液は，$CuSO_4$ 水溶液と酒石酸ナトリウムカリウムの $NaOH$ 水溶液を使用直前に混合してつくる深青色の錯塩水溶液で，還元糖の定性・定量に使用される。これは，アルデヒド基などの還元作用によりフェーリング液中の Cu^{2+} が Cu^+ に還元されて Cu_2O の赤色沈殿をつくる反応を利用したものである。

問2　(1)　$PbSO_4$ は水に難溶である。

$$Pb^{2+} + H_2SO_4 \longrightarrow PbSO_4 + 2H^+$$

Cu^{2+} は酸性水溶液中で，H_2S により硫化物の黒色沈殿を生じる。

$$Cu^{2+} + H_2S \longrightarrow CuS + 2H^+$$

Fe^{3+} は H_2S による還元作用で Fe^{2+} になる。そのため，煮沸して H_2S を追い出したあと HNO_3 を加えて酸化し，Fe^{2+} を Fe^{3+} へ戻してからアンモニア水で塩基性にして $Fe(OH)_3$ を沈殿させる。

$$Fe^{3+} + 3NH_3 + 3H_2O \longrightarrow Fe(OH)_3 + 3NH_4{}^+$$

Zn^{2+} は中性〜塩基性水溶液中で，H_2S により硫化物の白色沈殿を生じる。

$$[Zn(NH_3)_4]^{2+} + 2OH^- + H_2S \longrightarrow ZnS + 4NH_3 + 2H_2O$$

(2) 沈殿(v)を空気中で加熱すると，分解（脱水）して Fe_2O_3 が生成する。

$$2Fe(OH)_3 \longrightarrow Fe_2O_3 + 3H_2O$$

その 0.144 g の物質量は，$Fe_2O_3 = 159.6$ より

$$\frac{0.144\ \text{g}}{159.6\ \text{g/mol}} = 9.02 \times 10^{-4}\ \text{mol}$$

Fe_2O_3 1 mol 中に Fe 原子は 2 mol 含まれるから，黄銅 10.0 g 中の Fe の重量％は

$$\frac{55.8\ \text{g/mol} \times (9.02 \times 10^{-4} \times 2)\ \text{mol}}{10.0\ \text{g}} \times 100\ \% = 1.00\ \% \fallingdotseq 1.0\ \%$$

問 3 (1) 正方形の錯イオンのため，$[Cu(NH_3)_2(H_2O)_2]^{2+}$ には，シスとトランスの異性体が存在する。

(2) $[Cu(NH_3)_4]^{2+} + 2OH^- + 4HCl \longrightarrow Cu(OH)_2 + 4NH_4Cl$ でもよい。

〔**参考**〕 さらに塩酸を加えると，次の反応により $Cu(OH)_2$ は溶解し，青色の水溶液となる。中和反応の一種と考えてよい。

$$Cu(OH)_2 + 2HCl \longrightarrow CuCl_2 + 2H_2O$$

解 答

問 1 (ア) 塩基　(イ) フェーリング　(i) CuO　(ii) Cu_2O

(I) $CuO + H_2SO_4 \longrightarrow CuSO_4 + H_2O$

問 2 (1)(iii) $PbSO_4$　(iv) CuS　(v) $Fe(OH)_3$　(vi) ZnS　(2) 1.0

問 3 (1)

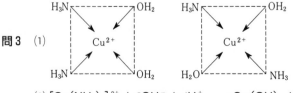

(2) $[Cu(NH_3)_4]^{2+} + 2OH^- + 4H^+ \longrightarrow Cu(OH)_2 + 4NH_4^+$

第5章
有機化合物

51

> **ポイント**　授業で学んだ有機化学の総合化・一体化が問われている
> (a)授業で経験したナイロン 66 の合成実験を思い出せば取りかかることができる。そこから芳香族のアミドの構造と性質を踏まえて展開していけばよい。
> (b)(a)の発展問題と考えられる。問題文の展開に即して思考し，不斉炭素原子の存在を意識して構造決定を進めていくことになる。

解　説

問 1　ア　アラミド（aramid）とは aromatic polyamide（芳香族ポリアミド）のことである。

イ　図 1 より，H_2O の代わりに HCl が脱離する縮合反応であることがわかる。高校での，アジピン酸ジクロリドとヘキサメチレンジアミンとによるナイロン 66 の合成（界面重合）実験を思い出すとよい。

問 2　(あ)より $R^1\text{-}\underset{O}{\overset{}{C}}\text{-Cl} + H_2N\text{-}R^2 \longrightarrow CH_3\text{-}\underset{O}{\overset{}{C}}\text{-NH-}\langle\bigcirc\rangle$ であるから，アミン**A**は

アニリン $H_2N\text{-}\langle\bigcirc\rangle$，酸クロリド**D**は酢酸クロリド $CH_3\text{-}\underset{O}{\overset{}{C}}\text{-Cl}$ である。

問 3　(い)より $CH_3\text{-}\underset{O}{\overset{}{C}}\text{-Cl} + H_2N\text{-}R \longrightarrow C_5H_{11}NO + HCl$ であるから，アミン**B**の示

性式は $C_3H_7\text{-}NH_2$ である。よって，考えられる構造式は次の 2 通りである。

$$H_3C\text{-}CH_2\text{-}CH_2\text{-}NH_2 \qquad H_3C\text{-}\underset{CH_3}{\overset{}{C}H}\text{-}NH_2$$

問 4　(う)より

$$C_9H_{11}NO_2 + CH_3\text{-}\underset{O}{\overset{}{C}}\text{-Cl} \longrightarrow C_9H_9O_2\text{-}\underset{H}{\overset{}{N}}\text{-}\underset{O}{\overset{}{C}}\text{-}CH_3 + HCl$$
$$\text{C} \qquad\qquad\qquad\qquad\qquad \text{E}$$

アミド**E**の加水分解で酢酸，メタノール，ベンゼン環をもつアミノ酸が得られたのであるから，**E**はアミド結合のほかにメチルエステルの構造がある。

$$H_3C\text{-}O\text{-}\underset{O}{\overset{}{C}}\text{-}R\text{-}NH\text{-}\underset{O}{\overset{}{C}}\text{-}CH_3$$

分子式より，R = CH となる。したがって，アミン**C**の構造式は

$$\underset{\substack{|\\ NH_2}}{\overset{*}{C}}H-\underset{\substack{\|\\ O}}{C}-O-CH_3 \quad (C^* \text{ は不斉炭素原子})$$

問5 アミンFを R^1-NH_2,ジクロリドGを $Cl-CO-R^2-CO-Cl$ とすると

$$2R^1-NH_2+Cl-CO-R^2-CO-Cl \longrightarrow R^1-NH-CO-R^2-CO-NH-R^1+2HCl$$

化合物H(分子式 $C_8H_{16}N_2O_2$)

よって $\quad 2R^1+R^2=C_6H_{14}$ ……①

〔Hの部分的な加水分解〕

$$R^1-NH-CO-R^2-CO-NH-R^1+H_2O$$

$$\longrightarrow R^1-NH-CO-R^2-COOH+R^1-NH_2$$

化合物 I

〔Iとフェノールの脱水縮合〕

$$R^1-NH-CO-R^2-COOH+C_6H_5OH \longrightarrow R^1-NH-CO-R^2-COO-C_6H_5+H_2O$$

エステルJ(分子式 $C_{12}H_{15}NO_3$)

よって $\quad R^1+R^2=C_4H_9$ ……②

式①,②より $\quad R^1=C_2H_5,\ R^2=C_2H_4$

さらに,化合物F,G,Hは不斉炭素原子をもたず,化合物I,Jは不斉炭素原子を1つもつことから,FとGの構造式は

$$\underset{F}{H_3C-CH_2-NH_2} \qquad \underset{G}{Cl-\underset{\substack{\|\\ O}}{C}-\underset{\substack{|\\ CH_3}}{C}H-\underset{\substack{\|\\ O}}{C}-Cl}$$

IとJは,分子全体では対称性がないので,Gの中央の炭素原子が不斉炭素原子 C^* となる。そのため R^2 は $-CH_2-CH_2-$ ではない。

問6 エステルJの構造式は

$$H_3C-CH_2-\underset{\substack{|\\ H}}{N}-\underset{\substack{\|\\ O}}{C}-\underset{\substack{|\\ CH_3}}{\overset{*}{C}}H-\underset{\substack{\|\\ O}}{C}-O-\langle\rangle$$

解 答

問1　ア．アラミド　イ．HCl

問2　A. 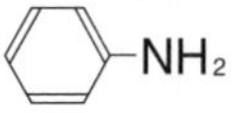 -NH$_2$　D. H$_3$C-C-Cl
　　　　　　　　　　　　　　　　　　　　　‖
　　　　　　　　　　　　　　　　　　　　　O

問3　H$_2$N-CH$_2$-CH$_2$-CH$_3$　　　H$_2$N-CH-CH$_3$
　　　　　　　　　　　　　　　　　　　　　　|
　　　　　　　　　　　　　　　　　　　　　CH$_3$

問4　H$_2$N-CH-C-O-CH$_3$
　　　　　　|　‖
　　　　　　　　O

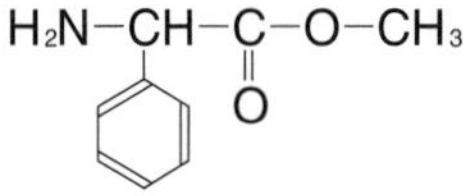

問5　F. H$_2$N-CH$_2$-CH$_3$　G. Cl-C-CH-C-Cl
　　　　　　　　　　　　　　　　　‖　|　‖
　　　　　　　　　　　　　　　　　O CH$_3$ O

問6　H$_3$C-CH$_2$-N-C-CH-C-O-
　　　　　　　　　|　‖　|　‖
　　　　　　　　H　O CH$_3$ O

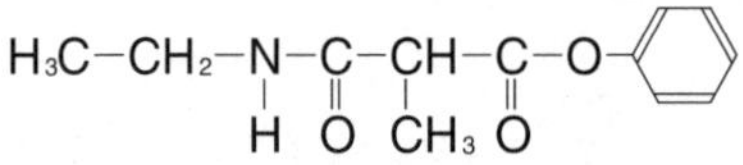

52

ポイント　(a)リグニンの構造からベンゼン環の結合状態を読み取る

　リグニンから得られる芳香族化合物には、ベンゼンの三置換体が含まれると想像がつく。これをもとに、与えられた条件を満たす化合物C、D、Eの構造を考えればよい。なお、フェノールとメタノールの脱水縮合は、見慣れない反応であるが、解答に際しては問題なかっただろう。

(b)(a)での反応も参考にしよう

　工程(i)の反応は、フェノール合成のクメン法が出発点になっていることがわかるだろう。化合物J、Kについては、その前後の化合物の構造から比較的容易に推測できる。その際(a)で扱った反応が参考になる。化合物Lについては、二重結合のオゾン分解やトランス構造など既知の知識で対応できただろう。

解　説

問1・問2　AおよびBは、右図のようにフェノールおよびグアイアコールのヒドロキシ基がメトキシ基に変化した化合物である。

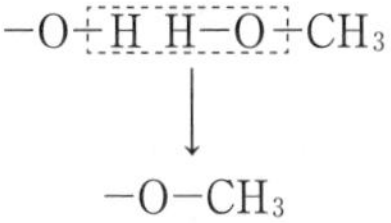

$$-O\!+\!\underline{H}\ \ \underline{H}\!-\!O\!+\!CH_3$$
$$\downarrow$$
$$-O-CH_3$$

Cの酸化生成物FがBとCO_2に熱分解していることから、FはBの2つのメトキシ基を有しつつ、CO_2に分解される置換基も有すると考えられる。これはBとCの分子式の差C_2H_4より炭化水素基である。また、図1からリグニンを熱分解したとき四置換ベンゼンは生成せず、三置換ベンゼンが生成する場合、置換基は1,2,4位に位置することが推定される。よって、Cは次のようにBにエチル基が導入された化合物であり、FはCのエチル基がカルボキシ基になった化合物とわかる。

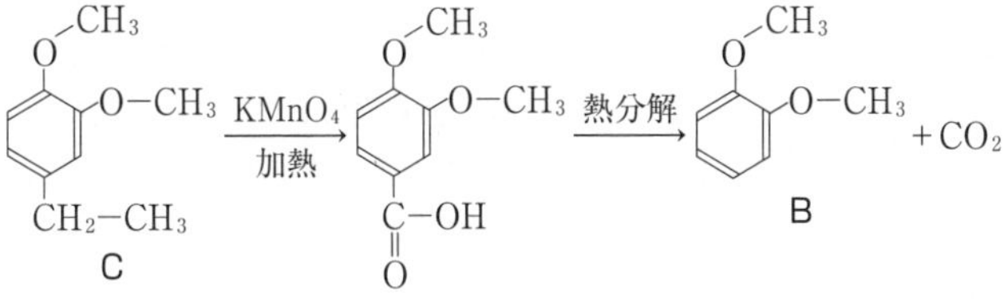

DおよびEについてはFから逆に反応をたどって考えると、次のようにFのカルボキシ基がホルミル（アルデヒド）基に還元された化合物がH、さらに置換基Xに還元された化合物がGと推定できる。

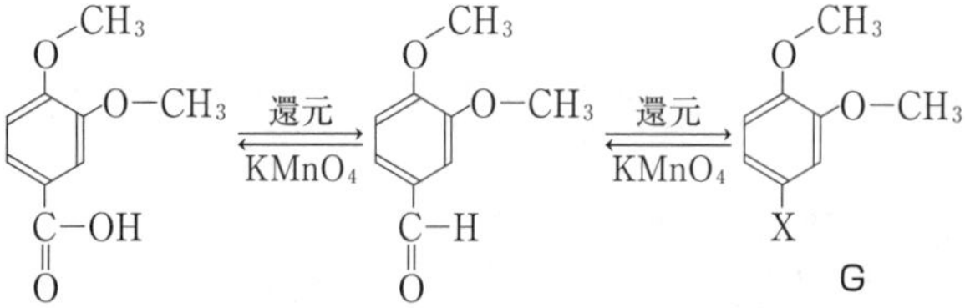

さらに次のように，Gからメタノールを脱離させることでDまたはEの構造が推定できるが，2つのメトキシ基をヒドロキシ基にすると，構造異性体の存在がなくなる。したがって，DとEはヒドロキシ基とメトキシ基を1つずつ有し，Xは分子式から考えてメチル基と推定できる。

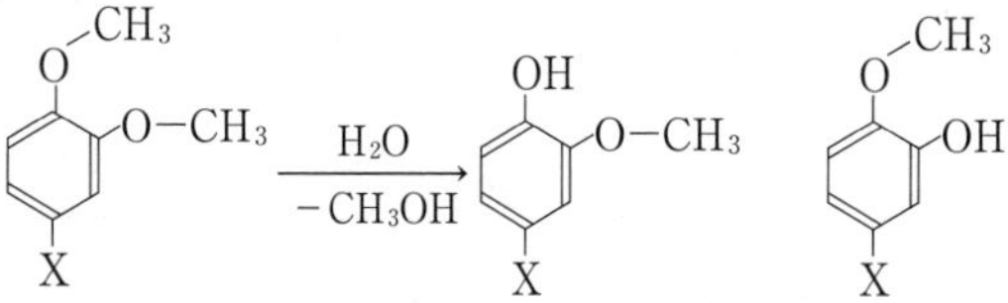

なお，DまたはEの一方を過マンガン酸カリウムで穏やかに酸化すると(b)で扱うバニリンが得られることがわかる。

また，次のように考えてもよい。

Xを酸化すると −CHO が生成することから，Xは最低でもC原子を1つ含む炭化水素基である。すると，GのC原子数は最低でも9個となる。しかし，DとEはC原子数が8個であり，少なくとも1つのフェノール性ヒドロキシ基をもち，互いに構造異性体であることから，DとEの3つの置換基は −OH，−O−CH₃，−CH₃（＝X）と決まる。

問3 Iはクメン法によるフェノール合成の中間生成物クメンとわかる。Jはグアイアコールからメタノールを脱離させて考えると，o-位にヒドロキシ基が2つ結合したカテコール（o-ベンゼンジオール）と推定できる。さらに，グアイアコールに −CHO が導入されるとバニリンが得られるので，Kには酸化されると −CHO になる置換基が存在することがわかる。この置換基はホルムアルデヒドによって導入されるので，フェノール樹脂の合成におけるフェノールとホルムアルデヒドの付加反応と同様に考えて，−CH₂−OH だと推定できる。

Lのオゾン分解でバニリンが生成することから，Lは右図の構造と考えられる。Lの分子式が $C_{10}H_{12}O_2$ より Rの部分は $CH-CH_3$ で，Lはトランス型ということで〔解答〕の構造となる。

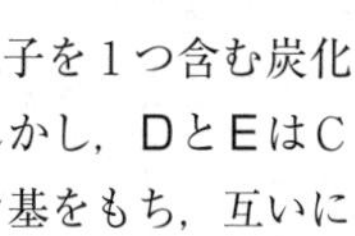

問4 構成単位Mの物質量と製造されるバニリンの物質量は等しいので，必要な構成

単位Mは

$$\frac{3.04 \times 10^7}{152} \times 196 \,(\text{kg})$$

リグニンはその$\frac{100}{50}$倍，スギ材はさらにその$\frac{100}{30}$倍必要となるので

$$\frac{3.04 \times 10^7}{152} \times 196 \times \frac{100}{50} \times \frac{100}{30} = 2.613 \times 10^8 \fallingdotseq 2.61 \times 10^8 \,(\text{kg})$$

〔別解〕　必要なスギ材の質量を$A\,(\text{kg})$とすると

$$A \times \frac{30}{100} \times \frac{50}{100} \times \frac{152}{196} = 3.04 \times 10^7$$

$$A = 2.613 \times 10^8 \fallingdotseq 2.61 \times 10^8 \,(\text{kg})$$

解　答

問1　A. 　B. 　C.

　　D・E.

問2　F. 　G. 　H.

問3　I. 　J.

　　K. 　L.

問4　$2.61 \times 10^8\,\text{kg}$

53

> **ポイント**　**与えられた各加水分解生成物の特性からその配列を考えよう**
> 　化合物 **A** は大きな分子量をもつが，複数のエステル結合をもつことが与えられているから，加水分解生成物はヒドロキシ基またはカルボキシ基を 1 つはもっている。このことと組成式をもとに，加水分解生成物の構造を推論していけばよい。

解　説

問 1　**A** 1.00×10^{-3} mol の質量は，348×10^{-3}〔g〕$= 348$〔mg〕で，この中に含まれる C，H および O をそれぞれ W_C，W_H および W_O〔mg〕とすると，$CO_2 = 44$，$H_2O = 18$ だから

$$W_C = 836 \times \frac{12}{44} = 228 \text{〔mg〕}$$

$$W_H = 216 \times \frac{2.0}{18} = 24.0 \text{〔mg〕}$$

$$W_O = 348 - 228 - 24.0 = 96.0 \text{〔mg〕}$$

原子数の比は

$$C : H : O = \frac{228}{12} : \frac{24.0}{1.0} : \frac{96.0}{16} = 19 : 24 : 6$$

よって，**A** の組成式は $C_{19}H_{24}O_6$ となるが，分子量が 348 なので分子式も $C_{19}H_{24}O_6$ である。また，O 原子の数が 6 なのでエステル結合の数は最大で 3，最終的に **A** を加水分解して得られる物質は最大 4 種類となる。題意より，これらは **E ～ H** とわかり，エステル結合の数は 3 と決まる。

(え)　分子式 $C_4H_4O_4$ のジカルボン酸はマレイン酸かフマル酸とわかるが，フマル酸は無極性分子のため，極性分子であるマレイン酸に比べて溶解度は小さい。よって，**E** はフマル酸である。

(お)　次式のように，3-メチル-1-ブテンに水を付加させると，3 つの $-CH_3$ をもつ 3-メチル-2-ブタノールが得られ，**G** と考えられる。

$$H_2C=CH-\underset{\underset{CH_3}{|}}{CH}-CH_3 + H_2O \longrightarrow H_3C-\underset{\underset{OH}{|}}{CH}-\underset{\underset{CH_3}{|}}{CH}-CH_3$$

$$\textbf{G}$$

(か)　**H** はエステルの加水分解生成物なので，ヒドロキシ基かカルボキシ基またはその両方を有し，酸化されてテレフタル酸が得られるので，次図のような種々の化合物が考えられる。分子量を求めると，122 となるのは p-メチルベンジルアルコールで，**H** と決められる。

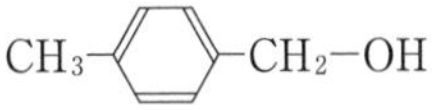

CH_3——CH_2-OH
H（分子量 122）

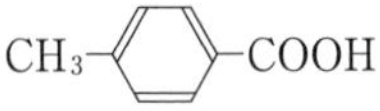

CH_3——COOH
（分子量 136）

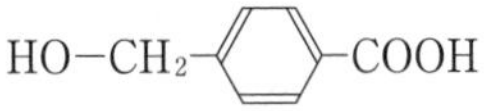

HO-CH_2——COOH　　など
（分子量 152）

E，**G** および **H** の分子式はそれぞれ $C_4H_4O_4$，$C_5H_{12}O$ および $C_8H_{10}O$ より，**F** の分子式は

$$C_{19}H_{24}O_6 + 3H_2O - C_4H_4O_4 - C_5H_{12}O - C_8H_{10}O = C_2H_4O_3$$

と求められる。

(あ)　**B** の炭素数は **E** と **F** の炭素数の和より 6 とわかる。

(い)　**C** の分子式は $(C_7H_{14}O_3)_n$ となるが，**A** の酸素数から考えて $n=1$ しか考えられない。

(う)　**D** の分子式は $(C_3H_3O)_n$ となるが，エステル結合が残っており，かつカルボキシ基をもつので O の数は 4 以上の偶数となり，**A** の酸素数から考えて $n=4$ しか考えられない。よって，**D** は分子式が $C_{12}H_{12}O_4$ で，その炭素数から **E** $C_4H_4O_4$ と **H** $C_8H_{10}O$ がエステル結合した次図の構造と決められる。

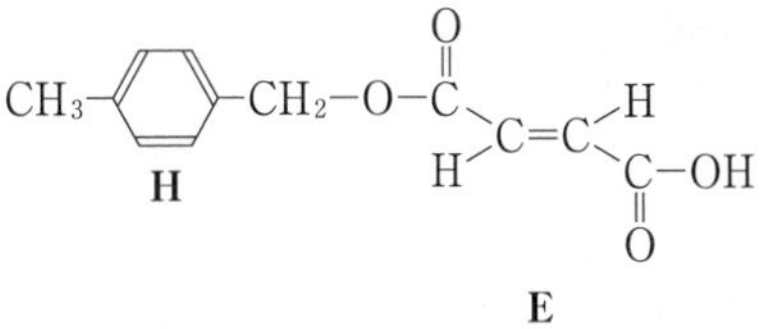

H の構造（CH₃-ベンゼン環-CH₂-O-C(=O)-CH=CH-C(=O)-OH）

E

F は **E**（**D** の末端でもある）とエステル結合し **B** を構成するが，次図のように **G** は末端にしか配置できないので，**F** は **G** ともエステル結合して **A** を構成する。つまり，ヒドロキシ基とカルボキシ基をもつヒドロキシ酸（グリコール酸 HO-CH_2-COOH）である。

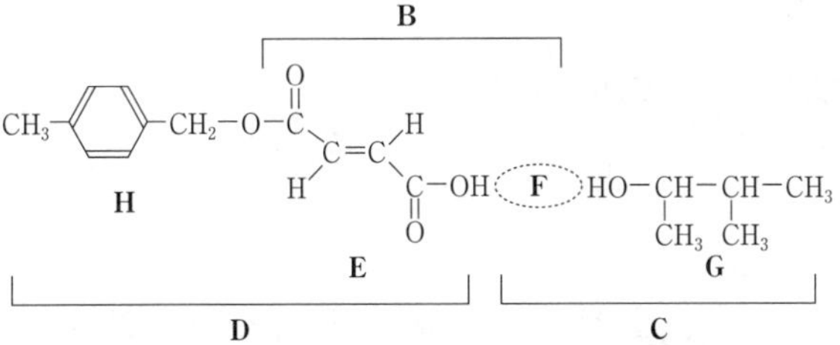

B（**H**-**E**部分とあわせた構造図、**F** と **G** を含む）

D　　　　**E**　　　　**C**　　　　**G**

したがって，**A** の構造式は次のとおりであり，**C*** が不斉炭素原子である。

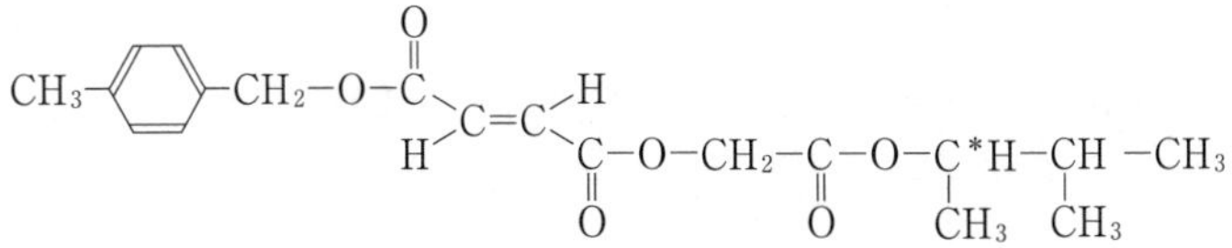

A の構造式
（CH_3-ベンゼン環-CH_2-O-C(=O)-CH=CH-C(=O)-O-CH_2-C(=O)-O-C^*H-CH(CH_3)-CH_3）

解 答

問1

A. CH_3-⟨benzene⟩-CH_2-O-C(=O)-C(H)=C(H)-C(=O)-O-CH_2-C(=O)-O-CH(CH_3)-CH(CH_3)-CH_3

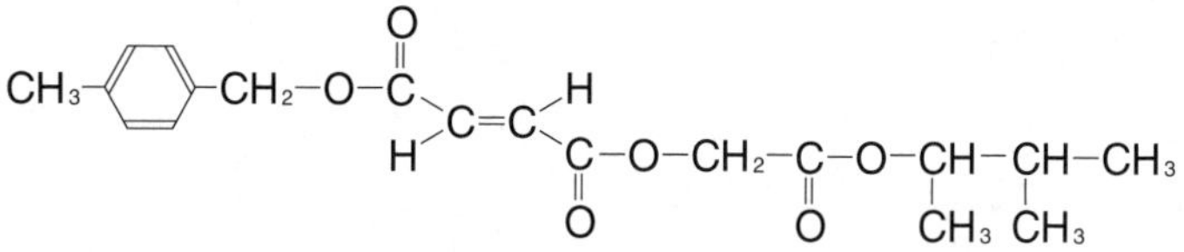

B. HO-C(=O)-C(H)=C(H)-C(=O)-O-CH_2-C(=O)-OH

C. HO-CH_2-C(=O)-O-CH(CH_3)-CH(CH_3)-CH_3

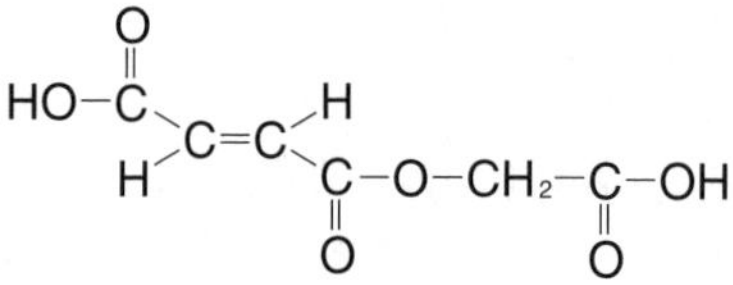

D. CH_3-⟨benzene⟩-CH_2-O-C(=O)-C(H)=C(H)-C(=O)-OH

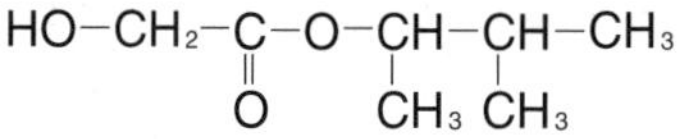

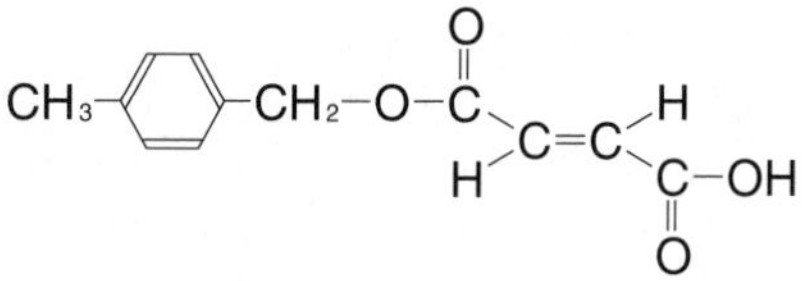

E. HO-C(=O)-C(H)=C(H)-C(=O)-OH

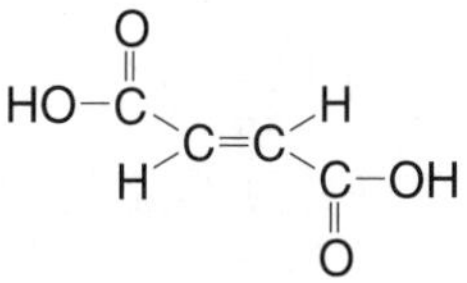

F. HO-C(=O)-CH_2-OH

G. H_3C-CH(OH)-CH(CH_3)-CH_3

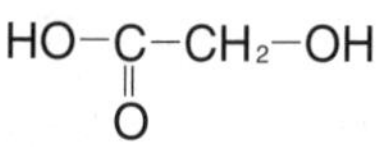

H. CH_3-⟨benzene⟩-CH_2-OH

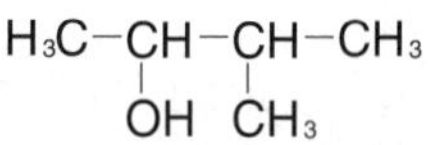

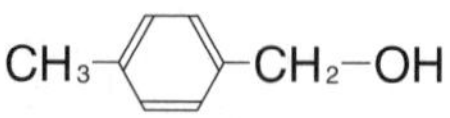

54

ポイント 等価な炭素原子とイミドの反応について理解しよう

(a)等価な炭素原子について理解できれば，与えられた芳香族炭化水素の構造との関係がよくわかる。構造異性体間で等価な炭素原子の種類や個数がわかればその構造を推測することができる。

(b)イミドは目新しい物質であるが，その加水分解反応は，アミドの加水分解から十分に理解できるものである。

解　説

問1・問2　題意の芳香族炭化水素の異性体として，次の**あ〜く**の8種類が考えられる。

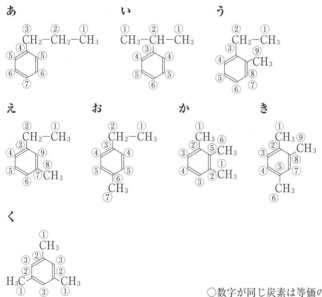

○数字が同じ炭素は等価の炭素である。

これらの中で，3種類の化学的に非等価なC原子が存在する化合物は**く**だけで，これが**A**となる。6種類の化学的に非等価なC原子が存在する化合物は，**い**と**か**で，このうちい（クメン）は，次式のように空気酸化後，分解するとフェノールとアセトンが生成する（クメン法）。

$$CH_3-\overset{\displaystyle}{\underset{\displaystyle い (クメン)}{\underset{\bigcirc}{CH}}}-CH_3 \xrightarrow{\text{空気酸化}} CH_3-\underset{\underset{\substack{クメンヒドロ \\ ペルオキシド}}{\bigcirc}}{\overset{\overset{\displaystyle O-O-H}{\displaystyle |}}{C}}-CH_3 \xrightarrow{\text{分解}} \underset{\bigcirc}{OH} + CH_3-\underset{\displaystyle O}{\overset{\displaystyle}{C}}-CH_3$$

よって，**C**は**い**，**B**は**か**となる。

7種類の化学的に非等価なC原子が存在する化合物は，**あ**と**お**で，**あ**を酸化すると安息香酸が得られる。よって，**D**は**あ**，**E**は**お**となる。**お**を酸化するとテレフタル酸（化合物**I**）となり，エチレングリコールと縮合重合させるとポリエチレンテレフタラートが得られる。残る**う**・**え**・**き**には化学的に等価なC原子がない。

問3 **A**のニトロ化合物に関しては，置換する $-NO_2$ の数により次図のような3種類が考えられ，**さ**が3種類の化学的に非等価なC原子をもつ。よって，**J**は**さ**となる。

け **こ** **さ**

そして，**さ**の3つの $-NO_2$ を $-NH_2$ に還元した化合物が**K**となり，やはり3種類の化学的に非等価なC原子をもつ。

問4 化合物**I**（テレフタル酸）の燃焼の化学反応式は

$$2C_8H_6O_4 + 15O_2 \longrightarrow 16CO_2 + 6H_2O$$

よって，燃焼した**I**の物質量は，$CO_2 = 44.0$ より

$$\frac{88.0}{44.0} \times \frac{2}{16} = 0.25 \text{〔mol〕}$$

C_9H_{12} のモル質量は $120\,\text{g/mol}$ より，求める質量は

$$0.25 \times \frac{100}{80.0} \times 120 = 37.5 \text{〔g〕}$$

問5・問6 イミドを完全に加水分解すると，2つのカルボン酸と1つの第一級アミンが生成することがわかる。そしてイミドにおけるカルボン酸由来およびアミン由来部分は右図のようになる。

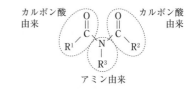

題意より，イミド**L**は同種のカルボン酸**M**2分子と，アミン**O**とで構成されていることがわかる。その加水分解反応は次のように考えられる。

$$C_{20}H_{15}NO_2 \xrightarrow{H_2O} M + C_{13}H_{11}NO \xrightarrow{H_2O} 2M + O$$

イミド**L**　　　　　　　アミド**N**　　　　　　アミン

したがって，**M**の分子式は

$$C_{20}H_{15}NO_2 + H_2O - C_{13}H_{11}NO = C_7H_6O_2$$

よって，**M**は安息香酸C_6H_5COOHとなる。

さらに，アミン**O**の分子式は

$$C_{13}H_{11}NO + H_2O - C_7H_6O_2 = C_6H_7N$$

よって，**O**はアニリン $C_6H_5NH_2$ となる。

なお，**L**が完全に加水分解される反応は次のようになる。

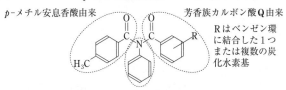

問7　イミド**P**の完全な加水分解の反応は次のように考えられる。

$$C_{23}H_{21}NO_2 + 2H_2O \longrightarrow \quad C_8H_8O_2 \quad + Q + \quad C_6H_7N$$

イミド**P**　　　　　　　p-メチル安息香酸　　　**O**（アニリン）

したがって，**Q**の分子式は

$$C_{23}H_{21}NO_2 + 2H_2O - C_8H_8O_2 - C_6H_7N = C_9H_{10}O_2$$

Qは芳香族カルボン酸であり，そのカルボキシ基のオルト位にはH原子が存在するので，次の4種類の構造式が考えられる。

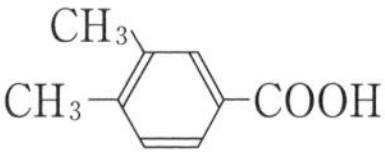

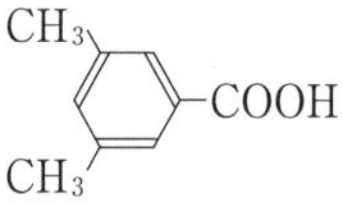

CH₃—(benzene ring)—CH₃ ...—COOH   CH₃—(benzene ring)—COOH, CH₃

解 答

問1 (ア)アセトンまたは H₃C–C–CH₃
　　　　　　　　　　　　　　∥
　　　　　　　　　　　　　　O

(イ)エチレングリコール（1,2-エタンジオール）または CH₂–CH₂
　　　　　　　　　　　　　　　　　　　　　　　　　　　　|　　|
　　　　　　　　　　　　　　　　　　　　　　　　　　　OH　　OH

問2　A. CH₃ (benzene ring) H₃C, CH₃　　B. CH₃, CH₃, CH₃ (benzene ring)　　D. CH₂–CH₂–CH₃ (benzene ring)

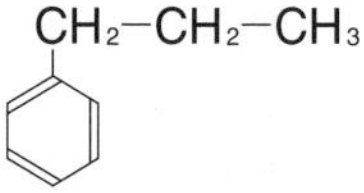

問3　J. CH₃, O₂N, NO₂, H₃C, CH₃, NO₂ (benzene ring)　　K. CH₃, H₂N, NH₂, H₃C, CH₃, NH₂ (benzene ring)

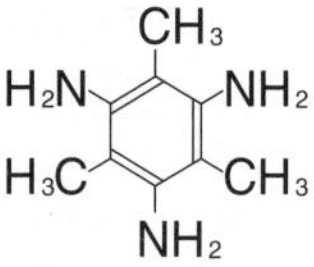

問4　37.5g

問5　M. HO–C(=O)–(benzene ring)　　O. H–N–H (benzene ring)

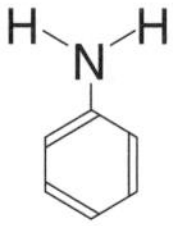

問6
(benzene ring)–C(=O)–N(–benzene ring)–C(=O)–(benzene ring)

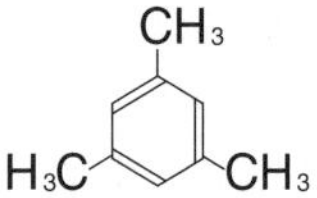

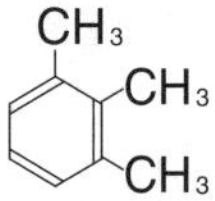

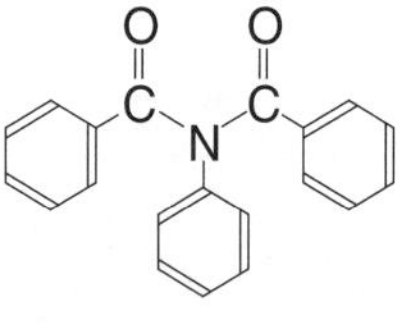

問7
HO–C(=O)–(benzene ring)–CH₂–CH₃　　HO–C(=O)–(benzene ring)–CH₂–CH₃　　HO–C(=O)–(benzene ring)–CH₃, CH₃

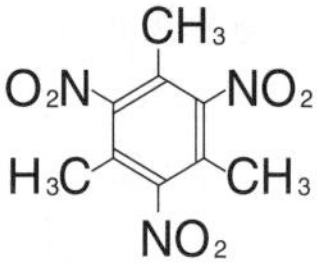

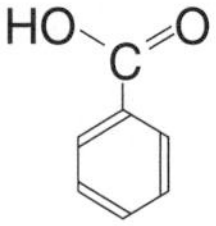

HO–C(=O)–(benzene ring)–H₃C, CH₃

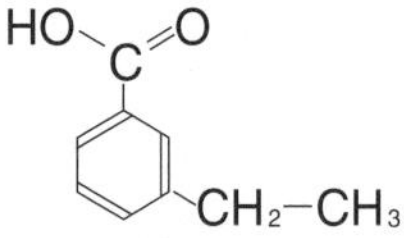

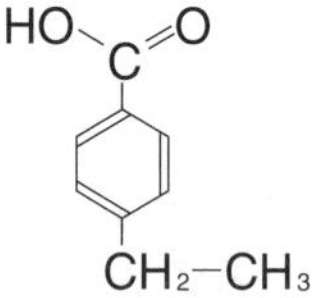

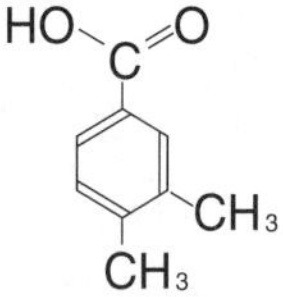

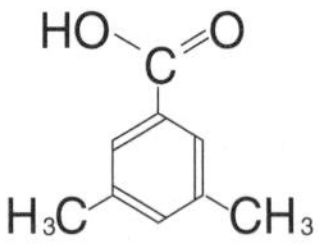

55

ポイント　合成実験の結果より配向性を推測する

ⓐNH₂ 基から見てオルト位が置換されていることに注目して，置換基と反応の特性を考える。また，問 2 では立体的な効果が示唆されていることに注意するとよい。以上の考察をするためには教科書で学ぶ反応（アセチル化やジアゾ化）が基礎になっていることがわかる。

ⓑ反応の流れとアリザリンの骨格から，化合物 K がアントラセンであることに気づいただろうか。

解 説

問 1 ・問 2　右図のように，トルエンのメチル基は，ベンゼン環に対して電子を押し出す性質（電子供与性）をもつ置換基で，o 位と p 位の電子密度を大きくするため，ニトロ化はこの位置で起こる（o, p 配向性）。こうして生成した p-ニトロトルエン（C）を還元すると D が得られ，これをアセチル化すると〔解答〕にある F となる。F のアセチルアミノ基は，N がもつ非共有電子対によりメチル基と同様に電子供与性をもち，o, p 配向性となる。しかも，メチル基から見て m 位が臭素化されることから，アセチルアミノ基の方がメチル基より，より強く電子密度を増加させていることがわかる。さらに，アセチルアミノ基の立体障害のため，アセチルアミノ基に対して 1 つの o 位で臭素化が起こり，G が得られる。G を強酸の塩酸を用いて加水分解して得られたのが H で，H をジアゾ化した化合物が〔解答〕にある I となる。I のようなジアゾニウム塩に H_3PO_2（次亜リン酸）を作用させると，次式のように $-N \equiv N$ が $-H$ に置換される。

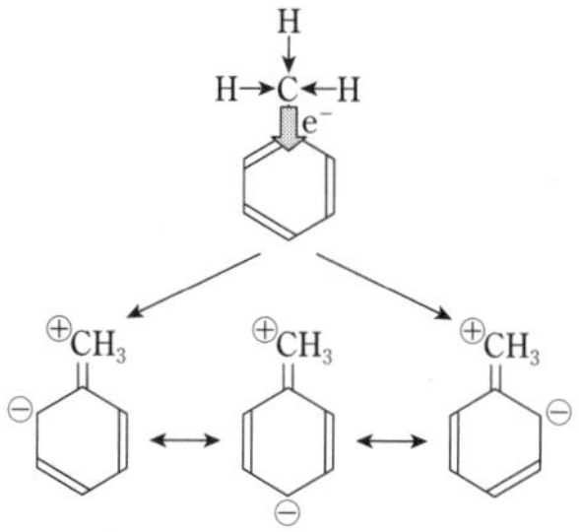

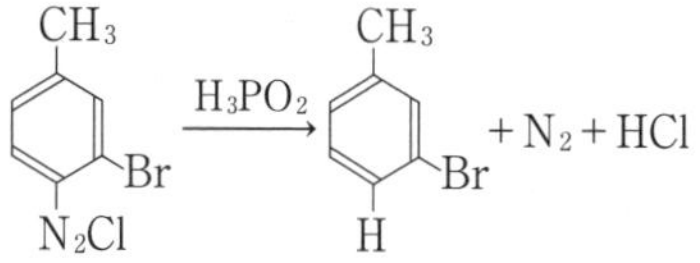

問 3　図 2 の反応経路において，副生成物が存在しない。よって，アリザリンの炭素骨格は変わらないと考え，K はその分子式 $C_{14}H_{10}$ よりアントラセンとわかる。さらに，L と N の分子式の差は O 1 つなので，L は N の $-OH$ を $-H$ に置換した化合物となる。実際に，アントラセンを酸化すると，次式のようにベンゼン環を 2 つもつことで比較的安定な L（9,10-アントラキノン）が生成する。

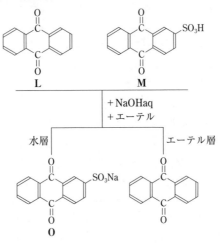

問4 LとMの分子式の差はSO₃なので，MはLをスルホン化した化合物と推定される。スルホ基が置換する位置は，Nとの構造比較から2位であるとわかる。これより，題意の分離は下図のようになる。また，Mをアルカリ融解してスルホ基をヒドロキシ基に置換した化合物がNである。

問5 アリザリンの完全燃焼の反応式は

$$C_{14}H_8O_4 + 14O_2 \longrightarrow 14CO_2 + 4H_2O$$

アリザリンおよびCO_2のモル質量は，それぞれ240 g/mol，44.0 g/mol より

$$\frac{960}{240} \times 14 \times 44.0 \times \frac{1}{1000} = 2.46 \fallingdotseq 2.5 \,[\mathrm{kg}]$$

解 答

問1　F.

I.

問2　あアセチルアミノ基はメチル基以上にベンゼン環の電子密度を増加させる
ため，アセチルアミノ基のo位の反応性が上がる。(50字程度)

いアセチルアミノ基は大きな原子団なので，立体的な障害を発生させ，o
位でのさらなる臭素化は起こりにくくなる。(50字程度)

問3　K.

L.

問4　う水層　O.

問5　2.5kg

56

> **ポイント**　**単量体が鏡像異性体をもつ場合，高分子も立体異性体となる**
> (a)化合物 C がグリセリンであることを理解できないと苦しくなる。気づくことができれば，化合物 A は，トリグリセリド（グリセリンの 3 価のエステル）であることがわかるから，一気に進めるだろう。化合物 A が不斉炭素原子を持たないことの意味もポイントである。
> (b)ラクチドが開環重合してポリ乳酸になっても，もとの単量体の鏡像異性体（L 型，D 型の乳酸）の構造は保持されることがポイントである。

解　説

問1　$C_{16}H_{18}O_6 = 306.0$ より，化合物 A 10.0 g の物質量は

$$\frac{10.0}{306.0} = 0.03267 \fallingdotseq 0.0327 \text{〔mol〕}$$

標準状態の水素 0.732 L の物質量は

$$\frac{0.732}{22.4} = 0.03267 \fallingdotseq 0.0327 \text{〔mol〕}$$

よって，化合物 B は化合物 A 1 分子に，H_2 1 分子が付加したものである。

問2　油脂を加水分解すると，グリセリンと高級脂肪酸が得られる。分子量から考えて，化合物 C はグリセリン $C_3H_8O_3$ である。

問3・問4　化合物 A はトリグリセリドで，その加水分解反応

$$C_{16}H_{18}O_6 + 3H_2O \longrightarrow C_3H_8O_3 + 2D + E$$

と表せる。これより，2D と E の分子式の和は $C_{13}H_{16}O_6$ とわかる。また，化合物 D，E には $-COOH$ が 1 つずつ含まれると考えられ，オゾン分解の結果から化合物 E は $\langle \bigcirc \rangle-CH=C-$ の構造を持つ。そこで化合物 D，E に含まれる $-COOH$ と化合物 E に含まれる C_8H_6- の原子数を除くと，残りは C_2H_7 となる。化合物 D は銀鏡反応を示さないことから $H-COOH$ は不適当なので，CH_3-COOH，化合物 E は

$\langle \bigcirc \rangle-CH=CH-COOH$ となる。

化合物 E をオゾン分解するとベンズアルデヒドと化合物 F が得られる。

ベンズアルデヒド　　　化合物 F

また，$\langle \bigcirc \rangle-CH=CH-COOH$ にはシス・トランス（幾何）異性体が存在する。

問5　グリセリンと化合物 **D**，**E** からなるトリグリセリドには，次の 2 種類が考えられるが，右の構造では不斉炭素原子が存在する。

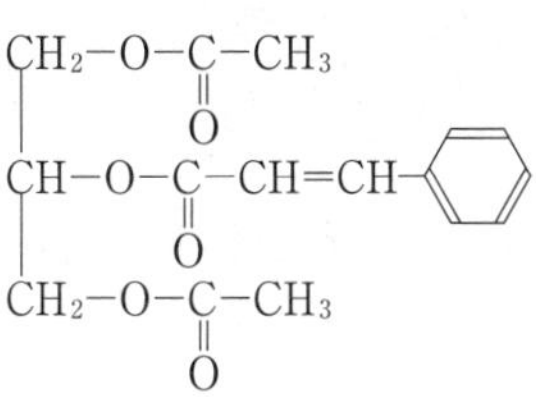

化合物 **A** 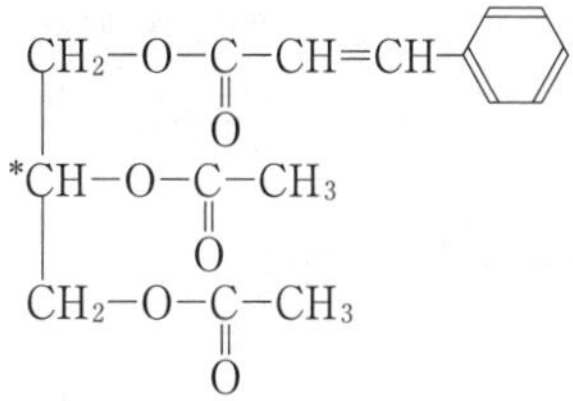　　　　　　　　　　　＊不斉炭素原子

化合物 **A** の CH=CH 部分に H_2 を付加させた化合物が **B** である。

問6　図 1 の L-ラクチドの構造をもとに L-乳酸を書き出すと，次図のようになる。これより D-乳酸の構造もわかる。

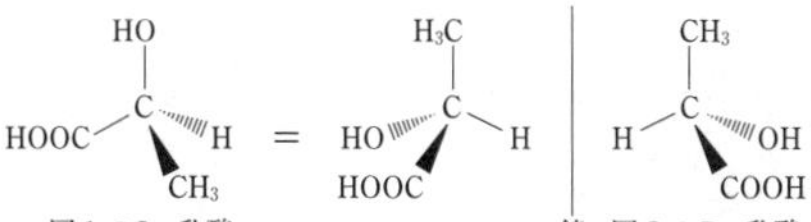

図 1 の L-乳酸　　　　＝　　　　　　　　　　　　　　鏡　図 2 の D-乳酸

問7　L-ラクチド以外に，次図のように D-乳酸と L-乳酸が縮合してできる DL-ラクチド，D-乳酸 2 分子が縮合してできる D-ラクチドが考えられる。

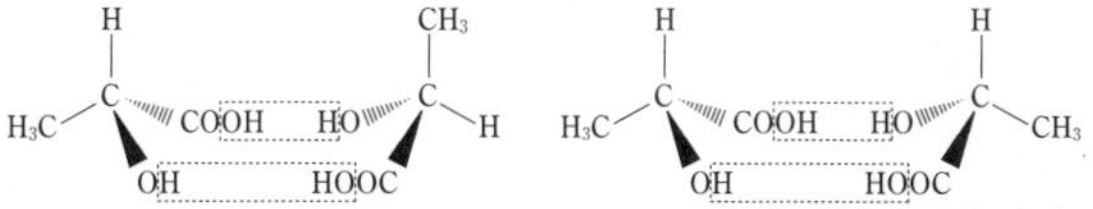

D-乳酸　　　　L-乳酸　　　　　　　D-乳酸　　　　D-乳酸

問8　次図のように，ポリ-L-乳酸は分子鎖内の側鎖配列が規則正しいため，分子鎖どうしが規則正しく並び強く結合できる部分（結晶部分）が多く存在し，かたくて融点も高くなる。しかし，ポリ-DL-乳酸は分子鎖内の側鎖配列が規則正しくないため，分子鎖どうしの結合が弱くなる。

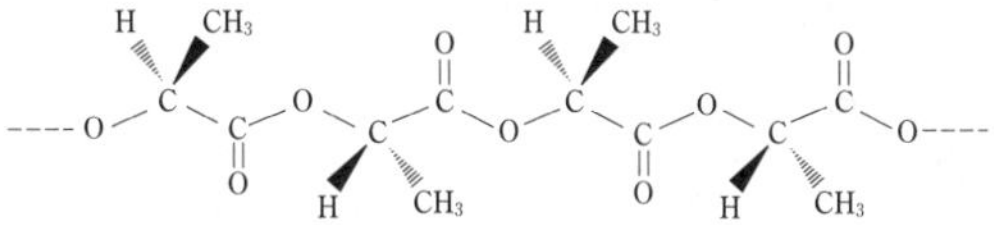

ポリ-L-乳酸

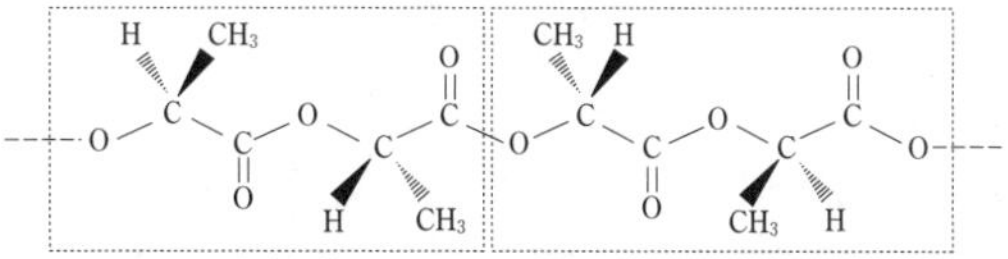

L-乳酸部位　　　　　D-乳酸部位

ポリ-DL-乳酸

〔注〕　ポリ-DL-乳酸では，必ずしも L-ラクチドと D-ラクチドが交互に重合する

　わけではない。隣り合うポリ-DL-乳酸分子の構造は互いに異なるのが普通であるから，分子間力が弱く，結晶部分が少なくなる。

問9　ポリ-D-乳酸とポリ-L-乳酸は鏡像異性体の関係にあり，物理的・化学的性質は同じであるが，旋光性や生理的性質は異なる。したがって，微生物による生分解のされやすさには違いがある。

　このポリ-D-乳酸とポリ-L-乳酸の性質は，単量体である D-乳酸と L-乳酸が鏡像異性体であることに基づいている。

解　答

問1　$C_{16}H_{20}O_6$

問2　グリセリン

問3　D. 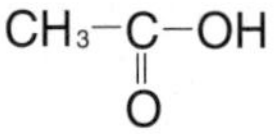 $CH_3-\overset{\displaystyle O}{\underset{\displaystyle \|}{C}}-OH$　　F. 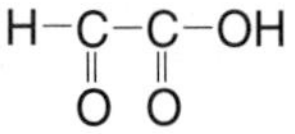 $H-\overset{\displaystyle O}{\underset{\displaystyle \|}{C}}-\overset{\displaystyle O}{\underset{\displaystyle \|}{C}}-OH$

問4

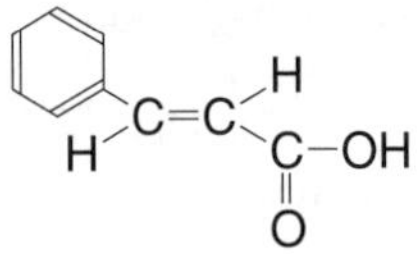

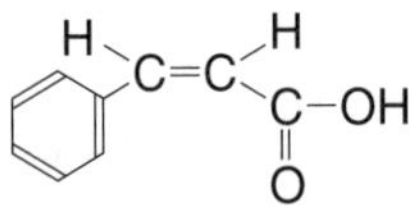

問5

$CH_2-O-\overset{O}{\underset{\|}{C}}-CH_3$
$CH-O-\overset{O}{\underset{\|}{C}}-CH_2-CH_2-$⟨benzene⟩
$CH_2-O-\overset{O}{\underset{\|}{C}}-CH_3$

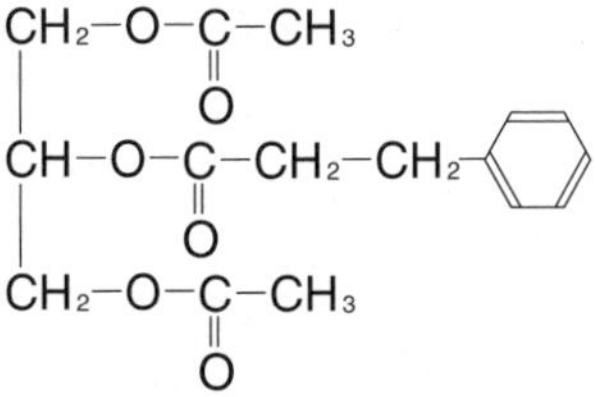

問6　ア. OH　イ. COOH

問7

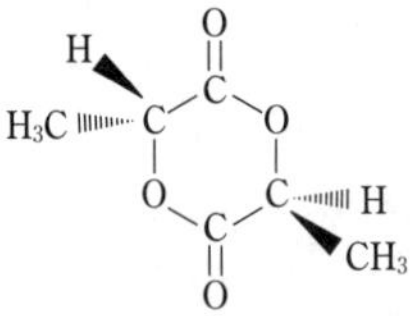

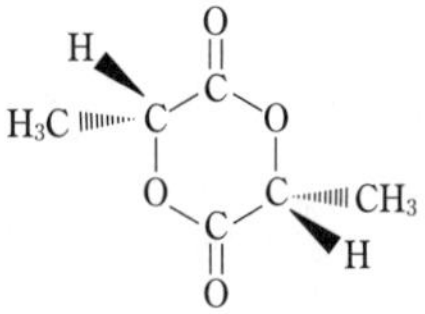

問8　<u>分子鎖の配列が規則正しく，結晶部分の割合が大きいため。</u>（30字以内）

問9　ウ－2　エ－1　オ－2

57

ポイント　芳香族エーテルの炭素ー酸素結合の切断は 2 通りある

(a) I はアセトン（すなわち C は 2-プロパノール），G はエタノールであることはすぐにわかるので，A と B はジエステルであることが推測できる。これらのことを出発点として分子構造を決定していけばよい。

(b) 問 7 では，エーテルの炭素ー炭素結合の切断の仕方によって，ーOH の結合相手が異なる。それでも得られる分子が 2 種類であるためには，もとのエーテルがどのような構造である必要があるかを考えるとよい。

解　説

問1　酢酸カルシウムを乾留すると，次式のようにアセトンが生成する。

$$Ca(CH_3COO)_2 \longrightarrow CaCO_3 + (CH_3)_2CO$$

また，クメン法では最終的にアセトンとフェノールが生成する。したがって化合物 I はアセトンである。$K_2Cr_2O_7$ で酸化してアセトン I が得られる化合物 C は 2-プロパノール（C_3H_8O）である。

$$\underset{\text{2-プロパノール}}{\underset{|}{CH_3-CH-CH_3}} \xrightarrow[\text{酸化}]{} \underset{\text{アセトン}}{\underset{\|}{CH_3-C-CH_3}}$$

さらに化合物 D 18.5mg 中の C，H および O の質量をそれぞれ w_C，w_H および w_O〔mg〕とすれば

$$w_C = 43.9 \times \frac{12.0}{44.0} = 11.972 \fallingdotseq 11.97 \text{〔mg〕}$$

$$w_H = 22.5 \times \frac{2.0}{18.0} = 2.5 \text{〔mg〕}$$

$$w_O = 18.5 - 11.97 - 2.5 = 4.03 \text{〔mg〕}$$

$$C : H : O = \frac{11.97}{12.0} : \frac{2.5}{1.0} : \frac{4.03}{16.0}$$

$$= 0.997 : 2.5 : 0.25 \fallingdotseq 4 : 10 : 1$$

よって D の組成式は $C_4H_{10}O$，分子量が 100 以下だから分子式も同じ $C_4H_{10}O$ で，分子式より 1 価のアルコールと考えられる。

また，化合物 A の加水分解の反応式は次のように考えられる。

$$A + 2H_2O \longrightarrow C + D + E$$

C と D はいずれも 1 価のアルコールであるから，化合物 E はジカルボン酸である。E は①等しい物質量の H_2 を付加することから C=C を分子内に 1 つ持つ。②幾何異性体が存在し，分子内脱水反応が起こらない。以上より，分子式 $C_4H_4O_4$ を考慮

して，**E**はフマル酸だと考えられる。よって，化合物**F**はマレイン酸である。したがって，**A**はジエステルである。なお，ブドウ糖のアルコール発酵で得られる化合物**G**はエタノールである。

$$C_6H_{12}O_6 \longrightarrow 2C_2H_5OH + 2CO_2$$

問2 化合物**A**の分子式は

$$C_3H_8O + C_4H_{10}O + C_4H_4O_4 - 2H_2O = C_{11}H_{18}O_4$$

となる。

問3 **A**が不斉炭素原子C^*を持つには，**C**，**E**は不斉炭素原子を持たないから，アルコール**D**に不斉炭素原子がなければならない。よって**D**は2-ブタノールとなり，**A**は〔解答〕の構造とわかる。

$$\underset{\underset{OH}{|}}{CH_3-\overset{*}{C}H}-CH_2-CH_3$$

2-ブタノール

また，化合物**H**の分子式は

$$C_{11}H_{18}O_4 + 2H_2O - C_4H_4O_4 - C_2H_6O = C_5H_{12}O$$

となる。**B**が不斉炭素原子を持つには，**F**，**G**は不斉炭素原子を持たないから，**H**に不斉炭素原子がなければならない。また，**H**はヨードホルム反応が陰性なので，$\underset{\underset{OH}{|}}{CH_3-CH-}$ の構造を有しない。よって，**H**は2-メチル-1-ブタノールである。

$$\underset{\underset{CH_3}{|}}{CH_3-CH_2-\overset{*}{C}H}-CH_2-OH$$

2-メチル-1-ブタノール

なお，化合物**J**の生成反応は次のとおりである。

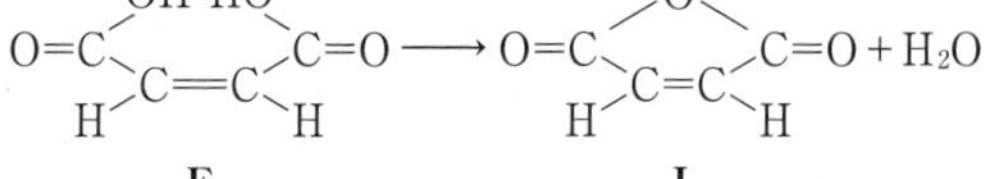

問4・問5 題意より化合物**M**（C_7H_8O）はクレゾールの異性体の1つと考えられる。-OHはオルト・パラ配向性（o,p-配向性）だから，m-クレゾールの場合，右図のように臭素化により3カ所での置換が考えられ，化合物**O**（$C_7H_5Br_3O$）が生成できる。

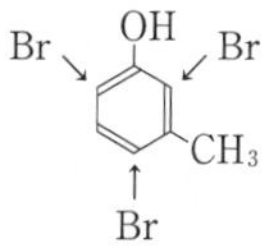

〔注〕 フェノールには，o,p-配向性があり，次のようにBr_2と置換反応を生じる。

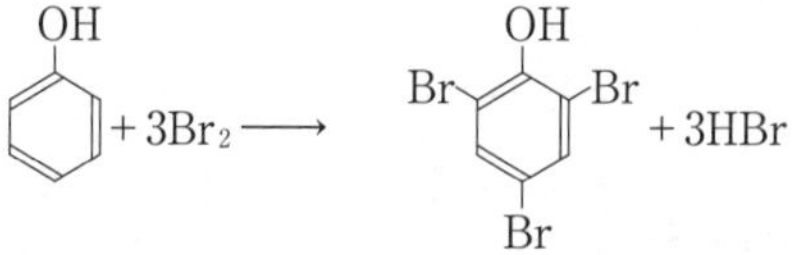

2,4,6-トリブロモフェノール

また，o-クレゾール，p-クレゾールの場合，$-OH$ が o,p-配向性を示しても，それぞれ o-位，p-位の１つに CH_3- が存在するので，３カ所での Br_2 による置換反応は不可能である。さらに，$-CH_3$ も o,p-配向性を示すが，その影響力は $-OH$ より弱い。

なお，化合物 N の分子式は

$$C_{14}H_{14}O + H_2 - C_7H_8O = C_7H_8$$

となり，トルエンとわかる。

問6 求める構造異性体は化合物 N（トルエン）を生じることから，２つのベンゼン環が１つずつ CH_3- を持つことがわかる。すなわち，H_2 との反応でクレゾールとトルエンを生じる。下図**あ**のように左に o-クレゾール構造を配置した場合，右側のベンゼン環に $-CH_3$ が結合する位置の違いによって①，②および③の異性体が考えられる。同様に**い**（m-クレゾール構造）の場合には，④，⑤および⑥の異性体が考えられるが，④は②と同じ化合物となる。**う**（p-クレゾール構造）の場合には⑦と③，⑧と⑥が同じ化合物である。

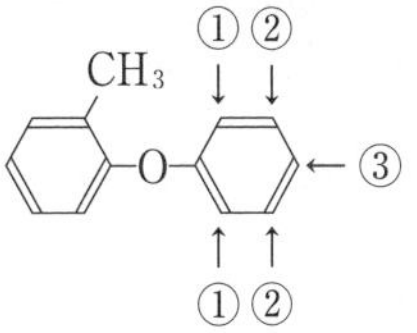

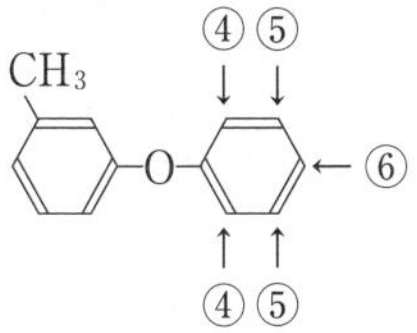

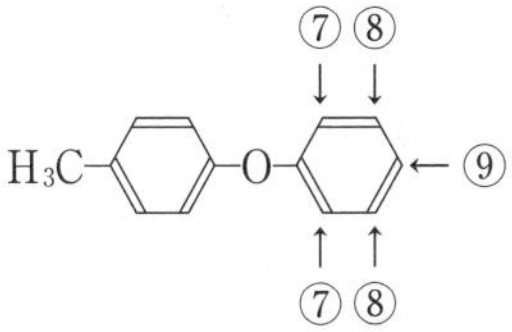

したがって，化合物 L を含めると６種類の構造が考えられる。

問7 化合物 L は，エーテル結合の O 原子の右側，左側のいずれで切断されても化合物 M と N だけを生じる。したがって，次図の**え**，**お**の構造の場合，切断される位置（点線部分）の違いによって o-クレゾールや p-クレゾールの生成も考えられるので不適である。よって，どちらの切断に対しても m-クレゾールを生じる化合物が L となる。

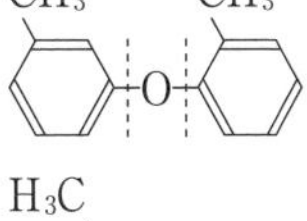

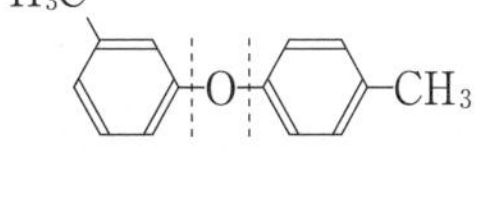

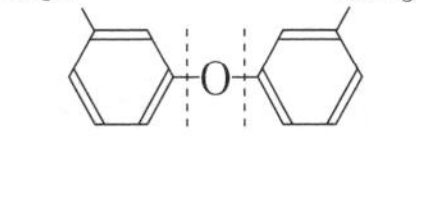

問8 化合物**M**の構造異性体には次の5種類が考えられる。

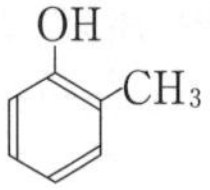

o-クレゾール
(他に m-, p-の異性体)　　メチルフェニルエーテル 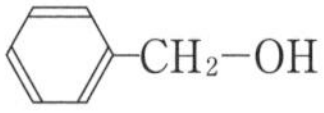　　ベンジルアルコール

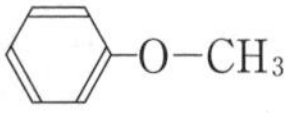

　これらのうち，クレゾールとベンジルアルコールはヒドロキシ基を有するため，水素結合により沸点が高くなる。またナトリウムと反応して，H_2 を発生する。メチルフェニルエーテルはヒドロキシ基がなく，沸点は低い。またナトリウムと反応しない。

解　答

問1　**E.** フマル酸　**G.** エタノール　**I.** アセトン

問2　$C_{11}H_{18}O_4$

問3　**A.**

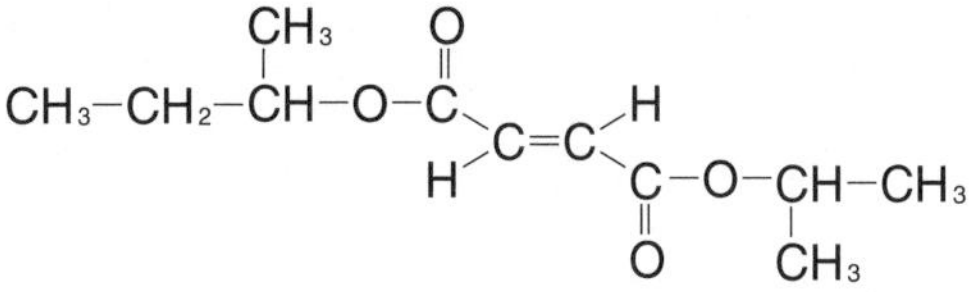

　　　　H. $CH_3-CH_2-\underset{\underset{CH_3}{|}}{CH}-CH_2-OH$　　　　**J.**

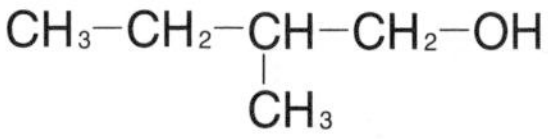

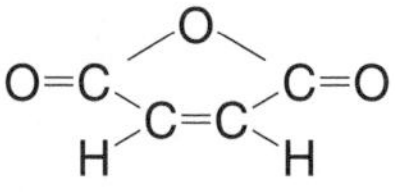

問4　**M.**

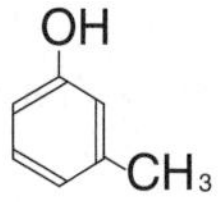

　N.

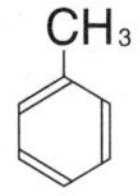

問5　オルト・パラ　　**問6**　5

問7

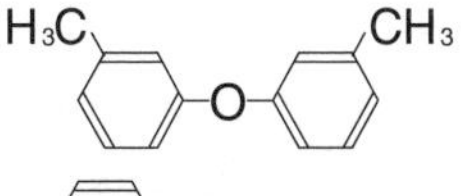

問8　(i)

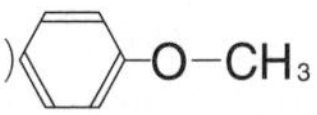

　　　(ii)沸点が最も低い化合物はエーテルで，<u>ナトリウム</u>と反応しないが，それ以外は反応する。

58

ポイント　分析，反応操作の正しい解釈が重要

⒜分析と反応操作を正しく解釈し，導かれる内容を組み合わせていくと構造式は明らかになる。化合物 E の構造を決めるには多くの要素が必要であるが，異性体が 2 つ指定してあるので，C＝C と *C（不斉炭素原子）の位置関係であろうと推定できる。

⒝化合物 G は分子量の関係から環状のジエステルであることを見抜けたかどうかがポイントである。複数の官能基をもつ化合物の縮合では常に注意すべき点である。その一方で，化合物 H では，$NaHCO_3$ が反応することの意味と，NaOH が 2 種類の反応をする点に気づくことが大切である。

解　説

問1　題意の分析と反応操作の結果から，以下のように導くことができる。

⒜　化合物 A の分子式は $C_7H_xO_3$ と表せる。

また，化合物 D の原子数比は

$$C : H : O = \frac{78}{12.0} : \frac{7.4}{1.00} : \frac{100-78-7.4}{16.0} = 6.5 : 7.4 : 0.91$$

$$\fallingdotseq 7 : 8 : 1$$

より，化合物 D の分子式は C_7H_8O となる。

⒤　化合物 A と C はフェノール類である。

⒥　無水酢酸でエステル化されるには−OH が必要であり，化合物 A，C，D は−OH をもつ。

以上より，化合物 D はフェノール類ではなく，分子式が C_7H_8O であることからベンジルアルコールとわかる。

⒧　水層に溶解するのは，$NaHCO_3$ と反応してナトリウム塩を生成する物質，つまり炭酸より強い酸のカルボン酸であり，化合物 A，B は−COOH をもつ。以上より，化合物 A は，フェノール性の−OH と，カルボキシ基をもち，分子式が $C_7H_xO_3$ であることから，図アの化合物とわかる。

HO ─◯─ COOH　　*o-*, *m-*, *p-*, いずれかの異性体

図　ア

また，化合物 C と E は −COOH をもたない。

〔参考〕　$-COOH + NaHCO_3 \longrightarrow -COONa + H_2O + CO_2$

⒪　化合物 C は化合物 A 同様ベンゼンの二置換体であり，O 原子を 1 つもつことから，図イの化合物とわかる。

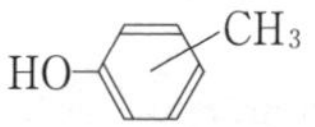
o-，*m*-，*p*-，いずれかの異性体

図　イ

また，化合物**D**を酸化して得られる化合物**B**は安息香酸である。

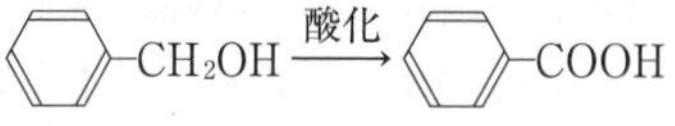
D　　　　　**B**

(か)　混酸でニトロ化し，2種類の異性体の生成が可能なのは，図ウのように*p*-異性体である。よって，化合物**C**は*p*-クレゾールである。

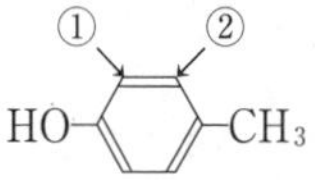
①，②の位置での置換生成物が考えられる

図　ウ

したがって，化合物**A**は*p*-ヒドロキシ安息香酸である。

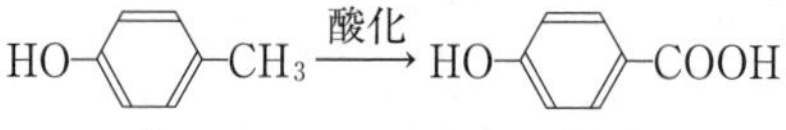
C　　　　　**A**

〔注〕　*o*-異性体および*m*-異性体では，いずれも4種類の異性体が生成する。

問2　(き)より化合物**E**の分子式はC_7H_yOで表され，C=Cを1つ含む。また(い)および(う)より−OHをもたず，(く)より−CHOももたないことがわかり，エーテル結合の存在が予想される。炭素数から考えて，エーテル結合が存在しうるのは炭素環とメチル基の間のみである。よって，二重結合が炭素環内にあることもわかる。以上より，化合物**E**が不斉炭素原子を1つもち，水素との反応後不斉炭素原子をもたなくなることも考慮すると，考えられる異性体および水素付加生成物は下図のようになる。

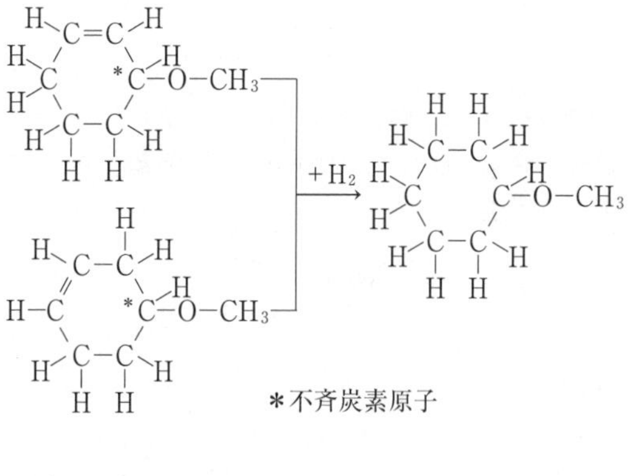

＊不斉炭素原子

〔注〕 $H_3C-CH=C(-O-CH_3)$ のような化合物には不斉炭素原子が存在しない。

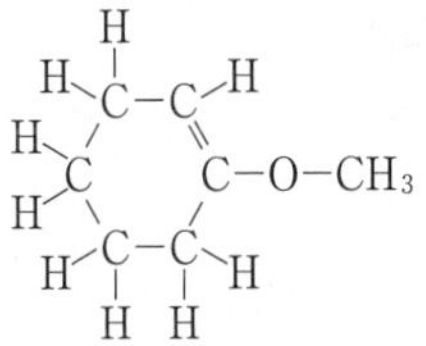

問3 下図のように分離できる。

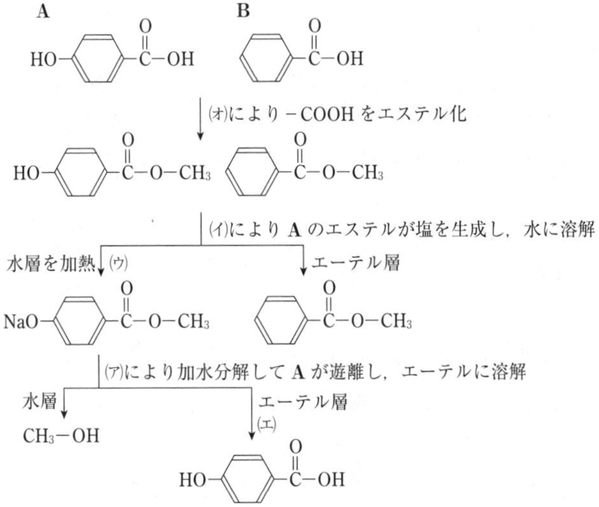

〔注〕 化合物**A**，**B**ともに −COOH をもつので，強塩基を用いて塩を生成させて，水溶液中に分離する方法は用いることができない。よって，−COOH をエステル化した後，化合物**A**のみがもつ −OH を強塩基を用いて塩として水溶液中に分離する。

問4 **F**．題意より化合物**F**の構造式を

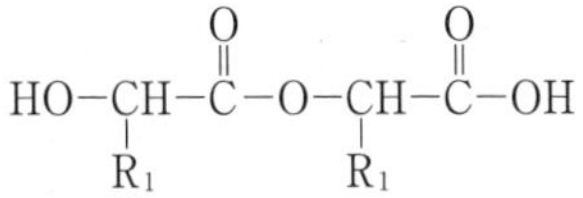

とすると，金属 Na との反応は次式で表せる。

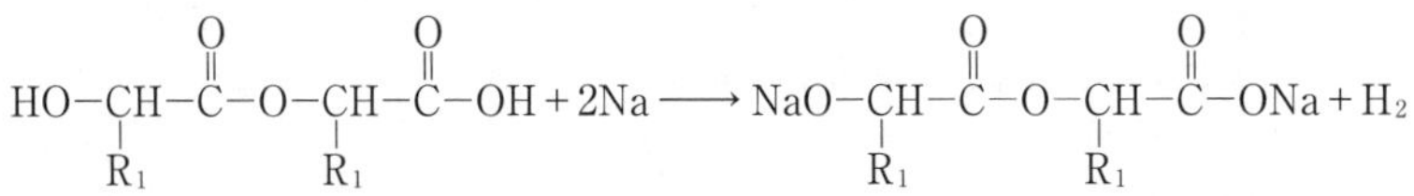

これより，化合物**F**の分子量を M_1 とすれば

$$\frac{1.90}{M_1}=1.00\times10^{-2} \quad \therefore \quad M_1=190$$

したがって，R_1 の式量は 29 と求められ，$R_1=-C_2H_5$ と考えられる。

G．化合物 **G** を構成するヒドロキシカルボン酸の構造式を

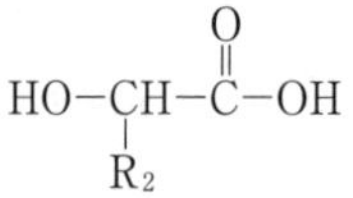

$$
\mathrm{HO-\underset{\underset{R_2}{|}}{CH}-\overset{\overset{\displaystyle O}{\|}}{C}-OH}
$$

とし，化合物 **G** はこの 2 分子が化合物 **F** と同様に鎖状にエステル化した化合物と考えると，ヒドロキシカルボン酸の分子量は，$H_2O = 18.0$ より

$$
\frac{144 + 18.0}{2} = 81.0
$$

したがって，R_2 の式量は 6 と求められるが，これを満たす炭化水素基はない。ヒドロキシカルボン酸 3 分子以上のエステルも条件を満たさない。そこで，2 分子が下図のように 2 カ所でエステル化した化合物と仮定する。

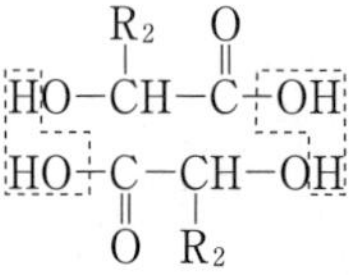

$$
\begin{array}{c}
\mathrm{HO-\underset{\underset{\overset{\displaystyle |}{}}{CH}}{\overset{\overset{\displaystyle R_2}{|}}{}}-\overset{\overset{\displaystyle O}{\|}}{C}\!-\!OH} \\
\mathrm{HO\!-\!\underset{\underset{O}{\|}}{C}-\underset{\underset{R_2}{|}}{CH}-OH}
\end{array}
$$

これよりヒドロキシカルボン酸の分子量は $\dfrac{144 + 2 \times 18.0}{2} = 90.0$

したがって，R_2 の式量は 15 と求められ，$R_2 = -CH_3$ と考えられる。

問 5　化合物 **H** は $NaHCO_3$ と反応しており $-COOH$ を残していることがわかる。したがって，化合物 **H** は鎖状にエステル化して生成したと考えられ，分子中に 1 つの $-COOH$ をもっている。よって，この反応では化合物 **H** と同物質量の CO_2 が発生するので，化合物 **H** の分子量を M_2 とすれば

$$
\frac{1.10}{M_2} = 5.00 \times 10^{-3} \qquad \therefore \quad M_2 = 2.20 \times 10^2
$$

また，化合物 **H** 2.20 g の物質量と，反応した NaOH の物質量の比は，$NaOH = 40.0$ より

$$
\mathbf{H} : NaOH = \frac{2.20}{2.20 \times 10^2} : \frac{1.20}{40.0} = 1 : 3
$$

したがって，化合物 **H** 1 mol あたり，$-COOH$ の中和に 1 mol，加水分解に 2 mol の NaOH が使われたと考えられる。そこで，化合物 **H** の構造式をヒドロキシ酸 3 分子がエステル化した下記のように仮定する。

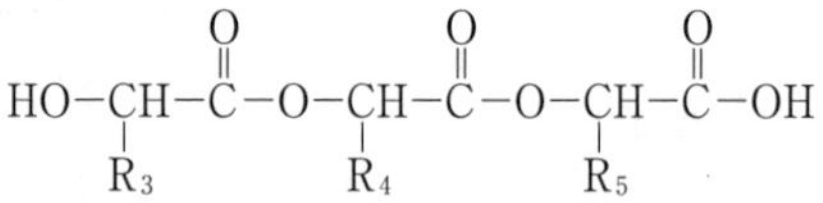

$$
\mathrm{HO-\underset{\underset{R_3}{|}}{CH}-\overset{\overset{\displaystyle O}{\|}}{C}-O-\underset{\underset{R_4}{|}}{CH}-\overset{\overset{\displaystyle O}{\|}}{C}-O-\underset{\underset{R_5}{|}}{CH}-\overset{\overset{\displaystyle O}{\|}}{C}-OH}
$$

分子量が 2.20×10^2 より R_3，R_4，R_5 の式量の和は 31 となる。水素と炭化水素基でこの数値となるのは，$(-H \times 1,\ -CH_3 \times 2)$ と $(-H \times 2,\ -C_2H_5 \times 1)$ の組み合わ

せであり，R_3，R_4，R_5の位置の違いを考慮すれば，$(-H×1, -CH_3×2)$の組では $-H$ の位置について 3 種類が考えられ，$(-H×2, -C_2H_5×1)$の組では $-C_2H_5$ の位置について 3 種類が考えられるので，合計 6 種類の異性体が考えられる。

問6 次式のように乳酸が重合すると，生分解性プラスチックの一種であるポリ乳酸が生成する。これは平衡反応であるため，逆反応のポリ乳酸の加水分解反応が生じ，重合度は低い状態で平衡に達する。したがって，ルシャトリエの原理より，H_2O を除くと重合反応を促進して平衡が右へ移動しポリ乳酸の重合度が高くなる。

$$n\text{HO}-\underset{\text{CH}_3}{\overset{\text{O}}{\underset{|}{\text{CH}-\overset{\|}{\text{C}}}}}-\text{O}-\text{H} \rightleftharpoons \text{H}-\left[\text{O}-\underset{\text{CH}_3}{\overset{\text{O}}{\underset{|}{\text{CH}-\overset{\|}{\text{C}}}}}\right]_n-\text{O}-\text{H}+(n-1)\,\text{H}_2\text{O}$$

乳酸　　　　　　　　　　ポリ乳酸

解 答

問1 A. HO—⟨benzene⟩—$\overset{\text{O}}{\overset{\|}{\text{C}}}$—OH　　B. ⟨benzene⟩—$\overset{\text{O}}{\overset{\|}{\text{C}}}$—OH

C. HO—⟨benzene⟩—CH_3　　D. ⟨benzene⟩—CH_2—OH

問2

問3 (オ)→(イ)→(ウ)→(ア)→(エ)

問4 F. HO—$\underset{\text{CH}_2-\text{CH}_3}{\text{CH}}$—$\overset{\text{O}}{\overset{\|}{\text{C}}}$—O—$\underset{\text{CH}_2-\text{CH}_3}{\text{CH}}$—$\overset{\text{O}}{\overset{\|}{\text{C}}}$—OH

G.

問5 6

問6 ルシャトリエの原理より，水を除くと，影響を緩和するようにポリ乳酸生成の向きに平衡が移動するため。(50字以内)

59

ポイント 炭素原子数に着目して化合物を推定する

(a)化合物 **A**（$C_{32}H_{39}NO_3$）の炭素原子数が，加水分解によってどのように変化していくかをフォローすることがポイントである。そこから，加水分解生成物の構造を推定することができる。
(b)類似の実験についての経験を生かす問題である。液封された反応装置の加熱の際には，液体の逆流現象は常に配慮しなければならない要素である。

解　説

問1　題意より

　①化合物 **B** はテレフタル酸と容易にわかり，炭素数は 8 である。

　②化合物 **B**，**C** および **D** の炭素数の総和は **A** と同じ 32 である。

　③化合物 **C** と **D** は化合物 **E** を出発物質として合成されるが，一連の反応過程において炭素数は変化しない。

の 3 点が読み取れる。これより化合物 **E**，**F**，**G**，**C** および **D** の炭素数は，$\dfrac{32-8}{2}=12$ となる。

次に，化合物 **E** はオゾン分解されてテレフタル酸となり，かつ 2 倍の物質量の水素が付加することから，以下の構造の化合物と推定できる。

$$\begin{matrix}R_1\\R_2\end{matrix}C=CH-\!\!\!\!\bigcirc\!\!\!\!-CH=C\begin{matrix}R_3\\R_4\end{matrix}$$

化合物 **E** の炭素数は 12 より，R_1～R_4 に割り当てられる炭素は 2 個だけである。また化合物 **E** を水素付加し，ニトロ化した化合物 **G** が単一で構造異性体が存在しないことから，化合物 **E** の 2 つの置換基は同じ構造だとわかる。したがって，化合物 **E** から化合物 **C** の合成過程は次のように考えられる。

E

$$CH_3-CH=CH-\!\!\!\!\bigcirc\!\!\!\!-CH=CH-CH_3$$

F

$$\xrightarrow{2H_2} CH_3-CH_2-CH_2-\!\!\!\!\bigcirc\!\!\!\!-CH_2-CH_2-CH_3$$

ニトロ化 ↓

G

$$CH_3-CH_2-CH_2-\!\!\!\!\bigcirc\!\!\!\!-CH_2-CH_2-CH_3 \quad(NO_2)$$

C

$$CH_3-CH_2-CH_2-\!\!\!\!\bigcirc\!\!\!\!-CH_2-CH_2-CH_3 \quad(NH_2)$$

還元 ←

問2 (ア)　テレフタル酸とエチレングリコールの縮合重合でポリエチレンテレフタラートが得られる。

$$n\text{HOOC} \underset{}{\bigcirc} \text{COOH} + n\text{HO}-(\text{CH}_2)_2-\text{OH}$$

$$\longrightarrow \left[\overset{}{\underset{O}{C}} \underset{}{\bigcirc} \overset{}{\underset{O}{C}}-O-(\text{CH}_2)_2-O \right]_n + 2n\text{H}_2\text{O}$$

(イ)　化合物 **F** をスルホン化しアルカリ融解する，また化合物 **C** をジアゾ化して加熱する，いずれの場合もフェノール性ヒドロキシ基が導入されるので，化合物 **D** は次のようなフェノール類となる。

$$\text{CH}_3-\text{CH}_2-\text{CH}_2 \underset{}{\bigcirc}\overset{\text{OH}}{} \text{CH}_2-\text{CH}_2-\text{CH}_3$$

ちなみに，化合物 **A** は以下の化合物である。**B** と **C** はアミド結合，**B** と **D** はエステル結合で結ばれている。

$$\underset{\text{H}_3\text{C}-\text{CH}_2-\text{CH}_2}{\overset{\text{H}_3\text{C}-\text{CH}_2-\text{CH}_2}{\bigcirc}}-O-\overset{}{\underset{O}{C}} \bigcirc \overset{}{\underset{O}{C}}-\underset{\text{H}}{N}-\underset{\text{H}_2\text{C}-\text{CH}_2-\text{CH}_3}{\overset{\text{CH}_2-\text{CH}_2-\text{CH}_3}{\bigcirc}}$$

$$\text{D} \qquad\qquad \text{B} \qquad\qquad \text{C}$$

〔**参考**〕　化合物 **F** のスルホン化およびアルカリ融解の反応は次のとおりである。

$$\text{CH}_3-\text{CH}_2-\text{CH}_2 \underset{}{\bigcirc} \text{CH}_2-\text{CH}_2-\text{CH}_3$$

$$\xrightarrow{\text{H}_2\text{SO}_4} \text{CH}_3-\text{CH}_2-\text{CH}_2 \underset{}{\bigcirc}\overset{\text{SO}_3\text{H}}{} \text{CH}_2-\text{CH}_2-\text{CH}_3$$

$$\xrightarrow{\text{NaOH(s)}} \text{CH}_3-\text{CH}_2-\text{CH}_2 \underset{}{\bigcirc}\overset{\text{ONa}}{} \text{CH}_2-\text{CH}_2-\text{CH}_3$$

$$\xrightarrow{\text{H}^+} \text{CH}_3-\text{CH}_2-\text{CH}_2 \underset{}{\bigcirc}\overset{\text{OH}}{} \text{CH}_2-\text{CH}_2-\text{CH}_3$$

ベンゼンからフェノールを合成する反応と同じ形式である。また，化合物 **C** のジアゾ化と加水分解の反応は次のとおりである。

$$\text{CH}_3-\text{CH}_2-\text{CH}_2 \underset{}{\bigcirc}\overset{\text{NH}_2}{} \text{CH}_2-\text{CH}_2-\text{CH}_3$$

$$\xrightarrow[\text{HCl}]{\text{NaNO}_2} \text{CH}_3-\text{CH}_2-\text{CH}_2 \underset{}{\bigcirc}\overset{\text{N}^+\equiv\text{NCl}^-}{} \text{CH}_2-\text{CH}_2-\text{CH}_3$$

$$\xrightarrow{\text{H}_2\text{O}} \text{CH}_3-\text{CH}_2-\text{CH}_2 \underset{}{\bigcirc}\overset{\text{OH}}{} \text{CH}_2-\text{CH}_2-\text{CH}_3 + \text{N}_2 + \text{HCl}$$

　　塩化ベンゼンジアゾニウムの加水分解の反応と同じ形式である。

問3　化合物 E の 2 つの C=C の位置関係について，（シス，シス）（シス，トランス）（トランス，シス）（トランス，トランス）の組み合わせが考えられるが，化合物 E はベンゼン環を中心として対称な形をしており，次のように（シス，トランス）（トランス，シス）は同じ構造となるため幾何異性体は 3 個である。

〔注〕　化合物 E の幾何異性体なので，二重結合の位置や置換基の位置を変えることはできない。

問4　1．問 5 で得られる反応式より，$C_2H_5OH : Cr_2O_7^{2-} = 3 : 1$ の物質量比で過不足なく反応するため，等物質量であれば $Cr_2O_7^{2-}$ が残り，試験管 A 内の反応液は緑色にならない。

2．$Cr_2O_7^{2-}$ は橙赤色，Cr^{3+} は緑色である。

3．緑色に変化したということは，$Cr_2O_7^{2-}$ がすべて反応したということで，反応はそれ以上進行しない。

4．$Cr_2O_7^{2-}$ は酸化剤であり，自身は還元される。

問5　酸化剤，還元剤の半反応式は次のとおりである。

　　　　酸化剤：$Cr_2O_7^{2-} + 14H^+ + 6e^- \longrightarrow 2Cr^{3+} + 7H_2O$ ……①

　　　　還元剤：$C_2H_5OH \longrightarrow CH_3CHO + 2H^+ + 2e^-$ 　　……②

　　① + 3 × ② より

　　　　$3C_2H_5OH + Cr_2O_7^{2-} + 8H^+ \longrightarrow 3CH_3CHO + 2Cr^{3+} + 7H_2O$

問6 ～問10　C_2H_5OH は第一級アルコールで，酸化すると CH_3CHO を経て CH_3COOH となる。しかし，CH_3CHO の沸点は約 20℃と低く，この実験のように湯せんすれば速やかに蒸発して，酢酸の生成は抑えられる。また，ガラス管 D の先が水中に入っていると，CH_3CHO の発生が止まった際，ガラス管 D 中の CH_3CHO が水に溶解することなどにより〔解答〕のように装置内の圧力が下がり水溶液が逆流する恐れがある。

解 答

問1　B.  HOOC—⬡—COOH

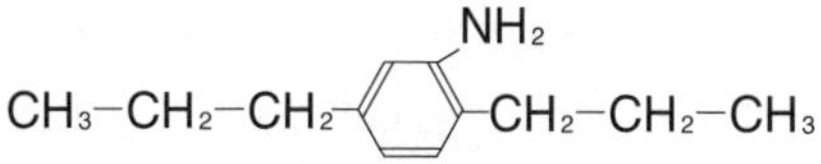

　　　　　　　　　　　　　　　NH₂

　　C. CH₃−CH₂−CH₂−⬡−CH₂−CH₂−CH₃

　　F. CH₃−CH₂−CH₂−⬡−CH₂−CH₂−CH₃

問2　㋐エチレングリコール　㋑亜硝酸ナトリウム

問3　3

問4　1

問5　a. 3　b. 8　c. 3　d. 7

問6　1

問7　5

問8　加熱によりアセトアルデヒドを速やかに蒸発させ，蒸留水に溶かす（30字以内）

問9　水溶液が逆流する（10字以内）

問10　反応終了後，アセトアルデヒドが水に溶解すると，装置全体の内部の圧力が下がるため。（40字以内）

60

> **ポイント**　ケト・エノール異性体の考慮とヘミケタール構造の性質の理解
> (a)化合物 **D** の推定は比較的容易である。これをもとにアルコールの構造を決めるが，ケト・エノール異性体の存在を考慮できないと，なぜアルコールがアルデヒドに変化するのかがわからない。ビニルアルコールとアセトアルデヒドの例を応用できたかどうかが分かれ目である。
> (b)ヘミケタール構造と平衡になるケトンとアルコールが，どのような構造式で示されるかが推定できないと行き詰まってしまう。グルコースの鎖状構造と環状構造が形成されるときの変化がヒントになっているのだが，これと与えられた図 1 から気づきたい。

解　説

問1　化合物 **A** と，付加した H_2 の物質量比は，$C_{16}H_{18}O_4 = 274$ より

$$\frac{10.0}{274} : \frac{1.64}{22.4} = 0.0364 : 0.0732 \fallingdotseq 1 : 2$$

よって，1 mol の **A** に H_2 は 2 mol 付加する。

問2　芳香族酸無水物を $R\begin{smallmatrix}CO\\CO\end{smallmatrix}O$ と表すと，メタノールとのエステル反応は次のようになる。

$$R\begin{smallmatrix}CO\\CO\end{smallmatrix}O + CH_3OH \longrightarrow R\begin{smallmatrix}COOCH_3\\COOH\end{smallmatrix}$$

このエステルの R を除いた式量は 104 であるから，R の式量は $180 - 104 = 76$ となる。したがって，R は分子量 78 のベンゼンから H を 2 個除いた置換基と考えられる。よって，**D** は酸無水物の生成が可能であることから考えて，オルト位に 2 つのカルボキシ基をもつフタル酸と決まる。

D．フタル酸

ベンゼン環自身は酸化されにくいが，ベンゼン環に結合した炭化水素基はその炭素数に関係なく酸化されてカルボキシ基となる。したがって，酸化反応によってフタル酸を合成できる芳香族化合物には o-キシレンや 1,2-ジエチルベンゼン，1,2-エチルメチルベンゼンなどがあげられる。また，ナフタレンを酸化しても次のように開環しフタル酸となる。

問3　化合物 **C** は脱水により 1-ブテンが生じ，また，酸化によりカルボン酸を生じることから第一級アルコールの 1-ブタノールである。

$$CH_3CH_2CH_2CH_2OH \xrightarrow{脱水} CH_3CH_2CH=CH_2$$
C. 1-ブタノール　　　　　　　1-ブテン

$$CH_3CH_2CH_2CH_2OH \xrightarrow{酸化} CH_3CH_2CH_2CHO \xrightarrow{酸化} CH_3CH_2CH_2COOH$$
C. 1-ブタノール　　　　　　　**E**　　　　　　　カルボン酸

問1より **A** に 2 分子の H_2 が付加して化合物 **B** となるため，**B** の分子式は $C_{16}H_{22}O_4$ で，**B** は加水分解によってフタル酸と 1-ブタノール 2 分子を生じるジエステルと考えられる。また，**A** を加水分解して得られるアルコールは水素付加によりともに 1-ブタノールになるアルコールと考えられ，それらは C=C を 1 つずつ有する。考えられる異性体は次の 3 種類である。

① $CH_2=CH-CH_2-CH_2-OH$

② $CH_3-CH=CH-CH_2-OH$

③ $CH_3-CH_2-CH=CH-OH$

①には幾何異性体が存在しないので **F** となる。③は C=C に −OH が結合したエノール型の化合物で不安定なため，次のような転移反応によりケト型のアルデヒドに変化する（ケト・エノール互変異性）。

$$CH_3-CH_2-CH=C-H \longrightarrow CH_3-CH_2-CH_2-\overset{O}{\overset{\|}{C}}-H$$
エノール型　　　　　　　　　　　ケト型

このアルデヒドは **C**（1-ブタノール）の酸化によっても生じる **E** であるから，**A** はフタル酸に①と③が結合したエステルであることがわかる。

$$
\begin{array}{l}
\overset{O}{\overset{\|}{C}}-O-CH_2-CH_2-CH=CH_2 \\
\overset{\|}{\underset{O}{C}}-O-CH=CH-CH_2-CH_3
\end{array}
$$

〔注〕　1-ブタノールをニクロム酸カリウムで酸化しても②は得られない。したがって **E** は②ではない。

問4　アルデヒドは極性分子であるが，酸素原子に直接結合した水素原子が存在しないため，同一の分子間では水素結合を生じない。

問5　分子式 $C_9H_{10}O$ で表される五員環構造をもつ化合物は次の①〜⑤の 5 種類である。

①

OH
|
*CH
CH_2
|
CH_2

② ⟶ ⑥

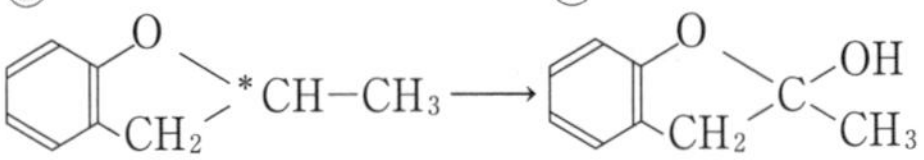

③ ⟶ ⑦

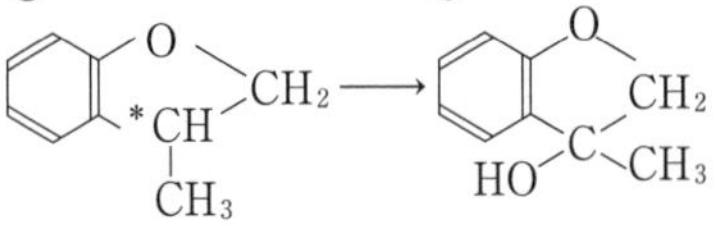

④ ⟶ ⑧

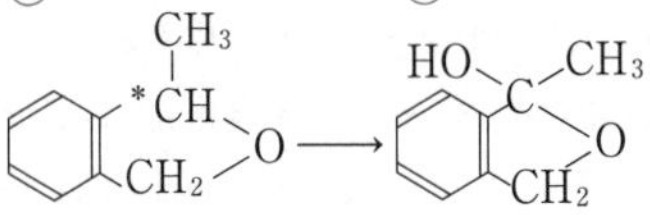

⑤

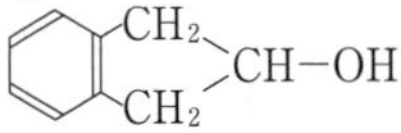

これらのうち，⑤は不斉炭素原子 *C をもたないので **G～J** ではない。金属 Na と反応するのはヒドロキシ基をもつ①でこれが **G** となる。次に，②～④の不斉炭素原子に結合した H 原子を −OH に置き換えた化合物⑥～⑧のうち，⑥と⑧がヘミケタール構造をもつので，⑦が化合物 **K**，さらに③が **H** とわかる。また，ヘミケタールは次のようにアルコールおよびケトンと平衡状態になる。これは，グルコースの環状構造と鎖状構造の平衡形成と同じ反応である。

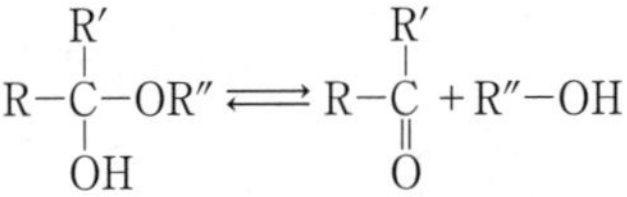

$$\underset{\underset{OH}{|}}{\overset{\overset{R'}{|}}{R-C-OR''}} \rightleftharpoons \underset{\underset{O}{|}}{\overset{\overset{R'}{|}}{R-C}} + R''-OH$$

これより⑥および⑧と平衡状態にある化合物は次の⑨および⑩。

⑨   ⑩

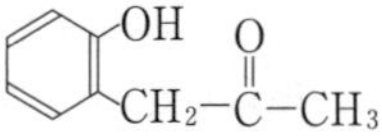

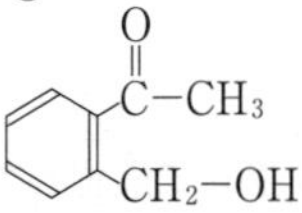

アルコール性 −OH をもつ⑩が化合物 **N** となり，⑧が化合物 **L** とわかる。

〔**参考**〕 分子式 $C_9H_{10}O$ の化合物の不飽和度を考える。不飽和度とは，与えられた分子式の炭素原子数を変えずに，鎖式飽和化合物を想定したときの分子式中における H 原子の数と，与えられた分子式中の H 原子の数の差を，H_2 分子の数に換算した値のことである。分子式 $C_nH_mO_x$ の化合物の不飽和度は O 原子の数に関係なく

$$\frac{2n+2-m}{2}$$

と表される。したがって，分子式 $C_9H_{10}O$ の化合物の不飽和度は

$$\frac{2\times9+2-10}{2}=5$$

となる。ベンゼン環は C=C を 3 個，環構造を 1 個もつので不飽和度は 4 である。よって，分子式 $C_9H_{10}O$ の化合物はベンゼン環 1 つと五員環構造のほかはすべて単結合であることがわかる。

解　答

問1　2mol

問2　*o*-キシレン

問3　**A.** 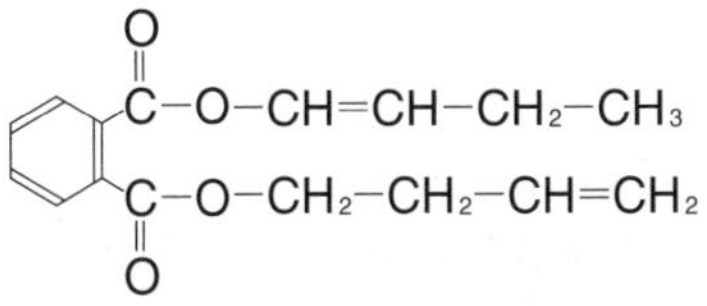

C. $CH_3-CH_2-CH_2-CH_2-OH$

E. $CH_3-CH_2-CH_2-C(=O)-H$

F. $CH_2=CH-CH_2-CH_2-OH$

問4　**F** はヒドロキシ基をもち分子間で水素結合を形成するが，**E** がもつアルデヒド基は水素結合を形成しないため，**F** の方が沸点は高い。

問5　**G.** 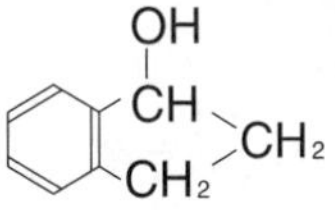　**H.** 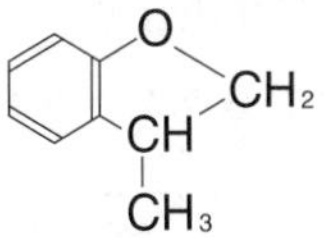

L. 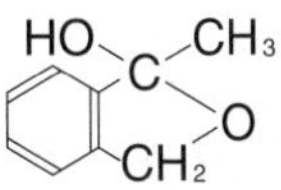　**N.** 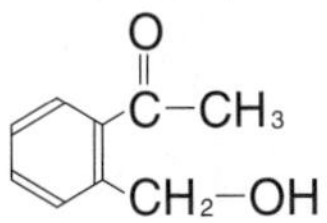

61

> **ポイント**　炭素原子間二重結合の分解と複雑なエステルの構造決定
> (a)炭素原子間の二重結合を，過マンガン酸カリウムまたはオゾンで分解するときの生成物についての考え方を，シクロアルケンに用いて展開させることが重要である。構造異性体をもれなく数え上げなくてはいけない。不飽和度という考え方を用いるとよい。
> (b)水素付加によって，不斉炭素原子がなくなることの意味をどう構造推定に当てはめるかが大切である。このことが，グリセリンのどのヒドロキシ基とエステル結合が形成されているかを推定する手がかりとなる。

解　説

問2　化合物 **A**～**D** の分子式は C_6H_{10} だから不飽和度が2である。よって，$C=C$ を2つ有する，$C\equiv C$ を1つ有する，$C=C$ と環を1つずつ有する，環を2つ有する，のいずれかである。

A．化合物 **A** を $KMnO_4$ で酸化して得られる化合物は，6,6-ナイロンの原料であるからアジピン酸であり，**A** はシクロヘキセンとわかる。シクロヘキセンは次式のように酸化的に切断され，アジピン酸となる。

B．カルボニル基をもつヨードホルム反応陽性の化合物は，$CH_3-\overset{\underset{\|}{O}}{C}-$ の構造をもつ。H_2O が付加してこの構造をもつには，次式の I または II の構造のアルキンに，次のような付加および転移反応が起こる必要がある。

I の場合，R に残された炭素数は3なので，不斉炭素原子の存在は不可能であるが，II の構造であれば，R を sec-ブチル基 $-\overset{\underset{|}{CH_3}}{CH}-CH_2-CH_3$ とすることで不斉炭素原子 C^* を有する化合物 **B** が考えられる。

$$CH\equiv C-C^*H-CH_2-CH_3$$
$$\underset{\displaystyle CH_3}{|}$$

B

C．水素付加によってメチル基が 2 つ増えるためには，$CH_2=\underset{|}{C}-$ が末端に 2 つ存在する必要があり，さらにメチル基を 2 個もつ条件を加味すると，**C** はジエンとなり，付加重合によって一種の合成ゴム **E** が得られる。

$$n CH_2=\underset{\displaystyle H_3C}{\overset{\displaystyle |}{C}}-\underset{\displaystyle CH_3}{\overset{\displaystyle |}{C}}=CH_2 \longrightarrow \Big[CH_2-\underset{\displaystyle H_3C}{\overset{\displaystyle |}{C}}=\underset{\displaystyle CH_3}{\overset{\displaystyle |}{C}}-CH_2 \Big]_n$$

　　　　C　　　　　　　　　　　　合成ゴム **E**

D・G．α-グルコースのすべてのヒドロキシ基を水素原子で置き換えた化合物は次図Ⅲの環状エーテルで，これはⅣの 2 価アルコールの分子内縮合反応により得られる。したがってⅣが **G**。**D** のオゾン分解で得られた **F** は銀鏡反応を示すためアルデヒド基をもち，カルボキシ基やヒドロキシ基は存在しない。これらを満たすⅤを還元するとⅣ（**G**）が得られるので，Ⅴが **F**。Ⅵの 1-メチルシクロペンテンをオゾン分解するとⅤが生成するので，Ⅵが **D**。

問3　**J** はトルエンの空気酸化生成物であるから安息香酸である。

L は油脂の成分のアルコールであるからグリセリンである。

$$\begin{array}{l} CH_2-OH \\ CH-OH \\ CH_2-OH \end{array}$$

問4　カルボニル基を有し，還元性をもたないので化合物 **N** はケトンであり，酸化して **N** になる **K** は第二級アルコールである。分子式から考えて，**K** は 2-プロパノールで **N** はアセトンとなる。

(ア)　誤り。**K**は 3：4 だが，**N**は分子式が C_3H_6O なので 1：1 である。

(イ)　誤り。**K**はアルコールのため金属 Na と反応するが，中性であり $NaHCO_3$ とは反応しない。

(ウ)　正しい。**K**は水素結合により沸点が高くなるが，エチルメチルエーテル（$C_2H_5-O-CH_3$）は水素結合しておらず，沸点は低い。

(エ)　誤り。**K**は水に溶けて中性を示す。一方，弱塩基の塩であるアニリン塩酸塩は加水分解して弱酸性を示す。

(オ)　正しい。**K**は $CH_3CH(OH)-$，**N**は CH_3CO- の部分構造をもち，共にヨードホルム反応は陽性である。

問5・問6　化合物**M**は 2 つの $-COOH$ が同一炭素に結合し，$-COOH$ を水素原子に置き換えるとシクロペンテンになることから，**M**として考えられる化合物は次の**Ⅶ**か**Ⅷ**。

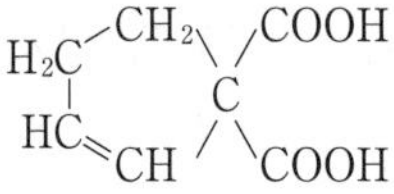

$$\begin{array}{cc}
\text{Ⅶ} & \text{Ⅷ}
\end{array}$$

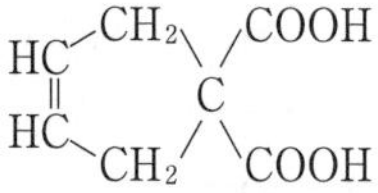

H（$C_{27}H_{28}O_8$）は，安息香酸 **J**（$C_7H_6O_2$），2-プロパノール**K**（C_3H_8O），グリセリン**L**（$C_3H_8O_3$）および**M**（$C_7H_8O_4$）からなるエステルと考えられるが，**H**の炭素数および酸素数，また 4 個のエステル結合を含む条件から考えると，以下の式より，安息香酸が 2 分子関与していることがわかる。

$$C_{27}H_{28}O_8 + 4H_2O - C_7H_6O_2 - C_3H_8O - C_3H_8O_3 - C_7H_8O_4 = C_7H_6O_2$$

2-プロパノールは，**M**（**Ⅶ**）と右図のようなエステルを形成させるしか方法はない。**M**（**Ⅷ**）とでは不斉炭素原子を生じない。また，**Ⅸ**に水素を付加させると不斉炭素原子がなくなる。

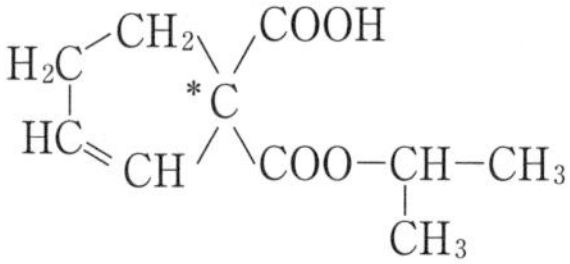

このⅨ 1 分子と安息香酸 2 分子をグリセリンとエステル化させればよいのだが，右図の 1 位と 2 位の $-OH$ に安息香酸をエステル化させると，2 位の炭素が水素付加いかんにかかわらず不斉炭素原子となり，題意に矛盾する。そこで，1 位と 3 位の $-OH$ に安息香酸がエステル化し，2 位の $-OH$ にⅨがエステル化した化合物を考えると，題意を満たす**H**となる。

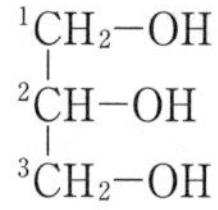

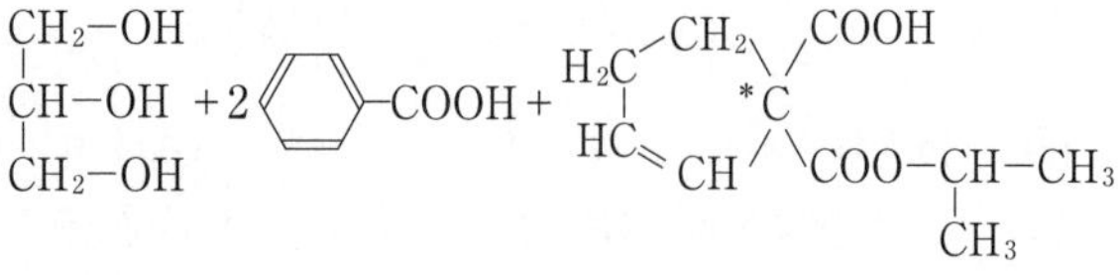

$$\begin{array}{cccc}
\text{L} & \text{J} & & \text{Ⅸ}
\end{array}$$

$$\longrightarrow \quad \text{（化合物 H の構造式）} \quad +3H_2O$$

H

Hを1mol加水分解すると，**J**（安息香酸）が2mol生成する。安息香酸の分子量は122なので

$$\frac{48.0}{480} \times 2 \times 122 = 24.4 \fallingdotseq 24 \text{〔g〕}$$

〔注〕　化合物IXは不斉炭素原子をもつので**H**も不斉炭素原子をもつが，**I**では不斉炭素原子は存在しなくなる。

　なお，環構造で不斉炭素原子を考える場合は，ある炭素原子から両側に結合している基を順に比較し，**A＝E**，**B＝D**，**C**（これは共通）となれば，その炭素原子は不斉炭素原子ではないと判断できる。

　逆に1カ所でも異なる基があれば，その炭素原子は不斉炭素原子となる（上の比較は**D＝B**，**E＝A**まで進めて一巡してもよい）。

解 答

問1　化合物Aの炭素数と水素数の比は

$$\frac{87.8}{12.0} : \frac{12.2}{1.00} = 7.31 : 12.2 \fallingdotseq 3 : 5$$

これより，Aの分子式を $C_{3n}H_{5n}$ とすると，Aの燃焼の化学反応式は

$$C_{3n}H_{5n} + \frac{17}{4}nO_2 \longrightarrow 3nCO_2 + \frac{5}{2}nH_2O$$

よって　　$\frac{17}{4}n = 8.50$　　∴　$n = 2$

したがって，Aの分子式は　　C_6H_{10}　……（答）

問2　A.

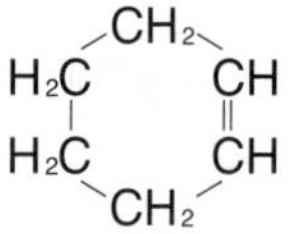

B. $CH \equiv C - CH - CH_2 - CH_3$ (CH_3)

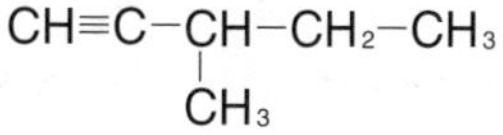

D.

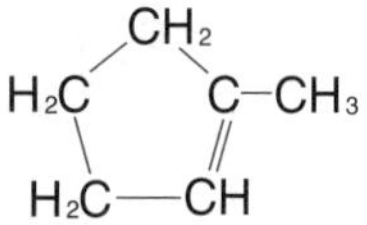

E.

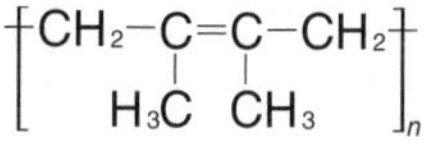

G. $CH_3 - \overset{OH}{CH} - CH_2 - CH_2$ ($HO - CH_2 - CH_2$)

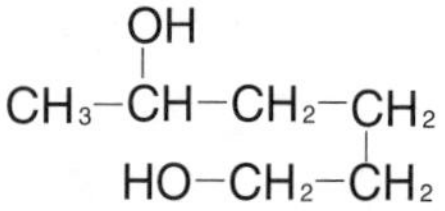

問3　J. 安息香酸　L. グリセリン

問4　(ウ)・(オ)

問5　24g

問6

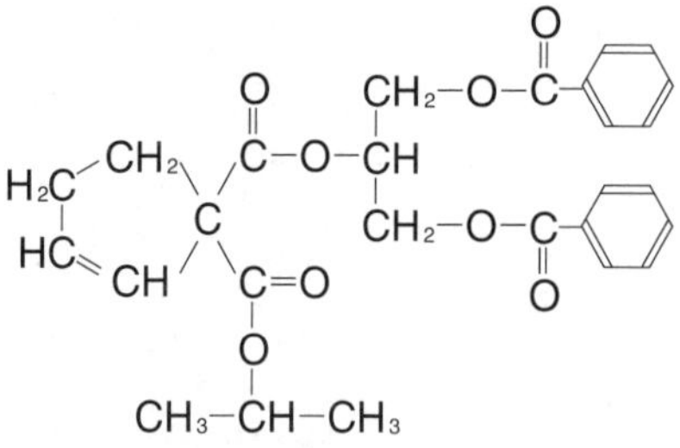

62

ポイント 条件を網羅することと推論することで分子の構造を決定する

(a)環状構造は芳香環1つだから，化合物を網羅的に考えればよい。あとは，これらをもとに，反応の結果が合致する化合物を探し出していけばよい。

(b)化合物Oについて，単純に1価のエステルと考えて推論することがポイントである。そうすると，その後の量的関係や誘導体の異性体について整合する結果が得られる。

解　説

問1 ベンゼン環以外に環をもたないので，ベンゼン環を構成しない炭素原子の数は3個である。よって，考えられる異性体は次のように分類できる。

(ア)　一置換体で，置換基はCを3個もつ。

(イ)　二置換体で，$-CH_3$ と $-CH=CH_2$ をもつ。

(ア)は

① ⟨benzene⟩$-CH_2-CH=CH_2$　② ⟨benzene⟩$C=C$ H / H / CH_3 / H　③ ⟨benzene⟩$C=C$ H / H / H / CH_3

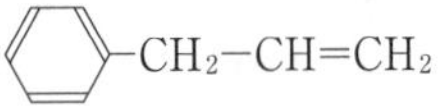

④ ⟨benzene⟩$C=CH_2$ / CH_3　②と③は幾何異性体

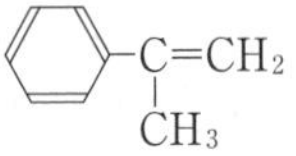

(イ)は

⑤ ⟨benzene with CH_3, $CH=CH_2$⟩　⑥ ⟨benzene with CH_3, $CH=CH_2$⟩　⑦ ⟨benzene with CH_3, $CH=CH_2$⟩

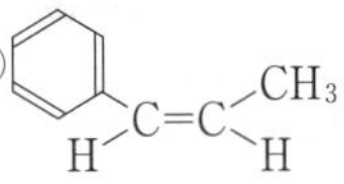

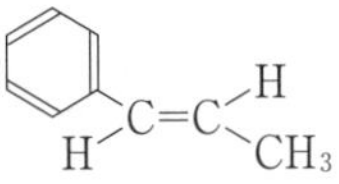

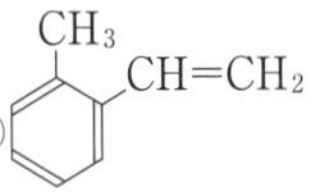

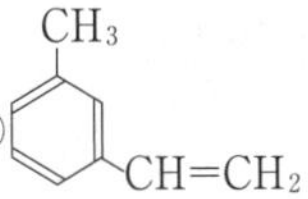

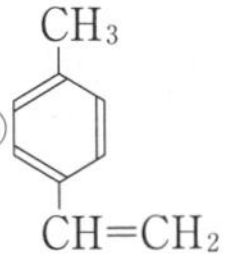

となり，計7種である。

問2・問3 上記のうち，①～③は水素付加により同一の化合物となる。

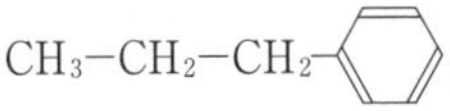

$$CH_3-CH_2-CH_2-⟨benzene⟩ \quad (\mathbf{F})$$

②と③は幾何異性体の関係にあるのでBかC，①はAと決まる。

④に水素が付加すると $CH_3-CH⟨benzene⟩$ / CH_3 （**G**）となり，これはフェノールの工業的製法（クメン法）に使用される。よって，④がDとなる。

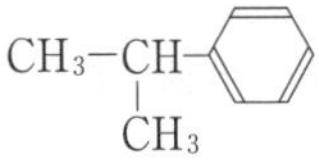

⑦を酸化すると，次のように二重結合が開裂し，ギ酸と⑧に分解され，⑧はさらに酸化されてテレフタル酸となる。

$$\text{(7)の構造} \xrightarrow{\text{酸化}} HCOOH + HOOC-\langle\rangle-CH_3$$

$$HOOC-\langle\rangle-CH_3 \xrightarrow{\text{酸化}} HOOC-\langle\rangle-COOH$$

テレフタル酸は PET 樹脂の原料となるため **J** がテレフタル酸である。また，さかのぼって⑧が **I**，⑦が **E** とわかる。

さらに，**J** は化合物 **K** に対するヨードホルム反応でも生じているので，**K** としては次の3種類の構造が考えられる。

$$CH_3-\underset{O}{C}-\langle\rangle-\underset{O}{C}-CH_3 \qquad CH_3-\underset{O}{C}-\langle\rangle-\underset{OH}{CH}-CH_3$$

$$CH_3-\underset{OH}{CH}-\langle\rangle-\underset{OH}{CH}-CH_3$$

分子式 $C_{10}H_{14}O_2$ より，**K** は3つ目の化合物（2価アルコール）が当てはまる。

〔注〕 ヨードホルム反応は，$CH_3-\underset{O}{C}-$ または $CH_3-\underset{OH}{CH}-$ の構造をもつ化合物が示

す反応である。本設問の場合は，2カ所でヨードホルム反応が生じる必要がある。

J の異性体であるフタル酸 **L** を加熱すると無水フタル酸 **M** となり，無水フタル酸とアニリンを反応させると次のようにアミド化合物 **N** が生成する。

〔注〕 無水酢酸とアニリンによるアセトアニリドの生成と同じように考えればよい。

問4 化合物 **P**，**Q** はともに C＝C 結合を1つ含む炭素鎖をもつので，化合物 **O** には C＝C 結合が2つ含まれることがわかる。つまり，化合物 **O** の物質量は付加した水素の物質量に対して半分の物質量であるので

$$\frac{4.48}{22.4}\times\frac{1}{2}=0.100\fallingdotseq0.10\,〔mol〕$$

問5 化合物 **P** および **Q** の分子量はそれぞれ 190 および 72.0 より，化合物 **O** の分子量は，$H_2O=18.0$ より

190＋72.0－18.0＝244

加水分解した **O** の物質量を x〔mol〕とすると，**P**，**Q** はそれぞれ x〔mol〕ずつ生じるので

$$244 \times (0.100 - x) + 190x + 72.0x = 25.0 \qquad x = 0.0333 \,[\text{mol}]$$

よって，加水分解された化合物 **O** の割合は

$$\frac{0.0333}{0.100} \times 100 = 33.3 \fallingdotseq 33 \,[\%]$$

〔別解〕　$0.100\,\text{mol}$ の **O** の質量は $24.4\,\text{g}$ である。加水分解による質量増加分

$$25.0 - 24.4 = 0.600 \,[\text{g}]$$

は加水分解に関与した H_2O の質量である。

加水分解における **O** と H_2O の物質量の比は $1:1$ だから，加水分解された **O** の物質

量は，$H_2O = 18.0$ より $\dfrac{0.600}{18.0}\,\text{mol}$ である。

よって　$\dfrac{0.600}{18.0} \times \dfrac{1}{0.100} \times 100 = 33.3 \fallingdotseq 33 \,[\%]$

問 7　化合物 **R** は，ベンゼン環に 4 つの水素原子が結合していることから，化合物 **P**
はベンゼンの二置換体の芳香族カルボン酸であるとわかる。芳香族カルボン酸とは，
ベンゼン環に $-COOH$ が直接結合したカルボン酸のことであり，化合物 **P** の分子
式が $C_{12}H_{14}O_2$ であるから，$-COOH$ ではない方の側鎖は

$$C_{12}H_{14}O_2 - (C_6H_4 - COOH) = C_5H_9$$

とわかる。水素付加によって不斉炭素原子がなくなることより，この側鎖の構造は
次のように決まる。つまり，水素付加により，もとの C^* を中心とした対称性が生
成する。

$$
\begin{array}{l}
\text{CH}_2-\text{CH}_3 \\
| \\
-\overset{*}{\text{C}}-\text{CH}=\text{CH}_2 \\
| \\
\text{H}
\end{array}
$$

ベンゼン環の 4 つの水素原子のうちの 1 つを他の原子で置換したときに生じる異性
体は次のとおり。

COOH　　　　　　COOH　　　　　　COOH

④〜①〜C_5H_9　　④〜①　　　　　①〜①

③〜①　　　　　③〜C_5H_9　　　②〜②

②　　　　　　　②　　　　　　　C_5H_9

o-置換体　　　　m-置換体　　　　p-置換体
（4 種類）　　　（4 種類）　　　（2 種類）

以上より，化合物 **P** は p-置換体であり，構造式は次のように決まる。

$$
\text{HOOC} - \underset{\text{（ベンゼン環）}}{\bigcirc} - \overset{*}{\text{C}}\text{H} - \text{CH} = \text{CH}_2
$$
$$
\qquad\qquad\qquad\quad | \\
\qquad\qquad\qquad \text{CH}_2 - \text{CH}_3
$$

S の酸化生成物は銀鏡反応を示すのでアルデヒドであるから，**S** は分子式 $C_4H_{10}O$
の分岐した第一級アルコールとわかる。考えられる構造式は

$$
\begin{array}{l}
\text{CH}_3 - \text{CH} - \text{CH}_2 - \text{OH} \\
\qquad\quad | \\
\qquad\quad \text{CH}_3
\end{array}
$$

この炭素骨格で C=C を 1 つ有し，幾何異性体が存在しない化合物が **Q** であるが，加えて C=C の炭素に −OH が結合する構造は不安定なため除外すると，**Q** の構造式は次のとおりとなる。

$$H_2C=\underset{\underset{CH_3}{|}}{C}-CH_2-OH$$

〔**参考**〕　$H_3C-\underset{\underset{CH_3}{|}}{C}=CH-OH \longrightarrow H_3C-\underset{\underset{CH_3}{|}}{CH}-\overset{\overset{O}{\|}}{C}-H$

となり，アルデヒドが生じる。ちなみに化合物 **O** の構造式は次のようになる。

$$\underset{CH_3-CH_2}{\overset{\underset{H}{H}}{C=C}}\!-CH\!-\!\!\langle\bigcirc\rangle\!-\!\overset{\overset{O}{\|}}{C}\!-O-CH_2\!-\!\underset{CH_3}{C}=\overset{\overset{H}{}}{\underset{H}{}}$$

問6　(ア)　正しい。**P** はフェノールより強いカルボン酸のため，ナトリウムフェノキシドに作用してフェノールを遊離させる。

(イ)　誤り。**P** にはアルデヒド基がないので，還元性がない。

(ウ)　誤り。$R-COOH + Na \longrightarrow R-COONa + \frac{1}{2}H_2$ なので，0.50 mol の H_2 が発生する。

(エ)　正しい。**P** も **R** も炭素数が 12 のため，それぞれ 12 mol の CO_2 が発生する。

(オ)　誤り。弱酸と強塩基の塩であるため，水溶液は加水分解し塩基性となる。

解　答

問1　2個

問2　**G**．クメン（イソプロピルベンゼン）　**M**．無水フタル酸

問3　**A**．$\underset{H}{\overset{H}{}}C=C\underset{H}{\overset{CH_2-\langle\bigcirc\rangle}{}}$　　**E**．$\underset{H}{\overset{H}{}}C=C\underset{H}{\overset{\langle\bigcirc\rangle-CH_3}{}}$

　　　　K．$H_3C-\underset{\underset{OH}{|}}{CH}-\langle\bigcirc\rangle-\underset{\underset{OH}{|}}{CH}-CH_3$　　**N**．$\langle\bigcirc\rangle\!\overset{COOH}{\underset{\underset{O}{\|}\overset{|}{C}-N-\langle\bigcirc\rangle}{}}\underset{H}{}$

問4　0.10 mol　　**問5**　33%

問6　(ア)・(エ)

問7　**P**．$\underset{\underset{CH_3-CH_2}{}}{\overset{H}{\underset{H}{}}C=C}\underset{CH}{\overset{H}{}}-\langle\bigcirc\rangle-COOH$　　**Q**．$\underset{H}{\overset{H}{}}C=C\underset{CH_3}{\overset{CH_2-OH}{}}$

63

ポイント　ベンゼン環上の置換反応速度と置換位置数

(a)化合物 E が一番に決定される。そこからさかのぼって他の物質を順次決めていく。ナフタレンの酸化生成物は知っておきたい。

(b) 1 つの置換基の場合は，置換反応全体の速さは各置換位置での速さの和である。2 つの置換基がある場合は，各位置での速さは 2 置換基の効果の積である。これらのことを筋道立て，計算により示せばよい。

解　説

問 1・問 2　①E は o-キシレンを酸化して得られることからフタル酸で，フタル酸は分子内脱水により無水フタル酸 F となる。また，フタル酸は次のようにナフタレンを V_2O_5 を触媒として O_2 で酸化しても得られ，ナフタレンは昇華性をもつことからも D はナフタレンと決まる。

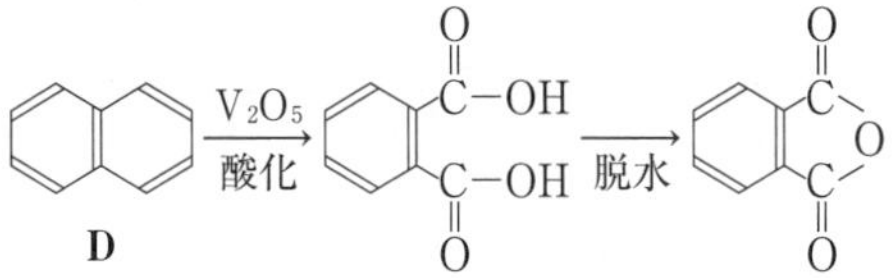

②ナフタレンには右図のような 1 ～ 8 位に水素原子が存在するが，ナフタレンの一置換カルボン酸である B には，1，4，5，8 位のいずれかで置換した 1-ナフトエ酸と，2，3，6，7 位のいずれかで置換した 2-ナフトエ酸の 2 種類の異性体が存在する。

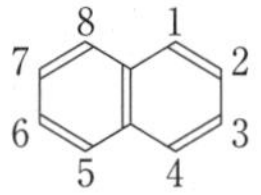

③A の分子式は O を 4 個含むので，A はエステル結合を 2 つもつ化合物と考えられる。さらに，②より，A はカルボン酸である 2 つの B と 2 価アルコールである 1 つの C からなるジエステルと考えられる。B の炭素数が 11 なので C の炭素数は 4 と決まり，与えられた組成式から C の分子式は $C_4H_{10}O_2$ とわかる。2 価のアルコールであることからも O が 2 個であることが妥当である。

④C は，分子式 $C_4H_{10}O_2$ と C^*（不斉炭素原子）を 1 つもつことから

$$CH_3-\overset{\underset{\displaystyle |}{OH}}{C^*}H-CH_2-CH_2-OH \qquad または \qquad CH_3-CH_2-\overset{\underset{\displaystyle |}{OH}}{C^*}H-CH_2-OH$$

（あ）　　　　　　　　　　　　　　　　　（い）

である。さらに，誘導体 I がヨードホルム反応を示すことから，(あ)と決まる。つまり，C は無水酢酸によって第一級アルコール部位が選択的にアセチル化されて G となる。G には第二級アルコール部位が残っているので，G を酸化して得られる H は

ケトン，さらに**H**を加水分解して生じる**I**はヨードホルム反応陽性であることから，**G**の第二級アルコール部位は $CH_3-CH(OH)-$ の構造となっている。また，**C**の反応は次のとおりである。

$$CH_3-\overset{*}{CH}-CH_2-CH_2-OH + (CH_3CO)_2O$$
$$\quad\quad | \atop OH$$
$$\quad\quad\quad\quad \mathbf{C}$$

$$\longrightarrow CH_3-\overset{*}{CH}-CH_2-CH_2-O-\underset{O}{\overset{}{C}}-CH_3 + CH_3COOH$$
$$\quad\quad\quad\quad | \atop OH$$
$$\quad\quad\quad\quad\quad\quad \mathbf{G}$$

$$CH_3-\overset{*}{CH}-CH_2-CH_2-O-\underset{O}{C}-CH_3 \xrightarrow[\text{酸化}]{} CH_3-\underset{O}{C}-CH_2-CH_2-O-\underset{O}{C}-CH_3$$
$$\quad | \atop OH$$
$$\quad\quad\quad \mathbf{G} \quad\quad\quad\quad\quad\quad\quad\quad\quad\quad \mathbf{H}$$

$$CH_3-\underset{O}{C}-CH_2-CH_2-O-\underset{O}{C}-CH_3 \xrightarrow[\text{分解}]{\text{加水}} CH_3-\underset{O}{C}-CH_2-CH_2-OH + CH_3COOH$$
$$\quad\quad\quad \mathbf{H} \quad\quad\quad\quad\quad\quad\quad\quad\quad\quad \mathbf{I}$$

H，**I** は $CH_3-\underset{O}{C}-$ をもつのでヨードホルム反応を示す。

問3 **C** は２価のアルコールだから，$R-(OH)_2$ と表すと
$$R-(OH)_2 + 2Na \longrightarrow R-(ONa)_2 + H_2$$
となり，$1\,mol$ の **C** に対し，$1\,mol$ の H_2 を発生する。

問4 無水酢酸とメタノールの反応を考えればよい。

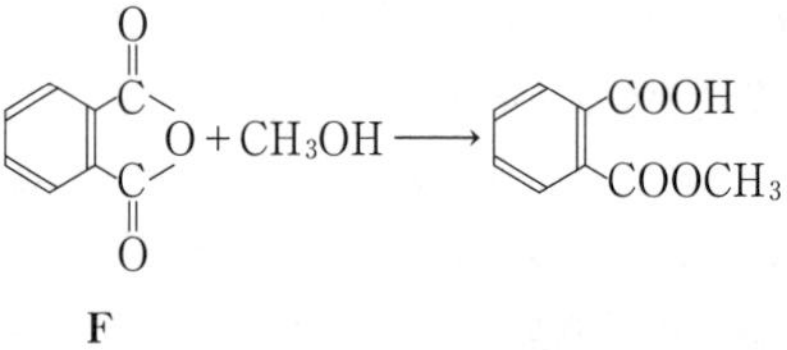

$$\quad\quad\quad\quad \mathbf{F}$$

問5 ① $-CH_3$ は電子を押し出す性質をもった置換基で，ベンゼン環に電子を押し込んだ結果，トルエンでは下図のように，分子内の電子密度がオルト位とパラ位でベンゼンより大きくなった状態となる。

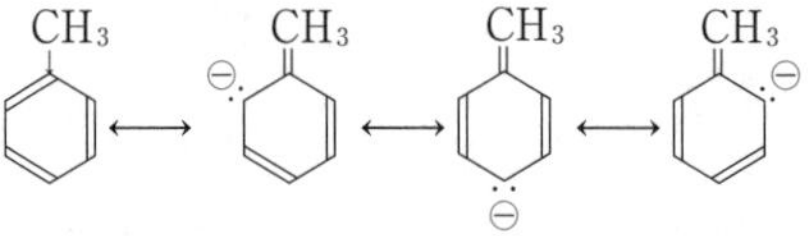

ベンゼン環に対する塩素化は，次式で生じる塩素陽イオン Cl^+ による反応である。
$$Cl_2 + FeCl_3 \longrightarrow Cl^+ + FeCl_4^-$$
したがって，電子密度の大きなオルト位とパラ位を攻撃しやすく，o-クロロトルエ

ンと p-クロロトルエンが多く生成する。

また，ベンゼン環の電子密度が大きくなれば，塩素陽イオンの反応性もより高まるため，トルエンの塩素化の反応速度はベンゼンに比べて大きくなる。

メチル基のこの傾向はオルト・パラ配向性とよばれ，スルホン化やニトロ化などでも見られる。このような置換基の影響による反応性の違いを反応速度の側面で考えるのが本問である。

②トルエンのメチル基に対するオルト位およびメタ位は2カ所，パラ位は1カ所存在するので，トルエン全体での反応速度定数は題意より

$$2k_o + 2k_m + k_p = 6k \times 335 = 2010k$$

となる。また，$o-$，$m-$，$p-$ の各化合物の組成は，各部位の速度定数をトルエン全体の速度定数で割った値となるので

$$\text{オルト体の組成} = \frac{2k_o}{2k_o + 2k_m + k_p} = \frac{2k_o}{2010k} = 0.597 \qquad \therefore \quad \frac{k_o}{k} = 599.9 \fallingdotseq 600$$

となる。同様に，$\dfrac{k_m}{k}$，$\dfrac{k_p}{k}$ も計算されるので

$$\frac{2k_m}{2k_o + 2k_m + k_p} = \frac{2k_m}{2010k} = 0.005 \qquad \therefore \quad \frac{k_m}{k} = 5.025 \fallingdotseq 5$$

$$\frac{k_p}{2k_o + 2k_m + k_p} = \frac{k_p}{2010k} = 0.398 \qquad \therefore \quad \frac{k_p}{k} = 799.98 \fallingdotseq 800$$

問6　4位の反応速度定数は，問7の〔解答〕にあるように

$$\frac{k_4}{k} = \frac{k_o}{k} \times \frac{k_p}{k} = 600 \times 800 = 480000 = 4.8 \times 10^5$$

よって，$k_4 = 4.8 \times 10^5 k$ となる。

同様に，5位は，1，3のメチル基いずれからもメタ位，2位は同じくオルト位なので，反応速度定数 k_5，k_2 も，問7の〔解答〕のとおり

$$\frac{k_5}{k} = \left(\frac{k_m}{k}\right)^2 = 25 \qquad \therefore \quad k_5 = 25k$$

$$\frac{k_2}{k} = \left(\frac{k_o}{k}\right)^2 = 3.6 \times 10^5 \qquad \therefore \quad k_2 = 3.6 \times 10^5 k$$

となる。よって，**J**，**K**，**L** の生成量の比は

$$\mathbf{J} : \mathbf{K} : \mathbf{L} = 3.6 \times 10^5 k : 4.8 \times 10^5 k \times 2 : 25k$$

であり，多い順に，**K > J > L** となる。

〔注〕　6位は4位と同じ位置であるので，**K** についての反応速度定数は2倍になる。

問7　$k_4 = k_6$ であるから，m-キシレン全体での反応速度定数は

$$k_4 + k_5 + k_6 + k_2 = 2k_4 + k_5 + k_2$$

となる。

解　答

問1

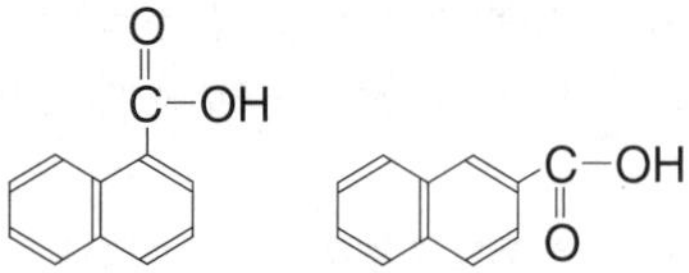

問2　C．$CH_3-\underset{OH}{CH}-CH_2-CH_2-OH$

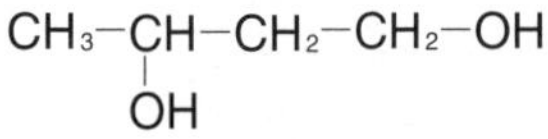

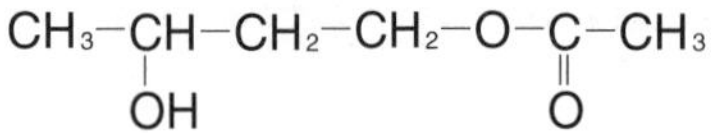

　　　　G．$CH_3-\underset{OH}{CH}-CH_2-CH_2-O-\underset{O}{C}-CH_3$

　　　　I．$CH_3-\underset{O}{C}-CH_2-CH_2-OH$

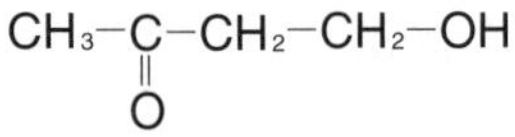

問3　1

問4

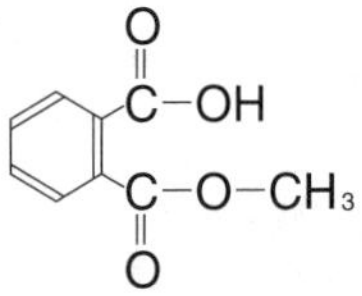

問5　(イ)$2k_o$　(ウ)$2k_m$　(エ)800

問6　K＞J＞L

問7　$\dfrac{k_4}{k}=\dfrac{k_o}{k}\times\dfrac{k_p}{k}=600\times800=480000$

　　　　$k_4=k_6=480000k$

　　　　$\dfrac{k_5}{k}=\left(\dfrac{k_m}{k}\right)^2=25$

　　　　$k_5=25k$

　　　　$\dfrac{k_2}{k}=\left(\dfrac{k_o}{k}\right)^2=360000$

　　　　$k_2=360000k$

　m-キシレン分子全体での速度定数は

　　　　$2k_4+k_5+k_2=2\times480000k+25k+360000k$

　　　　　　　　　　$=1320025k\fallingdotseq1.32\times10^6k$

　ベンゼン分子全体での速度定数は $6k$ より

　　　　$\dfrac{1.32\times10^6k}{6k}=2.2\times10^5$倍　……(答)

64

ポイント　アルカンからアルケンを推測する
　まずは，炭素数が等しいアルカンの構造を書いてみる。それぞれの構造について，C=C結合の位置を考える。さらに，シス・トランス異性体や光学異性体の有無を確認すればよい。

解　説

(a) **問1・問2**　分子式 $C_{30}H_{25}NO_5$ で示される化合物Aの加水分解生成物である化合物Bは，芳香族炭化水素Eを酸化した後に分解すると，アセトンとともに生成する。このことから，この反応はフェノールの工業的製法であるクメン法で，化合物Bはフェノール，芳香族炭化水素Eはクメンであるとわかる。

芳香族炭化水素Eと同じ分子式の芳香族炭化水素Fより化合物Gを得る反応は，混酸（濃硝酸＋濃硫酸）によるニトロ化，化合物Gから化合物Dを得る反応は，ニトロ基の還元である。したがって，化合物Gはニトロ基を，化合物Dはアミノ基をもつと考えられる。
芳香族炭化水素Fには，次の7種類の異性体が考えられる。

化合物Gには異性体が存在しないということから，芳香族炭化水素Fは⑦であり，化合物G，化合物Dの構造が決まる。

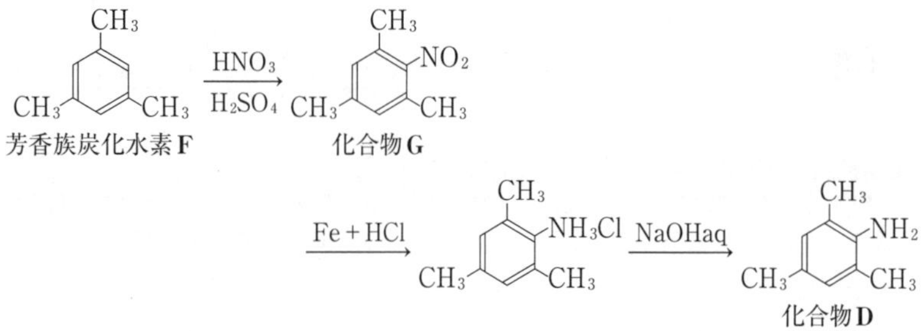

芳香族炭化水素 F → 化合物 G（HNO₃, H₂SO₄）→（Fe + HCl）化合物 → 化合物 D（NaOHaq）

また，芳香族炭化水素 F の構造が決まったので，化合物 C の構造も決まる。

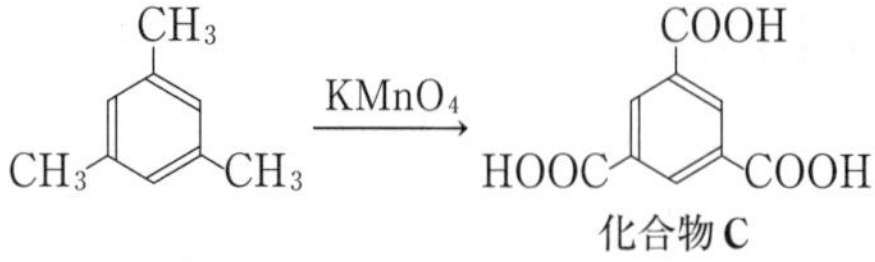

化合物 C（KMnO₄）

なお，化合物 A は，化合物 B，C，D が物質量比 2：1：1 で縮合したと考えられるので，その構造は次のように推定される。

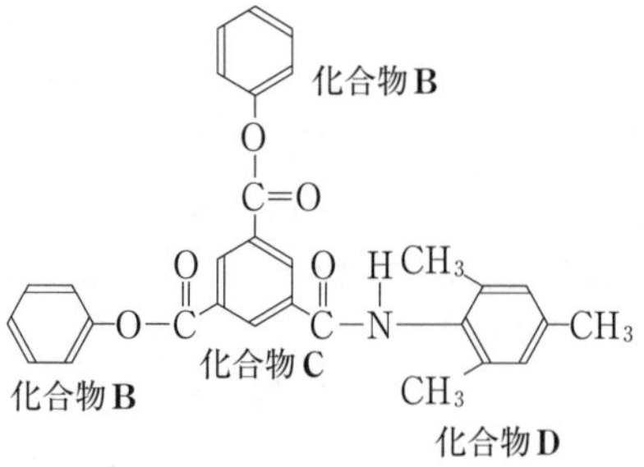

化合物 B
化合物 C
化合物 B
化合物 D

問3 (あ) 希塩酸を加えると，塩基性物質である化合物 D のみが塩を形成して溶解する。

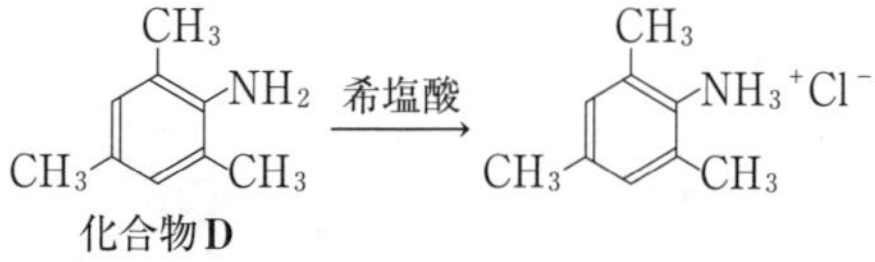

化合物 D（希塩酸）

(い) 炭酸水素ナトリウムは，弱酸である炭酸の塩で，炭酸よりも強い酸と反応して，二酸化炭素を生成する。したがって，炭酸よりも強い酸である化合物 C のみが反応し，二酸化炭素を生成する。

化合物 C（NaHCO₃）→ + 3CO₂

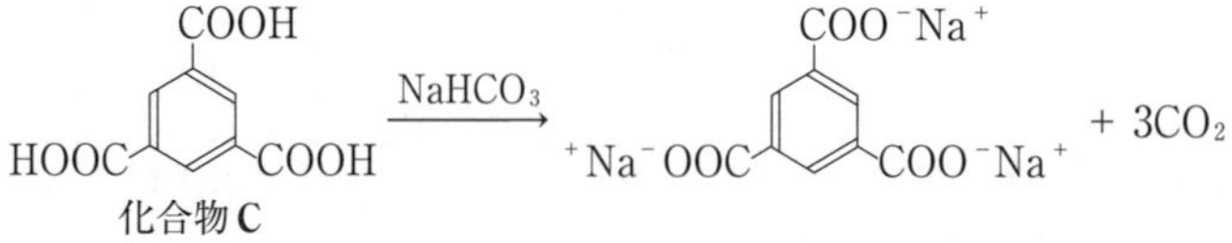

(う) 水酸化ナトリウム水溶液は強塩基であるので，酸である化合物 B，化合物 C と反

応して塩を形成する。

(え)　塩化鉄(III)水溶液は，フェノール性ヒドロキシ基の検出に使われるので化合物**B**が反応し，紫色を呈する。

(お)　加熱により分子内で脱水して酸無水物が得られるのは，2つのカルボキシ基が次のように隣接している場合である。したがって，どの化合物も該当しない。

$$\text{フタル酸} \xrightarrow{\text{加熱}} \text{無水フタル酸}$$

(**b**)　C_6H_{12} に水素を付加させると，次の5種類のアルカンができる。

(ア)　$CH_3-CH_2-CH_2-CH_2-CH_2-CH_3$

(イ)　$CH_3-\underset{\underset{CH_3}{|}}{CH}-CH_2-CH_2-CH_3$

(ウ)　$CH_3-CH_2-\underset{\underset{CH_3}{|}}{CH}-CH_2-CH_3$

(エ)　$CH_3-\underset{\underset{CH_3}{|}}{CH}-\underset{\underset{CH_3}{|}}{CH}-CH_3$

(オ)　$CH_3-CH_2-\underset{\underset{CH_3}{|}}{\overset{\overset{CH_3}{|}}{C}}-CH_3$

問4　不斉炭素原子とは，その炭素原子に結合している4つの原子や原子団（官能基）がすべて違う炭素原子のことである。したがって，そうでない場合は，次の8種類である。

$\underset{}{\overset{\overset{Cl}{|}}{CH_2}}-CH_2-CH_2-CH_2-CH_2-CH_3$　　$CH_3-\underset{\underset{CH_3}{|}}{CH}-CH_2-CH_2-\overset{\overset{Cl}{|}}{CH_2}$

$CH_3-\underset{\underset{Cl}{|}}{\overset{\overset{CH_3}{|}}{C}}-CH_2-CH_2-CH_3$　　$CH_3-CH_2-\underset{\underset{CH_2-Cl}{|}}{CH}-CH_2-CH_3$

$CH_3-CH_2-\underset{\underset{Cl}{|}}{\overset{\overset{CH_3}{|}}{C}}-CH_2-CH_3$　　$CH_3-\underset{\underset{Cl}{|}}{CH}-\overset{\overset{CH_3}{|}}{\underset{}{C}}-CH_3$ ※CH₃　　$\overset{\overset{Cl}{|}}{CH_2}-CH_2-\underset{\underset{CH_3}{|}}{\overset{\overset{CH_3}{|}}{C}}-CH_3$

$CH_3-CH_2-\underset{\underset{CH_3}{|}}{\overset{\overset{CH_2-Cl}{|}}{C}}-CH_3$

問5　(ア)〜(オ)の炭素の骨格をもつものから可能なシス・トランス異性体が存在しないアルケンは次の9種類である。

(ア)の骨格から（1種類）

$$\begin{array}{c}H\\H\end{array}\!\!\!>\!\!C\!=\!C\!<\!\!\!\begin{array}{c}H\\CH_2\!-\!CH_2\!-\!CH_2\!-\!CH_3\end{array}$$

（ア-1）

(イ)の骨格から（3種類）

$$\begin{array}{c}H\\H\end{array}\!\!\!>\!\!C\!=\!C\!<\!\!\!\begin{array}{c}H\\CH_2\!-\!CH\!-\!CH_3\\\quad\quad CH_3\end{array}$$

（イ-1）

$$\begin{array}{c}H\\CH_3\!-\!CH_2\end{array}\!\!\!>\!\!C\!=\!C\!<\!\!\!\begin{array}{c}CH_3\\CH_3\end{array}$$

（イ-2）

$$\begin{array}{c}CH_3\\CH_3\!-\!CH_2\!-\!CH_2\end{array}\!\!\!>\!\!C\!=\!C\!<\!\!\!\begin{array}{c}H\\H\end{array}$$

（イ-3）

(ウ)の骨格から（2種類）

$$\begin{array}{c}H\\H\end{array}\!\!\!>\!\!C\!=\!C\!<\!\!\!\begin{array}{c}H\\C^*H\!-\!CH_2\!-\!CH_3\\\quad CH_3\end{array}$$

（ウ-1）

$$\begin{array}{c}H\\H\end{array}\!\!\!>\!\!C\!=\!C\!<\!\!\!\begin{array}{c}CH_2\!-\!CH_3\\CH_2\!-\!CH_3\end{array}$$

（ウ-2）

(エ)の骨格から（2種類）

$$\begin{array}{c}H\\H\end{array}\!\!\!>\!\!C\!=\!C\!<\!\!\!\begin{array}{c}CH_3\\CH\!-\!CH_3\\\quad CH_3\end{array}$$

（エ-1）

$$\begin{array}{c}CH_3\\CH_3\end{array}\!\!\!>\!\!C\!=\!C\!<\!\!\!\begin{array}{c}CH_3\\CH_3\end{array}$$

（エ-2）

(オ)の骨格から（1種類）

$$\begin{array}{c}CH_2\!=\!CH\\H_3C\!-\!C\!-\!CH_3\\\quad\ CH_3\end{array}$$

（オ-1）

　このうち（ウ-1）だけが不斉炭素原子C^*をもっている。また，これらにBr_2を付加させたとき，（ウ-1）からの生成物は不斉炭素原子を2つ有するようになり，（ア-1），（イ-1），（イ-2），（イ-3），（エ-1），（オ-1）からの生成物は，不斉炭素原子を1つ有するようになる。（ウ-2）と（エ-2）からの生成物は不斉炭素原子をもたない。これらのことから，**H**は（ウ-1）であり，**J**と**K**は炭素の骨格が同じであることから，**J**が（エ-2）で**K**が（エ-1），そして**I**が（ウ-2）と決まる。

　関係するアルケンとその生成物は次のとおりである。

（ウ-1）＝**H**

$$\begin{array}{c}H\\H\end{array}\!\!\!>\!\!C\!=\!C\!<\!\!\!\begin{array}{c}H\\C^*H\!-\!CH_2\!-\!CH_3\\\quad CH_3\end{array}\ \longrightarrow\ \begin{array}{c}CH_2\!-\!C^*H\!-\!C^*H\!-\!CH_2\!-\!CH_3\\\ Br\quad\ \ Br\quad\quad CH_3\end{array}$$

（ウ-2）= **I**

$$H \underset{H}{\overset{}{>}}C=C\underset{CH_2-CH_3}{\overset{CH_2-CH_3}{<}} \longrightarrow CH_2-\underset{\underset{Br}{|}}{\overset{\overset{CH_2-CH_3}{|}}{C}}-CH_2-CH_3$$

（エ-2）= **J**

$$CH_3 \underset{CH_3}{\overset{}{>}}C=C\underset{CH_3}{\overset{CH_3}{<}} \longrightarrow CH_3-\underset{\underset{Br}{|}}{\overset{\overset{CH_3}{|}}{C}}-\underset{\underset{Br}{|}}{\overset{\overset{CH_3}{|}}{C}}-CH_3$$

（エ-1）= **K**

$$H \underset{H}{\overset{}{>}}C=C\underset{\underset{CH_3}{|}}{\overset{CH_3}{<}}CH-CH_3 \longrightarrow CH_2-\underset{\underset{Br}{|}}{\overset{\overset{CH_3}{|}}{C^*}}-\underset{\underset{CH_3}{|}}{\overset{}{CH}}-CH_3$$

$$CH_3 \underset{CH_3}{\overset{}{>}}C=C\underset{CH_3}{\overset{CH_3}{<}} \overset{H_2}{\longrightarrow} CH_3-\underset{}{\overset{\overset{CH_3}{|}}{CH}}-\underset{}{\overset{\overset{CH_3}{|}}{CH}}-CH_3 \overset{H_2}{\longleftarrow} H \underset{H}{\overset{}{>}}C=C\underset{\underset{CH_3}{|}}{\overset{CH_3}{<}}CH-CH_3$$

J 　　　　　　　　　　　　　　　　　　　　　　　　　　　**K**

解　答

問1　(ア) クメン法　(イ) HNO$_3$

問2　**B.** （OH をもつベンゼン環）　　**C.** （ベンゼン環に COOH, HOOC, COOH）　　**D.** （CH$_3$, NH$_2$, CH$_3$ をもつベンゼン環）

　　　E. （CH$_3$-CH-CH$_3$ をもつベンゼン環）

問3　**B**—(う)・(え)　　**C**—(い)・(う)　　**D**—(あ)

問4　8

問5　**H.** $H \underset{H}{\overset{}{>}}C=C\underset{\underset{CH_3}{|}}{\overset{H}{<}}CH-CH_2-CH_3$　　　　**I.** $H \underset{H}{\overset{}{>}}C=C\underset{CH_2-CH_3}{\overset{CH_2-CH_3}{<}}$

　　　J. $CH_3 \underset{CH_3}{\overset{}{>}}C=C\underset{CH_3}{\overset{CH_3}{<}}$　　**K.** $H \underset{H}{\overset{}{>}}C=C\underset{\underset{CH_3}{|}}{\overset{CH_3}{<}}CH-CH_3$

65

> **ポイント**　**構造決定の基本を徹底**
>
> 　分子式から不飽和度を算出し，未知化合物の反応性をみることで，官能基（−OH な ど）の存在や C＝C 結合の有無が推定される。さらに，不斉炭素原子やシス・トランス異 性体の有無を考慮して，構造を決定していく。

解　説

(a)　**問1**　化合物 **A**，**B**，**C** は環状構造を含まないので，C_4H_8O の分子式から，二 重結合が 1 つ含まれることがわかる。**A** および **B** は，その 1 mol に室温で Br_2 が 1 mol 付加することから，分子内に C＝C の二重結合をもつと考えられる。**C** には Br_2 が付加しないので，C＝O の二重結合が存在すると推測される。また，**A** は Na と反応して H_2 を発生することから −OH をもち，さらに 1 個の不斉炭素原子 C* をもつことから，**A** の構造が決まる。また，それにより **D** および **C** の構造も決まる。

問2　化合物 **B** は，C＝C をもつエーテルであるから，次の 5 種類の構造が考えられ る。エとオは幾何異性体である。

問3　化合物 **D** はビニル基をもつので，適当な触媒の存在下で付加重合することによ って，高分子化合物を生成する。

問4　C_4H_8O の分子量は 72.0 である。化合物 **A**，**B**，**C** の混合物 144 g を二等分す ると 72 g であるから 1 mol 分である。ここで，この混合物中に化合物 **A**，**B**，**C** がそれぞれ a 〔mol〕，b 〔mol〕，c 〔mol〕含まれるとすると

$$a + b + c = 1$$

化合物**A**，**B**に付加する Br$_2$（分子量 160）の物質量は，化合物**A**および**B**の物質量と等しいから

$$a + b = \frac{176 - 72.0}{160} = 0.650 \,〔mol〕$$

化合物**A**と，**A**と反応する Na の物質量は等しく，**A**を R-OH とすると

$$2R-OH + 2Na \longrightarrow 2R-ONa + H_2$$

と表せるので，反応した**A**の物質量は

$$a = 2 \times \frac{4.48\,L}{22.4\,L/mol} = 0.400 \,mol$$

よって　　$a = 0.400 \,〔mol〕$，$b = 0.250 \,〔mol〕$，$c = 0.350 \,〔mol〕$

となり，モル百分率は，**A**，**B**，**C**がそれぞれ 40 %，25 %，35 %となる。

(b)　全体の反応は次のとおり。

1 mol のエステル**E**を加水分解すると 2 mol の**F**と 1 mol の**G**が生成し，**G**は分子式が C$_8$H$_6$O$_4$ の芳香族化合物であることから，分子内にカルボキシ基を 2 個もつジカルボン酸と考えられる。さらに，**G**は容易に酸無水物となることから，フタル酸であることがわかる。ベンゼン環に結合しているアルキル基は，容易に酸化されてカルボキシ基になることから，**H**は *o*-キシレンである。ベンゼンに濃硫酸を反応させると，スルホン化によってベンゼンスルホン酸が生成する。*o*-キシレンの異性体は，*m*-キシレン，*p*-キシレン，エチルベンゼンである。これらのベンゼン環の水素原子の 1 つをスルホン化したときに，1 種類の異性体だけが生成するものは，

p-キシレンだけである。o-キシレンでは2種類，m-キシレンでは3種類，エチルベンゼンでは3種類の異性体が生成する。ベンゼンスルホン酸をアルカリ融解後，酸で処理するとスルホ基がヒドロキシ基に変化し，フェノールとなる。**J**から**F**の生成も同様に考えればよい。

〔注〕 o-, m-キシレン，エチルベンゼンのそれぞれ○で示した位置をスルホン化すると異性体が生じる。その他の位置は，○のいずれかと同じ化合物である。

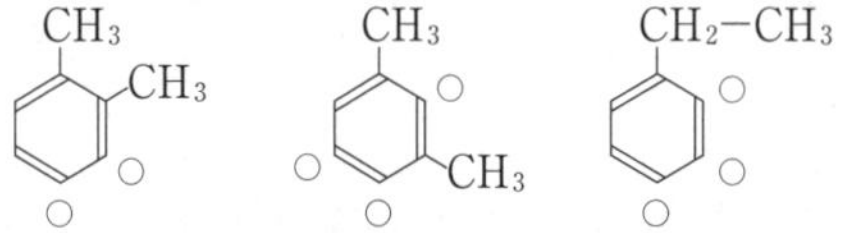

問6 化合物 **I**（分子量 106）53 g が完全に反応して得られる化合物 **J**（分子量 186）は

$$\frac{53\ \text{g}}{106\ \text{g/mol}} \times 186\ \text{g/mol} = 93\ \text{g} = 9.3 \times 10\ \text{g}$$

解 答

問1 A.

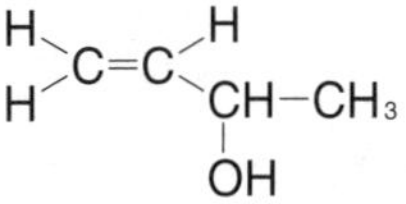

C. $CH_3-CH_2-\overset{\underset{\displaystyle O}{\|}}{C}-CH_3$

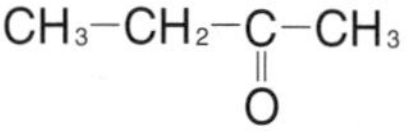

問2

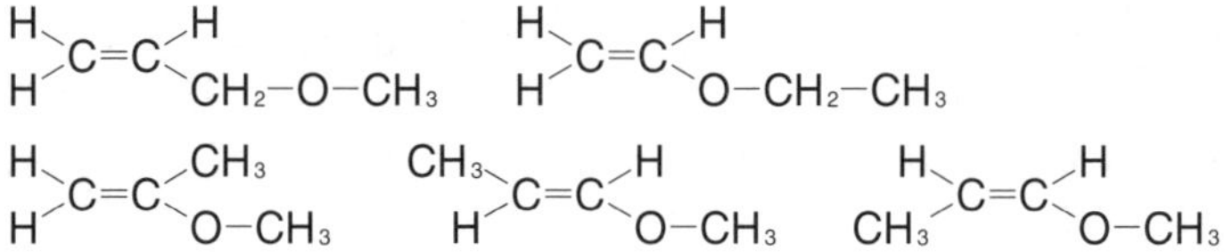

問3

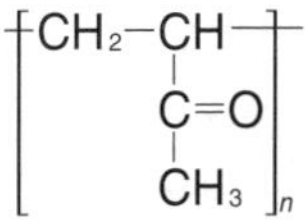

問4 A. 40% **B.** 25% **C.** 35%

問5 G.

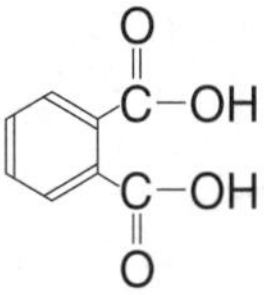

I.

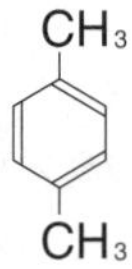

問6 9.3×10 g

問7

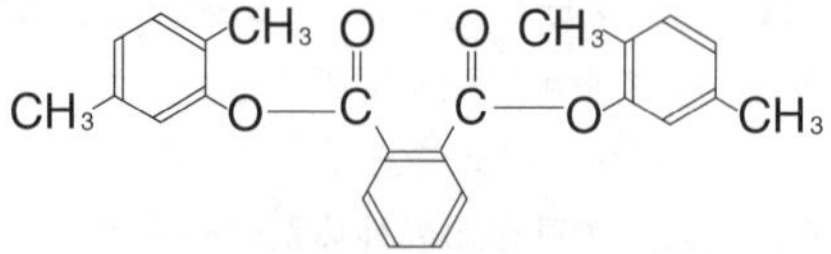

66

ポイント　グリセリンの中央の炭素原子に着目
　グリセリンエステルの光学異性体を考えるときは，グリセリンの中央の炭素原子が不斉炭素原子であるかどうかがポイントになる。また，問題文に示された「環境が同じ炭素原子」の意味を，その例示から正しく読み取ることも重要。

解　説

問1　C_8H_{10} の芳香族炭化水素には，下の4種類が考えられる。環境が異なる炭素の種類は，構造式の下に示してあり，それぞれの構造式の炭素に付した丸で囲んだ同じ数字は同等の炭素である。

3種類：**A**　　4種類：**C**　　5種類：**B**　　6種類：**D**

化合物**A**から**F**が生成する反応は下のようにニトロ化，還元反応を含んでいる。

化合物**C**を酸化して得られるカルボン酸はフタル酸で，オルト位に2個のカルボキシ基があると容易に分子内脱水して無水フタル酸になる。**B**も同様にメチル基が酸化されるが，脱水は起きない。

問2　理論上（反応式上）1 mol の化合物**A**（分子量106）から1 mol の化合物**E**（分子量151）ができるから，収率80%のとき，実際に生成する化合物**E**の質量を x〔g〕とすれば

$$\frac{53.0\,\text{g}}{106\,\text{g/mol}} \times 80\,\% = \frac{x}{151\,\text{g/mol}} \qquad \therefore \quad x = 60.4\,\text{g} = 6.04 \times 10\,\text{g}$$

問3 化合物 I と J に含まれる芳香族カルボン酸 K，L，M のそれぞれを脱二酸化炭素反応後，高温高圧で CO_2 を反応させると同一の化合物 K ができるのだから，K，L，M は，同じ分子式をもつ物質であると推測される。したがって，化合物 I と J を完全に加水分解する反応は次のようになる。

$$C_{24}H_{20}O_9 + 3H_2O \longrightarrow C_3H_5(OH)_3 + 3C_7H_6O_3$$

$C_7H_6O_3$ にはカルボキシ基があるので，もうひとつの官能基はヒドロキシ基であることがわかる。L はカルボキシ基のパラ位に官能基をもつので，K，M はオルト位またはメタ位にヒドロキシ基をもつことになる。脱二酸化炭素反応後の生成物 N はフェノールで，フェノールと CO_2 との反応では，ヒドロキシ基のオルト位の H 原子がカルボキシ基によって置換されたサリチル酸が生成することから K はサリチル酸とわかる。よって，M はメタ位にヒドロキシ基をもつことになる。塩化鉄(Ⅲ)水溶液による紫色の呈色は，フェノール類の検出反応である。

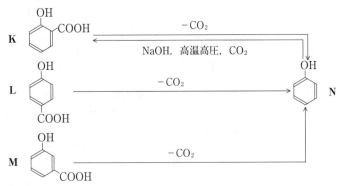

問4 グリセリンの中央の炭素原子が不斉炭素原子となるので，下のような3種類が可能である。

	1	2	3
CH_2-O-	Ⓚ	Ⓛ	Ⓛ
$*CH-O-$	Ⓛ	Ⓚ	Ⓜ
CH_2-O-	Ⓜ	Ⓜ	Ⓚ

問5 化合物 J（化合物 L：化合物 M ＝ 1：2）は2種類のカルボン酸からできていて，不斉炭素原子をもたないので，化合物 L が中央の炭素原子に，化合物 M が両端の炭素原子にエステル結合していることがわかる。

$$\begin{array}{l} CH_2-O-Ⓜ \\ CH-O-Ⓛ \\ CH_2-O-Ⓜ \end{array}$$

問6 次ページの図のように分離される。D，E は中性の物質であり，ともにエーテルに溶解している。F は塩基であるから，酸と反応して塩となり水に溶解する。G と N は酸性の物質で，$NaHCO_3$ 水溶液には，G はカルボキシ基が反応して塩となり水に溶解するが，N のフェノールは炭酸より弱い酸なので反応しない。

$$R-COOH + NaHCO_3 \longrightarrow R-COONa + H_2O + CO_2$$

NaOH 水溶液であれば，フェノールも塩となって水に溶解する。

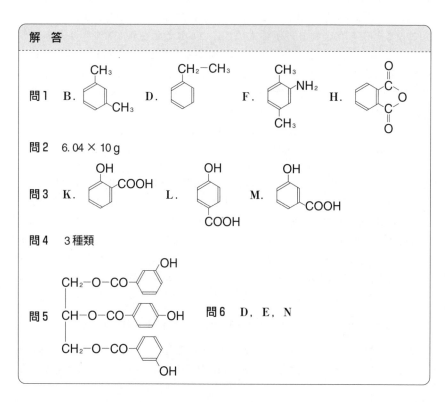

67

> **ポイント**　加水分解後の生成物の分子式の和
>
> 　アミド結合，エステル結合の場合，加水分解後の生成物の分子式の和は，反応物の分子式にアミド結合，エステル結合の数だけの H_2O を足したものになる。これにより，未知物質の官能基や不飽和結合の数など構造に関する情報を得ることができる。

解　説

　化合物 **A** のアミド結合を加水分解すると 3 種類の化合物の混合物となるので，**A** には 2 つのアミド結合があると推測される。

　化合物 **A** $C_{15}H_{20}N_2O_2$ に水分子が 2 分子反応して加水分解が起きるため，1 mol の **A** の加水分解生成物全体の化学式を仮定すると，$C_{15}H_{24}N_2O_4$ となる。化合物 **B** が $C_4H_6O_2$，化合物 **D** が $C_4H_{11}N$ であるから，化合物 **C** の分子式は $C_7H_7NO_2$ であるとわかる。さらに，**B** は炭酸水素ナトリウムと反応して塩となるので，カルボン酸類であることがわかる。**D** は水酸化ナトリウムより弱い塩基であるからアミン類であることがわかり，**C** はカルボン酸類でもあり，アミン類でもあることがわかる。

　このことから化合物 **B** の示性式は C_3H_5COOH と示され，アルキル基の部分 (C_3H_5) には二重結合が含まれることがわかる。また，化合物 **D** の示性式は，$C_4H_9NH_2$ と示され，アルキル基 (C_4H_9) には二重結合が含まれないことがわかる。化合物 **C** は，ベンゼン誘導体であるから，ベンゼンの 2 つの水素原子が COOH 基と NH_2 基に置換された構造をもつことがわかる。

　よって，**A** の加水分解の反応式は次のとおりである。

$$C_{15}H_{20}N_2O_2 + 2H_2O \longrightarrow C_3H_5COOH + C_6H_4(NH_2)COOH + C_4H_9NH_2$$
$$\phantom{C_{15}H_{20}N_2O_2}\text{A}\text{B}\text{C}\text{D}$$

C はカルボキシ基とアミノ基をもつので，**B**，**D** それぞれとアミド結合を生じる。

問1　触媒は，不飽和炭化水素に水素を付加させるときに使用されている白金のように，反応の活性化エネルギーを減少させ，反応速度を増大させるものである。水素付加反応の白金のように混ざり合わないで作用する触媒を不均一系触媒，エステル合成のときに使用する硫酸のように混ざり合って作用する触媒を均一系触媒という。

問2　化合物 **B** C_3H_5COOH（分子量 86.0）1 分子には炭素原子間に二重結合が 1 つ含まれるので，H_2 は 1 分子付加する。

$$\frac{0.200\ \text{g}}{86.0\ \text{g/mol}} \times 1 \times 22.4\ \text{L/mol} = 0.05209\ \text{L} \risingdotseq 5.21 \times 10^{-2}\ \text{L}$$

問3　化合物 **B** に水素を付加させた化合物 **E** の示性式は C_3H_7COOH であり，2-メチル-1-プロパノールの示性式は $(CH_3)_2CHCH_2OH$ であるから，これらからできる

　エステルは，$C_3H_7COOCH_2CH(CH_3)_2$ となり，分子式は，$C_8H_{16}O_2$ となる。

$$C_3H_7COOH + (CH_3)_2CHCH_2OH \longrightarrow C_3H_7COOCH_2CH(CH_3)_2 + H_2O$$

問4　炭素原子間に二重結合が存在する場合には，幾何異性体（シス・トランス異性体）を考慮する必要がある。したがって，化合物Bの構造式は4種類考えられる。

問5　化合物Cは置換された位置関係（o-, m-, p-）から，3つの異性体が考えられる。

問6　化合物Dは，アミン類である。第一級，第二級アミンはカルボキシ基と縮合できるので化合物Dとして可能だが，第三級アミンは縮合できる水素原子がないのでDの構造としてはありえない。

解答

問1　㋐カルボキシ　㋑触媒　㋒活性化エネルギー
　　　㋓反応速度（速度または速さ）　㋔均一触媒（または均一系触媒）

問2　5.21×10^{-2} L

問3　$C_8H_{16}O_2$

問4　

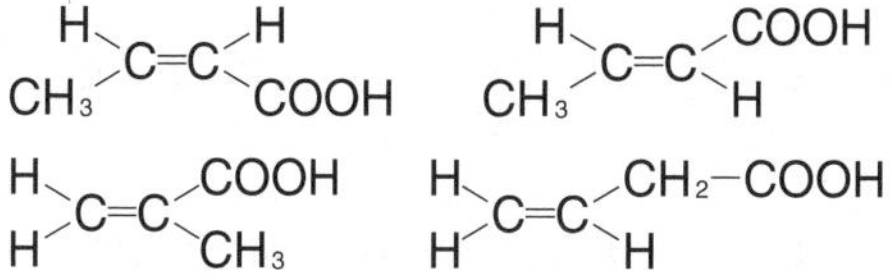

問5　

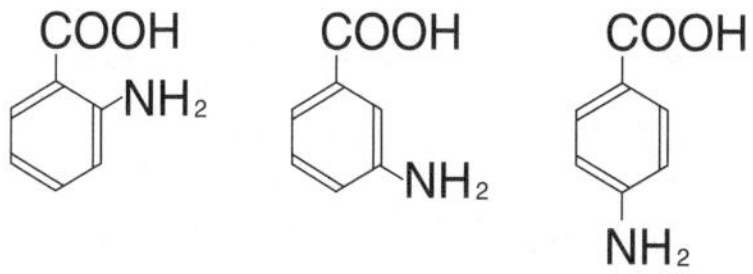

問6　$CH_3-CH_2-\overset{\overset{\displaystyle CH_3}{|}}{N}-CH_3$

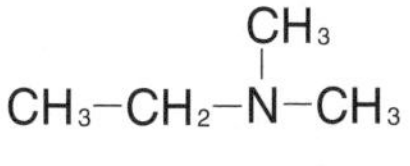

68

ポイント　プロペンと濃硫酸の反応

　プロペン C_3H_6 と濃硫酸 H_2SO_4 の反応は次のとおり。

$$CH_2=CH-CH_3 + HO-SO_3H \longrightarrow CH_3-\underset{\underset{OSO_3H}{|}}{CH}-CH_3$$

生成物は硫酸水素エステルであり，H_2SO_4 中によく溶ける。これを加水分解するとアルコールが生じる。

$$CH_3-\underset{\underset{OSO_3H}{|}}{CH}-CH_3 + H_2O \longrightarrow CH_3-\underset{\underset{OH}{|}}{CH}-CH_3 + H_2SO_4$$

解　説

問 1　**A** から **H** の化合物間の関連は次の図のようになる。

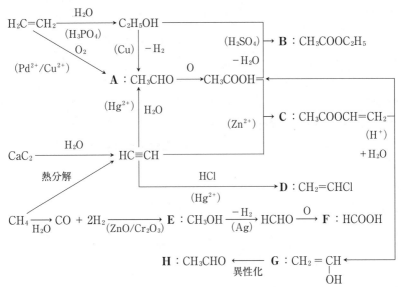

問 2　酢酸ビニルを加水分解すると，ビニルアルコールと酢酸ができるが，ビニルアルコールは不安定なため，異性化してアセトアルデヒドとなる。

$$\underset{\underset{OCOCH_3}{|}}{\underset{酢酸ビニル}{CH_2=CH}} + H_2O \xrightarrow{\text{加水分解}} \underset{\underset{\underset{(不安定)}{ビニルアルコール}}{\underset{OH}{|}}}{CH_2=CH} + CH_3COOH$$

$$CH_2=CH \xrightarrow{\text{異性化}} CH_3-C-H$$
$$\quad\ \ OH \qquad\qquad\qquad\ \ O$$

アセトアルデヒド

問 3　化合物 **F** はギ酸である。ギ酸は酢酸と異なり，分子内にアルデヒド基があり，還元性を示すので，銀鏡反応が陽性である。その他の性質は酢酸と共通で，酸を HX とすると次のように反応する。

(ア) $Na_2CO_3 + 2HX \longrightarrow 2NaX + H_2O + CO_2$

(エ) $Mg + 2HX \longrightarrow MgX_2 + H_2$

(オ) $NaOH + HX \longrightarrow NaX + H_2O$

ギ酸，酢酸ともに(イ)の性質はもたない。

問 4　エチレンやプロピレンは，分子内に二重結合を含み，付加反応によって濃硫酸と反応し，生成物は硫酸に溶けてしまうので，回収された気体はメタンである。

$$CH_2=CH_2 + H_2SO_4 \longrightarrow CH_3-CH_2$$
$$\qquad\qquad\qquad\qquad\qquad\qquad OSO_3H$$

$$CH_2=CH-CH_3 + H_2SO_4 \longrightarrow CH_3-CH-CH_3$$
$$\qquad\qquad\qquad\qquad\qquad\qquad\qquad OSO_3H$$

〔参考〕　OSO_3H の結合位置はマルコフニコフ則による（問 7 の〔解説〕参照）。

問 6　アルケン **X** の一般式を C_nH_{2n}（分子量 $14n$）とすると，HCl とは

$$C_nH_{2n} + HCl \longrightarrow C_nH_{2n+1}Cl$$

のように反応して，付加生成物 **Y** $C_nH_{2n+1}Cl$（分子量 $14n + 36.5$）が生成する。化合物 **X**，**Y** の分子量の関係より

$$\frac{14n + 36.5}{14n} = 1.65 \qquad \therefore \quad n = 4$$

したがって，分子式は C_4H_8 となる。

問 7　C_4H_8 の構造として可能なのは，次ページの(a)～(c)の 3 種類の構造異性体（(b)には 1 組の幾何異性体が存在する）である。

それぞれに HCl を付加させると，問題文に与えられた条件（マルコフニコフ則という）より，(a)と(b)からは同じ物質（2-クロロブタン：(d)）ができる。この物質には，不斉炭素原子 C* が存在する。(c)に HCl を付加させると，2-クロロ-2-メチルプロパン（(e)）ができる。この物質は不斉炭素原子をもたない。

(a)$CH_2=CH-CH_2-CH_3$　　(b)

$$\begin{array}{c}CH_3\\|\\C=C\\|\ \ |\\H\ \ \ H\end{array}\ CH_3$$
$$\begin{array}{c}CH_3\\|\\C=C\\|\ \ |\\H\ \ \ CH_3\end{array}\ H$$

$\downarrow$ HCl　　$\downarrow$ HCl　　$\downarrow$ HCl

$$(d)\,CH_3-\overset{\displaystyle H}{\underset{\displaystyle Cl}{C^*}}-CH_2-CH_3$$

(c) $CH_2=\overset{\displaystyle CH_3}{C}-CH_3\ \xrightarrow{\ HCl\ }$ (e) $CH_3-\overset{\displaystyle CH_3}{\underset{\displaystyle Cl}{C}}-CH_3$

解 答

問1　A. CH_3CHO　B. $CH_3COOC_2H_5$　C. $CH_3COOCH=CH_2$
　　　D. $CH_2=CHCl$　E. CH_3OH　F. $HCOOH$

問2　CH_3CHO

問3　(1)—(ウ)　(2)—(ア)・(エ)・(オ)

問4　メタン

問5　25℃，1 atm で混合気体中のメタンの量は 58 mL なので混合気体 100 mL の燃焼でメタンの燃焼によって消費された酸素は 116 mL である。

　　　$CH_4 + 2O_2 \longrightarrow CO_2 + 2H_2O$

残りが，エチレンとプロピレンの燃焼によって消費されたことになる。
最初の混合気体中のエチレンを x〔mL〕，プロピレンを y〔mL〕とすると

　　　$x + y = (100 - 58)$ mL　……①

エチレンとプロピレンの燃焼反応はそれぞれ次のようになる。

　　　$C_2H_4 + 3O_2 \longrightarrow 2CO_2 + 2H_2O$

　　　$C_3H_6 + \dfrac{9}{2}O_2 \longrightarrow 3CO_2 + 3H_2O$

これらの反応によって消費された酸素の量は

　　　$3x + \dfrac{9}{2}y + 116$ mL $= 278$ mL　……②

①，②より　　$x = 18$ mL，$y = 24$ mL

よって　　メタン 58 %，エチレン 18 %，プロピレン 24 %　……(答)

問6　C_4H_8

問7　$CH_3-\overset{\displaystyle }{\underset{\displaystyle CH_3}{C}}=CH_2$

69

ポイント　まず炭素原子の数を求める

　題意より**A**～**H**の炭素原子数はいずれも同一である。さらに，**D**の分子量と**E**の組成式からその炭素原子数が 8 であることが導ける。炭素原子数が求まったら，H_2 の付加反応の難易から化合物の構造を推測すればよい。

解　説

問1　**D**の組成式を C_xH_y とすると，$CO_2 = 44.0$，$H_2O = 18.0$ より

$$x : y = \frac{22.0}{44.0} : \frac{9.0}{18.0} \times 2 = 0.50 : 1.0 = 1 : 2$$

したがって，**D**の組成式は CH_2 となる。

また，**E**の組成式を $C_xH_yO_z$ とすると

$$x : y : z = \frac{17.6}{44.0} : \frac{4.5}{18.0} \times 2 : \frac{6.1 - \left(17.6 \times \frac{12.0}{44.0} + 4.5 \times \frac{2.0}{18.0}\right)}{16.0}$$
$$= 0.4 : 0.5 : 0.05 = 8 : 10 : 1$$

したがって，**E**の組成式は $C_8H_{10}O$ となる。

問2　分子量は，試料が気体か揮発性の物質であれば，気体の状態方程式を使って求められる。

気体の圧力を P〔atm〕，温度を T〔K〕，気体の質量を w〔g〕，体積を V〔L〕，気体定数を R〔atm·L/(K·mol)〕，気体のモル質量を M〔g/mol〕とすると，気体の状態方程式より

$$PV = \frac{w}{M}RT \qquad M = \frac{wRT}{PV}$$

気体の密度は $\frac{w}{V}$〔g/L〕であるから，その測定値を用いると

$$M = \frac{RT}{P} \times \frac{w}{V}$$

となり，分子量を求めることができる。

また，純溶媒と溶液の凝固点の差 Δt〔K〕は，溶液の質量モル濃度 c〔mol/kg〕に比例することを利用して分子量を求めることができる。

溶液中の溶質の質量を w〔g〕，溶質のモル質量を M〔g/mol〕，溶媒の質量を W〔kg〕とすると，溶液の質量モル濃度は

$$c = \frac{w}{M} \times \frac{1}{W} = \frac{w}{MW}〔mol/kg〕$$

溶媒のモル凝固点降下を K_f〔K・kg/mol〕とすると

$$\Delta t = K_f \cdot c = K_f \frac{w}{MW} \qquad \therefore \quad M = \frac{K_f w}{\Delta t W}$$

となり，分子量が求められる。

問3 化合物 **D** の実験式は CH_2 で分子量が 120 以下であるから，C_8H_{16} よりも炭素数は多くない化合物である。さらに，化合物 **E** の実験式が $C_8H_{10}O$ であり，一連の反応において炭素数は変化しないので，**A**〜**H** の化合物の炭素数は 8 であるとわかる。また，化合物 **A** と **B** が比較的容易に水素によって付加反応を受けるのは，脂肪族不飽和炭化水素の部分であると考えられる。**D** は飽和炭化水素なので，環状飽和炭化水素であると推定できる。一方，化合物 **C** に水素を付加するためには厳しい条件を要するので，化合物 **C** は芳香族炭化水素であると考えられる。化合物 **A**〜**C** がベンゼン環と炭素数 2 の炭化水素基をもつとすると，**A** → **B** → **C** の 2 段階で水素と反応することから，化合物 **A** は $C≡C$ を，化合物 **B** は $C=C$ を，化合物 **C** は $C−C$ を側鎖にもつと考えると，反応の過程が説明できる。**A**〜**F** の関係を以下に示す。

C* は不斉炭素原子

問4 化合物 **C** を濃硫酸によりスルホン化すると，主にエチル基の p 位か o 位の水素原子がスルホ基に置換された物質ができる。m 位が置換されたものもごく少量生成する。これらの化合物を溶融水酸化ナトリウムと反応させると，スルホ基がヒドロキシ基（ナトリウム塩）に置き換わり，CO_2 で処理するとヒドロキシ基になる。この反応は，アルカリ融解とそれに続くフェノール性ヒドロキシ基の CO_2 による弱酸遊離反応である。

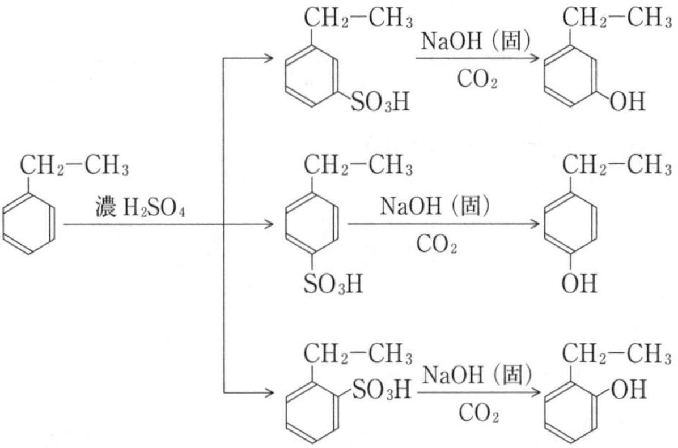

CH_2-CH_3 → 濃 H_2SO_4 →

(反応経路図：エチルベンゼンに濃 H_2SO_4 を作用させて m-, p-, o-エチルベンゼンスルホン酸を生成し、それぞれ NaOH（固）/CO_2 でフェノール類へ変換する)

生成物の臭素置換体の種類は次のようになる。それぞれの構造式に付した丸で囲んだ数字の位置に臭素は結合し、同じ数字のものは同じ構造になる。

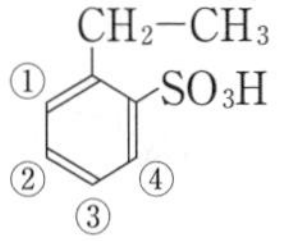

① CH_2-CH_3, ①〜④ SO₃H位置	① CH_2-CH_3, ①〜④ SO₃H位置	① CH_2-CH_3, ①②位 SO₃H
4 種類	4 種類	2 種類

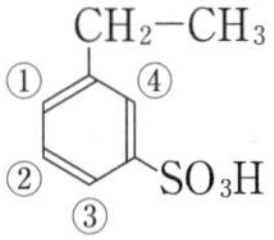

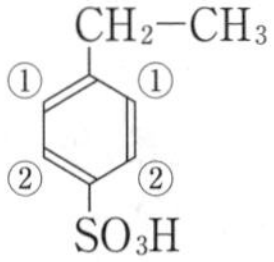

また、エチル基の臭素置換体も o-, m-, p-の各構造に2種類ずつ存在する。

〔注〕　$-CH_2-CH_3$
　　　　　①　　②

　①または②の炭素に結合しているH原子が1個置換される。

解　答

問1　D. CH_2　E. $C_8H_{10}O$　　問2　(ウ)・(キ)

問3　A. $\phi-C\equiv C-H$（フェニル基にエチニル基）　　B. $\phi-CH=CH_2$（スチレン構造）　　D. (CH₂）₄環に CH₂, CH–CH₂–CH₃ が結合した構造

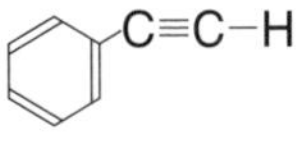

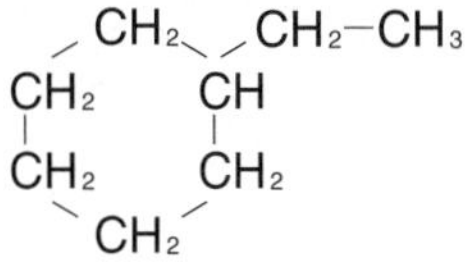

E. $\phi-\overset{OH}{\underset{H}{C}}-CH_3$

問4　CH_2-CH_3 を持つベンゼン環の p-位に SO_3H が結合した構造

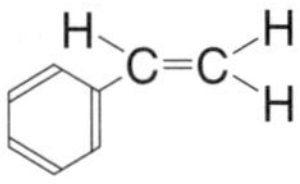

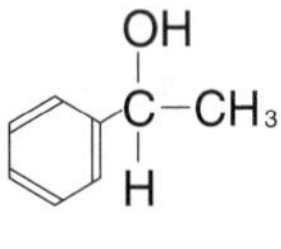

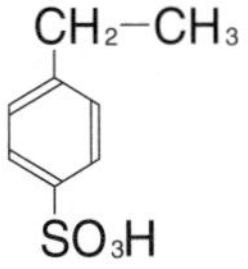

70

ポイント　環状構造中の不斉炭素原子の見分け方

　環状構造中の不斉炭素原子は，その炭素原子を中心にその隣の炭素原子を左右同時に 1 つずつたどっていき，両者の構造（置換基）を比較することで判定する。最後まで置換基の構造が同じで，もとの炭素原子までもどってきたら，その炭素原子は不斉炭素原子ではないことになる。

解　説

問 1　異性化の結果，アセトン $CH_3-CO-CH_3$ が生成しているので，逆にケト形→エノール形の変化をたどれば **B** が得られる。

$$CH_3-\underset{\underset{O}{\|}}{C}-CH_3 \longrightarrow \underset{H}{\overset{H}{>}}C=C\underset{OH}{\overset{CH_3}{<}}$$
$$\mathbf{B}$$

A はアルコール **B** と酢酸のエステルであるから，これも問題文中の(3)式を逆にたどれば **A** の構造が求められる。

$$\underset{H}{\overset{H}{>}}C=C\underset{OH}{\overset{CH_3}{<}} + CH_3COOH \xrightarrow[-H_2O]{} \underset{H}{\overset{H}{>}}C=C\underset{O-CO-CH_3}{\overset{CH_3}{<}}$$
$$\mathbf{A}$$

問 2　ベンゼン環は，一般に ⬡ の記号で表されるが，実際は炭素原子間の単結合と二重結合が一つおきに結びついて六員環をつくっているのではなく，その中間的な等価の炭素原子間の結合で 6 個の炭素原子が結びついて安定な構造となっている。したがって，フェノールは単純なエノール形化合物ではなく，すぐケト形に異性化しない。特殊な条件下では，次のように変化する。

問 3　C_7H_{12} の不飽和数は 2 なので，六員環構造と二重結合が 1 個ずつ存在する。

問 4・問 5　酢酸エステル **C**，**D**，**E**（分子式 $C_9H_{14}O_2$）の加水分解生成物 **F**，**G** が異性化する前のアルコールを **F′**，**G′** とすると

　　$C_9H_{14}O_2 + H_2O \longrightarrow CH_3COOH + C_7H_{12}O$

の反応式より **F′**，**G′** とも不飽和数は 2 であり，エノール形と考えられるので，次の①～⑥のいずれかである。

①　　　②　　　③　　　④　　　⑤　　　⑥

①～⑥が異性化して生じるケト形を(a)～(f)で示す。

(a)　　　(b)　　　(c)　　　(d)　　　(e)　　　(f)

(b) = (f)，(c) = (e)　　　　　　　　　　　　　＊印は不斉炭素原子

Cは不斉炭素原子をもたないエノール形アルコールの酢酸エステルであり，加水分解後，そのアルコールは不斉炭素原子を含むケト形に変わるので，アルコールは②，それが異性化して生じる**F**は(b)と決まる。よって，**C**は②の酢酸エステルということになる。

Dは，アルコール部に不斉炭素原子があり，加水分解後のケト形にも不斉炭素原子が存在する。しかも，そのケト形は(b)と同一であるという条件から，**D**は⑥の酢酸エステルであることがわかる。

Eは，加水分解後のケト形がフェーリング液を還元することからアルデヒド基が存在するので，①の酢酸エステルであり，(a)が**G**に相当することがわかる。

Hは酸化（脱水素）により(b)の**F**に変化しているので，(b)に2原子のHを付加させて第二級アルコールにすればよい。また，**H**の脱水反応には2通りの経路があり，**J**，**K**が生成する。**J**には不斉炭素原子が存在する。

Iは，酸化した結果アルデヒドを生じているので，①に2Hを付加させて第一級アルコールにすればよい。

以下に反応経路図を示す。

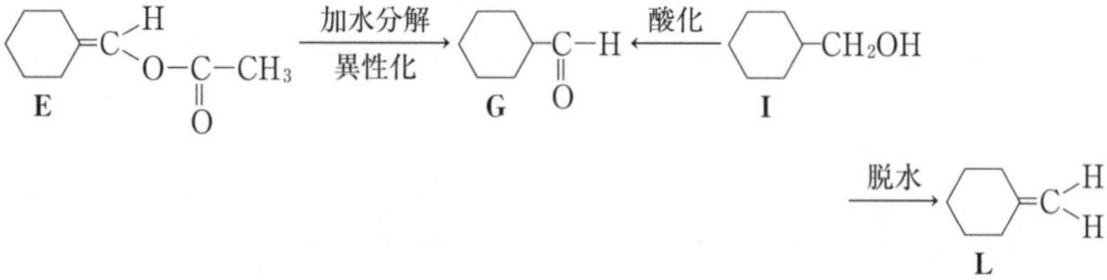

〔参考〕 **I** の脱水反応は次のように考えるとよい。

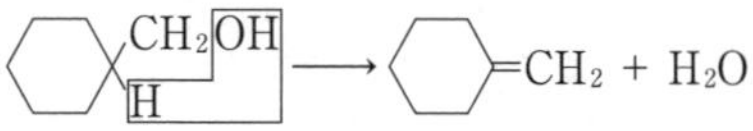

解　答

問1　A. 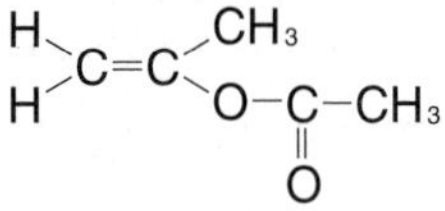　B. 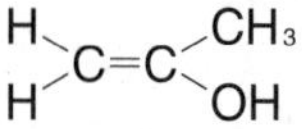

問2 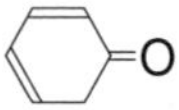

問3 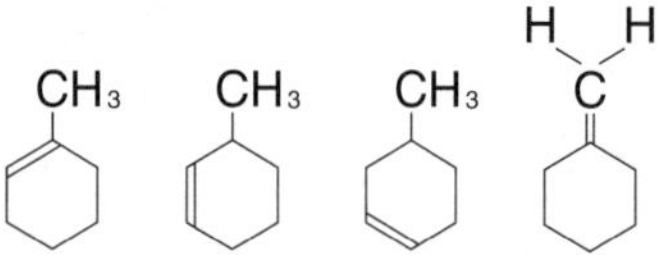

問4 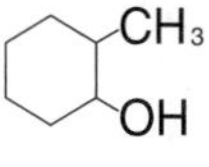

問5　C. 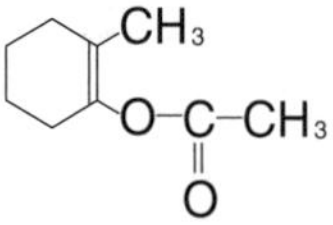　D. 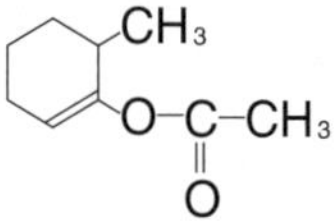

E. 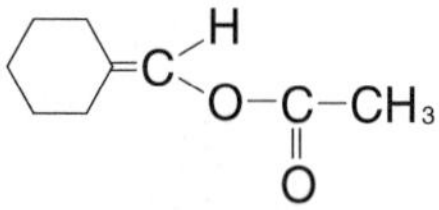

71

ポイント　環式炭化水素の光学異性体

　環式炭化水素では，分子内に対称面をもつため，不斉炭素原子をもつにもかかわらず，光学異性体が存在しないものがある。例えば，問 5 の解説にある 1, 2-ジメチルシクロプロパンでは，シス形をとっている(A)の鏡像は(A)と同一の分子になるため，(A)は不斉炭素原子をもつが，光学異性体は存在しない。このような化合物をメソ体という。

解 説

問1　C_5H_{10} の不飽和数は 1 なので，鎖状化合物には C=C が 1 個含まれる。その構造異性体には，次の①〜⑤の 5 種類が考えられる（H を省略して示す）。

　　① C=C–C–C–C　　② C–C=C–C–C

　　③ C=C–C–C　　④ C–C=C–C　　⑤ C–C–C=C
　　　　　　|　　　　　　　　|　　　　　　　　　|
　　　　　　C　　　　　　　C　　　　　　　　C

これらのうち，立体異性体である幾何異性体 **A1**，**A2** が存在するのは②である。

問2　**A1**，**A2** に水素が付加すると，飽和直鎖の **F**（⑥ C–C–C–C–C）が生成するが，他に水素付加によって **F** になるものに①があり，これが **B** と決まる。

次に，③〜⑤に水を付加するとそれぞれ次のようになる。

　　　　　　　　　　　　　　　　　OH
　　　　　　　　　　　　　　　　　|
　③ C=C–C–C ⟶ ⑦ C–C–C–C または ⑧ HO–C–C–C–C
　　　　|　　　　　　　　|　　　　　　　　　　　|
　　　　C　　　　　　　C　　　　　　　　　　C

　　　　　　　　　　　　　　　　OH
　　　　　　　　　　　　　　　　|
　④ C–C=C–C ⟶ ⑦ C–C–C–C または ⑨ C–C–C–C
　　　　|　　　　　　　　|　　　　　　　　　|
　　　　C　　　　　　　C　　　　　　　　C OH

　⑤ C–C–C=C ⟶ ⑨ C–C–C–C または ⑩ C–C–C–C–OH
　　　　|　　　　　　　　|　|　　　　　　　|
　　　　C　　　　　　　C OH　　　　　　C

二クロム酸カリウムの希硫酸水溶液で酸化されない第三級アルコール **G** は⑦であり，酸化された物質 **J** が水酸化ナトリウムとヨウ素によって黄色結晶を生じるヨードホルム反応を呈するのは，⑨の $CH_3\text{–}CH(OH)\text{–}$ の構造が酸化されて $CH_3\text{–}CO\text{–}$ となった⑪ C–C–C–C である。したがって，⑦と⑨の両方を生成する④が **C** であり，⑪が
　　　　　　　　　　|　‖
　　　　　　　　　　C　O

J と決まる。

問3　(ｳ)　分子式が C_5H_{10} の環状炭化水素には，次の 5 種類が考えられる（H を省略して示す）。

(i)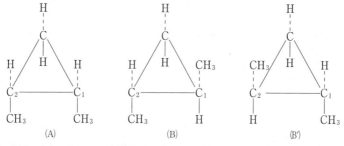
(ii) (iii) (iv) (v)

問4 **J**のヨードホルム反応は次の3段階で進む。

(i) –CH₃ の H と I の置換

$$CH_3-CH-C-CH_3 + 3I_2 \longrightarrow CH_3-CH-C-CI_3 + 3HI$$
$$\quad\;\; | \quad \|$$
$$\quad CH_3\; O \qquad\qquad\qquad CH_3\; O$$

(ii) NaOH による CHI₃ の生成

$$CH_3-CH-C-CI_3 + NaOH \longrightarrow CH_3-CH-C-ONa + CHI_3$$
$$\quad\;\; | \quad \|$$
$$\quad CH_3\; O \qquad\qquad\qquad\;\; CH_3\; O$$

(iii) 酸 HI の中和

$$3HI + 3NaOH \longrightarrow 3NaI + 3H_2O$$

(i) + (ii) + (iii) より

$$CH_3-CH-C-CH_3 + 4NaOH + 3I_2$$
$$\quad\;\; | \quad \|$$
$$\quad CH_3\; O$$

$$\longrightarrow CH_3-CH-C-ONa + CHI_3 + 3NaI + 3H_2O$$
$$\qquad\qquad\quad | \quad \|$$
$$\qquad\qquad CH_3\; O$$

問5 1,2-ジメチルシクロプロパンの立体異性体として次の3種類が考えられる。

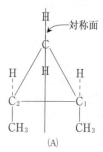

(A) (B) (B')

まず，環をつくった C–C 単結合は回転できないので，2つのメチル基が環の平面に対して同じ側に固定されたシス形(A)と，反対側に固定されたトランス形(B)の異性体が存在する。ここで，(A)・(B)の C₁ と C₂ はともに不斉炭素原子である。(B)の鏡像である(B')は，(B)と重なり合わないので，(B)と(B')は互いに光学異性体の関係になっている。

〔注〕 (A)の C₁，C₂ はともに不斉炭素原子であるが，(A)の鏡像体は(A)と同じであり，光学異性体が存在しない。これは，(A)内に対称面が存在するからである。このように，分子内に対称面が存在する分子の鏡像体はその分子そのものであ

る。このような分子をメソ体という。

〔注〕

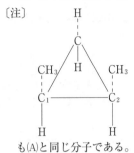

も(A)と同じ分子である。

解　答

問1
$$H_3C-C(H)=C(H)-CH_2-CH_3 \qquad H_3C-C(H)=C(CH_2-CH_3)(H)$$

問2　B.
$$H(H)C=C(H)-CH_2-CH_2-CH_3$$

G.
$$H_3C-\overset{OH}{\underset{CH_3}{C}}-CH_2-CH_3$$

J.
$$H_3C-\overset{O}{\underset{CH_3}{C}}-C-CH_3$$

問3　㋐幾何（シス・トランス）　㋑ヨードホルム　㋒ 5

問4　⑴ $H_3C-\underset{CH_3}{CH}-COONa$　⑵ CHI_3　（⑴・⑵は順不同）

問5
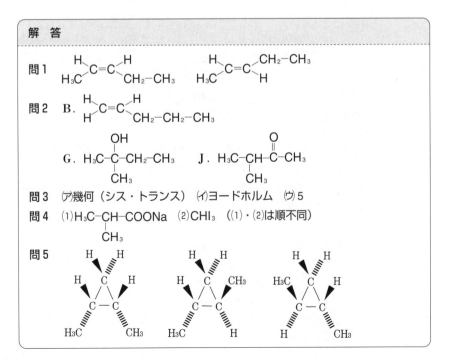

72

> **ポイント　ニトロ化で置換される位置**
> 　**D**は**H**をニトロ化すると得られるが，$-NO_2$ は $-OCOCH_3$ から見てパラ位で置換する
> ことに注意する。これは，置換反応がベンゼン環に結合している O 原子から見て，オル
> ト位とパラ位で起こりやすく，さらに，$-OCOCH_3$ が大きいので立体的な障害からオル
> ト位での置換反応が起こりにくいためである。

解　説

　B，**C**の構造に関することを問題文から抜き出してまとめると，次のようになる。
〔**B**の構造〕・ナトリウムフェノキシドを CO_2 と反応させてサリチル酸ナトリウムと
し，希硫酸を加えてサリチル酸を遊離させ，アセチル化して得られるアセチルサリチ
ル酸が**H**である。
・**H**をニトロ化すると，**D**が得られる。
・**D**は，**B**の $-OH$ をアセチル化してつくられた。

〔注〕　**H**の構造から，**B**において $-OH$ のオルト位にあるのは $-COOH$ であるこ
　　とがわかる。したがって，パラ位にあるのは $-NO_2$ となる。
〔**C**の構造〕**B**をスズと塩酸で還元すると，**C**になる。すなわち，**B**の $-NO_2$ が
$-NH_2$ に変わったものが**C**である。

〔**C**の誘導体〕**C**の 1 mol は 2 mol の無水酢酸と反応し，$-OH$，$-NH_2$ がともにアセ
チル化されて**E**になる。また，**C**に塩酸を加えると，$-NH_2$ が塩酸塩となって**F**が生
成する。**F**を冷やしながらジアゾ化すると，ジアゾニウム塩**G**が生じる。**G**は**B**とカ
ップリング反応により着色物質となる。

−COOH，−NO₂ には *m*-配向性，−OH には *o*-, *p*-配向性があるので上のようなカップリングを生じる。

A は C₁₅ の化合物であり，**B**，**C** はともに C₇ の化合物であるから，**A** を構成していた **B**，**C** 以外の物質は，**A** が 2 個のエステル結合を含むことから，次のように求められる。

$$C_{15}H_{12}N_2O_7 + 2H_2O - C_7H_5NO_5 - C_7H_7NO_3 = CH_4O$$

CH_4O は分子式から考えてメタノール CH_3OH ということになる。

　以上より，**A** は **B** と **C** がそれぞれの −OH と −COOH を用いて 1 個目のエステル結合をつくり，残りの −COOH と CH_3OH とが 2 個目のエステル結合をつくった物質ということになる。よって，**A** の異性体は 2 種類存在する。

〔注〕　**A** の構造式において の O 原子とベンゼン環の結合は，結合を

軸として自由に回転できる点に注意して全体構造を捉えることが大切である。

問2　下線部の反応（ジアゾ化）は低温（5℃以下）で行わないと，反応生成物が分解する（アニリンをジアゾ化した場合は不安定な塩化ベンゼンジアゾニウムが生成するが，加水分解すると，窒素ガスを発生しフェノールと塩酸になる）。

問3　CO_2 水溶液の酸性は，$-COOH$ より弱く，フェノール性の $-OH$ より強い。したがって，$-OH$ は電離せず，$-COOH \longrightarrow -COO^- + H^+$ の電離は進む。$-NH_2$ は塩基性の基であるから $H^+ + -NH_2 \longrightarrow -NH_3^+$ のように H^+ を受け取る。**C** は酸性の基，塩基性の基の両方をもつ両性物質である。

問4　**C** の $-NH_2$ はアミド結合を，$-OH$ はエステル結合をつくるので，**C** 1 mol に 2 mol の無水酢酸が反応して **E** が生成する。

問5　問題文に「**A** には 2 つのエステル結合が含まれる」とあるので，**B** の $-COOH$ と **C** の $-NH_2$ とのアミド結合は考えなくてもよい。

解　答

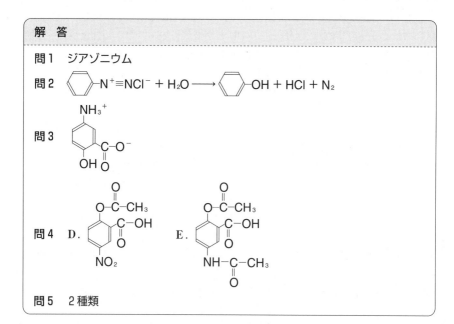

問1　ジアゾニウム

問2

問3

問4　D.　　　　E.

問5　2 種類

73

ポイント イソプレンの付加重合体

イソプレンの炭素骨格 $\underset{\displaystyle C}{C=C-C=C}$ において $+①-④+①-④+$ … のように付加

重合するか，$+①-④+④-①+$ …，$+④-①+④-①+$ … のように重合するか，
または二重結合2個のうち1個だけを使って重合するかによって生成物は異なる。

解 説

問1 Aの組成式を $C_xH_yO_z$ とする。

$$x : y : z = \frac{85.94\ \%}{12.0} : \frac{11.94\ \%}{1.00} : \frac{(100 - 85.94 - 11.94)\ \%}{16.0}$$
$$= 7.161 : 11.94 : 0.1325 \doteqdot 54 : 90 : 1$$

よって，Aの組成式は $C_{54}H_{90}O$ となる。Aは分子量が 1000 以下であるので
$$(C_{54}H_{90}O)_n = 754n < 1000$$
したがって，$n = 1$ となりAの分子式は $C_{54}H_{90}O$ となる。

問2 二重結合1 mol に I_2 は 1 mol 付加し，Aに含まれる二重結合を x 個とすると
$$A + xI_2 \longrightarrow 飽和の化合物$$

$I_2 = 254$ であるから

$$\frac{100\ \text{g}}{754\ \text{g/mol}} \times x = \frac{337\ \text{g}}{254\ \text{g/mol}} \qquad \therefore \quad x \doteqdot 10$$

問3 天然ゴムの主成分はポリイソプレンで，イソプレンが付加重合した物質である。

$$n\underset{\displaystyle CH_3}{CH_2=C-CH=CH_2} \longrightarrow \left(\underset{\displaystyle CH_3}{CH_2-C=CH-CH_2}\right)_n$$

問4 Aの硫酸酸性の $KMnO_4$ による酸化で，B (C_3H_6O)，C $(C_6H_{10}O_4)$ が各 1 mol，D $(C_5H_8O_3)$ が x 〔mol〕生成したとする。Aが C_{54} の化合物であることに注目し，炭素原子の数について

$$C_3 + C_6 + C_{5x} = C_{54} \qquad \therefore \quad x = 9$$

問5 末端の4個の炭素原子をもつ原子団は，Aの分子式 $(C_{54}H_{90}O)$ からイソプレン (C_5H_8) 10分子と1個の水素原子を除いて C_4H_9O となる。また，Aの酸化分解生成物がB，C，Dの3種しかないことから，Aを構成するイソプレンは上記の $+①-④+①-④+$ … の配列で付加重合したものと推定できる。$R_1-C=C\underset{\displaystyle H}{\overset{\displaystyle R_2}{\diagdown}}_{R_3}$

の酸化で，$R_1-\underset{\displaystyle O}{\overset{\displaystyle \parallel}{C}}-OH$ と $R_2-\underset{\displaystyle O}{\overset{\displaystyle \parallel}{C}}-R_3$ が生成することを考慮して，Aの MnO_4^- によ

242

る酸化分解は次のようになると考えられる。

イソプレン 10 分子が付加重合

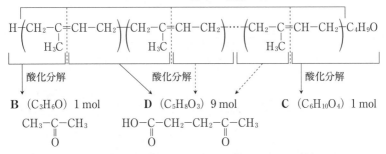

また，末端の C_4H_9O と酸化分解の生成物 C の構造について考える。

● A は Na と反応して H_2 を発生するのでアルコール性の OH が含まれること

● A 中に存在する不斉炭素原子は末端の原子団 $-C_4H_9$ 中に含まれるが，酸化分解後には C は不斉炭素原子を含まないこと

● C の 1 分子中の 4 個の酸素原子はカルボキシル基 2 個に由来するであろうこと

● したがって，A の OH は第一級アルコールの形で含まれること

以上を総合すると，次のようになる。

[注] A の構造が $\{①-④\}\{④-①\}\{①-④\}$ … だとすると，$KMnO_4$ による酸化分解によって，両末端の B，C に加えて①-④と④-①の結合に由来する 2 種類の物質が生成するので，合計 4 種類の生成物となる。また，B や C の構造から A は，$H\{④-①\}\{④-①\}…\{④-①\}C_4H_9O$ や，単量体の 1 つの二重結合を使う重合体でないこともわかる。

解　答

問1　$C_{54}H_{90}O$　　問2　10個　　問3　イソプレン　　問4　9

問5　B. CH_3-C-CH_3　　C. $HO-C-CH_2-CH-CH_2-C-OH$

D. $HO-C-CH_2-CH_2-C-CH_3$

問6　$H\{CH_2-C=CH-CH_2\}_{10}CH-CH_2-CH_2-OH$

74

> **ポイント** 特徴的な反応に注目する
> 各化合物について与えられた条件を列挙し，相互に矛盾しないように分子式や構造式を
> 考えていく。その際，特徴的な反応に注目して構造や官能基を決定していくこと。例えば，
> 「臭素水の赤褐色が消えた」とあるが，このことから炭素－炭素二重結合があると推測す
> ることができる。1つ1つの反応をもれがないように検討していくこと。

解 説

問1 (a) **A**の組成式を $C_xH_yO_z$ とする。**A** 28.5 mg に含まれる構成元素の質量は

$$C : 66.0\,\text{mg} \times \frac{12.0\,\text{g/mol}}{44.0\,\text{g/mol}} = 18.0\,\text{mg}$$

$$H : 22.5\,\text{mg} \times \frac{1.0\,\text{g/mol} \times 2}{18\,\text{g/mol}} = 2.5\,\text{mg}$$

$$O : 28.5\,\text{mg} - (18.0 + 2.5)\,\text{mg} = 8.0\,\text{mg}$$

$$x : y : z = \frac{18.0\,\text{mg}}{12.0\,\text{g/mol}} : \frac{2.5\,\text{mg}}{1.0\,\text{g/mol}} : \frac{8.0\,\text{mg}}{16.0\,\text{g/mol}} = 3 : 5 : 1$$

よって，組成式は C_3H_5O である。

(b) $C_3H_5O = 57$，$(C_3H_5O)_2 = C_6H_{10}O_2 = 114$，$(C_3H_5O)_3 = C_9H_{15}O_3 = 171$，

$(C_3H_5O)_4 = C_{12}H_{20}O_4 = 228$

Aの分子量は 200 以下であるので，分子式は上のうち，前から3つに限られるが，
エステル結合 $-COO-$ を含むのでO原子が2個以上存在することになり，C_3H_5O
は不可。また，炭素・水素・酸素から構成される化合物ではH原子の数は必ず偶
数になるので，$C_9H_{15}O_3$ は不可。よって，分子式は $C_6H_{10}O_2$ である。

問2 題意より，**A**，**B**は互いに異性体である。また，分子式より C=C 結合は1つ
しか存在しない。**A**，**B**の加水分解とその分解生成物の関係は次のようになる。

エステル　　　　　　カルボン酸　　アルコール

A. $C_6H_{10}O_2 + H_2O \longrightarrow$ 　**C**　　 ＋ 　**D**

酸化　　(C=C を含む)

酸化　　　　　　 H_2 付加

B. $C_6H_{10}O_2 + H_2O \longrightarrow$ 　**E**　 ＋ 　**F**

(C=C を含む)

　D，**F** は酸化するとそれぞれカルボン酸 **E**，**C** を生じるから，ともに第一級アル
コールである。**D** に水素を付加すると **F** になるから，**D** と **F** の炭素原子数は同一。
また，アルコールの酸化によって炭素原子数に変化は起こらないから，**C**～**F** の炭
素原子数はすべて同一で，いずれも C_3 の化合物ということになる。

以上より，**D**は $CH_2=CH-CH_2-OH$ で，**E**は $CH_2=CH-COOH$，**F**は
$CH_3-CH_2-CH_2-OH$，**C**は CH_3-CH_2-COOH と決まる。**D**と臭素の反応は

$$CH_2=CH-CH_2-OH + Br_2 \longrightarrow CH_2Br-CHBr-CH_2-OH$$

と表され，炭素−炭素二重結合への臭素の付加反応ということになる。

〔注〕　**D**について，$CH_3-CH=CH-OH$ は，ビニルアルコール $CH_2=CH-OH$ と同
様，不安定な化合物であり，次のように異性化するため当てはまらない。

$$CH_3-CH=CH-OH \longrightarrow CH_3-CH_2-\overset{\displaystyle}{\underset{\displaystyle H}{C}}=O$$

また，この化合物は酸化によって**E**を生成しない。

問3　**C**と**D**の縮合（エステル化）で**A**が，**E**と**F**の縮合で**B**が生成するから

$$CH_3-CH_2-\overset{\|}{\underset{O}{C}}-OH + HO-CH_2-CH=CH_2$$

$$\qquad\qquad\text{C}\qquad\qquad\qquad\qquad\text{D}$$

$$\longrightarrow CH_3-CH_2-\overset{\|}{\underset{O}{C}}-O-CH_2-CH=CH_2 + H_2O$$

$$\qquad\qquad\qquad\qquad\qquad\text{A}$$

$$CH_2=CH-\overset{\|}{\underset{O}{C}}-OH + HO-CH_2-CH_2-CH_3$$

$$\qquad\quad\text{E}\qquad\qquad\qquad\qquad\text{F}$$

$$\longrightarrow CH_2=CH-\overset{\|}{\underset{O}{C}}-O-CH_2-CH_2-CH_3 + H_2O$$

$$\qquad\qquad\qquad\qquad\qquad\text{B}$$

問4　(a)　**C**は CH_3-CH_2-COOH （分子量 74），**E**は $CH_2=CH-COOH$ （分子量 72）
であるから，H_2 を付加するのは**E**だけである。付加する H_2 を n〔mol〕とすると，
気体の状態方程式より

$$n = \frac{1\ atm \times 1.59\ L}{0.082\ atm \cdot L/(mol \cdot K) \times (273 + 25)\ K} \qquad \therefore\quad n = 0.065\ mol$$

Eの 1 mol に H_2 は 1 mol 付加するから，求める質量は

$$72\ g/mol \times 0.065\ mol = 4.68\ g \fallingdotseq 4.7\ g$$

(b)　混合物の 8.0 g 中に**E**は 0.065 mol （4.68 g）含まれることが(a)でわかったから，
含まれる**C**の物質量を n_C〔mol〕とすると

$$74\ g/mol \times n_C + 4.68\ g = 8.0\ g \qquad \therefore\quad n_C = 0.0448\ mol$$

C，**E**はともに 1 価の酸であるから，この混合物 8.0 g を中和するのに要する
NaOH （式量 40）の質量は

$$40\ g/mol \times (0.065 + 0.0448)\ mol = 4.39\ g \fallingdotseq 4.4\ g$$

解　答

問 1　(a) C_3H_5O　(b) $C_6H_{10}O_2$

問 2　(ア) 炭素－炭素二重結合　(イ) 付加

問 3　A. 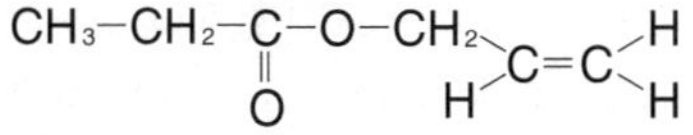 $CH_3-CH_2-\overset{\displaystyle}{\underset{O}{C}}-O-CH_2-C\!=\!C\!\!\begin{smallmatrix}H\\H\end{smallmatrix}$

B. $\begin{smallmatrix}H\\H\end{smallmatrix}\!\!C\!=\!C\!\!\begin{smallmatrix}\\H\end{smallmatrix}-\overset{O}{C}-O-CH_2-CH_2-CH_3$

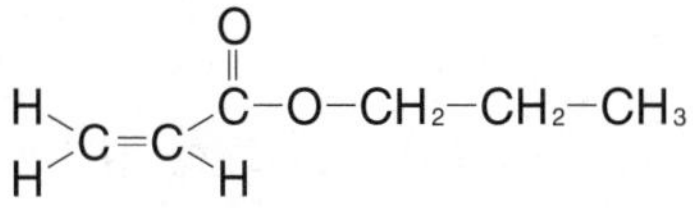

問 4　(a) 4.7 g　(b) 4.4 g

75

> **ポイント** 加水分解でできる生成物の数から反応物を推測する
>
> 　加水分解によって 3 種類の化合物が生成したことから，反応物はジエステルであると考えられる。また，このことより生成物全体で −OH と −COOH が 2 つずつあることが推測できる。これらのことより推論を進めていけばよい。

解　説

問 1 〜問 3　題意より，**A** はジエステルで，加水分解によりアルコール **B**，**C** と芳香族ジカルボン酸 **D** が得られることから，それらが脱水縮合して形成されるエステルであることが推定される。**A** の組成式を $C_xH_yO_z$ とすると，**A** の 20.7 mg 中に含まれる構成元素の質量は

$$C : 51.0\,mg \times \frac{12.0\,g/mol}{44.0\,g/mol} = 13.9\,mg$$

$$H : 13.4\,mg \times \frac{1.0\,g/mol \times 2}{18.0\,g/mol} = 1.48\,mg$$

$$O : 20.7\,mg - (13.9 + 1.48)\,mg = 5.32\,mg$$

$$x : y : z = \frac{13.9\,mg}{12.0\,g/mol} : \frac{1.48\,mg}{1.0\,g/mol} : \frac{5.32\,mg}{16.0\,g/mol}$$

$$= 1.15 : 1.48 : 0.33 \fallingdotseq 3.5 : 4.5 : 1 = 7 : 9 : 2$$

したがって，**A** の組成式は $C_7H_9O_2$ である。

芳香族炭化水素 **F**（$C_{10}H_8$：ナフタレン）を V_2O_5 触媒を用いて空気酸化すると芳香族酸無水物 **E**（無水フタル酸）が得られることから，**D** はフタル酸（$C_8H_6O_4$）で，その分子内脱水反応で **E** が生成したと考えることができる。よって，ジエステル **A** は分子中に O 原子を少なくとも 4 個含むことになるので，分子式は組成式を 2 倍した $C_{14}H_{18}O_4$ になると推定される。

　一方，**B** は水によく溶けるアルコールで，酸化されて(ア)を経て酸性の **G** になる。**G** は還元剤として働き，硫酸酸性の過マンガン酸カリウムと酸化還元を行うのでギ酸ということになる。したがって，**B** は CH_3OH，(ア)は H−CHO と決まる。ギ酸は分子中に −COOH をもつため酸性を示し，また −CHO ももつため還元性を示す。

　A は分子式が $C_{14}H_{18}O_4$ と推定され，その加水分解で CH_3OH，**C** と $C_8H_6O_4$ が生成することから，**C** の分子式は

$$C_{14}H_{18}O_4 + 2H_2O - CH_3OH - C_8H_6O_4 = C_5H_{12}O$$

また，**C** は穏やかに酸化すると銀鏡反応を示す **H** になるので，**H** はアルデヒドであり，**C** は第一級アルコールということになる。さらに，**H** の分子中に存在する不斉

炭素原子は**C**中に存在していたものを指すことになると考えられるので，次の4種のアルコールのうち②が**C**ということになる。

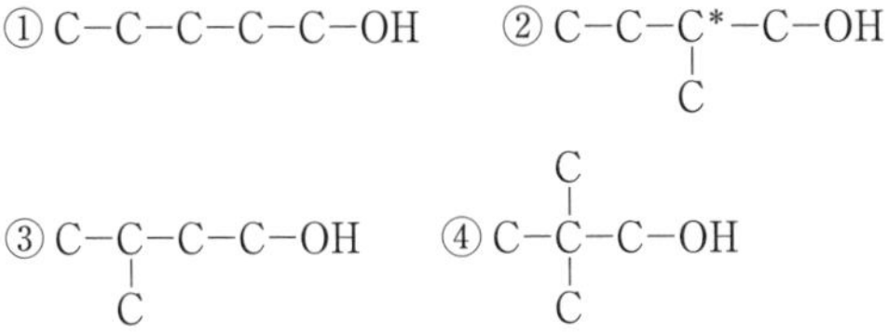

① C–C–C–C–C–OH

② C–C–C*–C–OH
　　　　｜
　　　　C

③ C–C–C–C–OH
　　｜
　　C

④ C–C–C–OH
　　｜
　　C

（H原子は省略，C*は不斉炭素原子）

よって，**H**は CH$_3$–CH$_2$–CH–CHOと決まる。
　　　　　　　　　　　　　｜
　　　　　　　　　　　　 CH$_3$

問4 熱濃硫酸による脱水反応で，COの実験室的製法である。

$$\text{H–COOH} \longrightarrow \text{H}_2\text{O} + \text{CO}$$

問5 **A**はフタル酸とメタノール，2-メチル-1-ブタノールとのエステルである。

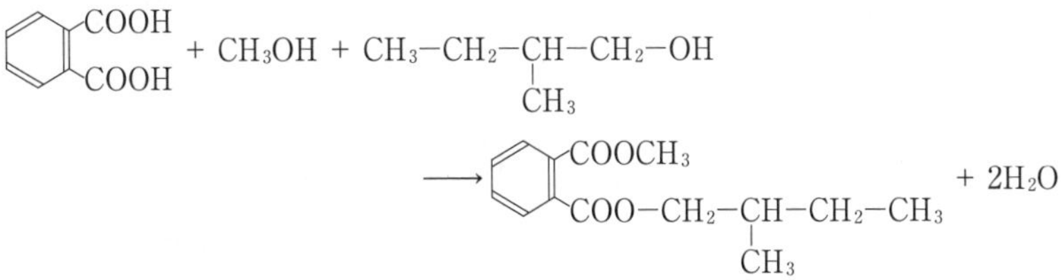

解　答

問1 $C_7H_9O_2$

問2 E. 　　F.

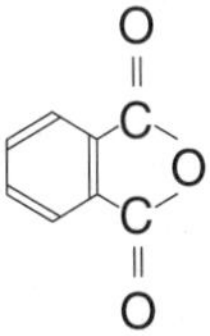

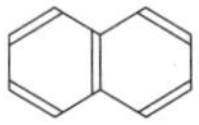

問3 ㋐ホルムアルデヒド　㋑ギ酸　㋒カルボキシ　㋓アルデヒド

問4 一酸化炭素

問5 H. CH$_3$–CH$_2$–CH–C–H
　　　　　　　　　　　　｜　‖
　　　　　　　　　　 CH$_3$ O

A.

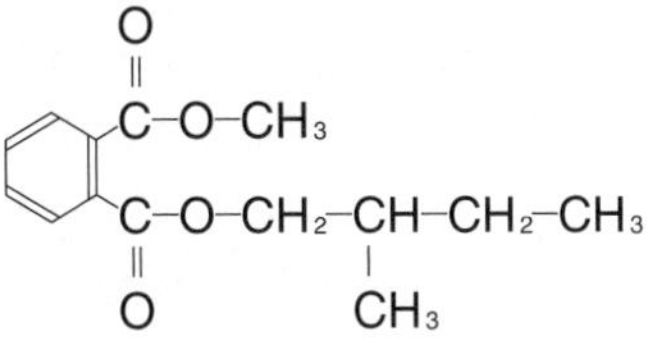

第6章
高分子化合物

- ・天然高分子化合物
- ・合成高分子化合物

76

> **ポイント** (a)**単糖類の表記法を理解する**
> 　授業での学習（フィッシャーの投影式など）の有無が影響しないように，単糖類の表記法の説明がなされている。よって，説明文をしっかり理解することがポイントである。問3では，二糖類のどのような構造の有無が還元性に影響するかは授業で学んでいるから，落ち着いて考えればよい。
> (b)**与えられた構造と反応生成物の関係を理解する**
> 　図4の反応は授業では扱わないが，構造と反応の関係を与えられた化合物にしっかり当てはめて思考を展開すればよい。慌てる必要はない。問6は，化合物EとIの酸化分解によって同じFが得られることを考慮することがポイントである。つまり，EとIには共通する構造があり，それ以外の不斉炭素原子による立体異性体を数えていけばよい。

解　説

問1　五員環構造の例を示すと次のようになる。不斉炭素原子 C^* が3つ存在するので，立体異性体の数は，$2^3 = 8$ 種類である。なお，これらの異性体は4組の鏡像異性体からなる。

問2　図2にあるように，アルドースAはエンジオール構造をもつ反応中間体を介してグルコースと平衡関係にあるアルドース（分子末端に $-CHO$ が存在）であるから，構造式はグルコースと同じであるが，(2)の炭素原子に結合する $-CHO$，$-H$，$-OH$ の立体配置が異なると考えられる。よって，図1(iii)の表記にならってグルコースと異なる立体構造を示すと次のようになる。なお，図1(iii)のような表記法をフィッシャーの投影式という。

問3　与えられた二糖類を構成する各単糖の炭素原子に番号をつけると次のようになる。なお，アルドースは六員環構造，ケトースは五員環構造を形成している。

（ア）　（イ）　（ウ）　（エ）　（オ）

二糖類が還元性を示すのは，構成する単糖の還元性を示す構造（アルドースの場合は1位の炭素原子，ケトース（フルクトース）の場合は2位の炭素原子）がグリコシド結合に関与していない場合である。よって，還元性を示す二糖は，(ウ)・(エ)・(オ)である。

次に，情報(あ)～(う)と各二糖との対応関係を示す。

(あ)　B，Dは(ウ)・(エ)・(オ)，Cは(ア)・(イ)である。

(い)　C，Dは(ア)・(ウ)・(エ)，Bは(イ)・(オ)である。

(う)　(エ)では，2つのアルドースにおいて，4位の炭素原子に結合する－OHの立体配置のみが異なっているので，Dは(エ)である。

したがって，(あ)・(い)よりBは(オ)，Cは(ア)と決まる。

問4　鎖状構造のグルコースおよびフルクトースにおいて，図4の各反応式の左辺に示された構造を見つけ，最終生成物が得られるまで反応を次々と進めていけばよい。以下にその例を示すが，最終生成物は他の反応経路をとっても同じである。なお，線で囲った部分が反応対象の構造である。

252

(I) （グルコース）

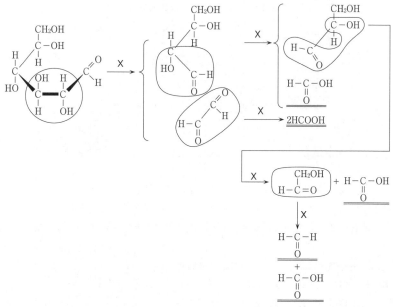

以上より　　HCOOH：HCHO＝5：1

(II) （フルクトース）

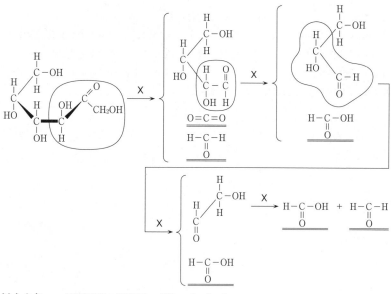

以上より　　HCOOH：HCHO：CO₂＝3：2：1

問5　化合物Eの反応経路は次のとおりである。

$$\text{E} \xrightarrow{\text{X}} \quad \xrightarrow{\text{X}} \quad \text{F} \quad + \quad \text{G}$$

化合物Fの分子量は化合物Gより大きいことに注意すると，GはHCOOHとなる。

問6　化合物Hはグルコースより炭素数が1つ少ないが，反応剤Xとの反応で同じF が得られることから，環構造の開裂は生じるが，さらに反応が進行してより小さな 分子が分離・生成することはない。また，Hは炭素数が5であることから，化合物 Iはβ型の五員環構造をしていると考えられる。よって，Iの立体異性体の1つ を例にして反応式を示すと次のようになる。

$$\text{I} \xrightarrow{\text{X}} \text{F}$$

(*)が不斉炭素原子であるから，異性体の数は〔解答〕のように$2^2 = 4$種類である。 なお，1,4位の炭素原子は，IがFを生じることからβ型のEと同じ立体構造をし ていると考えられ，異性体を考慮しなくてよい。

解 答

問1 8

問2

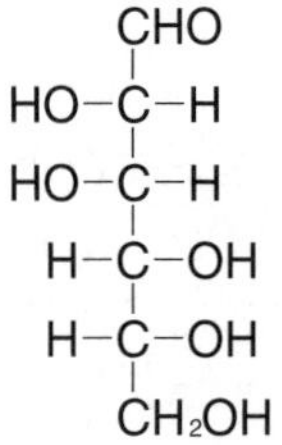

```
        CHO
  HO-C-H
  HO-C-H
   H-C-OH
   H-C-OH
       CH₂OH
```

$$\begin{array}{c}
\text{CHO} \\
\text{HO–C–H} \\
\text{HO–C–H} \\
\text{H–C–OH} \\
\text{H–C–OH} \\
\text{CH}_2\text{OH}
\end{array}$$

問3 B—(オ)　C—(ア)　D—(エ)

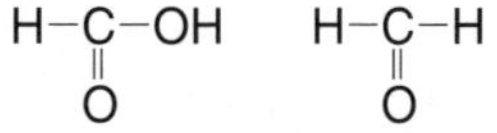

問4　(I)　$\underset{\text{O}}{\text{H–C–OH}}$　　$\underset{\text{O}}{\text{H–C–H}}$　（5：1）

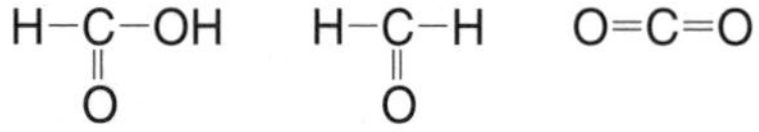

　　　　(II)　$\underset{\text{O}}{\text{H–C–OH}}$　　$\underset{\text{O}}{\text{H–C–H}}$　　O=C=O　（3：2：1）

問5　$\underset{\text{O}}{\text{H–C–OH}}$

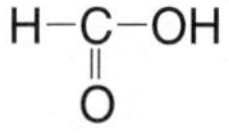

問6

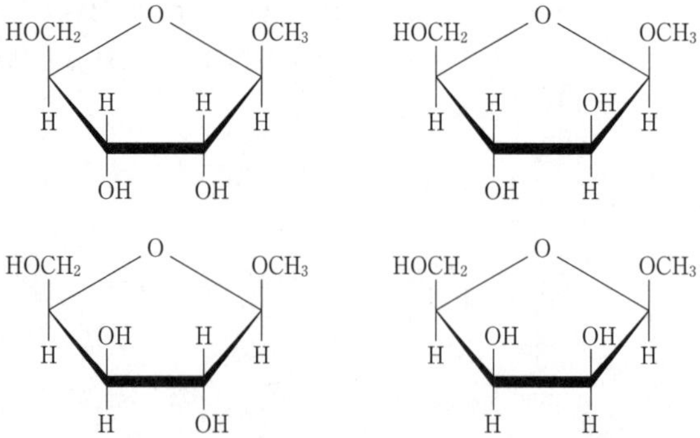

77

ポイント　ペプチド結合を中心にその他の結合および反応を考える

(a)アスパルテームは聞いたことはあるが，その構造式を詳しく学んだことはなかったかもしれない。まず問2に取り組み，その結果をもとに問1に臨むと合成過程がよくわかる。工業的合成過程では，合成に関与しない他の官能基の反応を防ぐ目的でいくつかのステップを踏むことが多く，同様の出題においても意識しておくとよいだろう。

(b)問3がポイントである。(ウ)より，ニンヒドリン反応は −NH₂ の検出反応であるから，構造式上 −NH₂ をもたないプロリンを考えるとよい。次に，(ア)・(イ)・(エ)から，残るアミノ酸はグルタミン酸だと推測できる。問7では，トリペプチドCと化合物Aの窒素原子数の違いは，(ケ)によって説明できることがわかるとよい。

解　説

問1　題意より，Xが得られる反応の流れは次のように考えられる。

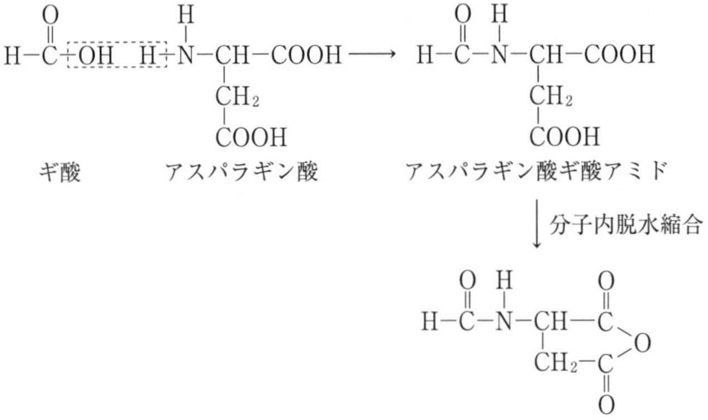

H－C(=O)－OH ＋ H－N(H)－CH(－CH₂－COOH)－COOH　→　H－C(=O)－N(H)－CH(－CH₂－COOH)－COOH

ギ酸　　　アスパラギン酸　　　　　　アスパラギン酸ギ酸アミド

↓ 分子内脱水縮合

X

さらに次のように，Xはフェニルアラニンメチルエステルとアまたはイの位置で開環してアミド結合ができる。つまり，構造異性体YまたはZが生成することになるが，下線部①および問2の解説よりアスパルテームの構造は推定できるので，アで開環して生成した化合物がアスパルテームのギ酸アミドYとわかる。

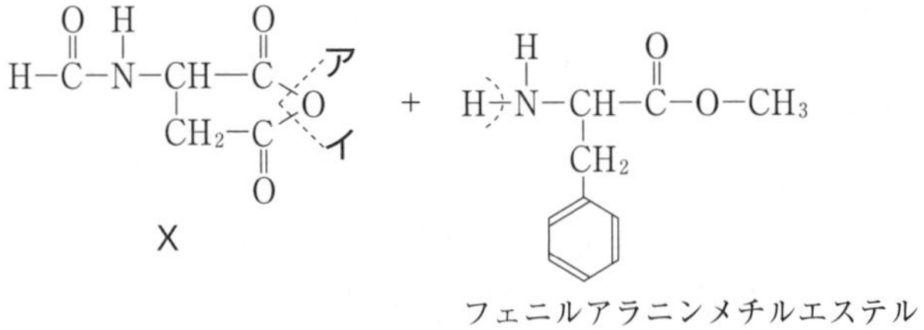

X　＋　H₂N－CH(－CH₂－C₆H₅)－C(=O)－O－CH₃

フェニルアラニンメチルエステル

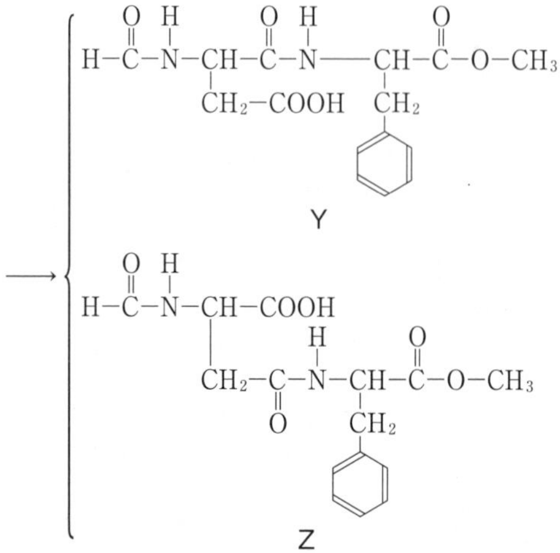

Y

Z

問2 下線部①よりアスパルテームの構造は次のように決定できる。

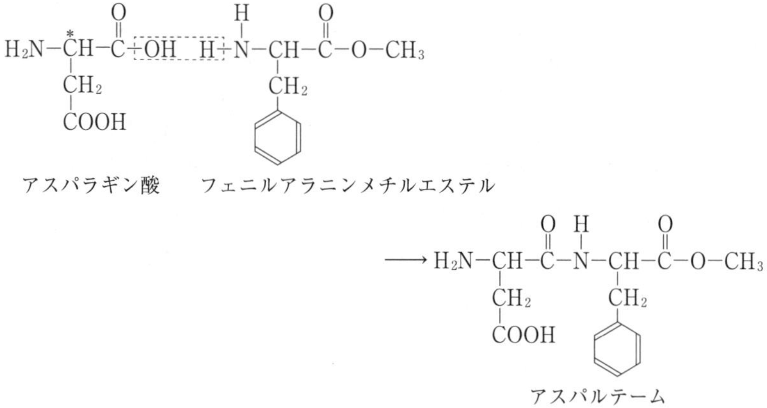

アスパラギン酸　　フェニルアラニンメチルエステル

アスパルテーム

問3 (ウ)について，プロリンは遊離の $-NH_2$ を持たずニンヒドリン反応における呈色は弱くなる（黄色）ため，プロリンの存在が予想できる。さらに，Aの炭素数からヒスチジンとプロリンの炭素数を引けば5となるので，残る1種類はグルタミン酸とわかる。

〔参考〕　このことは次のようなより詳しい考察によって確認される。

　(イ)より，化合物Aにはアミド結合とペプチド結合しか存在しないことになり，AのC末端はエステル結合をしておらず，アルコール成分による炭素原子は存在しない。(カ)より，AのN末端には $-NH_2$ が存在せず，NaOHによる加水分解で $-NH_2$ が生じたことになる。したがって，AのN末端では，$-NH_2$ とアミノ酸側鎖中の $-COOH$ とでラクタムが形成されていると推測される。このことと，問5・問6の解説より，AのN末端の構成アミノ酸は酸性アミノ酸であり，分子内

で五員環構造のラクタムを形成できるグルタミン酸であることがわかる。

以上より、Aの炭素原子数は、その構成成分である3つのアミノ酸の合計炭素原子数に等しいとみなせるので、グルタミン酸が構成成分の1つであることがわかる。なお、Aの窒素原子数は3つのアミノ酸の合計窒素原子数より1つ多いことから、AのC末端でのアミド結合の可能性が示唆される。

問4　等電点では各イオンの電荷の和が0になり、双性イオンが最も多く存在する。等電点よりpHが小さくなれば陽イオンが増加し、電気泳動では陰極に移動し、pHが大きくなれば陰イオンが増加し、陽極に移動する。

グルタミン酸は水溶液中で次のような4種類のイオンが平衡状態で存在し、等電点は3.22より、pH6.0では陰イオンになり電気泳動を行えば陽極側に移動する。

$$\underset{\text{一価の陽イオン}}{\overset{\displaystyle CH_2-CH_2-COOH}{H_3\overset{+}{N}-CH-COOH}} \quad \underset{H^+}{\overset{OH^-}{\rightleftharpoons}} \quad \underset{\text{双性イオン}}{\overset{\displaystyle CH_2-CH_2-COOH}{H_3\overset{+}{N}-CH-COO^-}}$$

$$\underset{H^+}{\overset{OH^-}{\rightleftharpoons}} \quad \underset{\text{一価の陰イオン}}{\overset{\displaystyle CH_2-CH_2-COO^-}{H_3\overset{+}{N}-CH-COO^-}} \quad \underset{H^+}{\overset{OH^-}{\rightleftharpoons}} \quad \underset{\text{二価の陰イオン}}{\overset{\displaystyle CH_2-CH_2-COO^-}{H_2N-CH-COO^-}}$$

また、グルタミン酸のような等電点が酸性側にあるアミノ酸は、右のように側鎖にカルボキシ基を持ち、酸性アミノ酸と呼ばれる。

$$\underset{\substack{| \\ \text{側鎖 } NH_2}}{\overset{\displaystyle H}{\textcircled{R}-C-COOH}}$$

問5　i）アセチル化は $-NH_2$ や $-OH$ のHがアセチル基 $-CO-CH_3$ に置換される反応で、一般的な試薬として無水酢酸が使われる。

ii）アセチル化が進行しないのはAに $-NH_2$ が存在しないからであり、NaOHの存在でアセチル化が進行したのは、ラクタムが加水分解され $-NH_2$ が生じたためである。

問6　Aについては、㈮よりヒスチジンのカルボキシ基側でペプチド結合ができていることから、ヒスチジンはC末端側には位置しない。また、㈯より五員環構造のラクタムは右のようにグルタミン酸内でできると考えられるので、グルタミン酸はN末端側に位置する。よって、Cについても「グルタミン酸―ヒスチジン―プロリン」の配列となる。

$$\begin{array}{c} H \\ | \\ H-N-CH-COOH \\ | \\ CH_2 \\ | \\ HO-C-CH_2 \\ \| \\ O \end{array}$$

グルタミン酸

問7　トリペプチドCの構造は次のようになり、㈰によって、Cのカルボキシ基をメチルエステル化し、さらにアンモニアと反応させて得られた脂肪酸アミドがAとわかる。このAの分子式は㈎と同じ $C_{16}H_{22}N_6O_4$ である。

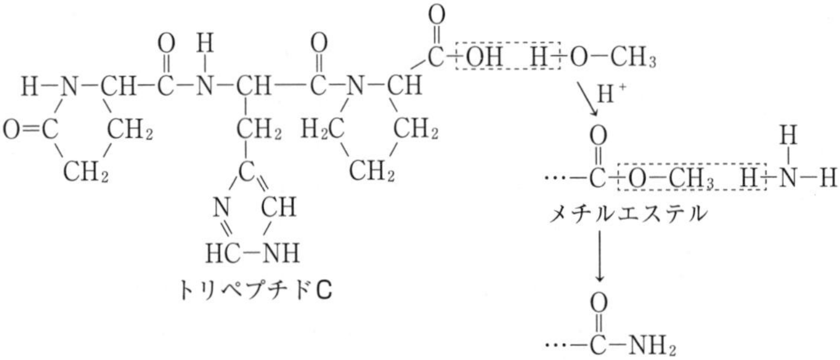

トリペプチドC

メチルエステル

脂肪酸アミドA

なお，㊦で得られた分子量 380 の化合物の構造式は次のとおりである。分子式は $C_{16}H_{24}N_6O_5$ である。

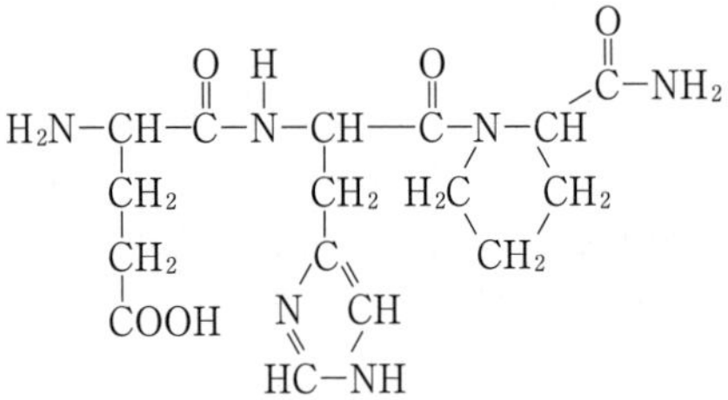

解　答

問1　X.

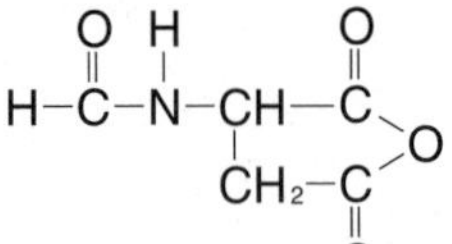

Y.

$$H-\overset{\overset{\displaystyle O}{\|}}{C}-\overset{\overset{\displaystyle H}{|}}{N}-\overset{\overset{\displaystyle |}{CH}}{\underset{\underset{\underset{COOH}{|}}{CH_2}}{|}}-\overset{\overset{\displaystyle O}{\|}}{C}-\overset{\overset{\displaystyle H}{|}}{N}-\overset{\overset{\displaystyle |}{CH}}{\underset{CH_2}{|}}-\overset{\overset{\displaystyle O}{\|}}{C}-O-CH_3$$

（ベンゼン環）

Z.

$$H-\overset{\overset{\displaystyle O}{\|}}{C}-\overset{\overset{\displaystyle H}{|}}{N}-CH-COOH$$
$$|$$
$$CH_2$$
$$|$$
$$\overset{\overset{\displaystyle O}{\|}}{C}-\overset{\overset{\displaystyle |}{N}}{\underset{H}{|}}-CH-\overset{\overset{\displaystyle O}{\|}}{C}-O-CH_3$$
$$|$$
$$CH_2$$（ベンゼン環）

問2

$$H_2N-\overset{\overset{\displaystyle }{|}}{CH}-\overset{\overset{\displaystyle O}{\|}}{C}-\overset{\overset{\displaystyle H}{|}}{N}-CH-\overset{\overset{\displaystyle O}{\|}}{C}-O-CH_3$$
$$|\qquad\qquad\quad |$$
$$CH_2\qquad\qquad CH_2$$
$$|\qquad\qquad\quad |$$
$$COOH\qquad（ベンゼン環）$$

問3　プロリン，グルタミン酸

問4　a．カルボキシ　b．酸性　c．4　d．負

　　Ⅰ．$H_3N^+-CH-COO^-$　　Ⅱ．$H_2N-CH-COO^-$
　　　　　　　$|$　　　　　　　　　　　$|$
　　　　　　　CH_2　　　　　　　　　CH_2
　　　　　　　$|$　　　　　　　　　　　$|$
　　　　　　　CH_2　　　　　　　　　CH_2
　　　　　　　$|$　　　　　　　　　　　$|$
　　　　　　　COO^-　　　　　　　　COO^-

問5　ⅰ）無水酢酸

　　ⅱ）ラクタムが加水分解されて生じたアミノ基が，無水酢酸でアセチル化
　　されたから。（40字以内）

問6　グルタミン酸－ヒスチジン－プロリン

問7

$$H-N-\overset{\overset{\displaystyle H}{|}}{CH}-\overset{\overset{\displaystyle O}{\|}}{C}-N-CH-\overset{\overset{\displaystyle O}{\|}}{C}-N-CH-\overset{\overset{\displaystyle O}{\|}}{C}-NH_2$$
$$O=C\quad CH_2\qquad CH_2\quad H_2C\quad CH_2$$
$$|\qquad\qquad\qquad |\qquad\qquad\quad |$$
$$CH_2\qquad\qquad\quad C\qquad\qquad CH_2$$
$$\qquad\qquad\quad N\diagdown\diagup CH$$
$$\qquad\qquad\quad HC-NH$$

78

ポイント　フィッシャー投影式とアセタール化を理解しよう

　問題文で示されたフィッシャー投影式の意味から単糖の構造がどのようなものであるかをイメージすることが大切である。それができると環式の単糖の構造を自分でつくることが可能になる。さらに，アセタール化のより生じやすい構造については図 5 に与えられているので，これをもとにアセタール化が生じる部位と生成物の立体構造を考えればよい。

解　説

問1　図 3 の L-ソルボース（フィッシャー投影式）を図 4 のような環構造にするには，次のように考えればよい。

　図 3 の縦の結合は紙面の裏へ向かっているので，この結合が 5 つも連続すると，C2 と C5 はグルッと回って極めて近い位置関係にある。

　C2 の C=O と C5 の OH の間で環構造を形成するので，C5 とその OH との結合が縦になるように，立体構造を保ちながら回転すると次のようになる。

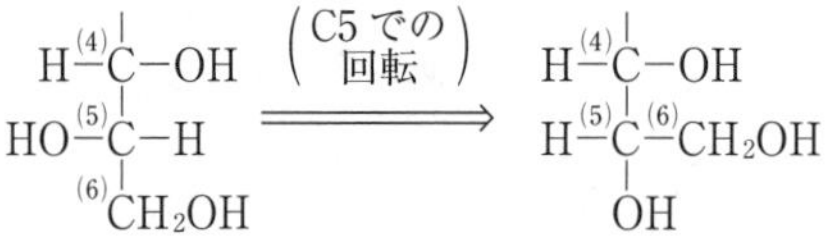

　この状態で C2 と C5 の OH との間で環構造が形成されると，次図の左側のようなイメージとなる。さらに，この環構造を C3-C4 の結合が前方に来るように右側に倒すと，次図の右側のようなイメージとなる。なお，C2 に結合する OH と CH₂OH の位置には任意性があり，次図では OH を環の上側に表しているが，逆に OH が下側であってもよい。ここでは設問の図に合わせて表示している。

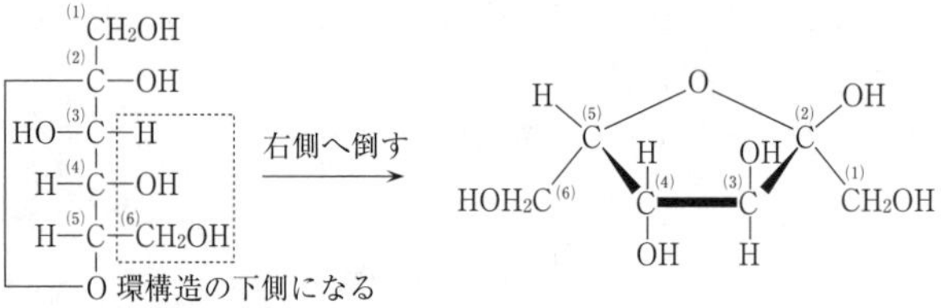

以上より，(ア)H，(イ)CH₂OH，(ウ)OH，(エ)H となる。

〔別解〕　L-ソルボースは D-フルクトースの C5 の立体構造のみが異なる。したがって，右図の β-D-フルクトースの構造をもとに解答してもよい。

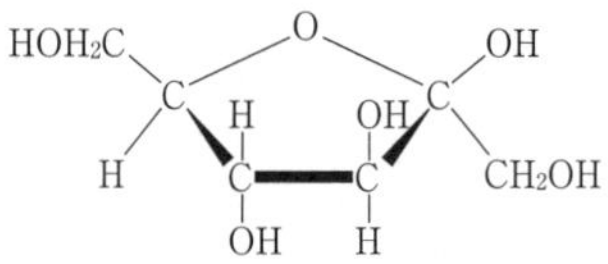

問2　(ⅰ)　右図のようにC2とC3に結合した −OH は環の面に対して同じ側にあって近接しており，アセトンと1,2-型環構造をつくる。また，C4とC6に結合した −OH も環の面に対して同じ側にあって近接しているが，C5が間にはさまれているので1,3-型環構造をつくる。

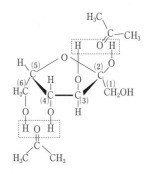

(ⅱ)　D-グルコースはC1の −CHO とC4に結合した −OH で反応し，五員環構造（グルコフラノース）を形成する。このときの環構造は問1と同様に考えるとよい。この場合も L-ソルボース同様，2種類の構造が考えられるが，題意より，2つの1,2-型環構造を形成するには，環の面に対して同じ側に近接する −OH が2組必要なので，次図のような α構造のグルコフラノースと考え，アセタール化させる。

D-グルコース　　　　　α-D-グルコフラノース

次に，C5が不斉炭素原子であるので，その立体構造を考える。

まず，直鎖グルコースのC4−C5−C6結合を同一紙面上において，その結合状態を示すと，フィッシャー投影式から考えて，下の左図のようになる。これを五員環構造のようにC4が下，C5が上にある状態にして考えると，下の右図のようになる（つまり，紙面上で左図を180°回転する）。

これをもとにアセトンと反応させると，〔解答〕のような構造となる。

問3　L-アスコルビン酸は，2-ケト-L-グロン酸のC1の −COOH とC4に結合した −OH で脱水縮合してできる。−COOH と −OH で水がとれてエステル結合ができる場合，次図のように −COOH の OH と −OH の H で脱水する。

$$R-C\underset{O}{\overset{\parallel}{-}}\vdots OH\quad H\vdots O-R'$$

$$-H_2O$$

解　答

問1　㋐ H　㋑ CH₂OH　㋒ OH　㋓ H

問2　(i)(Ⅰ) C2　(Ⅱ) C3　((Ⅰ)・(Ⅱ)は順不同)

　　　　(Ⅲ) C4　(Ⅳ) C6　((Ⅲ)・(Ⅳ)は順不同)

　　(ii)

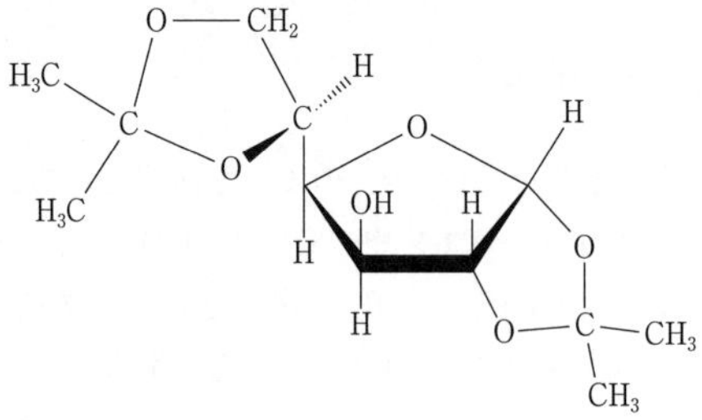

問3　C1

79

ポイント メソ体と界面活性剤の特徴をしっかり理解しよう

(a)与えられた新しい反応をアルドースにあてはめ，得られた化合物についてメソ体であるかどうかをしっかり判断することが求められている。反応をさかのぼって考察することも必要である。

(b)(i)は説明にそって，それぞれナイロンから推論すればよい。(ii)はヒドロキシ酸が二糖類と2カ所で化合するときには，1つはエステル結合，もう1つはグリコシド結合が考えられる。

解　説

問1　4種類の立体異性体に対する反応2の変化は，次のようになる。

問2　例えばあに対して反応1を行い，生成した化合物（あ′）とその鏡像体の関係は次のようになる。ここで，（あ′）の鏡像体を紙面上で180°回転させると（あ′）と重なる。

つまり（あ′）は不斉炭素原子をもつが分子内に対称面があり，鏡像異性体が存在しない。このような化合物をメソ体という。

同様に考えて，（え），（か），（き）に反応1を行って生成する化合物もメソ体となる。

問3　EまたはFから反応1および反応2をさかのぼって考えると，物質の変化は次のようになり，Gとして（あ），（い），（き），（く）が考えられる。

(き)
```
        CHO
    HO-C-H
    HO-C-H
    HO-C-H
       CH2OH
```

```
    COOH              CHO
HO-C-H            HO-C-H
HO-C-H     →      HO-C-H
    COOH              CH2OH
     E                 H
```

(く)
```
        CHO
     H-C-OH
    HO-C-H
    HO-C-H
       CH2OH
          G
```

(い)
```
        CHO
    HO-C-H
     H-C-OH
     H-C-OH
       CH2OH
```

```
    COOH              CHO
 H-C-OH            H-C-OH
 H-C-OH     →      H-C-OH
    COOH              CH2OH
     F                 H
```

(あ)
```
        CHO
     H-C-OH
     H-C-OH
     H-C-OH
       CH2OH
          G
```

ただし(あ)と(き)は反応1でメソ体が生成するため，題意に合わない。

問4 ナイロン66やナイロン6のようなポリアミドが，1種類のモノマーで合成されるには，モノマー分子の末端にアミノ基とカルボキシ基をもつか，環状で分子内アミド結合をもつ必要がある。**I**は「分岐のない炭化水素鎖の両端にそれぞれ異なる官能基を1つずつ有する」とあるので前者となる。また，**J**を重合して得られる高分子は化学式から推定してポリエステルであり，かつ**J**はε-カプロラクタムと同じ環状構造をもつことが題意より読み取れるので，ε-カプロラクトンと呼ばれる環状エステルとなる。**J**を重合させると次式のようにポリカプロラクトンと呼ばれる生分解性プラスチックとなる。

ε-カプロラクトン　　　ポリカプロラクトン

問5　オレイン酸の化学式は $C_{17}H_{33}COOH$ なので，**K**は直鎖状 C_{17} の炭化水素鎖の両端に $-OH$ と $-COOH$ を有する。**L**は題意に従って次図の構造となるが，ヘミアセタール構造を有するのでフェーリング液を還元する。したがって，**M**は**L**のヘミアセタール構造に関わる1位のC原子の位置で脱水縮合（グリコシド結合）する必要がある。

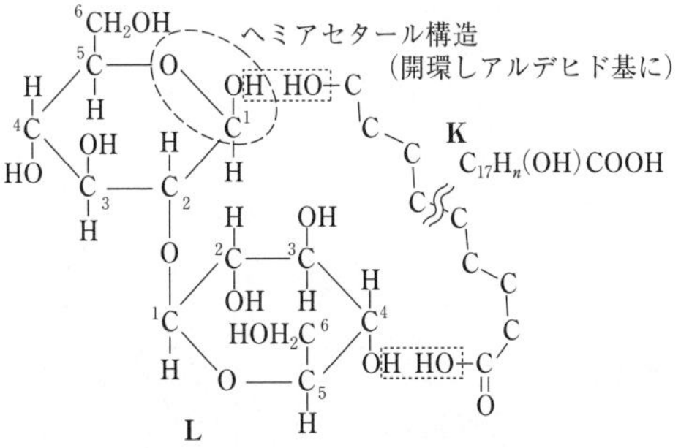

問6　**M**は，二糖部分が複数の $-OH$ を有する親水基，ヒドロキシ酸部分は炭化水素基が疎水基となる，非イオン性の界面活性剤である。しかし，**M**を加水分解した**N**は pH に依存して変化する界面活性作用を示すので，イオン性の界面活性剤に変化したことになる。つまり，**N**は次図のように**M**のエステル結合が加水分解されて，カルボキシ基をもつ化合物となる。

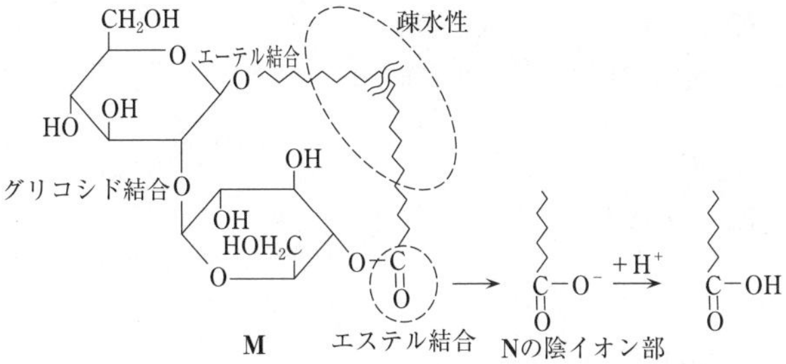

グリコシド結合やエーテル結合が分解してもイオン性の原子団は現れない。また，エーテル結合が分解した場合には，ヘミアセタール構造の開裂によりアルデヒド基が生じるため，**N**はフェーリング液を還元するので，題意に合わない。さらにカルボキシ基は弱酸の官能基で，H^+ を加え pH を小さくすると電離度が小さくなり，この部分の疎水性がイオンの場合より強くなる。つまり親水基は二糖由来の部分となり，この部分を外側に向け，ヒドロキシ酸由来部分を内側に向けて集合し，ミセルとなる。

解 答

問1

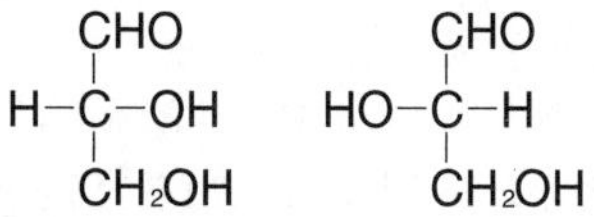

$$\begin{array}{c} CHO \\ H-C-OH \\ CH_2OH \end{array} \qquad \begin{array}{c} CHO \\ HO-C-H \\ CH_2OH \end{array}$$

問2 (あ), (え), (か), (き)

問3 **H**.

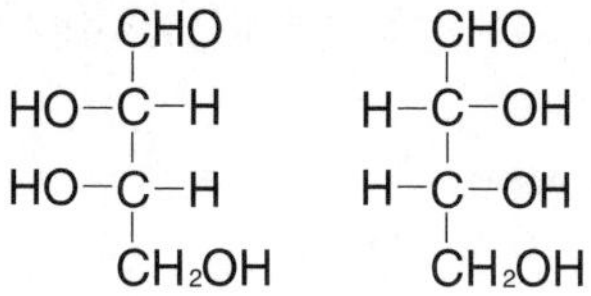

$$\begin{array}{c} CHO \\ HO-C-H \\ HO-C-H \\ CH_2OH \end{array} \qquad \begin{array}{c} CHO \\ H-C-OH \\ H-C-OH \\ CH_2OH \end{array}$$

G. (い), (く)

問4 **I**. 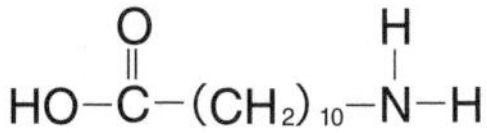 $HO-\overset{O}{\underset{}{C}}-(CH_2)_{10}-\overset{H}{\underset{}{N}}-H$

J.

$$\begin{array}{c} CH_2 \\ H_2C \qquad C=O \\ H_2C \qquad O \\ H_2C-CH_2 \end{array}$$

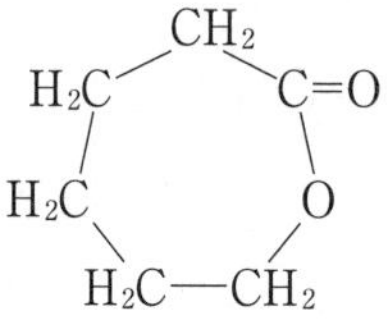

問5

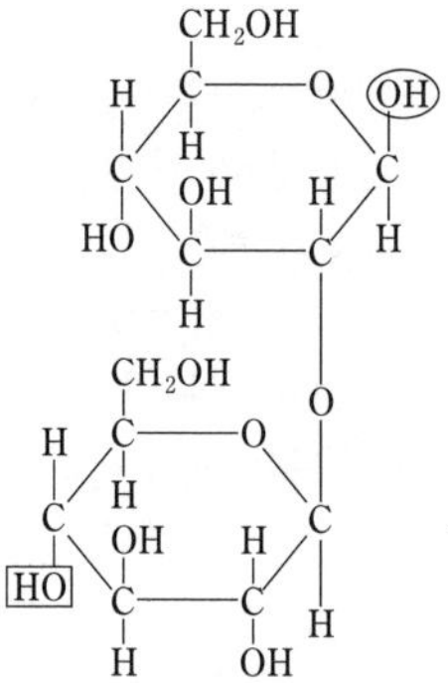

問6 け－2 こ－3 さ－2 し－1 す－2 せ－2

80

> **ポイント** アミノ酸の特性と pH の関係をポリペプチドに応用する
> (a)問題文に沿って順序よく考えを進めていくと解答に至る。丁寧な手順が大切である。
> (b)強酸性による処理で，アミド結合が加水分解されることに気づいたかどうかがポイントである。
> (c)酸性および塩基性アミノ酸のイオンの状態と pH 変化の関係をしっかり理解していることが重要である。また，与えられたポリペプチドが塩基性である（$-NH_2$ の数が $-COOH$ より多い）ことと，図4の意味するところとがつながるとよい。

解 説

問1 3分子に酸化開裂していることから，**A**は C=C を2つもつ化合物とわかり，その開裂反応を次式のように仮定して考える。

$$R_1-CH=CH-R_2-CH=CH-R_3-COOH$$

$$\xrightarrow{\ KMnO_4\ } R_1-COOH + HOOC-R_2-COOH + HOOC-R_3-COOH$$

プロピオン酸1分子とマロン酸2分子が生成するには，R_1 がエチル基（CH_3-CH_2-），R_2 と R_3 は共にメチレン基（$-CH_2-$）となる。

問2 逆から考えて，次式のように**D**を加水分解した化合物が**C**となる。

$$CH_3-CH=CH-CH_2-CH-CH_2 \quad \overset{O}{\underset{D}{\overset{\|}{\underset{}{C}}}}$$

$$\xrightarrow{\ H_2O\ } CH_3-CH=CH-CH_2-\overset{OH}{\underset{C}{CH}}-CH_2-CH_2-COOH$$

さらに，**C**を脱水させると**B**の構造がわかるが，次のように2通りの脱水の仕方㋐，㋑が考えられる。

$$\overset{㋐}{\underset{7}{CH_3}}-\overset{}{\underset{6}{CH}}=\overset{}{\underset{5}{CH}}-\overset{}{\underset{4}{CH_2}}-\overset{H\ \ OH\ \ H}{\underset{3}{CH}}-\overset{}{\underset{2}{CH_2}}-\overset{}{\underset{1}{COOH}}$$

ここで，**B**は C=C の開裂によりマロン酸が得られるので，㋑の脱水で生じる 2,3 位に C=C をもつ化合物となる。

Cについて反応をまとめると次のとおりになる。

$$\underset{\text{C}}{CH_3-CH=CH-CH_2-\overset{\overset{\displaystyle OH}{|}}{CH}-\overset{\overset{\displaystyle H}{|}}{CH}-CH_2-COOH}$$

$$\xrightarrow{-H_2O} \underset{\text{B}}{CH_3-CH=CH-CH_2-CH=CH-CH_2-COOH}$$

$$\xrightarrow{KMnO_4} CH_3-COOH + HOOC-CH_2-COOH + HOOC-CH_2-COOH$$

問4 リシンは $-NH_2$ を2つもつ塩基性アミノ酸で，水中では次式のような電離平衡の状態にある。

$$\underset{\text{2価の陽イオン}}{\overset{\overset{\displaystyle (CH_2)_4-\overset{+}{N}H_3}{|}}{H_3\overset{+}{N}-CH-COOH}} \underset{H^+}{\overset{OH^-}{\rightleftharpoons}} \underset{\text{1価の陽イオン}}{\overset{\overset{\displaystyle (CH_2)_4-\overset{+}{N}H_3}{|}}{H_3\overset{+}{N}-CH-COO^-}}$$

$$\underset{H^+}{\overset{OH^-}{\rightleftharpoons}} \underset{\text{双性イオン}}{\overset{\overset{\displaystyle (CH_2)_4-\overset{+}{N}H_3}{|}}{H_2N-CH-COO^-}} \underset{H^+}{\overset{OH^-}{\rightleftharpoons}} \underset{\text{1価の陰イオン}}{\overset{\overset{\displaystyle (CH_2)_4-NH_2}{|}}{H_2N-CH-COO^-}}$$

これより，正と負の電荷を等しく（双性イオン）するには，塩基性にして平衡を右に移動させる必要があり，リシンの等電点は 9.75 と考えられる。この水溶液のpH を 7.0 にした場合，上記の平衡が等電点の状態より左に移動していることになり，正に帯電する。したがって，電気泳動によって陰極側に移動する。

問5 一般に，等電点は酸性アミノ酸では酸性側に，塩基性アミノ酸では塩基性側にある。また，アミノ酸は pH＜等電点のとき陽イオンとなり陰極側に，pH＞等電点のとき陰イオンとなり陽極側に，電気泳動により移動する。よって，実験 2 において pH が 4.0 で陰極側に移動するのは，等電点が 4.0 より大きなアミノ酸となり，4 種類存在する。グルタミン酸は酸性アミノ酸で等電点は 3.22 なので，pH が 4.0では陰極側に移動しないと考えられる。また，側鎖にアミド結合をもつアスパラギンは強酸性条件下で加水分解され，次式のようにアスパラギン酸となる。

$$\underset{\text{アスパラギン}}{\overset{\overset{\displaystyle CH_2-CO-NH_2}{|}}{H_2N-CH-COOH}} + H_2O \longrightarrow \underset{\text{アスパラギン酸}}{\overset{\overset{\displaystyle CH_2-COOH}{|}}{H_2N-CH-COOH}} + NH_3$$

アスパラギン酸はグルタミン酸と同様に酸性アミノ酸で，pH が 4.0 では陰極側に移動しない。つまり **E** はアスパラギン酸であり，強酸性下では陽イオンとなっている。すなわち，$-NH_2$ が $-NH_3^+$ となっている。

問6 題意のポリペプチドに関して，末端および側鎖のアミノ基とカルボキシ基の位置を示すと，以下のようになる。

$$\overset{\overset{\displaystyle NH_2}{\displaystyle |}}{}\qquad\overset{\overset{\displaystyle NH_2}{\displaystyle |}}{}$$

H₂N−Ala−Ser−Lys−Ala−Lys−Glu−Ala−Ser−Ser−Ala−COOH
　　　　　　　　　　　　　　　　　|
　　　　　　　　　　　　　　　COOH

末端の官能基が逆の

$$\qquad\qquad\overset{\overset{\displaystyle NH_2}{\displaystyle |}}{}\qquad\overset{\overset{\displaystyle NH_2}{\displaystyle |}}{}$$

HOOC−Ala−Ser−Lys−Ala−Lys−Glu−Ala−Ser−Ser−Ala−NH₂
　　　　　　　　　　　　　　　　|
　　　　　　　　　　　　　　COOH

も考えられるが，考え方は同じなので前者で説明する。

これより，末端以外でアミノ基は2個，カルボキシ基は1個とわかる。

また，pH＝2.0は強酸性，pH＝12.0は強塩基性より，それぞれの水溶液中では以下の陽イオンおよび陰イオンで存在する。

pH＝2.0の場合

$$\qquad\qquad\overset{\overset{\displaystyle \overset{+}{N}H_3}{\displaystyle |}}{}\qquad\overset{\overset{\displaystyle \overset{+}{N}H_3}{\displaystyle |}}{}$$

$H_3\overset{+}{N}$−Ala−Ser−Lys−Ala−Lys−Glu−Ala−Ser−Ser−Ala−COOH
　　　　　　　　　　　　　　　　|
　　　　　　　　　　　　　　COOH

pH＝12.0の場合

$$\qquad\qquad\overset{\overset{\displaystyle NH_2}{\displaystyle |}}{}\qquad\overset{\overset{\displaystyle NH_2}{\displaystyle |}}{}$$

H₂N−Ala−Ser−Lys−Ala−Lys−Glu−Ala−Ser−Ser−Ala−COO⁻
　　　　　　　　　　　　　　　　|
　　　　　　　　　　　　　　COO⁻

問7　等電点では主に次の双性イオンになっていると考えられる。

$$\qquad\qquad\overset{\overset{\displaystyle \overset{+}{N}H_3}{\displaystyle |}}{}\qquad\overset{\overset{\displaystyle \overset{+}{N}H_3}{\displaystyle |}}{}$$

H₂N−Ala−Ser−Lys−Ala−Lys−Glu−Ala−Ser−Ser−Ala−COO⁻
　　　　　　　　　　　　　　　　|
　　　　　　　　　　　　　　COO⁻

NaOHaq で滴定する場合，まず −COOH が中和され，その後 −NH₃⁺ が中和される。したがって，**F** を NaOHaq で滴定する場合，次のように順次中和されてイオンが変化するが，双性イオンになるまでに **F** に対して3倍の物質量の NaOH が必要となる。そこで図4の横軸目盛りが3.0のところを読み取ると，pH は約9とわかる。

また，アミノ酸と同様に考えて，このポリペプチドは塩基性のポリペプチド（−NH₂ の数が −COOH より多い）とみなせるので，等電点は塩基性側にあると推定できる。

270

$$\overset{+}{\text{N}}\text{H}_3 \qquad \overset{+}{\text{N}}\text{H}_3$$
$$\overset{+}{\text{H}_3\text{N}}-\text{Ala}-\text{Ser}-\text{Lys}-\text{Ala}-\text{Lys}-\text{Glu}-\text{Ala}-\text{Ser}-\text{Ser}-\text{Ala}-\text{COOH}$$
$$\text{COOH}$$

$$\downarrow +\text{NaOH}$$

$$\overset{+}{\text{N}}\text{H}_3 \qquad \overset{+}{\text{N}}\text{H}_3$$
$$\overset{+}{\text{H}_3\text{N}}-\text{Ala}-\text{Ser}-\text{Lys}-\text{Ala}-\text{Lys}-\text{Glu}-\text{Ala}-\text{Ser}-\text{Ser}-\text{Ala}-\text{COO}^-$$
$$\text{COOH}$$

$$\downarrow +\text{NaOH}$$

$$\overset{+}{\text{N}}\text{H}_3 \qquad \overset{+}{\text{N}}\text{H}_3$$
$$\overset{+}{\text{H}_3\text{N}}-\text{Ala}-\text{Ser}-\text{Lys}-\text{Ala}-\text{Lys}-\text{Glu}-\text{Ala}-\text{Ser}-\text{Ser}-\text{Ala}-\text{COO}^-$$
$$\text{COO}^-$$

$$\downarrow +\text{NaOH}$$

$$\overset{+}{\text{N}}\text{H}_3 \qquad \overset{+}{\text{N}}\text{H}_3$$
$$\text{H}_2\text{N}-\text{Ala}-\text{Ser}-\text{Lys}-\text{Ala}-\text{Lys}-\text{Glu}-\text{Ala}-\text{Ser}-\text{Ser}-\text{Ala}-\text{COO}^-$$
$$\text{COO}^-$$

〔注〕 双性イオンに至る中和反応の部位については，解答に影響しないので深く考える必要はない。

解 答

問1　$\text{CH}_3-\text{CH}_2-\text{CH}=\text{CH}-\text{CH}_2-\text{CH}=\text{CH}-\text{CH}_2-\underset{\text{O}}{\overset{\|}{\text{C}}}-\text{OH}$

問2　B．$\text{CH}_3-\text{CH}=\text{CH}-\text{CH}_2-\text{CH}=\text{CH}-\text{CH}_2-\underset{\text{O}}{\overset{\|}{\text{C}}}-\text{OH}$

　　C．$\text{CH}_3-\text{CH}=\text{CH}-\text{CH}_2-\underset{\text{OH}}{\text{CH}}-\text{CH}_2-\text{CH}_2-\underset{\text{O}}{\overset{\|}{\text{C}}}-\text{OH}$

問3　双性

問4　リシン

問5　$\overset{\text{CH}_2-\text{COOH}}{\underset{}{\text{H}_3\overset{+}{\text{N}}-\text{CH}-\text{COOH}}}$

問6　(イ)2　(ウ)1　(エ)＋3　(オ)−2

問7　9

81

> **ポイント**　**単糖の六員環構造は，シクロヘキサンさらにはメタンが基礎**
> (a)核酸塩基の脱アミノ化反応は，ジアゾ化とその生成物の加水分解であることに気づき，その反応経路に基づいて考えることが重要であり，京大の典型的出題である。
> (b)シクロヘキサンの立体構造を考えるときの基本は，各炭素原子を中心とする正四面体構造（メタン型構造）である。単糖の立体構造にも同じ考え方を用いればよく，ハース投影式は，六員環を平面とみなしたときの水素原子や置換基の結合方向を表しているのだから，そこから立体構造を導くことができる。

解　説

問1　DNA の二重らせん構造を形成する塩基どうしの水素結合は，相手が決まっており，次図のようにアデニン(A)に対しチミン(T)，グアニン(G)に対してシトシン(C)が結合する。

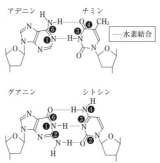

　　プリン塩基の五員環構造は，糖（デオキシリボース）と結合しているので水素結合には関与しない。また，ピリミジン塩基の1位の $>$N-H （イミノ基）も同じく糖と結合しているので水素結合に関与しない。

問2　アニリンのジアゾ化と同様に考える。

$$\text{C}_6\text{H}_5-\text{NH}_2 + \text{NaNO}_2 + 2\text{HCl} \longrightarrow \text{C}_6\text{H}_5-\text{N}^+\equiv\text{NCl}^- + \text{NaCl} + 2\text{H}_2\text{O}$$

問3　反応式(1)での加水分解反応は塩化ベンゼンジアゾニウムの加水分解と同じように考えてよく，フェノール性 OH と N_2 が生成する。

$$\text{C}_6\text{H}_5-\text{N}^+\equiv\text{NCl}^- + \text{H}_2\text{O} \longrightarrow \text{C}_6\text{H}_5-\text{OH} + \text{N}_2 + \text{HCl}$$

ピリミジン塩基は次図のように，ラクチム型とラクタム型の互変異性をとる。

ラクチム型　　　ラクタム型

これはビニルアルコールとアセトアルデヒド間の互変異性（ケト・エノール互変異性）と同様に考えればよい。

$$CH_2{=}CH \rightleftharpoons CH_3{-}\underset{\substack{\|\\O}}{C}{-}H$$
$$\underset{OH}{} $$

エノール型　　　　ケト型

問4　下線部の反応の流れは以下のようになる。

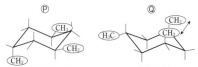

5-メチルシトシン

$\xrightarrow{\text{NaNO}_2,\ \text{HCl}}$　$\xrightarrow{\text{H}_2\text{O}}$

チミン

問5　(i)　DNA では水素結合によって塩基対が形成されているから，アデニンとチミンの比率は同じ 10 ％ずつ，グアニンとシトシンの比率も同じで 40 ％ずつとなる。よって

$$(310 + 300) \times \frac{10}{100} + (330 + 290) \times \frac{40}{100} = 309$$

問6　題意の化合物を簡略化して表すと次図のようになる。六員環を平面に見立てた場合，⑨では C^2 と C^6 に結合したメチル基が平面に対して垂直で同じ側に存在するため，混み合っていて立体反発が大きくなる。一方，⑰では，2 つの $-CH_3$（C^2 と C^6）が水平方向に結合し，残りの 1 つ（C^4）が下向きであるので，反発力が小さい。

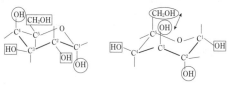

問7　α-ガラクトースの立体反発が小さいいす形構造を図 2 のように表すと下の左図のようになる（H は省略）。○囲みの原子団は平面に対して垂直，□囲みの原子団はほぼ平行に位置している。ちなみに立体反発が大きい構造は下の右図のようになる。

立体反発が小さい　　　　立体反発が大きい

問8　（ⅰ）・（ⅱ）　α-グルコース，β-グルコースおよびβ-ガラクトースの立体反発が小さいいす形構造を図2のように表すと次図のようになる。

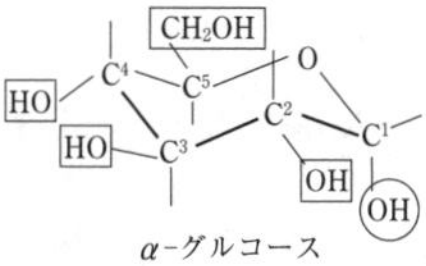

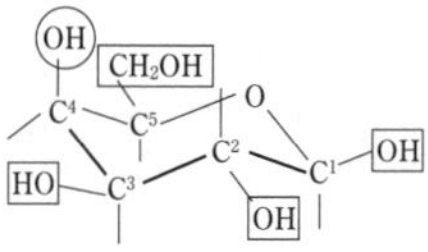

すべての原子団が環に対してほぼ平行に位置したβ-グルコースが，最も立体反発が小さい。

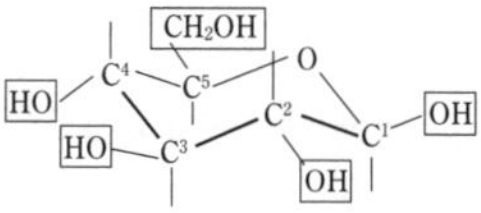

解　答

問1　㋐1　㋑3　㋒6　㋓4

問2　$N_2{}^+$

問3 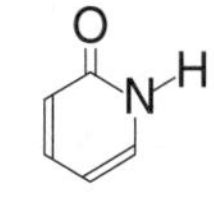　

問4　チミン

問5　（ⅰ）309

（ⅱ）　ベンゾ［a］ピレンの物質量は

$$\frac{1.134 \times 10^{-7}}{252} = 4.50 \times 10^{-10} \text{〔mol〕}$$

細胞1個中のグアニンの物質量は

$$\frac{3.40 \times 10^{-12} \times \dfrac{40}{100}}{309} = 4.401 \times 10^{-15} \text{〔mol〕}$$

よって

$$\frac{4.50 \times 10^{-10}}{4.401 \times 10^{-15}} = 1.022 \times 10^5 \fallingdotseq 1.02 \times 10^5 \text{ 個}　\cdots\cdots\text{（答）}$$

問6　Ⓟ

問7　え

問8　（ⅰ）㋔1　㋕4　㋖0　㋗5　（ⅱ）β-グルコース

82

> **ポイント**　アミノ酸の鏡像異性体であるD型，L型の構造を理解しておこう
> (a)アミラーゼ，セルラーゼ，ペプシンなどの高分子に作用する酵素により生成する物質については理解しておく必要がある。また，三糖の分子式から元素分析の結果を検討しなければならない。
> (b)アミノ酸のD型，L型の識別ができると大変有利である。教科書でもう一度確認しておこう。図1の環状ペプチドでは，グリシンが4分子含まれているから，それ以外の7分子について検討しなければならない。問6，問7では，水溶性→水和→水素結合と考えを展開しよう。

解　説

問1・問2　(あ)　アミノ酸やタンパク質にニンヒドリン水溶液を加えると，青紫～赤紫色に変化（ニンヒドリン反応）する。

(い)　ビウレット反応であり，トリペプチド以上のポリペプチドで赤紫色を呈する。

(う)　タンパク質は加熱や酸・重金属イオン・アルコールなどの存在により凝固や沈殿し（変性），タンパク質の性質や生理機能が失われる。以上より，**E**がタンパク質のクルクリン，**B**がジペプチドのネオテームとなる。

(え)　アミロースはα-グルコースの縮合重合体であり，酵素アミラーゼにより，α-グルコースからなる二糖類（マルトース）や三糖類等に加水分解される。すると，マルトトリオースは，α-グルコースからなる三糖類と考えざるを得ず，**A**と**G**はマルトトリオースとマルトースと考えられる。なぜなら，与えられたその他の糖類でα-グルコースのみを成分とするものは存在しないからである。

〔注〕　アミロースを酵素アミラーゼで加水分解しても，単糖のグルコースまで分解されることはない。マルトースをグルコース2分子に分解するのはマルターゼという酵素である。

〔参考〕　マルトトリオースは，その名称からもマルトースと関連していると考えられるが，構造はα-グルコース3分子の縮合体である。

また，セルロースは酵素セルラーゼによりセロビオース**C**に加水分解される。

(お)　**A**中のC，HおよびOの質量をw_C，w_H，およびw_O〔mg〕とすれば

$$w_\text{C} = 376.2 \times \frac{12.0}{44.0} = 102.6 \text{〔mg〕}$$

$$w_\text{H} = 136.8 \times \frac{2.0}{18.0} = 15.2 \text{〔mg〕}$$

$$w_\text{O} = 239.4 - 102.6 - 15.2 = 121.6 \text{〔mg〕}$$

$$\text{C} : \text{H} : \text{O} = \frac{102.6}{12.0} : \frac{15.2}{1.0} : \frac{121.6}{16.0} = 8.55 : 15.2 : 7.6$$

$$= 1.125 : 2 : 1 = 9 : 16 : 8$$

マルトースおよびマルトトリオースの分子式はそれぞれ $C_{12}H_{22}O_{11}$ および $C_{18}H_{32}O_{16}$ より，**A** がマルトトリオース，**G** がマルトースとなる。

〔注〕　三糖類の分子式は次のようになる。

$$3C_6H_{12}O_6 - 2H_2O = C_{18}H_{32}O_{16}$$

同様に，**C** および **G** 中の C，H および O の質量を w_C'，w_H'，および w_O' 〔mg〕とすれば

$$w_\text{C}' = 369.6 \times \frac{12.0}{44.0} = 100.8 \text{〔mg〕}$$

$$w_\text{H}' = 138.6 \times \frac{2.0}{18.0} = 15.4 \text{〔mg〕}$$

$$w_\text{O}' = 239.4 - 100.8 - 15.4 = 123.2 \text{〔mg〕}$$

$$\text{C} : \text{H} : \text{O} = \frac{100.8}{12.0} : \frac{15.4}{1.0} : \frac{123.2}{16.0} = 8.4 : 15.4 : 7.7$$

$$= 1.090 : 2 : 1 \fallingdotseq 12 : 22 : 11$$

マルトース（**G**）およびセロビオース（**C**）の分子式は $C_{12}H_{22}O_{11}$ より，この元素分析の結果と矛盾しない。

(か)　マルトトリオース（**A**），セロビオース（**C**），マルトース（**G**）を希硫酸で加水分解するとグルコース（**H**）のみが得られる。したがって，判明していない化合物から考えると，**D** がスクロースで，加水分解すると，グルコース（**H**）とフルクトース（**F**）が得られる。

問3　次図の α-グルコースのように，ヘミアセタール構造をもつ糖は開環してアルデヒド基を有する鎖状構造となるため，フェーリング液を還元する。

α-グルコース

グルコースが鎖状に縮合してできるマルトース，セロビオース，マルトトリオース

もヘミアセタール構造をもつ。スクロースは次図のようにヘミアセタール構造をもたず，開環しないためフェーリング液を還元しない。

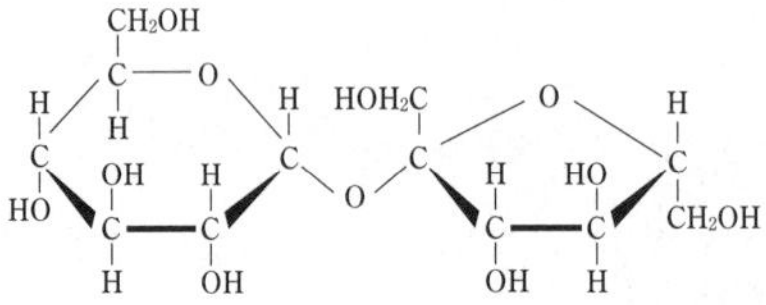

スクロース

フルクトースにも開環してケトン基をもつ鎖状構造が存在し，この末端で転位反応が起こりアルデヒド基となるため，フェーリング液を還元する。

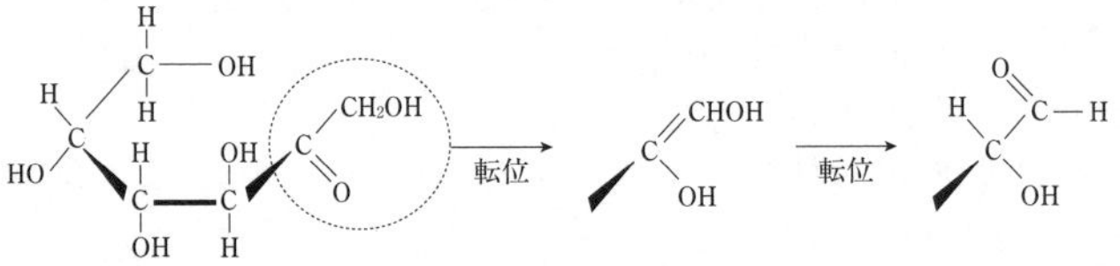

フルクトースの鎖状構造

問4 次図のようにペプチド結合で切断する（点線部）と11分子のアミノ酸が結合してできていることがわかる。

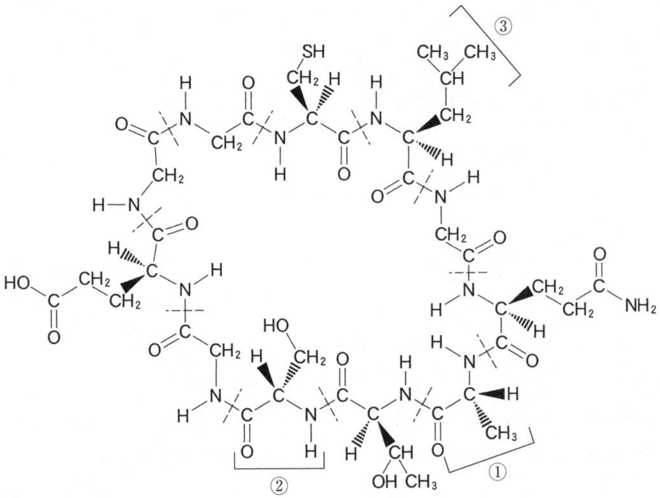

問5 問4の解説図において，各アミノ酸のα位の不斉炭素原子に結合するH原子の向きに着目する。ほとんどのアミノ酸の立体的な接続は同じであり，かつ，H原子は下向き（￣|||||H）に結合している。しかし，①と②のアミノ酸では上向き（◀H）に付いている。ところが，②を他のアミノ酸と同じ立体的な配置に戻すと右のような構造になるので，これはL型である。一方，①はそうではない。したがって，①がD型で次

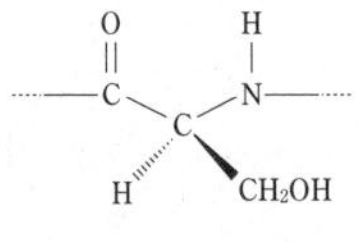

のD-アラニンである。

〔参考〕　アミノ酸の中心の炭素原子（α炭素という）に対して，H原子をその真裏
　　　（後ろ）に配置して，下の左図のように −COOH，−R，−NH₂ が並べばD型，
　　　その逆（右図）をL型という。（Rは側鎖）

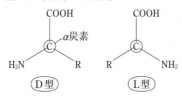

H原子は α 炭素の真裏で結合している。

問6　ペプチドは親水基が水和されコロイドとなって水に溶ける。環状になることで
一部の親水基が内側に配列され，また末端の強い親水基の −NH₂ や −COOH が失
われるため，水和されにくくなる。

問7　問4の解説図の③部分のような大きなアルキル基をもつアミノ酸は，疎水性が
高い。カルボキシ基2つを有するアスパラギン酸のような親水性の高いアミノ酸に
置換することで，ペプチドの親水性も高まる。この場合，ペプチド結合を形成する
カルボキシ基の違いにより2種類の構造異性体が考えられる。なお，トリペプチド
のアミノ基末端（N末端）はシステイン，カルボキシ基末端（C末端）はグリシン
である。

解答

問1 5

問2 A．マルトトリオース　B．ネオテーム　C．セロビオース
　　D．スクロース　E．クルクリン　F．フルクトース　G．マルトース
　　H．グルコース

問3 スクロース

問4 11

問5 エ．CH_3　オ．H

問6 環状になると強い親水性をもつ末端のアミノ基とカルボキシ基が失われる
　　とともに，親水基の一部が環の内側に配置され，水和されにくい構造とな
　　るから。

問7

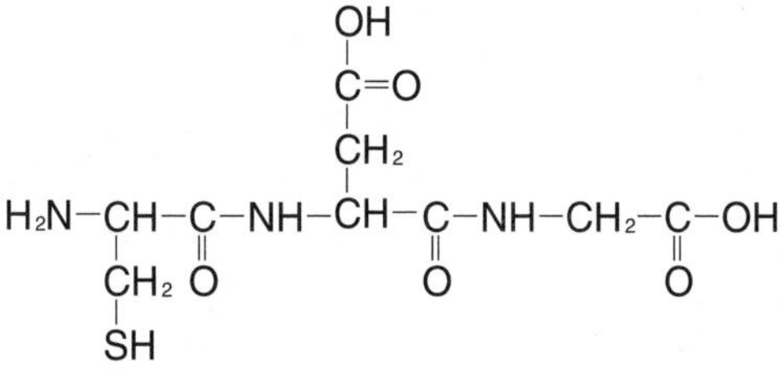

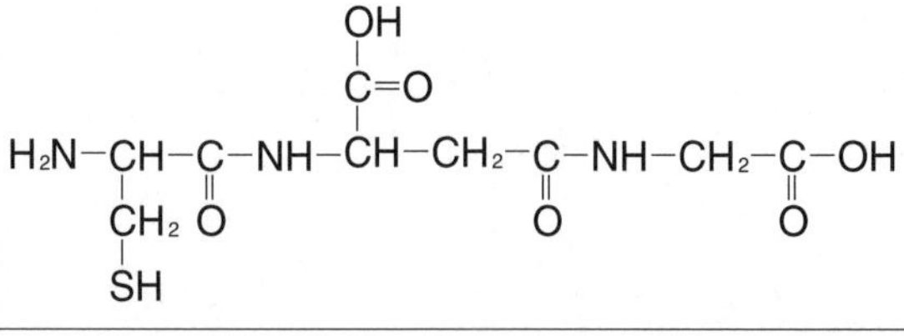

```
                          OH
                          |
                          C=O
                          |
                          CH₂
                          |
  H₂N-CH-C-NH-CH-C-NH-CH₂-C-OH
        |  ‖      ‖          ‖
        CH₂ O     O          O
        |
        SH


                        OH
                        |
                        C=O
                        |
  H₂N-CH-C-NH-CH-CH₂-C-NH-CH₂-C-OH
        |  ‖        ‖         ‖
        CH₂ O       O         O
        |
        SH
```

83

> **ポイント** 核酸の構成要素と構造の理解が重要
>
> **問 1** β-マルトースの β は，グリコシド結合に関与しない右側のグルコース単位の 1 位の−OH の位置を示している。
>
> **問 4** 核酸を構成する要素はペントース（リボースまたはデオキシリボース），リン酸，核酸塩基（計 5 種類で，うち 3 種類は DNA，RNA に共通）である。これらの構造をすべて理解しておくことはやや難しいが，DNA の二重らせん構造を水素結合を含めて具体的に示す練習をする中で習得しておきたい。

解 説

問 1 （i） 次図のように，マルトースには 1 位に結合した−OH の位置の違いにより，α 型と β 型が存在する。また，β-マルトースの 1 位の−OH と 1-オクタノールの−OH は次図のように縮合し，アルキルグリコシドを生成する。

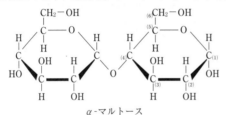

〔**参考**〕 マルトースの左側のグルコースが β-グルコース型の構造でグリコシド結合をしていると，この二糖類はマルトースではなくセロビオースになる。つまり，マルトースの α 型，β 型とは，右側のグルコースの 1 位の−OH の位置に関する区別である。

280

(ii) オクチル基は疎水性の強い炭化水素基で，マ
ルトース部分は多くの−OH を有し親水性であ
る。そのため水溶液中では，右図のようにオク
チル基が内側，マルトース部分が外側に向かっ
て球状に集まりコロイドの一種であるミセルを
形成する。つまり，セッケン分子と同じような性質がある。

ミセル

親水基　疎水基

問2・問3 セルロースは，β-グルコースが 1,4-グリコシド結合により結合した鎖
状構造の多糖。グリコーゲンは，動物体内で α-グルコースからつくられる分枝構
造を多くもつ多糖で，動物デンプンとも呼ぶ。アミロースは，α-グルコースが
1,4-グリコシド結合により結合した鎖状構造の多糖である。アミロペクチンは，
1,4-グリコシド結合に加えて，1,6-グリコシド結合による分枝構造を含む多糖で，
一般にアミロースより分子量が大きい。これらのうち，セルロー
ス以外は直鎖部分がらせん構造となり，右模式図のように I_2 が
取り込まれることで呈色する（ヨウ素デンプン反応）。

問4 (i) リボースは次図のように鎖状構造と環状構造が平衡状態となる。

リボースの平衡

(ii)・(iii) 核酸には DNA と RNA の2種類があり，N を含む核酸塩基・ペントース・
リン酸が結合したヌクレオチドが，さらに縮合重合してできる。RNA では次図の
ように，リボースの1位のC原子に結合した−OH と核酸塩基，5位のC原子に結
合した−OH と H_3PO_4 がそれぞれ縮合してヌクレオチドが生成し，さらにヌクレオ
チドどうしは，リボースの3位のC原子に結合した−OH とリン酸部分で縮合する。
また，DNA はペントースがデオキシリボースとなる。

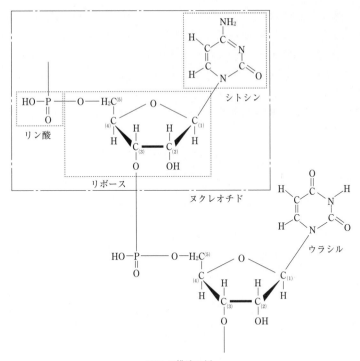

RNA の構造の例

(iv) デオキシリボースは右図のようにリボースの2位のC原子に結合した−OH がH原子に置き換わった構造をしている。

(v) チミンは DNA 固有，ウラシルは RNA 固有，アデニン・グアニン・シトシンは DNA と RNA 共通の塩基である。

デオキシリボース

(vi) 核酸塩基は N−H 構造を有するN原子部分でペントースと結合する。

〔参考〕

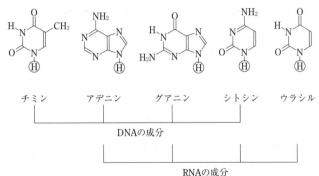

| チミン | アデニン | グアニン | シトシン | ウラシル |

DNAの成分

RNAの成分

○で囲んだ H とリボース（デオキシリボース）の 1 位の$-OH$ が次のように脱水縮合し，このとき生じる結合を N-グリコシド結合という。

$$>N-H + HO-CH< \longrightarrow >N-CH< + H_2O$$

なお，チミン，グアニンの $C=O$ または $-NH_2$ ではさまれた $-NH$ は，N-グリコシド結合を生じる代わりに DNA 間の水素結合に寄与し，二重らせん構造を形成する。ウラシルは RNA を構成するので，水素結合が生じる二重らせん構造に関与することはない。

解　答

問1 (i)

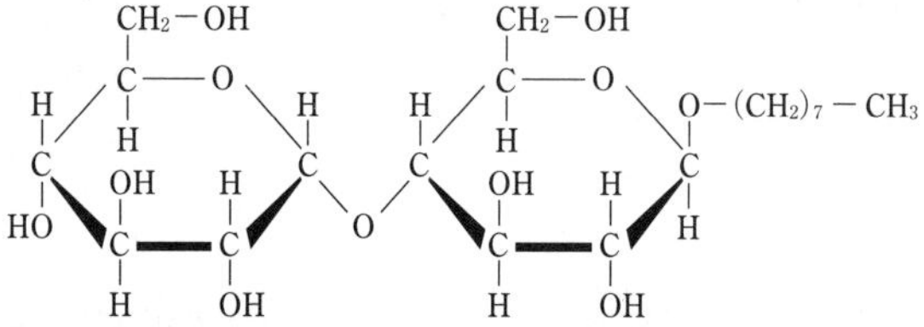

(ii) 疎水性が強い性質（10字以内）

問2 ㋐セルロース　㋑グリコーゲン　㋒アミロース　㋓アミロペクチン

問3 (i)—㋐　(ii)らせん構造

問4 (i)

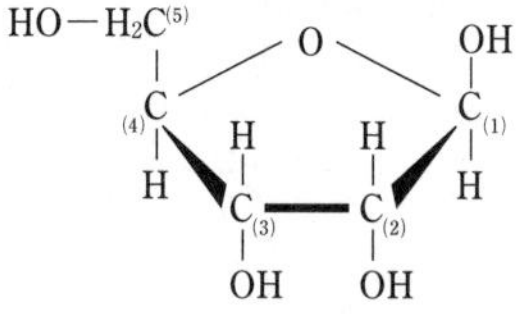

(ii)—(1)　(iii)—(3), (5)　(iv)—(2)　(v)シトシン　(vi)—㋐

84

> **ポイント** **目新しい物質には説明文を読解する力で対応**
> (a)問題となる化合物は，ペプチド，アミノ酸，およびその誘導体であることを理解することが最初のポイントである。次に，既習の有機化学における反応を応用して条件(i)〜(vii)を解釈していくことがポイントとなる。
> (b)問題文より，セレブロシドとスフィンゴシンの構造的関係を，既習の知識を用いて正しく理解することがポイントである。そして，既知の反応を適用して，分解生成物をフォローすることが次のポイントとなる。

解 説

(a) (vi)より化合物 **A3** はグリシン（分子量 75.0）とわかる。

(v)より化合物 **A2** をアセチル化した化合物が分子量 163 の化合物 **B** であることから，化合物 **A2** の分子量は

$$163 - CH_3CO \text{ の式量} + H \text{ の原子量} = 163 - 43.0 + 1.00 = 121$$

(iii)より化合物 **A** はトリペプチドとわかり，1mol を加水分解するのに 2mol の H_2O が必要なので，化合物 **A1** の分子量は

$$(C_{10}H_{17}N_3O_6S \text{ の分子量} + 2 \times H_2O \text{ の分子量}) - (\text{**A2** の分子量} + \text{**A3** の分子量})$$

$$= (307 + 36.0) - (121 + 75.0)$$

$$= 147$$

さらに(iv)より，等電点が酸性側にあることから，化合物 **A1** は酸性アミノ酸とわかり，$-COOH$（式量 45.0）2 つと $-NH_2$（式量 16.0）を 1 つ有する。これらの官能基を除いた式量は 41.0 となり，不斉炭素原子が 1 つであることを考慮すれば化合物 **A1** はグルタミン酸が適当である。

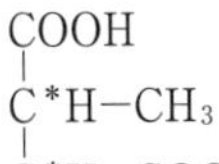

$$\begin{array}{c} COOH \\ | \\ C^*H-CH_3 \end{array}$$

〔注〕 例えば，$H_2N-C^*H-COOH$ であれば，不斉炭素原子（C^*）が 2 つになる。

(vii)より化合物 **B** は $-SH$ を有するが，これは化合物 **A2** 由来の官能基であり，分子量から考えて化合物 **A2** はシステインが適当である。つまり，化合物 **A2** をアセチル化すれば，アミノ基が反応して化合物 **B**（アセチルシステイン）が得られる。ちなみに化合物 **B** を酸化して得られる 2 量体は右図の化合物である。

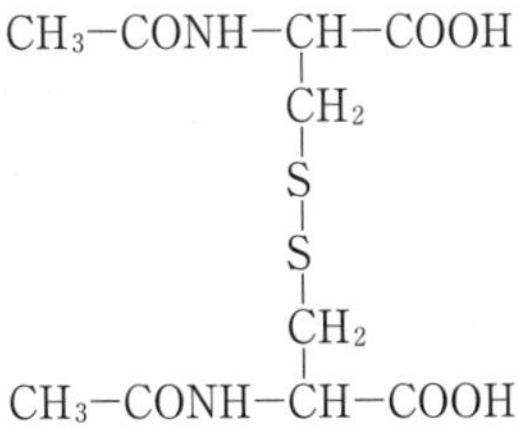

$$\begin{array}{l} CH_3-CONH-CH-COOH \\ \qquad\qquad\quad | \\ \qquad\qquad\quad CH_2 \\ \qquad\qquad\quad | \\ \qquad\qquad\quad S \\ \qquad\qquad\quad | \\ \qquad\qquad\quad S \\ \qquad\qquad\quad | \\ \qquad\qquad\quad CH_2 \\ \qquad\qquad\quad | \\ CH_3-CONH-CH-COOH \end{array}$$

〔参考〕 **A2** の R の式量は次のように計算できる。

$$-COOH = 45.0, \quad -NH_2 = 16.0, \quad -\overset{|}{C}H- = 13.0 \text{ だから}$$

$$121 - (45.0 + 16.0 + 13.0) = 47.0$$

R 中の $-SH = 33.0$ より

$$47.0 - 33.0 = 14.0$$

よって，この式量を満たす基は $-CH_2-$ である。

ゆえに，**A2** は $H_2N-\overset{\overset{\displaystyle CH_2-SH}{|}}{CH}-COOH$ である。

問1 ㋐ 黒色沈殿は PbS で，S を含むアミノ酸やタンパク質の検出反応である。

㋑ キサントプロテイン反応を示すのはベンゼン環を含むアミノ酸であり，該当するものはない。

ⓑ **問3** ステアリン酸を有するセレブロシドの形成は次のようになる。

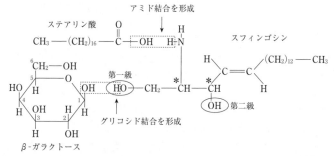

これより題意のセレブロシドは酵素反応 1 によってアミド結合が加水分解され，ステアリン酸 **N1** と〔解答〕にある β-ガラクトースとスフィンゴシンの縮合化合物 **T1** に分かれる。さらに化合物 **T1** は酵素反応 2 によって β-ガラクトース **T2** とスフィンゴシン **N2** に分かれる。

〔注〕 問題文より，**N1** と **N2** は糖構造をもたないのでガラクトースを含んでいない。

問4 ㋐ β-ガラクトース **T2** は右図のようなヘミアセタール構造をもち開環できるため，還元性を示す。しかし，化合物 **T1** はグリコシド結合によりヘミアセタール構造がなくなっていて開環できないため，還元性を示さない。ステアリン酸 **N1** とスフィンゴシン **N2** は還元性を示す官能基をもたない。

㋑ 塩基性のアミノ基を有する化合物は塩酸水溶液中で塩酸塩をつくる（$-NH_3Cl$ を有する）。

㋒ 上記問 3 の図における β-ガラクトースの 1 位〜5 位およびスフィンゴシンの＊の炭素が不斉炭素原子となる。

解　答

問1　(あ) A2，B　(い)なし

問2　A1. 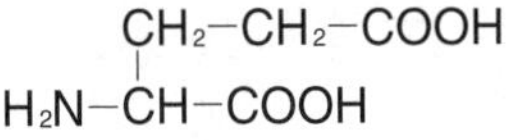 $H_2N-\overset{\overset{\displaystyle CH_2-CH_2-COOH}{|}}{CH}-COOH$　　A2. 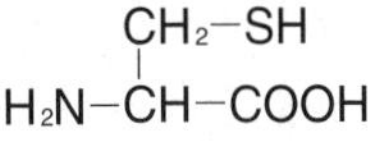 $H_2N-\overset{\overset{\displaystyle CH_2-SH}{|}}{CH}-COOH$

A3. 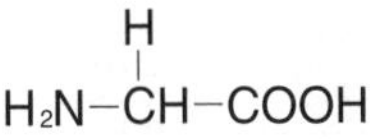 $H_2N-\overset{\overset{\displaystyle H}{|}}{CH}-COOH$　　B. 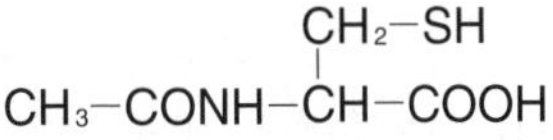 $CH_3-CONH-\overset{\overset{\displaystyle CH_2-SH}{|}}{CH}-COOH$

問3

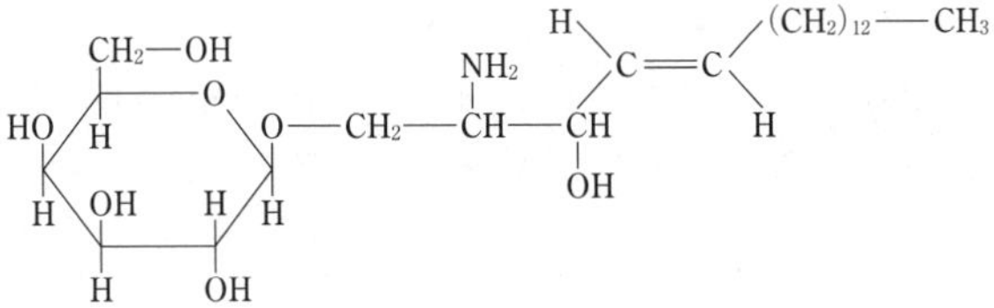

問4　(あ) T2　(い) T1，N2　(う) T1，T2，N2

85

> **ポイント**　ペプチドグリカンをしっかり理解しよう
> (a)ペプチドグリカンの構造について知っている受験生はいないであろう。その意味でみな同じ条件である。問題文から，いかに正確な理解を築くかが問われている。アミノ基への置換，アセチル化，エーテル結合，これらはすべて既習事項である。落ち着いて考えたい。
> (b) A2 と A3，A3 と A5 のアミド結合は，いずれも少なくとも一方のアミノ酸の側鎖の官能基が関与していることを，どう活用するかが最大のポイントである。また，S2 と A1 の結合において，S2 側は乳酸由来のカルボキシ基を用いるとしか考えられないことも重要である。このため A1 はアミノ基を提供することになる。

解　説

問1　β-グルコースが 1,4-グリコシド結合した構造はセルロースの構造であり，繰り返し単位で表すと以下のようになる。

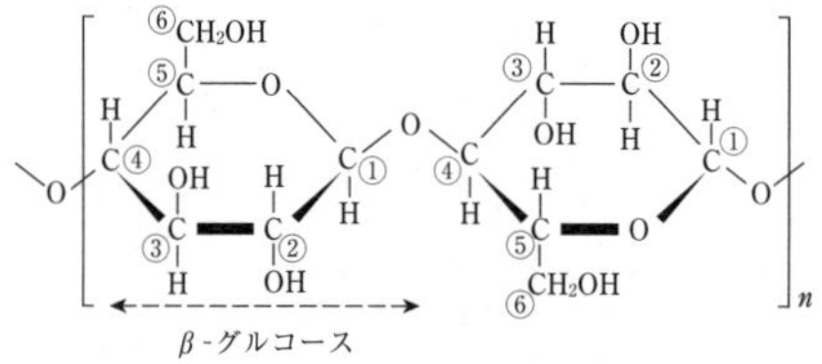

β-グルコース

この β-グルコース単位をそれぞれ S1 と S2 に変えたものがペプチドグリカンを構成する多糖である。S1 および S2 の構造を考える場合，題意に沿って次のように構造を変化させればよい。

S1 について

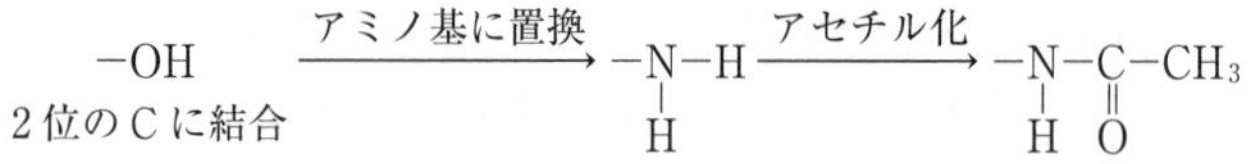

S2 について（S1 の構造に加えて）

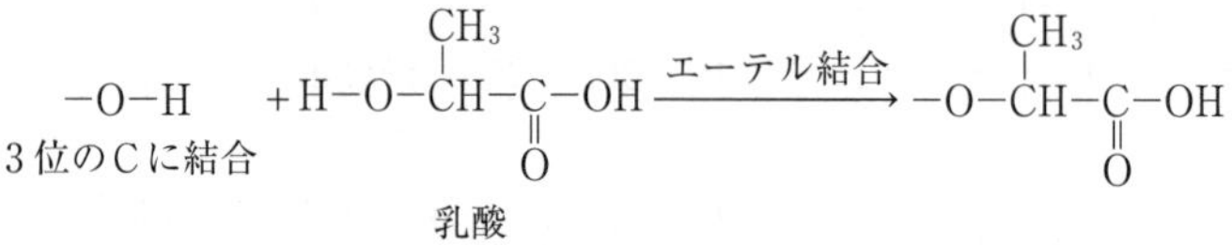

乳酸

S2 の基に相当するのは R^3 と R^4 である。R^1 と R^2 はエーテル結合ではなく，エステル結合をしている。また，(ウ)はアミロースの構造である α-1,4-グリコシド結合をしている。したがって，ペプチドグリカン中の二糖繰り返し単位の構造式は(エ)となる。

問2　$-NH_2$ と $-COOH$ をそれぞれ1つずつもつ中性アミノ酸の等電点は中性付近
になるので，**A1**，**A4**，**A5** が当てはまる。その中で **A5** には光学異性体が存在しな
いのでグリシン，**A1** と **A4** は光学異性体の関係にあり，アラニンである。等電点
が酸性の **A2** は $-COOH$ を2つもつ酸性アミノ酸でグルタミン酸，等電点が塩基
性の **A3** は $-NH_2$ を2つもつ塩基性アミノ酸でリシンである。

問3　グルタミン酸とリシンの構造式は次のように表される。

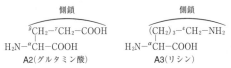

光学異性体を区別しないで考えると，グルタミン酸の α 位および γ 位の $-COOH$
それぞれに対して，リシンの α 位および ε 位の $-NH_2$ が結合でき4種類のジペプ
チドが生じる。また，リシンの $-COOH$ にグルタミン酸の $-NH_2$ が結合したジペ
プチドを加えて合計5種類が考えられる。なお，**A2**・**A3** 間での環構造を形成する
複数のアミド結合は想定しなくてよいと考えた。

問4　まず **A3** と **A5** 間のアミド結合については，**A5** はグリシンであるから図(あ)のよ
うに **A3** の側鎖の $-NH_2$ が使われる。そのため **A2** と **A3** 間のアミド結合では，図
(い)のように **A2** の側鎖の $-COOH$ と **A3** の α 位の $-NH_2$ が使われることになる。
そこで図(い)の結合様式に倣ってジペプチドの構造式を書けばよい。

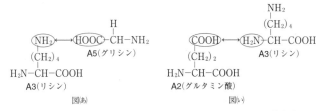

また，図(う)のように，**S2** と **A1** 間のアミド結合では，**S2** の乳酸由来の $-COOH$ と
A1 の $-NH_2$ が使われるので，**A1** と **A2** 間のアミド結合については，**A1** の $-COOH$
と **A2** の $-NH_2$ が使われることになる。

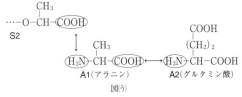

A4 と **A5** の結合は，**A4** の $-COOH$ と **A5** の $-NH_2$ のペプチド結合である。

解 答

....

問1 (エ)

問2 A1. アラニン　A2. グルタミン酸　A3. リシン
　　A4. アラニン　A5. グリシン

問3 5種類

問4

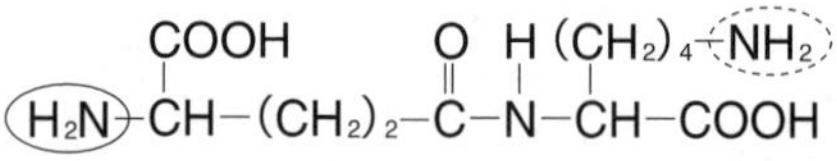

$$\underset{\text{H}_2\text{N}}{}\text{CH}-(\text{CH}_2)_2-\overset{\text{O}}{\text{C}}-\overset{\text{H}}{\text{N}}-\text{CH}-\text{COOH}$$

COOH　　　　O H (CH₂)₄ NH₂

H₂N CH−(CH₂)₂−C−N−CH−COOH

86

> **ポイント** アミノ酸配列は段階を踏んで決めていこう
> (a)問2の加水分解によって得られるアラニンとアスパラギン酸の質量が一定のとき，求めるペプチドの重合度が大きいほど，加水分解に必要な水が多くなる。このことから，ペプチドの構成が決まる。これを計算としてどのように表すかがポイントとなる。
> (b)ペンタペプチドのアミノ酸配列について，与えられた表現方法を用いて段階を踏んで推定を重ねていくことが重要である。各実験により何が明らかになり，そのことをどのように適用していくのか，もれなく明記していくことで解答に至る。ミスをしないために，きちんと整理して書きとどめ，振り返りが可能なようにしておこう。

解 説

問1 アミノ酸は pH が等電点の水溶液中では，双性イオンが最も多く存在する問題文中の図2のような平衡状態となるが，酸性にすると平衡が移動して(A)の陽イオンが，塩基性にすると(B)の陰イオンが多く存在するようになる。

$$\underset{H_3N^+-CH-COOH}{\overset{R}{|}} \underset{\overset{OH^-}{\rightleftharpoons}}{\underset{H^+}{}} \underset{H_3N^+-CH-COO^-}{\overset{R}{|}} \underset{\overset{OH^-}{\rightleftharpoons}}{\underset{H^+}{}} \underset{H_2N-CH-COO^-}{\overset{R}{|}}$$

問2 このペプチド1分子中に含まれるアラニン（Alaと表す，以下同様）とアスパラギン（Asn）の個数をそれぞれ m および n 個とすれば，このペプチド1mol を加水分解するのに $(m+n-1)$ 〔mol〕の H_2O が必要である。Asn はその側鎖が次のように加水分解され，アスパラギン酸（Asp）に変化している。

$$\underset{H_2N-CH-COOH}{\overset{CH_2-CONH_2}{|}} +H_2O \longrightarrow \underset{H_2N-CH-COOH}{\overset{CH_2-COOH}{|}} +NH_3$$

今，Ala，Asp，および消費された H_2O の物質量はそれぞれ，$\frac{26.7}{89.0}=0.300$，

$\frac{53.2}{133}=0.400$，および $\frac{18.9}{18.0}=1.05$〔mol〕で，Asn の側鎖の加水分解に 0.400mol の H_2O が消費されるため，ペプチドの加水分解には $1.05-0.400=0.650$〔mol〕の H_2O が使われたことになる。

そこで，加水分解したペプチドの物質量を x〔mol〕とすると，次式が成り立つ。

$mx=0.300$

$nx=0.400$

$(m+n-1)x=0.650$

これより，$m=6$，$n=8$ であり，このペプチドは Ala 6分子と Asn 8分子からなる。

問3・問5 実験2より，図4中の(a)〜(e)のうち2つは同一のアミノ酸である。

実験3より，**P**のN末端のアミノ酸が**A1**であるため，ⓐが**A1**となる。**Y1**と**Y2**は，ⓐ-ⓑ-ⓒまたはⓒ-ⓓ-ⓔのどちらかであるが，どちらのN末端も**A1**であるため，ⓒも**A1**と決まる。また，**X1**のN末端も**A1**であることから，**X1**はⓐ-ⓑ-ⓒ-ⓓであり，**X2**はⓑ-ⓒ-ⓓ-ⓔと決まる。

実験4より，**X2**を実験3と同じ酵素で処理したので，最初に得られたアミノ酸はⓑであり，これが**A3**と決まる。**A3**は等電点が9.7であるので，塩基性アミノ酸であるリシン（Lys）があてはまる。

実験5より，塩化鉄(Ⅲ)水溶液を加えて紫色になるのは，フェノール性ヒドロキシ基をもつアミノ酸であるから，**A4**はチロシン（Tyr）である。**X1**と**X2**に共通するアミノ酸はⓑ，ⓒ，ⓓであるが，ⓑは**A3**，ⓒは**A1**であるため，ⓓが**A4**と決まる。さらに，**Y1**と**Z1**にもⓓが含まれていることから，**Y1**はⓒ-ⓓ-ⓔ，**Z1**はⓓ-ⓔであり，**Y2**がⓐ-ⓑ-ⓒ，**Z2**がⓐ-ⓑと決まる。

実験6より，黒色沈殿を生じるのはS原子を含むアミノ酸であるから，**A2**はメチオニン（Met）と決まる。また，**X2**，**Y1**，**Z1**に共通するアミノ酸はⓓとⓔであり，ⓓは**A4**であるから，ⓔが**A2**と決まる。

実験7より，キサントプロテイン反応を示すのはベンゼン環を含むアミノ酸であり，**A4**は Tyr であることから，**A1**はフェニルアラニン（Phe）と決まる。

以上より，**P**および各アミノ酸やペプチドとその配列は次のようになる。

```
P    ⓐ—ⓑ—ⓒ—ⓓ—ⓔ
     A1—A3—A1—A4—A2
     Phe-Lys-Phe-Tyr-Met
         X1          A2
     Phe-Lys-Phe-Tyr-Met
     A1              X2
     Phe-Lys-Phe-Tyr-Met
     Z2              Y1
     Phe-Lys-Phe-Tyr-Met
     Y2              Z1
```

問4 この反応はビウレット反応で，トリペプチド以上のポリペプチドで陽性となる。

解　答

問1　(A)$H_3N^+-\underset{\underset{R}{|}}{CH}-COOH$　(B)$H_2N-\underset{\underset{R}{|}}{CH}-COO^-$　　問2　(ア)6　(イ)8

問3　**A1.** フェニルアラニン　**A2.** メチオニン　**A3.** リシン　**A4.** チロシン

問4　**X1**，**X2**，**Y1**，**Y2**

問5　a. **A1**　b. **A3**　c. **A1**　d. **A4**　e. **A2**

87

ポイント　多糖類の構造は既知の化合物から類推しよう

(a)ガラクトース，ガラクツロン酸の構造は問題文から導ける。また，pH＝6.0ではエステル結合は加水分解されない。

(b)**問8**　β-アミラーゼは，アミロースの非還元末端側からしか加水分解しないだけで，最終的には α-アミラーゼと同じくマルトースを生成する。解答には直接関係しないが，上記のような β-アミラーゼの特性により，α-アミラーゼより反応速度は小さいと考えられる。

解　説

問1　題意に沿って α-グルコース，α-ガラクトース，ガラクツロン酸へと構造を変化させると次のようになる。

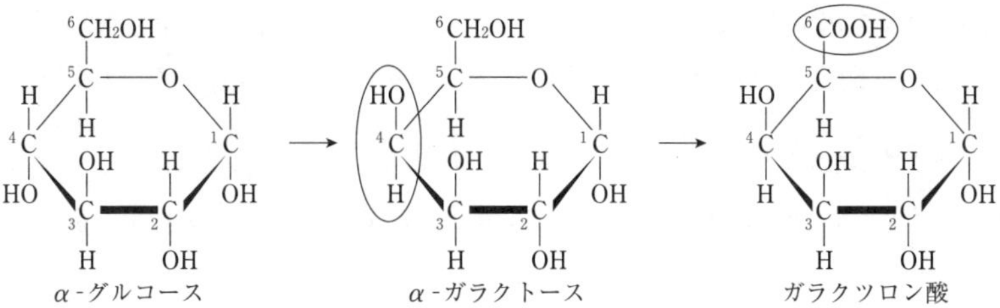

したがって，ホモガラクツロナンはガラクツロン酸が次のように縮合してできる。

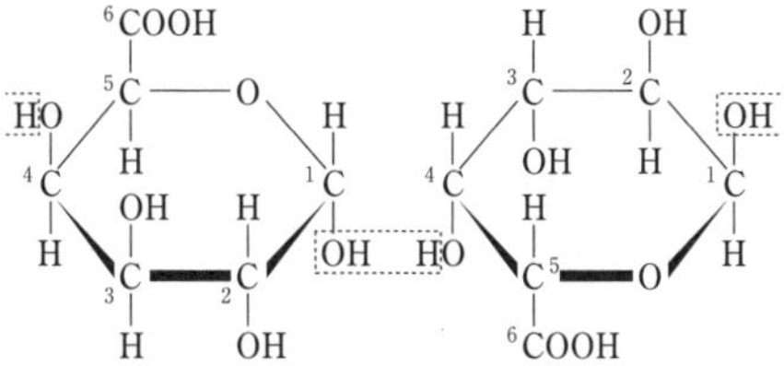

問2　ルシャトリエの原理にもとづく平衡の移動を考えればよい。pH を中性に近い 6.0 に上昇させてもエステルの加水分解はほとんど起こらない。酸性側から中性側に変化させると，$-COOH + OH^- \longrightarrow -COO^- + H_2O$ の反応により，電離しているカルボキシ基は増加し，電離していないカルボキシ基は減少する。

問3　アミロース x〔g〕を加水分解して生じたマルトースの物質量を n〔mol〕とすると，凝固点降下度を表す式は次のとおり。

$$0.310 = 1.86 \times n \times \frac{1000}{100 + 50.0} \quad \therefore \quad n = 0.0250 \text{〔mol〕}$$

これだけのマルトースで x〔g〕のアミロースが構成されていたことになるが，加

水分解する際に同じ物質量の H_2O が加わるので，その分を差し引けばよい。マルトース $C_{12}H_{22}O_{11} = 342$，$H_2O = 18.0$ であるので

$$x = 0.0250 \times 342 - 0.0250 \times 18.0 = 8.10 \text{(g)}$$

〔別解〕

アミロース $\{C_6H_{10}O_5\}_n$ の繰り返し部分（グルコース単位）の式量は 162 であるから，生成したマルトースの物質量は $\dfrac{x}{162n} \times n \times \dfrac{1}{2}$ (mol) である。

よって

$$0.310 = 1.86 \times \frac{x}{162n} \times n \times \frac{1}{2} \times \frac{1000}{150} \qquad \therefore \quad x = 8.10 \text{(g)}$$

問4 求める平均分子量を M とすると，$\Pi v = nRT$ より

$$1500 \times \frac{100 + 8.10}{1.028} \times \frac{1}{1000} = \frac{8.10}{M} \times 8.31 \times 10^3 \times (273 + 27)$$

$$\therefore \quad M = 1.280 \times 10^5 \fallingdotseq 1.28 \times 10^5$$

〔注〕 浸透圧の値を用いるので，α-アミラーゼ溶液の体積は無関係である。また，浸透圧を測定した溶液の質量は $100 + 8.10$ (g) であり，密度が 1.028 (g/cm^3) であるから，体積は $\dfrac{100 + 8.10}{1.028}$ (mL) である。

問5 アミロース $\{C_6H_{10}O_5\}_n$ の繰り返し部分の式量は 162 であるから，末端を無視すると

$$n = \frac{1.280 \times 10^5}{162} = 790.1 \fallingdotseq 7.90 \times 10^2$$

問6 アミロースは親水コロイドのため，水和されて水中に分散している。ここに多量の電解質を加えると，アミロースの水和に使われていた水和水がイオンの水和に使われるため，アミロースが沈殿する（塩析）。

問7 マルトースが水溶液中で生成するアルデヒド基による還元作用である。赤色の Cu_2O が沈殿する。

問8 アミロースが完全に加水分解されたときに生じるグルコースは

$$\frac{8.10}{162} = 0.0500 \text{(mol)}$$

一方，β-アミラーゼによってアミロースから分解され生じたマルトースは 1.60×10^{-4} mol であり，グルコースに換算するとその2倍の 3.20×10^{-4} mol である。したがって，水溶液の全体積は $750 + 100 + 50.0$ (mL)だから

$$\frac{3.20 \times 10^{-4} \times \dfrac{750 + 100 + 50.0}{20.0}}{0.0500} \times 100 = 28.8 \text{(\%)}$$

ただし，セロハン膜の内液と外液のマルトースの濃度は同じであるとした。

〔注〕　・マルトース，グルコース各1分子に存在する還元性基（アルデヒド基）は
　　　いずれも1個である。よって，いずれも1mol用いると，1molのCu₂Oが生成
　　　する。

　　　・最初のアミロース溶液の体積を100mLではなく，密度を考慮して

$$\frac{100+8.10}{1.028}=105.1≒105〔mL〕$$

　の値を用いて計算すると，解答は29.0％となる。

解 答

問1　㋐

問2　㋔

問3　8.10g

問4　$1.28×10^5$

問5　$7.90×10^2$

問6　(i)塩析

　　　(ii)イオンがアミロースの水和水を取り除き，水中での分散をしにくくする。
　　　（35字以内）

問7　Cu_2O

問8　28.8％（29.0％）

88

> **ポイント**　**単糖の構造とアミノ酸の滴定曲線**
> ⒜アルドース（鎖状構造のとき末端にアルデヒド基をもつ単糖）である単糖が環状構造を
> つくるときには必ず 1 位の炭素原子は環構造に含まれる。そのことから五員環構造が推定
> できる。
> ⒝グリセロリン脂質の加水分解は，通常の油脂の場合と同じ反応が含まれ，生成物の一部
> にセッケンが存在する。アミノ酸の中和滴定では，双性イオンを経て塩基性型イオンに至
> るので，中和点が 2 つ存在する滴定曲線となる。

解　説

問 1　DNA はヌクレオチドが縮合重合した直鎖状ポリマーで，デオキシリボースと
核酸塩基の結合部分の拡大図をアデニンとチミンで表すと，下図のようになる。

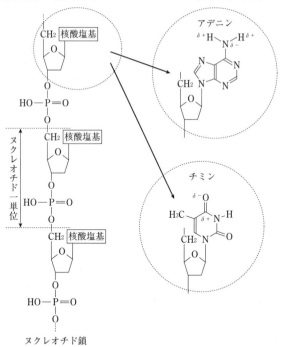

さらに DNA は 2 本のヌクレオチド鎖がアデニンとチミン（またはグアニンとシト
シン）の間で次図のように水素結合をすることで塩基対をつくり，二重らせん構造
をとる。

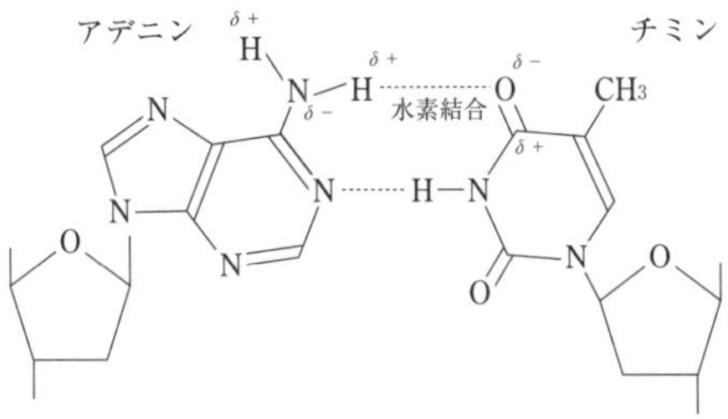

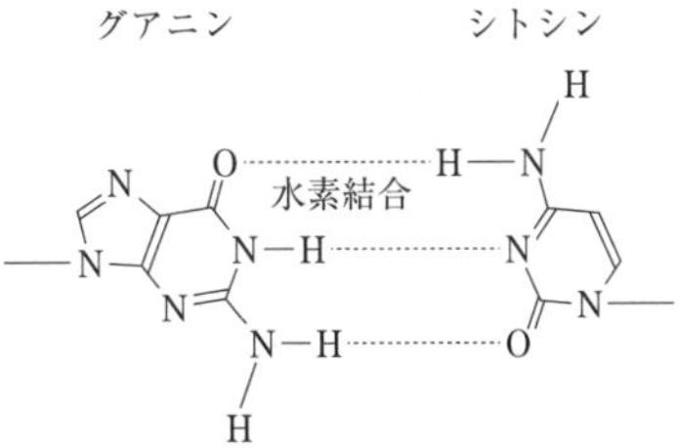

アデニン　$\delta+$　チミン

水素結合

グアニン　シトシン

水素結合

問2　デオキシリボースには下図中央のような鎖状構造の他に，(1)のCと(5)のOH間で環状となった六員環構造（ピラノース型）と，(1)のCと(4)のOH間で環状となった五員環構造（フラノース型）があり，DNAの成分はフラノース型である。

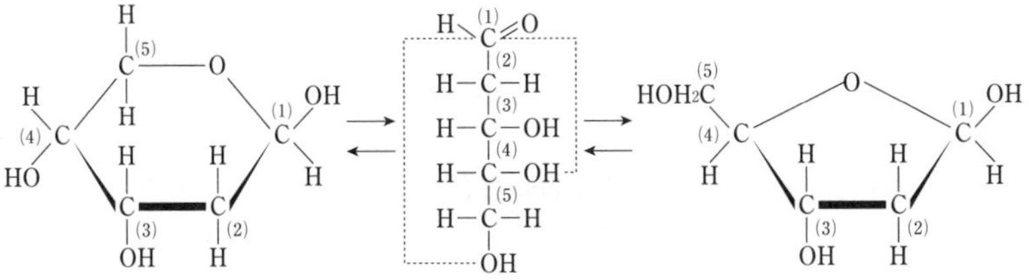

β型の環状デオキシリボース
ピラノース型

鎖状デオキシリボース

β型の環状デオキシリボース
フラノース型

またそれぞれの環状デオキシリボースにはα型とβ型があり，その違いは(1)の炭素に結合するOHとHの位置の違いによる。上にH，下にOHがα型，上にOH，下にHがβ型であり，グルコースと同様，環状構造を形成する際に生じる。ちなみに問題文中，図1のリボースはα型である。

問3　化合物**B**（セリン）は中性アミノ酸で，水溶液中では双性イオンが最も多く存在し，ほぼ中性を示す。したがって，単純な**B**の水溶液では酸性領域から中和滴定が始まることはないので，該当するグラフはない。〔解答〕はアミノ基が塩酸塩になっているという前提で答えている。$0.10\,mol/L$の**B**の水溶液$10\,mL$を$0.10\,mol/L$のNaOH水溶液で中和するのだから，**B**の陽イオンから双性イオンに至るのにNaOH水溶液は$10\,mL$必要である。さらに，双性イオンから陰イオンに至るのに$10\,mL$が必要である。よって，この反応は2段階の中和となるので，(う)と考えられる。

〔注〕 塩酸塩の滴定は次のようになる。

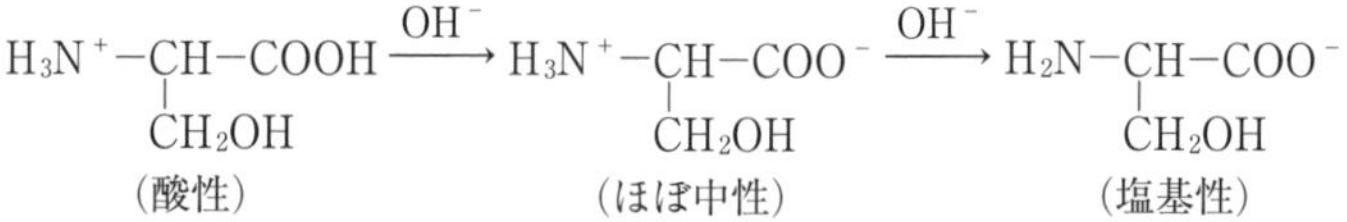

$$\underset{\text{(酸性)}}{H_3N^+-\overset{\displaystyle |}{\underset{\displaystyle CH_2OH}{CH}}-COOH} \xrightarrow{\ OH^-\ } \underset{\text{(ほぼ中性)}}{H_3N^+-\overset{\displaystyle |}{\underset{\displaystyle CH_2OH}{CH}}-COO^-} \xrightarrow{\ OH^-\ } \underset{\text{(塩基性)}}{H_2N-\overset{\displaystyle |}{\underset{\displaystyle CH_2OH}{CH}}-COO^-}$$

したがって，ほぼ中性状態からの滴定ならば(う)の NaOH 水溶液が 10 mL 以降に示すようなグラフとなる。

問4 (あ) 誤り。化合物 **C** は複合脂質で，油脂のような単純脂質（グリセリンと高級脂肪酸のみからなるエステル）ではない。

(い) 誤り。化合物 **C** ではグリセリン由来の(2)の位置の炭素（図 3 ）と，セリンの α 炭素（図 4 で $-COOH$ と $-NH_2$ が結合した炭素）が不斉炭素原子となるため，2 個存在する。

(う) 正しい。図 3 の(1)に結合している炭素数 14 の飽和脂肪酸由来と，(2)に結合している脂肪酸 **D** 由来の 2 分子のセッケンが得られる。

(え) 誤り。空気中の酸素は不飽和脂肪酸中の C=C 部分に付加し，過酸化物構造（$-O-O-$）をつくるため，不飽和脂肪酸の方が酸化されやすい。

(お) 正しい。自然界に存在する不飽和脂肪酸は，右図のようにシス型をしており，C=C を中心として分子が折れ曲がった形であると考えられる。そのため，二重結合が少ない方が分子どうしが並びやすく，分子間力が大きくなるので，融点が高くなる。

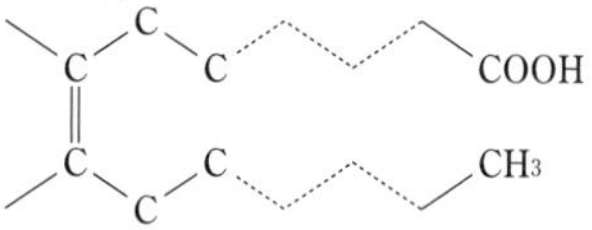

問5 **D** に水素付加して得られた飽和脂肪酸を $C_nH_{2n+1}COOH$ とすると，その分子量が 312 より

$$12n + 2n + 46 = 312 \qquad \therefore \quad n = 19$$

そこで，**D** の化学式を $C_{19}H_{n'}COOH$ とすると，化合物 **C** の構造式は次のように表せる。**B**（セリン）は，その OH を介して，リン酸基と脱水縮合し，炭素数 14 の飽和脂肪酸 $C_{13}H_{27}COOH$ は図 3 の(1)の位置でエステル結合している。

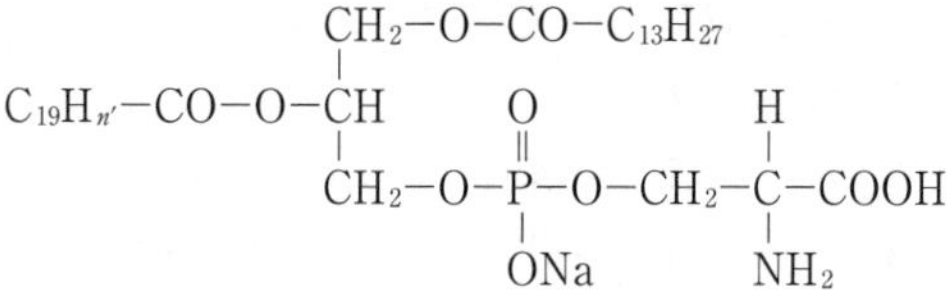

$$\begin{array}{l} \qquad\qquad CH_2-O-CO-C_{13}H_{27} \\ \qquad\qquad\quad | \\ C_{19}H_{n'}-CO-O-CH \qquad O \qquad\qquad H \\ \qquad\qquad\quad | \qquad\qquad\ \ \| \qquad\qquad\ | \\ \qquad\qquad CH_2-O-P-O-CH_2-C-COOH \\ \qquad\qquad\qquad\quad | \qquad\qquad\quad | \\ \qquad\qquad\qquad\ ONa \qquad\qquad NH_2 \end{array}$$

化合物 **C** の物質量と加水分解して得られる **D** の物質量は等しい。一方，**C** は 4 カ所で脱水縮合しているので

$$C_{19}H_{n'}COOH = 273 + n'$$

$$C_{13}H_{27}COOH = 228$$

$$C_3H_5(OH)_3 = 92.0$$

$NaH_2PO_4 = 120.0$

$H_2NCH(CH_2OH)COOH = 105$

$H_2O = 18.0$

より，**C** の分子量は

$$273 + n' + 228 + 92.0 + 120 + 105 - 18.0 \times 4 = 746 + n'$$

となる。したがって

$$\frac{15.5}{746 + n'} = \frac{6.04}{273 + n'} \qquad \therefore \quad n' = 29$$

よって，分子式は $C_{20}H_{30}O_2$（分子量 302）となる。

解　答

問1　㋐水素　㋑窒素　㋒水素　㋓負　㋔正
　　　　㋕極性（分極）　㋖酸素　㋗炭素

問2

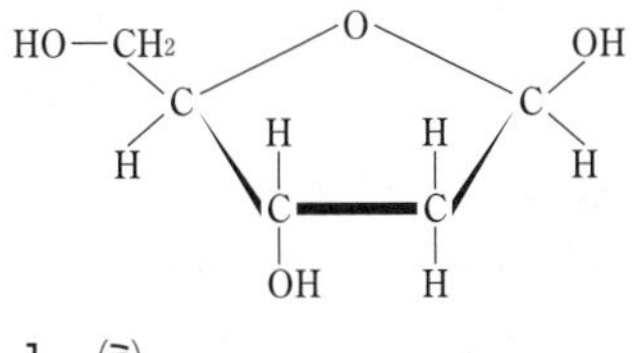

問3　1 ―㋒

　　　2．化合物 **B** が強酸性下にあり，$-NH_2$ が $-NH_3{}^+$ の構造となっていると
　　　する。水酸化ナトリウム水溶液を加えると，まず $-COOH$ が中和されて
　　　$-COONa$ となる。この状態は双性イオンのためほぼ中性を示す。さらに
　　　水酸化ナトリウム水溶液を加えると $-NH_3{}^+$ が中和されて $-NH_2$ となる
　　　2 段階の反応が起こる。よって，㋒が当てはまる。

問4　㋒・㋘

問5　(ⅰ) 302　(ⅱ) $C_{20}H_{30}O_2$

89

> **ポイント**　**CH₃O− の結合位置はグリコシド結合していない**
> 　化合物 E のグリコシド結合を加水分解すると，2 種類のメトキシグルコースが得られる。
> このことより，2 個のグルコース間の 1 位と 6 位で，グリコシド結合が形成されていたと
> 推測できる。このことと，β-グルコシダーゼの反応性をあわせて考えれば，化合物 E の
> 構造がわかる。

解　説

問 1　ステアリン酸のような飽和脂肪酸は，各炭素間の単結合を軸にして自由に回転
するので，下に示すように，安定な状態として伸びきった形をとることができる。
そのため，分子が密に集合し，ファンデルワールス力による相互作用が大きくなる。
一方，オレイン酸のような不飽和脂肪酸は，下に示すようにシス型の炭素間二重結
合の部分で分子が折れ曲がるため，ステアリン酸に比べて分子どうしは密に集合で
きず，ファンデルワールス力による相互作用は小さくなる。したがって，オレイン
酸はステアリン酸に比べて小さい熱エネルギーで分子どうしの配列が乱れ液体状態
となり，融点が低くなる。

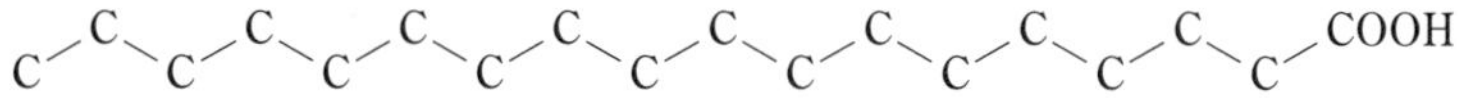

ステアリン酸

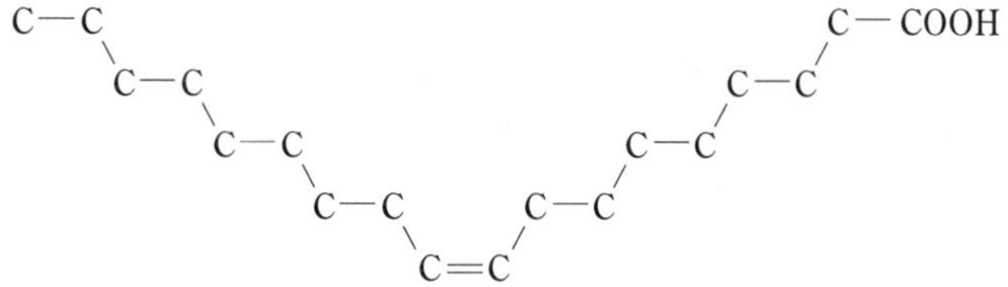

オレイン酸

問 2　化合物 A は中性であるが，オレイン酸ナトリウムは弱酸のオレイン酸と強塩基
の塩であり，水溶液は加水分解により塩基性を示す。

(あ)　フェノールフタレインは，pH 8.3〜10 に無色〜赤色の変色域をもつ。このため，
化合物 A の水溶液は無色，オレイン酸ナトリウム水溶液は赤色となり判別できる。

(い)　メチルオレンジは，pH 3.1〜4.4 に赤色〜黄色の変色域をもつ。このため，どち
らの水溶液も黄色となり判別できない。

(う)　塩酸を加えると，オレイン酸ナトリウムからは水に溶けにくいオレイン酸が遊離
して二層に分離するが，化合物 A は変化しないので判別できる。

(え)　オリーブ油を加えると，どちらの水溶液もオリーブ油への乳化作用により乳濁液

になるので判別できない。

⒝ マグネシウムイオンは，オレイン酸などの高級脂肪酸と反応し，不溶性の塩を生成して沈殿するが，化合物Aは塩をつくらないので判別できる。

⒞ アンモニア性硝酸銀は，アルデヒド基をもつような還元性のある物質と反応して，銀を遊離する。単糖類はヘミアセタール構造をもち，水溶液中ではアルデヒド基をもつ鎖式構造との間で平衡状態となっているため還元性をもつ。一方，化合物Aには，ヘミアセタール構造がないため，アンモニア性硝酸銀とは反応しない。オレイン酸ナトリウムも反応しないので判別できない。

⒟ オレイン酸ナトリウムの炭化水素基には炭素原子間の二重結合があるので，付加反応により臭素の赤褐色が消える。化合物Aは付加反応をしないので，臭素の赤褐色が消えないことから判別できる。

問3 実験1：化合物Bは，グリセリンの3つのヒドロキシ基のうち2つが脂肪酸エステルとなっていることから，そのけん化では，化合物BとKOHの物質量比は1：2である。化合物Bは，けん化によって1種類の脂肪酸Cしか生成しなかったので，この脂肪酸の物質量は用いたKOHの物質量と同じであるから，脂肪酸Cのモル質量をM〔g/mol〕とすると

$$0.200 \text{ mol/L} \times 10.0 \times 10^{-3} \text{ L} = \frac{0.508 \text{ g}}{M} \quad \therefore \quad M = 254 \text{ g/mol}$$

よって，脂肪酸Cの分子量は254とわかる。

実験2：化合物B中に水素が付加反応をする部分は，脂肪酸の炭化水素部分である。この実験より2.00×10^{-3} molの脂肪酸Cに付加した水素は

$$\frac{44.8 \times 10^{-3} \text{ L}}{22.4 \text{ L/mol}} = 2.00 \times 10^{-3} \text{ mol}$$

したがって，1分子の脂肪酸Cには，1つの二重結合があることがわかる。1つの二重結合をもつ不飽和脂肪酸の示性式は$C_nH_{2n-1}COOH$と表されるので

$$12n + 2n - 1 + (12 + 2 \times 16 + 1) = 254 \quad \therefore \quad n = 15$$

よって，脂肪酸Cの示性式は$C_{15}H_{29}COOH$となる。

問4 実験3：化合物Dが酵素β-グルコシダーゼによってグリセリンとグルコースに分解され，酵素α-グルコシダーゼでは反応しないということから，化合物Dは，β-グルコースとβ-グルコースおよびβ-グルコースとグリセリンが，それぞれβ-グリコシド結合したものであることがわかる。

実験4：化合物Dのヒドロキシ基がすべてCH_3Iと反応し，メトキシ基に置換された化合物Eを，加水分解して得られる反応生成物2種類は次のようになる。

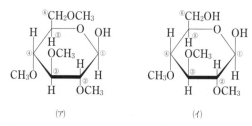

$$（ア）\qquad （イ）$$

それぞれの物質量比が 1 : 1 であることから，（ア），（イ）は

 （ア）の炭素①—（グリコシド結合）—（イ）の炭素⑥

 （イ）の炭素①—（グリコシド結合）—グリセリン

のように結合していることがわかる。したがって化合物 **E** の構造は次のようになる。

CH_3O- を $HO-$ にすれば，化合物 **D** となる。

なお，化合物 **B** は，次のようになる。

〔注〕　β-グルコシダーゼは，β-グルコースの 1 位の炭素とほかの分子とのグリコ
 シド結合を加水分解するから，（ア）の①と（イ）の①の結合，（イ）の⑥とグリセリンの結
 合による化合物 **D** はありえない。

解 答

問 1 ア—① イ—③ ウ—② エ—② オ—② カ—②

問 2 ⑱・⑤・⑯・⑯

問 3 $C_{15}H_{29}COOH$

問 4

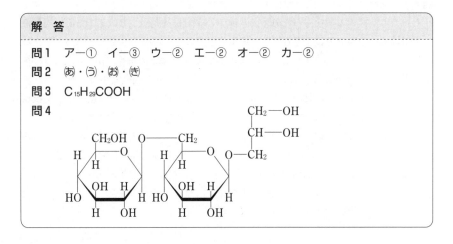

90

ポイント　タンパク質の帯電をアミノ酸から類推

　アミノ酸の等電点では双性イオンが生じており，等電点の値はアミノ酸の種類ごとに異なる。このことを利用して，アミノ酸を分離することができる。同様の考え方がタンパク質にも当てはまる。分離方法として，陽イオン交換樹脂を用いると，正に帯電したタンパク質のみを取り出すことができる。どのタンパク質が正に帯電するかは，等電点と pH の値から決めることができる。

解　説

問1　タンパク質は大きな分子であり，水中ではコロイド粒子として存在しているが，濃い塩の溶液中では凝集して沈殿する。この現象を塩析という。塩析によって沈殿したタンパク質は，その働きを完全に失ったわけではなく，水を加えるなどすると働きを取り戻す。これに対して，タンパク質に酸や塩基，重金属イオンやアルコールなどを加えたり，加熱すると，タンパク質の構造が変化してしまい，その働きが失われ元に戻らなくなる。このような変化をタンパク質の変性という。

問2　セロハンには，小さなイオンなどの粒子は通すが，タンパク質などの大きな分子は通さない小さな穴が開いており，このような膜を半透膜という。半透膜の袋にタンパク質のようなコロイド粒子と小さなイオンの混合物を入れて，適当な溶液中にそれを吊るすとイオンだけが膜外に拡散する。半透膜の外側の溶液を数回，新しいものに交換するとイオンは膜外に拡散し続けるので，膜内のイオン濃度は小さくなり，やがて膜内にはコロイド粒子だけが残ることになる。このような分離方法を透析という。

問3　タンパク質は，それが溶解している溶液の液性により，分子全体が正の電荷をもったり，負の電荷をもったりする。タンパク質は等電点より大きな pH の緩衝液中では負の電荷，逆に小さな pH の緩衝液中では正の電荷をもつ。タンパク質Aは，等電点が5.0であるから，pH＜5.0の緩衝液中では正の電荷，pH＞5.0の緩衝液中では負の電荷をもっている。したがって，pH7.0の緩衝液中ではタンパク質Aは負の電荷をもつ。負の電荷をもつタンパク質と結合する樹脂（陰イオン交換樹脂）に pH7.0の緩衝液中にあるタンパク質A，Bを通すと，負の電荷をもったタンパク質Aは樹脂と結合するので，通り抜けたのはタンパク質Bであることがわかる。タンパク質Bは pH7.0で正の電荷をもつのであるから，タンパク質Bの等電点は7.0より大きいと判断できる。タンパク質A，Bの混合物を pH3.0の緩衝液に入れるとA，Bともに正の電荷をもつことになるので，この条件ではタンパク質A，Bともに樹脂を通り抜けることになる。

〔**参考**〕　タンパク質の構造と pH の関係をアミノ酸の構造から類推して考えるとわかりやすい。

pH	pH < 5.0	pH = 5.0	5.0 < pH < 7.0
タンパク質A (等電点 = 5.0)	$^+H_3N-R_A-COOH$	$^+H_3N-R_A-COO^-$	$H_2N-R_A-COO^-$
タンパク質B (等電点 > 7.0)	$^+H_3N-R_B-COOH$	$^+H_3N-R_B-COOH$	$^+H_3N-R_B-COOH$

解　答

問1　変性とは，酸や塩基，重金属を加えたり，加熱したりすることによってタンパク質の構造が変化し，本来の働きを失って元に戻らなくなることである。この構造の変化により，水和が不安定になって，タンパク質が沈殿する。

問2　半透膜は，硫酸イオンやアンモニウムイオンのような小さな粒子は通すが，タンパク質のような大きな粒子は通さない。このため，小さな粒子だけが拡散によって半透膜外に出ていき，膜内はタンパク質の溶けた溶液となる。

問3　(1)—(え)

(2) A は等電点が 5.0 であるから，pH 7.0 の緩衝液中では，正味の電荷は負となり樹脂と結合するので，通り抜けたのは B である。このとき B の正味の電荷は正となっているので，B の等電点は 7.0 より大きいことがわかる。A，B の両方のタンパク質の等電点よりも小さい pH 3.0 の緩衝液中では，ともに正味の電荷は正となっているので，A，B ともに樹脂を通り抜ける。

91

ポイント　トレハロース，フルクトースの還元性

　トレハロースは α-グルコースの1位の $-OH$ どうしが縮合した二糖類のため，水溶液中でも鎖状の異性体が生成しない。そのため，還元性のアルデヒド基が生成しない。

　一方，スクロースの成分であるフルクトースは，アルデヒド基をもたないが
$$\begin{matrix} CH_2-C- \\ | \quad \| \\ OH \quad O \end{matrix}$$ 構造をもち，これが還元性を示す。

解　説

問1　α 型の **X** の4位の OH を逆にした単糖は次の α-ガラクトースである。

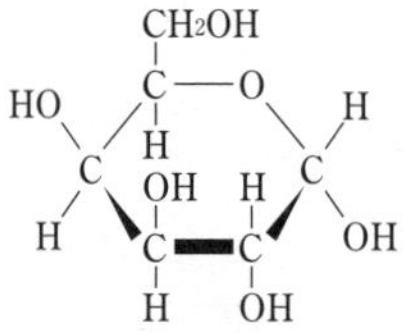

α-ガラクトース

β 型のガラクトースは1位の OH が上側についている。

問2　環状のグルコースのように，1位の炭素原子に結合しているヒドロキシ基が存在すると開環してアルデヒド基ができる。

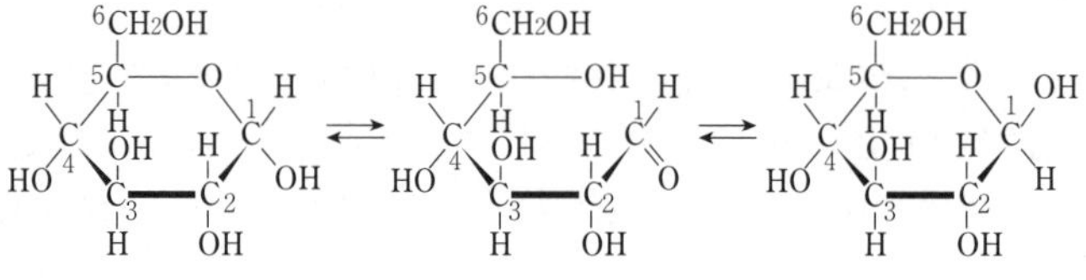

α-グルコース　　　　鎖状構造　　　　β-グルコース

二糖類 **A〜E** は以下のような構造をしている。**A**，**B**，**D** は，矢印で示した1位の炭素原子の片方にヒドロキシ基が結合している。この部分で上図のような平衡状態となり，アルデヒド基をもつ鎖状構造となってフェーリング液を還元する。

A.

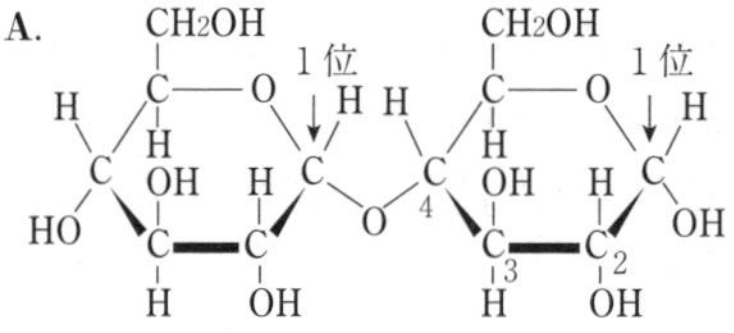

マルトース

B.

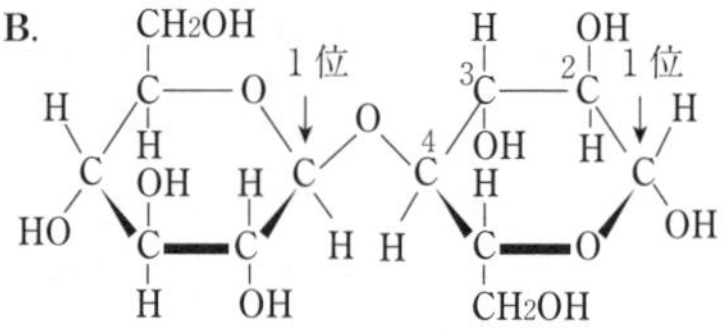

セロビオース

C.

トレハロース

D.

ラクトース

E.

スクロース

問3　アミロースは，$(C_6H_{10}O_5)_n$ と表される。単位構造の式量は162である。したがって，162 g のアミロースが完全に加水分解されるとグルコース $C_6H_{12}O_6$（分子量180）が180 g できる。

$$(C_6H_{10}O_5)_n + nH_2O \longrightarrow nC_6H_{12}O_6$$

反応が完全に進むと88 g の CO_2 が生成し，気体となって反応液から離れる。

$$C_6H_{12}O_6 \longrightarrow 2C_2H_5OH + 2CO_2$$
$$180\,g \qquad 46 \times 2\,g \qquad 44 \times 2\,g$$

実際には66 g の減少であったのだから

$$\frac{66\,g}{88\,g} \times 100\,\% = 75\,\%$$

問4　油脂は高級脂肪酸のグリセリンエステルであるから，次のように表せる。

$$R\ -COO-CH_2$$
$$R'\ -COO-CH$$
$$R''-COO-CH_2$$

ここで R，R′，R″ は炭化水素の部分である。

実験(1)から，油脂 **Y** はグリセリンと脂肪酸 **F**，**G**，**H** のエステルであることがわかる。

実験(2)より，脂肪酸 **F** の組成式を $C_xH_yO_z$ とすると

$$x : y : z = \frac{76.6\,\%}{12.0} : \frac{12.1\,\%}{1.00} : \frac{11.3\,\%}{16.0} \fallingdotseq 9 : 17 : 1$$

脂肪酸 **F** の組成式は，$C_9H_{17}O$ であることがわかる。

実験(3)より，炭素数が18なので，脂肪酸 **F** の分子式は $C_{18}H_{34}O_2$ となる。示性式ではカルボキシ基をもつので，$C_{17}H_{33}COOH$ と示せる。すなわち，オレイン酸である。飽和脂肪酸の一般式は $C_nH_{2n+1}COOH$ であるから，脂肪酸 **F** の水素付加の反応は $C_{17}H_{33}COOH + H_2 \longrightarrow C_{17}H_{35}COOH$ と表せる。飽和の $C_{17}H_{35}COOH$ はス

テアリン酸である。

したがって，脂肪酸 **G** の場合は，$C_{17}H_{31}COOH + 2H_2 \longrightarrow C_{17}H_{35}COOH$ となる。

$C_{17}H_{31}COOH$ はリノール酸である。

脂肪酸 **H** は，油脂 **Y** の分子量が 878 であることから

$$C_3H_8O_3 + C_{17}H_{33}COOH + C_{17}H_{31}COOH + RCOOH \longrightarrow 油脂\,Y + 3H_2O$$

より，RCOOH の分子量は 278 となる。分子式は $C_{18}H_xO_2$ より $x = 30$ となる。

つまり，示性式は $C_{17}H_{29}COOH$ であり，リノレン酸である。

〔注〕　C，H，O からなる化合物の分子式では，H の数は必ず偶数である。したがって，脂肪酸 **F** の組成式 $C_9H_{17}O$ は分子式ではあり得ない。また，**F** は脂肪酸であることから，分子は O 原子を 2 個含むはずであり，分子式は $C_{18}H_{34}O_2$ となる。

解　答

問1

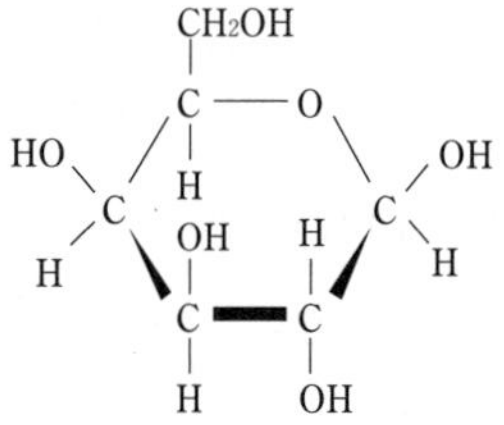

問2　(1)―**A**，**B**，**D**

(2) グルコースの 1 位の炭素原子に結合しているヒドロキシ基が存在するので，一部が水溶液中で開環してアルデヒド基をもつ鎖状の異性体になるためフェーリング液を還元する。

問3　75 %

問4　G. $C_{18}H_{32}O_2$　　H. $C_{18}H_{30}O_2$

92

> **ポイント** 立体配置の考え方
> 　立体配置を考えるときは，正四面体の中心とその頂点に原子や原子団があることを意識し，それを回転したり，違う方向から眺めたりして相互に比較するとよい。例えば，**B**や**C**において，六角形の各頂点で面に垂直に出ている原子，原子団はいずれも面から遠ざかるように斜めに突き出ていると考えるとよい。

解 説

問1 (a) **A**，**B**，**C**および**D**は$C^{(1)} \sim C^{(4)}$あるいは$C^{(5)}$によってできる平面を考え，その上下にHやOHといった基を示して立体構造を表している。**B**や**C**の$C^{(1)}$の周りの立体配置を図の右側から見たように示し，さらに**E**も同様にして比較すると，**E**と**C**が同一の立体配置をもっていることがわかる。

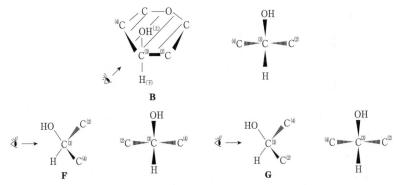

(b) (a)と同様に考えると，**B**の$C^{(3)}$の立体配置と**G**が同じであることがわかる。

問2 フェーリング液の還元は，アルデヒド基に特有の反応である。**A**の構造にはアルデヒド基が存在し，この構造が直接関与している。**A**が還元反応によって減少す

ると，ルシャトリエの原理にしたがって平衡が移動し，**B**と**C**が**A**に変化して反応が続く。

問3 次図（左）のように$C^{(3)}$，$C^{(4)}$，$C^{(5)}$および H，OH を考える。$C^{(1)}$の CHO 基に$C^{(4)}$に結合している OH 基が付加するとき，$C^{(3)}$と$C^{(4)}$との間の結合を軸に回転すると次図（右）のようになる。したがって，生成する五員環構造では，$C^{(4)}$に結合している H は下向きとなる。

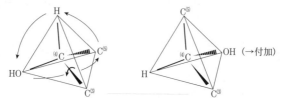

〔注〕 逆向きに回転すると，付加の方向へ至るのに遠回りになり反応としてはおこりにくいと考える。いずれにしろ，$C^{(5)}$の向きは上向きであり，H は下向きになる。

問4 問1のところでも述べたように**D**は$C^{(1)} \sim C^{(4)}$および O によってできる平面を考え，その上下に H や OH といった基を示して立体構造を表している。**A′**は，紙面手前側に向く結合を水平な線で，紙面背後に向く結合を垂直な線で表しており，このような示し方をフィッシャー投影式という。ここでは炭素原子を縦に並べ，炭素原子間の結合を回転して H と OH が紙面の前に出ているようにしている。

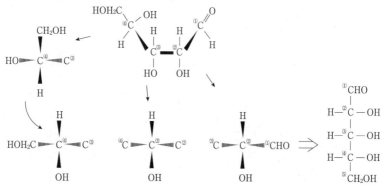

〔注〕 $C^{(4)}$では H と OH が上下にくるように，$C^{(4)}-C^{(3)}$を軸にして回転させている。上図下段左の3つの構造を$C^{(1)} \sim C^{(4)}$が縦に並ぶように結合させると，右端のフィッシャー投影式が得られる。なお，フィッシャー投影式によるリボースの C–C 結合は，背後へ背後へと折れ曲がって続いているというイメージをもてばよい。

問5　RNA では，次のように，(3)位の OH 基と(5)位の OH 基によってリン酸ジエステルが形成されている。

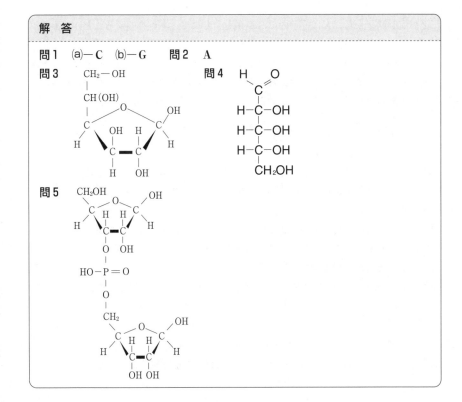

93

> **ポイント** 　酵素によるペプチドの切断位置に注目
> 　酵素によるペプチドの切断は，問題の図 2 においてリシンの右側で生じる。このことを
> −S−S− 結合の 3 通りのケースに当てはめて，加水分解生成物を調べればよい。

解　説

問 1・問 2　アミノ酸は，分子内に酸性の官能基であるカルボキシル基と塩基性の官能基であるアミノ基が存在し，等電点においてはそれぞれが電離して分子内に陽イオンと陰イオンの部分が共存する双性イオンとなる。

$$R-\underset{\underset{H}{|}}{\overset{\overset{NH_3^+}{|}}{C}}-COOH \underset{OH^-}{\overset{H^+}{\rightleftarrows}} R-\underset{\underset{H}{|}}{\overset{\overset{NH_3^+}{|}}{C}}-COO^- \underset{OH^-}{\overset{H^+}{\rightleftarrows}} R-\underset{\underset{H}{|}}{\overset{\overset{NH_2}{|}}{C}}-COO^-$$

問 3　⑴の実験結果から，**A** には㈎が，**B** には㈱が，**C** には㈤が存在することがわかる。

⑵の実験結果から，**A** は分子内に S 原子を含むので，㈠が存在することがわかる。（PbS の黒色沈殿）

⑶の実験は，キサントプロテイン反応で，アミノ酸にベンゼン環が含まれることがわかるので，その結果からは，**B** と **C** には㈥または㈢が含まれることがわかる。

⑷の実験結果から，**C** をモル質量 M 〔g/mol〕の 1 価の酸と考えると

$$\frac{1.11\,\text{g}}{M} \times 1 = 0.500\,\text{mol/L} \times 10.0 \times 10^{-3}\,\text{L} \times 1$$

$$\therefore \quad M = 222\,\text{g/mol}$$

したがって，**C** は㈤と㈢からできているジペプチドであることがわかる。

よって，**A** は㈠・㈎から，**C** は㈤・㈢から，そして **B** は㈥・㈱からできていることがわかる。

問 4　アミノ酸の配列によって 2 種類のジペプチドが存在する。**C** を構成するアミノ酸はいずれも中性アミノ酸なので，電離する基はジペプチドの構造にかかわらず，$-NH_2$ と $-COOH$ の 1 つずつである。

問 5　pH の最も大きいものは，塩基性のアミノ酸を含む **A**，次に，中性のアミノ酸だけを含む **C**，そして，酸性のアミノ酸を含む **B** が一番小さい。

〔注〕　㈥を含むアミノ酸は $\ge$NH が存在するが中性である。（N の非共有電子対は芳香環全体に分布し，H$^+$ と配位結合をしないと考える。）

問 6　1 〜 4 のシステイン間で，−S−S− 結合ができる可能性は，1-2 と 3-4，1-3

と 2-4，1-4 と 2-3 の 3 通りが考えられる。

問7　1-2 と 3-4 のシステイン間で，ジスルフィド結合をもつペプチドをトリプシンで切断（図の↑部）すると 1 本のままである（図1）。

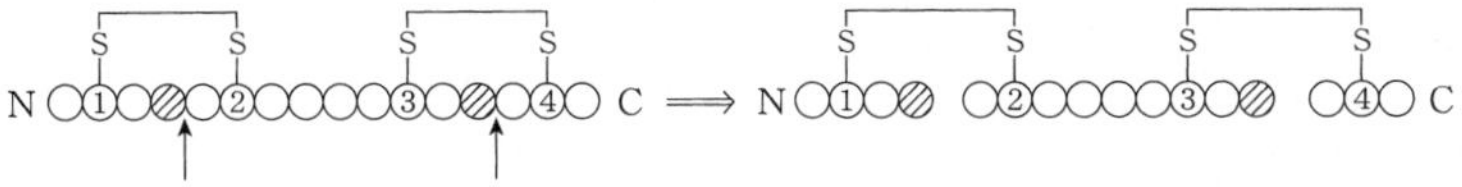

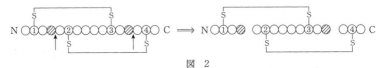

図　1

1-3 と 2-4 のときも，トリプシンで切断（図の↑部）すると 1 本のままである（図2）。

図　2

1-4 と 2-3 のときは，トリプシンで切断（図の↑部）すると 2 本となる（図3）。

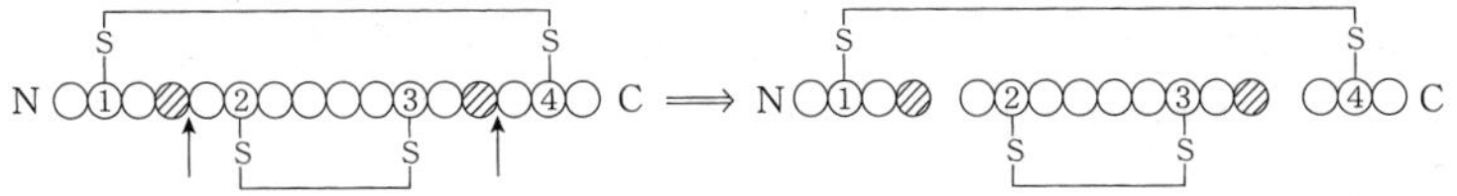

図　3

解　答

問1　(ア) $\overset{NH_2}{\underset{H}{R-C-COO^-}}$　(イ) $\overset{NH_3^+}{\underset{H}{R-C-COOH}}$　(ウ) $\overset{NH_3^+}{\underset{H}{R-C-COO^-}}$

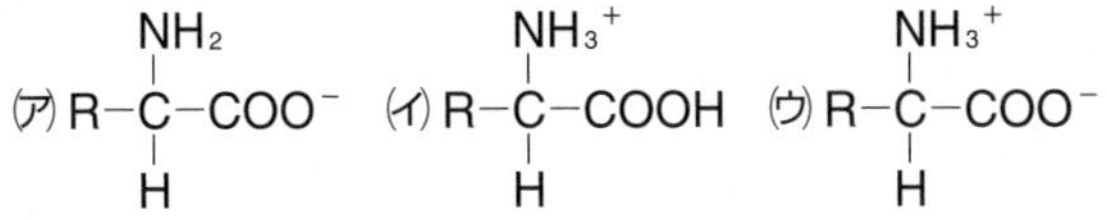

問2　双性　　**問3**　A—(あ)・(か)　B—(う)・(お)　C—(い)・(え)

問4

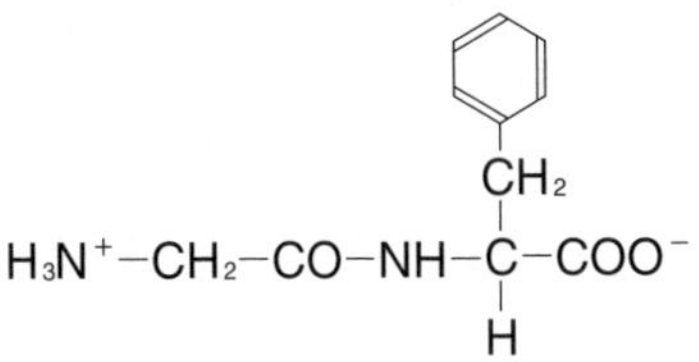

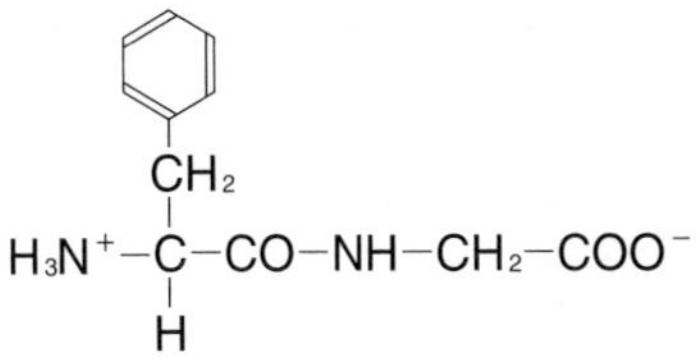

$$H_3N^+-CH_2-CO-NH-\overset{\overset{\displaystyle \bigcirc}{CH_2}}{\underset{H}{C}}-COO^-$$

$$H_3N^+-\overset{\overset{\displaystyle \bigcirc}{CH_2}}{\underset{H}{C}}-CO-NH-CH_2-COO^-$$

問5　A > C > B　　**問6**　3通り　　**問7**　1番と4番，2番と3番

94

> **ポイント**　グルコースの相互変換
> 　環状－鎖状の構造が相互に変換できるためには，環状構造における C^1, もしくは鎖状構造における C^5 がアセチル化されないことが必要である。それ以外の C 原子がアセチル化されても α, β, 鎖状の 3 種類の構造は相互変換可能である。

解　説

問 1　セルロースは，多数の β-グルコースが縮合してできた多糖類であり，セルラーゼを作用させると，加水分解されて，二糖類の**A**. セロビオースが生成する。アミロースは，多数の α-グルコースが縮合してできた多糖類であり，酵素アミラーゼを作用させると，加水分解されて，二糖類の**B**. マルトース（麦芽糖）が生成する。セロビオースもマルトースもさらに加水分解すると**C**. グルコースとなる。砂糖の主成分は，二糖類である**D**. スクロース（ショ糖）で，これを加水分解するとグルコースと**E**. フルクトース（果糖）が生成する。

$[C_6H_{10}O_5]_n$
セルロース

（セルラーゼ）
加水分解

$C_{12}H_{22}O_{11}$
A. セロビオース

$[C_6H_{10}O_5]_n$
アミロース

（アミラーゼ）
加水分解

$C_{12}H_{22}O_{11}$
B. マルトース

加水分解　CH_3COOH

$C_{12}H_{22}O_{11}$
D. スクロース　加水分解

$C_6H_{12}O_6$
C. グルコース

$C_6H_7O(OH)_3(O-\overset{\displaystyle O}{\overset{\|}{C}}-CH_3)_2$
F

加水分解

$C_6H_{12}O_6$
E. フルクトース

問 2　単糖類を表す場合，炭素原子に番号をつけてそれぞれの原子や基の位置を示すようにしている。

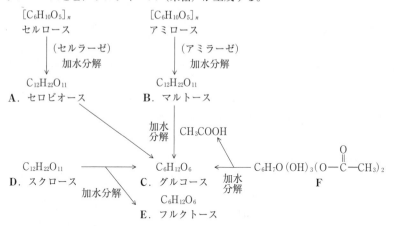

α-グルコース

$$\beta\text{-グルコース}$$

セロビオース**A**は，2分子の β-グルコースが，それぞれの1と4の位置の炭素原子に結合しているヒドロキシ基で縮合（β-グリコシド結合という）している。したがって，6の位置の炭素原子に結合しているヒドロキシ基で縮合している(a)と(c)は除かれる。(b)は，2つの α-グルコースが1位と4位のヒドロキシ基によって結合しているので，マルトース（化合物**B**）である。(e)は，左側の糖が β-グルコースであるが，右側の糖は，2位と3位のヒドロキシ基のつき方がどちらにも該当しないため除かれる。

〔注〕　反転とは仮想的な C^1–C^4 軸による回転のことである。

問3　化合物**D**は，$C_{12}H_{22}O_{11}$（分子量 342.0）であり，加水分解反応は

$$C_{12}H_{22}O_{11} + H_2O \longrightarrow C_6H_{12}O_6 + C_6H_{12}O_6$$

　　スクロース　　　　　　　グルコース　　フルクトース

フェーリング液の還元反応では，アルデヒド基が酸化されて，カルボキシ基になるので

$$C_6H_{12}O_6 + 2Cu^{2+} + 5OH^- \longrightarrow C_6H_{11}O_7{}^- + Cu_2O\downarrow + 3H_2O$$

$$\begin{array}{c} O \\ \parallel \\ R-C-H \end{array} \qquad\qquad \begin{array}{c} O \\ \parallel \\ R-C-O^- \end{array}$$

　鎖状構造

したがって，単糖類と同じ物質量の赤色沈殿 Cu_2O（式量143）が生成する。
生成した Cu_2O は

$$\frac{20.02\ g}{143\ g/mol} = 0.140\ mol$$

これが，単糖類の物質量と同じになるから，加水分解したスクロースは，0.0700 mol となる。用いたスクロースは

$$\frac{34.20\ g}{342\ g/mol} = 0.100\ mol$$

よって，加水分解率は

$$\frac{0.0700\ mol}{0.100\ mol} \times 100\ \% = 70.0\ \%$$

問4　5つのヒドロキシ基の水素原子のうち，α-グルコースとβ-グルコースの位置番号1の炭素原子や鎖状構造の位置番号5の炭素原子上のヒドロキシ基がアセチル化されていると相互変換できないので，それぞれ別の化合物となる。α型，β型，直鎖型それぞれに4種類（2，3，4，6の炭素原子のOH）ずつあるから合計12種類。それ以外のヒドロキシ基2個がアセチル化されているものは，互いに相互変換できる。例えばα-グルコースで考えると，位置番号1以外のヒドロキシ基を2個アセチル化するので${}_4C_2 = 6$となり，合計18種類となる。

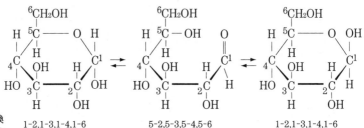

相互変換　　　1-2,1-3,1-4,1-6　　　　　5-2,5-3,5-4,5-6　　　　　1-2,1-3,1-4,1-6
できない

相互変換　　　　　　　　　　　　いずれも 2-3,2-4,2-6,3-4,3-6,4-6
できる

　数字は位置番号を示し，その炭素原子上のヒドロキシ基がアセチル化されていると考える。

〔注〕　相互変換できるものはα型，β型，直鎖型の区別はない。

問5　アミロースは，α-グルコースが多数縮合して，らせん構造をしており，ヨウ素分子が，らせん構造の中に入ると，濃青色となる。

問6　(エ)　セルロースは$[C_6H_7O_2(OH)_3]_n$と表される。$-OH$が$-OCH_3$になることによって，分子量はCH_2に相当する分，すなわち14.0だけ増加する。したがって，$\mathbf{X}[C_6H_7O_2(OCH_3)_a(OH)_{3-a}]_n$の分子量は$(162 + 14.0a)n$となる。

(オ)　メチルエーテル結合が1個できると炭素数が1個増加するから，その質量は

$$12.0 \times (6 + a)n$$

(カ)　(エ)と(オ)より，炭素の含有率は

$$\frac{12.0 \times (6 + a)n}{(162 + 14.0a)n} \times 100\,\% = 50.0\,\% \qquad \therefore \quad a = 1.8$$

解　答

問1　B．マルトース（麦芽糖）　D．スクロース（ショ糖）
　　　　E．フルクトース（果糖）

問2　(d)　　**問3**　70.0％　　**問4**　18

問5　(ア)ヨウ素デンプン　(イ)らせん　(ウ)水素

問6　(エ)$(162 + 14.0a)n$　(オ)$12.0 \times (6 + a)n$　(カ)1.8

95

ポイント **不斉炭素原子と旋光性**

　チロシン 2 量体には不斉炭素原子が 2 原子存在し，分子内に対称面がある。不斉炭素原子が 2 個とも右旋性であれば 2 量体は右旋性，2 個とも左旋性であれば 2 量体は左旋性，1 個が右旋性，他の 1 個が左旋性であれば 2 量体はメソ体であり光学不活性ということになる。

解　説

問1　ジスルフィド結合は，$-SH + HS- \longrightarrow -S-S- + 2H$ のように H を失い，結合が形成されるので酸化反応である。逆に，H が与えられると再び $-SH + HS-$ に戻るから，還元反応である。

問2　(a)　チロシンは弱塩基性溶液中では $-OH$，$-COOH$ が塩をつくり，$-O^-$，$-COO^-$ となっている。$-NH_2$ は塩基性の基なので変化していない。CO_2 を吹き込んで溶液の pH を 6 にすると，フェノール性 $-OH$ は炭酸より弱い酸性なので $-O^-$ は $-OH$ となるが，カルボン酸は炭酸より強い酸なので $-COO^-$ は変化しない。また，溶液が弱酸性になったので，$-NH_2$ は $-NH_3{}^+$ の塩の形になる。

(b)　$p-$アミノベンゼンスルホン酸のジアゾニウム塩は次の構造である。

$$H_2N-\!\!\!\!\bigcirc\!\!\!\!-SO_3H \xrightarrow{\text{ジアゾ化}} N\equiv{}^+N-\!\!\!\!\bigcirc\!\!\!\!-SO_3H$$

　　$p-$アミノベンゼンスルホン酸

この陽イオンは，水酸化ナトリウム水溶液中で構造式 II のカの位置でチロシン誘導体とカップリングし，アゾ化合物となる。このとき $-SO_3H$ は塩 $-SO_3{}^-$ になっている。スルホン酸は強酸であるので，pH 6 の酸性条件下では $-SO_3H$ に戻ることはない。

問3　(1)

$$\underset{\underset{H}{|}}{\overset{\overset{COOH}{|}}{H_2N-C-CH_2-SH}} + \underset{\underset{H}{|}}{\overset{\overset{COOH}{|}}{HS-CH_2-C-NH_2}}$$

$$\longrightarrow \underset{\underset{H}{|}}{\overset{\overset{COOH}{|}}{H_2N-C-CH_2-S-S-CH_2}}\underset{\underset{H}{|}}{\overset{\overset{COOH}{|}}{-C-NH_2}} + 2H$$

(2)　L 型−L 型，D 型−D 型，L 型−D 型の 3 種が存在する。

　〔注〕　D 型−L 型は L 型−D 型と同じ分子である。これは L 型と D 型は鏡像体の関係にあるので分子内に対称面が存在することによる。このような分子をメソ体という。

問4 鎖状トリペプチドであるグルタチオンの構成アミノ酸**X**は，分子間でジスルフィド結合を形成することができるので，図1における側鎖が(f)のシステインである。**Y**は，不斉炭素原子をもたないので，側鎖が(h)のグリシンである。**Z**は，その1 mol が CH_3OH 2 mol とエステルをつくるので，側鎖が(g)のグルタミン酸である。

次に，これらアミノ酸の配列順を考える。グルタチオンの部分加水分解で得られるジペプチドは，N末端が**X**なので**X−Y**の配列である。また，通常のペプチド結合でなく，側鎖の官能基が関与するアミド結合ができるのは**Z**の側鎖の −COOH を用いる場合のみであるから，アミノ酸配列が**Z−X−Y**の順にグルタチオンは構成されていると考えることができる。

$$H_2N-CH-(CH_2)_2-CONH-CH-CONH-CH_2-COOH$$

COOH	CH_2SH	
Z（グルタミン酸）	**X**（システイン）	**Y**（グリシン）

問5 問題文に述べられている内容を図示すると，次のようになる。

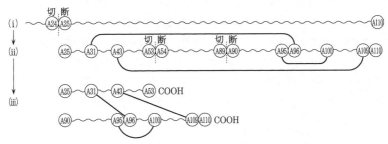

このタンパク質は模式図(う)に等しい。模式図(う)の●は **A90** に相当する。

解 答

問1 (ア)酸化 (イ)還元

問2 ウ. OH エ. H_3N^+ オ. COO^-

カ. $N=N-\underset{}{\bigcirc}-SO_3^-$

問3 (1)
$$\underset{H}{\overset{COOH}{H_2N-C-CH_2-S-S-CH_2-\underset{H}{\overset{COOH}{C}}-NH_2}}$$
(2) 3

問4
$$\underset{H}{\overset{COOH}{H_2N-C}}-(CH_2)_2-CO-NH-\underset{H}{\overset{CH_2-SH}{C}}-CO-NH-\underset{H}{\overset{H}{C}}-COOH$$

問5 (1)−(う) (2) **A90**

96

> **ポイント** 基本的な糖類の構造，アミノ酸の結合などを覚えておく
>
> 基本的な単糖類，二糖類の構造式や，アミノ酸によるペプチド結合などをしっかり整理し，理解しておくこと。また，タンパク質の構造を決める要素（水素結合，ジスルフィド結合，イオン結合）などもおさえておきたい。

解 説

問1・問4 タンパク質を構成しているポリペプチド鎖は，右図のようにらせん構造をとることが多い。らせんの1巻には，平均3.6個のアミノ酸単位が入る。このらせん構造は α-ヘリックスとよばれ，ペプチド結合の N−H 基と C=O の間に形成される水素結合 N−H…O=C によって安定に保たれている。実際のタンパク質は，さらに折れ曲がったり球状になるなどの複雑な立体構造をしている。それは，構成単位のアミノ酸の R の部分の大きさ，R に含まれる官能基（−COOH, −NH₂, −SH, −OH など）による水素結合やジスルフィド結合 −S−S−，−COO⁻ と −NH₃⁺ のイオン結合などによって，立体構造が変わるためである。

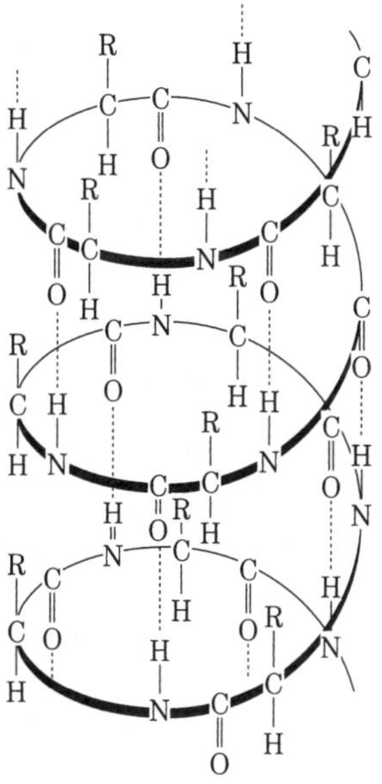

グルタミン酸とリシンの R は，それぞれ −(CH₂)₂−COOH, −(CH₂)₄−NH₂ である。したがって，それぞれ −(CH₂)₂−COO⁻, −(CH₂)₄−NH₃⁺ となって，イオン結合する。また，ジスルフィド結合は次のように生じる。この反応は酸化反応である。

$$-SH + HS- \longrightarrow -S-S- + 2H$$

タンパク質のらせん構造

アミノ酸水溶液を酸性にすると，双性イオンの −COO⁻ が −COOH に変わり，陽イオンになる。また，塩基性にすると −NH₃⁺ が −NH₂ に変わり，陰イオンになる。その関係を下図に示す。

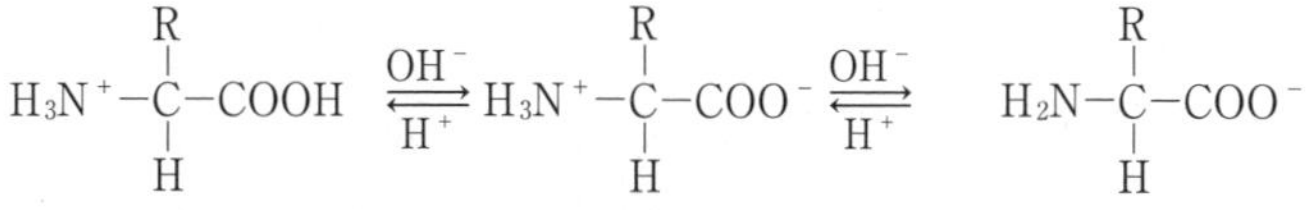

$$\underset{\text{陽イオン（酸性溶液中）}}{H_3N^+-\overset{R}{\underset{H}{C}}-COOH} \underset{H^+}{\overset{OH^-}{\rightleftharpoons}} \underset{\text{双性イオン}}{H_3N^+-\overset{R}{\underset{H}{C}}-COO^-} \underset{H^+}{\overset{OH^-}{\rightleftharpoons}} \underset{\text{陰イオン（塩基性溶液中）}}{H_2N-\overset{R}{\underset{H}{C}}-COO^-}$$

このように，アミノ酸水溶液では陽イオン，双性イオン，陰イオンが平衡状態に

あり，pH の変化によりその組成が変わる。これら平衡混合物の電荷が全体として 0 となっているときの pH は等電点とよばれ，アミノ酸の特性を示す重要な値である。

問2 $H{-}(C_6H_{10}O_5)_{\overline{n}}OH$ の分子量 $(1 + 162n + 17)$ は，$n = 2.0 \times 10^3$ のとき

$$1 + 162 \times 2.0 \times 10^3 + 17 = 324018 \fallingdotseq 3.2 \times 10^5$$

〔注〕 有効数字 2 ケタであるから

$$162 \times n = 162 \times 2.0 \times 10^3 = 3.24 \times 10^5 \fallingdotseq 3.2 \times 10^5$$

としてよい。

問3 $\boxed{1}$〜$\boxed{4}$

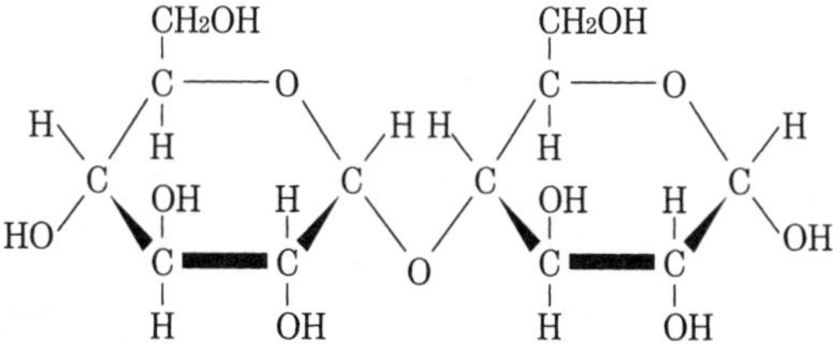

$\boxed{5}$

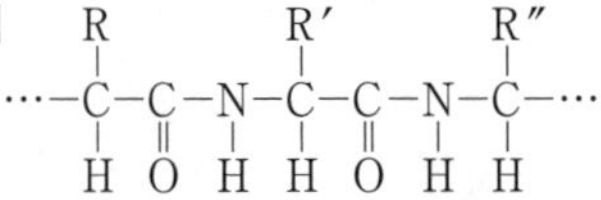

解 答

問1 (A)・(B)酸素，水素（順不同）　(C)ジスルフィド　(D)イオン　(E)酸　(F)塩基　(G)等電点

問2 3.2×10^5

問3 $\boxed{1}$ H　$\boxed{2}$ OH　$\boxed{3}$ O　$\boxed{4}$ O　$\boxed{5}$ $-\overset{\displaystyle}{\underset{\displaystyle}{C}}-\overset{\displaystyle}{\underset{\displaystyle}{N}}-$ ($\underset{O}{\overset{\|}{C}}$, $\underset{H}{N}$)

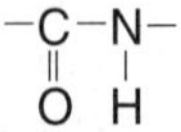

問4 $\boxed{6}$ H_3N^+　$\boxed{7}$ COOH　$\boxed{8}$ COO$^-$　$\boxed{9}$ H_2N

97

ポイント 酒石酸の構造を類推する

酒石酸ジメチルは次のように示されている。

$$\underset{\text{OH}}{\overset{\displaystyle O}{H_3C-O-C-CH-CH-C-O-CH_3}}$$

これより，酒石酸の構造が考えられ，2価のジカルボン酸であることがわかる。

$$\underset{\text{OH OH}}{\overset{\displaystyle O \quad\quad\quad O}{HO-C-CH-CH-C-OH}}$$

解説

問1 高級脂肪酸を RCOOH と表すと，油脂の加水分解は次のようになる。

$$\begin{array}{l} CH_2-OCOR \\ CH-OCOR \ + \ 3H_2O \ \longrightarrow \ 3RCOOH \ + \ C_3H_5(OH)_3 \\ CH_2-OCOR \end{array}$$

油脂　　　　　　　　高級脂肪酸　グリセリン

リパーゼは油脂の加水分解酵素である。

問2 (カ) ポリ乳酸は，乳酸分子の −COOH と他の乳酸分子の −OH の間の脱水縮合（エステル化）により重合させたものである。

$$n\text{HO}-\underset{CH_3}{CH}-\overset{O}{C}-\text{OH} \xrightarrow{\text{脱水縮合}} \left(O-\underset{CH_3}{CH}-\overset{O}{C}\right)_n$$

乳酸　　　　　　　　　　　ポリ乳酸

(キ)・(ク)

$$2n\text{HO}-\underset{CH_3}{CH}-\overset{O}{C}-\text{OH} \longrightarrow n \quad \cdots \quad \longrightarrow \left(O-\underset{CH_3}{CH}-\overset{O}{C}-O-\underset{CH_3}{CH}-\overset{O}{C}\right)_n$$

ε−カプロラクタムによる6−ナイロンの合成を思い出すこと。

(ケ) 選択肢中にはないが，ペプシンも例にできる。ペプシンは胃液中に，トリプシンはすい液中にあるタンパク質分解酵素である。

チマーゼはアルコール発酵の酵素で，マルターゼ，ラクターゼはそれぞれ二糖類であるマルトース，ラクトースの加水分解酵素である。

問3 $n\text{HOOC}-$⟨benzene⟩$-\text{COOH} + n\text{HO}-(\text{CH}_2)_2-\text{OH}$

$$\longrightarrow \left(\!\!\begin{array}{c}\text{O}\\\text{C}\end{array}\!\!-\text{⟨benzene⟩}-\begin{array}{c}\text{O}\\\text{C}\end{array}\!-\text{O}-(\text{CH}_2)_2-\text{O}\!\!\right)_{\!\!n} + 2n\text{H}_2\text{O}$$

問4　乳酸は分子内に $-\text{COOH}$ と $-\text{OH}$ をもつので，PET とは異なり1種類の単量体でポリエステルが生じる。

問5　酒石酸ジメチルのエステル結合がヘキサメチレンジアミンによってアミド結合に変わる反応である。官能基のみで示すと次のようになる。

$$-\underset{\text{O}}{\text{C}}-\text{O}-\text{CH}_3 + \text{H}_2\text{N}- \longrightarrow -\underset{\text{O}}{\text{C}}-\underset{\text{H}}{\text{N}}- + \text{CH}_3\text{OH}$$

$-\text{OH}$ には極性があり，極性溶媒である水との親和性が大きい。高分子化合物にこのような基があると（あるいは導入されると），分解酵素の作用を受けやすくなる。

解　答

問1　㋐酵素　㋑リパーゼ　㋒ポリエチレンテレフタレート
　　　㋓・㋔グリセリン，高級脂肪酸（順不同）

問2　㋕縮合重合　㋖脱水　㋗開環重合　㋘トリプシン

問3　$\left(\!\!\begin{array}{c}\text{O}\\\text{C}\end{array}\!\!-\text{⟨benzene⟩}-\begin{array}{c}\text{O}\\\text{C}\end{array}\!-\text{O}-\text{CH}_2-\text{CH}_2-\text{O}\!\!\right)_{\!\!n}$

問4　A. $\left(\!\!\begin{array}{c}\text{O}\\\text{C}\end{array}\!\!-\underset{\text{CH}_3}{\text{CH}}-\text{O}\!\!\right)_{\!\!n}$　B. （酒石酸ジメチルの環状構造式）

問5　D. $\text{H}_2\text{N}-(\text{CH}_2)_6-\text{NH}_2$　E. CH_3OH

　　　F. $\left(\!\!\begin{array}{c}\text{O}\\\text{C}\end{array}\!\!-\underset{\text{OH}}{\text{CH}}-\underset{\text{OH}}{\text{CH}}-\begin{array}{c}\text{O}\\\text{C}\end{array}\!-\underset{\text{H}}{\text{N}}-(\text{CH}_2)_6-\underset{\text{H}}{\text{N}}\!\!\right)_{\!\!n}$

98　2000年度　第4問

ポイント　**グルコースの特徴をおさえておく**

問3の構造**A**の分子はデンプンの構成単位であるからα-グルコースである。したがって，もう一方の構造**B**の分子はセルロースの構成単位であるβ-グルコースである。

〔注〕 結晶構造中では鎖状構造のグルコースは存在しない。

解　説

問1　(ア)・(イ)　木材パルプを原料とし，まず濃NaOHでアルカリセルロースとする。

$$(C_6H_{10}O_5)_n + n\mathrm{NaOH} \longrightarrow (C_6H_9O_4\cdot \mathrm{ONa})_n + nH_2O$$

ここへCS_2を加えてセルロースキサントゲン酸ナトリウムとする。

$$(C_6H_9O_4\cdot \mathrm{ONa})_n + nCS_2 \longrightarrow (C_6H_9O_4\cdot \mathrm{OCS_2Na})_n$$

これを希硫酸中に押し出して繊維状のセルロースを再生したものがビスコースレーヨンである。

(ウ)　硫酸銅(Ⅱ)水溶液に濃アンモニア水を加えてつくったテトラアンミン銅(Ⅱ)水酸化物 $[Cu(NH_3)_4](OH)_2$ 水溶液（シュバイツァー試薬）にセルロースを溶かし，これを希硫酸中に押し出して再生繊維としたものが銅アンモニアレーヨン（別名キュプラ）である。

問2・問3　問題文中の下線部①の**A**はデンプンの構成成分であるのでα-グルコースである。よって，**B**はβ-グルコースとなる。それらの水溶液は次図のように相互に変化して平衡状態となる。

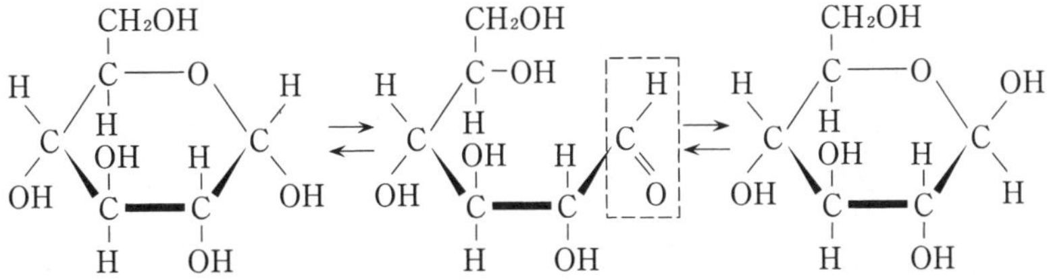

α-グルコース　**A**　　鎖状のグルコース　**C**　　β-グルコース　**B**

水溶液中におけるグルコースの平衡

このとき，**A**と**B**は鎖状のグルコース**C**を経て相互に変化する。この鎖状グルコースにアルデヒド基（図の点線内）があるので，グルコース水溶液は還元性を示す。平衡時，α-グルコースが約37％，鎖状のアルデヒド型が0.02％，そしてβ-グルコースが約63％の割合で混合しているといわれている。このような平衡があるので，結晶Ⅰ，Ⅱのいずれを水に溶かしても長時間後には同じ性質を示す水溶液にな

る。

　グルコース水溶液中のアルデヒド型による還元性は，フェーリング液（深青色の液，酒石酸イオンと銅（Ⅱ）イオンからなる錯イオンを含む）を還元し（グルコースは酸化される），酸化銅（Ⅰ）Cu_2O の赤色沈殿が生成するのをみて検証される。

問4　フェーリング液の還元の反応式は次のように表される。

$$R-CHO + 2Cu^{2+} + 4OH^- \longrightarrow R-COOH + Cu_2O + 2H_2O$$
$$(R-CHO + 2Cu^{2+} + 5OH^- \longrightarrow R-COO^- + Cu_2O + 3H_2O)$$

よって，反応するグルコースの物質量と生成する Cu_2O の物質量は等しい。

　グルコース水溶液は，上記のように**A**〜**C**の混合物になっている。アルデヒド型**C**の物質量と生成する Cu_2O の赤色沈殿の物質量が等しいので，**C**がフェーリング液を還元して濃度が小さくなれば，たえず**A**や**B**から補給されて還元反応を続けることになる。結局，フェーリング液がグルコースに対して過剰にあれば，グルコース水溶液中の大部分（99.98 %）を占める**A**と**B**の物質量の和に近い物質量の Cu_2O が生成することになる。

問5　結晶 **I** は α-グルコースの結晶で，分子量は（$C_6H_{12}O_6 =$）180 である。したがって，薄める前の濃度は

$$\frac{1.8\,\mathrm{g}}{180\,\mathrm{g/mol}} \div (50 \times 10^{-3})\,\mathrm{L} = 0.20\,\mathrm{mol/L}$$

アミロース（分子量 $162n$）水溶液がフェーリング液の還元を確認できる限界濃度においては

$$\frac{1.8\,\mathrm{g}}{162n\,\mathrm{g/mol}} \div (50 \times 10^{-3})\,\mathrm{L} = 0.20\,\mathrm{mol/L} \times \frac{1}{720}$$

$$\therefore \quad n = 8.0 \times 10^2$$

〔注〕　水溶液中では，アミロースも一方の分子末端にアルデヒド基が1つ生成する。

解　答

問1　㋐ セルロース　㋑ ビスコースレーヨン
　　　㋒ 銅アンモニアレーヨン（キュプラ）
　　　㋓ ヨウ素デンプン

問2　㋔—e）　㋕—d）　㋖—m）

問3　⑴ β-グルコース　⑵ 右図。

問4　⑴ アルデヒド基　⑵ Cu_2O　⑶—b）

問5　8.0×10^2

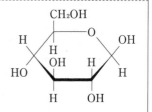

99

> **ポイント** グループごとの炭素原子の割り振りから考える
> グループ**B**，グループ**C**，グループ**D**に分類されるアミンをそれぞれ，第三級アミン，第二級アミン，第一級アミンという。飽和であることを前提に炭素原子の数の割り振りと枝分かれを考慮して，規則的に異性体を数え上げればよい。

解 説

問1・問3 2個の α-アミノ酸分子がカルボキシ基とアミノ基の部分で縮合し形成されるアミド結合 $-CO-NH-$ をペプチド結合という。ペプチド結合を繰り返しながら多数の α-アミノ酸が結合した鎖状高分子ポリペプチドの構造をもつものをタンパク質という。タンパク質を構成するポリペプチド鎖は，らせん構造（α-ヘリックス）をとることが多い。このとき，ペプチド結合の $-NH-$ の水素と別の部位のペプチド結合の $-CO-$ の酸素の間に形成される水素結合によってらせん構造は安定に保たれている。さらに，タンパク質の構成単位の α-アミノ酸の側鎖の官能基（$-COOH$，$-NH_2$，$-SH$，$-OH$ など）によるジスルフィド結合 $-S-S-$ やイオン結合（$-NH_3^+$ と $-COO^-$）によってタンパク質の立体構造は保たれている。

　タンパク質は，熱・酸・塩基・アルコール（有機溶媒）・重金属イオンなどを作用させると，らせん状の三次元立体構造が変わり凝固する。これがタンパク質の変性である。生体内での化学反応を促進する触媒となるタンパク質を酵素という。酵素には基質特異性があり，特定の物質の特定の反応を最適温度，最適 pH のもとで促進する。

問2 ε-カプロラクタムの開環重合により6-ナイロンが合成される。

$$n H_2C \begin{array}{c} CH_2-CH_2-NH \\ CH_2-CH_2-C=O \end{array} \xrightarrow{開環重合} \left[NH-(CH_2)_5-CO \right]_n$$

問4 ある酵素の触媒作用により，α-アミノ酸がアミン**A**を生じる。

$$H_2N-CH-COOH \xrightarrow{酵素} H_2N-CH_2-R$$
$$\quad\quad\quad | \quad\quad\quad\quad\quad\quad\quad R$$

アミン**A**の分子式は $C_5H_{13}N$ であるので，R は $-C_4H_9$ ということになる。$-C_4H_9$ には，次の4種の異性体が可能である。

①$-CH_2-CH_2-CH_2-CH_3$　　②$-C^*H-CH_2-CH_3$
　　　　　　　　　　　　　　　　　　$|$
　　　　　　　　　　　　　　　　　CH_3

③$-CH_2-CH-CH_3$　　④$-\overset{\displaystyle CH_3}{\underset{\displaystyle CH_3}{C}}-CH_3$
　　　　　$|$
　　　　CH_3

アミン**A**は不斉炭素原子C*を1つもつのでRは②と決まり，アミン**A**の構造が決まる。

問5 H原子を省略して構造式を考察してみる。

（グループ**B**）

① C-N-C-C-C   ② C-N-C-C   ③ C-C-N-C-C   の3種
     | | |
     C   C   C

（グループ**C**）

① C-N-C-C-C-C   ② C-N-C*-C-C   ③ C-N-C-C-C
     | | | | |
     H   H C   H C

           C
           |
④ C-N-C-C   ⑤ C-C-N-C-C-C   ⑥ C-C-N-C-C   の6種
     | | | | |
     H C   H   H C

（グループ**D**）

①H₂N-C-C-C-C-C   ②H₂N-C*-C-C-C   ③H₂N-C-C-C
                       | |
                       C   C-C

                                       C
                                     |
④H₂N-C-C-C-C   ⑤H₂N-C*-C-C   ⑥H₂N-C-C-C
          | | |
          C   C   C

                                     C
                                     |
⑦H₂N-C-C*-C-C   ⑧H₂N-C-C-C   の8種
          | |
          C   C

問6 グループ**C**中では②のみが不斉炭素原子をもつ。

解 答

問1 ㋐ペプチド ㋑・㋒酸素，水素（順不同） ㋓水素結合 ㋔システイン
     ㋕ジスルフィド ㋖イオン ㋗変性 ㋘酵素

問2
$$\left[\begin{array}{ccccccc} & H & H & H & H & H & \\ -C & -C & -C & -C & -C & -C & -N- \\ \parallel & | & | & | & | & | & \\ O & H & H & H & H & H & H \end{array}\right]_n$$

問3 （例）（i）熱を加える （ii）強酸を加える （iii）重金属イオンを加える
                                         （各10字以内）

問4
              CH₃
              |
    CH₃-CH₂-CH-CH₂-NH₂   **問5** B．3   C．6   D．8

          H CH₃
          | |
問6 CH₃-N-CH-CH₂-CH₃

100

> **ポイント**　ペプチド **A** の構成の決定
> ペプチド **B** とペプチド **C** の分子量から，ペプチド **A** の構成を考えてもよい。**B** = 443，
> **C** = 216，**A** = 1066，H_2O = 18 より次のようになる。
> $443 \times 2 + 216 \times 1 - 18 \times 2 = 1066$

解　説

問1　α-アミノ酸 **Z** の側鎖にはアミノ基が 1 個存在するので，**Z** は塩基性アミノ酸である。トリプシンは塩基性アミノ酸のカルボキシ基側のペプチド結合 $-CO-NH-$ を加水分解するので，ペプチド **P** 中の **Z**−**X** 結合，すなわち③・⑤のペプチド結合を加水分解する。

問2　ペプチドのアミノ基，ペプチド結合に含まれる窒素原子がすべて NH_3 になり，硫酸に吸収される。これを逆滴定で求める。〈結果 1 〉で生成した NH_3 を x 〔mol〕とすると，硫酸は 2 価の酸であるから

$$0.050 \, \text{mol/L} \times 10.0 \times 10^{-3} \, \text{L} \times 2 = x + 0.10 \, \text{mol/L} \times 8.8 \times 10^{-3} \, \text{L}$$

$$\therefore \quad x = 1.2 \times 10^{-4} \, \text{mol}$$

10.66 mg のペプチド **A** の物質量は

$$\frac{10.66 \times 10^{-3} \, \text{g}}{1066 \, \text{g/mol}} = 1.000 \times 10^{-5} \, \text{mol}$$

したがって，1 分子の **A** から生成するアンモニアの分子数は

$$\frac{1.2 \times 10^{-4} \, \text{mol}}{1.000 \times 10^{-5} \, \text{mol}} = 12$$

問3　1 分子の **A** に含まれる **X** を a 個，**Z** を b 個とすると，**Z** は $-NH_2$ を 2 個もつこと，および $a : b = 4 : 1$ より

$$a + 2b = 12 \quad \cdots\cdots①$$
$$a = 4b \quad \cdots\cdots②$$

①，②より　$a = 8$，$b = 2$

〔注〕　1 分子の **Z** は 2 分子の NH_3 を生じるので，1 分子の **A** から生じる NH_3 について①が成り立つ。

問4　ペプチド **C** の 2.16 mg の物質量は

$$\frac{2.16 \times 10^{-3} \, \text{g}}{216 \, \text{g/mol}} = 1.0 \times 10^{-5} \, \text{mol}$$

窒素の 0.28 mg の物質量は

$$\frac{0.28 \times 10^{-3} \, \text{g}}{14.0 \, \text{g/mol}} = 2.0 \times 10^{-5} \, \text{mol}$$

326

Cは側鎖に窒素を含まない**X**のみから構成されるから，1分子の**C**に含まれる**X**の個数は

$$\frac{2.0 \times 10^{-5}\,\text{mol}}{1.0 \times 10^{-5}\,\text{mol}} = 2$$

問5 **X**の側鎖はアルキル基であるので**X**は $\underset{\underset{C_nH_{2n+1}}{|}}{H_2N-CH-COOH}$ と表され，その分子

量は $75 + 14n$ となる。ジペプチド**C**は**X** 2分子から構成され，その分子量は216であり，$H_2O = 18$ なので

$$(75 + 14n) \times 2 - 18 = 216 \quad \therefore \quad n = 3$$

よって，**X**の側鎖は $-C_3H_7$ と決まる。

したがって，側鎖 $-C_3H_7$ には $-CH_2-CH_2-CH_3$ と $\underset{\underset{CH_3}{|}}{-CH-CH_3}$ の異性体が考えら

れる。

問6 **A**に含まれる α-アミノ酸の総数は問3より10（**X**が8，**Z**が2）であり，**A**をトリプシンで加水分解すると**X** 2分子からなる**C**が得られたから（**C**は**C**末端側に1個生じる），**B**に含まれる**X**は6個，**Z**は2個ということになる。ところが，加水分解酵素としてトリプシンを用いているので，**B**の**C**末端は必ず**Z**でなければならず，しかも**A**は**Z**を2個含む。よって，**B**は**X**－**X**－**X**－**Z**で，**A**の1分子の加水分解により，ペプチド**B** 2分子と**C** 1分子が得られたことになる。

すなわち，**A**は，**X**－**X**－**X**－**Z**－**X**－**X**－**X**－**Z**－**X**－**X**となる。

〔注〕 **B**を次のように表すとする。

$$\underset{\underset{C_3H_7}{|}}{H_2N-CH-CONH-}\underset{\underset{C_3H_7}{|}}{CH-CONH-}\underset{\underset{C_3H_7}{|}}{CH-CONH-}\underset{\underset{(CH_2)_x-NH_2}{|}}{CH-COOH}$$

Bの分子量は443であるので $x = 4$ となり，**Z**は塩基性アミノ酸のリシンとなる。なお，**A**の構造を**X**－**X**－**X**－**X**－**X**－**Z**－**Z**－**X**－**X**と仮定すると，トリプシンによって**X**－**X**－**X**－**X**－**X**－**Z**，**Z**，**X**－**X**の3種の分子が得られるので，題意にそぐわない。

解 答

問1 ③・⑤　　**問2** 12

問3 **X**．8　**Z**．2　　**問4** 2

問5 $-CH_2-CH_2-CH_3$　　$\underset{\underset{CH_3}{|}}{-CH-CH_3}$

問6 **X**－**X**－**X**－**Z**－**X**－**X**－**X**－**Z**－**X**－**X**

難関校過去問シリーズ

京大の化学
25ヵ年［第9版］

別冊 問題編

教学社

京大の化学25ヵ年[第9版]　別冊 問題編

第1章　物質の構造

1 アルカリ土類水酸化物の溶解度，クロム酸の電離平衡

(2022年度　第1問)

次の文章(a)，(b)を読み，**問1〜問6**に答えよ。解答はそれぞれ所定の解答欄に記入せよ。問題文中のLはリットルを表す。原子量は，$H = 1.0$，$O = 16$，$Ca = 40$，$Cr = 52$，$Sr = 88$，$Ba = 137$とする。[X]は，物質Xのモル濃度を示し，単位はmol/Lである。

(a)　周期表の2族に属する元素は，すべて金属元素である。2族元素の原子は価電子を2個もち，価電子を放出して二価の陽イオンになりやすい。これらの単体は，同じ周期の1族に属する元素の単体に比べて，融点が ア {高く・低く}，密度が イ {大きい・小さい}。

　　2族元素のうち，カルシウム，ストロンチウム，バリウム，ラジウムは特に性質がよく似ており， ウ と呼ばれる。 ウ は，イオン化傾向が大きく，その単体は，常温で水と反応して，気体の エ を発生し，水酸化物になる。

　　表1は，水酸化カルシウム，水酸化ストロンチウム，水酸化バリウムの，各温度での水への溶解度を示している。これら3つの水酸化物を温水にいれ，冷却したときに何が起こるかを見てみよう。なお，この実験において，空気中の二酸化炭素の水溶液への溶解や，水溶液からの水分の蒸発は無視できるものとする。

表1　各温度における各水酸化物の溶解度($g/100\,g$ 水)

温度(℃)	$Ca(OH)_2$	$Sr(OH)_2$	$Ba(OH)_2$
20	0.16	0.82	3.8
80	0.091	9.4	100

　　$100\,g$の温水が$80\,℃$に保たれた3つのビーカー(i)，(ii)，(iii)を用意し，$5.0\,g$の水酸化カルシウムをビーカー(i)に，$5.0\,g$の水酸化ストロンチウムをビーカー(ii)に，$5.0\,g$の水酸化バリウムをビーカー(iii)に添加し，温度を保ちつつよく混ぜた。これ

ら3つの試料を 20 ℃ まで冷却，静置した後，ビーカーの底の沈殿をとりだし，室温で十分に乾燥させた。これらの試料(以下，沈殿乾燥試料と呼ぶ)について，質量を測定したところ，ビーカー(i)では オ g，ビーカー(ii)では カ g，ビーカー(iii)では 2.3 g であった。これら3つの値のうち2つは，**表1**にしたがって，沈殿乾燥試料が水酸化カルシウム，水酸化ストロンチウム，水酸化バリウムであるとして計算した時の質量と異なっていた。

この原因は，3つの水酸化物のうち，2つは以下の式(1)のように，沈殿が n 水和物となるためである。M はカルシウム，ストロンチウム，バリウムのいずれかである。また，n は M に対応した個別の値をとり，正の整数である。

$$\mathrm{M^{2+} + 2\,OH^- + \mathit{n}\,H_2O \longrightarrow M(OH)_2 \cdot \mathit{n}\,H_2O \downarrow} \tag{1}$$

このような水和物の n の値を求めるため，対象試料の温度を一定の速度で上昇させ，質量変化を測定する方法がある。水酸化物の n 水和物は，ある温度になると水和水が一段階で全て脱水し，さらに温度が上昇すると，それぞれの水酸化物の無水物は一段階で全量が酸化物と水に分解するものとする。各反応は 1200 ℃ 以下で生じ，生じた水は蒸発するため，この分が質量減少として測定でき，その結果から n の値を求めることができる。

3つの沈殿乾燥試料について，温度を一定の速度で上昇させながら質量(初期質量に対する百分率)を測定すると，次のページの**図1**に示すような結果が得られた。温度上昇に伴って，ある温度になると質量減少が生じている。

4

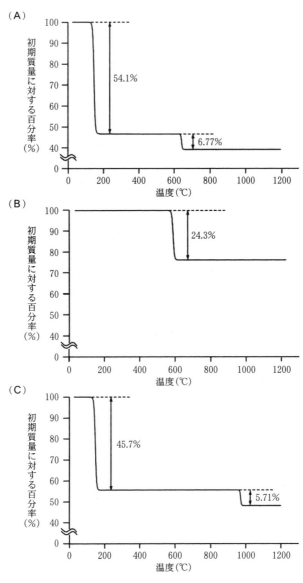

図1 3つの沈殿乾燥試料の質量減少分析結果

問1 　 ア ， イ に入る適切な語句を，｛ 　 ｝の中からそれぞれ選
　　択し答えよ。また， ウ に適切な語句を， エ に適切な化学式を
　　答えよ。

問2　図1（A）～（C）に関連する元素の組み合わせとして，適切なものを，以下の（あ）～（か）より選択せよ。

（**あ**）　（A）―カルシウム，（B）―ストロンチウム，（C）―バリウム

（**い**）　（B）―カルシウム，（C）―ストロンチウム，（A）―バリウム

（**う**）　（C）―カルシウム，（A）―ストロンチウム，（B）―バリウム

（**え**）　（A）―カルシウム，（C）―ストロンチウム，（B）―バリウム

（**お**）　（B）―カルシウム，（A）―ストロンチウム，（C）―バリウム

（**か**）　（C）―カルシウム，（B）―ストロンチウム，（A）―バリウム

問3　| オ |，| カ | に入る数値を有効数字2けたで求めよ。

(**b**)　周期表の6族に属するクロムは，銀白色の光沢のある金属である。主要なクロム鉱石の成分の組成式は，$FeCr_2O_4$ で示される。クロム鉱石からクロム酸塩を製造する一例として，FeCr_2O_4を，酸素が十分に存在し，水分のない条件で炭酸ナトリウムと加熱する方法があり，これによって，クロムは全量がクロム酸ナトリウムとなり，鉄は全量が酸化鉄（Ⅲ）となる。

　　ここで，pHが2以上で，クロム酸の水溶液中での挙動を考えてみよう。まず，クロム酸（H_2CrO_4）は，式(2)のように完全に電離する。生じたクロム酸水素イオン（$HCrO_4^-$）は，さらに式(3)のように一部が電離し，クロム酸イオン（CrO_4^{2-}）を生じる。また，$HCrO_4^-$ は式(4)に従って一部が二クロム酸イオン（$Cr_2O_7^{2-}$）になる。また式(3)と式(4)から式(5)が導かれる。水溶液中では，主にこれら3種のクロムを含むイオンが存在し，平衡状態を保っている。

$$H_2CrO_4 \longrightarrow H^+ + HCrO_4^- \tag{2}$$

$$HCrO_4^- \rightleftharpoons H^+ + CrO_4^{2-}, \quad K_1 = \frac{[CrO_4^{2-}][H^+]}{[HCrO_4^-]} = 1.25 \times 10^{-6} \text{ mol/L} \tag{3}$$

$$2\,HCrO_4^- \rightleftharpoons Cr_2O_7^{2-} + H_2O, \quad K_2 = \frac{[Cr_2O_7^{2-}]}{[HCrO_4^-]^2} = 60 \text{ L/mol} \tag{4}$$

$$2\,H^+ + 2\,CrO_4^{2-} \rightleftharpoons Cr_2O_7^{2-} + H_2O \tag{5}$$

ただし，K_1，K_2 はそれぞれ，式(3)，式(4)の平衡定数である。

水に加えられた H_2CrO_4 中のクロム原子の全物質量を水溶液の体積で割った値を $[Cr]_{TOTAL}$[mol/L] とすると，pH が 2 以上で，$[Cr]_{TOTAL}$ は 3 種のイオンに含まれるクロム原子の水溶液中でのモル濃度の和であることから，$[Cr]_{TOTAL}$ は K_1，K_2，$[H^+]$，$[CrO_4^{2-}]$ を用いて，式(6)のように示すことができる。

$$[Cr]_{TOTAL} =$$
$$[CrO_4^{2-}](\boxed{\text{キ}} + \boxed{\text{ク}} \times \frac{1}{K_1} + \boxed{\text{ケ}} \times \frac{[CrO_4^{2-}]}{K_1{}^2}) \quad (6)$$

図2は，横軸に pH，縦軸に $\log_{10}[Cr]_{TOTAL}$ をとったものである。図中には線A，線B，線Cのうち2つの線にはさまれた領域が3つある。これは，pH や $[Cr]_{TOTAL}$ に依存して，3 種のイオンのうち，各領域に表示されたイオンが最も多く存在することを示している。線A は $HCrO_4^-$ と CrO_4^{2-} が，線B は $HCrO_4^-$ と $Cr_2O_7^{2-}$ が，線C は CrO_4^{2-} と $Cr_2O_7^{2-}$ が，同じ濃度になる線である。

図2における3つの線やその交点に関連する pH やイオン濃度を求めると，線A上での pH は $-\log_{10}(\boxed{\text{コ}})$ となる。この関係は $[Cr]_{TOTAL}$ には依存しないので，線A は縦の直線となる。また，線B上での $[Cr_2O_7^{2-}]$ は $\boxed{\text{サ}}$ mol/L である。さらに，線C上での $[CrO_4^{2-}]$ は，$[H^+]$ を用いて式(7)のように示される。

$$[CrO_4^{2-}] = \boxed{\text{シ}} \times \frac{1}{[H^+]^2} \quad (7)$$

線A，線B，線C が交わる点D では，3 種のイオン濃度が同じになり，このときの各イオンの濃度は，$\boxed{\text{サ}}$ mol/L であり，$[Cr]_{TOTAL}$ は $\boxed{\text{ス}}$ mol/L となる。

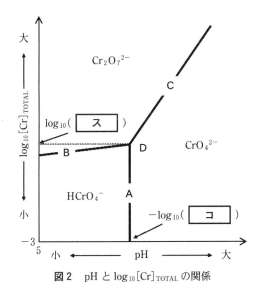

図2 pH と $\log_{10}[\mathrm{Cr}]_{\mathrm{TOTAL}}$ の関係

問4 下線部の化学反応式を示せ。

問5 ［キ］に入る正の整数，および［ク］，［ケ］に入る適切な式を示せ。

問6 ［コ］～［ス］に入る数値を有効数字2けたで答えよ。ただし，［シ］には，単位をつけて答えよ。

2 電子式と分子の形，気体反応の平衡定数と物質量

(2019年度　第2問)

次の文章(a)，(b)を読み，問1～問5に答えよ。

(a)　分子や多原子イオンを構成する化学結合は，電子式を用いて表すことができる。図1の例のように，①価電子からなる電子対は，それぞれの原子の周りに4組（水素原子の場合は1組）配置されるとする。電子対には，(ア)結合を形成する(ア)電子対と，(ア)結合を形成していない(イ)電子対の2種類がある。電子対には他の電子対と反発する性質がある。

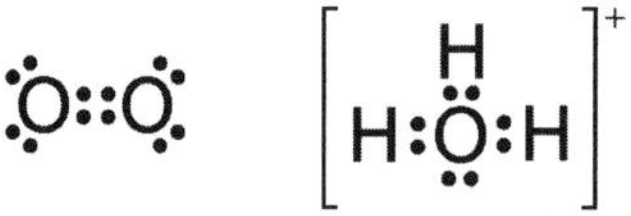

図1　O_2 と H_3O^+ の電子式の例

2種類の異なる元素 **E** および元素 **Z** からなる分子を考える。この分子では1つの **E** 原子が中心原子となり周囲の複数個の **Z** 原子と結合を形成し，**Z** 原子間の結合はないものとする。このとき，②**Z** 原子は，**E** 原子周りのすべての電子対の間の反発が最小になるように配置されるとする。ここで，異なる種類の電子対や異なる種類の結合の間の反発の大きさの違いを無視する。以上のように考えると，**E** 原子と **Z** 原子からなる分子について，代表的な化合物とその分子の形は表1のようにまとめられる。

表　1

化合物名	分子の形	中心原子（**E** 原子）の周りの電子対の組数	
		(ア)電子対	(イ)電子対
(ウ)	直線形	4	(エ)
(オ)	折れ線形	(カ)	2
メタン	正四面体形	(キ)	(ク)
(ケ)	三角錐(すい)形	3	(コ)

問1 文章(a)および表1の ア ～ コ にあてはまる適切な語または数字を答えよ。ただし， ウ ， オ ， ケ にあてはまる化合物は，それぞれ次の5つの条件を満たすものとする。

- 各化合物において，**E** および **Z** 原子は，炭素，水素，酸素，窒素のいずれかである。
- 電気的に中性である。
- **Z** 原子の数は2または3である。
- 不対電子がない。
- 常温常圧で安定である。

問2 ニトロニウムイオン NO_2^+ は1価の多原子イオンで，窒素原子が中心原子となり2つの酸素原子と結合している。また，酸素原子間の結合はない。次の(1)，(2)の問いに答えよ。

(1) ニトロニウムイオン NO_2^+ の電子式を，価電子の配置が下線部①の規則に従うとして，図1の例にならって1つ記せ。

(2) 酸素原子の配置が下線部②の規則に従うとき，ニトロニウムイオン NO_2^+ の形を，表1にあげた分子の形から選んで答えよ。

(b) 気体の化合物 **A** と気体の化合物 **B** が容器内で

$$A \rightleftharpoons 2B \qquad (1)$$

の平衡状態にある。**A** および **B** は理想気体である。濃度平衡定数 K_c は **A** のモル濃度 [**A**] と **B** のモル濃度 [**B**] を用いて

$$K_c = \boxed{(あ)} \qquad (2)$$

と表される。一方，式(1)の反応において，圧平衡定数 K_p は **A** の分圧 p_A と **B** の分圧 p_B を用いて

$$K_p = \frac{(p_B)^2}{p_A} \qquad (3)$$

で与えられ，濃度平衡定数 K_c と気体定数 R および絶対温度 T を用いて

$$K_p = \boxed{(い)} \qquad (4)$$

と表される。また，式(1)の反応において，モル分率平衡定数 K_x は **A** のモル分率 x_A と **B** のモル分率 x_B を用いて

$$K_x = \frac{(x_B)^2}{x_A} \qquad (5)$$

で与えられ，圧平衡定数 K_p および全圧 p を用いて

$$K_x = \boxed{(う)} \qquad (6)$$

と表される。

　図2に示すように，体積 V_1 の容器1と体積 V_2 の容器2が開閉できるコックを備えた配管で接続されている。容器1と容器2の内部は常に一定の絶対温度 T に保たれている。また，$V_2 = 2V_1$ であり，接続配管内部およびコックの内部の体積は無視できるものとする。最初，コックは閉じられており，容器1と容器2の内部は空である。

　コックを閉じたまま，容器1内にAとBの混合気体を注入して，式(1)の反応が平衡状態に達したときに容器1内のAのモル分率 x_A とBのモル分率 x_B が等しくなるようにしたい。$x_A = x_B$ のとき，モル分率平衡定数 K_x は ［え］ であるから，平衡状態において容器1内の全圧 p が K_p の ［お］ 倍となるまで混合気体を注入すればよい。

　容器1内の全圧 p を K_p の ［お］ 倍にした後，コックを徐々に開いた。式(1)の反応が平衡状態に達したとき，容器1および容器2に含まれるAの物質量の合計は，コックを開く直前に容器1に含まれていたAの物質量の ［か］ 倍になる。

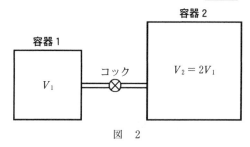

図　2

問3　 ［あ］～ ［う］にあてはまる適切な式を答えよ。

問4　 ［え］， ［お］にあてはまる適切な数値を答えよ。

問5　 ［か］にあてはまる適切な数値を，途中の計算も示して答えよ。

　※解答欄　ヨコ11.6センチ×タテ16.0センチ

3 氷の結晶格子，陽イオン交換膜法と炭酸塩の電離平衡

(2018 年度 第 1 問)

次の(a), (b)について，問 1 〜問 5 に答えよ。なお，アボガドロ定数は 6.0×10^{23} /mol とし，問題中の L はリットルを表す。水のイオン積は 1.0×10^{-14} $(\text{mol/L})^2$ とし，原子量は H = 1.0，C = 12.0，O = 16.0，Na = 23.0 とする。必要があれば，$\sqrt{3} = 1.73$，$0.780 \times 0.780 \times 0.740 = 0.450$，$\sqrt[10]{10} = 10^{0.1} = 1.26$，$1\,\text{nm} = 10^{-7}\,\text{cm}$ を用いよ。数値は有効数字 2 けたで答えよ。

(a) 氷 (H_2O の結晶) 中の原子配置を図 1 に示す。図中，酸素原子と水素原子を大小の丸で示す。この結晶格子では白色の丸で示す 16 個の酸素原子と 16 個の水素原子が結晶格子の面に存在し，灰色の丸で示す 4 個の酸素原子と 16 個の水素原子が結晶格子内にある。したがって， (ア) 個の酸素原子と (イ) 個の水素原子が一つの結晶格子内に含まれることになる。一方，結晶格子の長さは $a = b = 0.780\,\text{nm}$，$c = 0.740\,\text{nm}$ で a 軸と c 軸および b 軸と c 軸のなす角度は 90° であり，a 軸と b 軸のなす角度は 120° である。その体積は (ウ) $\times 10^{-21}\,\text{cm}^3$ と計算される。これらの値を用いて氷の密度を求めると (エ) g/cm^3 となり，氷は液体の水に浮くことが分かる。

酸素原子のファンデルワールス半径は 0.152 nm であるので二つの酸素原子の原子核同士は (オ) nm までしか近づくことができない。図 1 の点線は結晶中の酸素原子の中心間の距離を示し，その長さはすべて 0.276 nm である。この理由は，二つの酸素原子の間には水素原子が存在し，水素結合を形成するためである。図 1 から分かるように 1 個の水分子は {A：1，2，3，4} 方向に水素結合を形成する。実際，図 1 の結晶構造は共有結合の結晶である (カ) の炭素の位置を酸素が占めた構造となっている。結晶中の水分子の結合角 (∠H−O−H) は水蒸気中の水分子のときとは少し異なり {B：104.5°，106.5°，109.5°，120.0°} となっている。

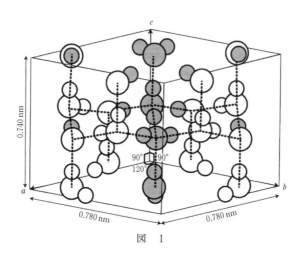

図　1

問1 ［(ア)］〜［(カ)］に適切な語句または数値を答えよ。

問2 {A}，{B} の中から，それぞれ最もふさわしい数と角度を答えよ。

問3 氷の昇華熱は 2.83 kJ/g であることが知られている。昇華熱の原因がすべて水素結合によるものとすると，水素結合1ヶ所あたりの結合エネルギーはいくらになるか J 単位で答えよ。

※問1 ［(カ)］ならびに問2 {B} は解答しないようにとの大学からの指示があった。　　（編集部注）

(b) 工業的な製造プロセスにおいて，NaOH は $_{①}$陽イオン交換膜で仕切られた電解槽（図2）内で，NaCl を電気分解することで得られている。陽極槽および陰極槽には，それぞれ連続的に NaCl 飽和水溶液と純水が供給され，陰極槽から NaOH 水溶液を得ている。

ナトリウムの炭酸塩である $_{②}$NaHCO$_3$ と Na$_2$CO$_3$ の混合水溶液中ではそれらが加水分解して，HCO$_3^-$ および CO$_3^{2-}$ が電離平衡の状態にある。この溶液は塩基性の緩衝溶液としても使用されている。

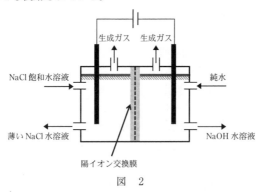

図　2

問4　下線部①について，以下の(i)，(ii)に答えよ。

(i) それぞれの電極上で起こる反応をイオン反応式（電子 e$^-$ を含む）で示せ。解答欄の(あ)には陽極上の反応を，(い)には陰極上の反応を記入すること。

(ii) この電気分解を行っている途中で，液の供給と排出を止め，陽イオン交換膜を取り除いて電気分解を継続させると，電極上で解答(i)の反応とは異なる新たな反応が起こる。いずれの電極で起こるか答えよ。また，どのような反応かをイオン反応式で書け。ただし，電極は腐食されないものとする。

問5　下線部②について，以下の問に答えよ。なお，解答には計算過程も示すこと。

Na$_2$CO$_3$ 0.100 mol と NaHCO$_3$ 0.200 mol を純水に溶かし，1L の水溶液とすると，pH は 10.0 となる。この溶液の調製時に 1.00 mol/L の HCl 水溶液を加えて pH＝9.9 にする。必要な HCl 水溶液の体積（mL）を答えよ。なお，この条件においては，水の電離平衡以外は，HCO$_3^-$ と CO$_3^{2-}$ の間での電離平衡のみを考慮すればよい。

水の飽和蒸気圧と沸点の温度変化，CO_2 の溶解度

（2015年度　第2問）

次の文章(a)，(b)を読んで，問1〜問3に答えよ。数値は有効数字2けたで答えよ。ただし，問題文中の L はリットルを表す。また，気体はすべて理想気体とみなし，気体定数は $8.3 \times 10^3 \, Pa \cdot L/(K \cdot mol)$ とする。原子量は $H = 1.0$，$O = 16$ とする。

(a)　47℃における水の飽和蒸気圧は $1.0 \times 10^4 \, Pa$ である。47℃で 5.0L の容器内を飽和蒸気圧の水蒸気で満たすのに必要な水の質量は 0.34g である。図1に示すように，それぞれの容積が 5.0L の容器Aと容器Bが，コック2を介して連結されている。容器Aと容器Bの内部をともに真空にしたのち，以下の操作1〜操作5をこの順に行った。なお，操作1〜操作4においては，容器Aと容器Bは 47℃に保たれている。

操作1　コック2とコック3が閉じられた状態で，コック1を開いて容器Aに 0.88g の水を入れて，コック1を閉じた。この状態で，十分に時間が経つと，容器A内の圧力は ［(ア)］ Pa になった。

操作2　コック2を開き，十分に時間が経つと，容器A内の圧力は ［(イ)］ Pa になった。

操作3　コック2を閉じてからコック3を開き，容器Bの内部を真空にして，コック3を閉じた。再びコック2を開いて，十分に時間が経つと，容器A内の圧力は ［(ウ)］ Pa になった。

操作4　この状態で，操作3と同じ手順でコックを開閉し，十分に時間が経つと，容器A内の圧力は ［(エ)］ Pa になった。

操作5　コック1を開き，容器Aに 100g の水を入れて，コック1を閉じた。十分に時間が経ってから，容器Aと容器Bを断熱材で覆い，熱の出入りがないようにしたのち，コック3を開き，容器Aと容器Bの内部の気体を排気して，容器Aと容器Bの内部の圧力を下げると，水が沸騰した。

問1　［(ア)］〜［(エ)］に適切な数値を記入せよ。なお，液体の水の体積および連結部の容積は無視できるものとする。

問2　文中の下線部において，排気を始めてから水が沸騰している間の，水の温度と時間の関係を表すグラフの概形として最も適切なものを図2の@〜fから選べ。

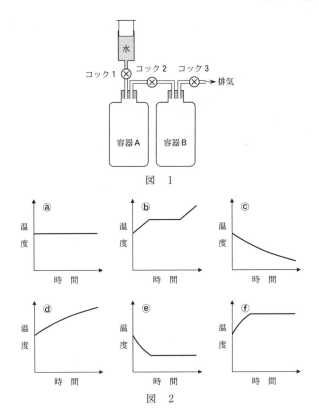

図　1

図　2

(b) $10℃$ で 8.1×10^{-3} mol の二酸化炭素を含む水 500 mL を容器 C に入れると，容器
Cの上部に体積 50 mL の空間（以下，ヘッドスペースという）が残った（図 3）。
この部分をただちに $10℃$ の窒素で大気圧（1.0×10^{5} Pa）にして，密封した。この
容器 C を $35℃$ に放置して平衡に達した状態を考える。

　このとき，ヘッドスペース中の窒素の分圧は ［　(オ)　］ Pa になる。なお，窒素は水
に溶解せず，水の体積および容器 C の容積は $10℃$ のときと同じとする。二酸化炭
素の水への溶解にはヘンリーの法則が成立し，$35℃$ における二酸化炭素の水への
溶解度（圧力が 1.0×10^{5} Pa で水 1L に溶ける，標準状態に換算した気体の体積）
は 0.59L である。ヘッドスペース中の二酸化炭素の分圧を p〔Pa〕として，ヘッド
スペースと水中のそれぞれに存在する二酸化炭素の物質量 n_1〔mol〕と n_2〔mol〕は，
p を用いて表すと

$$n_1 = ［　(カ)　］ \times p$$

$$n_2 = ［　(キ)　］ \times p$$

である。これらのことから，ヘッドスペース中の二酸化炭素の分圧 p は ［　(ク)　］ Pa

である。したがって，35℃における水の蒸気圧を無視すると，ヘッドスペース中
の全圧は $\boxed{(ケ)}$ Pa である。

問3 $\boxed{(オ)}$ 〜 $\boxed{(ケ)}$ に適切な数値を記入せよ。

図　3

5 ZnS の結晶構造，限界半径，溶解度積

（2014年度　第1問）

▍次の文章(a)，(b)を読んで，問1〜問7に答えよ。ただし，L はリットルを表し，[X] は mol/L を単位としたイオン X の濃度を表す。必要なら $\sqrt{2}=1.41$，$\sqrt{3}=1.73$ を用い，数値は有効数字2けたで答えよ。

(a)　硫化亜鉛（ZnS）は鉱物として天然に産し，金属亜鉛や亜鉛合金の製造などに用いられる。①ZnS は空気中の酸素と反応し，有毒な気体を発生する。このとき粉末状の ZnS では，同じ物質量で塊状の ZnS と比べて，反応速度は{**ア**：1．大きく，2．変わらず，3．小さく}，反応熱は{**イ**：1．大きい，2．変わらない，3．小さい}。また，②ZnS は酸化力の弱い強酸とも反応し，別の有毒な気体を発生する。

　一般に ZnS は，亜鉛イオンを含む水溶液に硫化水素を吹き込むことによって生成する。ここに亜鉛イオンと銅イオンを共に含む水溶液がある。この水溶液からできるだけ純粋な ZnS を生成する方法を考える。まず，{**ウ**：1．酸性，2．中性，3．アルカリ性}に保った水溶液に硫化水素を吹き込み，CuS を沈殿させる。その後，沈殿をろ過し，水溶液を中性付近にして，さらに硫化水素を吹き込み ZnS を沈殿させる。

　上記の方法に関して，たとえば，1.0×10^{-5} mol/L の $Zn(NO_3)_2$ と 1.0×10^{-5} mol/L の $Cu(NO_3)_2$ を含む試料溶液に硫化水素を吹き込んだところ，平衡において硫化物イオンの濃度 $[S^{2-}]$ は 1.0×10^{-20} mol/L と見積もられた。このとき水溶液に残存する金属イオンの濃度は，$[Cu^{2+}] = \boxed{(a)}$ mol/L，$[Zn^{2+}] = \boxed{(b)}$ mol/L となる。

問1　{ **ア** }〜{ **ウ** }について，{　　}内の適切な語句を選び，その番号を解答欄に記入せよ。

問2　下線部①の化学反応式を示せ。

問3　下線部②で発生した気体を水に吹き込み，次に下線部①で発生した気体を吹き込むと，どのような反応が起こるか。その化学反応式を示せ。

問4　$\boxed{(a)}$ および $\boxed{(b)}$ にあてはまる適切な数値を答えよ。ただし，CuS と ZnS の溶解度積は，それぞれ 9.0×10^{-36} mol^2/L^2 と 1.0×10^{-21} mol^2/L^2 とする。

(b) 硫化亜鉛 (ZnS) の結晶構造を図1に示す。比較のため，塩化ナトリウム (NaCl) の結晶構造を図2に示す。両者ともイオン結晶に分類され，各図には各イオンの配置が描かれている。どちらの結晶においても陰イオンが面心立方格子を形成し，陽イオンがそれぞれ異なる位置を占めている。まず NaCl 結晶において，あるナトリウムイオンに着目する。ナトリウムイオンの周囲にある最も近い塩化物イオンとナトリウムイオンの数は，それぞれ (c) 個と (d) 個である。次に ZnS 結晶において，ある亜鉛イオンに着目する。亜鉛イオンの周囲にある最も近い硫化物イオンと亜鉛イオンの数は，それぞれ (e) 個と (f) 個である。

一般にイオン結晶の構造は，その構成イオンのイオン半径に応じて制限される。たとえば図2に示すような NaCl 型の構造がイオン半径に応じて制限される様子を図3に示す。図3はイオンの接し方を表しており，陽イオンと陰イオンが接するとき結晶は安定であるが，陽イオンの半径 (r^+) が陰イオンの半径 (r^-) に比べて極端に小さくなると，陰イオンと陰イオンが接して不安定になる。このような場合，NaCl 型の結晶構造はとれない。NaCl 型の結晶構造がとれるのは，陽イオンと陰イオンの半径比 $\dfrac{r^+}{r^-} >$ (g) のときである（ただし，$r^+ < r^-$）。③この (g) が NaCl 型構造の限界半径比とよばれる値である。

問5 (c) ～ (f) にあてはまる適切な整数を答えよ。

問6 (g) にあてはまる適切な数値を答えよ。

問7 下線部③に関して，図1に示すような ZnS 型構造の限界半径比を求め，適切な数値を答えよ。

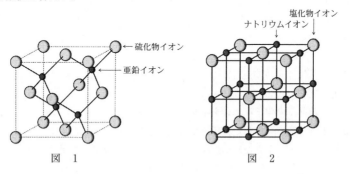

図 1　　　　　図 2

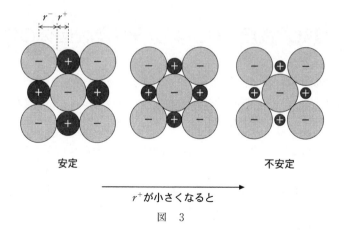

図 3

6 電気陰性度，CO₂の分子結晶，錯体の構造

(2013 年度　第 1 問)

次の文章(a), (b)を読んで，問 1 ～問 8 に答えよ。ただし，原子量は，C = 12.0，O = 16.0 とし，アボガドロ定数は 6.0×10^{23}/mol とする。また，必要があれば，$\sqrt{2} = 1.4$，$\sqrt{3} = 1.7$ の値を用いよ。

(a) 分子や結晶における化学結合について考えよう。化学結合の性質を表す量の 1 つに電気陰性度がある。電気陰性度を最初に提案したポーリングによれば，結合している 2 つの原子 A および B に対して，結合 A－A，B－B，A－B の結合エネルギーをそれぞれ，$E(A－A)$，$E(B－B)$，$E(A－B)$ とおくと，原子 A と B の電気陰性度の差の絶対値は

$$\Delta E = E(A－B) - \frac{1}{2}\{E(A－A) + E(B－B)\}$$

の平方根 $\sqrt{\Delta E}$ に比例する。表 1 にいくつかの結合の結合エネルギーを示す。表に与えられた元素のうち，電気陰性度が最も小さい元素は H である。このことから，表 1 の元素のうち電気陰性度の最も大きい元素は ［ ⑦ ］ であることがわかる。このとき，H 原子と ［ ⑦ ］ 原子とからなる結合に対して，$\Delta E = $ ［ (I) ］ kJ/mol である。

　電気陰性度はイオン化エネルギーならびに電子親和力とも関係している。原子のイオン化エネルギーは，原子が電子を {イ：①得て，②失って} イオンに変わる反応の際に {ウ：①必要な，②放出する} エネルギーである。電子親和力は，原子が電子を {エ：①得て，②失って} イオンに変わる反応の際に {オ：①必要な，②放出する} エネルギーである。よって，イオン化エネルギーが {カ：①大きく，②小さく}，電子親和力が {キ：①大きい，②小さい} 元素ほど電気陰性度は大きくなる傾向がある。

　結合している 2 つの原子の電気陰性度の差が大きいほど電荷のかたよりは大きくなり，その結合は極性をもつようになる。多原子分子では，分子の極性はその構造にも依存する。たとえば，①H－O 結合も C＝O 結合も極性をもつが，H_2O は極性分子であるものの，CO_2 は無極性分子であり，CO_2 分子は弱いファンデルワールス力で結びついて，低温で分子結晶を生じる。CO_2 の分子結晶は面心立方格子を形成し，C 原子が単位格子の頂点と面心を占めている。ある条件における CO_2 結晶の単位格子の一辺の長さは 0.56 nm（1 nm = 10^{-9} m）であった。この結晶において，1 つの CO_2 分子に含まれる C 原子から最も近い位置に存在する C 原子までの距離は ［ (II) ］ nm である。また，この CO_2 結晶の密度は ［ (III) ］ g/cm³ である。

表　1

結　合	結合エネルギー (kJ/mol)	結　合	結合エネルギー (kJ/mol)
H−H	4.3×10^2	………	………
F−F	1.5×10^2	H−F	5.7×10^2
Cl−Cl	2.4×10^2	H−Cl	4.3×10^2
Br−Br	1.9×10^2	H−Br	3.6×10^2
I−I	1.5×10^2	H−I	2.9×10^2

問1　　(ア)　に適切な元素記号を答えよ。

問2　{ **イ** }～{ **キ** }について，{　　}内の適切な語句を選び，その番号を解答欄に記せ。

問3　　(I)　～　(III)　に適切な数値を有効数字2けたで答えよ。

問4　下線部①について，そのようになる理由を解答欄の枠の範囲内で記せ。

(b)　アンモニア分子やシアン化物イオンのような分子や陰イオンが，　(ク)　を金属イオンに提供して形成される結合を配位結合という。配位結合により生成した化合物（錯体）のうち，イオン性のものは錯イオン，また，錯イオンを含む塩は錯塩と呼ばれる。たとえば，②酸化銀 Ag_2O は水には溶解しないが，アンモニア水を加えると錯イオンを形成することで溶解し，無色の水溶液になる。③錯体では，結合する分子や陰イオンの種類や数が増えるにつれて構造も多様になる。

　錯体を形成する分子，陰イオンの中には，金属イオンと結合する部位を複数もつものがあり，これらは中心の金属イオンを挟み込むように結合を形成することが知られている。④この結合の様式はキレートと呼ばれ，特定の金属イオンと強く結合する性質を利用して，排水処理における金属回収などの用途に利用されている。

問5　　(ク)　に適切な語句を答えよ。

問6　下線部②について，この反応の化学反応式を示せ。

問7　下線部③について，金属イオンMと2種類の配位子A，Bにより形成される八面体型構造をもつ錯体を考えよう。$[MA_3B_3]$ においては，配位子の結合位置の違いによって異性体（幾何異性体）が存在する。この錯体のすべての幾何異性体の構造を下記の記入例にしたがって記せ。

錯体〔MA₅B〕の八面体型構造の記入例：

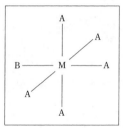

問8　下線部④について，Co³⁺イオンは3分子のエチレンジアミン H₂NCH₂CH₂NH₂ と結合して安定な八面体型キレート錯体を形成するが，ヘキサメチレンジアミン H₂N(CH₂)₆NH₂とはそのようなキレート錯体を形成しない。エチレンジアミン が Co³⁺ イオンと安定なキレート錯体を形成する理由を，解答欄の枠の範囲内で 記せ。

7 気体の圧力と溶解度，浸透圧，反応速度

（2010年度 第2問）

次の文を読んで，問1〜問4に答えよ。気体は理想気体として振る舞うとし，溶媒中の物質Aは常に飽和状態にあると考えよ。物質Aの溶解度はヘンリーの法則に従い，その他の溶解物質に影響されないものとする。また，溶媒体積は圧力によって変化しないものとする。原子量はH＝1.00，C＝12.0とし，絶対零度は−273℃，気体定数Rは0.082 atm·L/(mol·K)として，数値で答える必要がある箇所では有効数字2けたで答えよ。atmは圧力の単位である。

図1の化学構造をもつ気体物質A（プロピレン）に関する実験1〜実験3を行い，気体の圧力と溶液の浸透圧に関する測定を行った。浸透圧Πは溶液中の半透膜を透過しない溶質成分のモル濃度mを用いて次式で表される。

$$\Pi = mRT$$

Tは絶対温度を示す。すべての実験，測定は温度27℃で行った。

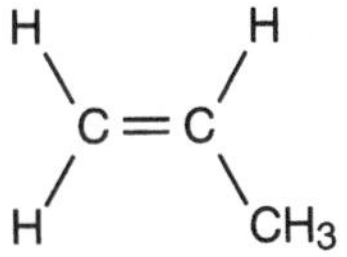

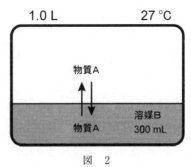

図 1

実験1

(1) 体積1.0Lの空の容器に物質Aを圧力が10 atmに達するまで加えた。

(2) 次に，図2に示すように，この容器に300 mLの溶媒B（蒸気圧は無視できるものとする）を入れたところ，溶媒の体積は変化せず，容器内の圧力は8.0 atmになった。

1.0 L　　　　27 °C

物質A

物質A　　　溶媒B
　　　　　　300 mL

図 2

問1 実験1における溶媒B中の物質Aのモル濃度〔mol/L〕を求めよ。

24

実験 2

(1) 実験 1 と同様に，体積 1.0L の空の容器に物質 **A** を圧力が 10 atm に達するまで加えた。

(2) この容器に，溶媒 **B** 中に物質 **C** を少量含む溶液を 300 mL 注入し，よくかくはんしたところ化学反応が起こり，ポリプロピレンのみが生じた。溶媒中にポリプロピレンは完全に溶解した。

(3) 反応開始より一定時間おきに一定量の溶液を抜き出し，ポリプロピレンのみを透過しない半透膜を用いて浸透圧を測定したところ，一定であった。

(4) 反応開始より 6 時間後までの，容器内の圧力の時間変化は図 3 のようになった。

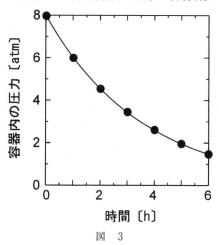

図 3

問 2 実験 2 において反応開始より 1.0 時間後に生成しているポリプロピレンは何 g か。計算過程も含めて，解答欄の枠内で記せ。ただし，物質 **C** の質量および体積，ポリプロピレンの体積，抜き出した溶液の量は無視できるものとする。なお，図 3 に示すように，反応開始から 1.0 時間後の容器内の圧力は 6.0 atm である。

問 3 実験 2 において，反応容器中の気体および溶液中に含まれる物質 **A** の総物質量は時間とともに減少する。容器 1.0L あたりの物質 **A** の総物質量の減少速度を v 〔mol/(h·L)〕で表すと，反応は溶液中で起こるため，v は溶媒 **B** 中の物質 **A** のモル濃度 ［**A**］ に比例する。つまり，次式で表される。

$v = k ［\mathbf{A}］$

k〔h^{-1}〕は定数である。反応開始直後の v を反応開始から 1.0 時間後までの物質 **A** の減少量より計算し，その値を用いて k〔h^{-1}〕を求めよ。その際，［**A**］として反応開始時の値を用いよ。

実験3

(1)　体積 10L の空の容器に，溶媒**B**中に物質**C**を含む溶液を 3.0L 注入した。物質**C**の濃度は実験2と同じとした。容器内をよくかくはんしながら物質**A**を圧力が常に 10atm を保つよう，10 時間注入し続けた。

(2)　反応開始より一定時間おきに一定量の溶液を抜き出し，ポリプロピレンのみを透過しない半透膜を用いて浸透圧を測定したところ 0.082atm で一定であった。

問4　実験3において，反応開始から 10 時間後に生成したポリプロピレンについて次の(i)，(ii)の問に答えよ。ただし，物質**C**の質量および体積，ポリプロピレンの体積，抜き出した溶液の量は無視できるものとする。

(i)　生成したポリプロピレンは何 g か。問3で求めた k の値を用いて答えよ。

(ii)　生成したポリプロピレンの分子量を求めよ。ただし，生成した分子はすべて等しい分子量をもつとする。

8 電子式と分子の形，理想気体と実在気体

(2009 年度　第 1 問)

次の文(a)，(b)を読んで，問 1 ～問 6 に答えよ。

(a)　分子の電子式は最外殻電子の配置を示すが，元素記号のまわりに電子対をただ平面的に並べただけであり，実際の分子の構造を直接反映しているわけではない。しかし，電子式から分子の構造を推測することができる。電子対は互いに反発しあうため，その反発力が最小となる分子構造をとると仮定する。例えば，アンモニアでは，窒素原子のまわりに 3 組の共有電子対および 1 組の非共有電子対が存在することから，図 1 に示すように，4 組の電子対が窒素原子を中心とする四面体形の頂点方向に位置する。そのため，分子の構造は三角錐形となる。水の場合，酸素原子のまわりに ア 組の共有電子対と イ 組の非共有電子対による ウ 組の電子対が存在することから，分子の構造は エ 形となることが推測される。また，二重結合や三重結合を有する分子の構造を推測するときには，これらの結合は 1 組の電子対とみなしてよい。したがって，二酸化炭素では，炭素原子のまわりには非共有電子対がなく，二重結合が 2 組存在することから，分子の構造が オ 形となることが予想できる。

　　さて，酸素 O_2 とオゾン O_3 について考える。酸素分子を電子式で表すと，1 つの酸素原子の最外殻電子は カ 個なので，酸素分子として キ 個の最外殻電子を配分することになる。したがって，ク 組の電子対を共有する ケ 重結合が生じる。一方，オゾンは環状構造をとらず鎖状構造であり，その電子式は，(A) のようになる。

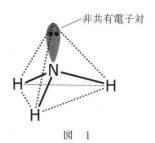

非共有電子対

図　1

問 1　 ア ～ ケ に適切な語句あるいは数字を記入せよ。

問 2　 (A) に適切な電子式を次の例にならって記入せよ。

電子式の記入例：

問3　電子式にもとづきオゾンの構造を予測し，その構造をとる理由を解答欄の枠の範囲内で記せ。

(b)　物質は，構成する分子の分子間力などによって様々な性質や状態変化を示す。

　　実在気体は，気体分子の分子間力や分子自身の体積により，理想気体とは異なる振る舞いをする。分子の間に働く力には，強い引力を与える水素結合や，弱い引力のファンデルワールス力などがある。ファンデルワールス力は，構造が似た分子では，分子量が {コ：①　大きいほど大きい，②　大きいほど小さい} 傾向がある。分子間の引力は，理想気体に比べて気体の圧力を小さくする効果を及ぼす。また，温度一定の条件において，体積を小さくした場合には，分子間の平均距離が短くなるため，引力の効果は {サ：①　大きくなる，②　小さくなる}。一方，気体分子自身の大きさの効果により，理想気体と比較して，気体分子自身の大きさの分だけ，分子が運動できる部分の体積が {シ：①　大きくなる，②　小さくなる}。この気体分子自身の大きさの効果は，高圧のときに，より大きくなる。

　　このような分子間力や分子自身の体積の効果を調べるために，次の量 Z を考える。

$$Z = \frac{pV}{nRT}$$

ここで，p は圧力〔Pa〕，V は体積〔L〕，T は絶対温度〔K〕，n は物質量〔mol〕，R は気体定数〔Pa·L/(K·mol)〕である。理想気体の場合は，Z は常に 1 であるが，実在する物質の場合には，分子間力や分子自身の体積の効果により，Z は 1 からずれる。

　　図2に酸素 O_2，オゾン O_3，水素 H_2，および水 H_2O の Z の振る舞いを示す。ここでは，容器 **A~D** に，それらの分子が別々に等しい物質量で入っているが，どの容器にどの物質が入っているかは不明である。図2では，これらの物質を温度 {ス：①　90℃，②　100℃，③　110℃} で圧縮したときの Z の変化を示している。図2左図は，容器 **A~D** に入っている物質の変化，また図2右図は，容器 **A** および **B** に入っている物質の高圧下での振る舞いを表している。容器 **D** に入っている物質では，圧力 p' において Z が急激に変化した。

28

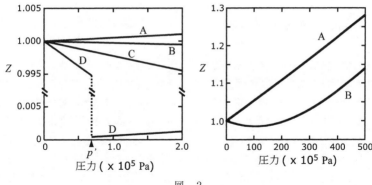

図　2

問4　{　コ　}～{　シ　}の適切な語句を選び，番号で答えよ。

問5　容器A～Dに入っている物質を答えよ。（解答は物質名でも化学式でもかまわない）

問6　容器Dに入っている物質について次の問いに答えよ。

(1)　圧力を上げていくときに，圧力p'で何が起きたか次の選択肢から選べ。

(あ)　蒸　発　　(い)　融　解　　(う)　凝　縮

(え)　凝　固　　(お)　昇　華

(2)　圧力p'を何というか答えよ。

(3)　物質の温度として適切なものを{　ス　}から選び，番号で答えよ。

9 イオン結晶，水素結合と沸点，KCl 結晶の溶解

(2008年度　第1問)

次の(a)～(d)を読んで問 1 ～問 7 に答えよ。必要ならば $\sqrt{2} = 1.4$, $\sqrt{3} = 1.7$, $\sqrt{5} = 2.2$ の値を用いよ。数値で答える必要がある箇所では整数が妥当と思われるものを除いて有効数字 2 けたで答えよ。

(a)　イオン結晶は，陽イオンと陰イオンが静電的な引力によって結びつくイオン結合によってできている結晶で，NaCl や MgO 等がある。NaCl をイオン式で表すと Na^+Cl^- となり，同様に MgO では ア となる。NaCl 結晶は図 1 の実線で示した立方体の単位格子からなる。Na^+ と Cl^- のイオンは，単位格子あたりともに正味 イ 個ずつ存在する。したがって NaCl 結晶 $1\,nm^3$ あたりに存在する Na^+ と Cl^- のイオン数はともに ウ 個である。次に図中の矢印で示す 3 点 a，b，c または a，b，d を通る 2 つの平面を考える。このような平面を格子面と呼ぶことにする。平面 abc 内に中心を持つ Na^+ と Cl^- の，平面 abc $1\,nm^2$ あたりのイオン数はそれぞれ エ 個と オ 個である。一方，平面 abd 内に中心を持つ Na^+ と Cl^- の，平面 abd $1\,nm^2$ あたりのイオン数はそれぞれ カ 個と キ 個である。

　イオン結晶は衝撃に対してもろく，一定の方向に割れやすい。すなわち，衝撃が加わるとイオンの位置が格子面に沿ってずれ，そこを境に結晶は割れる。NaCl 結晶では①平面 abd に平行な格子面に沿ってよりも，平面 abc に平行な格子面に沿って割れやすい。

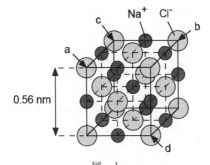

図　1

問1　 ア に適切なイオン式を記入せよ。

問2　 イ ～ キ に適切な数値を記入せよ。

問3　下線部①の理由を解答欄の枠内で記せ。

30

(b) イオン結晶である NaCl や CaF_2 に濃硫酸を加え加熱すると，ハロゲン化水素が発生する。それぞれの化学反応式は NaCl について

(ク)

CaF_2 について

(ケ)

と表される。ハロゲン化水素の沸点は表1に示すように，HI，HBr，HCl の順に分子量が減少するほど低いが，HF では逆に高くなる。これは H と F の (コ) に大きな差があるため，分子間に (サ) を仲立ちとしたより強い引力が働くためである。

表1　ハロゲン化水素の沸点

分　子　式	HF	HCl	HBr	HI
沸　点(℃)	19.5	− 84.9	− 67.0	− 35.1

問4 (ク)，(ケ) に適切な化学反応式を記入せよ。

問5 (コ)，(サ) に適切な語を記入せよ。

(c) 化学反応の進む方向は2つの要因で決定される。まず，反応前後のエネルギーを比べると反応はエネルギーの高い状態から低い状態へ進行しやすい。もう一つの要因として，原子や分子の配列が規則正しい状態から乱雑な状態になる方向に反応は進みやすい。実際は，これら2つの要因のかね合いで反応の進む方向が決まる。

このことをふまえて②KCl 結晶が自然に水に溶解する理由について考えよう。表2にK および Cl の様々な状態に関する熱化学方程式が与えられている。ここで，固体を（s），気体を（g），水和状態を（aq）と書いて状態を区別してある。

表2　K および Cl に関する熱化学方程式（化学変化）

$K(g) = K^+(g) + e^- - 418\,kJ$ （イオン化）
$K(s) = K(g) - 89\,kJ$ （昇華）
$1/2Cl_2(g) = Cl(g) - 122\,kJ$ （解離）
$Cl(g) + e^- = Cl^-(g) + 349\,kJ$ （電子付加）
$K(s) + 1/2Cl_2(g) = KCl(s) + 437\,kJ$ （生成）
$K^+(g) + Cl^-(g) = K^+(aq) + Cl^-(aq) + 700\,kJ$ （水和）

問6 表2を参考にして，1 mol の KCl 結晶が水に溶解するときの溶解熱と，下線部②の理由を解答欄の枠内で記せ。

⒟ 表3はKClの各温度での水への溶解度を示したものである。80℃のKCl飽和水溶液75.7gを取り，蒸留水50gを加えた。この希釈水溶液の沸点は，103.4℃であった。また，80℃のKCl飽和水溶液100gを20℃まで冷却したところ，KCl結晶が沈殿した。この上澄液13.4gを取り，蒸留水20gを加えた。このようにして得たKCl水溶液の沸点は蒸留水と比べて　(シ)　℃だけ上昇する。

表3　KClの溶解度（水100gに溶解するKClの質量）

温　度(℃)	20	40	60	80
溶解度(g)	34.2	40.2	45.8	51.4

問7　　(シ)　に適切な数値を記入せよ。

10 凝固点降下と溶質の会合度

(2005 年度　第 1 問)

次の文を読んで，問 1 〜問 4 に答えよ。

　純粋な液体（溶媒）に第二の物質（溶質）を溶かした溶液を冷却すると，この溶液は純溶媒の場合よりも低い温度で凝固する。この現象を凝固点降下といい，純溶媒の凝固点 T_0 と溶液の凝固点 T との差 ΔT（$= T_0 - T$）を凝固点降下度という。希薄な溶液の凝固点降下度 ΔT は，溶媒の種類に依存するが溶質の化学的性質・種類には無関係であり，溶質（分子・イオンなど）の物質量に比例するので，溶質が解離や会合（複数の分子が共有結合以外の分子間相互作用によって結合し，1 個の分子のようにふるまう現象）を起こす場合は，反応後の溶質の物質量に比例する。以下では，溶質は溶媒と化学反応を起こさないものとして，凝固点降下の現象を考察する。

　最初に，一種類の溶質が純溶媒に溶解した希薄な溶液中で，この溶質が解離や会合を起こさない場合を考えてみよう。この溶液の凝固点降下度 ΔT は，溶媒のモル凝固点降下を k_f〔K・kg/mol〕とし，溶質の質量モル濃度を m〔mol/kg〕とすると，⑴式で与えられる。

$$\Delta T = k_f m \qquad (1)$$

また，溶媒および溶質の質量をそれぞれ W_0〔g〕，W_1〔g〕とすると，⑴式から溶質のモル質量 M〔g/mol〕を表す⑵式が得られる。

$$M = \boxed{} \ \text{〔g/mol〕} \qquad (2)$$

したがって，凝固点降下度 ΔT の測定値から⑵式を用いて溶質のモル質量 M を決定することができる。同じ質量の溶質による凝固点降下度は，溶質のモル質量が { a：①大きい，②小さい } ほど小さくなる。

　次に，溶質が溶液中で会合反応を起こす場合を考える。この場合，凝固点降下度の測定のみからその物質のモル質量を決定することは困難であるが，その物質のモル質量が既知であれば，凝固点降下度の測定から会合反応の平衡定数を求めることができる。一例として，1.0 kg の溶媒に m_0〔mol〕の溶質 $\mathbf{A}$ を溶解したとき，$\mathbf{A}$ の分子が反応⑶によって会合し，二分子の会合体（二量体）$\mathbf{A}_2$ を形成する場合を考えてみよう。

$$\mathbf{A} + \mathbf{A} \rightleftharpoons \mathbf{A}_2 \qquad (3)$$

この場合，分子 $\mathbf{A}$ の会合度（二量体を形成した分子 $\mathbf{A}$ の数と溶媒に溶解したすべての分子 $\mathbf{A}$ の数の比）を α とすると，平衡状態における $\mathbf{A}$ と $\mathbf{A}_2$ の質量モル濃度は m_0 と α を用いてそれぞれ $m_0(1 - \alpha)$〔mol/kg〕，$\boxed{}$〔mol/kg〕と表される。したがって，分子 $\mathbf{A}$ が会合している場合の溶液の凝固点降下度を ΔT とし，分子 $\mathbf{A}$ がまったく会合しないと仮定して計算した凝固点降下度を ΔT_0 とすると，相対凝固点降下度

$(\Delta T / \Delta T_0)$ と会合度 α の関係は(4)式で与えられる。

$$\frac{\Delta T}{\Delta T_0} = \boxed{\text{(ウ)}} \qquad (4)$$

また，反応(3)の平衡定数 K_3〔kg/mol〕は m_0 と α を用いると(5)式で表される。

$$K_3 = \boxed{\text{(エ)}} \text{〔kg/mol〕} \qquad (5)$$

これらの式から，溶媒に溶かした **A** の物質量が増加すると，会合度 α は { b：①減少，②増大 } し，相対凝固点降下度の値は { c：① 1/3，② 1/2，③ 2/3，④ 3/4，⑤ 4/3，⑥ 3/2 } に近づくことが予測される。

　ベンゼンを溶媒として安息香酸による凝固点降下度を測定すると，その測定値は安息香酸のモル質量から予想される値よりも { d：①大きい，②小さい }。これは，上で述べたように(3)式の会合反応が起こるためである。安息香酸がベンゼン中で二量体を形成しやすい理由として，次のようなことが考えられる。すなわち，安息香酸の分子は極性の { e：①大きな，②小さな } $\boxed{\text{(オ)}}$ 基を有するので，ベンゼンのような極性の { f：①大きな，②小さな } 溶媒中では，2個の安息香酸分子の $\boxed{\text{(オ)}}$ 基が互いに $\boxed{\text{(カ)}}$ 結合で結合してエネルギー的により安定な二量体を形成するからである。

問1　$\boxed{\text{(ア)}}$ ～ $\boxed{\text{(カ)}}$ にそれぞれ適切な式または語句を記入せよ。

問2　{ a }～{ f } について適切な語句または数値を選び，その番号で答えよ。

問3　1.0 kg の溶媒に 5.0×10^{-3} mol の溶質 **A** を溶解した（初期濃度 5.0×10^{-3} mol/kg）ときの会合度は 0.50 であった。会合度が 0.80 となるときの溶質 **A** の初期濃度〔mol/kg〕を求め，有効数字 2 けたで答えよ。ただし，平衡定数は一定とする。

問4　溶質が溶液中で解離や会合反応を起こさない場合は，凝固点降下法を混合物にも適用することができる。たとえば含有率の不明な 2 成分（分子 **B** と分子 **C**）の混合物 **X** について，分子 **C** のモル質量が既知で，その純粋な試料を入手することができれば，分子 **B** のモル質量とその含有率を決定することができる。今，分子 **B** のモル質量を決定するために，1.0 kg の溶媒に W_α〔g〕の混合物 **X** を溶解したときの凝固点降下度 ΔT を測定したとする。さらに必要な測定を次の(1)～(3)のうちから選択して，その番号を $\boxed{\text{I}}$ に記入し，またそれが適切であると考えた理由を $\boxed{\text{II}}$ に簡潔に記入せよ。ただし，溶媒のモル凝固点降下は既知とする。

(1)　分子 **C** の純粋な試料による凝固点降下度 ΔT の測定

(2)　1.0 kg の溶媒に W_α〔g〕の混合物 **X** と W_β〔g〕の分子 **C** の純粋な試料を合わせて溶解したときの凝固点降下度 ΔT の測定

(3)　分子 **C** の純粋な試料による凝固点降下度 ΔT の測定と，1.0 kg の溶媒に W_α〔g〕とは異なる W_β〔g〕の混合物 **X** を溶解したときの凝固点降下度 ΔT の測定

〔注〕　問4は，「凝固点降下法により分子のモル質量とその含有率を求める問題において，与える条件が不足しているため，選択肢の中に正解がない」と，大学より発表された。

11 炭素の同素体と結晶構造

（2003 年度　第 1 問）

次の文(A)，(B)を読んで，問 1 ～問 4 に答えよ。

(A)　ダイヤモンドと黒鉛はいずれも炭素原子のみからなる物質であるが，色，硬さ，電気伝導性など多くの性質がたがいに異なっている。このように，同じ元素でできているのに性質の異なる物質のことを　(ア)　という。

　　図 1 は，ダイヤモンドと黒鉛の結晶構造を表したものである。ダイヤモンドの結晶は一辺が 0.36 nm の立方体を単位とする構造をもつ。炭素原子の 4 個の価電子はすべて，隣接する炭素原子との C–C 結合に使われ，それらすべての C–C 結合は等価である。黒鉛では，4 個の価電子のうち　(イ)　個がダイヤモンドと同様な C–C 結合に使われ，炭素原子は正六角形の網目構造からなる平面状の層を形成する。残りの価電子は層内を自由に動き回ることができる。層と層とは，　(ウ)　力によってゆるやかに結合している。このような，結晶構造や炭素原子間の化学結合の違いが，ダイヤモンドと黒鉛の間のさまざまな性質の違いを生み出している。

　　黒鉛とダイヤモンドは反応のしやすさも大きく異なる。黒鉛は空気中で加熱すると容易に燃焼するが，ダイヤモンドを燃焼させるには，酸素中で高温に加熱しなくてはならない。

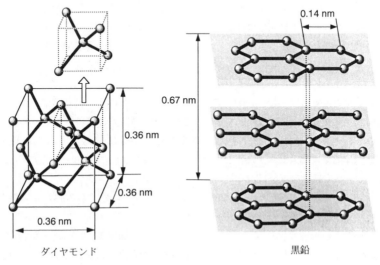

ダイヤモンド　　　　　　　　　　　黒鉛

図　1

(B) ダイヤモンドが炭素原子のみからなることを確かめるために，図2の装置を用いて，以下の実験を行った。

実験1 石英管の中に，あらかじめ秤量（ひょう）したダイヤモンドの小片を入れ，酸素を流しながら高温に加熱すると，ダイヤモンドは白熱した。

実験2 石英管を通った気体はすべて，濃度 0.0050 mol/L の水酸化バリウム水溶液 100 mL に通した。すると水溶液が白濁した。白熱したダイヤモンドが無くなったのち，酸素の流れを止めて静置すると，やがて白い沈殿が得られた。

実験3 上澄み液の 10 mL をとり，フェノールフタレイン溶液を数滴加えると赤色になった。これを，0.010 mol/L の塩酸で滴定したところ，ちょうど 6.0 mL を加えたところで無色になった。これから，実験に用いたダイヤモンドに含まれる炭素の質量を求めると，あらかじめ秤量したダイヤモンドの質量と一致し，ダイヤモンドが炭素原子のみからなることが確かめられた。

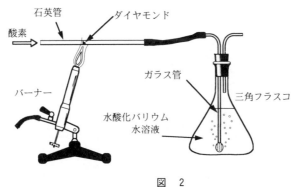

図 2

問1 文中の ⎡ (ア) ⎤ ～ ⎡ (ウ) ⎤ に適切な語句または数字を記入せよ。

問2 表1はダイヤモンドと黒鉛の性質を比較したものである。表中の ⎡ (エ) ⎤，⎡ (オ) ⎤ には適切な語句を，⎡ (a) ⎤ ～ ⎡ (e) ⎤ には適切な数値を記入せよ。炭素の原子量は 12.0，アボガドロ定数は 6.0×10^{23}/mol とする。$\sqrt{3} = 1.7$ とせよ。結合エネルギーは次のとおりである。C–C 結合：357 kJ/mol，O=O 結合：498 kJ/mol，C=O 結合：804 kJ/mol。

問3 文(B)中の下線で示した現象を化学反応式で表せ。

問4 文(B)の実験で用いたダイヤモンド小片の質量（mg）を，有効数字2けたで求めよ。ただし，ダイヤモンドは完全燃焼し，このとき生成した気体はすべて水酸化バリウムと反応したものとする。

表　1

	ダイヤモンド	黒　　鉛
色	無　色	黒　色
電気伝導性	(エ)	(オ)
炭素原子間の結合距離（nm） 　　　　　　（有効数字 2 けた）	(a)	0.14
密度（g/cm³） 　　　　　　（有効数字 2 けた）	3.5	(b)
燃焼熱（kJ/mol） 　　　　　　（有効数字 3 けた）	(c)	394
12.0 g 中に含まれる結合をすべて切断するのに必要なエネルギー（kJ） 　　　　　　（有効数字 3 けた）	(d)	(e)

第 2 章　物質の変化

12　電気分解，酸化還元滴定，緩衝液

次の文章を読み，**問 1 〜問 8** に答えよ。解答はそれぞれ所定の解答欄に記入せよ。
問題文中の L はリットルを表し，ファラデー定数は 9.65×10^4 C/mol とする。

1.000 mol/L の硫酸銅(Ⅱ)水溶液 10.00 L を，陽極と陰極に白金電極を用い，直流 193 A の一定電流で 1000 秒間電気分解した。電気分解の後で，硫酸銅(Ⅱ)水溶液の銅イオンの濃度を調べるために，以下の手順(1)，(2)に沿ってヨウ素を用いた酸化還元滴定(ヨウ素滴定)を行った。ただし，電気分解の前後で硫酸銅(Ⅱ)水溶液の体積変化は無視できるものとする。

(1)　電気分解後の硫酸銅(Ⅱ)水溶液から 2.00 mL を採取し，純水と少量の緩衝液(後述の下線部⑦)を加え約 50 mL とした。この試料水溶液に，ヨウ化カリウム約 2 g を少量の純水に溶かした水溶液を加えてよく振り混ぜたところ，ヨウ化銅(Ⅰ)の白色微粉末が分散した褐色の懸濁液となった。

(2)　ただちに，(1)の懸濁液に対して 0.1000 mol/L のチオ硫酸ナトリウム標準水溶液による滴定を開始し，懸濁液の褐色が薄くなり淡黄色となってからデンプン水溶液約 1 mL を加えると青紫色を呈した。さらに滴定を続け，懸濁液の青紫色が消えて白色となった点を終点と判定したところ，滴定に要したチオ硫酸ナトリウム標準水溶液の総体積は 18.20 mL であった。ただし，この滴定においてチオ硫酸イオン $S_2O_3{}^{2-}$ は酸化されて四チオン酸イオン $S_4O_6{}^{2-}$ になるものとする。

なお，(1)，(2)の水溶液で pH が弱酸性から大きく外れると種々の副反応が起こるため，酢酸水溶液と酢酸ナトリウム水溶液の混合液を緩衝液として用い，(1)，(2)の実験
　　⑦
操作中における pH をヨウ素滴定に適切な範囲に維持した。

手順(1)の硫酸銅(Ⅱ)と過剰のヨウ化カリウムの反応は，以下の『　』内の文章で表される。

『硫酸銅(Ⅱ)由来の　ア　はヨウ化カリウム存在下で　イ　されてヨウ

化銅（Ⅰ）になり，ヨウ化カリウム由来の ウ は一部が エ されて オ になった。 オ は純水には難溶性であるが，この実験の水溶液中には ウ が多量に存在するため，

$$\boxed{ウ} + \boxed{オ} \rightleftarrows \boxed{カ} \quad\cdots\cdots\text{Ⓐ}$$

式Ⓐに示した平衡により，水溶性の カ が生じて水溶液は褐色を呈した。また同時に，上記で生じた難溶性のヨウ化銅（Ⅰ）が分散し，懸濁液になった。』

問1 『　』内の ア ～ カ に入れるべき最も適切な化学式または語句を，以下の選択肢の中から1つずつ選び，それぞれの解答欄に答えよ。

選択肢

Cu^{2+}	Cu^+	Cu	$SO_4{}^{2-}$
$S_4O_6{}^{2-}$	K^+	K	I^-
I_2	$I_3{}^-$	$IO_3{}^-$	KI
CuS_2O_3	$Na_2S_2O_3$	酸化	中和
還元	分解		

問2 『　』内の文章を最も適切に表す1つのイオン反応式を，銅とヨウ素の2種類の元素のみを用いて答えよ。ただし，式Ⓐに示した平衡は完全に右側へ片寄っているとみなして，イオン反応式を書くこと。

問3 手順⑵で，懸濁液の褐色が薄くなる過程のイオン反応式を答えよ。ただし，褐色は『　』内の カ によるものとする。

問4 手順⑴，⑵の実験結果から，電気分解後の硫酸銅（Ⅱ）水溶液に溶けている銅の物質量は何 mol になるか求め，有効数字3けたで答えよ。

問5 下線部⑦では，酢酸の電離反応による緩衝作用を利用している。一般に酢酸の電離反応 $CH_3COOH \rightleftarrows H^+ + CH_3COO^-$ において，緩衝作用のため pH 変化が最も緩やかになるときの pH の値を，各成分の濃度（$[CH_3COOH]$ と $[CH_3COO^-]$）の関係を考え，酢酸の電離定数 K_a を用いた数式で表せ。

問 6　この電気分解の陽極および陰極で起こる反応を，陽極については(a)欄に，陰極については(b)欄に，それぞれ電子(e⁻)を含むイオン反応式で示せ。

問 7　この電気分解で陰極に流れた電気量の全てが銅の析出のみに用いられたと仮定した場合，陰極に析出する銅の物質量(理論量)は何 mol になるか求め，有効数字 3 けたで答えよ。

問 8　この電気分解の効率は何％になるか求め，有効数字 2 けたで答えよ。ただし，電気分解の効率(％)は，理論量に対する陰極で実際に析出した物質量の比率(％)とする。

13 直列電解槽の反応

(2015 年度　第 1 問)

▌次の文章を読んで，問 1 ～問 8 に答えよ。ただし，原子量は Ag＝108 とする。気体はすべて理想気体とみなす。

電気分解は金属の電解精錬などに用いられる重要な反応である。いくつかのタイプの電気分解を調べるため，3 つの電解槽 A ～ C を用意した。電解槽 A には適量の塩化カリウム水溶液を入れ，電極として 2 枚の白金板を用いた。電解槽 B には硫酸酸性にした硫酸亜鉛水溶液を入れ，電極として黒鉛棒と銅板を用いた。また，電解槽 C には硝酸銀水溶液を入れ，電極として 2 枚の銀板を用いた。電解槽 A と電解槽 B は，気体を捕集しやすい U 字型のものとした。これらの電解槽 A ～ C および直流電源を図 1 のように配線し，次の実験を行った。なお，文中の「左側」と「右側」の表記は図 1 での左右の位置を示す。

適当な電圧を直流電源に設定し，一定温度のもとで 15 分間の電気分解を行った。この電気分解中，電解槽 A の 2 枚の白金板ならびに①電解槽 B の黒鉛棒からは気体が発生した。このとき，電解槽 A の白金板（右側）で発生した気体の体積は，電解槽 B の黒鉛棒で発生した気体の体積の　(ア)　倍であった。

電解槽 A の白金板（左側）で発生した気体はうすい　(イ)　色を呈した。②この気体に，純水で湿らせたヨウ化カリウムデンプン試験紙を近づけたところ，試験紙が青紫色に呈色した。また，電気分解前後に，電解槽 A の白金板（右側）近くの溶液をスポイトで少量ずつ採取し，その液性を調べたところ，電気分解前に中性であった液性は，電気分解後には {ウ：1．酸性に変化していた，2．中性のままであった，3．塩基性に変化していた}。

電解槽 B の銅板には亜鉛が析出した。③電気分解を終えると同時に電解槽 B から電極を取り出してただちに水洗，乾燥し，電気分解前後の電極の質量変化から析出した亜鉛の質量を求めた。その結果，④電気分解中に流れた電流がすべて亜鉛の析出に使われると仮定して求められる質量の約 90 ％しか亜鉛が析出していないことがわかった。

電解槽 C の 2 枚の電極の一方では銀の析出，他方では電極の銀の溶解のみがそれぞれ起こった。銀の溶解が起こった電極について，電気分解前後の電極の質量差を測定したところ，その溶解量は 0.540 g であった。この値から，15 分間の電気分解中に流れた電子の物質量 n は　(エ)　mol と計算される。したがって，ファラデー定数を F 〔C/mol〕とすれば，電気分解中に流れていた電流の平均値は，n，F を用いて　(オ)　〔A〕と表される。

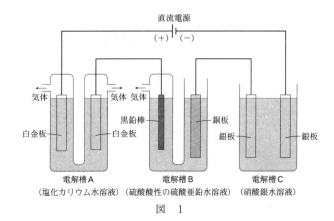

図 1

問1 下線部①について，電解槽**B**の黒鉛棒では主にどのような反応が起こるか。水溶液の液性をふまえ，イオン反応式（電子 e⁻ を含む）で答えよ。

問2 ［ ㋐ ］にあてはまる数値を記入せよ。

問3 ［ ㋑ ］にあてはまる適切な語句（色の名称）を記入せよ。

問4 下線部②において，白金板（左側）で発生した気体はどのような化学反応を起こすか。化学反応式を示せ。

問5 電解槽**B**の銅板表面に析出した亜鉛の質量を正確に測定するには，下線部③のように，電気分解終了後ただちに電極を電解槽から取り出して洗浄する必要がある。もし，電極を電解槽に入れたままにしておくと，質量変化を正確に調べることができなくなる。その理由を 30 字以内で答えよ。

問6 下線部④に関し，電気分解中に流れた電流のうち，亜鉛析出に使われなかった電流は，どのような反応に使われたか。イオン反応式（電子 e⁻ を含む）で答えよ。

問7 ｛ **ウ** ｝について，｛ ｝内の適切な語句を選び，その番号を解答欄に記入せよ。

問8 ［ ㋓ ］にあてはまる数値を有効数字 2 けたで記入せよ。また，［ ㋔ ］にあてはまる適切な式を記入せよ。

14 リチウム二次電池の構造とその充放電

(2006 年度　第 2 問)

▎次の文(a), (b)を読んで, 問 1 ～問 5 に答えよ。ただし, 原子量は Li = 6.94, C = 12.0, O = 16.0, S = 32.0 とする。

(a) 炭素の単体の一つである黒鉛では, 図 1 に示すように炭素原子は他の 3 個の炭素原子と [(ア)] 結合して, 巨大な平面状網目構造をつくる。平面網目間（層間）は弱い [(イ)] により結合している。そのため, 黒鉛の層間距離は容易に変化するので, 多くの原子, 分子を挿入させたり, 脱離させたりすることができる。この現象を利用しているのがリチウム二次電池である。

　リチウム二次電池では適当な有機溶媒中で正極からリチウムイオンが脱離し, 負極の黒鉛の層間にリチウムイオンが取り込まれることにより充電反応が生じる。この負極の充電反応を考えてみる。いま, 炭素 n〔mol〕に対して, リチウムイオン 1 mol が黒鉛中に取り込まれ, ①LiC_n という化合物ができたとする。この反応式を電子 e^- を含んだ式で表すと,

(ウ)

となる。黒鉛の層間にリチウムがもっとも多く取り込まれた場合, リチウムは, 黒鉛のすべての平面状網目構造に対して図 2 の配置をとり, 黒鉛の層間では 1 層である。したがって, このときの n は [(エ)] となる。

問 1　[(ア)] ～ [(エ)] にそれぞれ適切な語句, 化学式, 数値を入れよ。

問 2　下線部①の LiC_n を大気中に出すと, 大気中の水分と反応して分解し, 黒鉛層内からリチウムイオンを放出する。このときの反応式を記せ。ただし, LiC_n は金属リチウムと似た性質を示すことが知られている。

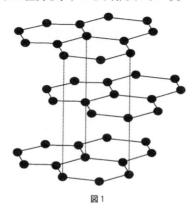

図1

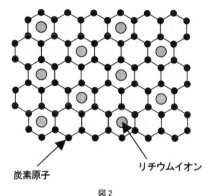

炭素原子　　　　　リチウムイオン

図2

(b)　次に図3に示すように配線し，リチウム二次電池を用いて鉛蓄電池を充電してみよう。鉛蓄電池を使用する放電反応の逆向きの反応が充電反応であるので，電極Ⅰの充電反応を電子 e⁻ を含んだ式で表すと，

(オ)

であり，また，同様に電極Ⅱの充電反応は，

(カ)

となる。このとき，リチウム二次電池の負極の質量は 2.30 g 減少した。この質量変化から計算すると，リチウム二次電池から鉛蓄電池に流れた電子の物質量は　(キ)　mol である。したがって，理論的には電極Ⅰの質量減少は　(ク)　g となる。しかしながら，実際には電極Ⅰの質量減少は 9.80 g であった。

問3　　(オ)　と　(カ)　にそれぞれ適切な化学式を入れよ。

問4　　(キ)　と　(ク)　にそれぞれ適切な数値を有効数字3けたで入れよ。

問5　リチウム二次電池が放電したエネルギーの何パーセントが鉛蓄電池の充電に利用されたか。有効数字3けたで求めよ。

リチウム二次電池

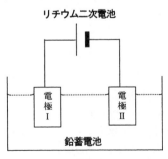

図3

15 酸化還元反応と量的関係

（2005 年度　第 2 問）

次の文(a), (b)を読んで, 問 1 〜問 5 に答えよ。

ただし, 原子量は H = 1.0, O = 16.0 とする。

(a) 酸性溶液中で, 過酸化水素と過マンガン酸イオンは次のように反応する。

$$① 2MnO_4^- + 5H_2O_2 + 6H^+ \longrightarrow 2Mn^{2+} + 5O_2 + 8H_2O$$

このとき, マンガンの酸化数は $\boxed{(ア)}$ から $\boxed{(イ)}$ に変化する。原子の酸化数は, 酸化されると $\boxed{(ウ)}$ し, 還元されると $\boxed{(エ)}$ する。

マンガンは, MnO_2 のように酸化数が $\boxed{(オ)}$ になることもある。たとえば, MnO_4^- が Mn^{2+} と反応すると

$$\boxed{\qquad\qquad (カ) \qquad\qquad}$$

の反応式にしたがって MnO_2 が生成する。

(b) 酸化還元反応は電子の授受反応と考えることもできる。たとえば, 硝酸イオンによる硫化物イオンの酸化反応は

$$S^{2-} + NO_3^- + 2H^+ + H_2O \longrightarrow SO_4^{2-} + NH_4^+$$

と表されるが, この反応式が 2 つの電子授受反応からなっていると考えると, それらの反応式は

$$\boxed{\qquad\qquad (キ) \qquad\qquad}$$
$$\boxed{\qquad\qquad (ク) \qquad\qquad}$$

と表される。

問1 文中の $\boxed{(ア)}$ 〜 $\boxed{(オ)}$ に適切な語句または数値を記入せよ。

問2 文中の $\boxed{(カ)}$ に適切な反応式を記入せよ。

問3 文中の $\boxed{(キ)}$ と $\boxed{(ク)}$ に電子の授受を表す適切な反応式を記入せよ。

問4 MnO_2 は, アルカリ性溶液中で Mn^{2+} イオンと過酸化水素が反応することによっても生成する。この反応を反応式で記せ。

問5 下線部①の反応を利用すると, 過マンガン酸イオンによって過酸化水素の量を測定することができる。オキシドールと呼ばれる市販の過酸化水素水 1.0 g を 20 mL の蒸留水でうすめ, 5.0 mL の 9.0 mol/L H_2SO_4 溶液を加えた。この溶液に 0.020 mol/L $KMnO_4$ 溶液を少量ずつ滴下したところ, 計 18.0 mL で過マンガン酸イオンと過酸化水素が過不足なく反応して, ①の反応が完結した。

(1) ①の反応が完結したことを知る方法を簡潔に記せ。

⑵　$KMnO_4$ 溶液を一度に多量に加えると褐色の沈殿が生成することがある。この沈殿の名称を記入せよ。

⑶　このオキシドールに含まれる過酸化水素の質量パーセント濃度を有効数字 2 けたで求めよ。

16 電気分解とイオン交換膜

(2003 年度　第 2 問)

次の文を読んで，問 1 〜問 7 に答えよ。ファラデー定数は 96500 C/mol，気体定数は 0.082 L·atm/(K·mol) とする。

イオン交換膜を用いた電気透析（電気分解）法は，海水の淡水化や製塩などに広く利用されている。これは，陽イオン交換膜が陽イオンのみを，陰イオン交換膜が陰イオンのみを透過することを利用している。この方法の原理を理解するために，図 1 に示す電解槽を用いて，実験 A，B を行った。電解槽は 2 枚の陽イオン交換膜と 1 枚の陰イオン交換膜で 4 室に仕切り，I 室に炭素電極（陽極），IV 室に鉄電極（陰極）を装着した。

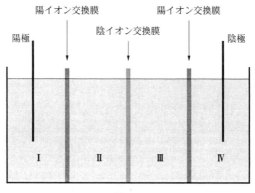

図　1

実験 A　4 つの室に 0.10 mol/L 塩化ナトリウム水溶液をそれぞれ 2.0 L ずつ入れ，一定の電流を通すと，陽極から気体 ｜ (ア) ｜ が，陰極から気体 ｜ (イ) ｜ が発生し，I 室と IV 室の pH が変化した。I 室の pH 変化は，このとき発生した気体の一部が，反応式 ｜ (ウ) ｜ に従って水と反応したことによるものである。

5.0 時間通電後，IV 室で発生した気体の全体積は，1.0 atm，20 ℃ で，1.2 L であった。また，塩化ナトリウム濃度は，II 室で ｜ (a) ｜ mol/L，III 室で ｜ (b) ｜ mol/L になった。ただし，IV 室で発生した気体は塩化ナトリウム溶液には溶けないものとする。

実験 B　I 室と IV 室に 0.10 mol/L 塩化ナトリウム水溶液を 2.0 L ずつ，II 室と III 室に 0.10 mol/L 酢酸ナトリウム水溶液を 2.0 L ずつ入れた。酢酸ナトリウム水溶液はアルカリ性を示す。これは，①酢酸ナトリウムの電離で生じた②酢酸イオンの一部が水と反応して，水酸化物イオンを生じるためである。実験 A と同電流値で同時間通電を行った後，各室の溶液の pH を測定すると，その値は次の大小関係を示した。

Ⅰ室　□(エ)□　Ⅱ室

Ⅱ室　□(オ)□　Ⅲ室

Ⅲ室　□(カ)□　Ⅳ室

問 1　文中の　□(ア)□〜□(ウ)□　に適切な化学式，あるいは反応式を記入せよ。

問 2　実験 A，B の電気透析に用いた電流は何アンペアか。数値を有効数字 2 けたで答えよ。

問 3　文中の　□(a)□　と　□(b)□　に適切な数値を小数点以下 2 けたで記入せよ。ただし，水素イオンと水酸化物イオンの膜透過量は無視できるものとする。また，各室の溶液の体積は変化しないものとする。

問 4　文中の下線部①と②を化学反応式で記せ。

問 5　濃度 0.10 mol/L の酢酸ナトリウム水溶液の pH を，酢酸の電離定数 K_a (mol/L) と水のイオン積 K_w ((mol/L)^2) を用いた式で記せ。ただし，酢酸の濃度は十分小さく，酢酸イオンの濃度は 0.10 mol/L と等しいとしてよい。

問 6　文中の　□(エ)□〜□(カ)□　に大小関係を示す記号 <，>，= のいずれかを記入せよ。

問 7　実験 B で，電解後のⅡ室とⅢ室の pH の差の絶対値を有効数字 2 けたで答えよ。ただし，水素イオンと水酸化物イオンの膜透過量は無視できるものとする。必要ならば $\log_{10} 3 = 0.48$ を用いよ。

17 電池・電気分解と質量変化

（1999 年度　第 1 問）

次の文を読んで，問 1〜問 5 に答えよ。ただし，原子量は H = 1.00，N = 14.0，O = 16.0，S = 32.0，Cu = 63.5，Zn = 65.4，Ag = 108，Pt = 195 とし，ファラデー定数は 9.65×10^4 C/mol，すべての気体は理想気体であり，気体定数は 8.20×10^{-2} atm·L/(mol·K) とする。

試験管に取った硝酸銀水溶液に銅板を浸し，しばらく放置すると銀が銅板に析出するとともに，溶液の色は $\boxed{(ア)}$ から $\boxed{(イ)}$ になる。このことから，水溶液中では，銅のほうが銀より陽イオンになりやすく，$\boxed{(ウ)}$ されやすいことがわかる。

金属元素の単体が，水または水溶液中で陽イオンとなる性質の強さを，その金属の $\boxed{(エ)}$ という。金属の単体が陽イオンになるとき，$\boxed{(オ)}$ を他の物質に与えるので $\boxed{(エ)}$ の大きい金属ほど，$\boxed{(ウ)}$ されやすい。

2 種類の金属を電解質水溶液に浸して導線でつなぐと，$\boxed{(エ)}$ の大きなほうの金属が $\boxed{(カ)}$ 極となり，$\boxed{(エ)}$ の小さなほうの金属が $\boxed{(キ)}$ 極となって，電流が流れる。

図 1 のように，中央を素焼きの板で仕切った同じ大きさの容器 **A**，**B**，**C** を用意し，それぞれ次のような水溶液を満たし，金属板を浸した。

1）　容器 **A** の片側には硫酸亜鉛水溶液を，もう一方の側には硫酸銅（Ⅱ）水溶液を入れ，亜鉛板①および銅板②をそれぞれ浸す。

2）　容器 **B** の両側に硫酸銅（Ⅱ）水溶液を入れ，白金板③，④をそれぞれ浸す。

3）　容器 **C** の片側には硝酸銅（Ⅱ）水溶液を，もう一方の側には硝酸銀水溶液を入れ，銅板⑤および銀板⑥をそれぞれ浸す。

これらの金属板のうち②と③，④と⑤，⑥と①とを導線で結ぶと回路に電流が流れ，質量の変化する金属板や表面から気体の発生する金属板があった。

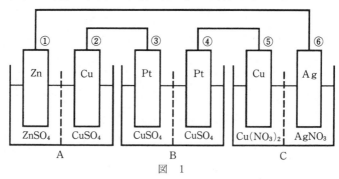

図　1

問1 ［(ア)］〜［(キ)］に適切な語句を入れよ。

問2 金属板②と③を結ぶ導線に流れる電流の方向は，② ─→ ③あるいは③ ─→ ②
のいずれであるかを記せ。

問3 金属板①，④および⑥で進行する化学反応をイオン反応式で記せ。

問4 気体の発生する金属板の番号を記せ。

問5 発生した気体を水の入ったビュレットに捕集し，温度 25℃，圧力 1 気圧の下
で体積を測定したところ 260 cm³ であった。発生した気体は水に溶解せず，捕集し
た気体中には水蒸気が飽和しているものと仮定する。

(a) 発生した気体は何 mol か。有効数字 3 けたで答えよ。ただし，温度 25℃ にお
ける飽和水蒸気圧は 23.8 mmHg とする。

(b) 金属板①，③および⑥の質量変化は何 g か。増減を含めて有効数字 3 けたで
答えよ。

第3章　反応の速さと平衡

18 弱酸の分配平衡，Ｕ字管による浸透圧
（2022年度　第2問）

次の文章(a)，(b)を読み，**問1〜問7**に答えよ。解答はそれぞれ所定の解答欄に記入せよ。問題文中のＬはリットルを表す。[X]は，物質Ｘのモル濃度を示し，単位はmol/Lである。数値は有効数字2けたで答えよ。

(a)　混ざり合わない2種類の溶媒(溶媒1，溶媒2とする)を用いた，物質の抽出操作において，両溶媒に可溶な溶質は2つの溶媒間を移動する。移動が平衡に達したとき，両溶媒に溶けている溶質の濃度比Pは，定温条件下で一定値を示し，この値Pを分配係数と呼ぶ(**図1**)。したがって，溶質が両溶媒中で同じ分子として存在するならば，両層に分配される溶質の物質量比は両溶媒の体積比によって決まる。

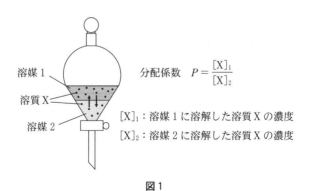

溶媒1
溶質Ｘ
溶媒2

分配係数　$P = \dfrac{[X]_1}{[X]_2}$

$[X]_1$：溶媒1に溶解した溶質Ｘの濃度
$[X]_2$：溶媒2に溶解した溶質Ｘの濃度

図1

では，溶質が両溶媒中で異なる状態で存在する場合はどうなるだろうか。例として，トルエンと水を溶媒として用いた，ある1価の弱酸HAの分配を考える。弱酸HAは水層中で式(1)のように解離する。300 KにおけるHAの電離定数は2.5×10^{-5} mol/Lである。

$$HA \rightleftarrows A^- + H^+ \tag{1}$$

また，トルエン層中に溶解したHAは水素結合により会合して，式(2)のように二量体$(HA)_2$を形成する。300 Kにおける式(2)の平衡定数をK_c〔L/mol〕とする。

$$2\,HA \; \underset{}{\overset{}{\rightleftharpoons}} \; (HA)_2 \tag{2}$$

第3章

　<u>0.10 L の緩衝液(pH 4.0)に n〔mol〕の弱酸 HA が溶解した水溶液を分液ろうと
に入れ，さらに 0.10 L のトルエンを加え，よく振り混ぜたあと 300 K で十分な
時間静置した。トルエン層と水層を分離し，トルエン層に移動した HA の物質
量(a〔mol〕)を測定した。その結果から，水層中の HA および A^- の総物質量
(b〔mol〕$= n - a$)を求めた。</u>

　水とトルエンはまったく混ざらないものとし，溶質の溶解による溶液の体積変
化は無視できるとする。また，トルエン層中では HA は電離せず，水層中での
会合も起きないとする。さらに，水層中で電離したイオン A^- および H^+ はトル
エン層に移動せず，同様に二量体は水層へ移動しないとする。pH 4.0 の水層中
における電離していない HA の濃度を $[HA]_w$ とすると，水層中の A^- の濃度は
$[A^-]_w = \boxed{\text{ア}} \times [HA]_w$ と表せる。また，トルエン層における単量体として
の HA の濃度を $[HA]_t$ とすると，二量体 $(HA)_2$ の濃度は $[(HA)_2]_t = \boxed{\text{イ}}$ と
表せる。したがって下線部の実験により得られた HA の物質量 a と b の比は以下
の式(3)により表せる。

$$\frac{a}{b} = \boxed{\text{ウ}} \tag{3}$$

　電離していない HA の単量体はトルエン層と水層の間を移動する。移動が平衡
に達したとき，両層間の濃度比，すなわち分配係数 $P_{HA} = \dfrac{[HA]_t}{[HA]_w}$ は定温におい
て一定となる。P_{HA} を用いて式(3)を整理すると式(4)の関係が得られる。

$$\frac{a}{b} = 0.8\,P_{HA} + \boxed{\text{エ}} \times K_c P_{HA}{}^2 [HA]_w \tag{4}$$

　水層中の HA および A^- のうち，$\boxed{\text{オ}}$ ％が HA として存在することから，
式(4)は式(5)のように表せる。

$$\frac{a}{b} = 0.8\,P_{HA} + \boxed{\text{カ}} \times K_c P_{HA}{}^2 b \tag{5}$$

問 1　下線部において，物質量 a および b の値を求めるため，次の実験を行った。
　　分離したトルエン層を蒸発皿に移した後，加熱することでトルエンだけを完全
　　に蒸発させた。蒸発皿に残った物質の質量は m〔g〕であった。HA の分子量を

M とし，物質量 b を求める数式を n, m, M を用いて表せ。ただし，緩衝液に用いた物質はトルエン層に移動せず，加熱による HA の蒸発や分解は起きないものとする。

問2 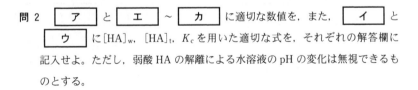 と <space/> <space/> ～ <space/> <space/> に適切な数値を，また， <space/> <space/> と <space/> <space/> に $[HA]_w$, $[HA]_t$, K_c を用いた適切な式を，それぞれの解答欄に記入せよ。ただし，弱酸 HA の解離による水溶液の pH の変化は無視できるものとする。

問3 様々な物質量の HA に対して下線部の操作を行ったときの，物質量 b と物質量比 $\dfrac{a}{b}$ の関係を図2に示した。図中の●は各測定によって得られた実験値を表す。トルエン層と水層の間における HA の分配係数 P_{HA} の値を答えよ。

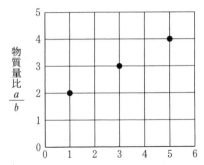

水層中の HA および A^- の総物質量 b〔$\times 10^{-4}$ mol〕

図2

問4 以下の文章は，下線部の操作を緩衝液の代わりに純水を用いて HA の濃度を変えた実験について述べたものである。 <space/> <space/> ～ <space/> <space/> に適切な語句を，{ }の中からそれぞれ選択し答えよ。

水層中では，弱酸 HA の濃度増加により，HA の電離度は **キ** {大きくなる・小さくなる・変化しない} 。また，トルエン層中では HA の濃度増加により，HA の会合度（トルエン層に溶解したすべての分子 HA の数に対する二量体を形成した分子 HA の数の割合）は， **ク** {大きくなる・小さくなる・

変化しない｝ 。したがって，分液操作前の HA の物質量 n の増加により，

$\dfrac{a}{b}$ の値は ケ ｛大きくなる・小さくなる・変化しない｝ 。

(b) 塩化ナトリウム(NaCl)を純水に溶解し，1.00 L の濃度 x〔mol/L〕の希薄溶液を調製した。図 3 に示すように，上部が開いた管内部の断面積が 4.0 cm² の U 字管の底部に水だけを通す半透膜を設置した。大気圧下で，調製した NaCl 水溶液から100 mL を左側の管に，100 mL の純水を右側の管に入れた。温度 300 K において，U 字管に NaCl 水溶液および純水を入れた直後は，水面の高さは同じであった。その後，右の純水側から左の水溶液側に水が流入し，水面の高さが変化し始めた。変化が止まった際の水面の高さの差は 5.0 cm であった。そのとき，移動した水の体積は コ cm³ である。ここで，水溶液の密度は純水のそれと等しいとし，高さ 1.0 cm の水柱の圧力は 100 Pa とする。

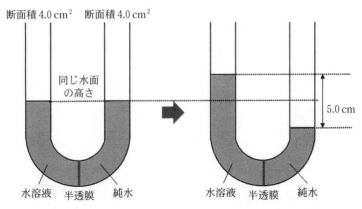

図 3　半透膜を設置した U 字管における純水と水溶液間の水の移行現象

問 5 コ に当てはまる適切な数値を答えよ。

問 6 調製した NaCl 水溶液の濃度 x〔mol/L〕を答えよ。なお，気体定数は 8.31×10^3 Pa·L/(K·mol) とする。

問 7 次の条件のみを変えた場合，水面の高さの差は条件を変える前(5.0 cm)と比べてどのように変化するか，(あ)〜(う)から選び，その記号を記入せよ。

(i) 温度を上げた場合

(あ) 短くなる　　(い) 変化しない　　(う) 長くなる

(ii) U字管の断面積を大きくした場合

(あ) 短くなる　　(い) 変化しない　　(う) 長くなる

(iii) 等量のショ糖を水溶液と純水にそれぞれさらに添加した場合

(あ) 短くなる　　(い) 変化しない　　(う) 長くなる

19 硫酸の電離平衡，H_2SO_4 と NaOH の中和反応熱と発熱量

(2021 年度 第 2 問)

次の文章を読み，**問 1 ～ 問 5** に答えよ。解答はそれぞれ所定の解答欄に記入せよ。問題文中の L はリットルを表す。特に指定のない場合，数値は有効数字 2 けたで答えよ。

硫酸は 2 価の酸であり，希硫酸中では，硫酸の一段階目の電離反応(1)はほぼ完全に進行する。

$$H_2SO_4 \rightarrow H^+ + HSO_4^- \tag{1}$$

一方，二段階目の硫酸水素イオン HSO_4^- の電離反応(2)は完全には進行しない。

$$HSO_4^- \rightleftarrows H^+ + SO_4^{2-} \tag{2}$$

硫酸の電離反応にともなう反応熱を知るために，ビーカーに入れた硫酸に，ビュレットから水酸化ナトリウム水溶液を加え，温度センサで温度変化を測定する実験を行った。硫酸と水酸化ナトリウム水溶液は，最初，同じ温度になっており，混合すると反応が起きて発熱し温度が上がる。ビーカーには他に電気抵抗などを測定する装置が付いていて，溶存するイオンの濃度を知ることができる。

ビーカーに 0.080 mol/L の希硫酸を 40 mL 入れ，ゆっくりかき混ぜながら，ビュレットから 0.080 mol/L の水酸化ナトリウム水溶液を加えた。得られた電気抵抗などの値から，水酸化ナトリウム水溶液を V_{NaOH}〔mL〕加えた時の，硫酸水素イオン HSO_4^- と硫酸イオン SO_4^{2-} のモル濃度を求め，これら 2 つのイオンの存在比率を得た。その結果を**図 1** に示す。

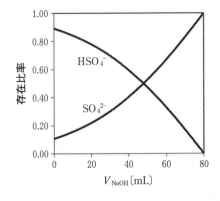

図 1 水酸化ナトリウム水溶液を加えたことによる，硫酸水素イオンと硫酸イオンの存在比率の変化

水酸化ナトリウムを加えない状態($V_{\mathrm{NaOH}} = 0\ \mathrm{mL}$)では，硫酸水素イオンの存在比率は 0.89 であった。この時，水素イオン濃度は $\boxed{\ \text{ア}\ }$ mol/L であり，ここから硫酸水素イオンの電離定数

$$K = \frac{[\mathrm{H^+}]\,[\mathrm{SO_4}^{2-}]}{[\mathrm{HSO_4}^-]}\,[\mathrm{mol/L}] \tag{3}$$

は $\boxed{\ \text{イ}\ }$ mol/L と求められる。水酸化ナトリウムを加えるにつれ硫酸水素イオンの比率は減少し，$V_{\mathrm{NaOH}} = 40\ \mathrm{mL}$ では 0.60，$V_{\mathrm{NaOH}} = 80\ \mathrm{mL}$ では 0 とみなせた。

水酸化ナトリウム水溶液を V_{NaOH}〔mL〕加えたことによる，水素イオン，硫酸水素イオンの物質量の変化量をそれぞれ $\Delta n(\mathrm{H^+})$〔mol〕，$\Delta n(\mathrm{HSO_4}^-)$〔mol〕とすると，図1に示す V_{NaOH} の範囲では次の式(4)が成立する(X の物質量の変化量 $\Delta n(X)$ は，増加する時には $\Delta n(X) > 0$，減少する時には $\Delta n(X) < 0$ である)。

$$a\,V_{\mathrm{NaOH}} = (\ \boxed{\ \text{ウ}\ }\ ) \times \Delta n(\mathrm{H^+}) + (\ \boxed{\ \text{エ}\ }\ ) \times \Delta n(\mathrm{HSO_4}^-) \tag{4}$$

ここで $a = 0.080 \times 10^{-3}\ \mathrm{mol/mL}$ であり，$a\,V_{\mathrm{NaOH}}$ は加えた水酸化ナトリウムの物質量である。また水素イオンと水酸化物イオンの反応の反応熱を Q_1〔kJ〕とすると，その熱化学方程式は式(5)となる。

$$\mathrm{H^+\,aq + OH^-\,aq = H_2O\,(液) + Q_1} \tag{5}$$

次に，硫酸水素イオンの電離反応の反応熱を Q_2〔kJ〕とすると，その熱化学方程式は式(6)となる。

$$\mathrm{HSO_4^-\,aq = H^+\,aq + SO_4^{2-}\,aq + Q_2} \tag{6}$$

したがって，水酸化ナトリウム水溶液を V_{NaOH}〔mL〕加えたことによる発熱量 $q(V_{\mathrm{NaOH}})$〔kJ〕は

$$q(V_{\mathrm{NaOH}}) = (\ \boxed{\ \text{オ}\ }\ ) \times \Delta n(\mathrm{H^+}) + (\ \boxed{\ \text{カ}\ }\ ) \times \Delta n(\mathrm{HSO_4}^-) \tag{7}$$

と表せる。

水酸化ナトリウム水溶液を 40 mL 加えた時の発熱量 $q(40)$〔kJ〕，80 mL 加えた時の発熱量 $q(80)$〔kJ〕について，それぞれ式(8)と式(9)が成立する。

$$q(40) = 40\,a \times \{(\ \boxed{\ \text{キ}\ }\ ) \times Q_1 + (\ \boxed{\ \text{ク}\ }\ ) \times Q_2\} \tag{8}$$

$$q(80) = 40\,a \times \{(\ \boxed{\ \text{ケ}\ }\ ) \times Q_1 + (\ \boxed{\ \text{コ}\ }\ ) \times Q_2\} \tag{9}$$

実験の結果，温度は $V_{\mathrm{NaOH}} = 40\ \mathrm{mL}$ で $0.54\ ℃$，$V_{\mathrm{NaOH}} = 80\ \mathrm{mL}$ では $0.76\ ℃$ 上昇した。水溶液 1 mL の温度を 1 ℃ 上昇させるには溶液の組成によらず 4.2 J の熱量が必要であるとし，ビーカーやセンサの熱容量，外部との熱の出入りなどを無視すると，実験で得られた温度上昇の結果と式(8)と式(9)から，硫酸水素イオンの電離反応の反応熱 Q_2 は $\boxed{\ \text{サ}\ }$ kJ と見積もられる。したがって

の原理から，硫酸水素イオンの電離定数 K は溶液の温度を上げると

ス 　{大きくなる・小さくなる} 　。また $V_{NaOH} = 40$ mL の時の溶液を温めると，

溶液の pH は セ 　{大きくなる・小さくなる} 　。

　新たに，溶液の組み合わせを逆にして，ビーカーに 0.080 mol/L の水酸化ナトリウム水溶液を 30 mL 入れ，ビュレットから 0.080 mol/L の硫酸を加える実験を行った。この時，式(8)と式(9)で用いた $q(40)$ と $q(80)$ を用いて，硫酸を 10 mL 加えた時の発熱量は ソ 　〔kJ〕，硫酸を 30 mL 加えた時の発熱量は タ 　〔kJ〕で表される。

問 1　 ア 　と イ 　に適切な数値を記入せよ。

問 2　 ウ 　と エ 　に適切な整数を記入せよ。 オ 　と カ 　に Q_1, Q_2 を用いた適切な式を記入せよ。

問 3　 キ 　～ サ 　に適切な数値を記入せよ。

問 4　 シ 　に適切な人名を記入し， ス 　と セ 　に適切な語句をそれぞれ選んで記入せよ。

問 5　 ソ 　と タ 　に $q(40)$, $q(80)$ を用いた適切な式を記入せよ。

20 CdS の沈殿と溶解度積，最密充塡構造とイオンの配置

(2020 年度 第1問)

次の文章(a)，(b)を読み，問1～問4に答えよ。問題中のLはリットルを表す。水の イオン積は $1.0 \times 10^{-14} (mol/L)^2$，硫化カドミウムの溶解度積は 2.1×10^{-20} $(mol/L)^2$，$[X]$ は mol/L を単位とした X の濃度とする。また，$\sqrt{6}$ を 2.4 とする。

(a) 重金属イオンを含む廃液は環境汚染の原因となる。そこで，硫化物イオン S^{2-} を 含む溶液と混合して硫化物として沈殿・除去する方法がある。S^{2-} は硫化水素の水 中での電離により生じる。硫化水素の圧力が1気圧のとき，25℃の水1Lに溶ける 硫化水素の物質量は，pH や溶液組成によらず 1.0×10^{-1} mol である。以下では， この条件で硫化水素を溶解させた場合の平衡を考える。硫化水素の1段階目と2段 階目の電離平衡の反応式と電離定数は，以下のとおりである。

$$H_2S \rightleftharpoons H^+ + HS^- \qquad K_{a1} = 1.0 \times 10^{-7} mol/L$$
$$HS^- \rightleftharpoons H^+ + S^{2-} \qquad K_{a2} = 1.0 \times 10^{-14} mol/L$$

水溶液中に微量のカドミウムイオン Cd^{2+} が溶解しているときを考える。この場 合，硫化水素の2段階目の電離定数は1段階目の電離定数に比べてかなり小さく， 水溶液の水素イオン濃度 $[H^+]$ にはほとんど影響しない。また，水酸化物イオン OH^- の濃度が低いため，OH^- の Cd^{2+} への配位は無視できる。このとき，水溶液 の pH は (ア) であり，硫化物イオン濃度 $[S^{2-}]$ は (イ) mol/L である。水溶液 中のカドミウムイオン濃度 $[Cd^{2+}]$ が (ウ) mol/L 以上になると，硫化カドミウ ムの沈殿が生成することになる。

ここで，塩基を加えて水素イオン濃度を 1.0×10^{-7} mol/L（pH＝7）にした場合 を考える。この場合も，OH^- の Cd^{2+} への配位は無視でき，硫化物イオン濃度 $[S^{2-}]$ は (エ) mol/L となる。したがって，水溶液中のカドミウムイオン濃度 $[Cd^{2+}]$ が (オ) mol/L 以上になると，硫化カドミウムの沈殿が生成することに なる。

同様に，塩基を加えて水素イオン濃度を 1.0×10^{-14} mol/L（pH＝14）にした場 合を考える。この場合は，OH^- の Cd^{2+} への配位を考慮する必要がある。その反 応式と平衡定数は以下のとおりである。

$$Cd^{2+} + OH^- \rightleftharpoons [Cd(OH)]^+ \qquad K_{b1} = 1.4 \times 10^4 (mol/L)^{-1}$$
$$[Cd(OH)]^+ + OH^- \rightleftharpoons Cd(OH)_2 \qquad K_{b2} = 1.7 \times 10^4 (mol/L)^{-1}$$
$$Cd(OH)_2 + OH^- \rightleftharpoons [Cd(OH)_3]^- \qquad K_{b3} = 1.0 (mol/L)^{-1}$$
$$[Cd(OH)_3]^- + OH^- \rightleftharpoons [Cd(OH)_4]^{2-} \qquad K_{b4} = 1.0 (mol/L)^{-1}$$

ここで，$Cd(OH)_2$ はすべて水に溶解していると考えてよい。各成分の濃度に関しては，以下の関係が成り立つ。

$$[[Cd(OH)]^+] = K_{b1}[Cd^{2+}][OH^-] = \boxed{\text{(カ)}} \times [Cd^{2+}]$$

$$[Cd(OH)_2] = K_{b2}[[Cd(OH)]^+][OH^-] = \boxed{\text{(キ)}} \times [Cd^{2+}]$$

$$[[Cd(OH)_3]^-] = K_{b3}[Cd(OH)_2][OH^-] = \boxed{\text{(ク)}} \times [Cd^{2+}]$$

$$[[Cd(OH)_4]^{2-}] = K_{b4}[[Cd(OH)_3]^-][OH^-] = \boxed{\text{(ケ)}} \times [Cd^{2+}]$$

水溶液中の全カドミウム濃度 $[Cd]_{total}$ は以下の式で表される。

$$[Cd]_{total} = [Cd^{2+}] + [[Cd(OH)]^+] + [Cd(OH)_2] + [[Cd(OH)_3]^-]$$
$$+ [[Cd(OH)_4]^{2-}]$$
$$= \boxed{\text{(コ)}} \times [Cd^{2+}]$$

ここで，pH＝14 では電離していない硫化水素濃度 $[H_2S]$ は無視できるので，硫化物イオン濃度 $[S^{2-}]$ は $\boxed{\text{(サ)}}$ mol/L となる。したがって，OH^- が配位していないカドミウムイオン濃度 $[Cd^{2+}]$ が $\boxed{\text{(シ)}}$ mol/L 以上になると，硫化カドミウムの沈殿が生成することになる。このとき，水溶液中の全カドミウム濃度 $[Cd]_{total}$ は $\boxed{\text{(ス)}}$ mol/L である。

このように，カドミウムを硫化物として沈殿させ処理するときには，pH が高すぎても低すぎても良くないことがわかる。

問1 $\boxed{\text{(ア)}}$ 〜 $\boxed{\text{(ス)}}$ にあてはまる数値を，$\boxed{\text{(ア)}}$ は整数で，その他は有効数字2けたで答えよ。塩基を加えたときの体積変化は無視できるものとする。

(b) 硫化カドミウムの結晶構造として閃亜鉛鉱型構造とウルツ鉱型構造が知られている。どちらの構造もイオン半径の大きな S^{2-} が最密充填構造をとり，その隙間にイオン半径の小さい Cd^{2+} が存在すると考えると理解しやすい。

図1は S^{2-} の最密充填構造の第1層と第2層を横と上から見た図を表し，第1層と第2層の間における6個の S^{2-} に囲まれている隙間（八面体間隙）と4個の S^{2-} に囲まれている隙間（四面体間隙）を示している。したがって，最密充填構造では，S^{2-} の数に対して，八面体間隙と四面体間隙の数はそれぞれ $\boxed{\text{(あ)}}$ 倍および $\boxed{\text{(い)}}$ 倍存在する。閃亜鉛鉱型構造とウルツ鉱型構造の中での S^{2-} の位置を図2，図3に●で示す。閃亜鉛鉱型構造とウルツ鉱型構造は，それぞれ図2，図3に示すような構造単位（格子）の繰り返しにより構成されている。閃亜鉛鉱型構造でもウルツ鉱型構造でも，Cd^{2+} は四面体間隙に存在し，1個の Cd^{2+} に配位する4個の S^{2-} は正四面体の頂点に位置している。

閃亜鉛鉱型構造では，S^{2-} は図2に示すように面心立方格子をとり，Cd^{2+} が四面体間隙に一つおきに存在する。図2には格子の高さを1とした場合の，それぞれ

高さ（相対的な高さ）0, $\frac{1}{2}$, 1の断面におけるS^{2-}の配置（断面図）も示している。

ウルツ鉱型構造では，S^{2-}は図3に示すように六方最密充填構造をとり，Cd^{2+}は，閃亜鉛鉱型構造と同様に，四面体間隙に一つおきに存在する。図3には格子の高さを1とした場合の，それぞれ相対的な高さ0, $\frac{1}{2}$, 1の断面のS^{2-}の配置も示している。図3の格子の中には[(う)]個のS^{2-}が含まれており，図3に示すS^{2-}間距離が0.41 nmの場合，格子の高さhは[(え)] nmとなる。

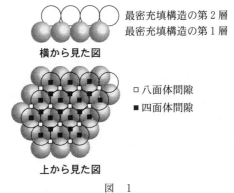

最密充填構造の第2層
最密充填構造の第1層

横から見た図

□ 八面体間隙
■ 四面体間隙

上から見た図

図 1

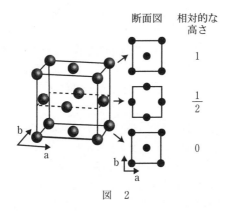

断面図　相対的な高さ

1

$\frac{1}{2}$

0

図 2

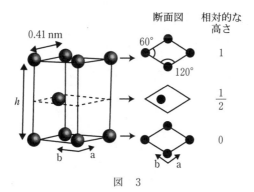

図　3

問2　⬛(あ)〜⬛(う)にあてはまる適切な整数または既約分数を答えよ。

問3　⬛(え)にあてはまる適切な数値を有効数字2けたで答えよ。

問4　閃亜鉛鉱型構造の格子の中での Cd^{2+} の中心を通る断面を，図2に示す断面に平行な面で切り出し，Cd^{2+} の配置を〇で示した図（断面図）を例として図4に示す。また，格子の高さを1とした場合の断面のそれぞれの高さも図4に示している。閃亜鉛鉱型構造の場合，2通りの組み合わせが考えられる。

ウルツ鉱型構造の格子の中での Cd^{2+} の中心を通る断面を，図3に示す断面に平行な面で切り出した場合を考える。図4の例にならって，適切な断面図と相対的な高さを⬛(お)〜⬛(し)に入れて図5を完成させよ。ウルツ鉱型構造の場合も，閃亜鉛鉱型構造の場合と同様に，2通りの組み合わせが考えられる。ただし，⬛(か)，⬛(く)，および，⬛(こ)，⬛(し)は既約分数で答え，それぞれ値の小さな順に記せ。

断面図	相対的な高さ	断面図	相対的な高さ
	$\dfrac{1}{4}$		$\dfrac{1}{4}$
	$\dfrac{3}{4}$		$\dfrac{3}{4}$

図4　閃亜鉛鉱型構造の Cd^{2+} 配置の表示例

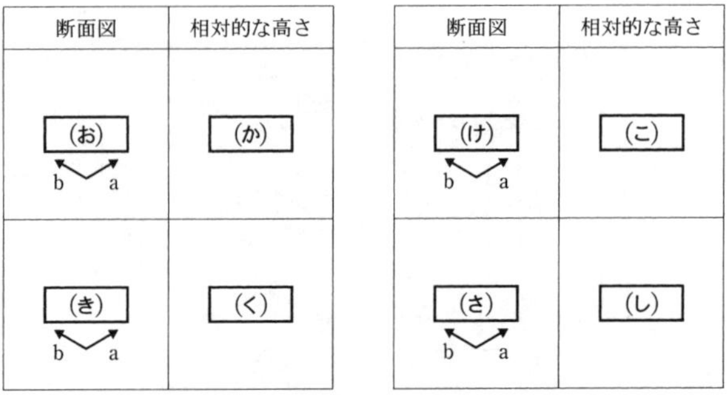

図 5　ウルツ鉱型構造の Cd^{2+} 配置

21 蒸気圧降下と気液平衡，気相平衡と分圧

(2020年度　第2問)

次の文章(a)，(b)を読み，問1～問7に答えよ。気体はすべて理想気体とみなす。また，問題文中のLはリットルを表す。特に指定のない場合，数値は有効数字2けたで答えよ。

(a) 図1のように温度計と圧力計が設置され，2つの白金電極 **A** と **B** をもつ電解装置に水を入れた。装置には，1:1の物質量比の塩化ナトリウムと塩化カルシウムの粉末を封じたガラス容器を入れてある。ガラス容器の体積は無視できる。この装置を用いて次の操作Ⅰ～Ⅲを行った。一連の操作において，装置の中では常に水の気液平衡が成り立ち，水および気相部分の温度は等しく，これを T〔℃〕とする。また，空気および発生した気体の水への溶解は無視できる。ファラデー定数は 9.65×10^4 C/mol，気体定数は 8.31×10^3 Pa・L/(mol・K)，大気圧は 1.013×10^5 Pa とする。

操作Ⅰ　$T = 87$℃としてバルブを開き，装置内の圧力を大気圧にしたのち，バルブを閉じた。次にガラス容器を割り，中の塩化物を溶解したところ，塩化物は完全に電離し，電解質水溶液の濃度は均一になった。このとき温度 T は87℃で変わらなかった。

操作Ⅱ　操作Ⅰに続いて，バルブを閉じたまま装置全体の温度を下げ $T = 27$℃にしたところ，圧力計は ⎡(ア)⎤ Pa を示した。このとき溶質の析出は起きなかった。

操作Ⅲ　操作Ⅱに続いてバルブを開き，装置内の圧力を大気圧にしたのち，バルブを閉じた。次に $T = 27$℃ に保ったまま電解装置のスイッチを入れて，1.00×10^2 mA の電流を 32 分 10 秒間流した。このとき，圧力計は ⎡(イ)⎤ Pa を示し，気相の体積は 3.00×10^2 mL であった。

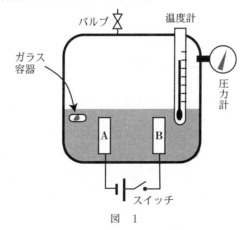

図　1

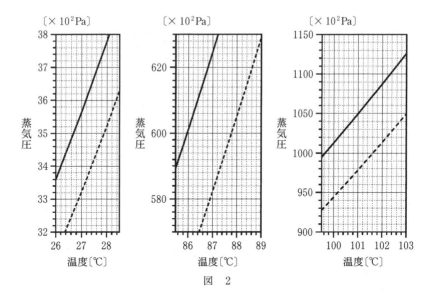

図　2

問1　図2の実線はいくつかの温度領域における水の蒸気圧曲線を表している。ガラス容器中の塩化物が溶解した状態の水の蒸気圧曲線は図2の破線で与えられる。図2のグラフから必要な数値を読み取り、操作Ⅰで溶解した塩化カルシウムの物質量を有効数字1けたで答えよ。導出の過程も記せ。ただし、水の大気圧下におけるモル沸点上昇は5.2×10^{-1} K・kg/molであり、装置内の水の質量は1.3×10^{2} gとする。

問2　操作Ⅱについて、図2のグラフから必要な数値を読み取り、 (ア) に入る適切な数値を答えよ。

問3　操作Ⅲについて、陰極**A**と陽極**B**におけるイオン反応式（半反応式）をそれぞれ記せ。

問4　 (イ) に入る適切な数値を答えよ。ただし、発生した気体の水への溶解、および操作Ⅲにおける反応での溶質の減少による水蒸気圧の変化は無視できる。また、電極で生成したイオンや気体はそれ以後反応しないものとする。

(b)　高温の黒鉛Cに二酸化炭素CO_2を反応させると、一酸化炭素COを生じ、(1)式で表される平衡状態に達する。

$$CO_2 \text{（気）} + C \text{（固）} \rightleftharpoons 2CO \text{（気）} \qquad (1)$$

図3はCO_2の分圧p_{CO_2}〔Pa〕を横軸に、COの分圧p_{CO}〔Pa〕を縦軸にとって、気体の状態を図示したものである。曲線はある温度T_eで(1)式の平衡状態が成立するときの、p_{CO_2}とp_{CO}の関係を表しており、このとき圧平衡定数K_P〔Pa〕は(2)式

で表される。

$$K_P = \frac{(p_{CO})^2}{p_{CO2}} \quad (2)$$

図3から数値を読み取ることで，$K_P = \boxed{\text{(ウ)}}$ Pa と求められる。

この反応に関する次の一連の操作1～3を行った。なお，気体の体積に対して黒鉛の体積は無視し，気体は常に(1)式の平衡状態にあるとする。

操作1：可動式のピストンを備えた容器に過剰量の黒鉛，およびCO_2を入れて，圧力がP_1〔Pa〕になるように調整した（図4）。最初，容器全体は十分低温に保たれており，(1)式の正反応はほとんど進行しなかった。このとき，気体は図3の点**A**の状態にあると考えられる。

操作2：次に，容器内の気体の全圧を一定（P_1）に保ちながら，容器全体の温度をT_eまでゆっくり上昇させたところ，図3の点線に沿って矢印①の方向に気体の平衡が移動し，気体の体積はV_1〔L〕となった。このとき，気体は図3の点**B**の状態にあると考えられる。

操作3：引き続き，温度をT_eに保ったままピストンを押して気体をゆっくり圧縮したところ，図3の曲線に沿って矢印②の方向に気体の平衡が移動し，気体の体積はV_2〔L〕，気体の全圧はP_2〔Pa〕となった。

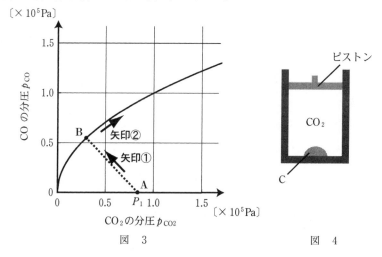

図　3　　　　　　　　　　　　　図　4

問5　$\boxed{\text{(ウ)}}$ にあてはまる適切な数値を答えよ。

問6　図3の点線を表す式をp_{CO}，p_{CO2}，P_1を用いて記せ。

問7　最初（点**A**）の圧力を$P_1 = 7.5 \times 10^4$Pa として，上記の操作1～3を行った。その結果，CO の分圧とCO_2の分圧が等しくなった。このとき，次の(i)～(iii)の問いに答えよ。

（ⅰ） 点**B**における CO の分圧（p_{CO}）の値を単位を含めて答えよ。

（ⅱ） $\dfrac{P_2}{P_1}$ の値を整数または既約分数で答えよ。

（ⅲ） $\dfrac{V_2}{V_1}$ の値を整数または既約分数で答えよ。導出の過程も記せ。

※解答欄　問 1 ：ヨコ 13.2 センチ×タテ 15.3 センチ
　　　　　問 7 ⒤⒤⒤：ヨコ 12.0 センチ×タテ 15.3 センチ

22 Cl⁻の沈殿滴定，濃淡電池と溶解度積

（2019年度　第1問）

次の文章(a)，(b)を読み，問1～問5に答えよ。問題中のLはリットルを表す。$[X]$ は mol/L を単位としたイオン X の濃度とし，塩化銀の溶解度積を 1.8×10^{-10} $(mol/L)^2$，クロム酸銀の溶解度積を $3.6 \times 10^{-12} (mol/L)^3$，臭化銀の溶解度積を $5.4 \times 10^{-13} (mol/L)^2$ とする。数値は有効数字2けたで答えよ。

(a) 沈殿生成を利用して，水溶液中の塩化物イオン濃度を定量することができる。塩化物イオンを含む水溶液にクロム酸カリウム水溶液を指示薬として加え，既知の濃度の硝酸銀水溶液を滴下すると，まず塩化銀の白色沈殿が生成する。さらに滴下をすすめるとクロム酸銀の暗赤色沈殿が生成し，滴定前に存在した塩化物イオンのほぼ全量が塩化銀として沈殿する。したがって，この時点を滴定の終点とすることで，試料溶液中の塩化物イオン濃度を見積もることができる。この滴定実験では，試料溶液を中性付近に保つ必要がある。これは酸性条件下では以下の反応(1)が起こり，また塩基性条件下では褐色の酸化銀が生成するためである。

$$2CrO_4^{2-} + 2H^+ \longrightarrow 2HCrO_4^- \longrightarrow \boxed{（あ）} \qquad (1)$$

以下では，滴定過程において，試料溶液内の塩化物イオンとクロム酸イオンの濃度が変化する様子を，グラフを用いて考察しよう。図1は，滴定前の塩化物イオン濃度を 1.0×10^{-1} mol/L，クロム酸イオン濃度を 1.0×10^{-3} mol/L として，硝酸銀水溶液の滴下にともなう各イオンの濃度変化を，銀イオン濃度に対して示したグラフである。なお，試料溶液は中性とし，滴定による体積変化は無視する。硝酸銀水溶液を滴下すると銀イオン濃度が増加し，1.8×10^{-9} mol/L に達したときに塩化銀が生成し始める。その結果，溶液内の塩化物イオン濃度は減少し始める。このとき，クロム酸イオン濃度はまだ変化しない。さらに滴定をすすめて，銀イオン濃度が $\boxed{\text{（I）}}$ mol/L に達したところで，クロム酸銀の生成が始まり，溶液内のクロム酸イオン濃度は減少する。クロム酸銀が生成し始めた時点が，滴定の終点に対応する。このとき，溶液内に残存する塩化物イオンの濃度は $\boxed{\text{（II）}}$ mol/L である。この値は，塩化物イオンの初期濃度と比べて非常に小さく，ほぼ全量が塩化銀として沈殿していると言える。

①一方，滴定の終点において $[Ag^+] = [Cl^-]$ が成立する場合，最初に溶液内に存在していた塩化物イオンの濃度をより正確に定量することができる。ただし，図1の実験条件ではそれが成立していない。

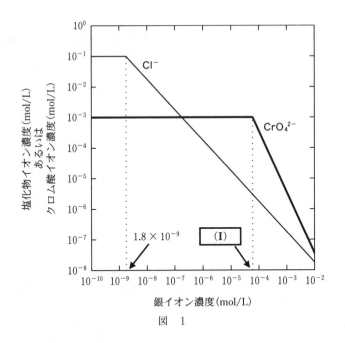

図　1

問1 ┌───────[あ]───────┐ にあてはまる適切な化学式等を記入せよ。

問2 ┌─[(I)]─┐, ┌─[(II)]─┐ にあてはまる適切な数値を答えよ。

問3 本滴定実験では，滴定前に加える指示薬の濃度を変えると滴定終点において溶液内に存在する各イオンの濃度が変わる。下線部①に関して，$[Ag^+] = [Cl^-]$，すなわち加えた銀イオンの物質量と滴定前に存在していた塩化物イオンの物質量が滴定終点で等しくなるためには，滴定前の試料溶液におけるクロム酸イオン濃度はいくらであればよいか答えよ。

(b) 銀イオン濃度の異なる2つの水溶液を用いて，電池を作ることができる。図2に示すように，過剰量の塩化銀により飽和した水溶液に塩化カリウムを加えて各イオンの濃度を調整した水溶液 **A** と，過剰量の臭化銀により飽和した水溶液に臭化カリウムを加えて各イオンの濃度を調整した水溶液 **B** を用意して，各水溶液に銀電極を浸した。以下では，電極表面で進行する反応は $Ag^+ + e^- \rightleftharpoons Ag$ のみであるとする。また，各水溶液は理想的な塩橋を通して電気的に接続されており，銀イオン，塩化物イオン，臭化物イオンは塩橋を通して移動しないとする。

　まず，水溶液 **A** について $[Cl^-] = 1.0 \times 10^{-3}$ mol/L，水溶液 **B** について $[Br^-] = 1.0 \times 10^{-3}$ mol/L とした。このとき水溶液 **A** について $[Ag^+] = $ ┌─[(III)]─┐ mol/L，水溶液 **B** について $[Ag^+] = $ ┌─[(IV)]─┐ mol/L であるので，水溶液 **A** と水溶液 **B** の銀イ

オン濃度に差がある。ここで両電極間をスイッチを入れて接続したところ，それぞれの銀電極表面においてこの濃度差を小さくするように反応が進行した。すなわち，水溶液 A の電極表面では{ア：1．酸化，2．還元}反応が起こり，電流が電流計を通して{イ：1．水溶液 A から水溶液 B，2．水溶液 B から水溶液 A}の方向へ流れた。このとき，水溶液 A と平衡にある塩化銀の物質量は{ウ：1．増加した，2．減少した，3．変化しなかった}。このまま電流を流し続けたところ，水溶液 A について $[\mathrm{Cl}^-] = 2.0 \times 10^{-3}\,\mathrm{mol/L}$ となったところで，平衡状態に達し電流が流れなくなった。このとき，水溶液 B について $[\mathrm{Br}^-] = \boxed{(\mathrm{V})}\,\mathrm{mol/L}$ であった。

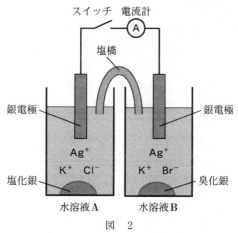

図　2

問 4　$\boxed{(\mathrm{III})}$ ～ $\boxed{(\mathrm{V})}$ にあてはまる適切な数値を答えよ。

問 5　{ ア }，{ イ }，{ ウ }について{　　}内の適切な語句を選び，その番号を答えよ。

23 凝固点降下，圧平衡定数

(2018 年度　第2問)

次の(a), (b)について，問1〜問4に答えよ。文中にない化学平衡や化学反応は考慮しないものとする。すべての気体は理想気体とし，気体定数は R とする。

(a)　内部の温度を均一に保持できるように工夫されたビーカー内に，ある非電解質が溶解した水溶液が入っており，その濃度はビーカー内で均一である。いまこの溶液は温度 T_1 にて氷と共存して平衡状態に至っており，このときの氷の質量は M_1，溶液の質量は w_1，溶媒1kg に溶けている溶質の物質量（質量モル濃度）は C_1 であった（状態①）。この状態から，平衡状態を保ったままゆっくりと温度 T_2 まで冷却させた（状態②）。この溶液の凝固点は，凝固点降下によって純水の凝固点 T_0 よりも低い値となる。図1に実線で示すように，凝固点降下度と濃度は常に比例していた。また，状態①から状態②の過程において，常に氷と溶液が共存した状態であった。

解答に際し，水のモル凝固点降下を K_f，溶質の分子量は M_s とすること。なお，氷の内部に溶質が含有されることはないとする。

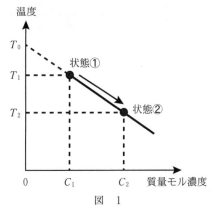

図　1

問1　温度 T_1 と質量モル濃度 C_1 との関係を数式で示せ。

問2　状態②における溶質の質量は，溶液の質量 w_2 と質量モル濃度 C_2 を使って　(ア)　と書ける。溶液中の溶質の量は状態①と②で不変である。また，ビーカー内の物質の総量も状態①と②で不変である。状態②における氷の質量 M_2 は w_2 を含まない式で，$M_2 = M_1 + w_1(1 - \boxed{\text{(イ)}})$ と書ける。(ア), (イ)に入る式を答えよ。

問3 状態②からさらに冷却すると，溶液中の水と溶質が同時に凝固し，一定の融点を示す固体相を形成した。この状態から，一定速度で熱を加え，室温付近まで加熱させた。この過程における温度変化として最も近いものを以下の図(A)～(D)から選べ。

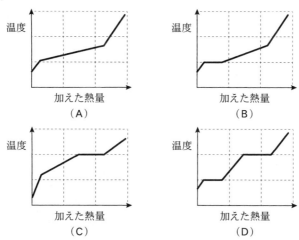

(b) 一酸化炭素 CO，酸素 O_2，二酸化炭素 CO_2 の間には高温で式(1)の化学平衡が存在する。

$$2CO + O_2 \rightleftharpoons 2CO_2 \qquad (1)$$

熱は通すが物質は通さない透熱壁で囲まれた，断面積 S と内部容積 V が一定な容器を準備した。その内部を物質を通さない可動壁で仕切り，一方には CO を，もう一方には O_2 を充塡したとする。可動壁の厚さは無視できるものとする。容器内部の可動壁は，高温（温度 T）での平衡時，図2に示したようにそれぞれの気体の充塡されている部分の長さが l_{CO} と l_{O_2} となる位置で静止していた。CO と O_2 の物質量をそれぞれ n_{CO}，n_{O_2} とすると，このときの気体の物質量の比は，$n_{CO}/n_{O_2} =$ □あ□ である。

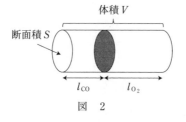

図　2

次に可動壁を取り除き，温度を T に保った状態で平衡に達したとき，CO_2 が a mol 生成したとする。このとき，容器内に存在する気体分子の物質量の合計は $\boxed{(い)}$ mol となる。これにより，容器内の圧力は可動壁を取り去る前の圧力と比べ，xRT/V だけ $\boxed{(う)}$ {減少・増加} した。ここで x は，圧平衡定数 K_p，および V，R，T，n_{CO}，n_{O_2} を含むが，a を含まない x についての下記の方程式(2)を満たす正の値である。

$$K_p = \boxed{(え)} \qquad (2)$$

問4 $\boxed{(あ)}$，$\boxed{(い)}$，$\boxed{(え)}$ に入る適切な式を記せ。また，$\boxed{(う)}$ に適切な語句を {　　} の中から選択せよ。

24 黄銅鉱・黄鉄鉱の結晶構造，溶解度積と錯イオン形成

(2017年度　第1問)

次の(a)，(b)について，問1～問7に答えよ。なお，問題中のLはリットルを表す。水のイオン積は1.0×10^{-14} $(mol/L)^2$である。また，必要があれば，$\sqrt{2} = 1.41$，$\sqrt{3} = 1.73$，$\sqrt{5} = 2.24$，$\log_{10} 4.4 = 0.643$，$\log_{10} 1.2 = 7.92 \times 10^{-2}$の値を用いよ。

(a) 黄銅鉱$CuFeS_2$と黄鉄鉱FeS_2の結晶構造を図1に示す。どちらもイオン結晶で，図には単位格子と各イオンの配置，および単位格子の体積vを示す。

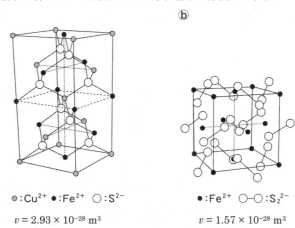

　　ⓐ　　　　　　　　　　　　　　ⓑ

◉:Cu^{2+}　●:Fe^{2+}　○:S^{2-}　　　　　●:Fe^{2+}　○─○:S_2^{2-}

$v = 2.93 \times 10^{-28}$ m³　　　　　　　$v = 1.57 \times 10^{-28}$ m³

図1　黄銅鉱ⓐと黄鉄鉱ⓑの結晶構造

　$CuFeS_2$（図1ⓐ）は，銅（Ⅱ）イオン（Cu^{2+}），鉄（Ⅱ）イオン（Fe^{2+}）と硫化物イオン（S^{2-}）から構成され，立方体が縦方向に少し縮んだ直方体（半格子）が，2つ重なった構造をとる。それぞれの半格子について見れば，金属イオンは，6つの面の中心と8つの頂点に配置されており，銅イオンと鉄イオンの数は同じである。FeS_2（図1ⓑ）は，鉄（Ⅱ）イオン（Fe^{2+}）と二硫化物イオン（S_2^{2-}）から構成されるNaCl型の結晶構造である。鉄（Ⅱ）イオンが，6つの面の中心と8つの頂点に配置されている。

問1　$CuFeS_2$の密度d_1とFeS_2の密度d_2の比$\dfrac{d_1}{d_2}$を，有効数字2けたで答えよ。

導出過程も記せ。ただし，式量は$CuFeS_2 = 184$，$FeS_2 = 120$とする。

問2　FeS_2を希硫酸とともに加熱するとH_2Sガスが発生する。その反応式を示せ。

問3　以下の文章中の下線部①，下線部②の反応式を示せ。

　黄銅鉱から粗銅を生産するには，まず，$CuFeS_2$からCuをCu_2Sとして分離す

る。次に，Cu_2S を酸素の存在下で加熱し金属 Cu を得る。Cu_2S が Cu となる反応は，全体では式(1)で表される。

$$Cu_2S + O_2 \longrightarrow 2Cu + SO_2 \qquad (1)$$

この反応は，連続する2つの反応からなると考えられている。まず，最初の反応では，一部の①Cu_2S から硫黄が SO_2 として取り除かれ，Cu_2S と同じ酸化数をもつ別の Cu 化合物となる。②このの Cu 化合物は，続く反応において，Cu_2S と反応し，その反応により金属 Cu が生成する。

問4 金属銅は水には溶けないが，ある特定の水溶液には銅イオンとなって溶け出す。このような銅の腐食・溶解反応を利用するのが，エッチング加工である。銅のエッチング加工に用いられる代表的な反応液に，塩化鉄(Ⅲ)水溶液がある。塩化鉄(Ⅲ)水溶液中で，銅がイオン化し溶解する理由をイオン反応式と簡潔な文章で説明せよ。

(b) 工場から排出される廃水には様々な物質が含まれているので，これらを適切に処理してから排出しなければならない。なかでも，金属を含む廃水は酸性であることが多いため，廃水処理ではアルカリ水溶液を加えて，溶けている金属イオンを水酸化物として沈殿させる。

亜鉛イオン，アルミニウムイオン，鉄(Ⅲ)イオン，銅(Ⅱ)イオンをそれぞれ 1.0×10^{-2} mol/L 含んだ pH＝1.0 の工場廃水を処理する場合を考える。③この廃水に水酸化ナトリウムを加えて pH の値を上げていくと，4つの金属イオンの水酸化物が沈殿する。④さらに水酸化ナトリウムを加えると，水酸化亜鉛と水酸化アルミニウムの沈殿は錯イオンを形成して溶け出す。なお，これら4つの金属の水酸化物の溶解度積 K_{sp} は，イオンの濃度を mol/L で表すとき表1の値となる。

表　1

水酸化物	溶解度積 K_{sp}(室温) 単位省略
水酸化亜鉛	1.2×10^{-17}
水酸化アルミニウム	1.1×10^{-33}
水酸化鉄(Ⅲ)	7.0×10^{-40}
水酸化銅(Ⅱ)	6.0×10^{-20}

問5 図2に4つの金属イオンの溶解度と pH の関係をア〜エの線で示す。それぞれに該当する金属イオンの化学式を記せ。

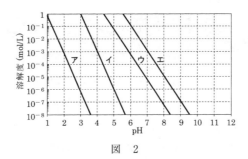

図　2

問6 下線部③について，以下の(i)，(ii)に答えよ。

(i) 廃水の pH が 5.0 となった時点で形成されている沈殿の化学式をすべて記せ。

(ii) 水酸化亜鉛の沈殿が生成しはじめるときの水素イオン濃度を，有効数字 2 けたで答えよ。

問7 下線部④について，以下の(i)，(ii)に答えよ。

(i) 水酸化亜鉛が溶け出して錯イオンが形成される反応の平衡定数を K とする。廃水の pH を x，この錯イオンの溶解度の常用対数を y として，y を x と K を用いて示せ。導出過程も含めて答えよ。

(ii) この錯イオンの濃度が亜鉛イオン濃度の 10 倍になるときの廃水の pH の値を，有効数字 2 けたで答えよ。導出過程も記せ。なお，$K = 4.4 \times 10^{-5}$ $(mol/L)^{-1}$ である。ただし，他の金属イオンの影響はないものとする。

76

25 反応速度と平衡，ラウールの法則と気液平衡

(2017 年度　第 2 問)

次の(a)，(b)について，問 1 〜問 6 に答えよ。なお，問題文中の L はリットルを表し，s は秒を表す。[C] は mol/L を単位とした分子 C の濃度とする。

(a)　ある水溶性タンパク質は，X と Y という 2 つの構造をとり得る。X は光の作用で Y になり，Y は光の有無によらず X に戻る。その反応速度は $v_{X \to Y} = k_P[X]$，および $v_{Y \to X} = k_R[Y]$ と与えられる。k_P は光の強度に比例し，光がなければゼロである。一方，k_R は光の有無に依存しない定数であり，次のように実験的に決められる。光を照射して Y の濃度を高めた後，照射を瞬時にやめる。それ以後の任意の 2 つの時刻 t_1，t_2（$t_2 > t_1$）での Y の濃度 $[Y]_1$，$[Y]_2$ をそれぞれ測定し，式(1)に示す $v_{Y \to X} = k_R[Y]$ の近似式を用いて k_R を決定できる。

$$-\frac{[Y]_2 - [Y]_1}{t_2 - t_1} = k_R[Y]_1 \qquad (1)$$

以下の**実験 1** と**実験 2** では水の蒸発は無視できるものとする。

実験 1　X のみが溶けた水溶液を暗所で調製し，$[X] = 1.000 \times 10^{-4}$ mol/L とした。次に，①この水溶液全体に対して一定強度の光を均一に長時間照射し続けたところ（k_P は一定），濃度比 $[X] : [Y] = 1.00 : 4.00$ の平衡状態になった。②さらに，この平衡状態において光の照射を瞬時にやめたところ，その 5.0 s 後に $[Y]$ は 7.82×10^{-5} mol/L となった。

問 1　下線部①の平衡状態に関して，$k_P : k_R$ の比を最も簡単な整数比で記せ。

問 2　下線部②において，式(1)を用いて k_R の値を有効数字 2 けたで求めよ。単位を明記し，導出過程も示せ。

次に，前記の X と，別の水溶性分子 Z を含む混合水溶液について考察する。Z は X とは会合しないが，Y とは 1：1 の会合体 YZ を形成する。ただし，会合体 YZ は Y と Z へと解離もする。この混合水溶液は，一定強度の光を照射し続けると式(2)で表される平衡状態に達する。

$$X + Z \rightleftharpoons Y + Z \rightleftharpoons YZ \qquad (2)$$

実験 2　水分子のみを透過する半透膜で仕切られた容器が大気中にある。光が照射されていない状態で，容器左側には X と Z のみが溶けた水溶液が，右側にはグルコース（G）のみが溶けた水溶液（G 水溶液）が入っており，左右の水面の高さが等しく保たれていた。このとき，左側の X と Z の濃度は $[X]_0$ と $[Z]_0$，右側の G の濃度は $[G]_0$ であった（図 1 ⓐ）。この容器の左側全体に一定強度の光を

均一に照射し始めると，G水溶液側の水面が高くなり始めたので，左右の水面の高さを常に等しく保つようにG水溶液の水面だけに大気圧に加えて追加的な圧力をかけた（図1ⓑ）。③光を長時間照射するとやがて平衡状態に達し，追加的な圧力はある一定値になった。

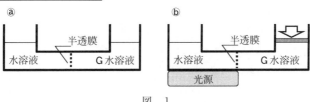

図　1

問3　光を照射する前の濃度 $[X]_0$，$[Z]_0$，および，下線部③の平衡状態の濃度 $[Y]$，$[YZ]$ のうち必要なものを用いて，下線部③の平衡状態における濃度 $[X]$ と $[Z]$ を表せ。ただし，式(2)以外の反応は考えないとし，解答は解答欄 X と Z にそれぞれ記せ。

問4　$[X]_0 = [Z]_0 = 1.00 \times 10^{-4}\,\mathrm{mol/L}$，$[G]_0 = 2.00 \times 10^{-4}\,\mathrm{mol/L}$ の場合，下線部③の追加的な圧力は $2.00 \times 10^2\,\mathrm{Pa}$ であった。下線部③の平衡状態の濃度 $[YZ]$ を有効数字2けたで求めよ。導出過程も示せ。なお，気体定数は 8.31×10^3 $\mathrm{Pa \cdot L/(K \cdot mol)}$ とし，全ての水溶液濃度は十分低く，光によって水溶液の温度は変化せず 300K に保たれているものとする。

ⓑ　物質AおよびBはともに揮発性であり，気体状態では理想気体としてふるまう。液体状態の物質AとBを混合して溶液を作るとき，この混合溶液と平衡にある気体相の成分Aの分圧 p_A は，$p_A = x_A \times \pi_A$ で表され，成分Bの分圧 p_B は，$p_B = x_B \times \pi_B$ で表される。ここで，π_A は純粋な液体Aの蒸気圧，π_B は純粋な液体Bの蒸気圧であり，x_A および x_B は混合溶液における成分AおよびBのモル分率である。この物質AおよびBを用いて，以下の操作(1)～(5)を順に行った。

(1)　図2ⓐのようにピストンを備えた円筒容器があり，温度 300K の物質Aの液体が n_A〔mol〕入っている。その円筒容器内の圧力が常に $1.60 \times 10^5\,\mathrm{Pa}$ となるようにピストンの位置を調整しつつ，ゆっくりと加熱したところ，温度 370K において気体が発生し始め，最終的に $0.10 \times n_A$〔mol〕の気体が生じ，気体相と液体相の共存状態となった（図2ⓑ）。加えた全ての熱量が物質Aに吸収されたとすると，その熱量は物質A 1mol あたり　　(ア)　　J である。

(2)　次に，ピストンを引き上げて固定し，円筒容器内を加熱したところ，残存していた液体は全て気体となった。さらに加熱を続けると，円筒容器内の温度は 400 K となり，圧力は $1.70 \times 10^5\,\mathrm{Pa}$ となった（図2ⓒ）。

(3) 円筒容器内の体積が，図2ⓒの状態の5倍となるまでピストンを引き上げて固定し，コックを操作して物質Bを注入したところ，円筒容器内は全て気体となり，温度は370K，圧力が$7.0×10^4$Paとなった（図2ⓓ）。このとき，円筒容器内に存在する混合気体の成分Aのモル分率は　(イ)　である。

(4) 次に，温度を370Kに保ったままピストンを押し込んで円筒容器内の体積を小さくし，気体の圧力Pを$1.00×10^5$Paとしたところ，成分AとBの混合溶液が生じ，気体相と液体相の共存状態となった（図2ⓔ）。このとき，液体相の成分Aのモル分率x_Aは，P，π_A，π_Bのみによって，$x_A =$　(ウ)　のように表され，その値は　(エ)　と求められる。ただし，温度370Kにおける純粋な液体Bの蒸気圧は$6.7×10^4$Paであり，円筒容器とコックをつなぐ細管の体積は無視できるものとする。

(5) 続いて，温度を370Kに保ったまま，さらにピストンを押し込み，気体相の体積を小さくしたところ，液体相の成分Aのモル分率x_Aは増加し，円筒容器内の圧力Pは大きくなった。このことは，気体相の成分Aのモル分率y_Aが　(オ)　ことを意味している。

問5　　(ア)　，　(イ)　，　(エ)　に適切な数値を，また，　(ウ)　に適切な式を，それぞれの解答欄に記入せよ。ただし，圧力$1.60×10^5$Paにおける液体Aのモル比熱を$1.4×10^2$J/(mol·K)，蒸発熱を31kJ/molとし，数値は有効数字2けたで答えよ。

問6　(5)について，気体相の成分Aのモル分率y_Aを，x_A，π_A，π_Bのみによって表す式として求めよ。導出過程も示せ。また，導出した式から　(オ)　に適切な語句を以下より選び，解答欄に番号を記入せよ。

　　　　1　減少した　　　　2　増加した　　　　3　変化しなかった

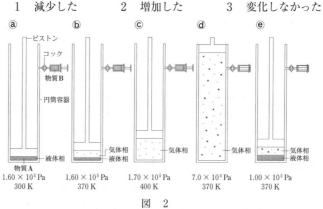

図　2

（図中の数値は各状態における円筒容器内の圧力と温度を示す）

26 サリチル酸と *m*-ヒドロキシ安息香酸の電離平衡と pH，電気泳動

（2016年度　第2問）

次の文章(a)，(b)を読んで，問1〜問6に答えよ。なお，問題文中のLはリットルを表す。

(a) 図1に示すように，サリチル酸（*o*-ヒドロキシ安息香酸）はベンゼン環に直接結合したヒドロキシ基とカルボキシ基を隣接してもつ化合物であり，水溶液中では，分子型（H_2A），1価の陰イオン（HA^-）および2価の陰イオン（A^{2-}）として存在する。

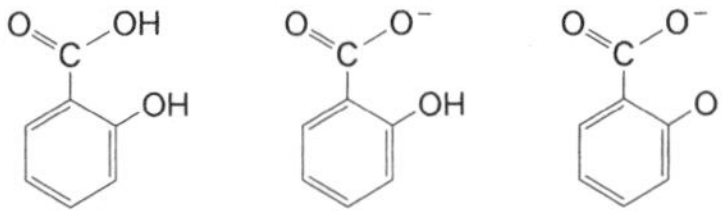

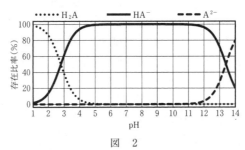

図　1

サリチル酸の電離定数（25℃）は，$K_{a1} = 1.0 \times 10^{-2.8}$ mol/L（第一段階），$K_{a2} = 1.0 \times 10^{-13.4}$ mol/L（第二段階）である。これらの値を用いて，様々なpHの緩衝液（25℃）中における H_2A，HA^-，A^{2-} の存在比率を求めると，図2のようになる。

図　2

問1　pH3.8の緩衝液（25℃）中におけるサリチル酸の電離度を有効数字2けたで答えよ。

問2　サリチル酸の異性体 *m*-ヒドロキシ安息香酸の分子型の構造式を図3に示す。*m*-ヒドロキシ安息香酸の電離定数（25℃）は，$K_{a1} = 1.0 \times 10^{-4.1}$ mol/L（第一段階），$K_{a2} = 1.0 \times 10^{-9.8}$ mol/L（第二段階）である。サリチル酸と *m*-ヒドロキシ安息香酸の酸としての強さの違いを構造の違いにもとづいて簡潔に説明せよ。なお，解答には構造式を用いてもよい。

図 3

(b) 図4に示すように，毛細管に緩衝液を注入し，その両端を毛細管内と同じ緩衝液で満たした電極槽に浸す。毛細管に緩衝液を溶媒とする少量の試料溶液を注入し，試料ゾーンを形成させたのちに直流電圧をかけると，試料ゾーンは電気泳動により毛細管内を移動する。

ここで，1価の弱酸 HZ（電離定数 $K_a = 1.0 \times 10^{-5.0}\,\mathrm{mol/L}$）を試料溶液として，様々な pH の緩衝液中，一定の電圧下で電気泳動を行う。pH が 　(ア)　 以下のとき，試料ゾーン中に Z^- はほとんど存在せず，中性の HZ だけが存在するため試料ゾーンは移動しない。一方，Z^- だけがほぼ100％存在する pH では，試料ゾーンは電気泳動により 　(イ)　 へ向かって移動する。HZ とその電離により生じる Z^- が共存する pH では，試料ゾーン中で常に電離平衡が保たれるため，試料ゾーン全体の電気泳動速度は，HZ の電離度すなわち Z^- の存在比率に比例する。

様々な pH 条件下における電気泳動速度は，イオンの存在比率だけではなく，そのイオンの価数にも依存する。一般的に，2価の酸 H_2Y の電離により生じる Y^{2-} は HY^- の2倍の速さで移動するため，試料ゾーンの電気泳動速度は，符号を付けたイオンの価数にその存在比率を乗じて算出される平均荷電数に比例すると考えてよい。なお，電圧をかけている間の溶液温度は一定（25℃）とし，電気泳動以外で試料ゾーンは移動しないものとする。また，電極槽における電気分解の影響は無視できるものとする。

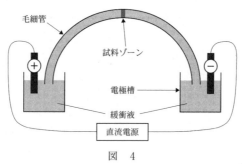

毛細管

試料ゾーン

電極槽

緩衝液

直流電源

図 4

問3 　(ア)　，　(イ)　 に最も適切な語句または数字を下記から選び，記入せよ。

| 陰極, | 陽極, | 2.0, | 4.0, | 5.0, | 6.0, | 8.0 |

問4 ある pH におけるサリチル酸 H_2A, HA^-, A^{2-} の存在比率（％）がそれぞれ x, y, z であるとき，サリチル酸の平均荷電数を表す式を記せ。

問5 様々な pH 条件下における(i)サリチル酸および(ii) m-ヒドロキシ安息香酸の平均荷電数を示す曲線の概要をそれぞれグラフに示し，平均荷電数が -0.5 および -1.5 となる pH の値をそれぞれのグラフ内に記せ。ただし，横軸は pH（図2のように１マスを１単位とし，１〜14を範囲とする），縦軸は平均荷電数（１マスを 0.5 単位とし，-2〜0 を範囲とする）とすること。

問6 サリチル酸と m-ヒドロキシ安息香酸を，電気泳動速度の差を利用して分離したい。最も適した pH を下記から選び，記入せよ。ただし，平均荷電数が等しい場合，サリチル酸と m-ヒドロキシ安息香酸の電気泳動速度は等しいものとする。

| 3.5, | 4.1, | 7.0, | 9.8, | 11.6, | 13.4 |

27 平衡の移動，律速段階の反応速度の温度依存性と反応速度定数，平衡定数

（2014年度 第2問）

次の文章(a)，(b)を読んで，問1〜問6に答えよ。ただし，問題文中のLはリットルを表す。また，分子Xについての表記 [X] は mol/L を単位としたXのモル濃度である。Xの生成あるいは分解の速度は [X] の変化速度として規定でき，mol/(L·s) を単位とする。ここでsは秒を表す。窒素酸化物，酸素，アルゴンはすべて気体状態にあり，理想気体とみなせる。(a)および(b)それぞれにおいて，書かれている反応以外は起こらないものとする。

(a) 二酸化窒素とその2分子が結合した四酸化二窒素の間には，式(1)の平衡反応が成り立つ。

$$2NO_2 \rightleftharpoons N_2O_4 \qquad (1)$$

図1のように，円筒型の密閉真空容器があり，内部は気体が透過できない壁で部屋Aおよび部屋Bに仕切られている。部屋Aおよび部屋Bの容積はそれぞれ V_A 〔L〕および V_B〔L〕であり，それらの和は一定で V〔L〕である。壁は左右になめらかに動き，任意の場所で固定することもできる。容器内の温度を常に一定に保ったまま，次の一連の実験1〜実験4を行った。

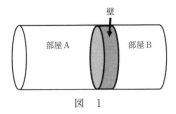

壁

部屋A　部屋B

図　1

実験1

壁を容器の中央で固定し，部屋Aのみに NO_2 と N_2O_4 の混合気体を入れた。その後しばらくして平衡に到達し，部屋Aの全圧は p〔Pa〕に，NO_2 と N_2O_4 のそれぞれの物質量は x〔mol〕および y〔mol〕になった。このとき，式(1)の反応の平衡定数 K は，x，y，V を用いて ⎡ (ア) ⎤〔L/mol〕と表される。また，モル濃度の代りに平衡状態のそれぞれの気体の分圧を用いて平衡定数を表すことができ，これを圧平衡定数 K_P とよぶ。K_P は，x，y，p を用いて ⎡ (イ) ⎤〔1/Pa〕と表される。

実験2

続いて，実験1で最初に部屋Aに入れたのと同じ組成を有する混合気体を，全物質量で ⎡ (ウ) ⎤ 倍だけ部屋Bに入れた。そして，壁の固定を外したところ，容積の比が $V_A : V_B = 5 : 2$ となって新しい化学平衡に到達した。

実験3

　さらに，実験2の平衡状態にあった壁を少し右側に移動させてから再び固定したところ，部屋**A**の混合気体の式(1)で表される平衡は{**エ**：1．右，2．左}側に移動した。

実験4

　最後に，実験3の平衡状態において壁を固定したままで，アルゴンを部屋**A**に加えて部屋**A**の全圧を増加させ，放置した。このときアルゴンを加える前の状態と比べて，部屋**A**のN_2O_4の分圧は{**オ**：1．大きくなり，2．変わらず，3．小さくなり}，その物質量は{**カ**：1．増加した，2．変わらなかった，3．減少した}。

問1　$\boxed{(ア)}$，$\boxed{(イ)}$にあてはまる適切な式を記せ。

問2　$\boxed{(ウ)}$にあてはまる数値を答えよ。

問3　{　**エ**　}～{　**カ**　}について，{　　}内の適切な語句を選び，その番号を解答欄に記入せよ。

(b)　二酸化窒素を生成する反応の一つに，式(2)に記す一酸化窒素の酸化反応がある。

$$2NO + O_2 \longrightarrow 2NO_2 \qquad (2)$$

　①化学反応の速度は温度上昇とともに増大するのが通常である。しかし，それとは逆に，気相における式(2)の反応では，ある温度範囲においては温度上昇とともに反応速度が低下する。この反応速度vはNO_2の生成速度であり，反応物の濃度を用いて，

$$v = k[NO]^2[O_2] \qquad (3)$$

のように表されることが実験的にわかっている。ここで，kは反応速度定数である。

　以下では，上記のvの一見異常な温度依存性を説明する機構の一つについて考察する。それは，式(2)の反応が次の式(4)と式(5)に記した二段階の素反応によって進む機構である。

$$NO + NO \rightleftarrows N_2O_2 \qquad (4)$$

$$N_2O_2 + O_2 \longrightarrow 2NO_2 \qquad (5)$$

　式(4)の正・逆反応におけるN_2O_2の生成速度v_1と分解速度v_2，および式(5)におけるNO_2の生成速度v_3は，それぞれ

$$v_1 = k_1[NO]^2, \quad v_2 = k_2[N_2O_2], \quad v_3 = k_3[N_2O_2][O_2] \qquad (6)$$

と表され，v_1とv_2はv_3よりも充分に大きいものとする。すなわち，式(5)の反応によってN_2O_2が消費されても，式(4)の平衡が速やかに達成されるものとする。このとき，式(4)の反応の平衡定数Kおよび式(2)の反応の速度定数kを，k_1，k_2，k_3を用いて表すと，$K = \boxed{(キ)}$，$k = \boxed{(ク)}$となる。これらの単位は，Kについては

L/mol, k については $L^2/(mol^2 \cdot s)$ である。

　次に温度依存性について考える。素反応の速度定数 k_1, k_2, k_3 は，下線部①に従うような通常の温度依存性を示すものと考えてよい。このとき，式(4)の正反応が $\boxed{ケ}$ 反応であるとすれば，②圧力一定のもとで温度上昇とともに式(4)の平衡は左側に移動するので，③ある条件のもとで，全反応としての式(2)の反応速度 v が温度上昇とともに低下することを説明できる。

　ここで，下線部③が成り立つ条件において，K と k_3 の温度依存性を比較するグラフとして適切なものを図2の⑤〜⑥の中から選ぶ問題を考えてみよう。グラフの横軸は絶対温度 T の逆数を表し，縦軸は $\log_{10}(K/K_0)$ または $\log_{10}(k_3/k_0)$ を同一目盛りで表している。K_0, k_0 は，ある温度 T_0 における K と k_3 の値とする。まず，グラフ $\boxed{コ}$ は下線部②に適さないので除外され，残りのグラフのうち，下線部③に適するものはグラフ $\boxed{サ}$ である。

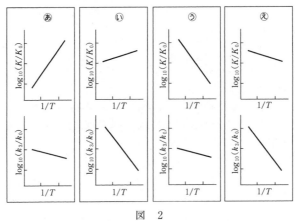

図　2

問4 $\boxed{キ}$，$\boxed{ク}$ の空欄を埋めて式を完成させよ。

問5 $\boxed{ケ}$ にあてはまる適切な語句を答えよ。

問6 $\boxed{コ}$，$\boxed{サ}$ にあてはまる適切なグラフを選び，その記号⑤〜⑥を解答欄に記せ。ただし，各欄とも答は一つとは限らない。

28 シュウ酸とグリシンの電離平衡，緩衝作用

（2013 年度 第2問）

次の文章(a)，(b)を読んで，問1～問7に答えよ。なお，計算の過程において $\left|\dfrac{y}{x}\right| < 0.01$ であるとき，$x+y=x$ と近似せよ。また，[X] は mol/L を単位とした分子またはイオン X の濃度を表す。

(a) 2価のカルボン酸であるシュウ酸は，水溶液中で図1のように2段階に電離し，その電離定数はそれぞれ $K_1 = 5.4 \times 10^{-2}$ mol/L，$K_2 = 5.4 \times 10^{-5}$ mol/L である。ここで，H_2A，HA^-，A^{2-} はそれぞれ分子型，1価のイオン，2価のイオンのシュウ酸を表す。

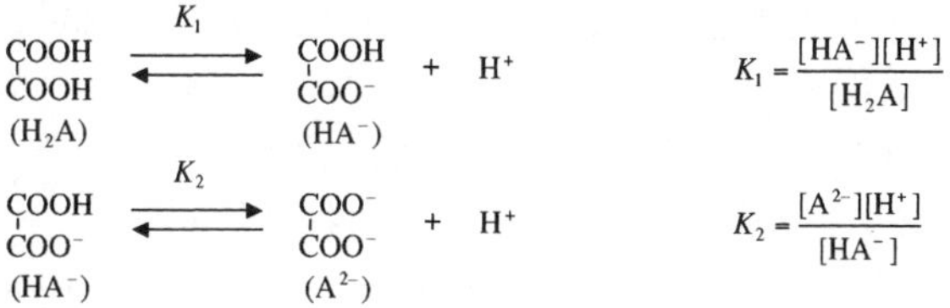

$$\underset{(H_2A)}{\begin{array}{l} COOH \\ COOH \end{array}} \xrightarrow{K_1} \underset{(HA^-)}{\begin{array}{l} COOH \\ COO^- \end{array}} + H^+ \qquad K_1 = \dfrac{[HA^-][H^+]}{[H_2A]}$$

$$\underset{(HA^-)}{\begin{array}{l} COOH \\ COO^- \end{array}} \xrightarrow{K_2} \underset{(A^{2-})}{\begin{array}{l} COO^- \\ COO^- \end{array}} + H^+ \qquad K_2 = \dfrac{[A^{2-}][H^+]}{[HA^-]}$$

図 1

8.0×10^{-2} mol/L のシュウ酸水溶液 100 mL に対して，1.0 mol/L の水酸化ナトリウム水溶液を徐々に滴下したところ，図2に見られるように，8 mL および 16 mL 滴下したときをそれぞれ第1中和点，第2中和点とする滴定曲線を得た。また，加えた水酸化ナトリウム水溶液の量が 12 mL 付近では pH は4程度で変化量は小さい。このような作用を緩衝作用と呼ぶ。

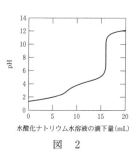

水溶液の pH に依存して H_2A，HA^-，A^{2-} の存在

図 2

比がどのように変化するか考えよう。水溶液中に存在するシュウ酸のモル濃度を c とすると，

$$c = [H_2A] + [HA^-] + [A^{2-}] \qquad (1)$$

となる。ここで，$[HA^-]$，$[A^{2-}]$ を $[H_2A]$，$[H^+]$，K_1，K_2 を用いて表すと，$[HA^-] = \boxed{(\text{ア})}$，$[A^{2-}] = \boxed{(\text{イ})}$ と表される。これらを式(1)に代入し整理すると，$\dfrac{[H_2A]}{c} = \boxed{(\text{ウ})}$ を得る。同様に，2種類のシュウ酸イオンについても $\dfrac{[HA^-]}{c}$，$\dfrac{[A^{2-}]}{c}$ を $[H^+]$，K_1，K_2 の関数として表すことが可能である。

以上から，緩衝作用が現れている pH4 における濃度の比を算出すると，

$[H_2A]:[HA^-]:[A^{2-}]=1:\boxed{あ}:\boxed{い}$ となる。

問1 $\boxed{ア}$ ～ $\boxed{ウ}$ の空欄を埋めて式を完成させよ。

問2 $\boxed{あ}$，$\boxed{い}$ に入る適切な数値を有効数字2けたで記入せよ。

問3 下線部について，シュウ酸水溶液が緩衝作用を示す理由を解答欄の枠の範囲内で記入せよ。

(b) アミノ酸の一種であるグリシンは，弱塩基性のアミノ基と弱酸性のカルボキシル基を1つずつもつ。そのため，水溶液のpHに依存して電離状態が変化し，+1，0，−1のいずれかの価数をもつイオンまたは分子となる。ブレンステッドとローリーの定義によれば，価数+1のグリシンを2価の酸としてみなすことができる。実際にグリシンの酸性水溶液を水酸化ナトリウム水溶液で滴定すると反応は2段階で進行し，2つの電離定数（$K_1=4.5\times10^{-3}\,\mathrm{mol/L}$, $K_2=1.7\times10^{-10}\,\mathrm{mol/L}$）が求められる。ところが，正味の電荷をもたないグリシンには，アミノ基もカルボキシル基も電荷をもたない分子型と，アミノ基の電荷とカルボキシル基の電荷が互いに打ち消し合っている双性イオン（両性イオン）型の2種類が存在するため，その電離平衡は図3に示すように4つの電離定数K_a, K_b, K_c, K_dで記述される。ここで，G^+, $G^\pm$, G^0, G^- はそれぞれ陽イオン型，双性イオン型，分子型，陰イオン型のグリシンを表す。

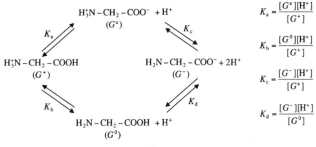

図 3

滴定実験から得られる電離定数K_1, K_2とこれら4つの電離定数K_a, K_b, K_c, K_dの間には $K_1=\boxed{エ}$，$K_2=\boxed{オ}$ の関係があるが，この2つの式から4つの電離定数の値を決定することは不可能である。ここで，解離基を1つしかもたないグリシンのメチルエステルの電離定数（$K_E=2.0\times10^{-8}\,\mathrm{mol/L}$）と $\boxed{カ}$ が等しいと仮定することにより，4つの値すべてを求めることができる。得られた電離定数の値をもとに，pH7における双性イオン型と分子型のグリシンの濃度比を計算すると，$\dfrac{[G^\pm]}{[G^0]}=\boxed{う}$ となり，双性イオン型のグリシンが大多数を占めることが

わかる。

問4　　(エ)　，　(オ)　の空欄を埋めて式を完成させよ。

問5　　(カ)　には K_a，K_b，K_c，K_d のいずれかが入る。最も適切なものを選択し記入せよ。

問6　　(う)　に入る適切な数値を有効数字2けたで記入せよ。

問7　K_d の値［mol/L］を算出し，有効数字2けたで答えよ。

29 CO_2 存在下での石けんの加水分解の平衡

(2012 年度　第 2 問)

石けんの水溶液に関する次の文章を読んで，問 1 〜問 4 に答えよ。ただし，温度は 25℃ であり，気体が水に溶解する際の水溶液の体積変化，水の蒸発，および水面での石けん分子の吸着は無視する。[X] は mol/L を単位とした分子またはイオン X の濃度を表す。また，水のイオン積は $[H^+][OH^-]=1.0×10^{-14}\,(mol/L)^2$ とする。計算の過程で $\dfrac{y}{x}≦0.01$ であるとき，$x+y=x$ と近似せよ。

ヤシ油などを原料とする天然石けんの主成分はラウリン酸ナトリウム (分子量 222) で，炭素数 11 のアルキル基 $(C_{11}H_{23}-)$ を [　(ア)　] 部分，カルボキシル基 (−COOH) を [　(イ)　] 部分とする飽和脂肪酸のナトリウム塩である。このアルキル基を R と書いて，ラウリン酸ナトリウムを RCOONa と表す。

ラウリン酸ナトリウムを水に溶かすと，すべて電離したのち，ラウリン酸イオンが水と反応して，

$$RCOO^- + H_2O \rightleftharpoons RCOOH + OH^- \qquad (1)$$

という平衡状態になり pH が大きくなる。飽和脂肪酸は総炭素数が 12 以上のとき水に溶けにくくなる性質があり，実際，ラウリン酸 (RCOOH) は水溶液中で微結晶となって析出して浮遊し，水溶液が濁って見える一因となる。この溶解平衡は，次の式 (2) で表される。

$$RCOOH \rightleftharpoons RCOO^- + H^+, \quad K_{sp}=2.0×10^{-10}\,(mol/L)^2 \qquad (2)$$

ここで，K_{sp} は溶解度積である。

ラウリン酸ナトリウムの濃度を高くすると，微結晶とは別の分子集合体である [　(ウ)　] が生じる。[　(ウ)　] は，[　(ア)　] 部分を内側に向けたコロイド粒子で，水と接する部分が [　(イ)　] 部分となるため，水中で分散して安定に存在できる。

いま，大気と十分な時間接触させたラウリン酸ナトリウム水溶液について考えてみよう。

まず，水を十分な時間大気と接触させた。水の pH は，大気中から水に溶けた二酸化炭素に影響される。水に溶けた二酸化炭素は，式 (3) のように炭酸を生じる。

$$CO_2 + H_2O \rightleftharpoons H_2CO_3 \qquad (3)$$

この反応に化学平衡の法則をあてはめると，水の濃度は一定とみなせるので，式 (4) のように書ける。

$$\frac{[H_2CO_3]}{[CO_2]}=1.8×10^{-3} \qquad (4)$$

生じた炭酸が電離する 2 段階の電離平衡は，次の式 (5) および式 (6) で表される。

$$H_2CO_3 \rightleftharpoons HCO_3{}^- + H^+, \quad \frac{[HCO_3{}^-][H^+]}{[H_2CO_3]} = 2.5 \times 10^{-4}\,\text{mol/L} \qquad (5)$$

$$HCO_3{}^- \rightleftharpoons CO_3{}^{2-} + H^+, \quad \frac{[CO_3{}^{2-}][H^+]}{[HCO_3{}^-]} = 4.7 \times 10^{-11}\,\text{mol/L} \qquad (6)$$

十分な時間大気と接触させた水の pH は 5.5 であった。酸性条件では炭酸の 2 段目の電離は無視できるので，このときの濃度 $[CO_2]$ は [(a)] mol/L である。

次に，ラウリン酸ナトリウム 4.66 g を水に溶解して 1.00 L とし，この水溶液を十分な時間大気に触れさせると pH＝8.0 になった。このとき，式(2)の溶解平衡が成り立ち，[(ウ)] は生じていなかった。この水溶液のラウリン酸イオンの濃度 $[RCOO^-]$ は [(b)] mol/L である。また，水溶液が塩基性になると，式(6)で示した炭酸の 2 段目の電離は無視できない。水溶液中での陽イオンと陰イオンの電荷量が等しいことから，次の式(7)が成り立つ。

$$[H^+] + [Na^+] = \boxed{\text{(A)}} \qquad (7)$$

以上のことから，水溶液中の濃度 $[CO_2]$，$[HCO_3{}^-]$，$[CO_3{}^{2-}]$ は，それぞれ [(c)] mol/L，[(d)] mol/L，[(e)] mol/L と求められる。

問1 [(ア)]〜[(ウ)] に適切な語句を記入せよ。

問2 [(a)] および [(b)] に適切な数値を有効数字 2 けたで記入せよ。

問3 [(A)] に入る適切な式を記せ。

問4 [(c)]〜[(e)] に適切な数値を有効数字 2 けたで記入せよ。

30 多孔質物質の気体吸着量と表面積

(2011 年度　第 2 問)

次の文(a), (b)を読んで，問 1 ～問 4 に答えよ。気体は理想気体として振る舞うものとする。また，気体定数は $8.3 \times 10^3 \mathrm{Pa \cdot L/(K \cdot mol)}$，アボガドロ定数は 6.0×10^{23} /mol とする。数値で答える必要のある箇所では有効数字 2 けたで答えよ。

(a)　シリカゲルや活性炭などの物質は多孔質物質と呼ばれる。多孔質物質は広い表面積を持つことが知られており，その表面に多くの気体分子が付着する。この現象を吸着といい，多孔質物質は乾燥剤や脱臭剤として利用されている。以下では吸着現象の原理について考え，多孔質物質の表面積を実験的に求める方法を考えてみよう。多孔質物質の表面には気体分子を吸着できる場所（以下，吸着点と呼ぶ）が存在する。その総数を N_0 とし，そのうち N 個の吸着点が気体分子を吸着しているものとする。各吸着点は気体分子を 1 個しか吸着できないものとする。また吸着された気体分子の間に相互作用はなく，化学反応もおこらないものと仮定する。

　　単位時間あたりに多孔質物質が吸着する気体分子の数 r_a は，気体の圧力 P と空いている吸着点の数に比例する。このとき比例定数 k_a を用いると，

　　　$r_\mathrm{a} = k_\mathrm{a} P \times (\boxed{\quad (ア) \quad})$ 　　　(1)

と表される。

　　一方，吸着された気体分子の脱離もおこる。単位時間あたりに脱離する気体分子の数 r_d は気体分子を吸着している吸着点の数，つまり吸着された気体分子の数に比例する。このとき比例定数 k_d を用いると，

　　　$r_\mathrm{d} = k_\mathrm{d} \times (\boxed{\quad (イ) \quad})$ 　　　(2)

と表される。

　　気体と多孔質物質を接触させると，一定量の気体分子が吸着され平衡状態となる。このとき，単位時間あたり，多孔質物質表面が吸着する気体分子の数は，吸着点から脱離する気体分子の数に等しい。ここで $k_\mathrm{a}/k_\mathrm{d}$ を K とおくと，N は N_0, K, P を用いて次式のように表される。

　　　$N = \boxed{\quad (ウ) \quad}$ 　　　(3)

　　(3)式について，P/N を P の関数と考えると図 1 のような直線関係が得られる。その傾きは $\boxed{\ (エ)\ }$ と表され，P/N 軸の切片は $\boxed{\ (オ)\ }$ となる。

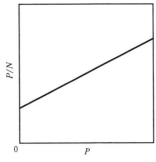

図1　P/N と P の関係

　したがって2つの異なる平衡状態での圧力 P_1, P_2 における気体分子の吸着量 N_1, N_2 を実験で求めることができれば，多孔質物質の吸着点の総数 N_0 は次式で表される。

$$N_0 = \frac{P_2 - P_1}{\boxed{(カ)}} \qquad (4)$$

　さらに，吸着された気体分子1個が多孔質物質の表面を占める面積がわかれば，最終的に多孔質物質の表面積を見積もることができる。

問1　$\boxed{(ア)}$ ～ $\boxed{(カ)}$ に適した式を記入せよ。

(b)　多孔質物質であるシリカゲルの表面積を調べるために図2に示した装置を用いてヘリウムと窒素について実験を行った。温度 100 K において，シリカゲルはヘリウムを吸着しないが，窒素分子を吸着する。また，吸着された窒素分子の数と平衡圧力との関係は，(3)式に従うものとする。容器Ⅰと容器Ⅱは，弁Aによって隔てられており，弁Aの開閉によってそれらの体積は変化しないものとする。さらに，容器Ⅱには弁Bが付いており，この弁を介して容器Ⅱに気体を導入したり，排気したりすることができる。装置の温度は常に 100 K に保たれるものとする。また容器は気体分子を吸着しないものとし，弁A，弁Bの体積，ならびに吸着された窒素分子によるシリカゲルの体積変化は無視できる

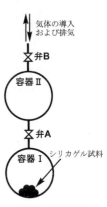

図2　実験装置

ものとする。容器Ⅱの体積については，あらかじめ 50 mL であることがわかっている。シリカゲル試料 0.10 g を容器Ⅰに入れたのち，以下の実験1～実験3を行った。

実験1

　まず，①加えたシリカゲル試料の体積を除いた容器Ⅰの体積（これを有効体積と呼ぶ）を求めるために，ヘリウムを用いて次の実験を行った。すべての弁を開けて容器内を十分に排気したのち，すべての弁を閉じた。次に弁Bを開けて容器Ⅱにヘリウムを一定量導入し，弁Bを閉じたところ，容器Ⅱの圧力は1.5×10^4Paを示した。次に弁Aを開けたのちに，容器ⅠとⅡの圧力を測定したところ1.0×10^4Paとなった。

実験2

　実験1の終了後，すべての弁を開けて容器ⅠとⅡを十分に排気したのち，すべての弁を閉じた。次に導入気体を窒素とし，弁Bを開けて容器Ⅱに窒素を一定量導入したのち弁Bを閉じたところ，容器Ⅱの圧力は1.7×10^4Paを示した。次に弁Aを開けて平衡に達したのちに，②容器ⅠとⅡの圧力を測定したところ0.80×10^4Paとなった。

実験3

　実験2の終了後，弁A，弁Bを操作して容器ⅠとⅡの内部を減圧した。その結果，平衡圧力が0.16×10^4Paとなり，吸着された窒素分子の量が実験2のときと比べて2.0×10^{-4}mol減少していることがわかった。

問2　実験1の下線部①に関して，容器Ⅰの有効体積〔mL〕を求めよ。

問3　実験2の下線部②に関して，平衡圧力0.80×10^4Paでシリカゲル試料に吸着されている窒素分子の物質量〔mol〕を求めよ。

問4　吸着されている窒素分子1個がシリカゲルの表面を占める面積は他の実験から2.0×10^{-19}m^{2}であることがわかった。この値を用いて，シリカゲル試料1gあたりの表面積〔m^2〕を求めよ。

31 ポリリン酸の構造，リン酸の電離定数と緩衝液

(2010年度　第1問)

次の文(a)，(b)を読んで，問1〜問7に答えよ。

(a)　リンのオキソ酸であるリン酸（図1）は42℃に融点をもつが，液体のリン酸を冷却したとき，42℃以下でも $\boxed{(ア)}$ しないことがある。このような現象を過冷却という。また，固体のリン酸は，空気中に放置しておくと，水分を吸収して溶ける。このような性質を $\boxed{(イ)}$ 性という。

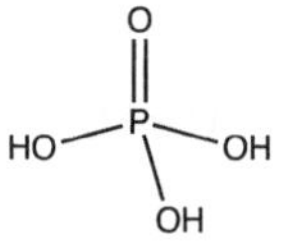

図　1

　リン酸を加熱すると脱水反応が起こり，ポリリン酸が生成する。たとえば，2分子のリン酸が縮合すると，次式に示すようにピロリン酸が生成する。

$$2H_3PO_4 \longrightarrow H_4P_2O_7 + H_2O$$

ポリリン酸が，別のリン酸あるいはポリリン酸と分子間で縮合すると，①直鎖状あるいは枝分かれ構造のポリリン酸（鎖状ポリリン酸）が生成する。さらに，②分子内で縮合すると，環状構造をもつポリリン酸が生成する。

問1　$\boxed{(ア)}$，$\boxed{(イ)}$ に適切な語句を記入せよ。

問2　下線部①に関して，n 分子のリン酸から形成される鎖状ポリリン酸の組成式を，n を用いて記せ。

問3　下線部②に関して，次の(i)，(ii)の問に答えよ。ただし，四員環の生成は起こらないものとする。

(i)　3分子のリン酸から形成されるポリリン酸のうち，分子量が最も小さいものの分子式を記せ。

(ii)　4分子のリン酸から形成されるポリリン酸のうち，分子量が最も小さいものの分子式を記せ。

(b)　生物の細胞内では，さまざまな化合物の緩衝作用により，pHが中性付近に保たれている。リン酸二水素塩とリン酸一水素塩の組み合わせもその一例である。以下では，これらのリン酸塩の25℃における電離平衡と緩衝作用について考えよう。リン酸は水中で次のように3段階で電離する。

$$H_3PO_4 \rightleftharpoons H^+ + H_2PO_4^- \qquad (1) \quad K_1 = 7.5 \times 10^{-3}\,mol/L$$

$$H_2PO_4^- \rightleftharpoons H^+ + HPO_4^{2-} \qquad (2) \quad K_2 = 6.2 \times 10^{-8}\,mol/L$$

$$HPO_4^{2-} \rightleftharpoons H^+ + PO_4^{3-} \qquad (3) \quad K_3 = 2.1 \times 10^{-13}\,mol/L$$

K_1, K_2, K_3 はそれぞれ(1), (2), (3)式の平衡定数である。また，水のイオン積を K_W（$=1.0\times10^{-14}\,\mathrm{mol^2/L^2}$）とする。

はじめに，0.10 mol/L の NaH_2PO_4 水溶液の平衡について考える。この塩は水中で完全に電離する。生じた $H_2PO_4^-$ イオンに関しては，(2)式の平衡の他に次の平衡が存在する。

$$H_2PO_4^- + H_2O \rightleftharpoons H_3PO_4 + OH^- \qquad (4)$$

この平衡において，水のモル濃度 $[H_2O]$〔mol/L〕は一定とみなせるため，(4)式の平衡定数 K_4 は，$H_2PO_4^-$，H_3PO_4，OH^- のモル濃度を用いて，

$$K_4 = \frac{[H_3PO_4][OH^-]}{[H_2PO_4^-]} = \boxed{\text{(A)}}$$

と表される。K_2 と K_4 の値の比較から，この水溶液は $\boxed{\text{(ウ)}}$ 性を示すことがわかる。

次に，0.10 mol/L の Na_2HPO_4 水溶液の平衡について考える。この塩も水中で完全に電離する。ここで生じた HPO_4^{2-} イオンに関しても，(3)式の平衡の他に次の平衡が存在する。

$$HPO_4^{2-} + H_2O \rightleftharpoons H_2PO_4^- + OH^- \qquad (5)$$

(5)式の平衡定数 K_5 は，

$$K_5 = \frac{[H_2PO_4^-][OH^-]}{[HPO_4^{2-}]} = \boxed{\text{(B)}}$$

と表される。K_3 と K_5 の値の比較から，この水溶液は $\boxed{\text{(エ)}}$ 性を示すことがわかる。

さらに，この Na_2HPO_4 水溶液の水素イオン濃度 $[H^+]$〔mol/L〕を表す式を導いてみよう。そのために，(2)式と(3)式を組み合わせた次の平衡を考える。

$$2HPO_4^{2-} \rightleftharpoons H_2PO_4^- + PO_4^{3-} \qquad (6)$$

(6)式の平衡定数 K_6 は，次式で表される。

$$K_6 = \frac{[H_2PO_4^-][PO_4^{3-}]}{[HPO_4^{2-}]^2} = \boxed{\text{(C)}}$$

リン酸一水素塩の濃度が 0.10 mol/L の場合，(3), (5), (6)式のうち，(6)式の平衡が最も大きく右方向に偏る。また，(3)式と(5)式の平衡定数を比較すると，前段の考察から（$\boxed{\text{(オ)}}$）式の平衡定数の方が十分に大きいため，もう一方の式の平衡は無視できる。したがって，$[H^+]$ を求めるためには，（$\boxed{\text{(オ)}}$）式と(6)式の2つの平衡を考慮すればよい。（$\boxed{\text{(オ)}}$）式と(6)式の平衡反応によって消費される HPO_4^{2-} イオンの濃度を，それぞれ x〔mol/L〕と y〔mol/L〕とおくと，$H_2PO_4^-$，HPO_4^{2-}，PO_4^{3-} の各イオンのモル濃度は次のように表される。

$$[H_2PO_4^-] = \boxed{\text{(I)}}$$

$$[\mathrm{HPO_4^{2-}}] = 0.10 - x - y$$

$$[\mathrm{PO_4^{3-}}] = \boxed{\text{(II)}}$$

ここで，（$\boxed{\text{(オ)}}$）式と(6)式の平衡定数は非常に小さいので，$0.10 - x - y \fallingdotseq 0.10$ と近似できる。よって，x, y, 平衡定数を含む2つの関係式から，$[\mathrm{H^+}]$〔mol/L〕は，

$$[\mathrm{H^+}] = \sqrt{K_2 K_3 + \boxed{\text{(D)}}}$$

と導かれる。

問4 $\boxed{\text{(ウ)}}$～$\boxed{\text{(オ)}}$ にあてはまる語句または数字を記入せよ。

問5 $\boxed{\text{(I)}}$，$\boxed{\text{(II)}}$ にあてはまる数式を，x, y を用いて記せ。

問6 $\boxed{\text{(A)}}$～$\boxed{\text{(D)}}$ にあてはまる数式を，K_1, K_2, K_3, K_W を用いて記せ。

問7 0.10mol/L の $\mathrm{NaH_2PO_4}$ 水溶液 10mL と 0.10mol/L の $\mathrm{Na_2HPO_4}$ 水溶液 10 mL を混合して緩衝液を調製した。この緩衝液に関して，次の(i)，(ii)の問に答えよ。ただし，この緩衝液については，(2)式の電離平衡のみを考慮すればよい。数値は有効数字2けたで答えよ。

(i) この緩衝液の水素イオン濃度〔mol/L〕を求めよ。

(ii) この緩衝液に 0.10mol/L の塩酸を pH が7.0になるまで加えた。加えた塩酸の体積〔mL〕を求めよ。また，この値を用いて，塩酸の添加による水素イオン濃度の増加量（$\Delta[\mathrm{H^+}]$）と塩化物イオン濃度の増加量（$\Delta[\mathrm{Cl^-}]$）の比 $\dfrac{\Delta[\mathrm{H^+}]}{\Delta[\mathrm{Cl^-}]}$ を求めよ。計算過程も含めて，解答欄の枠内で記せ。

32 気体反応の平衡定数と平衡移動

(2009 年度　第 2 問)

次の文を読んで、問 1 ～問 6 に答えよ。必要ならば、$\sqrt{2} = 1.41$, $\sqrt{3} = 1.73$ の値を用いよ。

図 1 に示す温度を一定に保つことのできる体積一定の容器中で、(1)式で示される反応を行った。ただし、すべての成分は気体状態にあり、理想気体とみなせる。

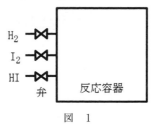

図　1

$$H_2 + I_2 \rightleftharpoons 2HI \qquad (1)$$

ヨウ化水素が生成する右方向の反応（正反応）は発熱反応である。水素 H_2, ヨウ素 I_2, ヨウ化水素 HI のモル濃度をそれぞれ $[H_2]$, $[I_2]$, $[HI]$ と表すと、(1)式の正反応の反応速度 v_1 は(2)式で、逆反応の反応速度 v_2 は(3)式で表される。

$$v_1 = k_1[H_2][I_2] \qquad (2)$$
$$v_2 = k_2[HI]^2 \qquad (3)$$

ただし、k_1, k_2 は温度だけに依存する定数（反応速度定数）である。

容器中の各成分の濃度を測定し、各測定時刻における $\dfrac{[HI]^2}{[H_2][I_2]}$ の値を求めた。温度の変更ならびに気体を容器に入れるのに要する時間は無視できるものとする。

実験 1：$1.0\,\mathrm{mol}$ の H_2 と $3.0\,\mathrm{mol}$ の I_2 を容器に入れて温度 T_1 で反応させたところ、40 秒後には容器内の各成分の濃度が変化しなくなり、化学平衡に到達した。そこに温度 T_1 で $2.0\,\mathrm{mol}$ の H_2 を補給して再び化学平衡に到達するまで反応させた。

図 2 はこの実験における $\dfrac{[HI]^2}{[H_2][I_2]}$ の値の変化を示したものである。

この実験結果から温度 T_1 における(1)式で示される反応の平衡定数の値がわかる。これ以降の問題の解答に必要な場合は、図 2 のグラフから求めた温度 T_1 における平衡定数の値を用いよ。

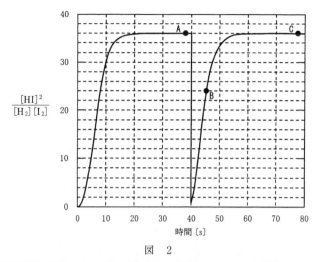

図　2

問1　反応開始後40秒から60秒の間のある時点において，容器内の H_2 の物質量が 0.8 mol であった。このときの容器内の HI の物質量を求めよ。

問2　図2の点**A**における容器内の圧力を P としたとき，点**B**，点**C**のそれぞれにおける容器内の圧力を P を用いた式で表せ。

問3　化学平衡状態に達するまでの間，反応の進行に伴って，(2)式に示される正反応速度は減少し，(3)式に示される逆反応速度は増加する。化学平衡状態に達すると，正反応速度と逆反応速度は等しくなり，みかけの反応速度はゼロになる。温度 T_1 における(1)式の正反応の反応速度定数は $k_1 = 48$ L/(mol·s) である。温度 T_1 における逆反応の反応速度定数 k_2 を有効数字2桁で求めよ。

実験2：7.0 mol の HI と 1.0 mol の H_2 を容器に入れ，温度 T_1 で40秒間反応させたところ<u>①化学平衡に到達</u>した。そこに 1.0 mol の H_2 （温度 T_1）を補給してさらに30秒間反応させたところ再び化学平衡に到達した。そこで，温度を T_2 （$>T_1$）に上げたところ10秒後には新しい化学平衡状態に達した。

問4　下線部①の化学平衡状態における I_2 の物質量を有効数字2桁で求めよ。計算過程も含めて，解答欄の枠の範囲内で記せ。

問5　図3は，実験2における反応開始後3秒以降の $\dfrac{[HI]^2}{[H_2][I_2]}$ の変化を表そうとしたグラフである。しかし，このグラフには明らかな誤りが2つある。2つの誤りを指摘し，それぞれについてその判断の根拠を解答欄の枠の範囲内で記せ。

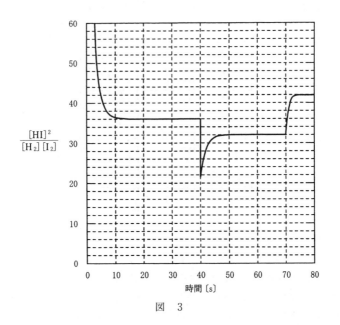

図　3

実験3：3.0 mol の H_2 と 3.0 mol の I_2 ならびに 2.0 mol の HI を容器に入れて温度 T_1 で化学平衡に達するまで反応させた。

問6　下に示す気体混合物のうち，温度 T_1 で化学平衡に達するまで反応させたとき に，各成分の物質量が実験3の場合と同じになるものを(あ)〜(え)の中からすべて選び， 記号で答えよ。

(あ)　H_2　4.0 mol，I_2　4.0 mol の混合物

(い)　H_2　1.5 mol，I_2　1.5 mol，HI　1.0 mol の混合物

(う)　H_2　2.0 mol，I_2　2.0 mol，HI　4.0 mol の混合物

(え)　H_2　1.0 mol，I_2　3.0 mol，HI　4.0 mol の混合物

33　有機溶媒と接する水溶液の平衡

（2008年度　第2問）

次の文(a)，(b)を読んで，□□□には適した式を，□□□には適した数値をそれぞれ所定の解答欄に記入せよ。数値は有効数字2けたで答えよ。$x/y \geqq 1000$ の場合には，$\sqrt{x+y} \fallingdotseq \sqrt{x}$ と考えてよい。また，必要があれば $\log_{10} 2 = 0.30$，$\log_{10} 3 = 0.48$ の値を用いよ。さらに，問1～問3の解答を所定の解答欄に記入せよ。

(a) 弱酸 AH の水溶液中での電離平衡は(1)式のように書くことができる。

$$AH \rightleftharpoons A^- + H^+ \qquad (1)$$

平衡状態で溶液中に存在する，電離していない状態の弱酸 AH の濃度を $[AH]_{aq}$ (mol/L)，電離状態にある A^- の濃度を $[A^-]_{aq}$ (mol/L)，H^+ の濃度を $[H^+]_{aq}$ (mol/L) とすると，酸の電離定数 K_a は(2)式で表される。

$$K_a = \frac{[A^-]_{aq} [H^+]_{aq}}{[AH]_{aq}} \qquad (2)$$

25℃で $K_a = 4.5 \times 10^{-5}$ mol/L であるとき，2.0×10^{-1} mol/L の弱酸水溶液の pH は □(I)□ である。

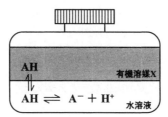

図　1

この水溶液 0.20 L が入った容器に，水とまったく混じり合わない有機溶媒X を V (L) 加え密閉した。この容器内の液体をよく混ぜ合わせ，25℃に保ったまま静置したところ，図1のように有機溶媒X と水溶液に分離した。弱酸 AH は，図1に示すように電離していない状態でのみ有機溶媒X に溶解し，X 中では電離しないとする。電離していない弱酸 AH のX 中での濃度 $[AH]_X$ (mol/L) と水中での濃度 $[AH]_{aq}$ (mol/L) の比は一定になり(3)式が成立するものとする。

$$\frac{[AH]_X}{[AH]_{aq}} = 8.0 \qquad (3)$$

有機溶媒X を加える前のA を含む化合物（AH と A^-）の物質量を n_0 (mol) とする。有機溶媒X を加えた後の，X 中と水中でのA を含む化合物の物質量をそれぞれ n_1 (mol) と n_2 (mol) とすると，それらは $[AH]_X$, $[AH]_{aq}$, $[A^-]_{aq}$, V を用いて

$$n_1 = \boxed{\quad (ア) \quad} \qquad (4)$$

$$n_2 = \boxed{\quad (イ) \quad} \qquad (5)$$

$$n_0 = n_1 + n_2 \qquad (6)$$

と表される。ここで，$V = 0.20\,\text{L}$ のとき，水溶液の pH は $\boxed{\quad(II)\quad}$ となった。さらに $1.0 \times 10^{-1}\,\text{mol/L}$ の NaOH 水溶液 $0.20\,\text{L}$ を加え，再びよく混合し静置したところ，水溶液の体積は $0.40\,\text{L}$ となり，その pH は $\boxed{\quad(III)\quad}$ となった。ここで，加えられた NaOH と等量の AH が電離するとしてよい。

このように，水溶液の pH を変化させたとき，

$$P = \frac{[\text{AH}]_{\text{X}}}{[\text{AH}]_{\text{aq}} + [\text{A}^-]_{\text{aq}}} \qquad (7)$$

で定義される P がどのように変化するかを考えよう。ここで，P は，K_a と $[\text{H}^+]_{\text{aq}}$ を用いて

$$P = \boxed{\quad (ウ) \quad} \qquad (8)$$

と表される。水溶液の pH を様々な値で一定に保つためには，pH の緩衝作用を持つ水溶液を用いればよい。ただし，緩衝液中の物質が弱酸の水中での電離と有機溶媒Xへの溶解に影響を及ぼさないとする。そこで，(8)式において K_a が $[\text{H}^+]_{\text{aq}}$ に比べて十分小さい条件では，$P = 8.0$ となる。一方，$[\text{H}^+]_{\text{aq}}$ が K_a に比べて十分小さい条件では，(8)式の両辺の対数をとると pH と $\log_{10} K_a$ を用いて

$$\log_{10} P = \boxed{\quad (エ) \quad} + \log_{10} 8.0 \qquad (9)$$

と表される。

問1 水溶液の pH と $\log_{10} P$ の関係を示すグラフは図2の(あ)〜(か)のうちどれが最も適切か。その記号を答えよ。

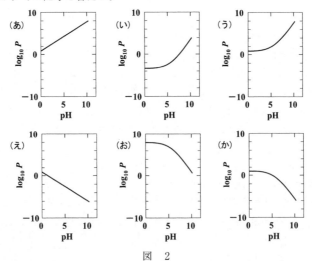

図 2

(b)　アミノ酸は，分子内にアミノ基とカルボキシル基を有するので，一般に有機溶媒には溶解しにくい。しかし，フェニルアラニンのような疎水的なアミノ酸のアミノ基にアセチル基を共有結合させた弱酸は，(a)で述べた AH と同様に有機溶媒 X にも溶解する。また，アミノ酸のカルボキシル基にメチル基を共有結合させた弱塩基も有機溶媒 X に溶解する。このようにして得た弱酸 RCOOH と弱塩基 R′NH$_2$ を考えよう。R および R′ は疎水基を示す。RCOOH と R′NH$_2$ は，弱酸 AH と同様に電離していない状態でのみ有機溶媒 X に溶解し，X 中では電離しないとする。

　　まず，RCOOH と R′NH$_2$ を有機溶媒 X と水の入った容器に加え，よく混ぜ合わせた後に静置したが，(10)式で示すペプチド結合を形成する反応は進行しなかった。

　　　　RCOOH + R′NH$_2$ $\rightleftharpoons$ RCONHR′ + H$_2$O　　　　(10)

そこで，水のみに溶ける物質 C をこの容器内に加え，よく混ぜ合わせたところ，水中の物質 C の濃度は変化せず，<u>X 中で RCONHR′ の濃度が上昇し始めた。時間とともに X 中の RCOOH と R′NH$_2$ の濃度が低下し，最終的に X 中に溶解している物質のほぼ全量が RCONHR′ となった</u>。

問2　物質 C に関する次の(1)，(2)の問いに答えよ。
　(1)　物質 C のような働きをする物質を一般に何と呼ぶか。解答欄に記せ。
　(2)　このような物質によって反応速度が増加する理由を解答欄の枠の範囲内で答えよ。
問3　X 中では(10)式の反応が進行しないにもかかわらず下線部①の現象が起きた理由を，化合物の疎水性あるいは親水性をふまえて解答欄の枠の範囲内で答えよ。

34 気体反応の速さと平衡

(2007 年度　第 2 問)

次の文を読んで，問1～問5に答えよ。ただし，触媒以外の反応物質はすべて気体状態で存在し，気体は理想気体の状態方程式に従うものとする。

　燃料電池用の水素製造法として，メタノールなどの燃料と水蒸気を反応させる方法がある。触媒存在下でメタノールと水蒸気は以下のように反応する。

$$CH_3OH \longrightarrow CO + 2H_2 \qquad (1)$$
$$CO + H_2O \rightleftharpoons CO_2 + H_2 \qquad (2)$$
$$CO + 3H_2 \rightleftharpoons CH_4 + H_2O \qquad (3)$$

反応(1)は高圧条件下でなければ不可逆反応と見なしてよい。反応(2)，(3)は可逆反応である。また，反応(1)は吸熱反応，反応(2)，(3)は右方向への反応が発熱反応である。可逆反応(2)，(3)の平衡定数は，気体のモル濃度を用いて以下のように表現できる。

$$K_2 = \frac{[CO_2][H_2]}{[CO][H_2O]} \qquad (4)$$

$$K_3 = \frac{[CH_4][H_2O]}{[CO][H_2]^3} \qquad (5)$$

反応(2)は反応温度を　(ア)　と，水素の濃度が増加する右方向へ平衡が移動する。メタンの生成を抑制するためには，反応圧力を　(イ)　ことが有効である。一酸化炭素の生成量を減らすには，生成した　(ウ)　や二酸化炭素を反応中に分離することが有効である。しかし，　(ウ)　を反応中に分離すると，生成する水素の量は減少する。

　①容積一定の容器に，メタノールと水蒸気を 2：3 の体積比で含む混合気体と触媒を入れて密封し，温度を一定に保って反応させた。その際，反応(3)は全く進行せずメタンは生成しなかった。反応開始からメタノールが完全に分解して反応(2)が平衡に達するまでの，水素と一酸化炭素の濃度を測定した。

　次に，容積が自由に変化する反応容器に，メタノール 2.00 mol と水蒸気 3.00 mol および触媒を入れて密封し，一定温度，一定圧力のもとで反応させた。反応前の混合気体の体積は V_0 であり，この条件でも反応(3)は全く進行しなかった。②反応開始から十分に時間が経過したとき，メタノールは反応(1)により完全に分解し，反応(2)は平衡状態に達した。このとき，混合気体の体積は V_1 となり，反応容器中の水素の物質量は 5.76 mol であった。

　通常の化学反応を密閉した容器内で行った場合，反応前後において分子を構成する各原子の総数は変化しない。このことから，メタノールが完全に分解したとき，各原子に着目すれば，以下の関係式が成立する。ただし，反応前の混合気体中のメタノールの濃度を $[CH_3OH]_0$，水蒸気の濃度を $[H_2O]_0$ で表し，反応後の水素，一酸化炭

素，二酸化炭素，水蒸気の濃度を，それぞれ $[H_2]$，$[CO]$，$[CO_2]$，$[H_2O]$ で表す。また，反応前および反応後における混合気体の体積を，それぞれ V_0，V_1 で表す。

$$V_0 \times [CH_3OH]_0 = V_1 \times ([CO] + [CO_2]) \tag{6}$$

$$V_0 \times (4[CH_3OH]_0 + 2[H_2O]_0) = V_1 \times (\boxed{\qquad\text{(I)}\qquad}) \tag{7}$$

$$V_0 \times ([CH_3OH]_0 + [H_2O]_0) = V_1 \times (\boxed{\qquad\text{(II)}\qquad}) \tag{8}$$

なお，関係式(6)〜(8)は$\boxed{\qquad\text{(エ)}\qquad}$。

問1 $\boxed{\text{(ア)}}$〜$\boxed{\text{(ウ)}}$にあてはまる適切な語句を答えよ。

問2 下線部①について，次の(i)，(ii)の場合における水素と一酸化炭素の濃度変化として最も適切なものを，図1の㋐〜㋕から選択し，解答欄にその記号を記せ。ただし，縦軸のスケールは，すべての図で同じである。

(i) 反応(2)の反応速度定数が小さく，反応(1)がある程度進行しないと反応(2)が進行しない場合

(ii) 反応(2)の反応速度定数が非常に大きい場合

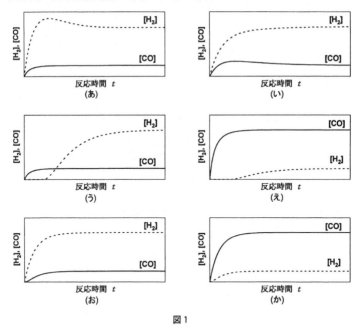

図1

問3 下線部②の状態に関して，以下の問いに答えよ。

(1) V_1 は V_0 の何倍となるか。有効数字2けたで答えよ。

(2) 反応後の一酸化炭素の物質量〔mol〕を，有効数字2けたで答えよ。

(3) 反応(2)の平衡定数 K_2 を，有効数字2けたで答えよ。

問4 ☐(I)☐, ☐(II)☐にあてはまる適切な式を, $[H_2]$, $[CO]$, $[CO_2]$, $[H_2O]$ を用いて答えよ。

問5 ☐(エ)☐にあてはまる適切な文を, 次の(あ)〜(え)から選択し, 解答欄にその記号を記せ。

(あ) 反応前後で温度が変化する場合は成立しない

(い) 反応前後で圧力が変化する場合は成立しない

(う) 反応前後で温度と圧力がともに変化する場合も成立する

(え) 反応前後で温度と圧力がともに変化する場合を除いて成立する

35 イオン交換樹脂と平衡

(2006年度　第1問)

次の文(a), (b)を読んで，問1〜問6に答えよ。ただし，原子量はH = 1.00，C = 12.0，O = 16.0，Na = 23.0，Cl = 35.5とする。

(a)　ある高分子化合物を濃硫酸で処理すると，ベンゼン環部分で反応し，多数の①強酸性の官能基をもつ樹脂Aが得られる。Aは3次元の網目状に連結された構造をもつため水中でも樹脂の形は保持されるが，下線部①の官能基中の水素イオンは，樹脂に接する水溶液中の陽イオンで可逆的に置換される。Aは十分な量の塩酸ですすいだ後，純水により塩酸を完全に洗い流すことで精製される。精製後，水分を除去した1000 gのAには，下線部①の官能基が2.50 mol含まれている。②この樹脂Aを30.0 gとりビーカーに入れた。そこへ，濃度0.100 mol/Lの食塩水500 mLをよく撹拌しながら加えたところ，樹脂と溶液との全量が520 mLとなって，樹脂はビーカーの底に沈んだ。次に，③樹脂をビーカーの底に残したまま，溶液部分を全て別のビーカーに回収した。この回収した溶液を換気に注意しながら，蒸発皿とガスバーナーを用いて水分が完全に無くなるまで加熱したところ，1.17 gの固形物が残った。

　　ここでは，樹脂Aおよび溶液の体積は，反応の前後で変化しないものとする。溶液相（樹脂外）の物質のモル濃度は，溶液の体積1 Lあたりで表し，樹脂相（樹脂内）の下線部①の官能基のモル濃度は，樹脂の体積1 Lあたりで表すこととする。溶液中の強酸や強塩基からなる物質は，完全に解離するものとする。加熱以外の操作では，溶液中の物質は蒸発しないものとする。

問1　下線部①の官能基の名称を記せ。

問2　樹脂Aの示性式において，下線部①の官能基の部分を除いた部分の構造をRと略記（例えばアミノ基をもつ樹脂の場合，R−NH₂）すると，下線部②における反応は，次の(1)式で表すことができる。　(ア)　と　(ウ)　には適する原子団を，また，　(イ)　と　(エ)　には適するイオン式を答えよ。

R−$\boxed{(ア)}$ + $\boxed{(イ)}$ $\rightleftharpoons$ R−$\boxed{(ウ)}$ + $\boxed{(エ)}$　　　　(1)

問3　上の(1)式の反応に化学平衡の法則が成立するとしたとき，下線部②の状態における　(ア)　〜　(エ)　の原子団やイオンのモル濃度〔mol/L〕を有効数字3けたで答えよ。

問4　上の(1)式の反応の平衡定数Kの値を有効数字3けたで答えよ。

(b) 上で述べた実験により，樹脂**A**の基本的な性質がわかった。ここでは，目的にあわせて効率良く樹脂**A**を利用するための理論的計算をおこなうことにする。いま，1回の反応に用いる樹脂**A**に含まれる下線部①の官能基の量をx〔mol〕とする。また，(1)式における反応前および反応後の | (イ) |の量をそれぞれy〔mol〕およびy_1〔mol〕とする。平衡定数Kは，x, y, y_1を用いて，次の(2)式で表すことができる。

$$K = \frac{{y_1}^2 - \boxed{(\mathcal{オ})} \, y_1 + y^2}{y_1(y_1 + \boxed{(\mathcal{カ})})} \qquad (2)$$

ここで，問4で求めたKの値を誤差のない数値とみなして，上の(2)式に代入すると，y_1は，x, yを用いて，次の(3)式で表すことができる。

$$y_1 = \frac{\boxed{(\mathcal{キ})}}{\boxed{(\mathcal{ク})}} \qquad (3)$$

反応前の | (イ) |の量yおよび平衡定数Kの値を変化させずに，(3)式の値を小さくするもっとも簡単な方法は，1回の反応に用いる樹脂**A**の量を増やすことである。たとえば，(3)式においてxの値を2倍すれば，このときの(3)式の値を簡単に算出することができる。

しかし，④同じ$2x$〔mol〕の下線部①の官能基を含む樹脂**A**を用いるとしても，はじめにx〔mol〕の下線部①の官能基を含む樹脂**A**を用いた後に，下線部③のようにして回収した溶液に対して，あらたにx〔mol〕の下線部①の官能基を含む樹脂**A**を用いた方が効率的であることが知られている。この2回目の反応後の | (イ) |の量をy_2〔mol〕とする。y_2は，x, yを用いてy_1を消去した形で表すと，次の(4)式で与えられる。

$$y_2 = \frac{\boxed{(\mathcal{ケ})}}{\boxed{(\mathcal{コ})}} \qquad (4)$$

問5 | (オ) |～| (コ) |に適する式を答えよ。

問6 下線部④に示された方法で，樹脂**A**と濃度0.100 mol/Lの食塩水500 mLとの反応をおこなった。はじめの | (イ) |の量に対する2回目の反応後の | (イ) |の量の割合を1.00パーセントとするためには，1回当り何gの樹脂**A**を用いればよいか。有効数字3けたで答えよ。

36 水蒸気を含む混合気体の平衡

（2004年度 第1問）

次の文を読んで，問1～問5に答えよ。

気体発生装置を用いて発生させた物質量 N〔mol〕の気体 **A** を図1に示すようにびんの中に捕集したのち，ホースを水槽から抜いた。その後，温度 T〔K〕に保ち，びんを動かすことなく十分な時間保持すると，びんの中には新たに気体 A_2 が生成し，次の平衡が達成された。

$$A + A \rightleftharpoons A_2 \qquad (1)$$

①このとき，びんの中の気体部分の体積は V〔L〕，圧力は P〔atm〕であった。（図2）

次に，同じ温度 T〔K〕で，反応(1)の平衡が達成されている状態を保ちながら，びんをゆっくりと押し下げて②びんの中の水面と水槽の水面を一致させた。（図3）

ただし，びんの中での水の気液平衡は常に成り立っているものとする。気体 **A**，A_2 はともに水に溶けず，水蒸気，気体 **A**，A_2 はすべて理想気体と考えてよい。また，大気圧を P_0〔atm〕，温度 T〔K〕での水蒸気圧を P_w〔atm〕，水の密度を d_w〔g/cm³〕，気体定数を R〔atm·L/(K·mol)〕とする。

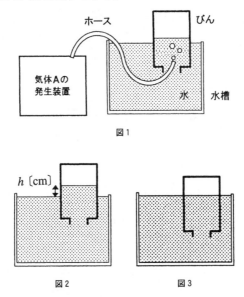

図1

図2   図3

問1　図2におけるびんの中の水面と水槽の水面との差 h〔cm〕を，水銀の密度 d〔g/cm^3〕および本文中の記号（N, T, V, P, P_0, P_w, d_w, R）のうちで適切なものを用いて表せ。ただし，1 atm = 760 mmHg とする。

問2　下線部①において，びんの中にある気体**A**の物質量 N_1〔mol〕を，本文中の記号のうちで適切なものを用いて表せ。

問3　下線部①において，反応(1)の平衡定数 K〔1/(mol/L)〕を，N，N_1，V を用いて表せ。

問4　温度が一定ならば平衡定数 K が一定であるとして，下線部②において，びんの中の水面と水槽の水面を一致させたとき，びんの中にある気体**A**の物質量 N_2〔mol〕を，K および本文中の記号のうちで適切なものを用いて表せ。

問5　N_1 と N_2 の関係について適切なものを，次の(ア)〜(ウ)のうちから1つ選べ。

(ア)　$N_1 > N_2$

(イ)　$N_1 = N_2$

(ウ)　$N_1 < N_2$

37 溶解度積と溶解平衡

（2004年度　第2問）

次の文(a), (b)を読んで，問1〜問6に答えよ。ただし，原子量はH = 1.0，N = 14.0，O = 16.0，Na = 23.0，S = 32.0，Cu = 63.5とする。

(a)　硫酸バリウム粉末を水に入れてよくかき混ぜて静置したところ，未溶解の硫酸バリウムが残り，平衡状態になった。この溶液には，溶液 100 mL 当たり硫酸バリウムは物質量として 1.0×10^{-6} mol しか溶けておらず，水に対する硫酸バリウムの溶解度は小さい。溶解した硫酸バリウムは完全に電離し，Ba^{2+} と $SO_4{}^{2-}$ のモル濃度の積を K（硫酸バリウム）とすると，その値は $\boxed{}$ (mol/L)^2 となる。ここで，この値は，水のイオン積の場合と同じように，他のイオンが存在していても存在していなくても，また，Ba^{2+} のモル濃度と $SO_4{}^{2-}$ のモル濃度が等しくない場合でも，温度が変わらなければ，つねに一定に保たれるものとする。

　水中の金属イオンの濃度を低くするために，そのイオンを溶解度の小さい塩の沈殿として回収する方法がとられる。たとえば，Pb^{2+} を含む水溶液に $SO_4{}^{2-}$ を含む水溶液を過剰に加えて Pb^{2+} を硫酸鉛(II)として回収すると，溶液中の Pb^{2+} の濃度を大幅に減らすことができる。いま，0.010 mol/L の硝酸鉛(II)水溶液 100 mL に，0.012 mol/L の硫酸ナトリウム水溶液を少なくとも $\boxed{}$ mL 加えると，混合溶液中の Pb^{2+} の濃度を 1.0×10^{-5} mol/L 以下にすることができる。ただし，溶解した硫酸鉛(II)は完全に電離し，K（硫酸バリウム）に対応する K（硫酸鉛(II)）の値は 2.0×10^{-8} (mol/L)^2 とする。

問1　文中の $\boxed{}$，$\boxed{}$ に適切な数値を有効数字2けたで記入せよ。

(b)　①テトラアンミン銅(II)イオンを含む水溶液に酸を加えると，水酸化銅(II)の沈殿が生じるが，さらに②酸を加えると，この沈殿は溶けることが知られている。そこで，銅(II)イオンの反応を調べるために，この錯塩を用いて以下の操作(1)〜(6)を行い，結果(1)〜(4)を得た。

操作(1)　物質量 2.00×10^{-3} mol のテトラアンミン銅(II)硫酸塩を，0.25 mol/L の硫酸 20.0 mL が入ったビーカーに入れて十分な時間かき混ぜる。

操作(2)　操作(1)のビーカー中の内容物をすべてメスフラスコに移し，水を加えて全体を 200 mL にする。

操作(3)　操作(2)でつくった溶液 10.0 mL をコニカルビーカーにとり，これに水 40.0 mL を加える。

操作(4)　操作(3)のコニカルビーカーに 0.050 mol/L の水酸化ナトリウム水溶液を
　　　　かき混ぜながら徐々に滴下していき，そのつど pH 計を用いてコニカルビーカー
　　　　中の溶液の pH を測定する。同時に，沈殿が生成してくる様子を観察する。

操作(5)　水酸化ナトリウム水溶液を 4.0 mL まで加えたところで滴下をやめる。コ
　　　　ニカルビーカーを加熱して沈殿の色の変化を見る。

操作(6)　十分な時間加熱したのち，コニカルビーカーを室温までさます。ろ過して
　　　　沈殿を分離し，乾燥させたのち，その質量を測定する。

結果(1)　操作(1)のあと，ビーカー中に沈殿はなかった。

結果(2)　操作(4)より，滴下した水酸化ナトリウム水溶液の体積と pH との間に，図
　　　　1の曲線で示される関係が得られた。すなわち，この曲線は水酸化ナトリウム水
　　　　溶液の体積が 2 mL 付近で折れ曲がり，pH はその後緩やかに変化した。また，
　　　　曲線に折れ曲がりが現れると，③青白色の化合物の沈殿が生じてきた（図1の
　　　　A）。

結果(3)　操作(5)で，沈殿の色は黒色に変化した。

結果(4)　操作(6)で，沈殿の質量は 4.0 mg であった。

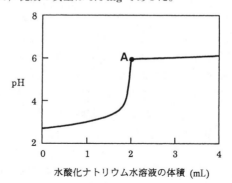

図1

問2　下線部①の反応をイオン反応式で示せ。

問3　下線部②の反応をイオン反応式で示せ。

問4　操作(1)では，テトラアンミン銅(Ⅱ)硫酸塩の物質量の2倍以上の硫酸が入っ
　　　ていた。物質量の2倍を超えた硫酸は，操作(4)で 0.050 mol/L の水酸化ナトリ
　　　ウム水溶液を滴下していくと中和される。このとき，中和に必要な水酸化ナトリ
　　　ウム水溶液は何 mL と計算されるか。有効数字2けたで答えよ。

問5　操作(6)のろ液中の Cu^{2+} の濃度は何 mol/L か。有効数字2けたで答えよ。た
　　　だし，テトラアンミン銅(Ⅱ)イオンの生成量および水の蒸発量は無視できるもの
　　　とする。

問6　操作(1)で，テトラアンミン銅(Ⅱ)硫酸塩の物質量のみを半分にして，同じような実験を操作(4)までおこなった。滴下した水酸化ナトリウム水溶液の体積とpHとの関係は，図1の曲線と同じような傾向を示し，曲線に折れ曲がりが現れると，下線部③と同じ青白色の化合物の沈殿が生じてきた。このとき，図1の**A**に対応する点における水酸化ナトリウム水溶液の体積とpHは，図1の点**A**と比べてどのように変化するか。適切なものを，次の㋐〜㋒のうちから1つ選べ。ただし，下線部③の青白色の化合物は，溶液中では完全に電離するものとする。

㋐　体積は等しく，pHはわずかに大きくなる。

㋑　体積は等しく，pHはわずかに小さくなる。

㋒　体積は大きく，pHもわずかに大きくなる。

㋓　体積は大きく，pHはわずかに小さくなる。

㋔　体積は小さく，pHはわずかに大きくなる。

㋕　体積は小さく，pHもわずかに小さくなる。

38 アンモニア合成の反応の速さと平衡

（2002 年度　第 1 問）

以下の問 1 ～問 6 に答えよ。ただし，問 1 ～問 5 では，気体は理想気体として取り扱えるものとする。

問 1　窒素と水素をモル比 1 : 3 で混合した気体を，圧力が常に一定になるように体積が変わる容器に触媒と共に閉じこめ，圧力が 10 atm，100 atm の 2 つの条件で，平衡に達したときのアンモニアの体積百分率（％）の温度依存性を測定した。図 1 の温度依存性を示す曲線(a)～(d)はその 2 つの測定結果を含む。曲線(a)～(d)の中でどれが 100 atm での結果であるかを，解答欄 A に記入し，その理由を解答欄 B に簡潔に述べよ。ここで，H–H，N–H，N≡N の結合エネルギーは，それぞれ，432，386，928 kJ/mol であることを用いてもよい。

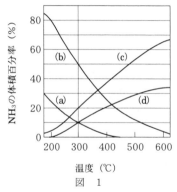

図　1

問 2　圧力が常に一定になるように体積が変わる容器で，窒素 1 mol と水素 3 mol を混合し，100 atm，300 ℃ で触媒を用いて反応させた。この反応が平衡に達したとき生成するアンモニアの物質量は何 mol か，有効数字 2 けたで答えよ。

問 3　問 2 の反応が平衡に達した後に，容器に 0.5 mol の塩化水素ガスを加えたところ，瞬時に白煙が生じ，その後しばらくして平衡に達した。このとき生成しているアンモニアの物質量は何 mol か，有効数字 2 けたで答えよ。ただし，白煙が生じる反応は不可逆反応であるとする。

問 4　問 2，問 3 の一連の反応におけるアンモニアの物質量（mol）の時間変化の様子を，実線で図示せよ。ただし，反応は時刻 $t = 0$ に始まり，時刻 $t = t_0$ で最初の平衡に達した時に，塩化水素ガスが加えられたとし，時刻 $t = 2t_0$ までを図示するものとする。また，時刻 $t = \frac{1}{2}t_0$ で，$t = t_0$ での生成量の約 85 ％ のアンモニアが生成したとする。なお，解答の図には，図 2 と同じように，縦軸に数値を，横軸に

記号を記入せよ。

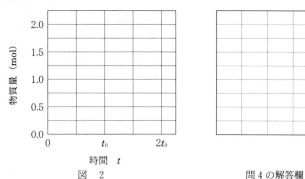

図　2　　　　　　　　　　　　問4の解答欄

問5　圧力が常に一定になるように体積が変わる容器に，窒素 x mol と水素 3 mol を触媒と共に入れ，圧力を 100 atm，温度を 300 ℃ に保ったところ，アンモニアが 1 mol 生じた。このとき x に対して以下の二次方程式が得られる。

係数(A)，(B)を求めよ。

$$x^2 + \boxed{}\,x + \boxed{} = 0$$

問6　一般に，常温常圧の水素と窒素とアンモニアの混合気体から，アンモニアを分離する方法を簡潔に述べよ。必要ならば，以下に示した物質を使用してもよい。

水，エタノール，氷，ドライアイス，酸素，発煙硫酸，

塩酸，水酸化ナトリウム，鉄粉，木炭，石灰石

39 多段階電離平衡と酸性雨

(2002 年度 第 2 問)

次の文(A), (B)を読んで, 問 1 ～問 5 に答えよ。必要があれば, $\log_{10}2 = 0.301$, $\log_{10}3 = 0.477$, $\log_{10}7 = 0.845$ の値を用いよ。また, 水のイオン積を 1.0×10^{-14} $(mol/L)^2$ とする。

(A) 大気汚染の影響のまったくない場合でも, 雨滴は大気中に含まれる二酸化炭素を吸収して H_2CO_3 を生じ, その影響で酸性となる。このため, 酸性雨とは酸性の雨すべてではなく, pH がある値以下の雨をさす。大気汚染の影響のない場合の雨滴の pH は以下のようにして計算できる。

大気中にある二酸化炭素は, 雨滴中に溶け込むと H_2CO_3 となり, その一部は HCO_3^- や CO_3^{2-} に電離する。温度一定の平衡状態では, 雨滴中の H_2CO_3 濃度 C (mol/L) と大気中の二酸化炭素分圧 P (atm) との比 $\dfrac{C}{P}$ は一定となる。比 $\dfrac{C}{P}$ が 3.0×10^{-2} (mol/(L·atm)) で, 1 atm の大気中に二酸化炭素が 0.032 %（モル百分率）含まれる場合, 平衡状態時には雨滴中に ［ (ア) ］ mol/L の H_2CO_3 が存在する。

雨滴中に溶けた H_2CO_3 の一部は以下の式に従って, H^+ イオンと HCO_3^- イオンとに電離する。

$$H_2CO_3 \rightleftharpoons H^+ + HCO_3^-, \quad K_1 = 4.2 \times 10^{-7}\,mol/L \qquad (1)$$

さらに HCO_3^- イオンの一部は, 以下の式に従って H^+ イオンと CO_3^{2-} イオンとに電離する。

$$HCO_3^- \rightleftharpoons H^+ + CO_3^{2-}, \quad K_2 = 5.5 \times 10^{-11}\,mol/L \qquad (2)$$

このように H_2CO_3 は 2 段階で電離し, それぞれの電離定数は K_1, K_2 である。平衡状態での H_2CO_3 濃度を $[H_2CO_3]$ (mol/L), H^+ イオン濃度を $[H^+]$ (mol/L), HCO_3^- イオン濃度を $[HCO_3^-]$ (mol/L), CO_3^{2-} イオン濃度を $[CO_3^{2-}]$ (mol/L) とすると, (1)式で表される平衡反応より, $[HCO_3^-]$ は, $[H_2CO_3]$, $[H^+]$, K_1 を用いて以下の式で表すことができる。

$$[HCO_3^-] = \boxed{\qquad (I) \qquad} \qquad (3)$$

一方, (2)式の平衡反応より, $[CO_3^{2-}]$ は, $[HCO_3^-]$, $[H^+]$, K_2 を用いて以下のように表すことができる。

$$[CO_3^{2-}] = \boxed{\qquad (II) \qquad} \qquad (4)$$

(1)式および(2)式で与えられる電離ならびに水の電離により, 陽イオンとして H^+, 陰イオンとして OH^-, HCO_3^-, CO_3^{2-} が生成する。その溶液が全体として電気的に中性であることを考えると, 以下の式が成立する。

$$[H^+] = \boxed{\text{(a)}} \times [OH^-] + \boxed{\text{(b)}} \times [HCO_3^-] + \boxed{\text{(c)}} \times [CO_3^{2-}] \qquad (5)$$

二酸化炭素が溶け込んだ雨滴は，(1)式，(2)式により酸性となる。したがって，(5)式で [OH⁻] は [H⁺] に比べて小さく，無視できる。一方 [HCO₃⁻] と [CO₃²⁻] とを比較すると，雨滴が酸性の場合には(4)式より {Ⅲ：① [HCO₃⁻]，② [CO₃²⁻]} の方が小さく，これも無視できる。これらより近似的に，平衡状態での [H⁺] を [H₂CO₃] と電離定数とで表すことができる。この式から [H₂CO₃] = $\boxed{\text{(ア)}}$ mol/L の時の [H⁺] を求めると，[H⁺] = $\boxed{\text{(イ)}}$ mol/L となり，pH は $\boxed{\text{(ウ)}}$ と計算される。

(B)　このような過程で酸性となった雨滴に，窒素酸化物や硫黄酸化物が溶け込むと，さらに pH は低下する。これが酸性雨である。窒素酸化物の場合は，最終的に雨滴中に硝酸が生じ，pH が低下する。大気中の二酸化炭素と平衡状態に達した雨滴に，硝酸が溶け込んだ場合を考える。このとき，雨滴中には H⁺，OH⁻，HCO₃⁻，CO₃²⁻，NO₃⁻ 各イオンが存在し，以下の式が成立する。

$$[H^+] = \boxed{\text{(d)}} \times [OH^-] + \boxed{\text{(e)}} \times [HCO_3^-]$$
$$+ \boxed{\text{(f)}} \times [CO_3^{2-}] + \boxed{\text{(g)}} \times [NO_3^-] \qquad (6)$$

大気中の二酸化炭素と平衡条件下での [HCO₃⁻] および [CO₃²⁻] は，(3)式，(4)式などを用いて計算できる。したがって，[H₂CO₃] = $\boxed{\text{(ア)}}$ mol/L の条件で平衡となる雨滴は，NO₃⁻ を $\boxed{\text{(エ)}}$ mol/L 含むと pH が 5.0 に，$\boxed{\text{(オ)}}$ mol/L 含むと pH が 4.0 に低下する。これが酸性雨の生成の一過程である。

問1　文中の $\boxed{\text{(ア)}}$ ～ $\boxed{\text{(オ)}}$ に適切な数値を記入せよ。なお，数値は有効数字 2 けたで答えよ。

問2　文中の $\boxed{\text{(Ⅰ)}}$，$\boxed{\text{(Ⅱ)}}$ に適切な式を記入せよ。

問3　文中の {Ⅲ} のうち，適切な方を番号で示せ。

問4　(5)式および(6)式中の $\boxed{\text{(a)}}$ ～ $\boxed{\text{(g)}}$ に適切な数値を記入せよ。

問5　窒素酸化物である一酸化窒素は，大気中での反応により，雨滴中に硝酸を生じさせる。その主要な過程を 2 段階の化学反応式で示せ。

40 酢酸の中和と pH, 電離定数

(2001 年度　第 1 問)

次の文を読んで, 問 1 ～ 問 5 に答えよ。必要があれば, $\log 2 = 0.301$, $\log 3 = 0.477$,　$\log 5 = 0.699$,　$\log 7 = 0.845$,　$\sqrt{2} = 1.414$,　$\sqrt{3} = 1.732$, $\sqrt{5} = 2.236$, $\sqrt{7} = 2.646$, $\sqrt{10} = 3.162$ の値を用いよ。問 2 は有効数字 2 けたで答えよ。

　強酸や強塩基は水溶液中ではほぼ完全に電離しているが, 弱酸や弱塩基はわずかしか電離しない。たとえば, 酢酸は水溶液中では次のような電離平衡の状態になっている。

$$CH_3COOH + H_2O \rightleftharpoons CH_3COO^- + H_3O^+ \qquad (1)$$

希薄水溶液では, 酢酸に比べて水は非常に多量にあるので反応(1)に関与する水分子の数は関与しないものに比べて極めて少なく, 水の濃度 $[H_2O]$ (mol/L) は一定とみなすことができる。このとき, H_3O^+ を H^+ と書くと(1)式の電離平衡は便宜的に(1′)式のように書くことができる。

$$CH_3COOH \rightleftharpoons CH_3COO^- + H^+ \qquad (1′)$$

したがって, 平衡状態で溶液中に存在する酢酸の濃度を $[CH_3COOH]$ (mol/L), 酢酸イオンの濃度を $[CH_3COO^-]$ (mol/L), H^+ イオンの濃度を $[H^+]$ (mol/L) とすると, 反応(1′)の平衡に対して次式が成り立つ。

$$K_a = \boxed{\quad (ア) \quad} \qquad (2)$$

この K_a を酸の電離定数という。酢酸の場合, 25℃ で $K_a = 2.8 \times 10^{-5}$ mol/L である。

　今, 実験室で濃度 1.0 mol/L の酢酸水溶液 10 mL に水を加え 200 mL にした溶液をビーカーに入れ, pH 指示薬を少量加えた。この溶液に, ビュレットから濃度 1.0 mol/L の水酸化ナトリウム水溶液を滴下して中和滴定を行う場合を考える。なお, 以下の計算では pH 指示薬及び水酸化ナトリウム水溶液を滴下したことによる試料溶液の体積変化は無視するものとする。また, 溶液の温度は 25℃ で一定とする。滴定を行う前の酢酸溶液の pH は $\boxed{(a)}$ で, 酢酸の電離度は $\boxed{(b)}$ である。ある程度滴定が進むと $[H^+]$ および $[OH^-]$ は添加した塩基（水酸化ナトリウム）の濃度より非常に小さくなるので, 滴定で加えた水酸化ナトリウムと同じモル数の $\boxed{(I)}$ が中和反応によって減少し, 同時にこれと同じモル数の $\boxed{(II)}$ が増加すると考えることができる。したがって, この試料溶液において, 酢酸の総濃度 C_A $(= [CH_3COOH] + [CH_3COO^-])$ に対する滴定で加えられた水酸化ナトリウムの総濃度の比を α とすると, このときの試料溶液の pH と α との関係（この関係を示す曲線を滴定曲線とい

う）は，中和点（$\alpha = 1$）に達するまでは次式で表すことができ，図1に示したようになる。

$$\mathrm{pH} = \mathrm{p}K_\mathrm{a} + \log \boxed{\text{(イ)}} \qquad (3)$$

（ここで $\mathrm{p}K_\mathrm{a} = -\log K_\mathrm{a}$）

この式から明らかなように，この滴定領域（$\alpha < 1$）では，滴定曲線は酢酸の総濃度 C_A によらず同じ曲線を示すことになる。$\alpha = 0.5$ では，試料溶液の pH は(4)式で与えられる。

$$\mathrm{pH} = \boxed{\text{(ウ)}} \qquad (4)$$

$\alpha = 0.5$ 付近では，少量の強塩基（または強酸）を加えても pH はあまり変化しない。このように，弱酸を強塩基で部分的に中和した溶液（すなわち弱酸と強塩基とから生じた塩および弱酸を含む溶液）は，$\boxed{\text{(III)}}$ 作用をもつ。

中和点（$\alpha = 1$）では，酢酸は全て弱 $\boxed{\text{(IV)}}$ である酢酸イオンになり，この酢酸イオンの一部が水と反応し，(5)式で示される電離平衡の状態になっている。

$$\mathrm{CH_3COO^-} + \mathrm{H_2O} \rightleftharpoons \mathrm{CH_3COOH} + \mathrm{OH^-} \qquad (5)$$

この反応の平衡定数 K は(6)式で示される。

$$K = \frac{[\mathrm{OH^-}][\mathrm{CH_3COOH}]}{[\mathrm{CH_3COO^-}]} \qquad (6)$$

これは，酢酸の電離定数 K_a および水のイオン積 K_w（$= 1.0 \times 10^{-14}\ (\mathrm{mol/L})^2$）と(7)式の関係にある。

$$K = \boxed{\text{(エ)}} \qquad (7)$$

また，中和点（$\alpha = 1$）では $[\mathrm{CH_3COOH}]$ は $[\mathrm{CH_3COO^-}]$ に比べて非常に小さいと考えることができる。したがって，酢酸の総濃度 C_A が十分大きいとき，中和点での試料溶液の pH は(8)式で表すことができる。

$$\mathrm{pH} = 7 + \frac{1}{2}\,(\boxed{\text{(オ)}} + \log C_\mathrm{A}) \qquad (8)$$

これより本試料溶液の中和点（$\alpha = 1$）での pH を計算すると，$\boxed{\text{(c)}}$ となる。中和点を越える（$\alpha > 1$）と，過剰に加えた水酸化ナトリウムの濃度が $\mathrm{OH^-}$ 濃度に対応するので，溶液の pH は強酸を強塩基で滴定した場合と同じになる。

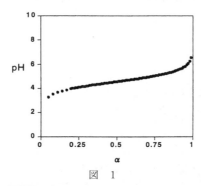

図　1

問1　文中の ［(ア)］ ～ ［(オ)］ をうめて式を完成せよ。

問2　文中の ［(a)］ ～ ［(c)］ に適切な数値を記入せよ。

問3　文中の ［(I)］ ～ ［(IV)］ に適切な語句を記入せよ。

問4　下線部の ［(III)］ 作用の大きさは，一定量の強塩基（または強酸）の添加による溶液の pH 変化の大きさから見積もることができる。この pH の変化が小さいほど，［(III)］ 作用は大きいといえる。ある濃度以上で酢酸の総濃度を高くしたとき，この ［(III)］ 作用の大きさは $\alpha = 0.5$ においてどのように変化するか。以下の 1 ～ 3 から正しいと思われるものを 1 つ選び，番号で答えよ。

1．酢酸の総濃度に比例して大きくなる。

2．変化しない。

3．酢酸の総濃度に反比例して小さくなる。

問5　上記のように酢酸溶液を強塩基で中和滴定する場合，中和点を決定するために最も適切と考えられる指示薬を，その変色域を参考にして，以下の 1 ～ 5 から 1 つ選び，番号で答えよ。

番号	指示薬	変色域(pH)
1．	メチルオレンジ	3.1～4.4
2．	メチルレッド	4.2～6.3
3．	ブロモチモールブルー	6.0～7.6
4．	フェノールフタレイン	8.3～10.0
5．	アリザリンイエロー	10.2～12.0

41 沈殿滴定と溶解度積

(2000年度 第1問)

次の文(A), (B)を読んで, 問1〜問6に答えよ。ただし, 水のイオン積は K_w = $[H^+][OH^-]$ = 1.0×10^{-14} $(mol/L)^2$ とする。問2, 問3および, 問5, 問6は有効数字2けたで答えよ。

(A) 塩化銀の沈殿生成を利用して, 水溶液中の塩化物イオン濃度を測定する沈殿滴定について, その操作を頭の中で思い描きながら考えてみよう。塩化物イオンが含まれる試料溶液 10 mL を ☐(ア)☐ を用いて正確にはかりとり, ビーカーに入れる。この水溶液にクロム酸イオンを少量加える。これに ☐(イ)☐ を用いて濃度既知の硝酸銀水溶液を滴下していく。すると, まず塩化銀の ☐(ウ)☐ 沈殿が析出するが, やがてはクロム酸銀の ☐(エ)☐ 沈殿が生成し始める。この時点で滴定は終了となる。このときまでに塩化物イオンのほとんどすべては沈殿してしまっているからである。

この沈殿滴定の原理を, 既知濃度の塩化物イオン水溶液を例にして, 平衡定数を用いて考えよう。難溶性塩の溶解における平衡定数 K は, 溶解により生じたイオンの濃度を用いて次のように表され, 平衡に達するとそれらの濃度の積が一定になる。

$$AgCl (固) \rightleftharpoons Ag^+ + Cl^-$$
$$K = [Ag^+][Cl^-] = 2.0 \times 10^{-10} \ (mol/L)^2$$
$$Ag_2CrO_4 (固) \rightleftharpoons 2Ag^+ + CrO_4{}^{2-}$$
$$K = [Ag^+]^2[CrO_4{}^{2-}] = 1.0 \times 10^{-12} \ (mol/L)^3$$

滴定実験においては, 試料中の塩化物イオン濃度は 1.0×10^{-1} mol/L, クロム酸イオン濃度は 1.0×10^{-4} mol/L とする。そうすると, ①クロム酸銀が沈殿し始めるとき, すなわち滴定が終了したときの銀イオンの濃度は ☐(オ)☐ mol/L となる。このとき溶液中に含まれる塩化物イオンはごくわずかで, その量は滴定を始める前に存在していた塩化物イオン量の ☐(カ)☐ % にしか過ぎない。クロム酸銀の沈殿生成によって滴定操作の終了を判定できることが分かる。

以下の計算では, 硝酸銀水溶液を滴下したことによる試料溶液の体積変化はないものとする。また, Ag_2CrO_4 の沈殿の生成に要した Ag^+ は無視できるものとする。

問1 ☐(ア)☐ 〜 ☐(エ)☐ に適切な器具の名称または色を入れよ。

問2 ☐(オ)☐, ☐(カ)☐ に適切な数値を入れよ。

問3 塩化物イオン濃度の測定値は滴定の終了までに加えられた銀イオンの総量から計算される。その総量は滴定終了時の AgCl 沈殿と水溶液の双方に含まれる銀

量の和である。もともと溶液試料中に存在していた塩化物イオンの濃度と，下線部①のときの測定値との差はいくらになるか。その値を mol/L で求めよ。

(B) 上記(A)に述べた方法を用いるときには，試料溶液の組成に注意が必要となる。たとえば，水溶液のアルカリ性が強いと $_②2Ag^+ + 2OH^- \longrightarrow Ag_2O\downarrow + H_2O$ の反応が起こって，塩化銀やクロム酸銀以外の沈殿物が生成する。一方，酸性が強いと $_③CrO_4^{2-} + H^+ \longrightarrow HCrO_4^-$ の反応が起こってクロム酸イオンが減少し，クロム酸銀の沈殿生成に多量の銀イオンを要することになる。また，アンモニアやチオ硫酸イオンが水溶液中に存在すると，それぞれ ［(キ)］ や ［(ク)］ のような銀の錯イオンが生じて，銀塩が沈殿しにくくなる。

問4 ［(キ)］，［(ク)］ に適切なイオン式を入れよ。

問5 下線部②の反応が，平衡状態 Ag_2O（固）$+ H_2O \rightleftharpoons 2Ag^+ + 2OH^-$ に達したときの平衡定数を $K = [Ag^+]^2[OH^-]^2 = 4.0 \times 10^{-16}$ $(mol/L)^4$ とする。滴定の途中で Ag_2O が沈殿しないようにするには，水素イオン濃度は何 mol/L 以上であるべきかを求めよ。

問6 下線部③の反応が，平衡状態 $HCrO_4^- \rightleftharpoons CrO_4^{2-} + H^+$ に達したときの平衡定数を $K = \dfrac{[CrO_4^{2-}][H^+]}{[HCrO_4^-]} = 2.5 \times 10^{-7}$ (mol/L) とする。試料溶液の pH が 4.0 であったときの，滴定終了時における溶液中の銀イオン濃度を mol/L で求めよ。

42 圧平衡定数と反応熱

(2000 年度　第 2 問)

次の文を読んで，問 1 〜問 4 に答えよ。ただし，すべての気体を理想気体として扱い，必要に応じて以下の値を用いよ。

$\sqrt{2} = 1.414$, $\sqrt{3} = 1.732$, $\sqrt{5} = 2.236$, $\sqrt{7} = 2.646$

気体間の反応の平衡定数は，反応にかかわる物質の濃度よりも，それらの分圧で表されることが多い。エチレンと水素を混合し，エタンを生じる反応の場合，その平衡状態は式(1)で示される。

$$C_2H_4 + H_2 \rightleftharpoons C_2H_6 \qquad (1)$$

平衡状態におけるエチレン，水素，エタンのそれぞれの分圧を，$P_{C_2H_4}$, P_{H_2}, $P_{C_2H_6}$ と書き表すと，圧平衡定数 K_P は，

$$K_P = \frac{P_{C_2H_6}}{P_{C_2H_4} \cdot P_{H_2}}$$

と定義される。したがって，この平衡状態については，平衡定数を K，気体定数を R，絶対温度を T とすると，

$$K = \boxed{(ア)} \cdot K_P$$

の関係が成立する。

各成分分子の物質量を，混合気体の全物質量で割った値を，各成分分子のモル分率と呼ぶ。ある温度で，1 mol のエチレンと 1 mol の水素が反応して，(1)式で示される平衡状態になったとき，全圧が 1atm で各成分分子のモル分率がすべて $\frac{1}{3}$ となった。この反応のこの温度での圧平衡定数は，$\boxed{(イ)}$ である。

上と同じ温度で，2 mol のエチレンと 1 mol の水素が反応して平衡状態になったとき，エタンのモル分率が $\frac{1}{3}$ となる圧力は $\boxed{(ウ)}$ atm であり，また，圧力を 1 atm に保つとエタンのモル分率は $\boxed{(エ)}$ となる。

問 1　$\boxed{(ア)}$ に適切な式を入れよ。

問 2　$\boxed{(イ)}$, $\boxed{(ウ)}$, $\boxed{(エ)}$ に適切な数値を入れよ。ただし，$\boxed{(イ)}$ には単位をつけ，$\boxed{(ウ)}$, $\boxed{(エ)}$ は有効数字 2 けたで答えよ。

問 3　エチレン，水素，エタンの燃焼熱を，それぞれ 1410，286，1560 kJ/mol としたとき，次の熱化学方程式(2)で与えられる反応熱 Q を kJ 単位で求め，有効数字 3 けたで答えよ。

$$C_2H_4 \,(気) + H_2 \,(気) = C_2H_6 \,(気) + Q \,kJ \qquad (2)$$

問 4　C−H，C−C，H−H の単結合エネルギーを，それぞれ 414，348，436 kJ/mol とし，問 3 で求めた反応熱を用いて，炭素炭素間二重結合の結合エネルギーが炭素炭素間単結合の結合エネルギーの何倍になるかを求め，有効数字 2 けたで答えよ。

43 アンモニア合成と水溶液の平衡

(1999 年度　第2問)

次の文を読んで，問1〜問5に答えよ。

窒素（N_2）と水素（H_2）からアンモニアを合成する反応は次式で与えられる。

N_2（気）$+ 3H_2$（気）$= 2NH_3$（気）$+ 92$ kJ　　　(1)

アンモニアは式(1)の逆反応で N_2 と H_2 に分解する。いま，N_2 と H_2 の物質量比（モル量比）が1:3の混合気体を，温度500℃，圧力600気圧で，触媒の存在のもとに長時間保つと，①混合気体は平衡に達する。平衡状態では体積百分率で全体の40％がアンモニアである。式(1)の反応は　(ア)　熱反応であるので，温度を高くすると平衡状態でのアンモニアの割合は　(イ)　する。アンモニア分子では窒素原子の　(a)　個の価電子のうち，　(b)　個は結合に関与しない　(ウ)　を形成する。このため，アンモニアは H^+ と　(エ)　結合をつくって NH_4^+ となる。

アンモニアは水に溶解すると，その一部は水分子と反応して次の平衡が成り立つ。

$NH_3 + H_2O \rightleftharpoons$　(1)　$+$　(2)　　　(2)

このため，アンモニア水は　(オ)　性を示す。いま，②温度25℃で n_1 mol のアンモニアと n_2 mol の塩化アンモニウムを加えて得られる全体で1Lの水溶液の pH を考えよう。アンモニアの電離定数を K とすると

$K =$　(3)　$= 1.7 \times 10^{-5}$ (mol/L)　　　(3)

と表される。水のイオン積を K_w とすると

$K_w = [H^+][OH^-] = 1.0 \times 10^{-14}$ (mol/L)^2　　　(4)

である。また，水溶液全体では電荷はゼロでなければならないので

(4)　$= [Cl^-] = n_2$ (mol/L)　　　(5)

が成り立つ。さらに，窒素原子はアンモニアまたはアンモニウムイオンの形で存在するので

(5)　$= n_1 + n_2$ (mol/L)　　　(6)

である。濃度に対する連立方程式(3)〜(6)を全ての濃度が正であるという条件のもとで解けば，水素イオン濃度および pH が正確に求められる。しかし，実際は多くの場合，ある化学種の濃度が他の化学種の濃度よりもはるかに小さいとして，計算を簡略化することができる。

また，式(2)の平衡において，右向きの反応速度は $k_1[NH_3][H_2O]$ で，左向きの反応速度は $k_2[$　(1)　$][$　(2)　$]$ で与えられるとすれば，k_1，k_2 および K の間には

$K =$　(6)　　　(7)

の関係がある。

問1　(a)，(b)　に適切な数を入れよ。

問2　(ア)　～　(オ)　に適切な語を入れよ。

問3　(1)，(2)　には適切な化学式を，(3)　～　(6)　には適切な式を入れよ。

問4　下線部①の平衡に達したとき，最初の混合気体の何パーセントが反応したことになるか。有効数字2けたで答えよ。

問5　下線部②において，$n_1 = 0.010\,\text{mol}$ のとき，ちょうど pH $= 9$ の溶液を作るには，n_2 をいくらにしなければならないか。有効数字2けたで答えよ。

44 触媒反応と緩衝液の pH

(1998 年度　第 2 問)

次の文を読んで，問 1 〜問 4 に答えよ。

　ある触媒 A の存在下で①エタノール C_2H_5OH とヘキサシアノ鉄（Ⅲ）酸イオン $[Fe(CN)_6]^{3-}$ が反応し，それぞれアセトアルデヒドと $[Fe(CN)_6]^{4-}$ になる。下に述べるように，生成した $[Fe(CN)_6]^{4-}$ を電解によりすべて $[Fe(CN)_6]^{3-}$ に酸化し，そのときの電気量から $[Fe(CN)_6]^{4-}$ の濃度を算出し，反応速度を求める実験を行った。

〈操作 1〉　②酢酸と酢酸ナトリウムを含む緩衝液に，C_2H_5OH と $K_3[Fe(CN)_6]$ を溶かし，さらに触媒 A を加えて下線部①の反応を開始させた。ただし，反応開始時の C_2H_5OH と $K_3[Fe(CN)_6]$ の濃度はそれぞれ $0.10\,mol/L$ とした。

〈操作 2〉　反応開始から一定時間ごとに反応溶液を $10.0\,mL$ ずつ採取し，反応をすばやく停止させた。この溶液中の $[Fe(CN)_6]^{4-}$ を電解し，すべて酸化するのに要する電気量を測定した。

〈結　果〉　図 1 は電気量と反応時間 t の関係を示す。このとき，反応開始時の触媒濃度 $[A]$ は，$1.0 \times 10^{-7}\,mol/L$ に固定した。図 2 は電気量と触媒濃度 $[A]$ の関係を示す。このとき，反応時間 t は $10\,min$ に固定した。

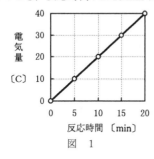

図　1

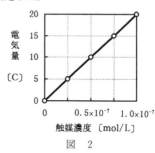

図　2

問 1　下線部①のイオン反応式を記せ。

問 2　反応速度 v を，単位時間あたりの C_2H_5OH 濃度の減少量とする。図 1 は，先に述べたように反応溶液 $10.0mL$ を用いたときの結果である。これをもとに，触媒濃度 $[A] = 1.0 \times 10^{-7}\,mol/L$ での v の値を $mol/(L \cdot min)$ 単位で求め，有効数字 2 けたで答えよ。単位を記入する必要はない。ただし，ファラデー定数は $9.65 \times 10^4\,C/mol$ とする。

問3 (a) 図1,図2の結果から,反応速度 v と,C_2H_5OH 濃度,$[Fe(CN)_6]^{3-}$ 濃度および触媒濃度の関係式を求め,正しいものを下の(ア)～(オ)の中から選び,記号で答えよ。ただし,反応速度定数を k,$[Fe(CN)_6]^{3-}$ 濃度を $[Fe(CN)_6{}^{3-}]$ とする。

(ア) $v = k[A]$

(イ) $v = k[A][C_2H_5OH]$

(ウ) $v = k[A][Fe(CN)_6{}^{3-}]$

(エ) $v = k[C_2H_5OH][Fe(CN)_6{}^{3-}]$

(オ) $v = k[A][C_2H_5OH][Fe(CN)_6{}^{3-}]$

(b) この実験条件における k の値を求め,有効数字2けたで答えよ。単位を明記すること。

問4 触媒濃度 $[A] = 1.0 \times 10^{-7}\,mol/L$ のとき,次の(a)および(b)における操作1の反応液の水素イオン濃度をそれぞれ mol/L 単位で求め,有効数字2けたで答えよ。単位を記入する必要はない。ただし,$t = 0$ における下線部②の酢酸と酢酸ナトリウムの濃度はいずれも $0.100\,mol/L$ であり,酢酸の電離定数は $1.6 \times 10^{-5}\,mol/L$ とする。

(a) 反応開始時 $(t = 0)$

(b) 反応時間 $t = 20\,min$

第4章　無機物質

45 金属の性質と電解，チタンの水素吸収とHIの分解平衡

(2016 年度　第 1 問)

次の文章(a)，(b)を読んで，問 1 〜問 5 に答えよ。なお，問題文中の L はリットルを表し，アボガドロ定数は 6.0×10^{23}/mol，ファラデー定数は 9.65×10^4 C/mol，気体定数は 8.31×10^3 Pa・L/(mol・K) とする。また，気体は理想気体とみなす。

(a)　天然に単体として産出されることのある元素　(ア)　，　(イ)　，　(ウ)　は，いずれも　(エ)　が水素よりも小さく，塩酸や希硫酸とは反応しない。　(ア)　は装飾品によく用いられ，延性・展性に極めて富んだ金属でありやわらかい。　(イ)　は，室温における電気伝導性・熱伝導性が金属の中で最大であり，そのハロゲン化物は光によって還元されやすいため感光剤としても用いられる。　(ウ)　は，電気伝導性が　(イ)　に次いで大きいため電気回路などによく用いられ，炎色反応では青緑色を示す。また，①　(ウ)　を希硝酸と反応させると無色の気体が発生する。

　(オ)　は，　(エ)　が水素よりも大きく，希塩酸と反応してイオンになるが，濃硝酸中では不動態となる。様々な用途に使われる　(オ)　は，生体必須元素でもあり，血液中のヘモグロビンにおいて重要な働きをしている。

　原子番号 22 のチタンの結晶格子は，室温においては亜鉛，マグネシウムなどと同じく　(カ)　であるが，880℃で　(キ)　に変化する。一方，同じく温度によって結晶格子が変化する　(オ)　は室温において，　(キ)　の結晶格子をとることが知られている。また，　(オ)　の室温での密度は 7.87 g/cm³ であるのに対し，チタンの室温での密度は　(ク)　g/cm³ であり，軽量材料としてチタンが期待されている理由がわかる。

　チタンは，表面に酸化被膜を形成する性質があるため，海水中などで極めて優れた耐食性を示す。しかし，高温では十分な耐食性を示さなくなり，②例えば 1000 ℃で水蒸気と接すると，チタンは気体を発生しながら 4 価のチタン酸化物へ変化する。

問 1　　(ア)　〜　(キ)　に適切な元素または語句を記入せよ。ただし，元素は元素記号で答えよ。

問 2　　(ク)　にあてはまる数値を有効数字 2 けたで記入せよ。ただし，室温において，チタン 1.0 mol の体積は 10.6 cm³ であり，チタンの原子量は 47.9 である。

問3　下線部①と②の反応式をそれぞれ示せ。

問4　炭素電極を用いて，□（イ）□の硝酸塩を溶かした水溶液の電気分解を行った。

0.50 A の電流を3時間13分間流したところ，一方の電極には6.48 g の固体が析出し，他方の電極では気体が発生した。以下の問いに答えよ。

(1)　(i)陽極と(ii)陰極で起こる反応のイオン反応式（電子 e^- を含む）をそれぞれ示せ。

(2)　このとき生じた気体の体積は，標準状態で何Lであるか，有効数字2けたで答えよ。

(b)　チタンは固体にもかかわらず水素を吸収するという性質がある。図1に，1000℃での水素分圧とチタンに含まれる水素の量の平衡状態における関係を示す。図1では，チタンに含まれる水素の量はチタン原子数に対する水素原子数の比で表されている。図1から，水素分圧が高いときには，より多くの水素が吸収されることがわかる。この性質を利用して，1000℃におけるヨウ化水素（HI）ガスの分解反応の平衡定数を求める以下の実験を行った。

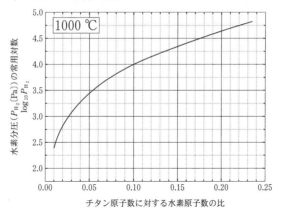

図　1

実験　図2に示すように，少量のチタンを容積 2.0L の容器 **A** に，HI ガス 1.0×10^{-2} mol を容積 1.0L の容器 **B** に入れ，それぞれを水素のみが透過できる水素透過膜で接続した。装置全体の温度は常に1000℃に保たれている。平衡に到達したことを確認後，チタン中のチタン原子数に対する水素原子数の比を測定したところ，0.10であった。

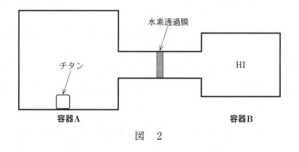

図　2

問5　1000℃での HI ガスの分解反応の平衡定数を，導出過程も含めて有効数字2け
たで答えよ。ただし，HI ガスは，H_2 ガスと I_2 ガスのみに分解すると仮定し，チタ
ンに吸収された水素ならびに水素透過膜中の水素の量は，容器内に気体として残留
する水素の量に比べてごくわずかであると考えてよい。また，容器の容積に対して
チタンの体積は無視できる。

46 ガリウムの反応・結晶構造・充填率・融点
(2012年度　第1問)

次の文章を読んで，問1～問6に答えよ。

　ガリウムは元素記号 Ga で表され，　[ア]　族のアルミニウム（元素記号 Al）と同族の元素であり，　[イ]　が周期表を発表した際，エカアルミニウムとして予言した元素である。ガリウムはアルミニウムと同様の反応性を示す。たとえば，①空気中で加熱すると酸化物となる。また，②酸にもアルカリにも溶ける。

　単体のガリウムは，固体の結晶構造が特異であり，固体の方が液体よりも密度が小さく，融点が低く沸点が比較的高いという特徴をもつ。これらの特徴を，同程度の融点をもつ元素であるセシウム，および同族のアルミニウムと比較する。

　まず，固体と液体の密度に関して考えてみよう。

　セシウムは元素記号 Cs で表され，アルカリ金属の一種で，図1のような結晶構造をとる。この構造は[ウ]と呼ばれる。実線で示された単位格子の中には，[エ]個分のセシウム原子が含まれている。セシウム原子を球とみなし，最も近いセシウム原子どうしが接しているとすると，その充填率は68％である。液体では，原子が乱れた配置をとるため，すきまの多い構造となり，密度は固体よりも小さい。また，アルミニウムは図2のような結晶構造をとる。その充填率は74％である。セシウムと同様に，液体の密度は固体よりも小さい。

　一方，ガリウムの固体は，図3のような結晶構造をもつ。この結晶構造では，距離の近いガリウム原子2個ずつが，比較的強く結合してガリウム原子対を形成している。図では，対を形成している原子どうしを棒で結んで示している。ガリウム原子対は隣接する対とは比較的弱い結合で結びついている。この結晶構造では，ガリウム原子対

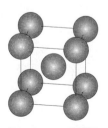

図1　セシウムの結晶構造

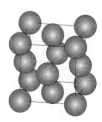

図2　アルミニウムの結晶構造

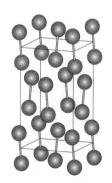

図3　ガリウムの結晶構造

の中心が，直方体の単位格子の頂点と各面の中心に位置しているとみなすことができる。この単位格子中には，□(オ)□個分のガリウム原子が含まれており，充填率は□(A)□％である。このように充填率が小さいことから，ガリウムは液体よりも固体の密度が小さいことが理解できる。

次に，融点と沸点について考えてみよう。

セシウムの融点は28℃，沸点は670℃である。セシウム原子間の金属結合は比較的弱いので，③融点が単体の金属の中では低く，沸点も金属としては低い。また，アルミニウムの融点は660℃で，沸点は約2500℃である。セシウムに比べて金属結合が強いため，融点と沸点はともに高い。一方，ガリウムは，④融点が30℃と低いのに対して，沸点は約2400℃と高く，液体として存在する温度範囲が最も広い単体の金属として知られている。

問1　□(ア)□～□(オ)□に適切な語句あるいは数字を記入せよ。

問2　下線部①の化学反応式を記せ。

問3　下線部②に関連して，ガリウムが希硫酸に溶ける化学反応式と，水酸化ナトリウム水溶液に溶ける化学反応式を，それぞれ解答欄の(a)，(b)に記せ。

問4　□(A)□に適切な数値を答えよ。ただし，ガリウム原子は球とみなす。ガリウム原子対においては，原子どうしが接しており，原子の中心間距離は0.250nmである。単位格子の体積は0.157nm³とする。円周率は3.14とし，有効数字2けたで答えよ。

問5　下線部③に関連して，単体の金属の中で，融点が最も低い元素は何か。その元素名を答えよ。

問6　下線部④に関連して，ガリウムの融点が極めて低い理由を，融解時のガリウム原子間の結合状態の変化に着目して考察し，50字以内で説明せよ。

47 酸化鉄の組成と結晶構造

(2011 年度　第1問)

次の文(a), (b)を読んで，問1〜問10に答えよ。ただし，原子量は，O＝16，Fe＝56とし，アボガドロ定数は6.0×10^{23}/mol，気体1.0molの体積は標準状態で22.4Lとする。また，必要があれば$\log_{10}5 = 0.70$の値を用いよ。

(a) 遷移元素である鉄は様々な組成の酸化物を形成し，それらは顔料や磁性材料など幅広い用途に用いられている。いま，3種類の鉄の酸化物A，B，Cを考える。

酸化物Aは赤鉄鉱とよばれ，その鉄の酸化数は　(ア)　である。

酸化物Bは酸化物Aを還元することで得られる。そのモル質量は232g/molである。酸化物Bは　(ア)　と　(イ)　の酸化数をもつ鉄が　(ウ)　：　(エ)　の比で共存する純物質であり，酸化数が異なる2種類の酸化物の混合物ではない。

酸化物Cの化学式は$Fe_{1-x}O$（ただし$x \geqq 0$）と表される。$x=0$のとき，酸化物Cの組成式はFeOであり，図1のような塩化ナトリウム型の結晶構造をとる。しかし，実際の酸化物Cでは，図2のように，結晶中の鉄原子の一部が欠損している。このように，原子が欠損した部分を原子空孔とよぶ。xが0でない値をとり，かつ連続的に変化するという事実は，プルーストが提唱した　(オ)　の法則に矛盾するが，このような化合物も少なからず存在する。酸化物Cでは，$x>0$であっても，酸化物全体として電気的中性が保たれている。また，結晶中の鉄原子に欠損が生じると，その影響は結晶全体におよび，①単位格子の一辺の長さaが減少する。このようなaの変化を引き起こす原因はいくつかある。たとえば，②原子空孔周辺の原子の配列がゆがんだり，一部の原子が本来の位置から結晶中の原子と原子とのすき間（格子間位置）に移動したりすることが考えられる。xがある値より大きくなると，塩化ナトリウム型の結晶構造は不安定になり，部分的に酸化物Bの結晶構造に置き換わる。

酸化鉄は鋼の工業原料である。たとえば，③酸化物Aを高温で一酸化炭素と反応させると，酸化物Aは還元され，酸化物B，Cなどを経て，炭素などの不純物を多く含んだ銑鉄が得られる。さらに，銑鉄に酸素を吹き込むと不純物の少ない鋼が得られる。

問1　　(ア)，　(イ)　に適切な数値を答えよ。

問2　酸化物Bの組成式を答えよ。

問3　　(ウ)：　(エ)　が最も簡単な整数比となるよう，それぞれにあてはまる適切な数値を答えよ。

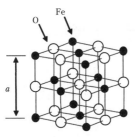

図1 FeO の結晶構造（単位格子は1辺 a の立方体である）

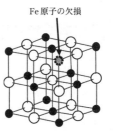

図2 Fe 原子の欠損の一例

問4 ［(オ)］に適切な語句を答えよ。

問5 ある条件で生成した酸化物 **C**（$Fe_{1-x}O$）について O の質量パーセントを調べたところ，23.0% であった。このときの x の値を有効数字2けたで求めよ。

問6 下線部①に関して，$x = 0.060$ および 0.080 のときの a を測定したところ，それぞれ，4.30×10^{-8} cm，4.29×10^{-8} cm であった。a は x に対して直線的に変化すると仮定するとき，$x = 0$ のときの酸化物 **C**（FeO）の密度を有効数字2けたで求めよ。

問7 a が変化する原因として，下線部②に書かれたことのほかに，どのようなことが考えられるか。鉄の酸化数に着目して，解答欄の枠の範囲内で述べよ。

問8 下線部③に関して，酸化物 **A** から，直接，鉄の単体が得られるとして，その反応式を示せ。

(b) 次に，鉄の単体の反応について考えてみよう。いま，④ある量の鉄の単体をビーカーに入れ，0.10 mol/L の硫酸水溶液 150 mL を加えたところ，ある気体 22.4 mL（標準状態）を発生しながらすべて溶けて淡緑色の水溶液となった。この水溶液に酸化剤を加えたところ，溶液中の鉄イオンはすべて酸化され，溶液は黄褐色に変化した。さらに，よくかき混ぜながら水酸化ナトリウム水溶液 50.0 mL を加えたところで，$Fe(OH)_3$ の⑤沈殿が生じはじめた。

問9 下線部④の鉄の単体の重量〔g〕を有効数字2けたで求めよ。

問10 下線部⑤に関して，$Fe(OH)_3$ の沈殿が生じはじめた pH を小数点以下1けたまで求めよ。計算過程も含めて，解答欄の枠の範囲内で記せ。水のイオン積 K_w および $Fe(OH)_3$ の溶解度積 K_{sp} は，それぞれ 1.0×10^{-14} $(mol/L)^2$ および 1.0×10^{-38} $(mol/L)^4$ とする。ただし，酸化剤を加えたことによる水溶液全体の体積変化は無視できるものとする。

48 アルミニウムの性質・製法と結晶構造

(2007 年度　第 1 問)

次の文を読んで，問 1 〜問 4 に答えよ。ただし，アボガドロ定数は $6.0 \times 10^{23}/\text{mol}$，電子の電荷は -1.6×10^{-19} クーロン，気体定数は $0.082\ \text{atm·L}/(\text{mol·K})$，原子量は $O = 16$，$Al = 27$ とする。また，必要ならば，$\sqrt{2} = 1.4$，$\sqrt{3} = 1.7$，$\sqrt{5} = 2.2$，$\sqrt{7} = 2.6$ の値を用いよ。

　アルミニウム（Al）は 13 族に属する元素であり，地殻中では質量比で ［(ア)］，［(イ)］ についで 3 番目に多く存在する。Al は単体として産出することはないため，工業的にはボーキサイトから得られる Al_2O_3 を溶融塩電解して製造される。まず，Al_2O_3 に氷晶石を加え，これを約 1000 ℃ に加熱して融解させる。そして，溶融塩中に設置した二つの炭素電極間に電流を流すと，陰極側に Al が集積するとともに，陽極側に気体が発生する。このとき，陽極で発生した気体がすべて CO であると仮定すれば，陰極と陽極の反応はそれぞれ次のように表される。

　　　　陰極：$Al^{3+} + 3e^- \longrightarrow Al$

　　　　陽極：［　　　(ウ)　　　］

Al は，常温では水と反応しないが，高温の水蒸気とは次のように反応する。

　　　　　　　　［　　　(エ)　　　］

また，HCl 水溶液および NaOH 水溶液には，Al はそれぞれ次式のように反応して溶解する。

　　　　　　　　［　　　(オ)　　　］
　　　　　　　　［　　　(カ)　　　］

　Al は空気中では表面だけが酸化され，Al_2O_3 の緻密な膜が形成される。この膜が内部を保護するため，それ以上酸化されない。このような状態を ［(キ)］ という。Al はこのような特性を持つことから，アルミニウム箔などの家庭用品や，電気材料，建築材料として，我々の身の回りで幅広く使用されている。

問 1　文中の ［(ア)］ 〜 ［(キ)］ に，それぞれ適切な語句あるいは化学反応式を記入せよ。

問 2　Al_2O_3 を溶融塩電解することにより，Al を得た。400 A の電流を 4.0 時間流したとき，陰極側で得られる Al の重量〔kg〕を有効数字 2 けたで求め，解答欄 a に記入せよ。また，陽極で発生する気体はすべて CO であると仮定して，その 0 ℃，1 atm における体積〔L〕を有効数字 2 けたで求め，解答欄 b に記入せよ。

問 3　純水に $AlCl_3$ を溶解させた。このときの水溶液の pH の変化について，次の(あ)

～(う)のうちから正しいものを一つ選び，解答欄aにその記号を記せ。また，その理由を解答欄bに簡潔に記せ。

(あ) 変化しない　　　　(い) 大きくなる　　　　(う) 小さくなる

問4 Al_2O_3 の結晶構造は酸素原子がほぼ六方最密構造をとり，その一部の隙間にアルミニウム原子が入っている。図1は酸素原子だけの配列を示しているが，この六角柱の格子の隙間にアルミニウム原子が存在している。ここでは，酸素原子が完全な六方最密構造をとることとして，以下の問いに答えよ。

(1) 1個の酸素原子の周囲に，何個の最近接酸素原子があるか。その数を記せ。

(2) 図1の六角柱の格子中に含まれるアルミニウム原子の数を記せ。

(3) 図1の格子の辺の長さを，それぞれ a, c としたとき，c を a を用いて記せ。

(4) $a = 2.7 \times 10^{-8}$ cm であるとする。このときの Al_2O_3 の密度〔g/cm^3〕を，有効数字2けたで答えよ。

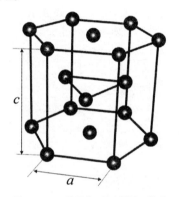

図1 Al_2O_3 結晶中の酸素原子の配列

49　溶鉱炉の反応と鉄の実験

(2001 年度　第 2 問)

次の文(A)〜(C)を読んで，問 1 〜問 6 に答えよ。

(A)　図 1 は鉄の精錬に用いられる溶鉱炉の模式図である。溶鉱炉は上部から下部に向かって温度が高くなる構造になっており，図中のⅠ〜Ⅲの 3 つの温度域で起こる反応によって原料の鉄鉱石（酸化鉄）から金属鉄が生成する。Fe_2O_3 を主成分とする赤鉄鉱などの鉄鉱石をコークス（炭素）と石灰石とともに上部から炉に入れる。炉の下部から熱い空気を送り込むとコークスが燃焼し 2000 ℃の高温に加熱され，　(ア)　が発生する。炉の上部から供給された Fe_2O_3 は下から上昇してくる熱い　(ア)　と接触し，温度域Ⅰで，

　　　①

の反応により　(イ)　に還元される。次に　(イ)　は温度域Ⅱでさらに還元され　(ウ)　になる。鉄への最終的な還元は温度域Ⅲで進行する。Ⅰ〜Ⅲの温度域で　(ア)　は酸化され　(エ)　になる。鉄の生成過程全体を通して，十分な　(ア)　の供給を確保しているのは，

　　　②

の反応である。石灰石は 900 ℃ぐらいのところで分解して，生石灰になり，炉の最も熱い部分で鉄鉱石に含まれる SiO_2 などをカルシウムの化合物にして，鉄と分離する働きをしている。分離した鉄は最も高密度の層を形成して炉の底にたまる。これを引き出し，凝固させた鉄は炭素含有量が高く，硫黄，リンなどを含み　(a)　と呼ばれる。

(B)　金属鉄（Fe）は　(オ)　を発生しながら希硫酸に溶けて，　(b)　価のイオンを含む水溶液ができる。この水溶液を 2 つの試験管に分け，一方にヘキサシアノ鉄(Ⅲ)酸カリウム　(カ)　の水溶液を加えると　③　の沈殿が生じる。また，もう一方の試験管の水溶液に過酸化水素水を加えると Fe は　(c)　価に　(d)　され，水溶液の色は　④　から　⑤　になる。この水溶液にチオシアン酸カリウム水溶液を加えると　⑥　になる。

(C)　上記(B)の下線部に関して，A 君は鉄球を希硫酸に入れたときのガスの発生速度は鉄球の重量に依存するという仮説を立てて次のような実験を行うこととした。図 2 のような装置を用い，鉄球を入れて試験管にゴム栓をしてからの時間を横軸に，メ

スシリンダーに捕集したガス量を縦軸にとり，実験初期のグラフの直線部分の傾きよりガスの発生速度を求めることとした。なお，この実験中の温度や気圧は一定に保たれ，また水温や試験管中の溶液の温度は一定に保たれるように工夫がなされている。

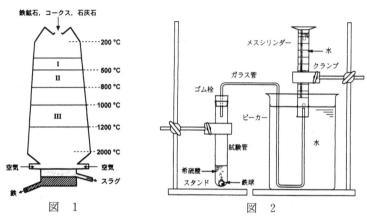

図 1　　　　　　　　　　図 2

問1 文中の ⎡(ア)⎤ ～ ⎡(カ)⎤ に適切な化学式を記入せよ。なお，⎡(カ)⎤にはヘキサシアノ鉄(III)酸カリウムの化学式を記入すること。

問2 文中の ⎡(a)⎤，⎡(d)⎤ に適切な語句を，また ⎡(b)⎤，⎡(c)⎤ に適切な数字を記入せよ。

問3 文中の ⎡①⎤，⎡②⎤ に適切な反応式を記入せよ。

問4 文中の ⎡③⎤ ～ ⎡⑥⎤ に以下から適切な色を1つずつ選び，記入せよ。

黄かっ色，　　赤色，　　暗紫色，　　淡緑色

深緑色，　　白色，　　濃青色，　　無色

問5 A君は実験を始める前に先生に相談したところ，図2のようにメスシリンダーを固定した状態で測定されたガス体積をそのまま，時間に対してプロットしたのでは，ガスの発生速度は正確には測れないといわれた。同じ器具を用いてガスの発生速度を正確に測るにはどのようにすればよいかを30字程度で記述せよ。

問6 A君は上記(C)で記された仮説を検証するために，図2のような装置を組み立て，重量2g程度の同じ大きさの鉄球1個，2個，3個を試験管に入れ，希硫酸に完全に浸し，それぞれの場合でのガスの発生速度を測定することとした。しかしながら，先生から，ガスの発生速度が入れた鉄球の個数に比例することを確認したとしても，この実験だけでは，ガスの発生速度が鉄球の重量に比例すると結論できないと指摘された。その理由を1つだけ30字程度で記述せよ。

50 銅の性質と反応

(1998 年度　第 1 問)

次の文を読んで，問 1 〜問 3 に答えよ。計算に必要であれば，以下の原子量を用いよ。

H = 1.0，O = 16.0，S = 32.1，Fe = 55.8，Cu = 63.5，Zn = 65.4，
Pb = 207

銅は熱と電気の良導体で，電線材料などに広く用いられている。銅を空気中で赤熱すると黒色の〔 (i) 〕となり，さらに 1000 ℃以上で加熱すると〔 (ii) 〕となる。〔 (i) 〕は ［(ア)］ 性酸化物であるので，希硫酸と次のように反応する。

［　　　　　(I)　　　　　］

銅は多くの金属と合金をつくる。そのうち，①亜鉛との合金は黄銅とよばれ，加工性を増すために鉛が，強度を増すために鉄が加えられている。

硫酸銅を水に溶かすと青色の水溶液となり，ついで②アンモニア水を過剰に加えるとその水溶液は深青色を示す。これは，Cu^{2+} イオンが錯イオンを形成するためである。さらに，③塩酸を少量ずつ滴下すると青白色の沈殿が生じる。また，硫酸銅水溶液に水酸化ナトリウムと酒石酸ナトリウムカリウムの混合水溶液を加えた溶液は，還元糖の検出に用いられ，［(イ)］液とよばれる。この液が発色するのは〔 (ii) 〕が生成するからである。

問 1　［(ア)］，(イ)に語句，〔　　〕(i)，(ii)に化学式，［(I)］に化学反応式をそれぞれ入れよ。

問 2　下線部①に示す鉛と鉄を含む黄銅 10.0 g を硝酸に完全に溶解し，Cu^{2+}，Zn^{2+}，Pb^{2+}，Fe^{3+} イオンを含む酸性水溶液を得た。この溶液を図 1 に示すように処理して，各イオンを分離した。以下の問に答えよ。

(1)　沈殿(iii)〜沈殿(vi)の化学式を示せ。

(2)　沈殿(v)を空気中，1000 ℃で加熱し金属の酸化物に変えて，その重さをはかると 0.144 g であった。黄銅は，この金属元素を ［(ウ)］ 重量％含有している。(ウ)に数値を有効数字 2 けたで入れよ。

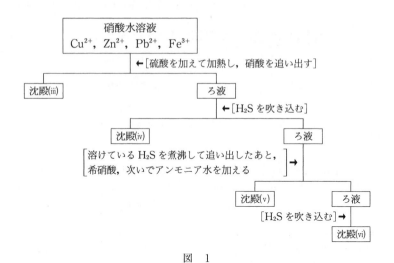

図　1

問3　下線部②，③について次の問に答えよ。

(1)　下線部②の水溶液を加熱すると，錯イオン中の配位子の半数が水分子と置き換わった錯イオンが生成する。その幾何異性体の構造を記入例にならってすべて記せ。

(2)　下線部③の化学反応をイオン反応式で示せ。

構造の記入例：

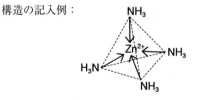

第5章　有機化合物

51　酸クロリド，酸ジクロリドのアミン化合物の構造決定
（2022年度　第3問）

次の文章(a)，(b)を読み，問1〜問6に答えよ。解答はそれぞれ所定の解答欄に記入せよ。構造式は，記入例および図1，図2にならって記せ。

構造式の記入例：

(a)　図1に示すように，テレフタル酸ジクロリドとp-フェニレンジアミンを用いた縮合重合により，強度や耐熱性に優れた合成繊維が得られる。一般にこのような芳香族ポリアミド系合成繊維は　ア　繊維と呼ばれ，防弾チョッキや防火服に用いられている。

図1

テレフタル酸ジクロリドのような，カルボニル基に塩素原子が結合した構造（—CO—Cl）をもつ化合物を酸クロリドと呼ぶ。また，アミノ基（—NH$_2$）をもつ化合物を第一級アミンと呼ぶ。酸クロリドは第一級アミンと速やかに反応し，　イ　の生成を伴ってアミド結合を形成することから，さまざまな低分子化合物の合成にも用いられる（図2）。

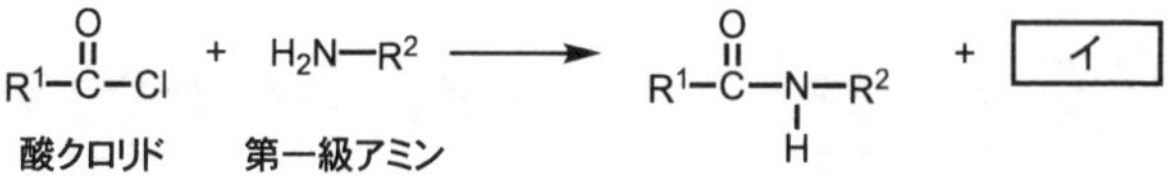

図 2

第一級アミン A，B，C と酸クロリド D について，（あ）〜（う）の情報が得られている。

（あ）　アミン A と酸クロリド D を反応させると，アセトアニリドが得られた。

（い）　アミン B と酸クロリド D を反応させると，分子式 $C_5H_{11}NO$ で表されるアミドが得られた。

（う）　アミン C は不斉炭素原子を 1 つもち，分子式 $C_9H_{11}NO_2$ で表される芳香族化合物である。アミン C を酸クロリド D と反応させるとアミド E が得られた。アミド E を完全に加水分解すると，酢酸，メタノール，ベンゼン環をもつアミノ酸が得られた。

問 1 　　ア　　に当てはまる適切な語句と，　　イ　　に当てはまる適切な化学式を記入せよ。

問 2 　アミン A および酸クロリド D の構造式をそれぞれ記せ。

問 3 　アミン B として考えられる構造式をすべて記せ。

問 4 　アミン C の構造式を記せ。ただし，鏡像異性体は区別しない。

(b)　分子内に —CO—Cl を 2 つもつ化合物を酸ジクロリドと呼ぶ。第一級アミン F と酸ジクロリド G を反応させると，アミド結合を 2 つもち，分子式 $C_8H_{16}N_2O_2$ で表される化合物 H が得られた。化合物 H を部分的に加水分解することで，アミン F と，1 つのアミド結合と 1 つのカルボキシ基をもつ化合物 I が得られた。化合物 I とフェノールを用いて脱水縮合反応を行うと，分子式 $C_{12}H_{15}NO_3$ で表されるエステル J が得られた。化合物 F，G，H はいずれも不斉炭素原子をもたず，化合物 I，J は不斉炭素原子を 1 つもつ。

問 5　アミン F および酸ジクロリド G の構造式をそれぞれ記せ。

問 6　エステル J の構造式を記せ。ただし，鏡像異性体は区別しない。

52 リグニンの熱分解と生成物の構造決定, バニリンの製法

(2021年度 第3問)

次の文章(a), (b)を読み, **問1〜問4**に答えよ。解答はそれぞれ所定の解答欄に記入せよ。構造式は, **図1〜図4**にならって記せ。

(a) 木材の主要成分の1つであるリグニンは, ベンゼン環と酸素を豊富に含む高分子化合物であり, 植物由来バイオマス(再生可能な植物由来生物資源)として期待されている。ある木材から抽出したリグニンの構造は, **図1**に示されるようなものであった。このリグニンを, 空気を遮断して熱分解したところ, フェノールとグアイアコール(**図2**)に加えて, 芳香族化合物 **A〜E** が得られた。それらの性質を次ページに記す。なお, この反応で得られる化合物は, **図1**中に描かれた分子構造において, C—O 結合もしくはベンゼン環以外の C—C 結合が切断され, 切断部分が水素原子(H)に置き換わった分子である。また, この分解反応では, ベンゼン環の構造は保持され, ベンゼン環に結合した置換基の位置は変化しなかった。

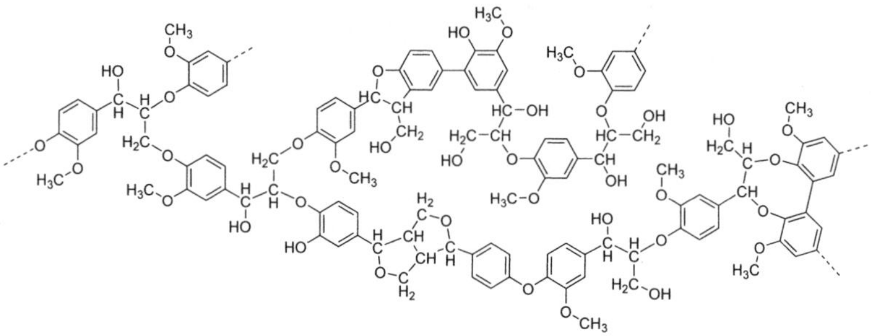

図1

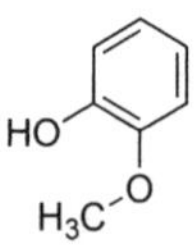

グアイアコール

図2

化合物A：水にほとんど溶けない。塩化鉄(Ⅲ)で呈色しない。フェノールとメタ
　　　　ノールの脱水縮合反応によって合成できる。

化合物B：水にほとんど溶けない。塩化鉄(Ⅲ)で呈色しない。グアイアコールとメ
　　　　タノールの脱水縮合反応によって合成できる。

化合物C：$C_{10}H_{14}O_2$ の分子式で表され，塩化鉄(Ⅲ)で呈色しない。過マンガン酸
　　　　カリウムと加熱条件で反応させると，塩化鉄(Ⅲ)で呈色しない化合物F
　　　　が得られた。Fを熱分解すると，二酸化炭素を放出してBが得られた。

化合物D・E：いずれも $C_8H_{10}O_2$ の分子式で表される三置換ベンゼンであり，塩
　　　　化鉄(Ⅲ)で呈色する。これらの化合物は，互いに置換基の位置が異なる構
　　　　造異性体であるが，それぞれをメタノールと脱水縮合したところ，水にほ
　　　　とんど溶けない化合物Gのみが得られた。Gを過マンガン酸カリウムを
　　　　用いて穏やかに酸化すると，銀鏡反応を示す化合物Hが得られた。Hを
　　　　さらに酸化するとFが得られた。

問 1　リグニンの熱分解によって得られた化合物 A〜E の構造式を記せ。ただし，
　　　D と E の順序は問わない。

問 2　化合物 F，G，H の構造式を記せ。

(b)　石油のような化石資源の主な構成元素は炭素と水素であり，酸素をほとんど含ま
ない。そのため石油を原料として，酸素原子を多く含む有機化合物を製造するため
には，多数回の酸化反応を行う必要がある。これに対して，酸素を豊富に含む植物
由来バイオマスを原料とすると，酸素原子を多く含む有機化合物を短い工程で製造
できる。例えば，重要な化成品であるバニリンは，年間消費量の 80 ％ に当たる約
3 万トンが，化石資源由来のベンゼンから(ⅰ)のような工程で製造されている。一
方，植物由来バイオマスであるトランス形の二重結合を持つ化合物L（分子式
$C_{10}H_{12}O_2$）を原料として用いれば，(ⅱ)のような工程でバニリンを製造できる。

（i）

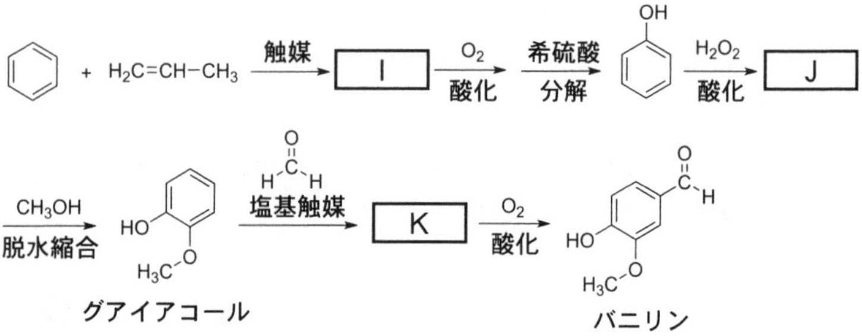

（ii）

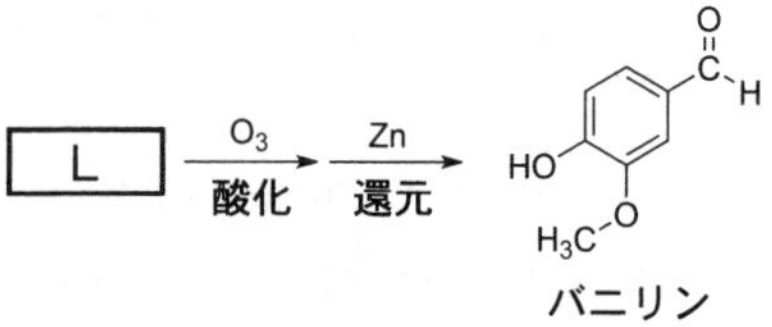

問 3 化合物 I, J, K, L の構造式を記せ。ただし，アルケンにオゾンを作用させた後に還元すると，**図 3** のように C=C 結合が切断されて，ケトンあるいはアルデヒドが得られる。

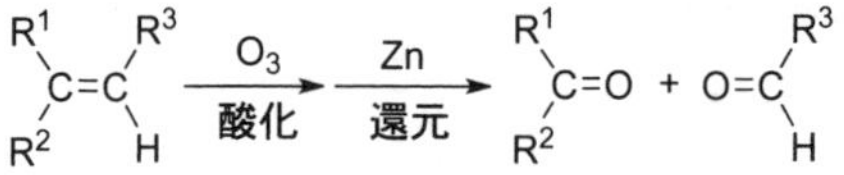

図 3

問 4 バニリンは，スギ材から抽出されたリグニンに最も多く含まれる構成単位 M（図 4）の酸化分解によっても得られる。スギ材中のリグニンの含有量は重量比で 30 ％，リグニン中の M の含有量は重量比で 50 ％であるとして，3.04×10^7 kg のバニリンを製造するのに必要なスギ材の重量〔kg〕を有効数字3 けたで答えよ。ただし，バニリンは M のみから生成し，この酸化分解によって M は全てバニリンに変換されるものとする。計算に際しては，バニリンの分子量を 152，M の式量を 196 とせよ。

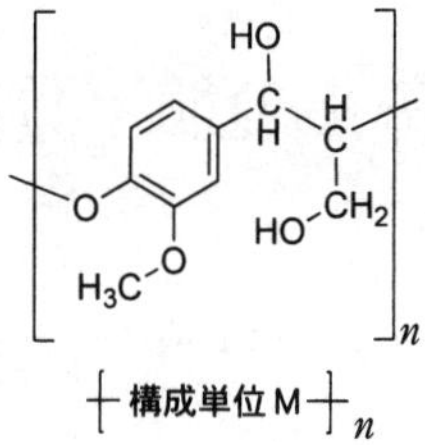

図 4

53 トリエステルの加水分解と構造決定

（2020 年度　第 3 問）

次の文章を読んで，問 1 に答えよ。原子量は H＝1.0，C＝12，O＝16 とする。

　化合物 A は，炭素，水素，酸素の 3 種類の原子から構成されており，分子内に複数のエステル結合をもつ有機分子であった。化合物 A は，不斉炭素を 1 つもち，分子量は 348 であった。化合物 A を 1.00×10^{-3} mol はかりとって完全燃焼させた。その結果，216 mg の水と 836 mg の二酸化炭素が生成した。次に，化合物 A を加水分解した。その結果，化合物 A の分子内に含まれる，いくつかのエステル結合は，ヒドロキシ基とカルボキシ基に変換され，化合物 A からは複数の化合物の混合物が得られた。そこで，それらの混合物に含まれていた 7 種類の化合物 B〜H を，それぞれ単一の化合物として分離した。化合物 B，C，D は，化合物 A の加水分解が部分的にしか進行しなかったことで生じた，分子内にエステル結合が残った化合物であった。これらの異なる化合物 B〜H の構造を明らかにするために行った分析，または反応操作とその結果を，次の(あ)〜(か)に示す。

(あ)　化合物 B を加水分解することで，化合物 B の分子内に含まれるエステル結合を切断した。その結果，化合物 E と化合物 F が得られた。

(い)　化合物 C の組成式は $C_7H_{14}O_3$ であった。

(う)　化合物 D は，カルボキシ基をもつ化合物であり，その組成式は C_3H_3O であった。

(え)　化合物 E は分子式 $C_4H_4O_4$ のジカルボン酸であった。化合物 E は，その幾何異性体（シス-トランス異性体）よりも，同一条件下での水への溶解度が小さかった。

(お)　化合物 G は，3 つの $-CH_3$ をもつアルコールであった。分子式 C_5H_{10} のアルケンに酸を触媒として水を付加させる反応によっても，化合物 G を合成できた。

(か)　化合物 H は分子量が 122 であり，この化合物 H を酸化したところ，テレフタル酸が得られた。

問1　化合物 **A**〜**H** の構造式を，それぞれ指定された解答欄に，記入例にならって記せ。ただし，幾何異性体（シス–トランス異性体）は区別し，鏡像異性体は区別する必要がない。

構造式の記入例：

54 芳香族炭化水素と等価な炭素原子，イミドの構造決定

次の文章(a)，(b)を読み，問 1 ～問 7 に答えよ。構造式は記入例にならって記せ。なお，原子の同位体や化合物の光学異性体については考慮しないこととする。原子量は，H = 1.0，C = 12.0，O = 16.0 とする。

構造式の記入例：

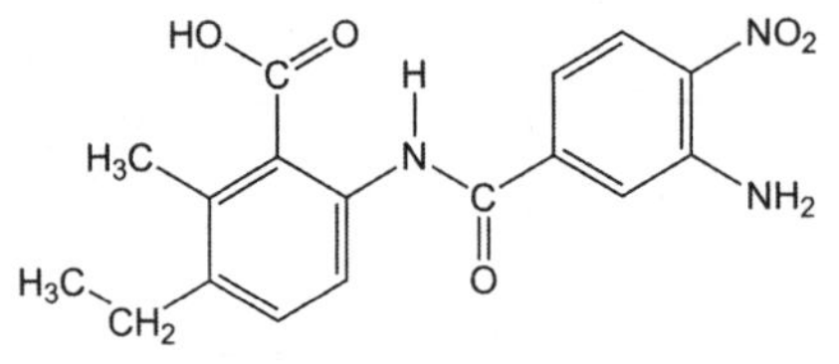

(a)　ベンゼン（C_6H_6）は，6 個の炭素原子が同一平面上で結合した正六角形の環状構造をもつ。これらの炭素原子間の結合は長さ・性質ともにすべて同等であり，単結合と二重結合の中間的な状態にある。これらの炭素原子は，いずれも環境が同じであり，化学的な性質および反応性が等しい。すなわち，ベンゼンの 6 個の炭素原子は化学的に等価な炭素原子である。このベンゼン環の特性を考慮すると，図 1 に示す *o*-キシレンでは①～④の同じ番号を付した炭素原子は互いに化学的に等価な炭素原子である。一方，異なる番号を付した炭素原子は化学的に非等価な炭素原子である。このように，分子構造の対称性に基づいて化合物が何種類の化学的に非等価な炭素原子から構成されるかを考えることは，有機化合物の構造決定を行う際に重要である。

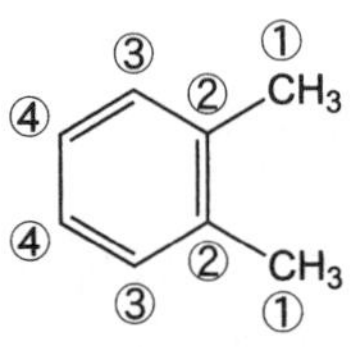

図　1

分子式が C_9H_{12} で表される 8 つの芳香族化合物（A ～ H）を，何種類の化学的に非等価な炭素原子で構成されるかによって分類する。化合物 A には 3 種類の化学的に非等価な炭素原子があり，化合物 B と化合物 C にはそれぞれ 6 種類の化学的に非等価な炭素原子がある。化合物 C は工業的に重要な化合物として知られ，空気酸化した後に分解することでフェノールとともに　(ア)　を与える。

化合物 D と化合物 E にはそれぞれ 7 種類の化学的に非等価な炭素原子があり，化合物 F，化合物 G，および化合物 H のいずれにも化学的に等価な炭素原子がない。

化合物 D は過マンガン酸カリウム水溶液と反応し，炭素原子数の減少をともなって，安息香酸を与える。過マンガン酸カリウム水溶液を用いる同様の反応により，化合物 E からは化合物 I が得られる。化合物 I は ［(イ)］ との反応により，ペットボトルの原料として用いられているポリエステル系合成繊維を与える。

問1　［(ア)］，［(イ)］にあてはまる適切な化合物名または構造式を記せ。

問2　化合物 A，B，D の構造式をそれぞれ記せ。

問3　化合物 A に濃硝酸と濃硫酸の混合物を反応させると，主な生成物として化合物 J が得られた。化合物 J にスズと濃塩酸を作用させた後，強塩基で処理すると，化合物 K が得られた。化合物 J および化合物 K はいずれも化学的に非等価な炭素原子の種類の数が化合物 A と同じ 3 種類であった。化合物 J および化合物 K の構造式を記せ。

問4　化合物 E から化合物 I を得る反応において，化合物 E の物質量の 80.0% が化合物 I になった。得られた化合物 I をすべて完全燃焼させると，CO_2 が 88.0 g 排出された。この反応で用いた化合物 E の質量は何 g か。有効数字 3 けたで答えよ。

(b)　図 2 の左に示すように，窒素原子が 2 つのカルボニル基に挟まれ，カルボニル炭素-窒素結合を 2 つもつ構造（網かけ部分）をイミド構造と呼び，その構造をもつ化合物をイミドと呼ぶ。一般的にイミドのカルボニル炭素-窒素結合はアミドのカルボニル炭素-窒素結合に比べて容易に加水分解されることが知られている。そのため，温和な条件におけるイミドの加水分解では図 2 に示す反応(1)あるいは反応(2)が進行し，カルボニル炭素-窒素結合が 1 つ切断されてアミドとカルボン酸が得られる。反応(1)と反応(2)のどちらがより起こりやすいかは分子の構造および反応条件などに左右される。また，1 つのイミドに対して反応(1)と反応(2)の両方が起こることもある。その場合，反応(1)と反応(2)の生成物は混在する。

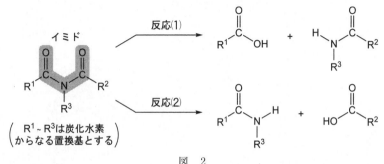

図　2

分子式 $C_{20}H_{15}NO_2$ で表される化合物 L は 1 つのイミド構造をもつ。化合物 L を

温和な条件で加水分解したところ，芳香族カルボン酸**M**とアミド**N**（分子式 $C_{13}H_{11}NO$）のみが得られた。また化合物**N**のアミド結合を完全に加水分解した際には化合物**M**と化合物**O**が得られた。化合物**O**をさらし粉（主成分：次亜塩素酸カルシウム）水溶液に加えたところ赤紫色を呈した。

　分子式 $C_{23}H_{21}NO_2$ で表される化合物**P**は1つのイミド構造をもつ。化合物**P**を温和な条件で加水分解したところ，*p*-メチル安息香酸，芳香族カルボン酸**Q**，アミド**S**，アミド**T**が混合物として得られた。化合物**S**のアミド結合を完全に加水分解した際には，化合物**O**と*p*-メチル安息香酸が得られた。また，化合物**T**のアミド結合を完全に加水分解した際には，化合物**O**と化合物**Q**が得られた。化合物**Q**のカルボキシ基はベンゼン環に直接結合しており，そのいずれのオルト位にも水素原子が結合していた。

問5　化合物**M**，**O**の構造式をそれぞれ記せ。

問6　化合物**L**の構造式を記せ。

問7　化合物**Q**として考えられる構造式をすべて記せ。

55 配向性と合成反応，アリザリンの合成経路

（2018年度　第3問）

次の(a)，(b)について，問1〜問5に答えよ。構造式を記入するときは，記入例にならって記せ。なお，幾何異性体は区別し，光学異性体は区別しないものとする。また，原子量は H = 1.0，C = 12.0，O = 16.0 とする。

構造式の記入例：

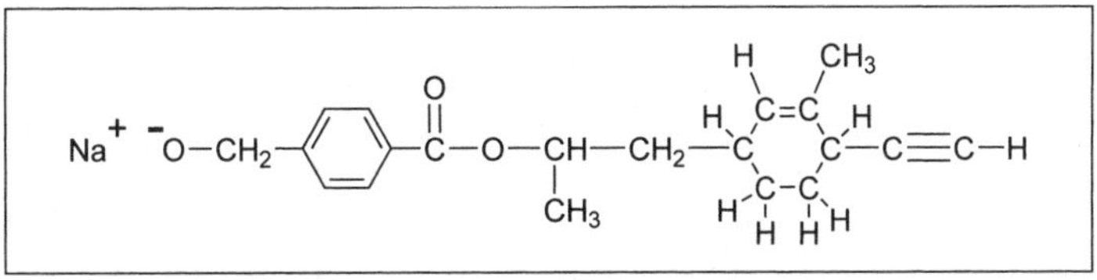

(a)　芳香族炭化水素であるベンゼン（C_6H_6）の水素原子を他の原子あるいは原子団で置換すると，単に分子の大きさが増すだけではなく，残りの水素原子をさらに置換するときのベンゼン環の反応性が大きく変化する。すなわち，一置換ベンゼン（C_6H_5-X）のベンゼン環の置換反応において，置換基Xはベンゼン環の反応性と次に入る置換基の置換位置（配向性）に大きな影響を及ぼす。置換基の持つ電子的な効果はよく調べられており，置換基を有するベンゼンの反応性は体系的に理解されている。例えば，鉄粉を触媒として用いる臭素（Br_2）によるトルエン（$C_6H_5-CH_3$）のベンゼン環の臭素化反応は，ベンゼンよりも1000倍以上速く進行する。主生成物は，o-ブロモトルエン（約60％）とp-ブロモトルエン（約35％）であり，m-ブロモトルエンはほとんど生成しない（5％以下）。この結果は，トルエンのメチル基によりベンゼン環の電子密度が増加し，ベンゼン環の反応性が増したことを示している。また，この電子的な効果は，オルト（o）位とパラ（p）位で大きいことを示している。一方，アセトフェノンのベンゼン環の臭素化反応は，アセチル基がベンゼン環の電子密度を減少させるため，ベンゼンの臭素化反応に比べはるかに遅い。また，m-ブロモアセトフェノンが主生成物として得られる。

　なお，アセトフェノンの構造式は $C_6H_5-\overset{O}{\overset{\|}{C}}-CH_3$ であり，$-\overset{O}{\overset{\|}{C}}-CH_3$ をアセチル基と呼ぶ。

問1　上述したように，トルエンの臭素化反応により m-ブロモトルエンを選択的に合成することは困難である。そこで，m-ブロモトルエンを選択的に合成する方法として，図1の合成経路を考えた。化合物Fおよび化合物Iの構造式を記せ。

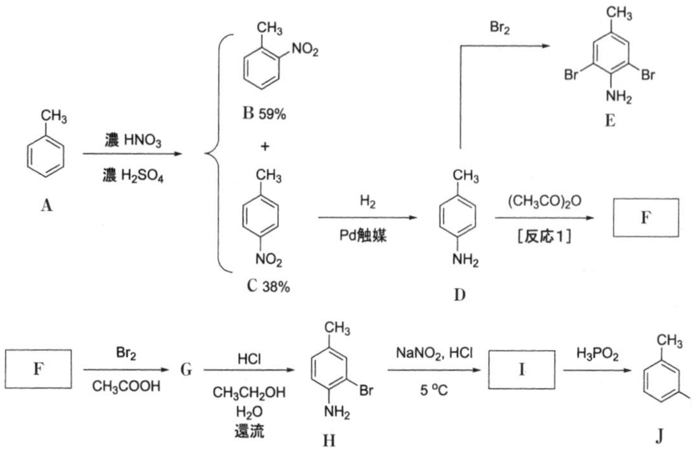

図　1

問2　図1に示したように，化合物Dの臭素化反応を行うとベンゼン環上の2ヶ所に臭素原子が導入された化合物Eが得られてしまう。そこで，*m*-ブロモトルエン Jを選択的に合成するため，［反応1］で化合物Dを化合物Fに変換し，その置換基の効果により化合物Fの臭素化反応が目的の1ヶ所でのみ起こる合成経路を考えた。［反応1］により得られた化合物Fの置換基が化合物Fの反応性におよぼす電子的な効果を解答欄の(あ)に，また立体的な効果を解答欄の(い)に，それぞれ50文字程度で説明せよ。

(b)　アリザリンは，アカネの根から採れる赤色染料として古くから知られており，初めて人工的に合成された染料でもある。また，図2に示した合成方法が開発されるまでは，1.0kgのアリザリンを得るために約100kgのアカネの根が必要であった。

　　石炭由来の芳香族炭化水素Kを，二クロム酸カリウム（$K_2Cr_2O_7$）の希硫酸水溶液に加えて加熱すると，水に不溶な化合物Lが生成した。次に，化合物Lを濃硫酸と加熱することにより，水溶性の化合物Mと未反応の化合物Lの混合物が得られた。単離精製した化合物Mと固体の水酸化カリウム（KOH）を高温で反応させることにより化合物Nが生成した。最後に，アルカリ性条件下で化合物Nと酸素との反応を行い，続いて中和することによりアリザリンが得られた。

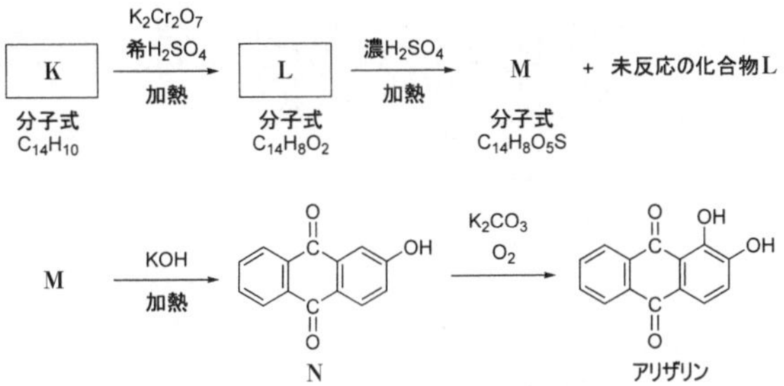

図　2

問3　化合物 K と L の構造式を記せ。

問4　図 2 において，化合物 L と濃硫酸との反応により，化合物 M と未反応の化合物 L との混合物が得られた。この溶液に，十分な量の水酸化ナトリウム水溶液とエーテルを加え，よく振り混ぜ，水層とエーテル層に分離した。続いて，両層の溶液をそれぞれ濃縮した結果，粉末状の化合物 L および化合物 O が得られた。

化合物 O は，主に水層およびエーテル層のどちらから得られた粉末に含まれるかを解答欄(う)に，化合物 O の構造式を解答欄 O に記せ。

なお，化合物 O は，硫酸酸性条件下において容易に化合物 M に変換される。

問5　化石資源由来の化学製品を焼却廃棄した際に排出される CO_2 は，地球温暖化への影響が大きいと考えられている。960 g のアリザリンを完全燃焼により焼却廃棄する際，大気中に排出される CO_2 の質量（kg）を有効数字 2 けたで答えよ。

56 トリグリセリドの構造決定，ラクチドの鏡像異性体とポリ乳酸

(2017 年度　第 3 問)

次の(a)，(b)について，問 1 〜問 9 に答えよ。

(a) 炭素—炭素の二重結合は，オゾン分解により，次の反応例に示すように酸化的に切断される。原子量は $H = 1.0$，$C = 12.0$，$O = 16.0$ とし，標準状態の気体 1 mol の体積は 22.4 リットルとする。構造式は次の例にならって記せ。

カルボニル基を 3 つもち，不斉炭素をもたず，分子式 $C_{16}H_{18}O_6$ で示される化合物 A 10.0 g に白金触媒により常圧で十分な量の水素 (H_2) を反応させると，標準状態において 0.732 リットルの水素が消費されて化合物 B が生じた。一方，1 mol の化合物 A を水酸化ナトリウム水溶液で完全に加水分解し，中和したところ，化合物 C，D，E がそれぞれ 1 mol，2 mol，1 mol 生成した。化合物 C は粘性の高い液体であり，天然の油脂を加水分解して得られる分子量 92.0 の化合物と同じ物質であった。また，化合物 D および化合物 E は銀鏡反応を示さなかった。化合物 E をオゾン分解するとベンズアルデヒドと化合物 F が得られた。

問 1 化合物 B の分子式を記せ。

問 2 化合物 C の名称を記せ。

問 3 化合物 D および F の構造式を記せ。

問 4 化合物 E として考えられる構造は 2 つある。その 2 つの構造式を記せ。

問 5 化合物 A に水素を反応させて生じた化合物 B の構造式を記せ。

(b) 乳酸は不斉炭素原子を 1 つもつヒドロキシ酸であり，L-乳酸と D-乳酸の 2 つの鏡像異性体が存在する。特に L-乳酸はトウモロコシなどの植物から大量に得られることから，L-乳酸を重合させたポリ-L-乳酸はバイオプラスチックとして盛んに研究されている。しかし，L-乳酸を直接重合しても，高い重合度のポリ-L-乳酸は得られなかった。そこで，図 1 のように L-乳酸 2 分子を脱水縮合させることで環状構造をもつ L-ラクチドを合成し，開環重合を行ったところ，高い重合度のポリ-L-乳酸が得られた。

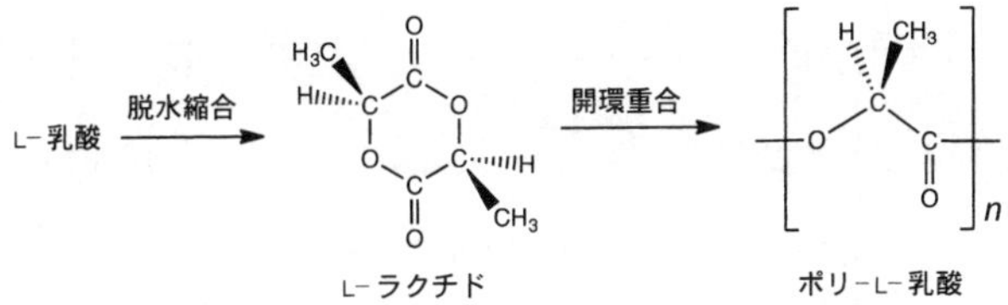

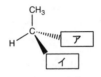

図　1

問6　L-ラクチドは，図1に示すような立体構造をもつ。図1に示す結合のうち，◢◣で示す結合は紙面の手前側に，◼◼◼◼は紙面の奥側に伸びていることを表す。図2にL-乳酸の鏡像異性体であるD-乳酸の立体構造を示す。 ア および イ に入る原子または原子団を化学式で答えよ。

図2　D-乳酸

問7　ラクチドの立体異性体は全部で3つある。L-ラクチドを除く，残り2つのラクチドの異性体の立体構造を，図1のL-ラクチドの例にならって構造式で示せ。

問8　L-ラクチドとその鏡像異性体であるD-ラクチドの等量混合物を用いて開環重合したところ，L-乳酸部位とD-乳酸部位が不規則に配列したポリ-DL-乳酸が得られた。このポリ-DL-乳酸と先に得られたポリ-L-乳酸のかたさを比較した結果，ポリ-L-乳酸の方がかたかった。ポリ-L-乳酸の方がかたかった理由について，「分子鎖の配列」，「結晶部分の割合」という2つの語句を用いて，30字以内で記述せよ。

問9　以下の文章中の {ウ}〜{オ} について，{　} 内の適切な語句を選び，その番号をそれぞれ解答欄に記入せよ。

　　D-ラクチドを開環重合してポリ-D-乳酸を合成した。このポリ-D-乳酸の密度は {ウ：1．D-乳酸，　2．ポリ-L-乳酸，　3．ポリ-DL-乳酸} と同じであった。ポリ-D-乳酸とポリ-L-乳酸では，水酸化ナトリウム水溶液による加水分解のされやすさは {エ：1．同じであった，　2．異なっていた}。また，ポリ-D-乳酸とポリ-L-乳酸では，土壌中の微生物がもつ酵素による生分解のされやすさは，大部分の酵素において，{オ：1．同じであった，　2．異なっていた}。

57 脂肪酸ジエステル・芳香族エーテルの構造決定と異性体

(2016 年度　第 3 問)

次の文章(a), (b)を読んで，問 1 〜問 8 に答えよ。構造式を記入するときは，記入例にならって記せ。なお，構造式の記入に際し，幾何異性体は区別し，光学異性体は区別しないものとする。また，原子量は H = 1.0，C = 12.0，O = 16.0 とする。

構造式の記入例：

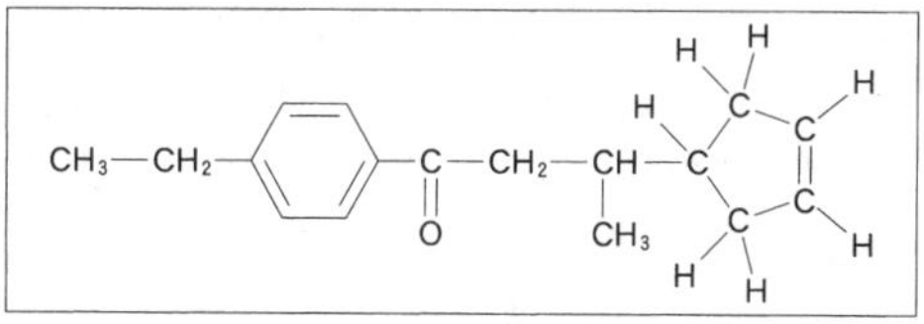

(a)　化合物 A と B は，炭素，水素，酸素から構成され，同じ分子式で表される。化合物 A と B の分子中には，それぞれ 1 個ずつ不斉炭素原子がある。1 mol の化合物 A を水酸化ナトリウム水溶液中で完全に加水分解したのち中和したところ，化合物 C，D，E がそれぞれ 1 mol ずつ生成した。一方，1 mol の化合物 B を水酸化ナトリウム水溶液中で完全に加水分解したのち中和したところ，化合物 F，G，H がそれぞれ 1 mol ずつ生成した。化合物 C を二クロム酸カリウムの希硫酸水溶液に加えて温めると化合物 I が生成した。化合物 I は，クメン法における 2 つの最終生成物のうちの一方と同じであった。また，化合物 I は酢酸カルシウムを乾留することによっても合成できる。

化合物 D の分子量は 100 以下であり，18.5 mg の化合物 D を完全燃焼させたところ，二酸化炭素 43.9 mg と水 22.5 mg が生成した。互いに幾何異性体である化合物 E および F は分子式 $C_4H_4O_4$ で表される。また，触媒の存在下，1 mol の化合物 E および F にはそれぞれ 1 mol の水素（H_2）が付加した。化合物 F を加熱すると分子内で脱水反応が起こり，化合物 J が生じた。化合物 G は分子式 C_2H_6O で表される化合物であり，ブドウ糖のアルコール発酵によっても得られる。化合物 H に水酸化ナトリウム水溶液とヨウ素を加えて加熱したが，ヨードホルム（CHI_3）は生成しなかった。

問 1　化合物 E，G，I の化合物名を記せ。

問 2　化合物 A の分子式を記せ。

問 3　化合物 A，H，J の構造式を記せ。

(b)　植物由来の資源を有効活用することを目指して，エーテル結合をもつ芳香族化合物の炭素－酸素結合を切断する反応が研究されている。基礎的な研究の例として，図 1 に示すようにベンゼン環を酸素原子でつないだエーテル K を触媒の存在下，水素と反応させてフェノールとベンゼンを得る反応があげられる。

エーテル K

図　1

　　ここで，図 1 に示す K のように 2 つのベンゼン環が酸素原子でつながった構造をもつエーテル L について考える。化合物 L（分子式 $C_{14}H_{14}O$）は，図 1 と同様に水素と反応すると炭素－酸素結合が切断され，化合物 M（分子式 C_7H_8O）と化合物 N だけが生成する。化合物 M に十分な量の臭素（Br_2）を反応させると化合物 O（分子式 $C_7H_5Br_3O$）が生成した。この反応は，フェノールと十分な量の臭素から化合物 P（分子式 $C_6H_3Br_3O$）が生成する反応と同様に，化合物 M に含まれるヒドロキシ基に対して　(ア)　配向性を示した。

問 4　化合物 M，N の構造式を記せ。

問 5　(ア)　にあてはまる適切な語句を記入せよ。

問 6　化合物 L の構造異性体のなかで，2 つのベンゼン環を酸素原子でつないだ構造をもち，化合物 L と同様に水素との反応で化合物 N が生じる構造異性体の数を記せ。なお，化合物 L は含めない。

問 7　化合物 L の構造式を記せ。

問 8　化合物 M の構造異性体のうち，ベンゼン環を含む化合物は 4 つある。化合物 M とこれら 4 つの化合物のなかで，沸点が最も低い化合物の構造式を解答欄(i)に記せ。また，沸点が最も低い化合物とそれ以外の化合物を化学反応によって区別するための判定方法を，解答欄(ii)の枠の範囲内で説明せよ。なお，以下の試薬の中から適切なものを 1 つだけ選び必ず用いること。

希塩酸，　　　　　　　塩化ナトリウム，　　　　　　塩化鉄(Ⅲ)水溶液，
ナトリウム，　　　　　フェノールフタレイン溶液

58 六員環構造をもつ化合物の構造と異性体, ヒドロキシカルボン酸縮合体の構造 (2015年度 第3問)

次の文章(a), (b)を読んで, 問1～問6に答えよ。構造式を記入するときは, 記入例にならって記せ。ただし, 不斉炭素原子の立体化学は考慮しなくてよい。原子量はH=1.00, C=12.0, O=16.0, Na=23.0とする。

構造式の記入例:

(a) 炭素, 水素, 酸素から構成され, 炭素原子数が7で, 酸素原子数が1～3の5種類の有機化合物A～Eがある。化合物A～Eはいずれも, 炭素原子6個からなる環状構造を有している。化合物A～Eに対して行った分析または反応操作とその結果を, 次の(あ)～(く)に示す。

(あ) 化合物AとDについて元素分析を行ったところ, 化合物Aは酸素原子を3つ含み, 化合物Dの炭素および水素の質量百分率が, それぞれ78%および7.4%であることがわかった。

(い) 化合物A～Eのそれぞれに塩化鉄(Ⅲ)水溶液を加えたところ, 化合物AとCだけ青～赤紫色の呈色が見られた。

(う) 化合物A～Eのそれぞれに無水酢酸を作用させたところ, 化合物A, C, Dはエステルに変換された。

(え) 化合物A～Eのそれぞれに炭酸水素ナトリウム水溶液とエーテルを加え, よく振ったのち水層とエーテル層を分離すると, 化合物A, Bは水層に, 化合物C, D, Eはエーテル層に溶解していた。

(お) 化合物Cは, 酸素原子を1つだけ含む。化合物Cを酸化すると化合物Aが, 化合物Dを酸化すると化合物Bが得られた。

(か) 混酸の作用により化合物Cの水素原子が1つだけ置換される反応では, 可能な2種類の生成物のうち一方が主として得られた。

(き) 化合物Eは酸素原子を1つだけ含み, 不斉炭素原子を1つ有するが, 白金触媒を用いて, 等しい物質量の水素と加圧条件下で反応させると, 不斉炭素原子をもたない化合物に変換された。

(く) 化合物A～Eはいずれも銀鏡反応を示さなかった。

問1 化合物A～Dの構造式を記せ。

問2　化合物Eとして考えられる構造は2つある。これらの構造式を記せ。

問3　化合物AとBの混合物からAだけを取り出したい。次の(ア)～(オ)の実験操作をどのような順番で行ったらよいか，解答欄に左から順に記せ。

(ア)　希塩酸を加え，よくかき混ぜたのちに，エーテルを加え，よく振り混ぜてから，静置する。

(イ)　水酸化ナトリウム水溶液を加え，よくかき混ぜたのちに，エーテルを加え，よく振り混ぜてから，静置する。

(ウ)　水層を取り出し，加熱する。

(エ)　エーテル層を取り出し，エーテルを蒸留により取り除く。

(オ)　メタノールと少量の濃硫酸を加えて，加熱する。

(b)　炭素，水素，酸素から構成され，示性式 HO−CHR−COOH （Rは水素または炭化水素基）で表される異なる3種類のヒドロキシカルボン酸の混合物を加熱したところ，エステル化だけが進行した。この反応により得られた混合物から化合物F～Hを分離した。それぞれの化合物は，次の(i)～(iii)の条件を満たす。

(i)　化合物Fは1種類のヒドロキシカルボン酸2分子から生成していることがわかった。また，$1.90\,\mathrm{g}$ の化合物Fに十分な量の金属ナトリウムを作用させると $1.00 \times 10^{-2}\,\mathrm{mol}$ の水素が発生した。

(ii)　化合物Gは1種類のヒドロキシカルボン酸から生成していることがわかった。質量分析の結果，分子量は144であった。

(iii)　$1.10\,\mathrm{g}$ の化合物Hに十分な量の炭酸水素ナトリウム水溶液を作用させると $5.00 \times 10^{-3}\,\mathrm{mol}$ の二酸化炭素が発生した。$2.20\,\mathrm{g}$ の化合物Hを完全に加水分解するには $1.20\,\mathrm{g}$ の水酸化ナトリウムが必要であった。

　ポリ乳酸などの，ヒドロキシカルボン酸から生産される高分子は，優れた生分解性と生体適合性を示し，ゴミ袋，食器，手術用縫合糸などに応用されている。ポリ乳酸を合成するために，乳酸をモノマー（単量体）とする重合を試みた。密閉した反応容器を用いて乳酸を加熱したところ，高分子生成反応とその逆反応である加水分解反応が，一定時間ののちに平衡に達し，平均重合度の低いポリ乳酸が得られた。

問4　化合物FとGの構造式を記せ。

問5　化合物Hとして可能な構造はいくつあるか。その数を記せ。ただし，不斉炭素原子の立体化学は考慮しなくてよい。

問6　文中の下線部に関して，水を取り除きながら反応させると，平均重合度の高いポリ乳酸を得ることができた。その理由を50字以内で解答欄に記せ。

59 ジエステル C₃₂H₃₉NO₃ の構造と反応, アセトアルデヒドの合成実験 (2014年度 第3問)

次の文章(a), (b)を読んで, 問1〜問10に答えよ。構造式を記入するときは, 記入例にならって記せ。

構造式の記入例:

(a) アルケンの二重結合は, 低温でオゾンと反応させたのち, 酸化剤と反応させると, 次の例に示すように酸化的に切断され, アルケンの構造によってカルボン酸あるいはケトンが生成する。

分子式 $C_{32}H_{39}NO_3$ で示される化合物Aを完全に加水分解したところ, 物質量の比1:1:1で化合物B, 化合物C, 化合物Dからなる混合物が得られた。化合物Bは ㋐ と縮合重合させることでポリエチレンテレフタラートを与える。また, 化合物Bは, 芳香族炭化水素である化合物Eを, 上の例のように, オゾンと反応させたのち酸化剤と反応させることでも得られた。白金触媒により化合物Eには2倍の物質量の水素 (H_2) が付加して, 化合物Fが得られた。次に化合物Fをニトロ化したところ, 化合物Gが単一の生成物として得られた。続いて, 化合物Gを還元することで化合物Cが得られた。化合物Dは化合物Cの希塩酸溶液に氷冷下で ㋑ 水溶液を加えたのち, 加熱すると得られた。また化合物Dは化合物Fをスルホン化したのち, アルカリ融解して得られる生成物を酸によって中和することでも合成できる。

問1 化合物B, C, Fの構造式をそれぞれ記せ。

問2 ㋐ , ㋑ にあてはまる適切な化合物名を記入せよ。

問3 化合物Eとして考えられるすべての幾何異性体の数を記せ。

(b)　次の文章はある実験報告書の抜粋である。ただし，Lはリットルを表す。

《実験報告書》

　＜題目＞　アセトアルデヒドの合成と性質

　＜目的＞　エタノールの酸化反応とアセトアルデヒドの性質を理解するとともに，
　化学実験法の基本を習得する。

　＜方法＞　アセトアルデヒド合成装置を図1に，使用した試薬を表1に示す。

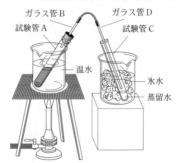

図　1　アセトアルデヒド合成装置

表　1　アセトアルデヒド合成試薬

エタノール	3mL
0.10mol/L 二クロム酸カリウム水溶液	5mL
1.0mol/L 硫酸水溶液	6mL

　＜結果＞　まず，表1に示す試薬を沸騰石数粒とともに試験管Aに入れた。続いて，
　試験管Cに蒸留水（3mL）を入れてから，ガラス管Dの先を水面から少し上に
　保つようにして合成装置を組み上げた。加熱を開始したところ，①はじめ橙赤色
　であった試験管Aの反応液は最終的に緑色に変化した。最後に，試験管Cの液体
　にアセトアルデヒドが含まれていることを定性反応で確かめた。

　＜考察＞　アセトアルデヒド合成のイオン反応式を式(1)に示す。

$$\boxed{a}\,C_2H_5OH + Cr_2O_7{}^{2-} + \boxed{b}\,H^+ \longrightarrow \boxed{c}\,CH_3CHO + 2Cr^{3+} + \boxed{d}\,H_2O \qquad (1)$$

　　一般に，二クロム酸カリウムの硫酸酸性水溶液によって，　あ　はアルデヒ
　ドを経てカルボン酸に酸化されてしまう。一方，②今回の実験ではアセトアルデ
　ヒドの性質を利用して，　い　ことによって，アセトアルデヒドを効率よく得
　ている。

　＜感想＞　はじめ教科書の合成装置の図をよく見ずに，③ガラス管Dの先を水中に
　入れて実験しようとした。すると，「ガラス管Dの先から気泡が出終わってから，
　　う　ことがないように気をつけなさい」と先生から注意された。そこで，合
　成装置を組みなおして実験した。次回の実験では実験方法の細かい点にももっと
　注意を払いたい。

問4 下線部①の観測事実と関連する次の説明の中で，誤っているものをすべて選んで番号で答えよ。ただし，解答するものがない場合は「なし」と記せ。

1　加えたエタノールの物質量と二クロム酸イオンの物質量は等しい。

2　はじめの色は酸性水溶液中での二クロム酸イオンの色である。

3　緑色になったときアセトアルデヒドの生成は終了した。

4　この過程で二クロム酸イオンは還元された。

問5 式(1)の a ～ d に適切な整数を入れて，イオン反応式を完成させよ。

問6 文中の (あ) に最も適したものを，次から選んで番号で答えよ。

1　第一級アルコール　　　　　2　第二級アルコール

3　第三級アルコール　　　　　4　フェノール

5　ケトン　　　　　　　　　　6　アミド

問7 下線部②に関連するアセトアルデヒドの性質として最も適したものを，次から選んで番号で答えよ。

1　酸　性　　　　　　　　　　2　塩基性

3　酸化性　　　　　　　　　　4　還元性

5　低沸点　　　　　　　　　　6　高沸点

問8 文中の (い) にあてはまる「どのようにして効率よく得ているか」についての説明を30字以内で記せ。

問9 下線部③に関連して， (う) にあてはまる現象を10字以内で記せ。

問10 (う) の現象が起こり得る理由を40字以内で記せ。

60 ジエステル，ヘミケタール構造を含む芳香族の構造決定

(2013 年度　第 3 問)

次の文章(a)，(b)を読んで，問 1 〜問 5 に答えよ。構造式を記入するときは，記入例にならって記せ。なお，構造式の記入に際し，幾何異性体および光学異性体は区別しないものとする。原子量は $H = 1.00$，$C = 12.0$，$O = 16.0$ とし，気体の $1.00\,mol$ の体積は標準状態で $22.4\,L$ とする。

構造式の記入例：

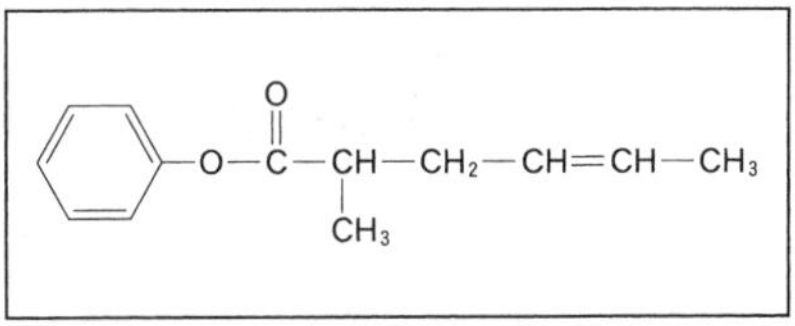

(a)　$10.0\,g$ の化合物 **A**（分子式 $C_{16}H_{18}O_4$）に白金触媒を用いて常圧の水素を付加させたところ，標準状態において約 $1.64\,L$ の水素が反応し化合物 **B** が生じた。この化合物 **B** を加水分解したところ，化合物 **C** と化合物 **D** が得られた。濃硫酸を加えた条件で，化合物 **C** を加熱したところ脱水反応が進行し，1-ブテンが生じた。化合物 **C** を，硫酸酸性の二クロム酸カリウムを用いて酸化すると化合物 **E** となり，さらに酸化を進めるとカルボン酸が生じた。一方，化合物 **D** を加熱したところ，分子内で脱水反応が進行し，芳香族酸無水物が生じた。この化合物は 1 分子のメタノールと反応すると，分子量 180 の化合物になる。これらの反応とは別に，化合物 **A** を加水分解したところ，化合物 **D** とともに，互いに構造異性体の関係にある化合物 **E** と化合物 **F** が生じた。なお，化合物 **F** には幾何異性体が存在しない。

問 1　下線部について，$1\,mol$ の化合物 **A** は何 mol の水素と反応するのか，適切な数値を整数で答えよ。

問 2　化合物 **D** は，芳香族化合物の酸化反応によって合成できる。その芳香族化合物の名称を 1 つ記せ。

問 3　化合物 **A**，**C**，**E**，**F** の構造式をそれぞれ記せ。

問 4　化合物 **E** と **F** の分子量は同一であるが，それぞれの沸点は 85℃，114℃である。沸点が異なる理由を解答欄の枠の範囲内で説明せよ。

(b)　ベンゼン環の隣り合う炭素原子をつないだ環状構造をもち，分子式 $C_9H_{10}O$ で示される化合物について考える。ベンゼン環上の 2 つの隣り合う炭素原子を含めて五員環構造（5 個の原子で作られる環状構造）をもつ化合物のなかで，化合物 **G**，**H**，**I**，**J** は不斉炭素原子をもち，化合物 **G** は金属ナトリウムと反応して水素を発生す

る。化合物 H，I，J に含まれる不斉炭素原子に結合した水素原子をそれぞれヒドロキシ基に置き換えた化合物 K，L，M のなかで，化合物 L および M は分子内にヘミケタール構造（図1）をもつ。ヘミケタール L と平衡状態にあるケトン型の化合物 N は，フェノール類ではなくアルコール性のヒドロキシ基をもつ。

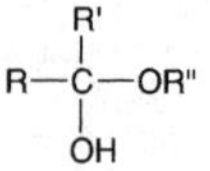

$$
R-\underset{\underset{\displaystyle OH}{|}}{\overset{\overset{\displaystyle R'}{|}}{C}}-OR''
$$

ヘミケタール

図　1

問5　化合物 G，H，L，N の構造式をそれぞれ記せ。

61　炭化水素および分子式 $C_{27}H_{28}O_8$ のエステルの構造決定

(2012 年度　第 3 問)

次の文章(a)，(b)を読んで，問 1 ～問 6 に答えよ。構造式を記入するときは，記入例にならって記せ。なお，構造式の記入に際し，幾何異性体および光学異性体は区別しないものとする。原子量は，$H = 1.00$，$C = 12.0$，$O = 16.0$ とする。

構造式の記入例：

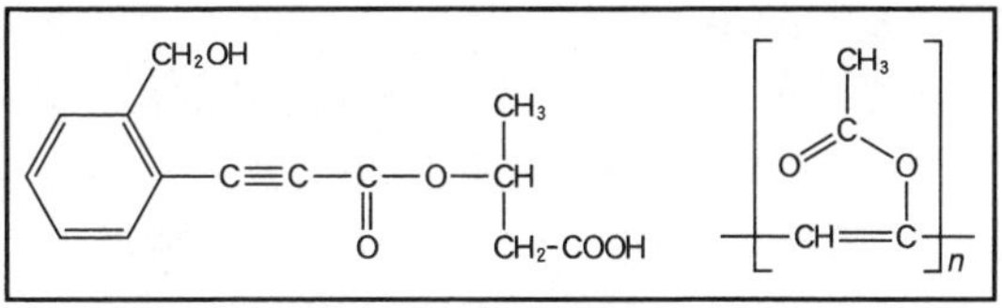

(a)　炭素―炭素二重結合は，硫酸酸性過マンガン酸カリウム水溶液の作用あるいはオゾン分解により，次の例に示すように酸化的に切断される。

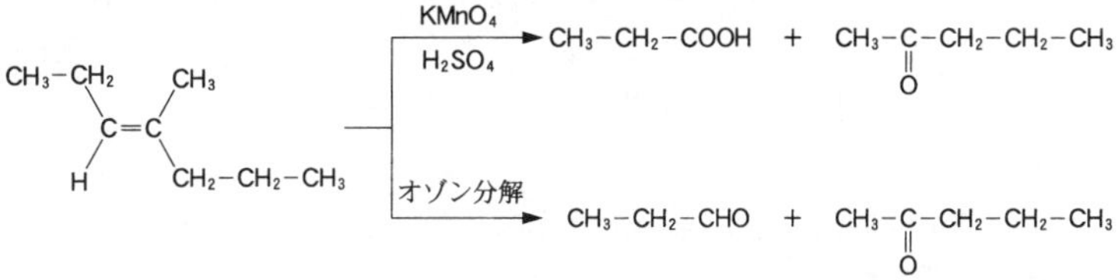

　1.00 mol の化合物 A を完全燃焼させるのに，酸素が 8.50 mol 必要であった。この化合物 A の元素分析を行ったところ，質量パーセント組成は炭素 87.8 ％，水素 12.2 ％であった。

　化合物 A には同じ分子式で表される構造異性体 B，C，D が存在する。化合物 A に硫酸酸性過マンガン酸カリウム水溶液を作用させて得られる化合物を，ヘキサメチレンジアミンと縮合重合させると，6,6-ナイロンが得られた。不斉炭素原子を 1 個有する化合物 B に，水銀(Ⅱ)塩を触媒として，希硫酸中で水を付加させて得られる生成物は，カルボニル基を有する構造異性体に直ちに変化し，ヨードホルム反応に陽性を示した。メチル基を 2 個もつ化合物 C に白金触媒の存在下で水素 2 分子を付加させると，メチル基を 4 個もつアルカンが得られた。また，化合物 C は，付加重合反応により二重結合を主鎖に含む高分子化合物 E になった。化合物 D のオゾン分解により得られる化合物 F にアンモニア性硝酸銀水溶液を加えると，銀鏡反応が進行した。また，化合物 F を還元したところ，二価アルコール G が得られた。化合物 G に濃硫酸を加えて分子内の縮合反応を行って得られた化合物は，α-グルコースのすべてのヒドロキシ基が水素原子に置き換わった化合物と同一であった。

問1 下線部の事実をもとに化合物Aの分子式を決定せよ。導出過程も含めて解答欄の枠内で記せ。

問2 化合物A，B，D，EおよびGの構造式を記せ。

(b) 不斉炭素原子を1個もつ化合物H（分子式 $C_{27}H_{28}O_8$，分子量480）に白金触媒の存在下で水素を付加させると，不斉炭素原子をもたない化合物I（分子式 $C_{27}H_{30}O_8$）が得られた。一方，化合物Hに含まれる4個のエステル結合を完全に加水分解すると4種類の化合物J，K，L，Mが得られた。化合物Jは一価カルボン酸であり，触媒を用いてトルエンを空気酸化しても得られる。分子式 C_3H_8O の化合物Kは酸化によりカルボニル基を有する化合物Nになった。化合物Nの水溶液は中性であった。化合物Nをフェーリング液に加えて沸騰水中で温めても赤色沈殿は生成しなかった。化合物Lは粘性の高いアルコールであり，高級脂肪酸とのエステルは油脂と呼ばれる。分子式 $C_7H_8O_4$ の化合物Mは同一炭素に2個のカルボキシル基が結合した二価カルボン酸である。化合物Mのカルボキシル基を2個とも水素原子に置き換えると，五員環構造を有するアルケン（シクロペンテン）になる。

問3 化合物JとLの化合物名を記せ。

問4 化合物KおよびNに関する記述として正しいものを(ア)〜(オ)の中からすべて選び，記号で答えよ。

(ア) 化合物KとNをそれぞれ完全燃焼させると，生成する二酸化炭素と水の物質量の比はともに3：4となる。

(イ) 化合物Kに金属ナトリウムを加えると水素が発生し，炭酸水素ナトリウム水溶液を加えると二酸化炭素が発生する。

(ウ) 化合物Kとエチルメチルエーテルは互いに構造異性体の関係にあり，前者の沸点は後者の沸点よりも高い。

(エ) 1リットルの水に0.1molの化合物Kと0.1molのアニリン塩酸塩を一緒に溶かすと，その溶液は中性となる。

(オ) 化合物KとNはともにヨードホルム反応に陽性を示す。

問5 48.0gの化合物Hを完全に加水分解すると，化合物Jは何g生成するか。有効数字2けたで答えよ。

問6 化合物Hの構造式を記せ。

62 C_9H_{10} の化合物および芳香族エステルの構造決定

(2011年度 第3問)

次の文(a), (b)を読んで, 問1～問7に答えよ。構造式を記入するときは, 記入例にならって記せ。なお, 構造式の記入に際し不斉炭素原子の立体化学は考慮しなくてよい。また, 原子量は, H = 1.00, C = 12.0, O = 16.0 とし, 気体 1.00 mol の体積は標準状態で 22.4 L とする。

構造式の記入例：

(a) 環状構造を1つだけ持つ芳香族炭化水素A, B, C, D, Eの分子式は C_9H_{10} であり, 水素の付加反応により分子式 C_9H_{12} の化合物F, G, Hのいずれかを与えた。化合物A, B, Cからは同一の化合物Fが生成し, 化合物BとCは互いに幾何異性体の関係にある。化合物Gは化合物Dから生じ, フェノールの工業的生産に利用される化合物として知られている。化合物Hを与える化合物Eは, 適切な条件下において酸化すると化合物Iとギ酸に分解され, さらに化合物Iは触媒を用いて空気酸化することにより PET 樹脂の原料となるジカルボン酸Jに変換された。化合物Jは, 分子式 $C_{10}H_{14}O_2$ の化合物Kに水酸化ナトリウムとヨウ素を加えて温めたのち十分量の塩酸を加えても合成することができる。化合物Jの異性体の1つである化合物Lを加熱したところ, 水分子がとれて分子式 $C_8H_4O_3$ の化合物Mが得られた。化合物Mにアニリンを作用させると, 分子式 $C_{14}H_{11}NO_3$ の化合物Nが生成した。

問1 分子式が C_9H_{10} の芳香族炭化水素で, 化合物A, B, C, D, Eのように環状構造を1つだけ持つ化合物は他にいくつあるか答えよ。

問2 化合物GおよびMの化合物名を記せ。

問3 化合物A, E, K, Nの構造式を記せ。

(b) 化合物Oのエステル結合を加水分解し, 芳香族カルボン酸P (分子式 $C_{12}H_{14}O_2$)とアルコールQ (分子式 C_4H_8O) を得る実験を行った。化合物Pおよび Qはいずれも二重結合を1つ含んだ炭素鎖を持ち, 幾何異性体は存在しない。ある時点で反応を停止させたところ, 加水分解は途中までしか進行しておらず, 化合物O, P, Qの混合物が 25.0 g 得られた。①この混合物に対し白金触媒の存在下, 水素を常温

常圧で反応させたところ，標準状態で4.48Lの水素が消費されることがわかった。

　化合物Pには不斉炭素原子が1つ存在するが，化合物Pと水素の反応により生成するカルボン酸Rは不斉炭素原子を持たない。化合物Rのベンゼン環には4つの水素原子が結合しており，そのうち任意の1つの水素原子を他の原子で置き換える場合，理論上2種類の異性体が生じうる。一方，化合物Qと水素の反応により生成するアルコールSは分岐型のアルキル基を有する構造であり，化合物Sをおだやかに酸化して生じる化合物Tの水溶液にアンモニア性硝酸銀水溶液を加えると銀が析出する。

問4　下線部①の実験結果より，実験に用いた化合物Oの物質量が求まる。何molの化合物Oを用いたか，有効数字2けたで答えよ。

問5　実験に用いた化合物Oのうち何%が加水分解されたか，有効数字2けたで答えよ。

問6　化合物Pに関する記述として正しいものを(ア)～(オ)の中からすべて選び，記号で答えよ。

　(ア)　化合物Pをナトリウムフェノキシドの水溶液に加えると，フェノールが遊離する。

　(イ)　化合物Pはフェーリング液と反応し，赤色沈殿が生じる。

　(ウ)　1molの化合物Pと1molのナトリウムを完全に反応させると，1molの水素が発生する。

　(エ)　1molの化合物Pを完全燃焼させると，1molの化合物Rを完全燃焼させるときと同量の二酸化炭素が生成する。

　(オ)　化合物Pのナトリウム塩の水溶液は中性である。

問7　化合物P，Qの構造式を記せ。

63 芳香族ジエステルの構造決定，置換基効果と反応速度

（2010 年度　第 3 問）

次の文(a)，(b)を読んで，問 1 ～問 7 に答えよ。なお，構造式を記入するときは，記入例にならって記せ。

構造式の記入例：

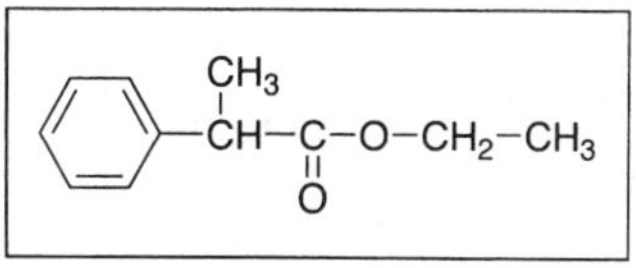

(a)　分子内に 2 つ以上の官能基をもつ有機化合物の反応では，その官能基の反応速度の差を利用して，特定の官能基を反応させることができる。たとえば，第一級，第二級および第三級アルコール部位をもつ多価アルコールと同じ物質量の無水酢酸との反応では，第一級アルコール部位の反応が速いため，第一級アルコール部位のヒドロキシ基を選択的にアセチル化することが可能である。

　化合物 A（分子式 $C_{26}H_{22}O_4$）を完全に加水分解したところ，物質量の比 2：1 で化合物 B と化合物 C の混合物が得られた。化合物 B は，化合物 D の水素原子の 1 つがカルボキシル基に置き換わった芳香族カルボン酸である。化合物 D は昇華しやすい固体であり，これを酸化すると化合物 E が生じた。化合物 E は，分子内での脱水反応により酸無水物 F に変換される。化合物 E は，o-キシレンを過マンガン酸カリウムで酸化することでも得られる。一方，化合物 C の組成式は C_2H_5O であり，化合物 C は不斉炭素原子を 1 つ有する。1mol の化合物 C を過剰量のナトリウムと反応させると $\boxed{(ア)}$ mol の水素が生成した。化合物 C を同じ物質量の無水酢酸と反応させると，化合物 G が選択的に得られた。化合物 G を酸化すると分子量が 2 減少した化合物 H が得られ，化合物 H を加水分解すると化合物 I と酢酸が生じた。化合物 I に水酸化ナトリウム水溶液とヨウ素を加えて温めると黄色沈殿（ヨードホルム）が生じた。

問 1　化合物 B については，2 種類の異性体の可能性が考えられる。その 2 つの構造式を記せ。

問 2　化合物 C，G，I の構造式をそれぞれ記せ。なお，鏡像異性体は区別しないものとする。

問 3　$\boxed{(ア)}$ に適切な数字を記入せよ。

問 4　1mol の化合物 F と 1mol のメタノールが反応することで生成する化合物の構造式を記せ。

(b) 一置換ベンゼンの置換反応は，ベンゼン環上の置換基によって影響を受ける。置換基の種類によって，反応がオルト位およびパラ位で起こりやすい場合と，メタ位で起こりやすい場合がある。また，置換基の種類によって，反応が無置換ベンゼンに比べて促進される場合と抑制される場合がある。ベンゼン環上の置換基が反応に与える影響は，置換基効果と呼ばれる。

ある反応条件下，ベンゼンとトルエンに塩素分子を作用させたところ，トルエンはベンゼンよりも335倍速く反応した。トルエンからは3つの構造異性体の混合物が得られ，その組成は o-クロロトルエン 59.7%，m-クロロトルエン 0.5%，p-クロロトルエン 39.8%であった。

トルエン　　　　o-クロロトルエン　m-クロロトルエン　p-クロロトルエン

この実験結果を反応速度の観点から考えてみよう。ベンゼンには6つの等価な反応点があり，1ヶ所あたりの反応速度定数を k とすると，分子全体としての反応速度定数は $6k$ と表すことができる。一方，トルエンの反応速度定数は，計5つの反応点の反応速度定数の総和として表される。すなわち，メチル基から見てオルト位，メタ位およびパラ位について，それぞれ1ヶ所あたりの反応速度定数を k_o, k_m, k_p とすると，トルエン分子全体としての反応速度定数は，

$$\boxed{(イ)} + \boxed{(ウ)} + k_p$$

と表すことができる。よって，トルエンに1個の塩素原子が導入される反応（一塩素化反応）における構造異性体の組成は，トルエンのオルト位，メタ位およびパラ位の反応速度定数である $\boxed{(イ)}$, $\boxed{(ウ)}$, k_p をそれぞれ分子全体の反応速度定数で割ることによって，次のように表される。

オルト体の組成：　$0.597 = \dfrac{\boxed{(イ)}}{\boxed{(イ)} + \boxed{(ウ)} + k_p}$

メタ体の組成：　$0.005 = \dfrac{\boxed{(ウ)}}{\boxed{(イ)} + \boxed{(ウ)} + k_p}$

パラ体の組成：　$0.398 = \dfrac{k_p}{\boxed{(イ)} + \boxed{(ウ)} + k_p}$

トルエンがベンゼンよりも335倍速く反応したことを考慮すると，トルエン分子全体の反応速度定数は，k を用いても表すことができ，$2010k$ に等しい。したがって，$\dfrac{k_o}{k}$, $\dfrac{k_m}{k}$, $\dfrac{k_p}{k}$ の値は，それぞれ 600, 5, $\boxed{(エ)}$ と計算される。これらの値は，メチル基の置換基効果によって，トルエンの反応性がベンゼンよりも高く，特にオルト位とパラ位で反応が起こりやすいことを示している。

問5　　(イ)　と　(ウ)　には式，　(エ)　には整数値を記入せよ。

問6　2つの置換基からの影響を考えることにより，二置換ベンゼンの反応を予測することができる。たとえば，m-キシレンの4位は，3位のメチル基から見るとオルト位であり，また1位のメチル基からはパラ位である。よって，m-キシレンの4位の反応速度定数を k_4 とすると，$\dfrac{k_4}{k}$ の値は，$\dfrac{k_o}{k}$ と $\dfrac{k_p}{k}$ の積として近似できることがわかっている。m-キシレンの一塩素化反応では，3つの構造異性体J，K，Lの混合物が得られると予想される。置換基効果から予想される生成量が多い順に化合物J，K，Lを並べよ。なお，解答欄には，化合物の記号J，K，Lと不等号（＞）を用いて順序を記せ。

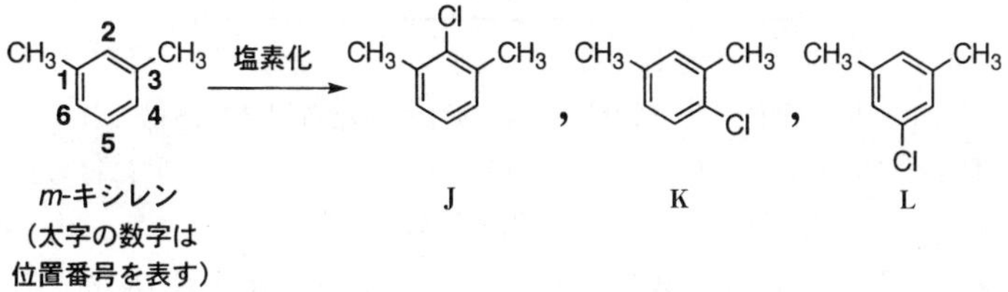

m-キシレン
（太字の数字は
位置番号を表す）

問7　m-キシレンの一塩素化反応は，ベンゼンの場合に比べて何倍速く進行すると予想されるか。有効数字2けたで答えよ。計算過程も含めて，解答欄の枠内で記せ。

64 C₃₀H₂₅NO₅ の化合物の加水分解，アルケンの異性体

次の文(a)，(b)を読んで，問 1 ～問 5 に答えよ。なお，構造式を記入するときは，記入例にならって記せ。

構造式の記入例：

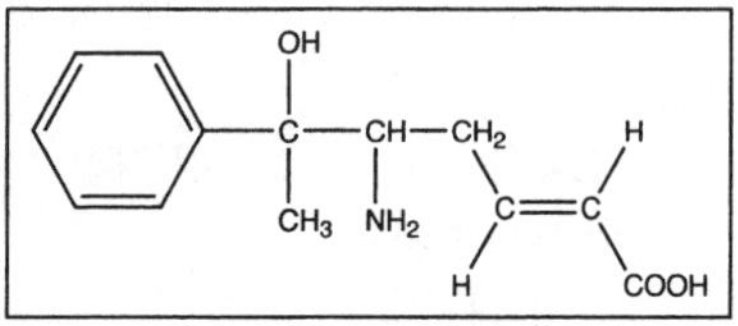

(a)　分子式 $C_{30}H_{25}NO_5$ で示される化合物 **A** を完全に加水分解したところ，物質量の比 2：1：1 で化合物 **B**，化合物 **C**，化合物 **D** からなる混合物が得られた。化合物 **B** は芳香族炭化水素 **E** を酸化した後に分解することでアセトンと共に得られた。この方法は　(ア)　と呼ばれ，アセトンと化合物 **B** の工業的製法である。化合物 **C** は芳香族炭化水素 **E** と同じ分子式で表される芳香族炭化水素 **F** を過マンガン酸カリウムで酸化することで得られた。芳香族炭化水素 **F** を　(イ)　と濃硫酸の混合物に加えて反応させると化合物 **G** が得られた。なおこの際，他の構造異性体は全く生成しなかった。化合物 **G** に鉄 Fe と塩酸を作用させて反応させた後に水酸化ナトリウムを加えると化合物 **D** が得られた。

問1　　(ア)　には適切な語句，　(イ)　にはあてはまる化学式を記入せよ。

問2　化合物 **B**，**C**，**D**，**E** の構造式をそれぞれ記せ。

問3　化合物 **B**，**C**，**D** のそれぞれについて，以下の記述(あ)～(お)からあてはまるものをすべて選び，記号で答えよ。

(あ)　希塩酸を加えると塩を形成して溶解する。

(い)　炭酸水素ナトリウム水溶液を加えると塩を形成して溶解する。

(う)　水酸化ナトリウム水溶液を加えると塩を形成して溶解する。

(え)　塩化鉄（Ⅲ）水溶液を加えると赤紫色～青色に呈色する。

(お)　加熱すると分子内で脱水が起こり，酸無水物が得られる。

(b)　分子式 C_6H_{12} で示されるアルケンには構造異性体が多数存在する。これら全ての構造異性体に金属触媒存在下で水素 H_2 を付加させると，互いに構造異性体の関係にある①5種類のアルカンが得られる。

問4　アルカンは酸化剤，還元剤，酸，塩基などと反応しにくいが，光照射下で塩素 Cl_2 と反応して，水素原子が塩素原子に置換される。下線部①の5種類のアルカンそれぞれにおいて，水素原子1個を塩素原子で置換するとしたとき，考えられる生成物の構造異性体のうち，不斉炭素原子を持たない構造異性体の総数を記せ。

問5　同一の分子式 C_6H_{12} で示されるアルケンH，I，J，Kがある。以下の文を読んでH，I，J，Kの構造式をそれぞれ記せ。なお構造式を記載する上においては，光学異性体は区別しないものとする。

　　H，I，J，Kにはシス・トランス異性体が存在しない。Hに臭素 Br_2 が付加した化合物は不斉炭素原子を2つ有する。IとJに臭素 Br_2 が付加した化合物は，いずれも不斉炭素原子を持たない。JとKに金属触媒存在下で水素 H_2 を付加させると，同一の化合物が得られる。

65 C₄H₈O の化合物の構造決定，エステルの加水分解

（2008 年度　第 3 問）

次の文(a)，(b)を読んで，問 1 ～問 7 に答えよ。ただし原子量は，H = 1.00，C = 12.0，N = 14.0，O = 16.0，S = 32.0，Br = 80.0とし，気体の 1.00 mol の体積は標準状態で 22.4 L とする。なお，構造式を解答するときは，記入例にならって記せ。

構造式の記入例：

(a) 同一の分子式 C_4H_8O で示される環状構造を含まない有機化合物 **A**，**B**，**C** がある。化合物 **B** はエーテルであることがわかっている。

　1 mol の化合物 **A** のクロロホルム溶液に対して室温で臭素を加えたところ，1 mol の臭素分子が付加した。なお，この条件下ではこれ以上の臭素は付加しなかった。化合物 **B** も臭素に対して同様の反応性を示した。化合物 **C** には臭素分子は付加しなかった。また，化合物 **A** は単体のナトリウムと反応して水素ガスを発生した。化合物 **A** を適切な酸化剤で酸化すると分子式 C_4H_6O で示される化合物 **D** が得られたが，1 mol の化合物 **D** は，適切な触媒が存在する条件下，室温で 1 mol の水素分子と完全に反応して化合物 **C** を生じた。なお，化合物 **A** の分子中には 1 個の不斉炭素原子がある。一方，化合物 **B**，**C**，**D** には不斉炭素原子が含まれていない。

　①有機化合物 **A**，**B**，**C** の混合物 144 g がある。この混合物を二等分し，その一方の混合物に十分な量の臭素分子を反応させたところ，その重量は 176 g になった。また，他方の混合物から化合物 **A** のみを分離して単体のナトリウムと反応させたところ，標準状態で 4.48 L の水素ガスが発生した。

問 1　化合物 **A** および **C** の構造式をそれぞれ記せ。なお，幾何異性体は区別し，光学異性体は区別しないものとする。

問 2　化合物 **B** については複数の構造の可能性が考えられる。問題文の条件に合致する化合物の構造式をすべて示せ。なお，幾何異性体は区別するものとする。

問 3　化合物 **D** を特定の条件で反応させると，次々と付加反応が起こり，高分子化合物が得られる。この高分子化合物の構造式を下記の記入例にしたがって記せ。

高分子化合物の構造式の記入例：

$$\left[\begin{array}{c} \underset{\parallel}{\text{C}}-(\text{CH}_2)_5-\text{NH} \\ \text{O} \end{array} \right]_n$$

問4　下線部①に示した混合物中の化合物 A，B，C の物質量のモル百分率はそれぞれ何％か。有効数字 2 けたで答えよ。

(b)　1 mol の有機化合物 E のエステル結合を完全に加水分解したところ，2 mol の芳香族化合物 F と 1 mol の分子式 $C_8H_6O_4$ で表される芳香族化合物 G が得られた。1 mol の化合物 G を加熱すると，1 mol の酸無水物と 1 mol の H_2O が得られた。また，化合物 G は，分子式 C_8H_{10} で表される芳香族化合物 H を酸化することによって合成できる。一方，化合物 F は，化合物 H の構造異性体である別の芳香族化合物 I を原料として以下のように合成できる。②化合物 I に，濃硫酸を加えて加熱すると，ベンゼン環上に存在していた水素原子の 1 つが官能基に置換された化合物 J が得られた。なお，この際，化合物 J の他の構造異性体は全く生成しなかった。この化合物 J をアルカリ融解後，酸で処理すると化合物 F が得られた。

問5　化合物 G および I の構造式をそれぞれ記せ。なお，幾何異性体は区別し，光学異性体は区別しないものとする。

問6　53 g の化合物 I を原料として，下線部②に示した反応が完全に進行した場合，化合物 J は何 g 生成するか。有効数字 2 けたで答えよ。

問7　化合物 E の構造式を記せ。

66 芳香族炭化水素とエステル

(2007 年度　第 3 問)

次の文(a)，(b)，(c)を読んで，問 1 〜問 6 に答えよ。ただし，原子量は，H = 1.00，C = 12.0，N = 14.0，O = 16.0 とする。

(a)　ベンゼン環の炭素原子間の結合はすべて同等であるので，単結合と二重結合の位置を交換してもよい。たとえばトルエンの場合，図 1 に示すように単結合と二重結合の位置を交換した(ア)と(イ)は全く同等であり，(ウ)のように表すことができる。(ウ)の対称性を考慮すると，C^3 と C^7 および C^4 と C^6 はそれぞれ「環境が同じ炭素原子」どうしであり，C^1，C^2，C^5 はいずれも「環境が同じ炭素原子」をもっていない，といえる。したがって，トルエンの「環境が異なる炭素原子」は C^1，C^2，C^3（C^7 と同等），C^4（C^6 と同等），C^5 の 5 種類である。

　　芳香族化合物 A，B，C，D（分子式はいずれも C_8H_{10}）について「環境が異なる炭素原子」は，それぞれ 3，5，4，6 種類であった。化合物 A に濃硝酸と濃硫酸の混合物を反応させると，化合物 E が生成した。さらに，化合物 E にスズと濃塩酸を作用させたのち強塩基で処理すると，分子量 121 の化合物 F が得られた。一方，化合物 B に過マンガン酸カリウム水溶液を反応させると，化合物 G となった。また，化合物 C に過マンガン酸カリウム水溶液を反応させて生成した化合物を加熱すると，酸無水物 H が得られた。

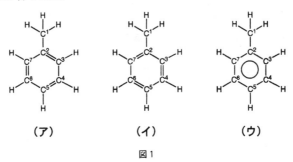

図 1

問 1　化合物 B，D，F，H の構造式をそれぞれ記せ。

問 2　化合物 A から化合物 E を得る反応において，53.0 g の化合物 A を反応させたところ，その 80.0 % が化合物 E となった。化合物 E は何 g 得られたか。有効数字 3 けたで答えよ。

(b)　グリセリンの 3 個のヒドロキシ基がすべてエステル結合になっている化合物 I と J（分子式はいずれも $C_{24}H_{20}O_9$）がある。化合物 I の分子中には 1 個の不斉炭素

原子がある。1 mol の化合物 I を硫酸水溶液中で完全に加水分解すると，芳香族カルボン酸K，L，M，およびグリセリンが，それぞれ 1 mol ずつ得られた。化合物K，L，Mのいずれにも不斉炭素原子はなかった。また，化合物Lは，カルボキシル基の p-（パラ）の位置に置換基をもっていた。

　一方，1 mol の化合物 J を加水分解したところ，1 mol のグリセリンとともに，1 mol の化合物Lと 2 mol の化合物Mが得られた。

　化合物K，L，Mのそれぞれに銅触媒を加えて加熱したところ，いずれも脱二酸化炭素反応(注)を起こし，同一生成物Nが得られた。一方，化合物Nを等モル量の水酸化ナトリウム水溶液と反応させてから，高温・高圧下で二酸化炭素と反応させ，希硫酸を加えたところ，化合物Kが生成した。化合物Kの水溶液に塩化鉄(III)水溶液を加えると紫色を呈した。

(注)　脱二酸化炭素反応：たとえば，安息香酸の場合は(1)式のように反応して，二酸化炭素を発生する。

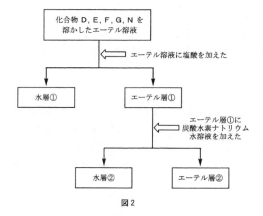

問3　芳香族カルボン酸K，L，Mの構造式を記せ。

問4　化合物 I として考えられる構造異性体の数を記せ。ただし，光学異性体は区別しないものとする。

問5　化合物 J として考えられる構造異性体のうち，不斉炭素原子をもたない異性体の構造式を記せ。

(c)　化合物D，E，F，G，Nが溶けているエーテル溶液に図 2 に示す操作をして，化合物の分離を行った。なお，これらは(a)および(b)で扱った化合物である。

```
┌────────────────────┐
│ 化合物 D, E, F, G, N を │
│ 溶かしたエーテル溶液    │
└────────────────────┘
          ↑ ── エーテル溶液に塩酸を加えた
    ┌─────┴─────┐
┌───────┐   ┌───────┐
│ 水層①  │   │ エーテル層① │
└───────┘   └───────┘
                 ↑ ── エーテル層①に
                      炭酸水素ナトリウム
                      水溶液を加えた
            ┌────┴────┐
        ┌───────┐  ┌─────────┐
        │ 水層②  │  │ エーテル層② │
        └───────┘  └─────────┘
```

図 2

問6　化合物D，E，F，G，Nの中から，エーテル層②に含まれるものをすべて選び，その記号を記せ。

67 アミド結合の加水分解

（2006年度　第3問）

次の文を読んで，問1〜問6に答えよ。ただし，原子量は H = 1.00，C = 12.0，N = 14.0，O = 16.0 とし，気体の 1.00 mol の体積は標準状態で 22.4 L とする。また，有機化合物の構造については立体異性体までを考慮するものとする。

化合物**A**（分子式：$C_{15}H_{20}N_2O_2$）のアミド結合を完全に加水分解したところ，化合物**B**（分子式：$C_4H_6O_2$），化合物**C**，化合物**D**（分子式：$C_4H_{11}N$）からなる①混合物が得られた。化合物**B**は鎖式（非環式）化合物であり，化合物**C**はベンゼン誘導体であることがわかっている。下線部①の混合物に十分量の希塩酸とジエチルエーテルを加えたところ，化合物**B**だけがジエチルエーテルに溶け込んだ。次に，取り出したジエチルエーテル溶液に十分量の炭酸水素ナトリウム水溶液を加えたところ，化合物**B**が水溶液に溶け込んだ。また，下線部①の混合物に十分量の水酸化ナトリウム水溶液とジエチルエーテルを加えたところ，化合物**D**だけがジエチルエーテルに溶け込んだ。

化合物**B**（0.200 g）は，②白金の存在下，③水素を吸収して化合物**E**となった。化合物**E**は　（ア）　基を有しており，これを④硫酸とともに 2-メチル-1-プロパノール（イソブチルアルコール）中で加熱したところ，⑤エステルが生成した。

下線部②と④で示された物質は，化学反応に対する役割から　（イ）　と呼ばれ，一般に少量ではたらき，反応の　（ウ）　を低下させ　（エ）　を増大させる一方，反応熱を変化させない。また，　（イ）　が反応する物質と混ざり合って作用するか，混ざり合わずに作用するかによって，　（イ）　を分類することがある。この観点からは，下線部④の物質は　（オ）　に分類できる。

問1　　（ア）　〜　（オ）　にそれぞれ適切な語句を記入せよ。

問2　下線部③について，吸収される水素の標準状態での体積（L）を有効数字3けたで答えよ。

問3　下線部⑤のエステルの分子式を示せ。

問4　化合物**B**について，問題文の条件に合致するものの構造式をすべて示せ。

問5　化合物**C**について，問題文の条件に合致するものの構造式をすべて示せ。

問6　分子式（$C_4H_{11}N$）を有する化合物には複数の構造が考えられるが，その中には問題文の条件から化合物**D**とはなり得ないものもある。化合物**D**になり得ないものの構造式をすべて示せ。

68 有機化学工業と化合物

(2005年度 第3問)

次の文(a)〜(c)を読んで，問1〜問7に答えよ。ただし，原子量はH = 1.0，C = 12.0，O = 16.0，Cl = 35.5，Ca = 40.0とする。

(a) エチレンは，石油化学工業における基幹物質であり，ナフサの熱分解により大量に合成されている。一方，アセチレンは，エチレン中心の石油化学工業が発展する以前から，工業有機化学の最も重要な基礎原料であり，炭化カルシウムと水との反応，あるいはメタンの熱分解により合成されてきた。また，天然ガスの主成分であるメタンは，燃料として利用されるほか，アセチレンの合成や水蒸気改質による合成ガスの製造に使われている。図1は，これらエチレン，アセチレン，メタンを原料とする有機合成化学用試薬および合成高分子用モノマーの製造工程の一部を示したものである。

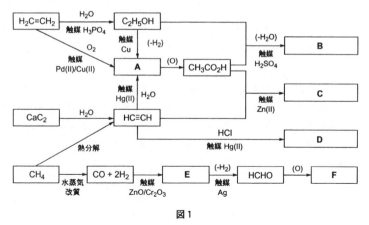

図1

問1 化合物A〜Fの示性式を記せ。

問2 化合物Cを酸触媒を用いて加水分解した場合，酢酸とともにアルコールGが得られるが，このアルコールGは不安定なため，直ちに化合物Hに異性化する。化合物Hは，銅(II)イオンを含むフェーリング液を還元して，酸化銅(I) Cu_2O の赤色沈殿を与える。化合物Hの示性式を記せ。

問3 化合物Fは，酢酸と同じカルボン酸に属するが，酢酸とは異なる化学的性質を示す。以下の(ア)〜(オ)の中から，

(1) 化合物Fのみに該当する性質をすべて選び，その記号を解答欄に記入せよ。

(2) 化合物Fと酢酸の両方に共通する性質をすべて選び，その記号を解答欄に記入せよ。

(ア)　炭酸ナトリウムと反応して，二酸化炭素を発生する。

(イ)　不斉炭素原子を持ち，光学異性体が存在する。

(ウ)　銀鏡反応を示す。

(エ)　金属マグネシウムと反応し，水素分子を発生する。

(オ)　水酸化ナトリウム水溶液を中和して塩をつくる。

(b)　メタン（CH_4），エチレン（C_2H_4），プロペン（プロピレン，C_3H_6）の混合気体がある。この混合気体 100 mL をとり，十分な量の濃硫酸の中を通してから体積をはかると 58 mL だった。また，はじめの混合気体 100 mL を完全燃焼させるのに酸素ガス（酸素分子）278 mL を要した。

　　ただし，気体の体積はすべて温度 25 ℃，圧力 1 気圧の下で測定し，温度 25 ℃における水の蒸気圧は無視できるものとする。また，気体はすべて理想気体とする。

問4　混合気体を濃硫酸に通した後，未反応で回収された 58 mL の気体は何か。化合物名を記せ。

問5　はじめの混合気体中の各成分の体積百分率は何%か。計算式を示し，有効数字2けたで答えよ。

(c)　ハロゲン化水素はアルケンの炭素—炭素二重結合に付加する。この付加反応においては，水素原子が置換基のより少ない炭素原子に結合し，ハロゲン原子が置換基のより多い炭素原子に結合した生成物が得られることが知られている。たとえば，プロペン（プロピレン）と HCl との反応では，2-クロロプロパンが得られ，1-クロロプロパンは得られない（(1)式）。

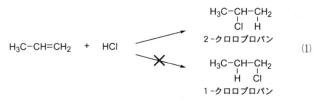

　　いま，一般式 C_nH_{2n}（$n = 2, 3, \cdots$）で表されるアルケン **X** と HCl との反応により，もとのアルケンの 1.65 倍の分子量を持つ付加生成物 **Y** が得られた。また，この付加生成物 **Y** は，不斉炭素原子を持たないことが明らかとなっている。

問6　このアルケン **X** の分子式を記せ。

問7　このアルケン **X** の構造式を記せ。

69 水素還元と生成物

(2004 年度　第 3 問)

次の文を読んで，問 1 ～問 4 に答えよ。ただし，原子量は H = 1.0，C = 12.0，O = 16.0 とする。

有機化合物を還元する方法として，さまざまな条件下で水素分子を付加させる方法がある。図 1 に示した一連の反応を考えてみよう。化合物 A は室温で液体であり，これを溶媒に溶かし水素ガスと混合しただけでは還元されなかった。しかし，白金を触媒として用いて常圧で化合物 A と同じ物質量の水素分子を付加させたところ，化合物 A がすべて消費され，化合物 B を生じた。さらに，化合物 B に同じ触媒を用いて常圧で水素分子を付加させると，化合物 C が得られた。常圧ではこれ以上の水素分子は付加しなかったが，白金またはニッケルを触媒として用いて化合物 C を十分な量の高圧の水素ガスと反応させたところ，飽和炭化水素 D が得られた。化合物 D は分子量が120.0 以下であり，その 7.0 g を燃焼させたところ，22.0 g の二酸化炭素と 9.0 g の水を生じた。

化合物 B を触媒を用いて水と反応させると，不斉炭素原子とヒドロキシル基をもつ化合物 E を生じた。6.1 g の化合物 E を完全に燃焼させたところ，17.6 g の二酸化炭素と 4.5 g の水を生じた。また，室温で化合物 B のクロロホルム溶液に臭素を加えたところ，1 mol の化合物 B に対して 1 mol の臭素分子が付加して，化合物 F を生じた。この条件下ではこれ以上の臭素は付加しなかった。

化合物 C に濃硫酸を加え加熱したところ，化合物 G を主成分とする構造異性体の混合物を得た。化合物 G を溶融水酸化ナトリウムと反応させたあと，その生成物の水溶液に二酸化炭素を吹き込むと，化合物 H が得られた。

上記の反応においては，いずれも炭素－炭素間の単結合が切断されることはなかった。また，化合物 A ～ H はすべて有機化合物である。

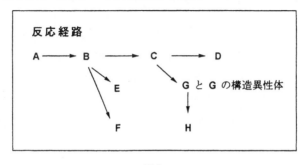

図 1

問1 化合物DとEの実験式（組成式）を，それぞれ記せ。

問2 次の(ア)～(キ)の測定の中から，化合物Dの分子量をその測定実験だけから決定できるものをすべて選び，その記号を解答欄に記入せよ。ただし，いずれの実験においても温度や圧力は任意に設定でき，測定できる。また，使用する試料や溶媒は任意の量だけとることができる。さらに，使用する溶媒の性質はわかっているものとし，実験を行う温度範囲内で試料は分解しないものとする。化合物Dは溶液中で解離することなく，その蒸気は理想気体として扱うことができるものとする。

(ア) 化合物Dの固体状態での密度

(イ) 化合物Dの凝固点

(ウ) 化合物Dを溶質とする溶液の凝固点

(エ) 化合物Dを溶質とする溶液の密度

(オ) 化合物Dの液体状態での密度

(カ) 化合物Dの沸点

(キ) 化合物Dの気体状態での密度

問3 化合物A，B，D，Eの構造式を記入例にならって記せ。

構造式の記入例：

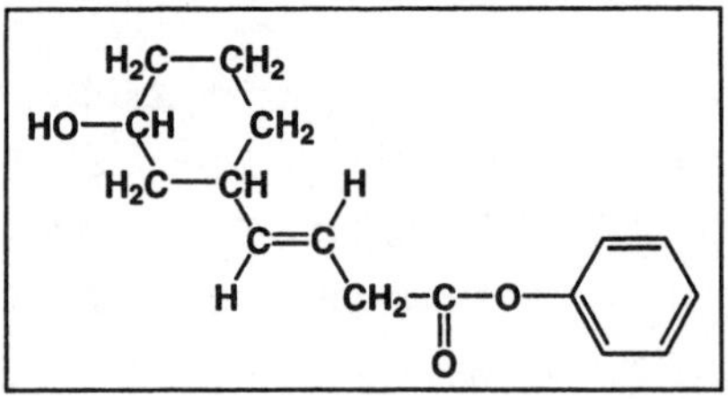

問4 化合物Cと濃硫酸の反応から得られる生成物G，およびその構造異性体それぞれについて，各化合物に含まれる水素原子のひとつを臭素原子に置換したときに得られる化合物（臭素置換体）の構造異性体の数を比較した。このとき，化合物Gから得られる臭素置換体の構造異性体の数が最も少なかった。化合物Gの構造式を上記の記入例にならって記せ。

70 ケト・エノール異性体

(2003年度 第3問)

次の文(I), (II)を読んで, 問1~問5に答えよ。

(I) 炭素-炭素二重結合の炭素原子にヒドロキシル基が結合している構造をもつ化合物はエノールと総称されるが, 一般に不安定で, カルボニル基をもつ安定な構造異性体(ケト形という)に変化する。ビニルアルコールは, 最も単純なエノールであり, 式(1)に示すように, 硫酸水銀(II)を触媒とするアセチレンへの水の付加で生成するほか, 式(2)のように, 酸触媒による酢酸ビニルの加水分解でも生成するが, すぐにアセトアルデヒドに異性化する。また, 式(3)に示すように酢酸エステル**A**を加水分解すると, エノール**B**が生成するが, すぐにアセトンに異性化する。

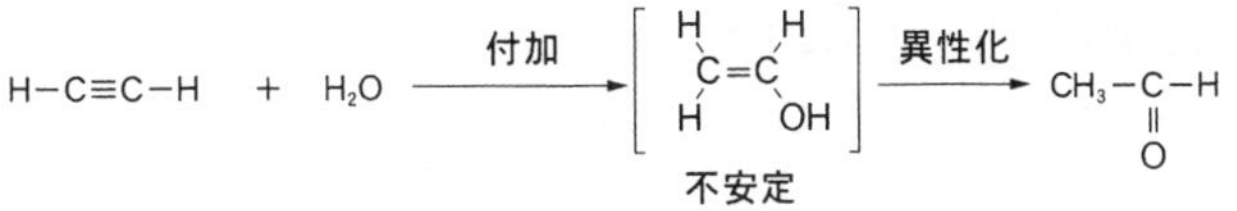

$$H-C\equiv C-H \ + \ H_2O \ \xrightarrow{\text{付加}} \ \left[\begin{array}{c} H \\ C=C \\ H \quad OH \end{array} \right] \ \xrightarrow{\text{異性化}} \ CH_3-C-H \ \ (1)$$
不安定

$$\begin{array}{c} H \quad H \\ C=C \\ H \quad O-C-CH_3 \\ \| \\ O \end{array} \ + \ H_2O \ \xrightarrow[-CH_3COOH]{\text{加水分解}} \ \left[\begin{array}{c} H \quad H \\ C=C \\ H \quad OH \end{array} \right] \ \xrightarrow{\text{異性化}} \ CH_3-C-H \ \ (2)$$
不安定

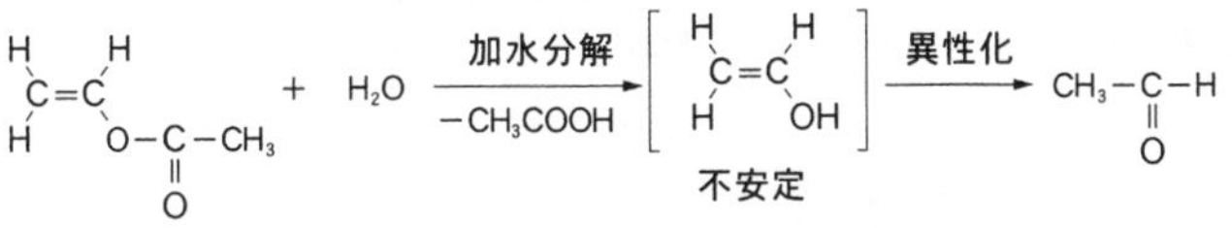

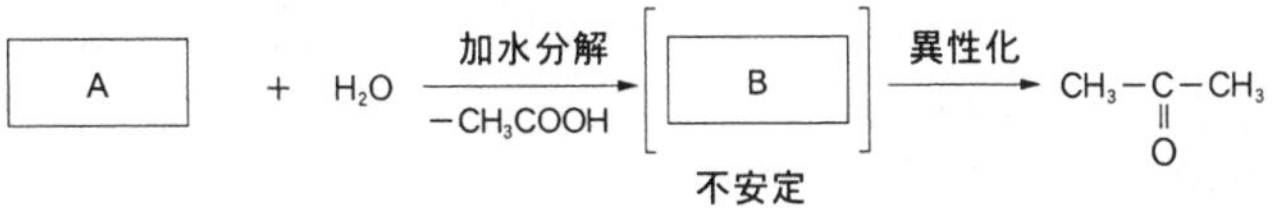

$$\boxed{\text{A}} \ + \ H_2O \ \xrightarrow[-CH_3COOH]{\text{加水分解}} \ \boxed{\text{B}} \ \xrightarrow{\text{異性化}} \ CH_3-C-CH_3 \ \ (3)$$
不安定

問1 化合物**A**および**B**の構造式を, 記入例にならって記せ。

記入例:

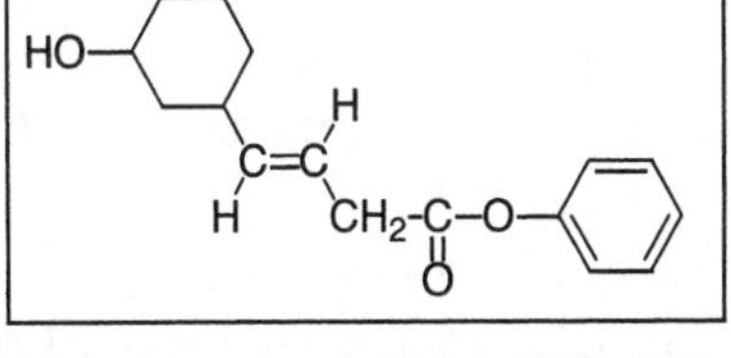

問2 フェノールは, 図1の破線で囲んだ部分構造に着目すると, エノール形の化合物である。しかし, 異性化してケト形になる一般的なエノール形の化合物とは異なり, フェノールには特殊な条件下でのみケト形の異性体が存在することが知

184

られている。図1の破線で囲んだ部分構造に対応する，フェノールのケト形異性体の構造式を，問1の記入例にならって記せ。

図　1

(II)　下の反応経路図に示したように，分子式 $C_9H_{14}O_2$ の六員環構造を有する酢酸エステルC，DおよびEを酸触媒存在下で加水分解すると，いずれも異性化をともなって，CおよびDからは化合物Fと酢酸が，Eからはフェーリング反応に陽性の化合物Gと酢酸が得られた。また，FおよびGはシクロヘキサン骨格をもつアルコールHおよびIを酸化することでも得られた。Hを酸性条件下で脱水させると，化合物JとKの混合物になり，同様にIを脱水させると化合物Lのみが得られた。J，KおよびLはいずれも六員環構造と二重結合を有する分子式 C_7H_{12} の炭化水素であった。D，F，HおよびJは不斉炭素原子をもつのに対し，C，E，G，I，KおよびLは不斉炭素原子をもたない。

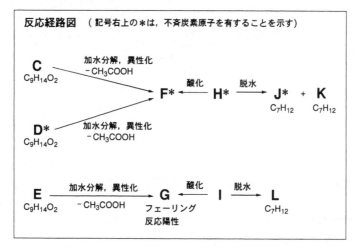

以下の問3〜問5の構造式を，問1の記入例にならって記せ。ただし，立体異性体は示さなくてよい。

問3　六員環構造と二重結合をもつ分子式 C_7H_{12} の炭化水素には4種類の構造異性体が存在する。これらの構造式をすべて記せ。

問4　アルコールHの構造式を記せ。

問5　C，DおよびEの構造式を記せ。

71　鎖式・環式炭化水素の異性体

(2002 年度　第 3 問)

次の文を読んで，問 1 〜問 5 に答えよ。

分子式 C_5H_{10} の鎖状炭化水素には，5 個の構造異性体が存在する。これらを A，B，C，D，E と名付ける。さらに，A には 2 個の立体異性体 A1 と A2 がある。これらの立体異性体は ［(ア)］ 異性体という。

A に水素を付加させて得られた炭化水素 F は，B に水素を付加させて得られたものと同一である。

また，C に水を付加させたところ，2 種類の 1 価アルコール G と H を生成した。G と H をそれぞれ酸化剤である二クロム酸カリウムの希硫酸水溶液に入れて温めると，G は酸化されなかったが，H からは中性の化合物 J が得られた。化合物 J に，①水酸化ナトリウム水溶液とヨウ素を加えると，特有のにおいのする黄色結晶が生成することが確認された。この反応は ［(イ)］ 反応と呼ばれる。

一方，同じ分子式 C_5H_{10} の環状炭化水素には ［(ウ)］ 個の構造異性体が存在する。さらに，その中で②1,2-ジメチルシクロプロパンには立体異性体がある。

問 1　A1 と A2 について，構造式を記入せよ。

問 2　化合物 B，G，J の構造式を記入せよ。

問 3　［(ア)］ 〜 ［(ウ)］ に適切な語句あるいは数値を記入せよ。

問 4　下線部①の反応は J のような化合物の確認に用いられる。この反応は下記の反応式で表される。［(1)］ と ［(2)］ に適切な構造式を記入せよ。

$$J + 4NaOH + 3I_2 \longrightarrow ［(1)］ + ［(2)］ + 3NaI + 3H_2O$$

問 5　下線部②のすべての立体異性体について，立体配置が分かるように，記入例にならって構造式を記入せよ。

記入例：

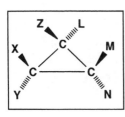

炭素原子を紙面上に置いたとき，
——— は，紙面上にある結合を示す。また，
◤ は，紙面の表側に出ている結合を，
‖‖‖ は，紙面の裏側に出ている結合を示す。
L, M, N, X, Y, Z は原子または原子団である。

72 芳香族エステルの構造

(2001 年度　第 3 問)

次の文を読んで，問 1 ～問 5 に答えよ。

　分子式 $C_{15}H_{12}N_2O_7$ で表わされる化合物 A がある。化合物 A を水酸化ナトリウム水溶液で加水分解し，化合物 B（分子式 $C_7H_5NO_5$）と化合物 C（分子式 $C_7H_7NO_3$）を得た。化合物 B はフェノールの誘導体であり，水酸基から見て，オルト位とパラ位に置換基をもつ。一方，化合物 C はアニリンの誘導体であり，アミノ基から見て，メタ位とパラ位に置換基をもつ。1 mol の化合物 B は 1 mol の無水酢酸と反応し，化合物 D が生成した。一方，1 mol の化合物 C は 2 mol の無水酢酸と反応し，化合物 E が生成した。化合物 C に塩酸を加えると化合物 F となった。化合物 F の塩酸溶液を冷やしながら，亜硝酸ナトリウムの水溶液を加えると化合物 G が得られた。化合物 G は一般に　ア　塩とよばれる。化合物 G に化合物 B を加えると着色物質が生成した。化合物 B はスズと塩酸で処理すると，化合物 C に変化した。化合物 D は，解熱鎮痛作用をもつ化合物 H に濃硝酸と濃硫酸の混合物を作用させると得られる。化合物 H は，ナトリウムフェノキシドと二酸化炭素を高温・高圧下で反応させた後，希硫酸を作用させて得られる化合物 I をアセチル化することにより得られる。

問 1　文中の　ア　に適切な語句を記入せよ。

問 2　下線部の反応は，一般に，反応生成物 G の分解を抑えるために低温で行う。アニリンの　ア　塩を例にとり，室温で反応を行った時に起こる分解反応の化学反応式を記せ。

問 3　化合物 C は水溶液の pH に応じて，種々の電離状態をとる。化合物 C の水溶液に炭酸ガスを十分吹き込んだ時の化合物 C の電離状態を示す構造式を，記入例にならって記せ。

記入例：

問 4　化合物 D および化合物 E の構造式を記せ。

問 5　化合物 A には 2 つのエステル結合が含まれる。化合物 A として考えられる構造は何種類可能か，その数を記せ。

73 不飽和化合物の KMnO₄ 酸化

(2000 年度　第 3 問)

次の文を読んで，問 1 〜問 6 に答えよ。ただし，原子量は H = 1.00，C = 12.0，O = 16.0，I = 127 とする。

化合物 **A** は炭素，水素，酸素からなり，分子量が 1000 を越えない鎖式化合物である。化合物 **A** の元素分析値は，質量百分率で炭素 85.94 %，水素 11.94 %であった。化合物 **A** にナトリウムを作用させると水素ガスが発生した。100 g の化合物 **A** には 337 g のヨウ素が付加した。化合物 **A** は 1 個の不斉炭素原子をもつ。また，その構造は天然ゴムに類似しており，　(ア)　が付加重合して生成した炭素骨格の一方の端に水素原子が，もう一方の端に 4 個の炭素原子をもつ原子団がそれぞれ結合している。

化合物 **A** の構造式を決定するために，硫酸酸性過マンガン酸カリウム水溶液による酸化反応を用いた。この反応では，アルコールは酸化され，また二重結合は次の例に示すように酸化的に切断される。

$$CH_3-CH_2-C\underset{CH_2-CH_2}{\overset{CH-CH_2}{<}}\begin{smallmatrix}\\ \\ \end{smallmatrix}CH_2 \xrightarrow[H_2SO_4]{KMnO_4} CH_3-CH_2-\overset{O}{\overset{\|}{C}}-CH_2-CH_2-CH_2-CH_2-\overset{O}{\overset{\|}{C}}-OH$$

1 mol の化合物 **A** を硫酸酸性過マンガン酸カリウム水溶液を用いて酸化すると，1 mol の化合物 **B**（分子式 C_3H_6O），1 mol の化合物 **C**（分子式 $C_6H_{10}O_4$），ならびに　(イ)　mol の化合物 **D**（分子式 $C_5H_8O_3$）が生成した。1 mol の化合物 **C** を中和するのに，2 mol の水酸化ナトリウムが必要であった。化合物 **B**，**C**，**D** はいずれも不斉炭素原子をもたない。

問 1　化合物 **A** の分子式を記せ。

問 2　化合物 **A** に含まれる二重結合の数を記せ。

問 3　　(ア)　に適切な化合物名を記せ。

問 4　　(イ)　に適切な整数を記せ。

問 5　化合物 **B**，**C**，**D** の構造式を記せ。

問 6　化合物 **A** の構造式を下線部の説明と合うように記入例にならって記せ。

ただし，n は整数で記せ。また，シス-トランス異性体を考慮する必要はない。

構造式の記入例：

74 未知エステルの加水分解

(1999 年度　第 3 問)

次の文を読んで，問 1 〜問 4 に答えよ。ただし，水素は理想気体であり，気体定数は $0.082\,atm \cdot L/(mol \cdot K)$，原子量は $H = 1.0$，$C = 12.0$，$O = 16.0$，$Na = 23.0$ とする。

炭素，水素，酸素のみからなり，同じ組成式をもつ分子量 200 以下のエステル **A**，**B** がある。**A**，**B** はいずれも分子中に一つの炭素−炭素二重結合をもち，環状構造はもたない。**A** の 28.5 mg を完全燃焼させると，二酸化炭素 66.0 mg と水 22.5 mg が発生した。**A** を加水分解すると，カルボン酸 **C** とアルコール **D** が得られた。**B** を加水分解すると，カルボン酸 **E** とアルコール **F** が得られた。化合物 **C** 〜 **F** それぞれの水溶液に臭素水を加えると，**D**，**E** の水溶液のみ臭素水の赤褐色が消えた。**D** を酸化すると **E** が，**F** を酸化すると **C** が得られた。**D** は水素の付加により **F** に変化した。

問 1　(a)　化合物 **A** の組成式を記せ。

(b)　化合物 **A** の分子式を記せ。

問 2　化合物 **D** の水溶液に臭素水を加えると，**D** の分子中の　(ア)　に対する臭素の　(イ)　反応が起こる。(ア)，(イ)に適切な語句を入れよ。

問 3　化合物 **A**，**B** の構造式を記入例にならって記せ。

構造式の記入例：

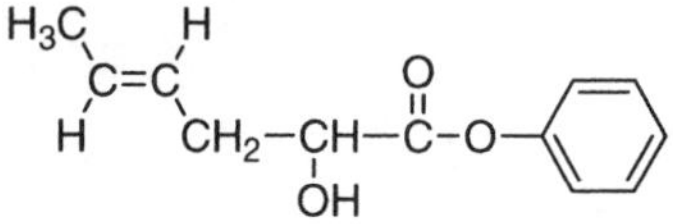

問 4　化合物 **C** と化合物 **E** の混合物がある。この混合物 8.0 g をとり，Ni 触媒を用いて炭素−炭素二重結合へ水素の付加を行ったところ，温度 25℃，圧力 1 気圧の条件で 1.59 L の水素が反応した。

(a)　この混合物 8.0 g 中に含まれる化合物 **E** の量は何 g か。有効数字 2 けたで答えよ。

(b)　この混合物 8.0 g を中和するのに要する NaOH の量は何 g か。有効数字 2 けたで答えよ。

75 ジエステルの加水分解

(1998 年度 第 3 問)

次の文を読んで，問 1 ～問 5 に答えよ。ただし，原子量は H = 1.0，C = 12.0，O = 16.0 とする。

化合物 A は，炭素，水素および酸素からなる。A の 20.7 mg を完全燃焼させると，二酸化炭素 51.0 mg と水 13.4 mg が得られた。A を濃い水酸化カリウム水溶液で加水分解すると，中性化合物 B と C，および組成式 $C_4H_3O_2$ で表される酸性化合物 D が得られた。D は，230 ℃ に加熱すると分子内で脱水反応がおこり，酸無水物 E に変化した。E は，分子式 $C_{10}H_8$ の芳香族炭化水素 F を酸化バナジウム触媒を用いて空気酸化することによっても得られる。一方，化合物 B は，水と任意の割合で溶けあう液体であり，銅触媒の存在下，高温で空気酸化すると ［ (ア) ］ に変化した。さらに，［ (ア) ］ を酸化したところ，無色，刺激臭の液体 G（沸点 101 ℃）が生じた。化合物 G は，［ (イ) ］ とよばれ，［ (ウ) ］ 基をもつため，水に溶けて酸性を示した。また，［ (エ) ］ 基をもつため，赤紫色の硫酸酸性の過マンガン酸カリウム水溶液を脱色した。化合物 C は，分子内に 1 つの酸素原子と 1 つの不斉炭素原子をもつことがわかった。C は，硫酸酸性の二クロム酸カリウム水溶液を用いておだやかに酸化すると化合物 H に変化した。H は，分子内に 1 つの不斉炭素原子をもち，銀鏡反応を示した。

問1 化合物 A の組成式を記せ。

問2 化合物 E および F の構造式を記入例にならって記せ。

構造式の記入例：

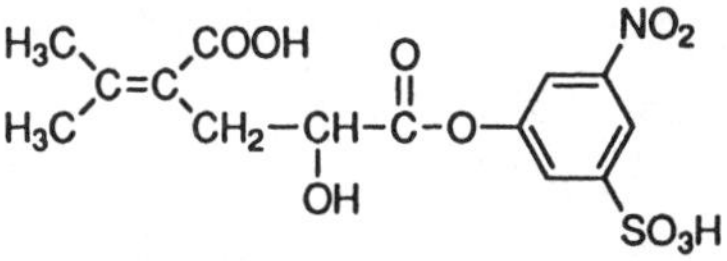

問3 本文中の ［＿＿＿＿＿］ (ア)，(イ) に化合物名を，(ウ)，(エ) に官能基名をそれぞれ記せ。

問4 化合物 G に濃硫酸を加えて熱すると，脱水反応がおこり気体が発生する。この気体の化合物名を記せ。

問5 化合物 H および A の構造式を問 2 の記入例にならって記せ。

第6章　高分子化合物

76 単糖・二糖類の構造，単糖の酸化分解生成物
(2022年度　第4問)

次の説明文と文章(a), (b)を読み，**問1～問6**に答えよ。解答はそれぞれ所定の解答欄に記入せよ。

単糖はアルドースとケトースの2種類に大別される。**図1**(i)にアルドースの一般式を示す。炭素数が3のアルドースであるL-グリセルアルデヒドは分子内に不斉炭素原子を1つ含み，**図1**(ii)のように示される。太線（▬▬）は紙面の手前側に向かう結合を，破線（·····ıllı）は紙面の奥側に向かう結合を示す。また，**図1**(iii)のような表記法もあり，左右方向の結合は紙面の手前側に向かう結合を，上下方向の結合は紙面の奥側に向かう結合を示すことにより，**図1**(ii)と同じ構造を表している。

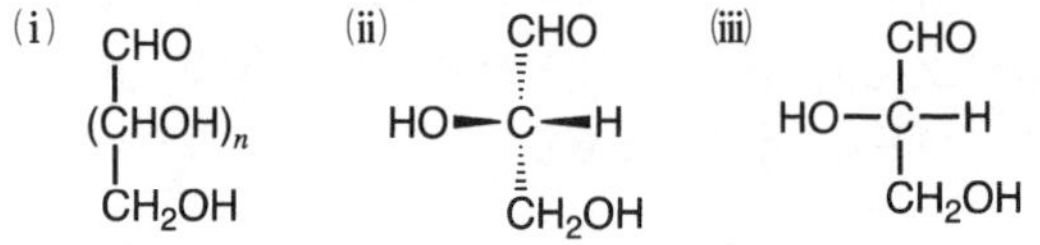

図1　アルドースの一般式(i)とL-グリセルアルデヒドの表記法(ii)および(iii)

(a)　グルコースをアルカリ溶液で処理すると，グルコースが反応し，不安定なエンジオール構造を含む反応中間体を介して，グルコース，アルドース**A**，フルクトースからなる平衡混合物となる（**図2**）。

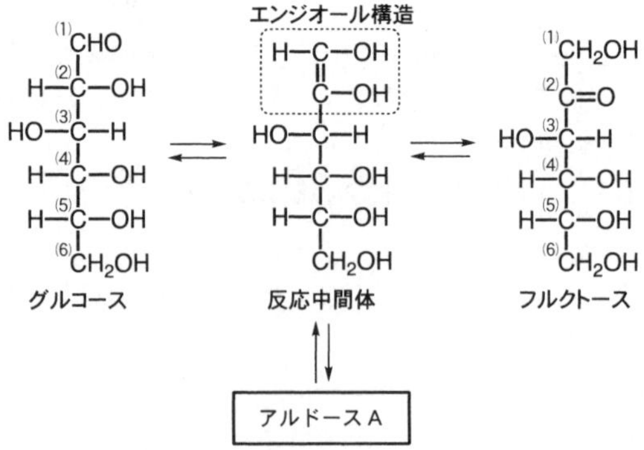

図2　グルコースの反応((1)～(6)で示した炭素をそれぞれC1～C6と定める)

問 1 図1(i)における炭素数が4 (すなわち $n = 2$)のアルドースが五員環構造を形成した場合，五員環構造の異性体の数を記せ。ただし，鏡像異性体は区別するものとする。

問 2 アルドースAの鎖状構造を，図1(iii)の表記法を使って記せ。ただし，—CHO が上となる向きで表記せよ。

問 3 二糖であるB，C，Dは，図3の(ア)～(オ)いずれかの構造をもつ。情報(あ)～(う)をもとに，二糖B，C，Dとして適切な構造を(ア)～(オ)から選び，それぞれ記号で答えよ。

(あ) BおよびDは銀鏡反応を示すが，Cは銀鏡反応を示さない。

(い) CおよびDは，それぞれ2分子のアルドースが脱水縮合した二糖である。Bは，1分子のアルドースと1分子のケトースが脱水縮合した二糖である。

(う) Dを構成する2種類のアルドースは，C1炭素以外のある1箇所の炭素に結合する —OH の立体配置が異なっている。

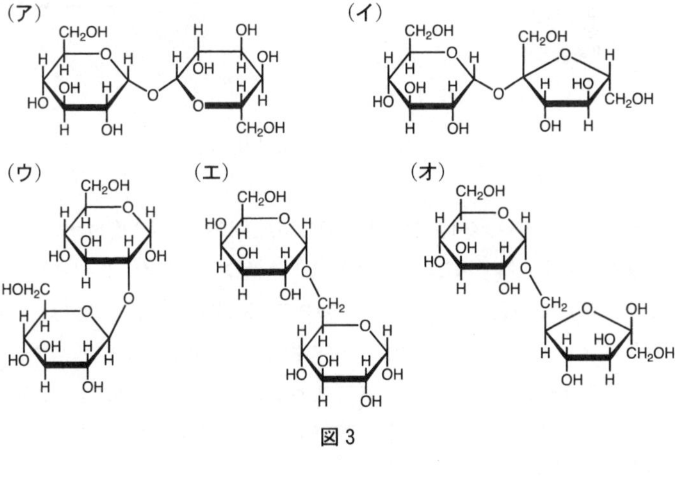

図3

(b) ある反応剤Xを糖に作用させると，図4の網かけ部分に示す部分構造が存在する場合にのみ，C—C 結合の切断が起こる。また，そうして得られる生成物に図4

の網かけ部分で示される部分構造が含まれる場合には，さらに続けて C—C 結合の切断が起こる。たとえば，1 mol の L–グリセルアルデヒドを十分量の反応剤 X で処理すると，最終的には 2 mol のギ酸と 1 mol のホルムアルデヒドが生成する。グルコースおよびフルクトースをそれぞれ十分量の反応剤 X で処理したところ，いずれの場合も最終的には炭素数 1 の化合物のみが生成した。このような手法により，反応剤 X で処理した最終生成物を分析することで，糖の構造を推定できる。

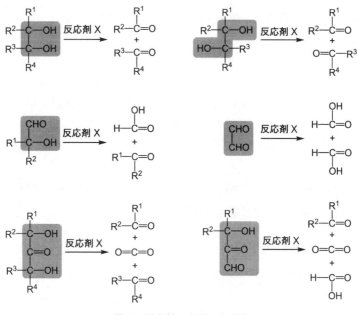

図 4　反応剤 X を用いた反応

　β 型グルコースの C 1 炭素上の —OH が —OCH$_3$ に置き換わった化合物 E（図 5）は β 型の非還元糖である。化合物 E に十分量の反応剤 X を作用させると，図 4 に示す反応形式に従って，2 種類の化合物 F，G が得られた。化合物 F の分子量は化合物 G より大きかった。また，別の実験として，炭素数 5 のアルドースであり環構造をとる化合物 H について，C 1 炭素上の —OH を —OCH$_3$ へと置換し，環構造をもつ β 型の化合物 I を得た。化合物 I に反応剤 X を作用させると，化合物 F のみが得られた。

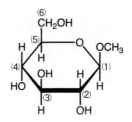

図5　化合物 E の構造式

問 4　下線部について，グルコースおよびフルクトースが鎖状構造をとることを考慮して，全ての最終生成物の構造式と，それぞれの最終生成物に対応する物質量の比を記入例にならって解答欄に記入せよ。グルコースについては解答欄(I)，フルクトースについては解答欄(II)に記入せよ。ただし，最終生成物の構造式は，物質量の比の大きいものから順に記入するものとする。物質量の比が同じ場合には順序を問わない。

記入例

$$H-\overset{\overset{\displaystyle O}{\|}}{C}-NH_2 \qquad H-C\equiv N \qquad CH_4$$
$$(\qquad 4:2:1 \qquad)$$

問 5　化合物 G の構造式を記せ。

問 6　β 型の化合物 I として考えられる構造式を図5にならって全て記せ。ただし，炭素原子の位置を示す番号(1)〜(6)は省略して記入せよ。

77 アスパルテームの製法と構造，アミノ酸の性質とトリペプチドの分析

(2021年度　第4問)

次の説明文と文章(a)，(b)を読み，**問1～問7**に答えよ。解答はそれぞれ所定の解答欄に記入せよ。構造式は**図1**にならって記し，不斉炭素原子の立体化学は考慮しないものとする。原子量は$H = 1.0$，$C = 12$，$N = 14$，$O = 16$とする。

　アミノ酸の分子間で，カルボキシ基とアミノ基が脱水縮合して生じる化合物はペプチドと呼ばれ，このとき生じたアミド結合はペプチド結合と呼ばれる。例えば，3種類のアミノ酸が結合したトリペプチドの構造式は**図1**のように表記され，左側のアミノ基側をN末端，右側のカルボキシ基側をC末端と呼ぶ。代表的なアミノ酸を**表1**に示す。

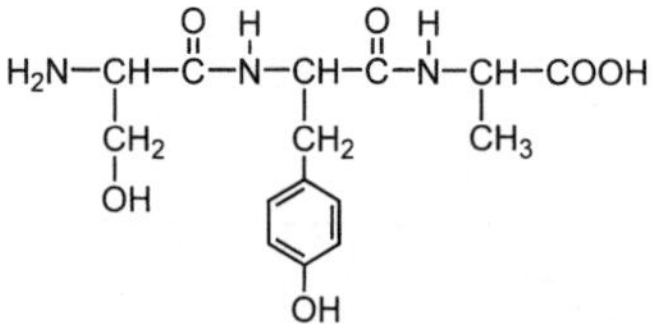

$$H_2N-CH-C(=O)-N(H)-CH-C(=O)-N(H)-CH-COOH$$

図1 トリペプチドの構造式の例：N末端側から順にセリン，
チロシン，アラニンがペプチド結合で繋がっている

表1 代表的なアミノ酸の構造と性質

名称 (等電点・分子量)	構造	名称 (等電点・分子量)	構造
グリシン (5.97・75)	H_2N-CH_2-COOH	プロリン (6.30・115)	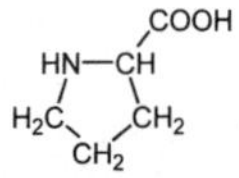
アスパラギン酸 (2.77・133)	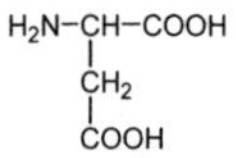	グルタミン酸 (3.22・147)	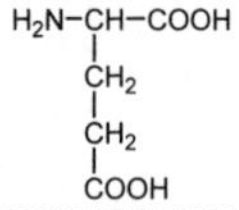
ヒスチジン (7.59・155)	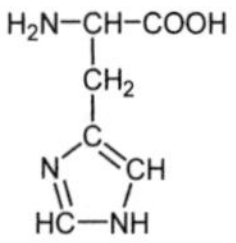	フェニルアラニン (5.48・165)	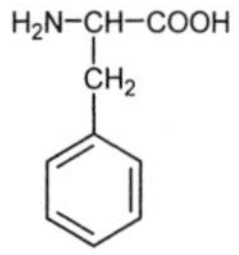

(a) ペプチドやそれに由来する化合物は，生理活性を有するものが多く知られている。人工甘味料アスパルテームは，フェニルアラニン(**表1**)とメタノールがエステル結合で繋がった化合物(フェニルアラニンメチルエステル)のアミノ基と，アスパラギン酸(**表1**)の不斉炭素原子に結合したカルボキシ基がペプチド結合で繋がった化合物である。アスパルテームは，ショ糖の $100 \sim 200$ 倍の甘味を示すため，工業的に生産され広く利用されている。

アスパルテームの合成法を**図2**に示した。アスパラギン酸とギ酸がアミド結合で繋がった化合物(アスパラギン酸ギ酸アミド)を出発原料として，分子内に存在する2つのカルボキシ基を脱水縮合させると，酸無水物 X が得られる。これをフェニルアラニンメチルエステルと反応させると，互いに構造異性体である化合物 Y と Z が混合物として得られる。この混合物から化合物 Y を回収し，その後，酸性条件下で Y を加水分解してギ酸を脱離させると，目的物であるアスパルテームが得られる。

図2　アスパルテームの化学合成法

問 1　下線部①を考慮して，化合物 X，Y および Z の構造式を記せ。

問 2　アスパルテームの構造式を記せ。

(b) 生物の体内には様々なペプチドやそれに由来する化合物が存在し，恒常性の維持に深く関与している。大脳視床下部に存在する化合物 A はペプチドに由来する構造を持つ分子であり，脳下垂体からのホルモンの分泌に関与している。A の構造を決定する目的で実験を行ったところ，以下の情報が得られた。

(ア)　化合物 A の分子量は 362，分子式は $C_{16}H_{22}N_6O_4$ であった。

(イ)　濃塩酸を用いて化合物 A の分子内に含まれる全てのペプチド結合あるいはアミド結合を切断し，完全に加水分解すると，ヒスチジンに加え**表1**の中の2

種類のアミノ酸が得られ，その物質量の比は 1：1：1 となった。

(ウ)　(イ)で得られた 3 種類のアミノ酸の水溶液にニンヒドリン水溶液を加えて温めたところ，すぐに赤紫～青に呈色したものは 2 種類であった。

(エ)　(イ)で得られた 3 種類のアミノ酸を pH 6.0 の緩衝液中で電気泳動を行った
②
ところ，陽極側に移動したのは 1 種類のみであった。

(オ)　化合物 A には，分子内でアミド結合を形成した五員環構造が含まれることがわかった。このような環状アミドは「ラクタム」と呼ばれる。

(カ)　化合物 A をアセチル化する目的で，酸無水物 B（分子量 102）と反応させたが，アセチル化物は得られなかった。ところが，化合物 A を水酸化ナトリウ
③
ム水溶液中で穏やかに撹拌すると分子量 380 の化合物が得られ，この化合物を
酸無水物 B と反応させると，アセチル化が進行して新たな化合物が得られ
た。なお，この条件ではアミド結合を構成する N—H はアセチル化されない。

(キ)　ある試薬を用いて化合物 A のヒスチジンのカルボキシ基側のペプチド結合を切断したところ，反応は完全に進行し，2 種類の有機化合物が得られた。

(ク)　(ア)～(キ)の情報をもとに，化合物 A の加水分解で得られた 3 種類のアミノ酸の配列を推定し，順番にペプチド結合で繋がったトリペプチド C を合成したが，化合物 A とは分子量が一致しなかった。

(ケ)　トリペプチド C を，酸触媒を含むメタノール中で撹拌し，得られた物質をアンモニアと反応させると化合物 A が得られた。

問 3　化合物 A の加水分解で得られたアミノ酸 3 種類のうち，ヒスチジン以外の残り 2 種類を表 1 から選びその名称を答えよ。

問 4　下線部②について，以下の文章は，電気泳動で陽極側に移動したアミノ酸の性質を述べたものである。 a ～ d に当てはまる語句や数字を答えよ。 I と II には適切なイオンの構造式を示せ。

　　　(エ)の電気泳動で陽極側に移動したアミノ酸は，側鎖に a 基を持つため， b アミノ酸と呼ばれる。このアミノ酸は水溶液中では pH に応じて c 種類のイオンの形をとり， b 側に等電点を持つ。pH 6.0 の水溶液中では， I の構造を持つイオンの割合が最大とな

り，pH を大きくすると　Ⅱ　の割合が増大する。pH 6.0 付近では，この
アミノ酸の分子は　d　に帯電しているため，電気泳動によって陽極側に
移動する。

問 5　下線部③に関する以下の問いに答えよ。

　ⅰ）酸無水物 B の物質名を答えよ。

　ⅱ）下線部③の反応について，アセチル化が進行した理由を「**ラクタム**」という
　　語句を含めて，40 字以内で説明せよ。

問 6　トリペプチド C のアミノ酸配列を N 末端側から順に表記せよ。**図 1**に示し
　たトリペプチドの場合，「**セリン―チロシン―アラニン**」と表記する。

問 7　化合物 A の構造式を記せ。

198

78 単糖の立体構造，アセタール化による保護

（2020 年度　第 4 問）

次の文章を読んで，問１〜問３に答えよ。

L-グリセルアルデヒドは分子内に不斉炭素原子をひとつ含む炭素数３の単糖である。その立体配置は図１ａのように示すことができ，太線（◀━）は紙面の手前側へ出ている結合，破線（…………）は紙面の奥側に向かう結合を示す。これとは別に，図１ｂのような表記法があり，左右方向の結合は紙面の手前側に出た結合，上下方向の結合は紙面の奥側に向かう結合を示し，中心となる炭素を交点とした十字形で示される。図１ｂの表記法は「フィッシャー投影式」と呼ばれ，炭素原子に結合した原子あるいは原子団の立体配置を二次元的に示すための簡便な方法である。

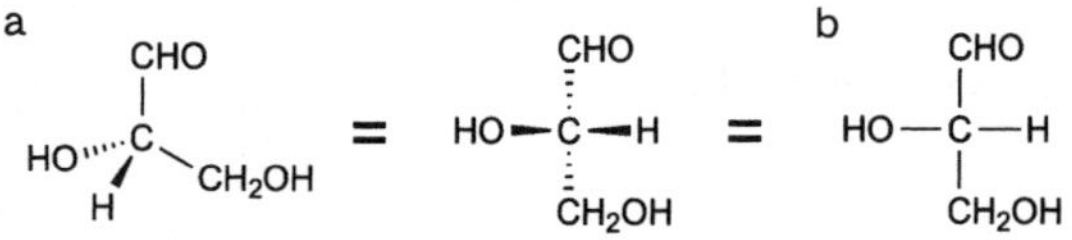

図１　L-グリセルアルデヒドの表記法の比較

天然の単糖である D-グルコースの鎖状構造を，フィッシャー投影式を用いて，鏡像異性体である L-グルコースの鎖状構造とともに図２ａに示した。両者を比較すると，分子内の４箇所すべての不斉炭素原子に結合した原子の配置は，鏡像の関係にある。D-フルクトース（天然型）とその鏡像異性体（L-フルクトース）についても，フィッシャー投影式を図２ｂに示した。

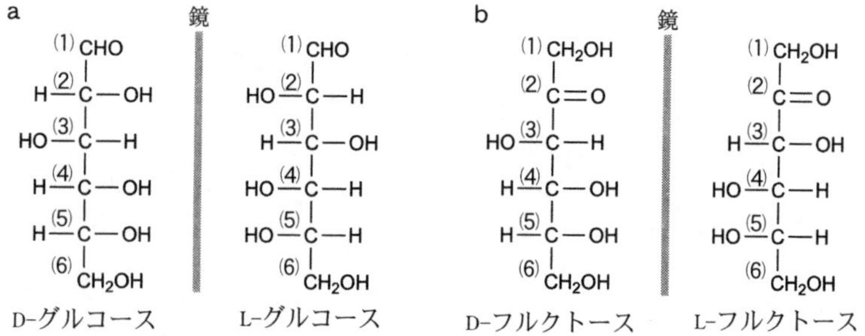

図２　単糖の鎖状構造の例。(1)〜(6)で示した炭素を文中ではそれぞれ C1〜C6 とする。

　L-ソルボースは D-フルクトースの立体異性体のひとつであり，図3のフィッシャー投影式のとおり，C5炭素に結合した原子あるいは原子団の立体配置のみ，D-フルクトースと異なっている。また，D-フルクトースと同様に，水溶液中では鎖状構造と環状構造の平衡状態として存在し，C5炭素に結合したヒドロキシ基がカルボニル基と反応した①五員環構造をとることができる。

　L-アスコルビン酸（ビタミンC）はL-ソルボースから図3に示した経路で合成される。まず，②L-ソルボースのC1炭素を含む CH₂OH 基を選択的にカルボキシ基まで酸化することで，2-ケト-L-グロン酸が合成される。続いて，③脱水縮合反応によって分子内エステル結合が形成され，ケト形のL-アスコルビン酸が得られる。この化合物はエノール形のL-アスコルビン酸へ変化する。

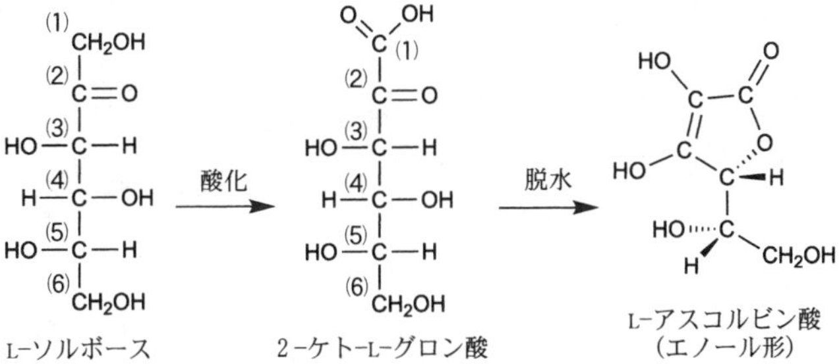

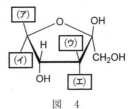

図3　L-ソルボースの選択的酸化による L-アスコルビン酸の合成。
(1)〜(6)で示した炭素を文中ではそれぞれ C1〜C6 とする。

問1　下線部①の L-ソルボースの五員環構造を図4に示した。
　　　　　(ア) 〜 (エ) にあてはまる原子または原子団を化学式で答えよ。

図　4

問2　下線部②に関する次の文を読み，(i)と(ii)に答えよ。

　複数のヒドロキシ基をもつ化合物において，特定のヒドロキシ基のみを反応させる方法のひとつに，反応させたくないヒドロキシ基を一時的に異なる化学構造に変換し，望まない反応を防ぐという手法がある。このような手法は「保護」と呼ばれ，その概念を図5aに示した。空間的に近接した2つのヒドロキシ基を，アセトンと反応（アセタール化）させることで，五員環構造にしている。この環構造は，1,2-型環構造と呼ばれ，酸化反応の影響を受けない。一方で，酸性条件下では加水分解

200

により開裂し，もとのヒドロキシ基に戻る。図5ｂのような配置のヒドロキシ基の間でもアセタール化は進行し，六員環構造（1,2-型環構造）を与える。また，分子内に3つ以上のヒドロキシ基が含まれる場合（図5ａや5ｃ）は，より近接した2つのヒドロキシ基の間でアセタール化がおこる。

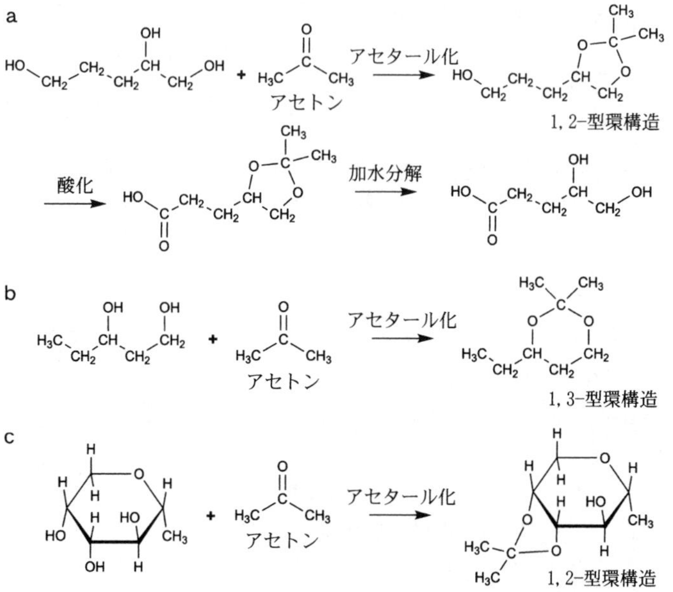

a

HO—CH₂—CH₂—CH—CH₂—OH ＋ アセトン →アセタール化→ 1,2-型環構造

→酸化→ →加水分解→

b

→アセタール化→ 1,3-型環構造

c

→アセタール化→ 1,2-型環構造

図5　アセタール化によるヒドロキシ基の保護の例

　図4の五員環構造をとったL-ソルボースがアセトンと反応すると，分子内の5箇所のヒドロキシ基のうち，　(Ⅰ)　と　(Ⅱ)　に結合したものは1,2-型環構造として「保護」され，　(Ⅲ)　と　(Ⅳ)　に結合したものは1,3-型環構造として「保護」された。この状態で残された CH₂OH 基を酸化し，その後に加水分解を行ったところ，2-ケト-L-グロン酸（図3）が合成できた。

(ⅰ)　上記の文章の　(Ⅰ)　〜　(Ⅳ)　にあてはまる炭素を，図3を参照して，C1〜C6から選べ。

(ⅱ)　単糖類の化学反応に興味を持った大学生のAさんは，D-グルコースをアセトンと反応させ，得られた化合物の構造を解析した。その結果，D-グルコースは，水溶液中の存在比が非常に小さい五員環構造をとってアセトンと反応したことがわかった。また，その反応により得られた化合物には2つの1,2-型環構造が含まれることが判明した。Aさんが得た化合物の構造を，下記の記入例にならって示せ。不斉炭素がある場合は，その立体構造がわかるようにすること。

構造式の記入例：

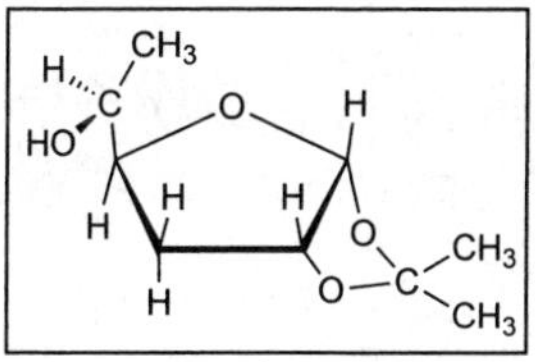

問3　下線部③について，L–アスコルビン酸合成の最終段階では，2–ケト–L–グロン酸から水分子がとれて縮合がおこり，環状エステルである L–アスコルビン酸（図3）が得られた。とれた水分子に含まれている酸素原子が結合していた炭素はどれか。図3を参照して，C1〜C6 から選べ。

79 アルドースの立体異性と反応, 合成高分子, 糖を含む界面活性剤
(2019年度　第4問)

次の文章(a), (b)を読み, 問1〜問6に答えよ।

(a) アルデヒド基をもつ単糖は, アルドースと呼ばれる。図1の一般式で表されるアルドースのうち, 炭素数が3のアルドース ($n=1$) は, 不斉炭素原子を1個有し, 2種類の立体異性体が存在する。これらは互いに鏡像異性の関係にあり, 重なり合わない। 図2aに示すように, これらの構造において ━━◤ は紙面の表 (手前) 側に向かう結合を, ⑴⑴⑴⑴ は紙面の裏 (奥) 側に向かう結合をそれぞれ示している। また, 図2bのような表記法もあり, 左右方向の結合は紙面の表 (手前) 側に向かう結合を, 上下方向の結合は紙面の裏 (奥) 側に向かう結合をそれぞれ示し, 図2aと同じ構造を表している। また, この表記法ではアルデヒド基を上下方向のいちばん上に書くこととする।

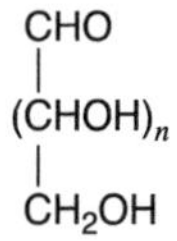

$$\begin{array}{c} CHO \\ | \\ (CHOH)_n \\ | \\ CH_2OH \end{array}$$

図　1

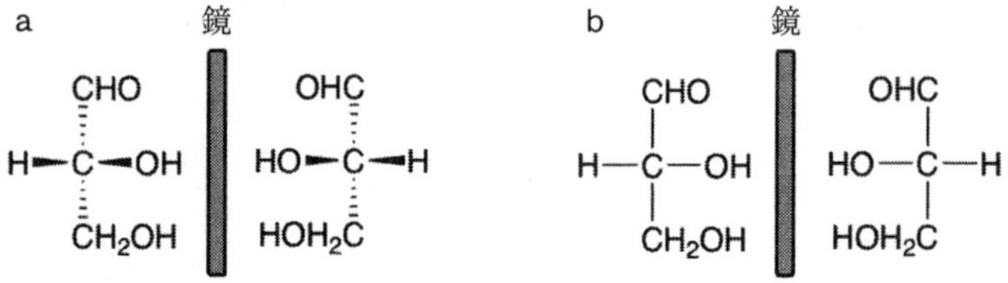

図　2

アルドースは様々な化学反応を受けやすい। 図2bで説明した表記法を用いて, 図3に炭素数が4のアルドース (図1 : $n=2$) の反応例を示す。アルドースを硝酸で酸化すると, ジカルボン酸 **A** が得られる (図3 : 反応1)। また, アルドースに対して適切な条件下で反応を行うと, 点線で囲った部分で分解が起こり, 炭素が1個減少した **B** が生成する (図3 : 反応2)। ただし, これらの反応過程で, 不斉炭素原子に結合したヒドロキシ基の立体的な配置は変化しないものとする।

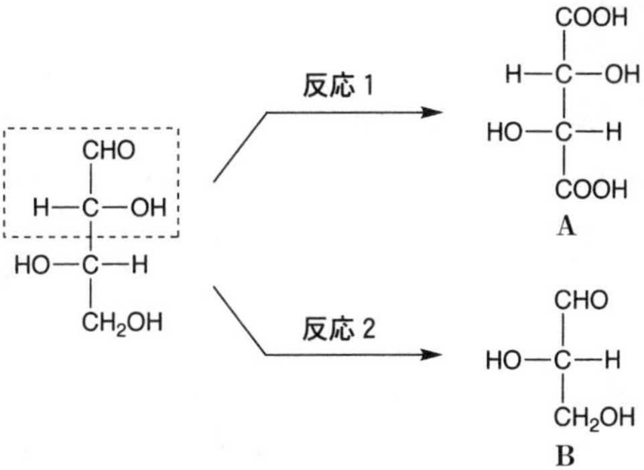

図　3

　炭素数が4のアルドース（図1：$n=2$）は，不斉炭素原子を2個もつことから，鏡像異性体を含めて①4種類の立体異性体が存在する。これらを反応1で酸化すると酒石酸が得られる。酒石酸は不斉炭素原子を2個もつが，3種類の立体異性体しか存在しない。なぜなら，図4においてCはDの鏡像異性体であるが，Eは鏡に映したFと重なり合うことから，EとFは同じ化合物であるためである。E（あるいはF）のように，②不斉炭素原子をもちながら鏡像異性体が存在しない化合物には，分子内に対称面がある。

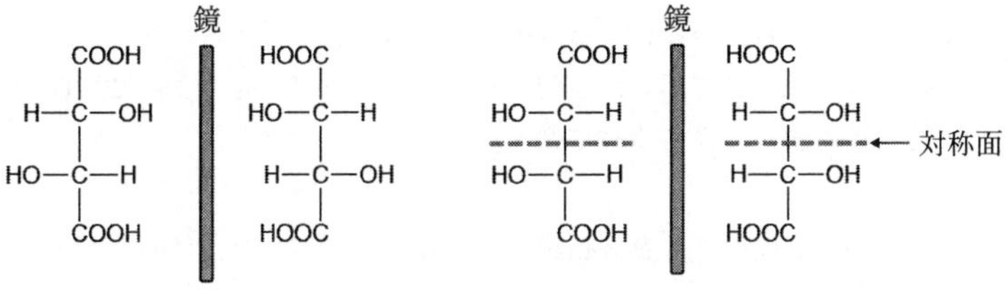

図　4

問1　下線部①の4種類の立体異性体に対して反応2を行うと，2種類の生成物が得られた。これら2種類の生成物の構造式を，図3で用いた表記法を使って記せ。

問2　図5に示した炭素数が5のアルドース（図1：$n=3$）に対して反応1を行った場合，その生成物の鏡像異性体が存在しないものを，下線部②に基づいて(あ)〜(く)からすべて選べ。

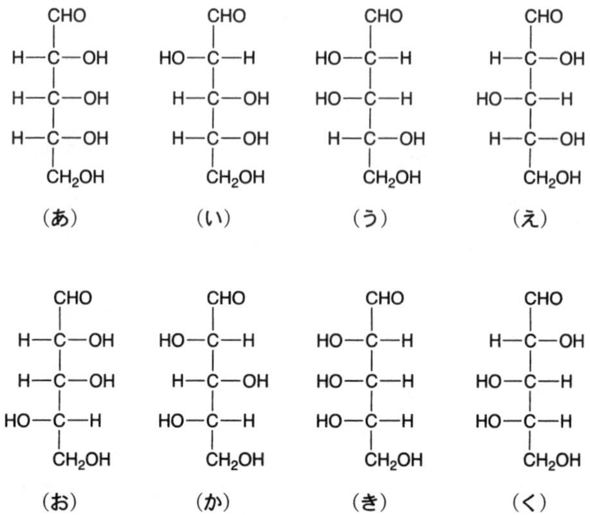

CHO / H-C-OH / H-C-OH / H-C-OH / CH₂OH （あ）　CHO / HO-C-H / H-C-OH / H-C-OH / CH₂OH （い）　CHO / HO-C-H / HO-C-H / H-C-OH / CH₂OH （う）　CHO / H-C-OH / HO-C-H / H-C-OH / CH₂OH （え）

CHO / H-C-OH / H-C-OH / HO-C-H / CH₂OH （お）　CHO / HO-C-H / H-C-OH / HO-C-H / CH₂OH （か）　CHO / HO-C-H / HO-C-H / HO-C-H / CH₂OH （き）　CHO / H-C-OH / HO-C-H / HO-C-H / CH₂OH （く）

図　5

問3　化合物 G は図5の(あ)〜(く)のいずれかである。G に対して反応1を行うと，鏡像異性体をもつ化合物が得られた。また G に対して反応2を行うと化合物 H が生成し，続いて反応1で酸化すると，図4の E（あるいは F）が得られた。このような条件を満たす G と H には，それぞれ複数の構造が考えられる。H として考えられる構造式を，図3で用いた表記法を使ってすべて記せ。さらに，G として考えられるものを(あ)〜(く)からすべて選べ。

(b)　持続可能な発展に向けて，資源循環や環境保全に配慮した素材開発が求められている。これに関する下の(i)，(ii)の文章を読み，問4〜問6に答えよ。

(i)　ナイロン66やナイロン6と同じ官能基を有し，化学式が $C_{11}H_{21}NO$ で表される構造を繰り返しもつ高分子がある。ナイロン66やナイロン6は石油を原料として合成される高分子であるのに対し，この高分子は植物油脂を原料とする化合物 I を重合することで合成され，自動車部品などに使われている。なお，化合物 I は分岐のない炭化水素鎖の両端にそれぞれ異なる官能基を1つずつ有する。

　　一方，化学式が $C_6H_{10}O_2$ で表される化合物 J を重合することで合成される高分子がある。化合物 J と，ナイロン6の合成に用いられるモノマーは，それぞれの重合に関与する官能基以外の構造が同じである。この化合物 J を重合して得られる高分子は，生分解性を示すため，生ゴミ堆肥袋や漁網に用いられている。

問4　化合物 I，J の構造式を以下の記入例にならって記せ。

構造式の記入例：

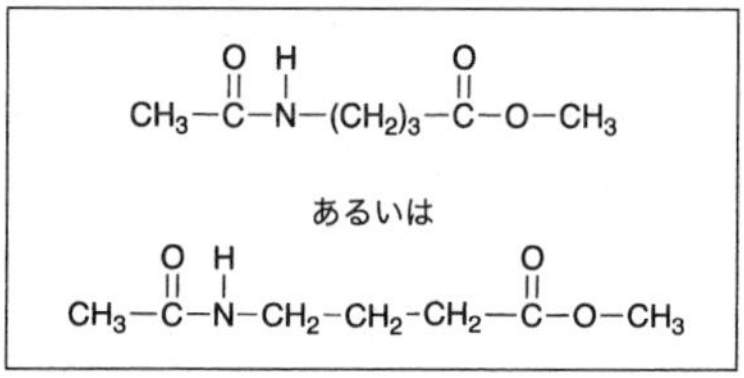

(ⅱ)　植物油脂由来のオレイン酸を原料とするヒドロキシ酸である化合物Kがある。化合物Kの炭素数はオレイン酸と同じである。化合物Kは分岐のない炭化水素鎖の両端にそれぞれヒドロキシ基とカルボキシ基を有する。

　一方，二糖である化合物Lは，β-グルコース（図6）2分子が，一方の分子のC1原子ともう一方の分子のC2原子の間でグリコシド結合を形成したものである。

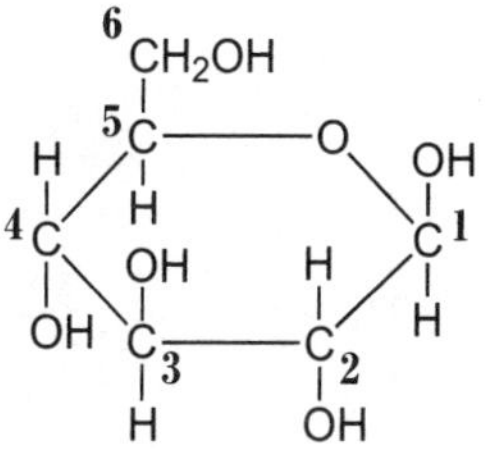

図6　数字1〜6はβ-グルコース分子中の炭素原子の番号を示し，それぞれの炭素原子を問題文中でC1〜C6と表記する。

　ここで，1分子の化合物Kと1分子の化合物Lから得られる化合物Mがある。化合物Mは，化合物Kと化合物Lが，立体配置を保持したまま，2箇所で分子間脱水縮合した化合物である。化合物Mはフェーリング液を還元しない。化合物Mにおいて，化合物Kに由来するカルボキシ基は，化合物Lのグリコシド結合にC1原子を与えたβ-グルコースのC4原子のヒドロキシ基と脱水縮合している。化合物Mは界面活性作用を示す。一方，化合物Mに含まれる一つの結合をある条件で加水分解して得られる化合物Nがある。化合物Nもフェーリング液を還元しない。③化合物NはpHに依存して変化する界面活性作用を示す。

問5　図6に示すβ-グルコースの構造を参考にして，化合物Lの構造を示せ。また，化合物Lのヒドロキシ基に関して，化合物Mにおいて化合物Kのヒドロキシ基と脱水縮合しているヒドロキシ基を丸（○）で，化合物Kのカルボキシ基と脱水縮合しているヒドロキシ基を四角（□）で囲め。

問6　下線部③に関する次の文章を読み，{　け　}〜{　せ　}のそれぞれで適切な語句を選び，その番号を答えよ。

　　化合物Nは化合物Mの {け：1．グリコシド，2．エステル，3．エーテル}

結合が加水分解された構造をもち，{こ：1．アルデヒド，2．ヒドロキシ，3．カルボキシ} 基を有する。{こ} 基は pH を 4 から 9 に変化させるとその電離度が大きく変わる。pH が 4 の水溶液中では，大部分の {こ} 基は {さ：1．電離し，2．電離せず}，その結果として {し：1．化合物 K，2．化合物 L} に由来する部分構造がより {す：1．親水性，2．疎水性} を示すようになる。したがって，化合物 N は，pH が 4 の水溶液中では，{し} に由来する部分構造を内側に，{せ：1．化合物 K，2．化合物 L} に由来する部分構造を外側にして集合し，ミセルを形成する。

80 脂肪酸の酸化開裂と構造，アミノ酸・ポリペプチドの等電点と中和

(2018年度　第4問)

次の(a)～(c)について，問1～問7に答えよ。構造式を記入するときは，記入例にならって記せ。なお，幾何異性体（シス・トランス異性体），および光学異性体は区別しないものとする。また，[X]は化合物Xの濃度を表す。

構造式の記入例：
$$CH_3-CH=C-CH_2-C-OH$$
$$\underset{CH_3}{|} \qquad \underset{O}{\|}$$

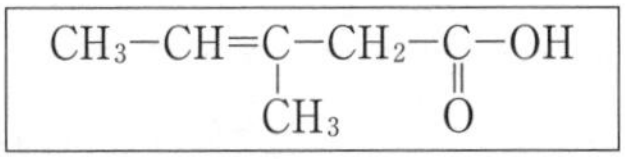

(a) 油脂を構成する脂肪酸の化学構造を決定するために有用な化学反応の一つとして，硫酸酸性過マンガン酸カリウム水溶液による酸化（図1）が知られている。不飽和モノカルボン酸に対してこの反応を行うと，炭素原子間の二重結合を酸化開裂させ，炭素数の減った飽和カルボン酸が得られる。また，酵素を使って特定の炭素原子間二重結合にのみ水分子を付加する反応なども有用な手段として知られている。

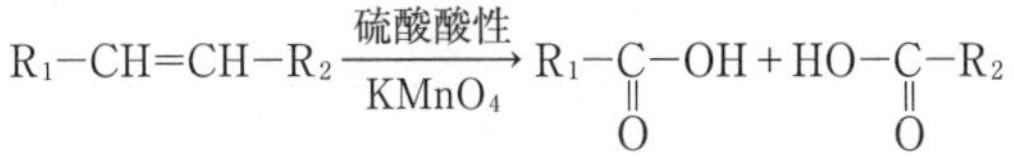

$$R_1-CH=CH-R_2 \xrightarrow[\text{KMnO}_4]{\text{硫酸酸性}} R_1-\underset{O}{\underset{\|}{C}}-OH + HO-\underset{O}{\underset{\|}{C}}-R_2$$

図　1

以降で扱う化合物について，これらの反応が炭素原子間の二重結合にのみ起き，また，目的とする反応を触媒する酵素が利用できるものとして，問1，問2に答えよ。

問1　三重結合を含まない不飽和モノカルボン酸**A**に対して図1に示した酸化反応を行ったところ，**A**の1分子からプロピオン酸（CH_3-CH_2-COOH）が1分子とマロン酸（$HOOC-CH_2-COOH$）が2分子得られた。不飽和モノカルボン酸**A**の構造式を記せ。

問2　不飽和モノカルボン酸**B**に対して図1に示した酸化反応を行ったところ，マロン酸（$HOOC-CH_2-COOH$）を含む飽和カルボン酸の混合物が得られた。また，**B**に対して脂肪酸分子内で特定の位置にある炭素間二重結合のみに水分子を付加する酵素を作用させたところ，脂肪族ヒドロキシ酸**C**が得られた。**C**を酸性条件下で処理すると，炭素数を変えることなく，図2に構造式を示した分子内環状エステル化合物**D**が得られた。

不飽和カルボン酸**B**と脂肪族ヒドロキシ酸**C**の構造式を，それぞれ解答欄**B**，**C**に記せ。

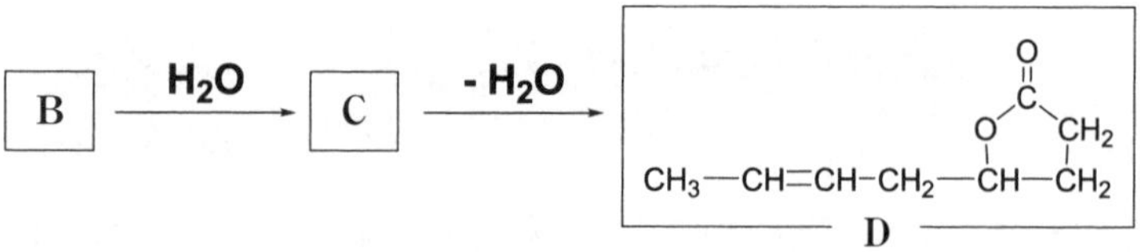

図　2

(b)　一般にアミノ酸は水に溶けやすいが，これはアミノ酸が水中で電離した構造をとるからである。ある pH 条件下の水溶液中では，アミノ酸は正と負の電荷を合わせもった　(ア)　イオンの状態で存在する。アミノ酸を含む水溶液の pH を変化させると，アミノ酸 1 分子中の正と負の電荷の割合が変化するので，アミノ酸の混合水溶液を適当な pH のもとで電気泳動を行うと，各アミノ酸を分離することができる。

　　図 3 に示す構造をもつ 5 種類のアミノ酸について，以下に示す実験 1，実験 2 を行った。ただし，5 種類のアミノ酸の等電点は，3.22，5.41，5.68，6.00，9.75 のいずれかである。

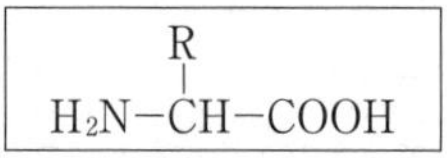

R（側鎖）	名　称	略　号
$-CH_3$	アラニン	Ala
$-CH_2-OH$	セリン	Ser
$-(CH_2)_4-NH_2$	リシン	Lys
$-CH_2-CO-NH_2$	アスパラギン	Asn
$-(CH_2)_2-COOH$	グルタミン酸	Glu

図　3

実験 1：5 種類のアミノ酸の混合物を pH が 7.0 の水溶液を用いて電気泳動を行うと，1 種類のアミノ酸が陰極側に移動した。

実験 2：5 種類のアミノ酸の混合物を pH が 4.0 の水溶液を用いて電気泳動を行うと，4 種類のアミノ酸が陰極側へ移動した。しかし，5 種類のアミノ酸を強酸性条件下で処理したのち pH が 4.0 の水溶液を用いて電気泳動を行うと，3 種類のアミノ酸のみが陰極側に移動した。

問 3　文中の　(ア)　に適切な語句を記せ。

問 4　実験 1 で陰極側に移動したアミノ酸の名称を解答欄に記せ。

問 5　実験 2 での強酸性処理により，pH が 4.0 の水溶液を用いた電気泳動で陽極側に移動する新たなアミノ酸 E が得られた。このアミノ酸 E の強酸性条件下での構造をイオン式を用いて記せ。

(c)　アミノ酸がペプチド（アミド）結合により結合したものの内，アミノ酸の数が数十個以上のものはタンパク質と呼ばれ，特有の立体構造を形成する。アミノ酸の数が数十個以下のものは一般にポリペプチドと呼ばれている。10個のアミノ酸からなるポリペプチド F のアミノ酸の配列を以下に示す。

> Ala−Ser−Lys−Ala−Lys−Glu−Ala−Ser−Ser−Ala
> ―――――――――――― F ――――――――――――

　このポリペプチドのすべてのカルボキシ基を非解離状態にする最小限の酸を加えた後に，一定濃度の NaOH を用いて滴定した。このポリペプチドには酸，塩基に関わる解離基として，アミノ基末端とカルボキシ基末端以外にアミノ酸側鎖の　(イ)　個のアミノ基と　(ウ)　個のカルボキシ基が含まれている。このポリペプチドの荷電状態は pH によって異なり，

　　pH2.0 では，{(エ)： −4，　−3，　−2，　−1，　0，　+1，　+2，　+3，　+4}
に荷電し，

　　pH12.0 では {(オ)： −4，　−3，　−2，　−1，　0，　+1，　+2，　+3，　+4}
に荷電している。

問6　文中の　(イ)，　(ウ)　に適切な数値を記し，{(エ)}，{(オ)} から適切な数値を選べ。

問7　図4はポリペプチド F を NaOH 水溶液を用いて滴定したときの滴定曲線を示している。ポリペプチド F の分子全体の荷電が 0 となる pH（等電点）に最も近い整数値を答えよ。

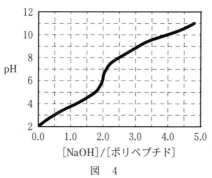

図　4

次の(a), (b)について, 問1〜問8に答えよ。

(a) 化学物質による遺伝子の突然変異誘発について考えよう。

1953年, ワトソンとクリックはDNAの二重らせん構造モデルを示した。本モデルでは, 図1に示すプリン塩基とピリミジン塩基が, 水素結合を介して塩基対を形成している。プリン塩基の ア 位とピリミジン塩基の イ 位で直接形成される水素結合と, プリン塩基の ウ 位とピリミジン塩基の エ 位の置換基間で形成される水素結合は, 2組の塩基対のどちらにも存在する。

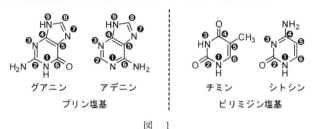

図 1

(図中の白抜きの数字は炭素原子もしくは窒素原子につけた番号で, 1位, 2位などと呼ぶ)

問1 ア 〜 エ に適切な数字を記入せよ。

亜硝酸ナトリウム (NaNO$_2$) は, 肉の発色や細菌繁殖の防止のための食品添加物として用いられている。しかしながら, これを大量に摂取すると核酸塩基の脱アミノ化反応などが引き起こされ, 毒性や発がん性を示すことが知られている。例えば式(1)の化合物**A**は, 塩酸中で亜硝酸ナトリウムと反応し, 化合物**B**となる。この化合物を加水分解すると, 最終的にアミド結合を有する化合物**C**となる。

$$\text{化合物A} \xrightarrow{\text{NaNO}_2, \text{HCl}} \text{化合物B} \xrightarrow{\text{H}_2\text{O}} \longleftrightarrow \boxed{\text{化合物 C}} \quad (1)$$

この脱アミノ化反応がDNA中のシトシンで起こった場合, 生成物の塩基部位は速やかに生体内のある修復酵素により除去される。一方, シトシンの5位にメチル基 (−CH$_3$) が導入された5-メチルシトシンで同様の脱アミノ化反応が起こった場

合，この修復酵素では除去の対象とならず，異なる遺伝情報をもたらす塩基配列となる。これは，突然変異誘発の原因となり得る。

問2　式(1)の　 X 　に入る原子または原子団を化学式で答えよ。

問3　化合物 **C** の構造式を記せ。

問4　下線部の反応で生成した化合物の名称を記せ。

　タバコの煙に含まれるベンゾ[*a*]ピレンは，生体内で酵素反応により酸化物となり，DNA 中のグアニンと結合する。このような化学物質の核酸塩基への結合はDNA の化学修飾と呼ばれ，突然変異誘発の原因となり得る。

問5　以下の(i)，(ii)に答えよ。

(i)　ある細胞の DNA では，全塩基数に対するアデニンの数の比率が 10 ％であった。この DNA のヌクレオチド単位の式量の平均値を有効数字 3 けたで答えよ。

　　なお，DNA 中には 4 種類の核酸塩基のみ存在し，各核酸塩基を含むヌクレオチド単位の式量は，アデニン：310，グアニン：330，シトシン：290，チミン：300 とする。

(ii)　あるタバコ 1 本を燃焼させたときの煙に含まれるベンゾ[*a*]ピレン（分子量252）の総量は 1.134×10^{-7} g であった。ベンゾ[*a*]ピレンの酸化物が(i)の細胞の DNA 中に存在する全てのグアニンと結合すると仮定したとき，このタバコ1 本で細胞何個分の DNA を化学修飾できるか，有効数字 3 けたで答えよ。導出過程も記せ。

　　なお，1 mol のベンゾ[*a*]ピレンは 1 mol の酸化物となり，グアニン 1 mol と結合するものとし，また，(i)の細胞 1 個に含まれる DNA の重量は3.40×10^{-12} g とする。

(b)　分子模型を使って環状有機化合物の構造を考えよう。

　メタン CH_4 は，炭素原子を中心とした正四面体構造をとっており，その 4 つの水素原子は各頂点に配置されている。シクロヘキサン C_6H_{12} においても，各炭素原子は直接結合する水素原子と隣接する炭素原子から構成される正四面体構造の中心に位置する。そのため，炭素が形成する環は上方からは正六角形に見えるが，側方から見ると図 2 の⑫，⑬のような「いす形」と呼ばれる構造をとっていることが分子模型を用いると容易に理解できる。シクロヘキサン環をほぼ平面に見立てたとき，各炭素原子には，その平面に対して垂直な方向とほぼ平行な方向に 1 つずつ水素原

子が結合している。図2の⑫，⑬は，原子間の結合を切断することなく相互変換可能であり，両者は平衡状態にある。⑫のC^1を下に押し下げ，C^4を上に持ち上げると，炭素—炭素間の結合が回転し，水素原子の配置が変わり⑬へと変換される。

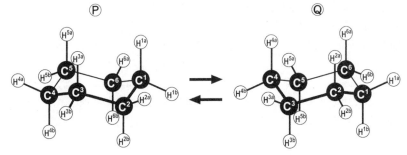

図2　シクロヘキサンの相互変換可能な2種類のいす形環状構造
（炭素—炭素間結合のうち，手前に位置するものを太線で表す）

問6　シクロヘキサンの水素原子H^{2a}，H^{4b}，H^{6a}をすべてメチル基（$-CH_3$）へと置換する。このとき，各置換基間の反発（立体反発）が小さくなるのは，2種の環状構造⑫，⑬のどちらか，記号で答えよ。

　次に，シクロヘキサンとよく似たいす形環状構造をとる六炭糖（ヘキソース）の立体構造について考えよう。

問7　図3に記すハース投影式は糖の構造表記法の1つであり，ヘキソースの各炭素原子に結合する水素原子や置換基を上下に記すことで，それらの位置関係を表している。α-ガラクトースがとる2種類のいす形環状構造のうち，立体反発が小さい構造における炭素原子C^1，C^2およびC^5の各置換基は，六員環をほぼ平面に見立てたとき，その平面に対していずれの方向に位置するか。最も適切なものを，次の選択肢あ〜くから選び，記号で答えよ。

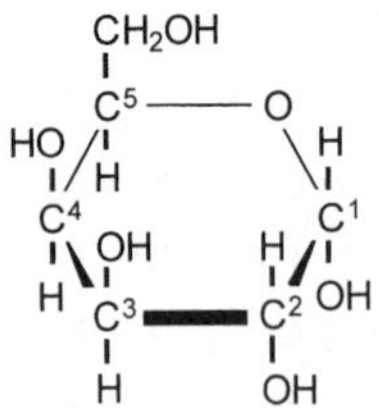

図3　α-ガラクトースのハース投影式

選択肢	C^1 の OH	C^2 の OH	C^5 の CH_2OH
あ	垂直	垂直	垂直
い	垂直	垂直	ほぼ平行
う	垂直	ほぼ平行	垂直
え	垂直	ほぼ平行	ほぼ平行
お	ほぼ平行	垂直	垂直
か	ほぼ平行	垂直	ほぼ平行
き	ほぼ平行	ほぼ平行	垂直
く	ほぼ平行	ほぼ平行	ほぼ平行

問8　次の文章を読み，以下の(i)，(ii)に答えよ。

　水溶液中において，ガラクトースおよびグルコースは，いずれも C^1 の置換基の向きが異なる α 形および β 形として存在する。α-グルコースがとる2種類のいす形環状構造のうち，立体反発が小さい構造では，六員環をほぼ平面に見立てたとき，その平面に対して垂直に位置する置換基の数は $\boxed{(オ)}$ であり，ほぼ平行に位置する置換基の数は $\boxed{(カ)}$ である。β-グルコースの立体反発が小さいいす形環状構造では，六員環に対して垂直に位置する置換基の数は $\boxed{(キ)}$ であり，ほぼ平行に位置する置換基の数は $\boxed{(ク)}$ である。

(i)　$\boxed{(オ)}$ ～ $\boxed{(ク)}$ に適切な数字を記入せよ。

(ii)　α-ガラクトース，β-ガラクトース，α-グルコース，β-グルコースのうち，立体反発が最も小さいいす形環状構造をとる糖の名称を答えよ。

82 糖類・ペプチドの識別，環状ペプチドの構造，D型アミノ酸

(2016 年度　第 4 問)

次の文章(a)，(b)を読んで，問 1 ～問 7 に答えよ。なお，原子量は H＝1.0，C＝12.0，O＝16.0 とする。

(a)　A～Hは，異なる 8 種類の化合物である。すべての化合物は甘味に関連しており，グルコース，フルクトース，スクロース，マルトース，セロビオース，マルトトリオース，ネオテーム，クルクリンのいずれかである。なお，マルトトリオースとは三糖の一種で，三糖とは単糖と二糖が脱水縮合したものである。また，ネオテームはジペプチドをもとに合成した甘味料であり，クルクリンは植物から抽出されたタンパク質である。

　以下の実験(あ)～(か)にもとづいて，A～Hのそれぞれがどの化合物であるかを判別した。

(あ)　A～Hにニンヒドリン水溶液を加えて加熱したところ，BとEが　ア　色に変化した。

(い)　水酸化ナトリウム水溶液でA～Hの水溶液を塩基性にしたのちに，硫酸銅(II)水溶液を添加したところ，Eだけ　イ　色に変化した。

(う)　Eの水溶液を加熱したところ，熱によって　ウ　し，50℃くらいから徐々に甘さを失っていった。

(え)　アミロースをある酵素で加水分解するとAとGが得られた。一方，セルロースをある酵素で加水分解するとCが得られた。

(お)　239.4mg のAを完全燃焼させると，376.2mg の二酸化炭素と 136.8mg の水が得られた。一方，239.4mg のCとGを完全燃焼させると，両者からともに 369.6mg の二酸化炭素と 138.6mg の水が得られた。

(か)　A，C，Gをそれぞれ希硫酸で加水分解するとHだけが得られ，Dを同じように加水分解するとFとHが得られた。

問1　ア～ウ に入る最も適切な語句の組み合わせを以下の1～8の選択
肢から選び，数字で答えよ。

選択肢	ア	イ	ウ
1	橙黄	赤紫	変性
2	橙黄	赤紫	転化
3	橙黄	橙黄	変性
4	橙黄	橙黄	転化
5	赤紫	赤紫	変性
6	赤紫	赤紫	転化
7	赤紫	橙黄	変性
8	赤紫	橙黄	転化

問2　A～Hの化合物名を答えよ。

問3　グルコース，フルクトース，スクロース，マルトース，セロビオース，マル
トトリオースのうち，フェーリング液を加えて加熱しても赤色沈殿を生じないも
のをすべて答えよ。

(b)　ペプチドはアミノ酸がペプチド結合によってつながった化合物である。ヒトの体
の中には多様なペプチドが存在し，血圧や食欲，睡眠などの調節に関わっている。
このようなペプチドの中にはすでに薬として工業的に生産されているものもある。
一方，薬の効き目がより強い，または効き目がより持続する人工ペプチドを作る試
みもなされている。ペプチドの機能はそれを構成するアミノ酸の配列によって決ま
るため，一部のアミノ酸を別のアミノ酸に置換することにより，構造を改変し，機
能を変えることができる。例えば，疎水性の高いアミノ酸を親水性の高いものに置
換することによって，そのペプチドの水溶性を高めることができる。

　　天然のペプチドを構成するアミノ酸のほとんどはL型であるが，その鏡像異性体
であるD型に置換したペプチドを作ることも可能である。この他に，ペプチドの両
端をペプチド結合で連結することによってペプチドを環状にすることもできる。図
1は，免疫抑制薬であるシクロスポリンを改変して作製した人工環状ペプチドⅠの
構造を表記したものである。図中に示す結合のうち，◀で示す結合は紙面の手前
側に，"Ⅲⅲ は紙面の奥側に伸びていることを表す。

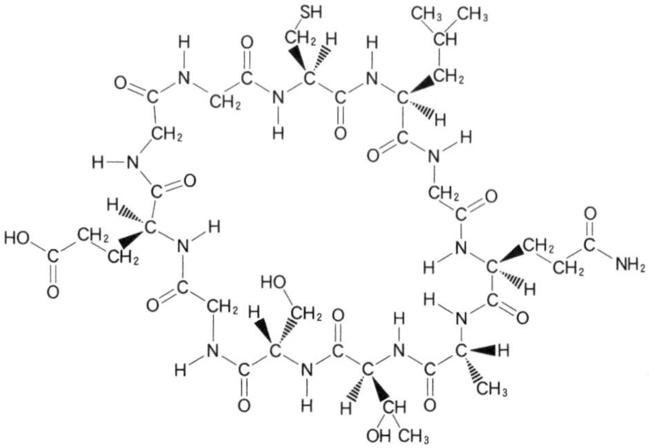

図1　環状ペプチド I

問4　環状ペプチド I を構成するアミノ酸の総数を答えよ。ただし，重複するアミノ酸もすべて数えること。

問5　環状ペプチド I を構成するアミノ酸には D-アミノ酸が1つ含まれている。その構造を図2の書き方で記す場合，　エ　と　オ　に入る原子または原子団を答えよ。

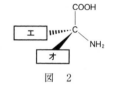

図　2

問6　一般に，環状ペプチドは，同じアミノ酸組成をもつ直鎖状のペプチドと比べると，水に溶けにくい傾向がある。その理由を簡潔に述べよ。

問7　環状ペプチド I の水溶性を高める工夫として，このペプチドに含まれるアミノ酸の中で最も疎水性の高いものを選び，それを図3に示すアスパラギン酸に置換したところ，構造異性体の関係にある2種類の環状ペプチドが得られた。それぞれのペプチドについて，改変した部分をアスパラギン酸とそれに連結する前後のアミノ酸を含めて抜き出し，トリペプチドの構造として記せ。ただし，不斉炭素原子の立体化学は考慮しないものとする。

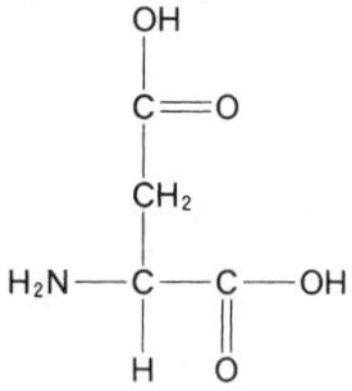

図3　アスパラギン酸

83 マルトースの構造，多糖類の性質，核酸の構成成分と構造

（2015年度　第4問）

次の文章を読んで，問1～問4に答えよ。

　炭素数6の単糖はヘキソース（六炭糖），炭素数5の単糖はペントース（五炭糖）とよばれる。ヘキソースであるグルコース2分子がグリコシド結合した二糖類であるマルトースは，結合したグルコースの立体構造により α-マルトースと β-マルトースに区別できる。糖類とアルコールのグリコシド結合により生成する物質は①アルキルグリコシドとよばれる。

　多糖類は多数の単糖分子がグリコシド結合により連結したものであり，グルコースが β-1,4-グリコシド結合で連結した　(ア)　，動物の体内で α-グルコースから合成され肝臓や筋肉に貯蔵される　(イ)　，およびデンプンなどがある。デンプンは，グルコースが α-1,4-グリコシド結合で重合した　(ウ)　と，グルコースが α-1,4-グリコシド結合と α-1,6-グリコシド結合で重合した　(エ)　の混合物である。

　ペントースであるリボースとデオキシリボースは核酸の構成成分で，②水中で鎖状構造と環状構造の平衡状態で存在している。環状構造をとるこれらの糖に核酸塩基とリン酸が結合した化合物をヌクレオチドとよぶ。核酸はヌクレオチドがつながった高分子化合物で，③糖とリン酸が交互に連結して形成される主鎖（骨格）に結合した塩基は，決まった塩基間で塩基対を形成する。

問1　下線部①に関する(i)と(ii)に答えよ。

(i)　β-マルトースの1位のヒドロキシ基と，第一級アルコールである1-オクタノールのヒドロキシ基が脱水縮合して生成する β 型のアルキルグリコシドの構造式を，図1にならって記せ。

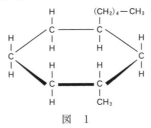

図　1

(ii)　上記のアルキルグリコシドは水溶液中でミセルを形成するが，これは分子内のオクチル基のどのような性質によるものか。10字以内で記せ。

問2　(ア)～(エ)について，糖類の名称を記入せよ。

問3 前問で答えた糖類(ア)～(エ)のそれぞれの水溶液にヨウ素ヨウ化カリウム水溶液を添加した場合の呈色反応について，(i)と(ii)に答えよ。

(i) 呈色反応を示さない糖類を選び，その記号を(ア)～(エ)で記せ。

(ii) この呈色反応は分子内鎖状部分のどのような構造に起因するかを記せ。

問4 核酸の構造に関連する(i)～(vi)に答えよ。

(i) 図2に，下線部②の平衡状態におけるリボースの鎖状構造を示す。核酸を構成するリボースの環状構造を解答欄に記入し，図2に対応する炭素原子の番号を示す数字を記せ。構造を記すにあたり，炭素原子の立体配置は示さなくてよい。

(ii) 環状構造のリボースにおいて，核酸塩基の窒素原子と結合する炭素原子を図2から選んでその番号を記せ。

(iii) 下線部③の核酸の主鎖の構造において，リン酸と脱水縮合するヒドロキシ基をもつ炭素原子を図2から選んでその番号をすべて記せ。

(iv) デオキシリボ核酸（DNA）を構成するデオキシリボースにおいて，ヒドロキシ基が水素に置換した炭素原子を図2から選んでその番号を記せ。

(v) 核酸を構成する塩基として，アデニン，ウラシル，グアニン，シトシン，チミンがある。図3の核酸塩基はこのうちのどれか。その名称を解答欄に記せ。

(vi) 図3に示す核酸塩基において，リボースの炭素原子と結合する窒素原子を(あ)～(う)から選んで記せ。

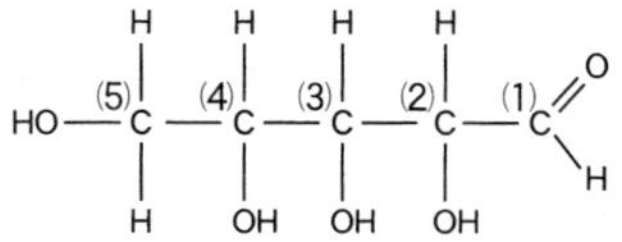

図 2

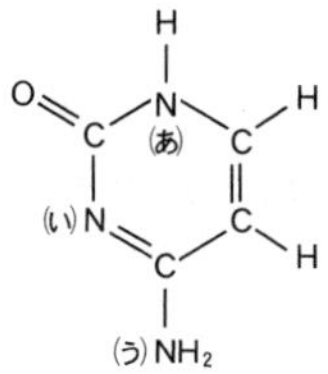

図 3

84 トリペプチドの構造決定，セレブロシドの構造と加水分解

(2014年度 第4問)

次の文章(a)，(b)を読んで，問1～問4に答えよ。ただし，原子量はH＝1.00，C＝12.0，N＝14.0，O＝16.0，S＝32.0とする。

(a) 生体には，脂質やタンパク質の酸化を防ぐ機構が備わっている。化合物Aと化合物Bはいずれもこのような防御機構に重要な抗酸化物質であり，下記(ⅰ)～(ⅶ)の条件を満たすものである。

(ⅰ) 化合物Aの分子式は$C_{10}H_{17}N_3O_6S$である。

(ⅱ) 化合物Bの分子量は163である。

(ⅲ) 化合物Aを完全に加水分解すると，下記の構造式で表される3種類のα-アミノ酸A1，A2，A3が得られる。

RはHまたはいろいろな置換基

(ⅳ) 化合物A1は不斉炭素原子を一つだけもつα-アミノ酸であり，3段階の電離平衡を示し，その等電点は3.22である。

(ⅴ) 化合物A2を無水酢酸と反応させると，主として化合物Bが生じる。

(ⅵ) 化合物A3は不斉炭素原子をもたない。

(ⅶ) 化合物Bを酸化すると，チオール基（－SH）同士の反応によりジスルフィド結合（S－S結合）をもつ2量体となる。

問1 以下の(あ)，(い)について，それぞれの反応を示す化合物をA1，A2，A3，Bからすべて選び，記号で答えよ。ただし，該当するものがない場合は「なし」と記せ。

(あ) 水酸化ナトリウム水溶液を加えて加熱した後，酢酸鉛(Ⅱ)水溶液を加えると，黒色沈殿が生じた。

(い) 濃硝酸を加えて加熱すると黄色になり，これを冷却してからアンモニア水を加えると橙黄色に変化した。

問2 化合物A1，A2，A3，Bの構造式を下記の記入例にならって記せ。ただし，光学異性体を区別する必要はない。

記入例：

$$
\begin{array}{c}
CH_3 \\
| \\
H_2N-CH-COOH
\end{array}
$$

(b) 神経細胞膜の一成分であるセレブロシドは，下の図1に構造を示すスフィンゴシンが脂肪酸とアミド結合し，さらに第一級アルコールに相当するヒドロキシ基とβ-ガラクトースの1位のヒドロキシ基が脱水縮合したものである。アルコールとガラクトース間のこのような結合はグリコシド結合に分類される。また，ガラクトースは単糖であり，4位の炭素原子に結合したヒドロキシ基の方向がグルコースとは逆になった異性体である。

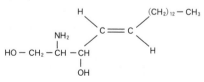

図1　スフィンゴシンの構造

脂肪酸部分にステアリン酸（炭素数18）を有するセレブロシドを出発原料として用い，図2に示すように酵素反応1を行い，化合物 **T1** と **N1** を得た。さらに化合物 **T1** に対して酵素反応2を行い，化合物 **T2** と **N2** を得た。ただし，それぞれの酵素反応は完全に進行するものとし，**N1** と **N2** は糖構造をもたない化合物である。

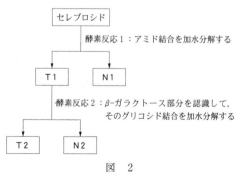

図　2

問3　下記の記入例にならって化合物 **T1** の構造式を示せ。

記入例：

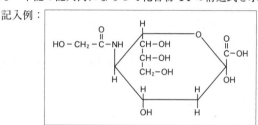

問4　以下の(あ)～(う)のそれぞれの性質を示す化合物を **T1**，**T2**，**N1**，**N2** からすべて選び，記号で答えよ。ただし，該当するものがない場合は「なし」と記せ。

㈠　アンモニア性硝酸銀水溶液によって銀鏡反応を示す。

㈢　塩酸水溶液中で塩をつくる。

㈣　不斉炭素原子をもつ。

85 ペプチドグリカンの構造，等電点とペプチドの構造

（2013年度　第4問）

ある種の細菌には，多糖とポリペプチドが網目状に結合した構造体（ペプチドグリカン）が生体構成成分として含まれる。図1は，その構造を模式的に示したものであり，S1およびS2は多糖を構成する単糖を，A1〜A5はポリペプチドを構成するアミノ酸をそれぞれ表している。以下の文章(a)，(b)を読んで，問1〜問4に答えよ。

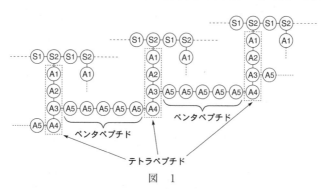

図　1

(a)　ペプチドグリカンを構成する多糖は，N-アセチルグルコサミン（S1）とN-アセチルムラミン酸（S2）が，交互にβ-1,4-グリコシド結合したものである。N-アセチルグルコサミンは，グルコースの2位の炭素原子に結合したヒドロキシ基がアミノ基に置換され，さらにそのアミノ基がアセチル化された化合物である。N-アセチルムラミン酸は，N-アセチルグルコサミンの3位の炭素原子に結合したヒドロキシ基に乳酸がエーテル結合した化合物である。

問1　ペプチドグリカン中のN-アセチルグルコサミン（S1）とN-アセチルムラミン酸（S2）からなる二糖繰り返し単位の構造式として正しいものを，次の(ア)〜(エ)から1つ選び，記号で答えよ。ただし，構造式中の①〜⑥は，炭素原子の位置番号を示す。また，R^1〜R^4は，N-アセチルムラミン酸に含まれる原子団を表し，その構造を各構造式の右に示す。

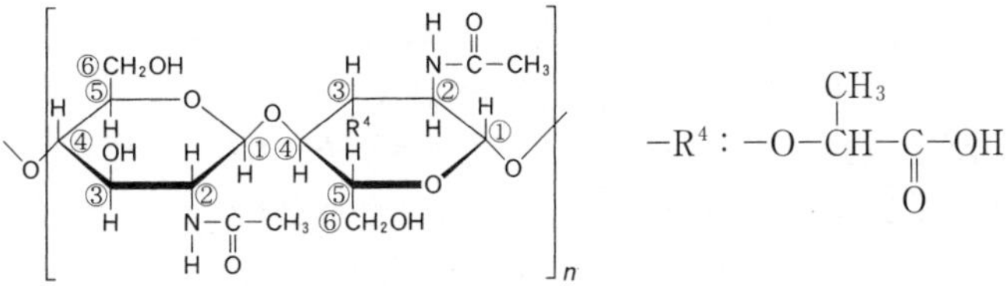

(b) 図1に示すように，ペプチドグリカン中のポリペプチドには，多糖中の N-アセチルムラミン酸（**S2**）にアミド結合したテトラペプチド（**A1**〜**A4** の4アミノ酸から構成されるペプチド）と，テトラペプチド間をつなぐペンタペプチド（5つの **A5** から構成されるペプチド）が存在する。ペプチドグリカン中の **A2** と **A3** の間，および **A3** と **A5** の間の結合は，通常のペプチド結合ではなく，アミノ酸側鎖（R）に含まれる官能基が関与するアミド結合である。ペプチドグリカンの加水分解産物から，図2に示す構造をもつアミノ酸が同定された。各アミノ酸の等電点は，表1に示す通りである。また，**A1** は **A4** の光学異性体であり，**A5** には光学異性体が存在しない。

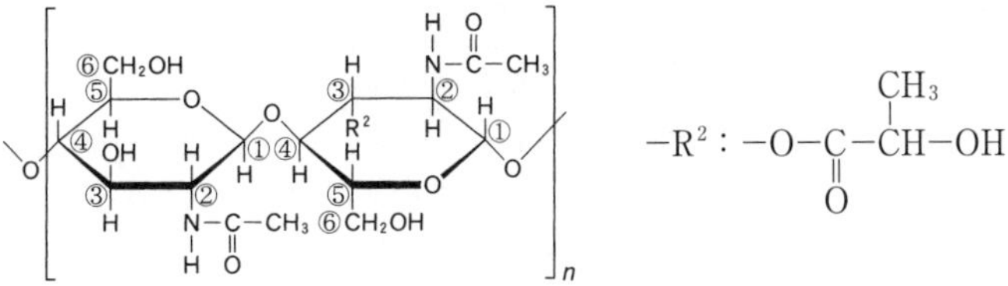

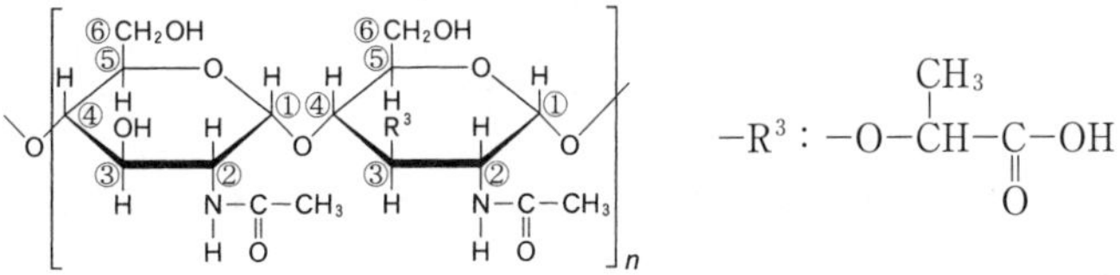

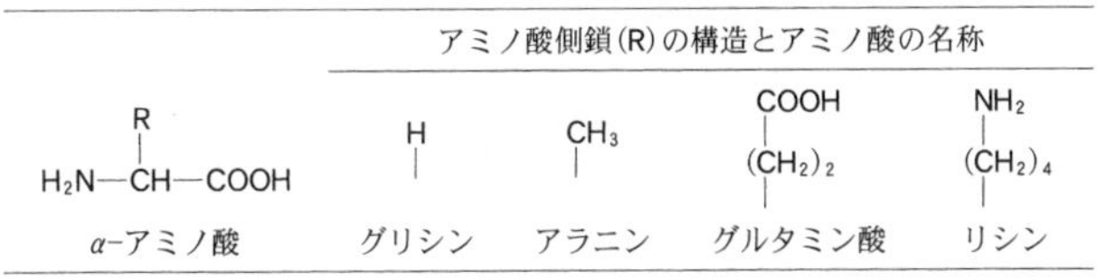

図　2

表　1

アミノ酸	等電点
A1	6.00
A2	3.22
A3	9.74
A4	6.00
A5	5.97

問2　A1～A5 に該当するアミノ酸の名称を答えよ。ただし，光学異性体は区別しなくてよい。

問3　1分子の A2 と1分子の A3 がアミド結合して生じるジペプチドは，何種類考えられるか答えよ。ただし，光学異性体は区別しなくてよい。

問4　A2 と A3 がアミド結合して生じるジペプチドのうち，ペプチドグリカン中に含まれる A2 と A3 の結合様式と同じ結合様式をもつジペプチドの構造式を，記入例にならって記せ。ただし，光学異性体は示さなくてよい。また，ペプチドグリカン中で A1 とのアミド結合に用いられる官能基を実線で，A5 とのアミド結合に用いられる官能基を点線で，記入例にならってそれぞれ囲め。

記入例：

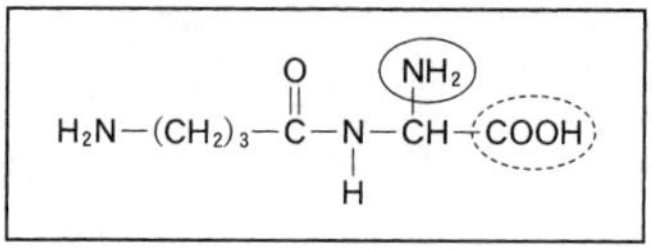

86 ペプチドの構成，ペンタペプチドのアミノ酸配列
(2012年度 第4問)

α-アミノ酸（以下，アミノ酸と呼ぶ。）とペプチドに関する文章(a)，(b)を読んで，問1～問5に答えよ。なお，原子量は$H=1.00$，$C=12.0$，$N=14.0$，$O=16.0$とし，各アミノ酸の構造は図1を参照せよ。

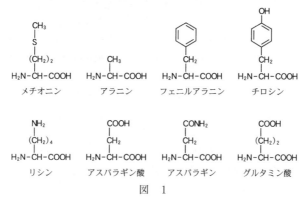

図　1

(a) タンパク質を構成するアミノ酸の示性式は，一般に$H_2N-CHR-COOH$で表される。ただし，Rは水素原子，もしくは各種置換基を有するアルキル基である。アミノ酸には，周囲のpHによって図2で示される電離状態が存在する。

$$\boxed{(A)} \underset{H^+}{\overset{OH^-}{\rightleftharpoons}} \begin{array}{c} R \\ H_3N^+-CH-COO^- \end{array} \underset{H^+}{\overset{OH^-}{\rightleftharpoons}} \boxed{(B)}$$

図　2

　一方，ペプチドはアミノ酸がペプチド結合（アミド結合）で連結した化合物の総称であり，2～5分子のアミノ酸が結合してできたペプチドは，含まれるアミノ酸の数に応じて表1のように呼ばれる。

表　1

アミノ酸の数	名称
2	ジペプチド
3	トリペプチド
4	テトラペプチド
5	ペンタペプチド

　例として，図3にグリシンのみからなる鎖状のトリペプチドの構造を示す。このとき，左端をN末端のグリシン，右端をC末端のグリシンと呼ぶ。

図　3

問1　図2で示されるアミノ酸の電離状態について，酸性水溶液中で多く存在する
アミノ酸の構造［　(A)　］と塩基性水溶液中で多く存在するアミノ酸の構造［　(B)　］
を，図2の破線の枠内のアミノ酸の構造にならって記せ。

問2　アラニン（分子量89.0）とアスパラギン（分子量132）からなる，ある鎖状
のペプチドを一定量はかりとり，これを完全に加水分解すると，水 18.9 g が消
費されるとともに，アラニン 26.7 g とアスパラギン酸（分子量133）53.2 g が得
られた。このペプチド1分子に含まれるアラニンの数(ア)とアスパラギンの数(イ)を
それぞれ求めよ。

(b)　鎖状のペンタペプチド**P**を用いて，以下の実験1～実験7を行った。ただし，ア
ミノ酸 $H_2N-CHR-COOH$ の置換基Rは，ペプチド中のアミノ酸の連結には関与
していないものとする。

実験1　**P**を温和な条件で加水分解すると，図4に示すような4種類の切断が進行
した。（ただし，図中のa～eはアミノ酸を表す。）これにより得られたテトラペ
プチドを**X1**，**X2**，トリペプチドを**Y1**，**Y2**，ジペプチドを**Z1**，**Z2**，アミノ酸
を**A1**，**A2**とする。

図　4

実験2　**P**を完全に加水分解すると，アミノ酸 **A1**，**A2**，**A3**，**A4** のみが得られた。
A1～**A4** はそれぞれ異なり，図1に示したアミノ酸のいずれかであった。

実験3　**P**，**X1**，**Y1**，**Y2** のそれぞれについて，N末端のアミノ酸のカルボキシ
ル基側のペプチド結合だけを切断する酵素で処理すると，最初に得られたアミノ
酸は **A1** であった。

実験4　**X2**を実験3と同じ酵素で処理すると，最初に得られたアミノ酸は **A3** で
あった。**A3** の等電点は9.7であった。

実験5　**X1**，**X2**，**Y1**，**Z1**，**A4** のそれぞれに，塩化鉄(Ⅲ)水溶液を加えると，す

べてが紫色になった。

実験6　**X2**，**Y1**，**Z1**，**A2** のそれぞれに，水酸化ナトリウム水溶液を加えて加熱
し，冷却後，酢酸鉛（Ⅱ）水溶液を加えると，いずれの場合も黒色沈殿が生成した。

実験7　**P**，**X1**，**X2**，**Y1**，**Y2**，**Z1**，**Z2**，**A1**，**A4** のそれぞれに，濃硝酸を加え
て加熱後，アンモニア水を加えて塩基性にすると，いずれの場合も橙～橙黄色に
なった。

問3　**A1**～**A4** にあてはまるアミノ酸を図1から選択し，その名称を記せ。

問4　**X1**，**X2**，**Y1**，**Y2**，**Z1**，**Z2** のうち，水酸化ナトリウム水溶液を加えて塩基
性にした後，少量の硫酸銅（Ⅱ）水溶液を加えたときに青紫～赤紫色になるものを
すべて選択し，それらを記せ。

問5　**P** を構成する a～e に該当するアミノ酸を，**A1**～**A4** を使って答えよ。

87 ホモガラクツロナンの構造，アミロースの加水分解

(2011年度　第4問)

次の文(a)，(b)を読んで，問1～問8に答えよ。数値で答える必要がある箇所では有効数字3けたで答えよ。

(a)　ホモガラクツロナンは，ガラクツロン酸が $\alpha1,4$-グリコシド結合した多糖である。ガラクトースは4位の炭素原子に結合したヒドロキシ基の方向がグルコースとは逆になった異性体で，ガラクトースの6位の炭素がカルボキシル基になったものがガラクツロン酸である。

問1　ホモガラクツロナンの繰り返し単位として適切なものを，次の(ア)～(ク)から1つ選び，記号で答えよ。ただし，構造式中の数字は炭素原子の位置番号を示す。

(ア)

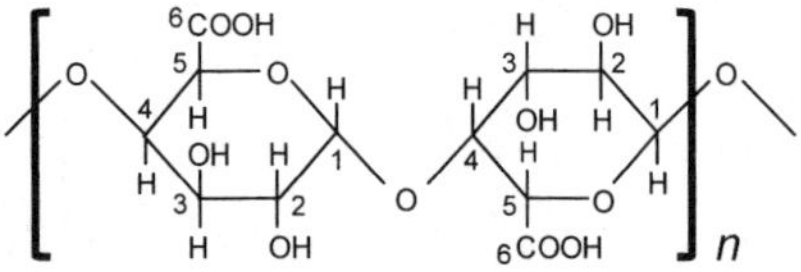

(イ)

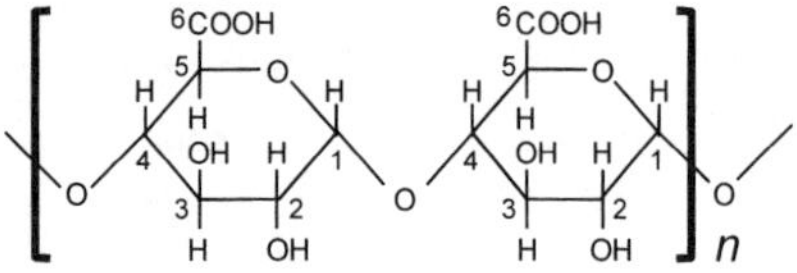

(ウ)

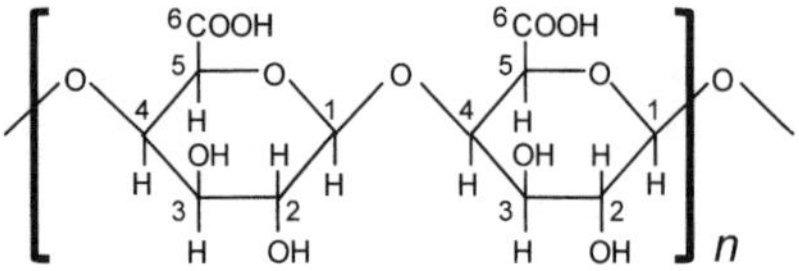

(エ)

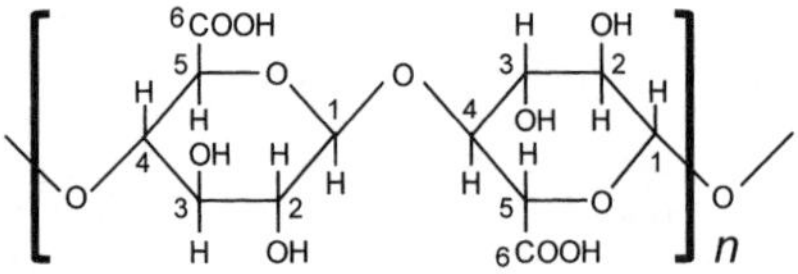

(オ)

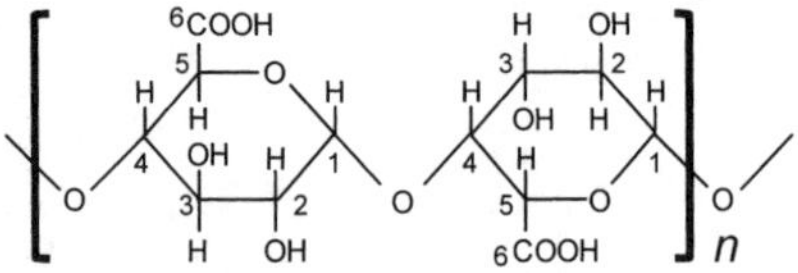

(カ)

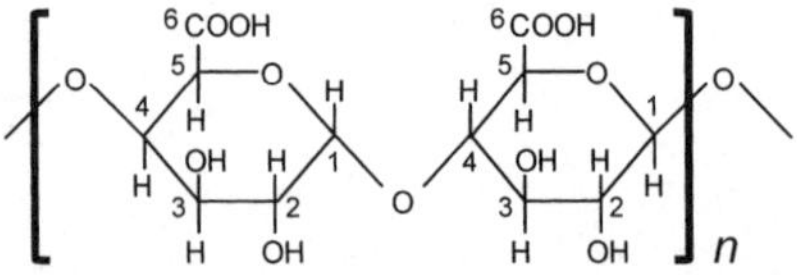

(キ)

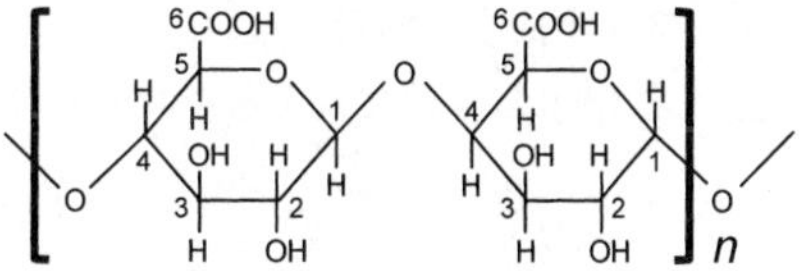

(ク)

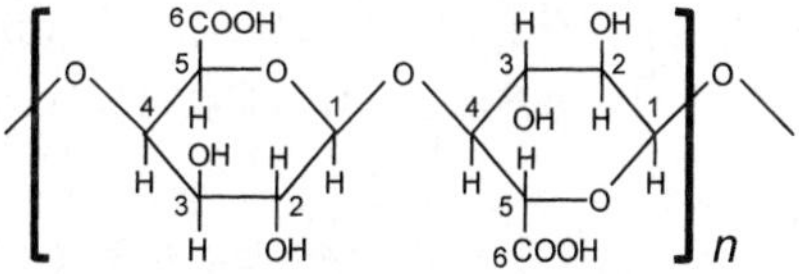

問2 ミカン果実に含まれるホモガラクツロナンでは，カルボキシル基の20％が
メチルエステル化されていた。このホモガラクツロナンを緩衝液（pH4.2，25
℃）に溶解したとき，残りのカルボキシル基の50％が電離していた。この溶液
のpHを6.0へと上昇させると，ホモガラクツロナンのカルボキシル基の状態は
どのように変化するか。最も適切な組み合わせを，次の(ア)～(キ)から1つ選び，記
号で答えよ。

	緩衝液のpH	ホモガラクツロナンのカルボキシル基の状態		
		メチルエステル化されているカルボキシル基	電離しているカルボキシル基	電離していないカルボキシル基
	4.2	20％	40％	40％
(ア)	6.0	減 少	増 加	増減なし
(イ)	6.0	減 少	増減なし	増 加
(ウ)	6.0	減 少	増 加	増 加
(エ)	6.0	減 少	減 少	増 加
(オ)	6.0	増減なし	増 加	減 少
(カ)	6.0	増減なし	減 少	増 加
(キ)	6.0	増減なし	増減なし	増減なし

(b) アミロースの加水分解について，以下の実験材料を用いて実験1と実験2を行っ
た。

[実験材料]
- アミロース ：α-グルコースがα1,4-グリコシド結合によって結合した直鎖多
糖
- α-アミラーゼ：糖鎖内部の任意のα1,4-グリコシド結合を加水分解してマルト
ースを生成する酵素
- β-アミラーゼ：糖鎖の非還元末端のα1,4-グリコシド結合を加水分解してマル

トースを生成する酵素
- セロハン膜 ：分子量 1000 以下の物質を透過するもの
- フェーリング液

[実験1]

操作1 アミロース x〔g〕を水 100 mL に加え，おだやかに熱した後，冷却した。

操作2 調製したアミロース溶液をセロハン膜に包み，27℃における浸透圧を測定した。

操作3 このアミロース溶液を α-アミラーゼ溶液 50.0 mL と混合した。

操作4 この混合液を 37℃ で放置して，溶液中のアミロースをすべてマルトースへと変換した。

操作5 反応後の溶液を 95℃ で 5 分間熱処理した。

操作6 冷却後，溶液の凝固点降下を測定した。

[実験1の結果]

　今回の実験条件下でのアミロース溶液の密度は 1.028 g/cm^3，浸透圧は 1500 Pa であった。操作6の凝固点降下度は 0.310 K であった。

[実験2]

操作1 実験1の操作1と同じアミロース溶液を調製した。

操作2 調製したアミロース溶液に β-アミラーゼ溶液 50.0 mL を加えた。

操作3 混合後の溶液を 37℃ で 1 時間放置した。

操作4 反応後の溶液を 95℃ で 5 分間熱処理した。

操作5 冷却後の溶液をセロハン膜に包み，750 mL の水が入ったビーカー中に浸し，セロハン膜の外液を長時間かくはんした。

操作6 外液を 20.0 mL 取り，十分な量のフェーリング液と混ぜた後に加熱したところ，赤色沈殿が生成した。

操作7 赤色沈殿の重量を測定し，その物質量を算出した。

[実験2の結果]

　生成した赤色沈殿の物質量は 1.60×10^{-4} mol であった。

以下の問3〜問8では，次の数値ならびに条件を用いて解答せよ。

　原子量は H＝1.00，C＝12.0，O＝16.0 とする。浸透圧は溶液のモル濃度と絶対温度に比例し，比例定数は 8.31×10^3 Pa・L/(K・mol) とする。また，希薄溶液の凝固点降下度は，溶質の質量モル濃度に比例し，水のモル凝固点降下は 1.86 K・kg/mol とする。添加したアミラーゼの量ならびにアミラーゼ処理による水分子の増減は凝固点降下に影響をおよぼさないものとする。

問3　実験1の操作1で溶解したアミロースの質量〔g〕を求めよ。

問4　使用したアミロースの平均分子量を求めよ。

問5　使用したアミロースの1分子中の α-グルコースの分子数（平均重合度）を求めよ。

問6　実験1の操作3を行う際，アミラーゼ溶液ではなく飽和濃度の硫酸アンモニウム水溶液を誤って用いてしまった。すると，アミロース溶液が白濁し，沈殿が生じた。次の(ⅰ), (ⅱ)に答えよ。

（ⅰ）この沈殿現象を何というか答えよ。

（ⅱ）このときの硫酸アンモニウムの作用を 35 文字以内で記せ。

問7　実験2で生じた赤色沈殿は何か，化学式で答えよ。

問8　実験2での β-アミラーゼによる消化によって，1分子のアミロースに重合しているグルコースの分子数は何％減少していたか求めよ。ただし，1mol のグルコースをフェーリング液と反応させたとき，赤色沈殿は 1mol 生じるとする。

88 DNAとグリセロリン脂質の構造

(2010年度 第4問)

次の文(a), (b)を読んで, 問1～問5に答えよ.

(a) 遺伝子の本体であるデオキシリボ核酸 (DNA) は, デオキシリボースにリン酸および核酸塩基が結合したヌクレオチドが縮合重合した直鎖状ポリマーである. DNA に含まれる核酸塩基はアデニン, グアニン, シトシン, チミンの4種類である. DNA はヌクレオチド鎖二本が, アデニンとチミン, グアニンとシトシンの間に ア 結合を形成することで塩基対をつくり, 二重らせん構造をとっている. アデニンのアミノ基を考えると, イ 原子の電気陰性度は, ウ 原子の電気陰性度に比べて大きいので, イ 原子側に エ の電荷が偏り, ウ 原子側に オ の電荷が偏っている. これを結合の カ という. 一方, チミンのカルボニル基も同様の理由により, キ 原子側に エ の電荷が偏り, ク 原子側に オ の電荷が偏っている. こうして, アデニンのアミノ基の ウ 原子とチミンのカルボニル基の キ 原子の間に ア 結合が形成される.

問1 文中の ア ～ ク に適切な語句を記せ. ただし, 重複して同じ語句を用いてもよい.

問2 水中でリボースは六員環構造, 鎖状 (鎖式) 構造, および五員環構造の平衡混合物として存在する. リボースの2種類ある六員環構造の1つを図1に, 鎖状 (鎖式) 構造を図2に示す. DNA の構成成分であるデオキシリボースは, リボースの(2)の位置のヒドロキシ基が水素原子に置換された五炭糖である. 水中ではデオキシリボースも同様の平衡混合物として存在するが, DNA においては五員環構造をとっている. 五員環構造の β-デオキシリボースを, 図1の表し方にならって記せ. 炭素の位置番号を示す数字は省略してよい.

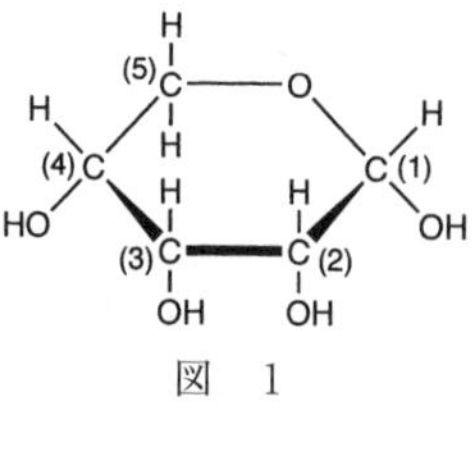

図 1 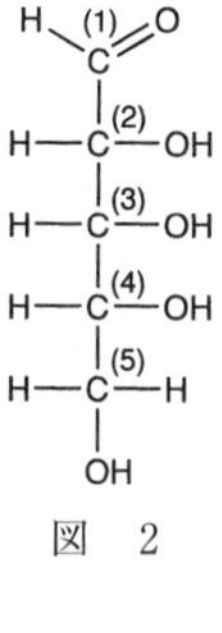　　　　図 2

⒝　細胞の成分として，グリセリンに2分子の脂肪酸 R−COOH（Rは炭化水素基を表す）とリン酸，糖，アミンなどが結合した複合脂質が多種類存在している。図3は複合脂質の一種であるグリセロリン脂質に共通の構造**A**である。グリセロリン脂質のリン酸基には，いろいろな化合物**X**が脱水縮合して結合している。動物の細胞には，図4に示した化合物**B**がそのヒドロキシ基を介して**A**のリン酸基に脱水縮合した化合物**C**が普遍的に存在している。グリセロリン脂質を構成している脂肪酸のうち，二重結合を2個以上もつ脂肪酸の多くをヒトは食品から摂取している。**C**では，**A**の⑴の位置に炭素数が14の飽和脂肪酸がエステル結合しており，⑵の位置には食品から摂取した脂肪酸**D**がエステル結合しているとする。⑵の位置のエステル結合だけを加水分解する酵素を15.5gの**C**に作用させると，6.04gの**D**が得られた。**D**を，触媒の存在下で水素付加すると，分子量312の飽和脂肪酸が得られた。これらの実験における反応はすべて完全に進行し，操作での損失はないものとする。

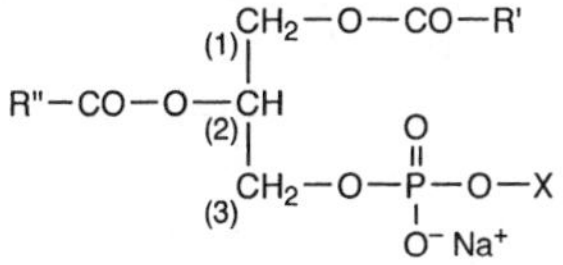

$$\begin{array}{l}
_{(1)}CH_2-O-CO-R' \\
\qquad | \\
R''-CO-O-{}_{(2)}CH \\
\qquad | \qquad\qquad O \\
\qquad | \qquad\qquad \| \\
_{(3)}CH_2-O-P-O-X \\
\qquad\qquad\qquad | \\
\qquad\qquad\qquad O^-\ Na^+
\end{array}$$

$$HO-CH_2-\overset{\overset{\displaystyle H}{|}}{\underset{\underset{\displaystyle NH_2}{|}}{C}}-COOH$$

図3　グリセロリン脂質の共通
　　　構造**A**（R′ と R″ は炭化水
　　　素基を表す）

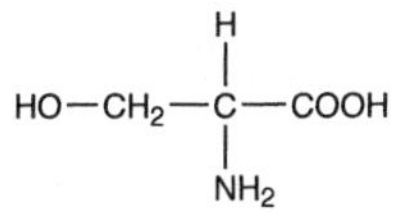

図4　化合物**B**の構
　　　造

問3　図5は0.10mol/Lの酢酸水溶液10mLを0.10mol/Lの水酸化ナトリウム水溶液で滴定したときの滴定曲線である。**a**は中和点，**b**は中和反応が50%完了する滴定点を示している。0.10mol/Lの化合物**B**の水溶液10mLを0.10mol/Lの水酸化ナトリウム水溶液で滴定したときの滴定曲線を，図6の(あ)～(え)の中から1つ選び，解答欄1にその記号を記せ。また，その滴定曲線を選んだ理由を解答欄2の枠内で記せ。

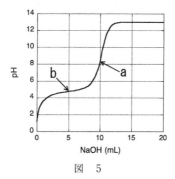

図　5

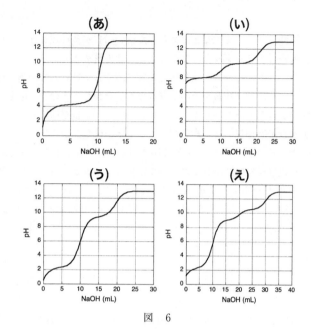

図　6

問4　以下の記述(あ)〜(お)のうち正しいものをすべて選び，記号で答えよ。

(あ)　化合物 C は油脂である。

(い)　化合物 C には不斉炭素原子が 1 個だけ存在する。

(う)　化合物 C に水酸化ナトリウム水溶液を加えて加熱すると，1 分子の C から 2 分子のセッケンが生成する。

(え)　同じ炭素数の脂肪酸を比較したとき，飽和脂肪酸の方が不飽和脂肪酸よりも空気中の酸素により酸化されやすい。

(お)　飽和脂肪酸の融点は炭素原子の数が多いものほど高く，同じ炭素数の脂肪酸の融点を比較したときは二重結合の数が多いものほど低い。

問5　脂肪酸 D について，次の(i)，(ii)の問に答えよ。

(i)　D の分子量を記せ。なお，化合物 B の分子量は 105，炭素数 14 の飽和脂肪酸の分子量は 228 である。また，原子量は，H $= 1.00$，C $= 12.0$，O $= 16.0$，Na $= 23.0$，P $= 31.0$ とする。

(ii)　D の分子式を記せ。

89 高級脂肪酸と界面活性剤，グリセロ糖脂質の構造

(2009 年度　第 4 問)

次の文(a)，(b)を読んで，問 1 〜問 4 に答えよ。ただし，原子量は，H = 1.00,
C = 12.0，O = 16.0 とし，気体の 1.00 mol の体積は標準状態で 22.4 L とする。
問題文中の％は質量パーセント濃度を表す。

(a)　飽和脂肪酸であるステアリン酸と不飽和脂肪酸であるオレイン酸は，炭素数が等
しいが融点は大きく異なる。この融点の違いには，脂肪酸分子どうしが密に集合す
るかどうかが大きく影響している。ステアリン酸の炭化水素基は，各炭素間の結合
を軸にして回転 {ア：①する，②しない} ので，安定な状態として伸びきった形を
とることができる。その状態では分子どうしが密に集合し {イ：①共有結合，②イ
オン結合，③ファンデルワールス力} による相互作用が大きくなる。オレイン酸は，
炭化水素基がシス型二重結合の部分で折れ曲がるので，ステアリン酸に比べて分子
どうしが {ウ：①更に密に集合し，②密に集合できず}，イによる相互作用は {エ：
①より大きく，②より小さく} なる。その結果，オレイン酸はステアリン酸に比べ
て {オ：①より大きい，②より小さい} 熱エネルギーを与えることで分子どうしの
配列が乱れ液体状態となる。このことがステアリン酸と比べてオレイン酸が {カ：
①より高い，②より低い} 融点を示す主な理由のひとつである。

問 1　{ ア }〜{ カ } について適切な語句を選び，その番号を解答欄に記せ。

問 2　高級脂肪酸のナトリウム塩をセッケンとよぶ。セッケンは分子内に親水基と
疎水基の両方をもち，水と油をなじませる作用を示す界面活性剤である。図 1 に
示す化合物 **A** も界面活性剤である。いま各々 1 mL の溶液が入った 2 本の試験管
がある。一方は化合物 **A** の水溶液で，他方はセッケンの一種であるオレイン酸ナ
トリウムの水溶液である。濃度はいずれも 1 ％である。2 つの試験管に対して(あ)
〜(き)の各操作を行ったとき，結果を目で見ることによってオレイン酸ナトリウム
水溶液であることを判別できるのはどれか。(あ)〜(き)からあてはまるものをすべて
選び，解答欄にその記号を記せ。

(あ)　1 ％フェノールフタレイン溶液を数滴加えて混合する。

(い)　0.1 ％メチルオレンジ溶液を数滴加えて混合する。

(う)　0.1 mol/L 塩酸を数滴加えて混合する。

(え)　オリーブ油 0.1 mL を加えて混合する。

(お)　0.1 mol/L 塩化マグネシウム水溶液を数滴加えて混合する。

(か)　アンモニア性硝酸銀溶液 3 mL を加え，60 ℃に加温する。

(き)　3 ％臭素水 0.1 mL と混合する。

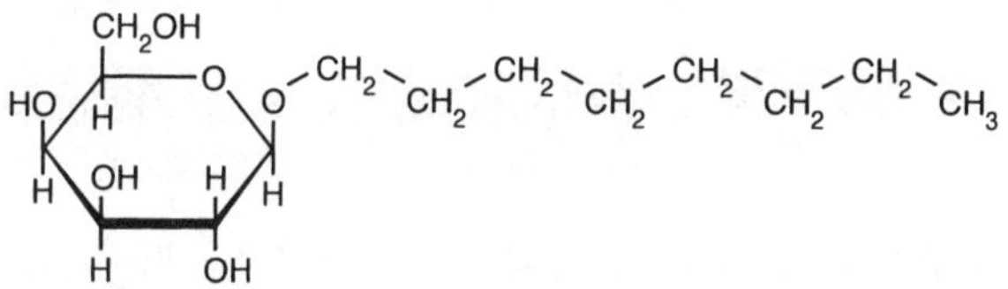

図　1

(b)　グリセリンに脂肪酸と糖が結合した化合物をグリセロ糖脂質とよぶ。例えば図2に示す化合物は，ある微生物に含まれるグリセロ糖脂質のひとつである。

　　別の微生物から単離された化合物Bは，グリセリンの隣り合う炭素原子に結合した2つのヒドロキシ基がそれぞれ脂肪酸とエステル結合を形成し，残る1つのヒドロキシ基が二糖類と脱水縮合したグリセロ糖脂質である。この化合物Bについて，以下に示す実験1〜実験4を行った。

　　なお単糖を構成する炭素原子の位置番号は図3のとおりとする。また，糖の炭素1上のヒドロキシ基が他の分子と脱水縮合した結合をグリコシド結合という。以下の実験における反応は全て完全に進行し，操作での損失はないものとする。

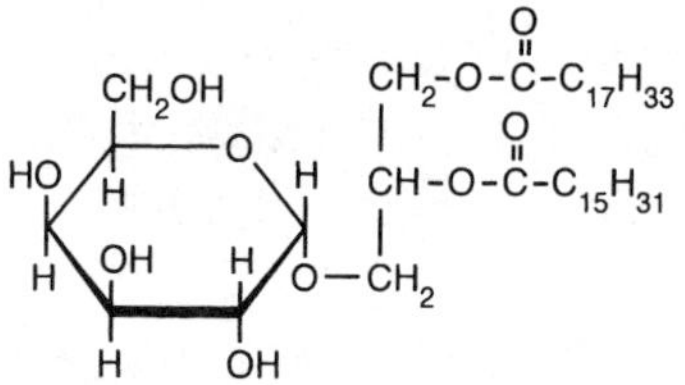

図　2 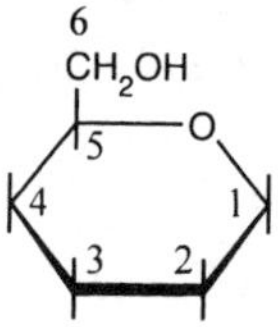　　　　　　　図　3

実験1：ある量の化合物Bを0.200 mol/L水酸化カリウム溶液でけん化したところ10.0 mLを要した。けん化後の反応液を酸性にしたところ1種類の脂肪酸C 0.508 gと化合物Dが生成した。ただし，このけん化処理では化合物Bのエステル結合以外は切断されなかった。

実験2：実験1に用いたのと同じ量の化合物Bに金属触媒の存在下で水素H_2を付加させたところ，標準状態で44.8 mLの水素H_2が消費された。

実験3：実験1で得られる化合物Dは，グリセリンと二糖類がグリコシド結合でつながったものである。この化合物Dに，β-グルコースの炭素1と他の化合物の間のグリコシド結合を加水分解する酵素β-グルコシダーゼを作用させると，グリセリンとグルコースが生成する。一方，α-グルコースの炭素1と他の化合物の間のグリコシド結合を加水分解する酵素α-グルコシダーゼを作用させても，化合物Dは分解されない。

実験4：糖をヨウ化メチルCH_3Iと反応させると，そのヒドロキシ基は全てメチル

化されメトキシ基（CH_3O-）となる。化合物 **D** をヨウ化メチルと反応させ，ヒドロキシ基が全てメトキシ基に置換された化合物 **E** を得た。化合物 **E** のグリコシド結合を希硫酸によって加水分解した反応生成物には，グルコースの炭素2，3，4，6上のヒドロキシ基がメトキシ基に置換されたものと，グルコースの炭素2，3，4上のヒドロキシ基がメトキシ基に置換されたものが，物質量比1：1で含まれていた。

問3　脂肪酸 **C** の示性式を記せ。

問4　化合物 **D** の構造を図2にならって記せ。ただし，化合物 **D** の光学異性体については考慮しなくてよい。また，二糖類を構成する単糖単位はいずれも六員環構造をとっているものとする。炭素原子の位置番号は記入しなくてよい。

90 タンパク質の性質，透析，イオン交換樹脂による分離

(2008 年度　第 4 問)

以下の文(a)，(b)を読んで，問 1 ～問 3 に答えよ。

(a)　水溶液中のタンパク質分子は立体構造をとり，水と接しやすい表面と，接しにくい内部からなる。タンパク質分子表面には，親水性と疎水性の領域が存在し，水分子が水和している。水分子は，親水性領域では安定に水和しているが，疎水性領域では水和が不安定ではずれやすい。高い塩濃度下では，タンパク質分子表面の疎水性の領域から，水和している水分子が奪われる。その結果，露出したアミノ酸側鎖を介して，タンパク質分子間で弱い結合が起こり，多くの場合，タンパク質はその機能を保持したまま沈殿する。このような現象を「塩析」という。

問 1　水溶液中のタンパク質が沈殿する現象には，「塩析」以外に「変性」がある。タンパク質の「変性」が，「塩析」と異なる点を記せ。

(b)　アミノ酸は水溶液中で双性イオンになる。アミノ酸分子中の正負の電荷がつりあい，正味の電荷が 0 になるときの水溶液の pH を，アミノ酸の「等電点」という。タンパク質にもアミノ酸同様，等電点があり，タンパク質のアミノ酸組成によって等電点は様々な値をとる。等電点の違いを利用して複数のタンパク質の混合水溶液から，目的のタンパク質を精製することができる。

　　2 種類のタンパク質 A，B の混合水溶液がある。タンパク質 A の等電点は 5.0 であることがわかっている。まず，このタンパク質混合水溶液の入ったビーカーに高い濃度の硫酸アンモニウム水溶液を十分量加えて，塩析によりタンパク質 A と B を沈殿させた。この沈殿をろ過により集め，少量の蒸留水で完全に溶かし，濃縮液を得た。なお，この濃縮液中には硫酸アンモニウムが残存していた。

　　濃縮液の一部を半透膜であるセロハンの袋に入れ，液が漏れないように口を縛った。これを pH 7.0 の緩衝液の入ったビーカーに入れ，一定時間ごとに数回ビーカーの緩衝液を交換した。その後，セロハンの袋からタンパク質水溶液を回収した。このような操作を「透析」という。残りの濃縮液は，pH 3.0 の緩衝液を用いて同様の操作で透析を行った。

　　ある樹脂は，正味の電荷が負のタンパク質とは結合するが，正味の電荷が正のタンパク質とは結合しないという性質を持つ。この樹脂の粉末を図 1 のように注射器の筒に充填した。このとき，樹脂の粉末が漏れないように注射器の筒の底にろ紙を敷いた。次に，pH 7.0 の緩衝液で透析したタンパク質水溶液を図 2 のように注射

器の筒に入れると，タンパク質A，Bのうち一種類は樹脂と結合したが，もう一種類は結合せずに樹脂を通り抜けた。また，②同じ樹脂をつめた別の注射器の筒を用意し，pH 3.0 の緩衝液で透析したタンパク質水溶液を注射器の筒に入れる実験を行った。

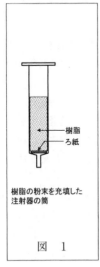
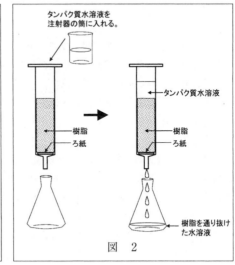

問2　下線部①の透析操作を行った結果，セロハン袋中の濃縮液はどのように変化したか，半透膜の役割も含めて簡潔に記せ。

問3　下線部②の実験結果として最も可能性の高いものを以下の㈠～㈣から選び，解答欄⑴にその記号を記せ。また，その理由を解答欄⑵に簡潔に記せ。ただし，緩衝液中のイオンと樹脂の相互作用は，タンパク質と樹脂との結合には影響しないものとする。また，pH 3.0 でタンパク質A，Bはどちらも変性せず，樹脂の性質も変化しなかったとする。

㈠　タンパク質Aは樹脂と結合し，タンパク質Bは樹脂を通り抜けた。

㈡　タンパク質Aは樹脂を通り抜け，タンパク質Bは樹脂と結合した。

㈢　タンパク質A，Bともに樹脂と結合した。

㈣　タンパク質A，Bともに樹脂を通り抜けた。

91 二糖類の構造と性質，油脂の構造

（2007年度　第4問）

次の文(a)，(b)を読んで，問1〜問4に答えよ。ただし，原子量はH = 1.00，C = 12.0，O = 16.0とする。

(a) A，B，C，D，Eの5種類の二糖があり，分子式はいずれも$C_{12}H_{22}O_{11}$である。二糖A，B，Cは二つの同じ単糖Xが脱水縮合したもので，二糖D，Eは2種類の単糖が脱水縮合したものである。二糖Aはアミロースをアミラーゼで，二糖Bはセルロースをセルラーゼで加水分解したときに生じる。

　α型の単糖Xの構造を図1に示す。図1で「＊」をつけた炭素原子を1位として，その隣の炭素原子から順に2位，3位，4位，5位，6位と呼ぶ。二糖Cは，環状構造となった二つのα型の単糖Xの1位の炭素原子に結合したヒドロキシ基どうしが脱水縮合したものであり，トレハロースと呼ばれる。

　単糖Xの4位の炭素原子に結合したヒドロキシ基の方向のみが逆になった異性体は，ガラクトースと呼ばれる。二糖Dは，β型のガラクトースの1位の炭素原子に結合したヒドロキシ基と，単糖Xの4位の炭素原子に結合したヒドロキシ基が脱水縮合したものであり，ラクトース（乳糖）と呼ばれ乳中に含まれている。二糖Eは砂糖の主成分であり，α型の単糖Xとフルクトース（果糖）が図2のように脱水縮合したものである。

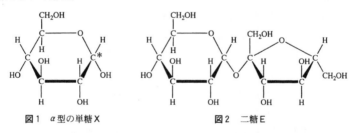

図1　α型の単糖X　　　**図2　二糖E**

　単糖Xを酵母によりアルコール発酵させると，(1)式に示すように1 molの単糖Xからエチルアルコールと二酸化炭素がそれぞれ2 molずつ生成する。

$$C_6H_{12}O_6 \longrightarrow 2C_2H_5OH + 2CO_2 \qquad (1)$$

　①単糖Xが数百個縮合したアミロース162 gを，酵素反応により単糖Xまで完全に加水分解させた。得られた単糖Xをアルコール発酵させたところ，反応液全体の重量として66 gの減少が見られた。

問1　β型のガラクトースの構造式を，図1にならって記せ。

問2　二糖の性質について，以下の問いに答えよ。

(1)　二糖A，B，C，D，Eの中から，フェーリング液を還元するものをすべて選び，その記号を記せ。

(2)　(1)で選んだ二糖が還元性を示す理由を簡潔に記せ。

問3　下線部①について，アルコール発酵の過程で単糖Xの何％が消費されたか，有効数字2けたで答えよ。ただし，アルコール発酵では，(1)式の反応のみが進行するものとする。また，生成した二酸化炭素はすべて空気中に放出され，反応液の重量の減少は，この放出された二酸化炭素のみに起因していると仮定する。

(b)　分子量878の油脂Yについて，以下に示す実験(1)〜(3)を行い，それぞれの実験に対する結果を得た。

実験(1)：油脂Yを加水分解したところ，その生成物には，環状構造をもたない3種類の脂肪酸F，G，Hが含まれていた。また，生成物のモル比は，F：G：H＝1：1：1であった。

実験(2)：元素分析の結果，脂肪酸Fは質量で炭素76.6％，水素12.1％，酸素11.3％を含んでいた。

実験(3)：脂肪酸F，G，Hそれぞれに触媒存在下で水素を付加し，飽和脂肪酸としたところ，すべて炭素数18の同じ飽和脂肪酸が得られた。このとき，1 molの脂肪酸Gに付加した水素量は，1 molの脂肪酸Fに付加した水素量の2倍であった。

問4　脂肪酸Gと脂肪酸Hの分子式を記せ。

92 糖類の立体構造

(2006 年度　第 4 問)

次の文を読んで，問 1 〜問 5 に答えよ。

　グルコース（ブドウ糖）は多くの不斉炭素原子をもっている。グルコースの鎖式（鎖状）構造は A で示されるが，水溶液では主に(5)位の OH 基が CHO（アルデヒド）基に付加した六員環構造 B と C の混合物として存在する。このほかに，(4)位の OH 基が CHO 基に付加した五員環構造 ⎡ (ア) ⎤ も微量含まれる。なお，鎖式（鎖状）構造 A は通常 A′ のように表される。

　①リボ核酸（RNA）の構成成分であるリボースも水中では鎖式（鎖状）構造と環状構造の平衡混合物として存在する。RNA においてリボースは五員環構造 D をとっており，(1)位の OH 基は核酸塩基とおきかわり，②(3)位の OH 基と(5)位の OH 基がリン酸ジエステル結合により分子間でつながった高分子鎖が形成される。

問 1　不斉炭素原子に関し，問(a)と問(b)に答えよ。

(a)　B や C の構造における $C^{(1)}$ は不斉炭素原子である。$C^{(1)}$ の配置（$C^{(1)}$ に結合している 4 種類の原子や原子団の配置）が E と同じであるのは B，C のうちどちらか。B，C のいずれかを選び，解答欄(a)に記入せよ。なお，E において結合 $C^{(1)}-O$

と結合 $C^{(1)}-C^{(2)}$ は紙面内に存在し，結合 $C^{(1)}-OH$ は紙面から手前に，結合 $C^{(1)}-H$ は紙面から後ろにそれぞれ突き出ているものとする。

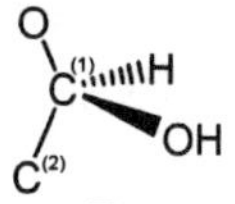

E

(b)　**B**における $C^{(3)}$ の配置と同じであるのは**F**，**G**のうちどちらか。**F**，**G**のいずれかを選び，解答欄(b)に記入せよ。

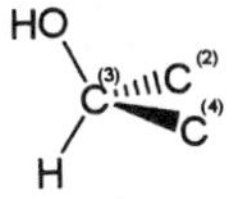

F 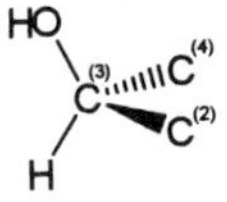　　　　　　**G**

問2　グルコースはフェーリング液を還元する。水溶液中のグルコースが**A**，**B**，**C**の平衡混合物であるとしよう。フェーリング液の還元に直接関与する構造は**A**，**B**，**C**のうちどれか。1つ，または2つを選び，記入せよ。

問3　五員環を有する　(ア)　の構造を，環状構造（**B**，**C**，**D**）の表し方にならって記せ。なお，炭素の番号を示す数字は省略してよい。(1)位の OH 基は**C**および**D**と同じ上向き（β型）で書くこと。また，H と OH が結合した $C^{(5)}$ は CH(OH)のように書くこと。

問4　下線部①に関し，リボースの鎖式（鎖状）構造を **A′** にならって示せ。炭素の番号を示す数字は省略してよい。

問5　一般に酸とアルコールの脱水縮合により得られる物質をエステルとよぶ。3価の酸であるリン酸 $PO(OH)_3$ はアルコールの OH 基1個，2個，3個とエステル結合を形成することが可能で，それぞれリン酸モノエステル，リン酸ジエステル，リン酸トリエステルを生じる。下線部②に関し，リボース2分子とリン酸1分子から形成されるリン酸ジエステルのうち，RNA に見られるのと同じ結合様式をもつものの構造式を例にならって示せ。例はメタノール2分子とリン酸1分子から形成されるリン酸ジエステルの構造式である。なお，リボースを表す場合は**D**に基づくこと。また，炭素の番号を示す数字は省略してよい。

構造式の記入例：

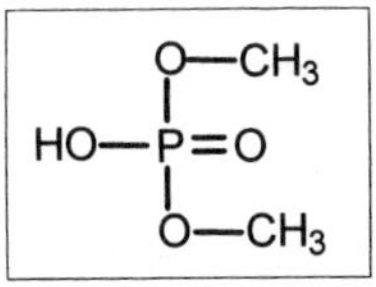

93 アミノ酸の構造とジペプチド

(2005 年度　第4問)

次の文(a)〜(c)を読んで，問 1 〜問 7 に答えよ。ただし，原子量は H = 1.0，C = 12.0，N = 14.0，O = 16.0，S = 32.0 とする。

(a)　α-アミノ酸は一般に示性式 RCH(NH₂)COOH で表され，塩基性水溶液中では ［(ア)］，酸性水溶液中では ［(イ)］ の構造をとっている。α-アミノ酸の水溶液の pH を調節し，分子内の正と負の電荷が等しくなり，分子全体として電荷が 0 になると，［(ウ)］ の構造をとる。このような構造の化合物を ［(エ)］ イオンという。

問 1　［(ア)］〜［(ウ)］の構造式を例にならって示せ。ただし，R を用いよ。

構造式の記入例：

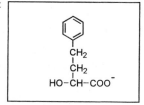

問 2　［(エ)］に適切な語句を入れよ。

(b)　2 分子の α-アミノ酸が縮合したジペプチドが 3 種類あり，これらを A，B，C とする。この A，B，C について，次の(1)〜(4)の実験結果を得た。ただし，α-アミノ酸は示性式 RCH(NH₂)COOH で表される。

(1)　A，B，C に塩酸を加え加熱し，加水分解すると，図 1 に示されている(あ)〜(か)の構造の R を有する 6 種類の α-アミノ酸がすべて得られた。A からは塩基性アミノ酸，B からは酸性アミノ酸，C からは光学異性体を持たないアミノ酸が生じた。

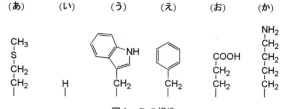

図 1　R の構造

(2)　A の水溶液に濃水酸化ナトリウム水溶液と酢酸鉛(Ⅱ)水溶液を加えて加熱すると黒色の沈殿が生じた。

(3)　B，C の水溶液に濃硝酸を加えて加熱すると黄色になった。さらにアンモニア水を加えると橙黄色を呈した。

(4) フェノールフタレインを指示薬として用い，1.11 g の **C** の水溶液を 0.500 mol/L の水酸化ナトリウム水溶液で中和滴定したところ，10.0 mL を要した。

問3 (1)〜(4)の実験結果から，ジペプチド **A**，**B**，**C** を構成する 2 種類の α-アミノ酸は図 1 のどの組み合わせの R を持っているか。(あ)〜(か)から 2 つずつ選べ。

問4 中性水溶液中でのジペプチド **C** の構造式で考えられるもの 2 種類を，(a)の記入例にならって示せ。ただし，立体異性体を区別しないものとする。

問5 ジペプチド **A**，**B**，**C** をその水溶液の pH が大きい順に並べよ。

(c) 16 分子の α-アミノ酸が直線状に縮合した図 2 のペプチドがある。図 2 において，このペプチドのアミノ基をもつ末端アミノ酸は左側に，カルボキシル基をもつ末端アミノ酸は右側に示されている。このペプチドは分子内に 4 個のシステインと 2 個の塩基性アミノ酸リシンを含有しているが，他の塩基性アミノ酸を含んでいない。2 個のシステイン間で 1 個の −S−S−（ジスルフィド）結合が形成されるので，このペプチドは合計 2 個の −S−S− 結合を有する。ただし，4 個の −SH 基はすべて分子内で −S−S− 結合を形成するものとする。また，トリプシンという酵素は塩基性アミノ酸のカルボニル（C=O）基側（図 2 において右側）のペプチド結合を加水分解する。

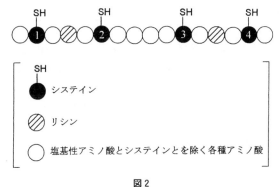

図2

問6 このペプチドは 2 個の −S−S− 結合を理論的には何通り形成できるか。

問7 2 個の −S−S− 結合が特定の位置に形成された上記のペプチドにトリプシンを作用させる実験を行った。その結果，ペプチド結合の切断により 2 種類のペプチド断片が生じた。これに基づいて，もとの 2 個の −S−S− 結合は何番と何番のシステイン間に形成されていたかを答えよ。図 2 のシステインを示している黒丸内の番号を使用し，「△番と□番，▽番と×番」のように書け。ただし，この実験中において，もとの −S−S− 結合の位置が変化しないものとする。

94 糖類の構造と反応

（2004年度　第4問）

次の文を読んで，問1～問6に答えよ。ただし，原子量は H = 1.0，C = 12.0，O = 16.0，Cu = 63.5 とする。

6種類の異なる化合物A，B，C，D，EおよびFがある。セルロースをセルラーゼによって加水分解すると，二糖類Aが生成する。同じく二糖類である化合物Bは，デンプンにアミラーゼを十分に作用させたときに得られる主生成物である。1 mol の化合物Aあるいは Bを完全に加水分解すると，2 mol の化合物Cを生じる。また，①1 mol の化合物Dを完全に加水分解すると，化合物Cと化合物Eを各1 mol 生成する。化合物Dは砂糖の主成分であり，その水溶液はフェーリング液を還元しない。②化合物Fはエステル結合を含んでおり，1 mol の化合物Fを希酸により完全に加水分解すると1 mol の化合物Cと2 mol の酢酸を生じる。

セルロースとアミロースは同じ化合物Cのポリマーであるが，アミロースのみが　(ア)　反応を示して濃青色を呈する。これはセルロース分子が直線状の構造をとるのに対して，アミロース分子が　(イ)　状の構造をとるためである。また，セルロースは水に不溶性であるが，これはセルロース分子どうしがヒドロキシル基を介して　(ウ)　結合をつくり，水分子を入り込ませないためである。しかし，セルロース分子内のヒドロキシル基の一部をエーテルにすると，分子間の　(ウ)　結合が一部消失するため，水に溶解するようになる。セルロースのヒドロキシル基の一部をメチルエーテルとしたメチルセルロースは，工業分野や医薬分野において乳化剤や安定剤などとして用いられている。

ところで，重合度 n のセルロースの分子量は，くり返し単位の分子量に基づいて $162n$ と表される。同様に，重合度 n のメチルセルロースXの場合，セルロースのくり返し単位あたりに含まれるメチルエーテルの個数を a 個とすると，Xの分子量は a と n を用いて　(エ)　と表される。また，1 mol のXに含まれる炭素の質量は　(オ)　g と表される。したがって，いまXの元素分析をおこなった結果，炭素の質量百分率が 50.0 ％であったとすれば，a の値は　(カ)　と求められる。

問1　化合物B，DおよびEの名称を記入せよ。

問2　以下の構造式(a)～(e)のうち，化合物Aの構造として正しいものはどれか，記号で記入せよ。

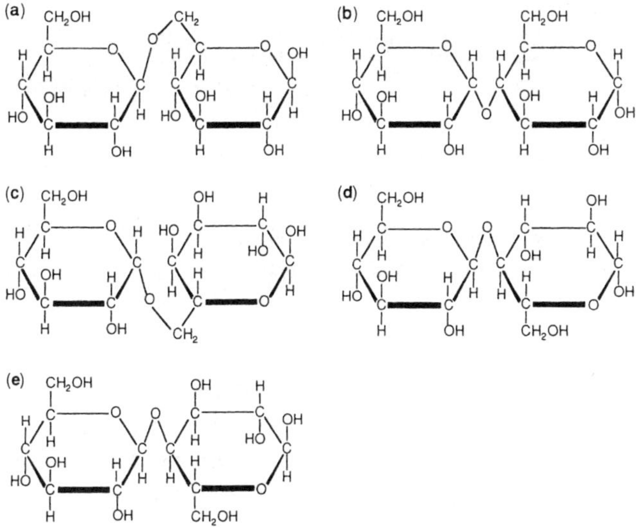

(a) CH₂OH　　CH₂　　　　(b) CH₂OH　　CH₂OH

(c) CH₂OH　　　　　　　　(d) CH₂OH

(e) CH₂OH

問3　下線部①に関連する以下の問いに答えよ。

　34.20 g の化合物 D を 1 L の水に溶解し，ある条件下でインベルターゼによる加水分解を行った。この反応液に十分な量のフェーリング液を作用させたところ，20.02 g の赤色化合物が沈殿として得られた。この反応液における化合物 D の加水分解率は何％か，小数点以下 1 けたまで記入せよ。なお，1 mol の単糖は 1 mol の赤色化合物の沈殿を生じるものとする。

問4　水溶液中の化合物 C は，図1に示す3通りの異性体の平衡混合物として存在する。しかし，環状構造の位置番号1の炭素原子上のヒドロキシル基がエーテル結合やエステル結合をつくると，図1のような相互変換ができなくなる。化合物 C と同様に水溶液中で容易に相互変換の可能な異性体を1種類の化合物とみなすものとすると，下線部②の条件に適合する化合物 F は何種類存在するか，その数を記入せよ。なお，化合物 C の環状構造として図1に示したもの以外（五員環構造など）は考慮しないものとする。

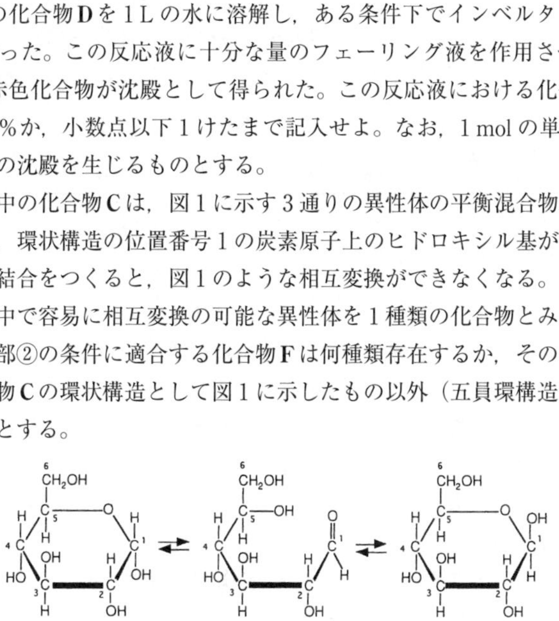

図1

問5　　(ア)　～　(ウ)　に適切な語句を記入せよ。

問6　　(エ)　および　(オ)　に適切な数式を記入せよ。また，　(カ)　に適切な数値を小数点以下1けたまで記入せよ。

95 アミノ酸とペプチドの構造

(2003 年度　第 4 問)

アミノ酸とペプチドに関する以下の文(A)～(C)を読んで，問 1 ～問 5 に答えよ。

(A)　α-アミノ酸は図 1 の構造式で示され，一般に L 型および D 型の一対の光学異性体が存在する。①アミノ酸は水溶液中では数種のイオン構造をとり，それらの存在比は溶液の pH に依存する。

　2 個のアミノ酸分子の間で，一方の分子のカルボキシル基と他方の分子のアミノ基の部分により生じたアミド結合がペプチド結合である。複数のアミノ酸分子が，順次，ペプチド結合により結合した化合物をペプチド，多数重合したものを特にポリペプチドとよぶ。α 炭素原子に結合したアミノ基をもつ末端が N 末端，カルボキシル基をもつ末端が C 末端である。

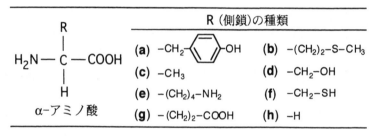

図　1

(B)　生体にひろく分布するグルタチオンは，(i)鎖状トリペプチドで，図 1 に示したアミノ酸のうちの 3 つ（**X**，**Y** および **Z**）から構成され，(ii)通常のペプチド結合のほかに，図 1 の R（側鎖）に含まれる官能基が関与するアミド結合により，アミノ酸どうしが結合している。(iii)②アミノ酸 **X** は分子間でジスルフィド結合を形成して 2 量体となることができる。(iv)アミノ酸 **Y** は不斉炭素原子をもたない。(v)1 mol のアミノ酸 **Z** を完全にエステル化するには，2 mol のメタノールが必要である。(vi)グルタチオンを部分加水分解すると，アミノ酸 **X** および **Y** からなるジペプチドが得られ，その N 末端はアミノ酸 **X** であった。(i)～(vi)の知見よりグルタチオンの構造式がわかる。

　2 分子のグルタチオンは，　(ア)　されるとジスルフィド結合が形成されて 2 量体となり，この 2 量体は　(イ)　されると単量体に戻る。このような単量体と 2 量体の間の相互変換は，グルタチオンが生体内で機能するために必要な化学変化である。

Ⓒ 複数のポリペプチドの間で架橋構造が形成されているタンパク質Pの，細胞内での合成過程を考える。まず110個のα-アミノ酸が，ペプチド結合により重合して，1本のポリペプチドが合成される。次に，ある酵素により，**A24**（最初に合成されたこのポリペプチドのN末端から数えて24番目のアミノ酸を**A24**と表す。以下同様。）と**A25**の間のペプチド結合が加水分解され，大小2本のポリペプチドに切断される。このうち小さい方のポリペプチドは分解除去される。一方，大きい方のポリペプチド内では3つのジスルフィド結合が**A31**と**A96**，**A43**と**A109**，**A95**と**A100**の間で形成される。最後に，**A53**と**A54**の間，**A89**と**A90**の間のペプチド結合が，それぞれ別の加水分解酵素により切断される。

このようにペプチド結合の切断とそれにより生じたペプチド鎖の除去，およびジスルフィド結合の形成が順序正しく起こる過程を経て，③複数のポリペプチドが架橋構造により連結された，特定の立体構造をもつタンパク質Pが完成する。

問1 文中の ⬚(ア) ， ⬚(イ) に適切な語句を記入せよ。

問2 下線部①に関連してチロシンに関する次の文章(a)，(b)を読み，下の構造式Ⅰ，構造式Ⅱ中の ⬚ウ ～ ⬚カ に入るべき原子団を，電離状態がわかるように記入せよ。チロシンのR（側鎖）は図1(a)に示している。

(a) チロシンの弱アルカリ性水溶液に二酸化炭素を充分吹き込んで，溶液のpHを6（弱酸性）とした。この溶液中におけるチロシンの主要な電離状態は構造式Ⅰで示される。

(b) チロシンのアミノ基をアセチル化し，さらにカルボキシル基をエステル化した化合物と，p-アミノベンゼンスルホン酸をジアゾ化して得られるジアゾニウム塩を，水酸化ナトリウム水溶液中0℃で反応させると橙色（だいだい色）の化合物が得られた。弱酸性条件下（pH 6）でのこの化合物の主要な電離状態は構造式Ⅱで示される。

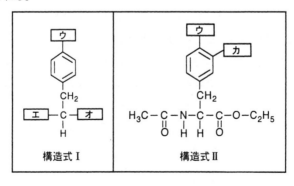

問3 下線部②に関連する(1), (2)の問いに答えよ。

(1) このジスルフィド結合によって形成されたアミノ酸 **X** の 2 量体の構造式を, 記入例にならって記せ。ただし, 立体異性体は示さなくてよい。

記入例：

$$H_2N - \underset{\underset{H}{|}}{\overset{\overset{CH_3}{|}}{C}} - COOH$$

(2) アミノ酸 **X** が, L 型および D 型の混合物の場合, この 2 量体には何種類の立体異性体が存在するか。その数を記せ。

問4 グルタチオンの構造式を, 問 3 の記入例にならって記せ。ただし立体異性体は示さなくてよい。

問5 下線部③に関連する(1), (2)の問いに答えよ。

(1) タンパク質 **P** の架橋構造として, 最も適切な模式図を下の(あ)〜(え)から選び, その記号を記せ。

(2) (1)で選択した模式図において●で示した箇所に入る N 末端のアミノ酸を記入例にならって記せ。(記入例：**A25**)

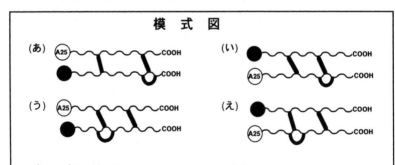

模 式 図

(あ) (い) (う) (え)

ポリペプチド鎖は波線, ジスルフィド結合は太線で表しているが, それらの長さは, 実際の分子の長さを反映するものではない。また, N 末端アミノ酸は○または●で示し, C 末端は COOH で示している。

96 デンプンの構成，タンパク質の構造

(2002 年度　第 4 問)

次の文を読んで，問 1 〜問 4 に答えよ。

　私たちが食物をとるのは，生命を維持し，日常生活に必要なエネルギーを得るためである。食物には主に糖質，タンパク質，油脂が含まれており，それらは三大栄養素と呼ばれる。私たちが摂取する糖質の主成分はデンプンである。デンプンはだ液中に含まれるアミラーゼによって分解され，マルトースが生じる。マルトースは分子構造で表すと次のようになる。

　マルトースはさらにすい液などに含まれるマルターゼによって単糖であるグルコースへと分解される。デンプンをうすい塩酸の存在下でグルコースへと分解するには加熱処理することが必要である。しかし，デンプンは生体内において 37 ℃ という穏やかな条件下で分解する。それは，上記のアミラーゼやマルターゼなどの酵素と呼ばれる物質が触媒として反応を促進するからである。酵素はタンパク質を主体とした物質であり，おもに 20 種類の α-アミノ酸がペプチド結合によってつながった鎖状高分子化合物であり，一般に次のような化学式で表される。

　タンパク質がその機能を発現するためには，特定のアミノ酸配列をもっているだけでは不十分であり，特定の立体的な構造をもっていることが必要である。ペプチド結合に含まれる □(A) 原子と □(B) 原子の間の水素結合，システインの側鎖の −SH 基どうしの □(C) 結合，グルタミン酸とリシンの側鎖官能基間の □(D) 結合などが高次構造を形成する要因となっている。たとえば，ペプチド鎖が 3.6 個のアミノ酸単

位について1回らせん状に巻いたα-ヘリックス構造はペプチド結合間に形成される水素結合によって安定に保たれる。

タンパク質の構成単位であるα-アミノ酸は水に溶解しやすく，一般の有機化合物に比べて融点が高い。それはα-アミノ酸が極性をもった双性イオンの構造をとっているためである。水溶液中のα-アミノ酸のイオン構造とその存在比はその溶液の pH に依存する。α-アミノ酸は下図のように，中性の水溶液中では双性イオンを主要な構成成分として存在し，[(E)]性の水溶液中では陽イオン構造，[(F)]性の水溶液中では陰イオン構造の存在比が高くなる。これらのイオンの平衡混合物の正負の電荷が全体として等しくなるときのpHを[(G)]という。

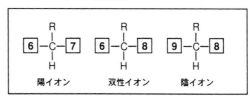

（ただしRは電離しないものとする）

問1 [(A)]～[(G)]に適切な語句を入れよ。

問2 いまデンプンが 2.0×10^3 個のグルコースからなるとすると，その分子量はいくらになるか，有効数字2けたで答えよ。ただし，原子量は H = 1.0，C = 12，O = 16 とする。

問3 [1]～[5]に入るべき原子または原子団を解答欄に記せ。

問4 [6]～[9]に入るべき原子団またはイオンを解答欄に記入せよ。

97 分解性合成高分子

(2001年度 第4問)

次の文を読んで，問1〜問5に答えよ。ただし，ここでは立体異性体は区別しなくてよい。

多くの高分子化合物がプラスチック製品として広く世の中で利用されてきた。しかし，それらは使用後に廃棄物として捨てられ，その処理が社会問題となっている。このような背景のもと，自然環境中で分解されやすい高分子化合物の開発が求められている。

では，そのためにどのような高分子化合物をつくればよいのだろう。天然に存在する化合物は，おもに微生物がもつ ［ア］ の触媒作用に基づいて分解される。したがって，合成高分子化合物でも天然の化合物と同様の部分構造をもっていれば ［ア］ が作用し自然環境中で分解されることが期待できる。

エステル結合をもつ油脂は ［イ］ のような ［ア］ によって加水分解される。一方，ポリエステル化合物の1つで，ボトルなどに使われている ［ウ］ ，いわゆる PET は，微生物による分解を受けにくい。この理由として，油脂が ［エ］ と ［オ］ からなるエステルであるのに対し，PET は芳香族カルボン酸を酸成分とするポリエステルであり，油脂と性質が異なるため ［ア］ の作用を受けにくいことが考えられる。そこで，油脂に似た部分構造をもち，微生物に分解されるポリエステルとして，ポリ乳酸（A）が開発された。ポリ乳酸は，乳酸（分子式 $C_3H_6O_3$）の ［カ］ によってつくられる。また乳酸2分子から ［キ］ 反応により環状二量体（B）をつくり，これを ［ク］ させることによっても得られる。

ポリアミドの1つと考えられるタンパク質を加水分解する ［ア］ は，多く知られている。例えば ［ケ］ があげられる。ナイロンのような合成ポリアミドは，一般に微生物により分解されにくいが，ヒドロキシル基のような親水性の官能基を導入して，高分子化合物の水に対する親和性を高めると ［ア］ の作用を受けやすくなり，分解が促進されるようになる。酒石酸ジメチル（C）とヘキサメチレンジアミン（D）から化合物 E が脱離して合成されるポリアミド（F）はそのよい例である。

問1 文中の ［ア］ 〜 ［オ］ に適切な語句を記入せよ。

問2 文中の ［カ］ 〜 ［ケ］ に以下からもっとも適切な語句を1つずつ選び，記入せよ。

　　加水分解，　マルターゼ，　開環重合，　共重合，　　酸　化，
　　付加重合，　還　元，　　　脱　水，　チマーゼ，　トリプシン，
　　縮合重合，　ラクターゼ，　電解重合，　中　和，　　インシュリン

問3 ⎡(ウ)⎤ の構造式を記入例1にならって記せ。

構造式の記入例1：

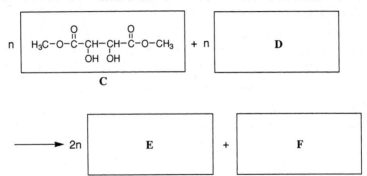

問4 AおよびBの構造式をそれぞれ記入例1および記入例2にならって記せ。

構造式の記入例2：

問5 下線部の化学反応式は以下のように示される。記入例1および記入例2にならいD〜Fにそれぞれの構造式を記せ。ただし，n は十分に大きな数値とする。

98 糖類の構造と還元性

(2000年度 第4問)

次の文を読んで，問1～問5に答えよ。ただし，原子量はH = 1.0，C = 12，O = 16とする。

天然には様々な高分子化合物が存在し，私たちの生活に利用されている。植物細胞壁の主成分として天然に多量に存在している [ア] を化学的に処理して溶液とし，これを再び繊維状にしたものを再生繊維という。たとえば，[ア] をアルカリで処理してから二硫化炭素と反応させ，これを希硫酸中に押し出して繊維状にしたものが [イ] であり，[ア] をシュバイツァー試薬に溶かし，希硫酸中で引き出して繊維状にしたものが [ウ] である。一方，高等植物の種子・根などに多く含まれるデンプンは食物の成分として私たちのエネルギー源となる。デンプンを簡便に検出できる呈色反応に [エ] 反応がある。

デンプンを希硫酸中で加熱して完全に加水分解し，この溶液を中和して無機物と溶媒を除いた。①得られた物質をある条件で再結晶すると構造**A**の分子からなる結晶**I**が得られ，別の条件で再結晶すると**A**とは異なる構造**B**の分子からなる結晶**II**が得られた。これら2種類の結晶を別々に水に溶かし，同じ濃度の溶液として長時間放置すると，これらはまったく同じ性質を示す溶液になった。この溶液を試験管にとり，フェーリング液を加えておだやかに温めると，フェーリング液の [オ] 色が消え，[カ] 色の②沈殿の生成が観察された。これは溶質の0.02％が構造**C**の分子として存在し，この分子がフェーリング液によって [キ] ためである。

問1 [ア] ～ [エ] に適切な語句を入れよ。

問2 [オ] ～ [キ] に下のa)～o)の中からもっとも適切な語句を1つずつ選び記号で答えよ。

a) 無　　　b) 白　　　c) 黒　　　d) 赤　　　e) 青
f) 黄　　　　　g) 緑　　　　　　h) 沈殿する
i) 重合する　　j) 縮合する　　　k) 転化する
l) 還元される　m) 酸化される　　n) 中和される
o) 加水分解される

問3 下線部①の構造**A**の分子はデンプンの構成単位となっている。

(1) 構造**B**の分子の名称を記せ。

(2) 構造**B**の分子の構造式を記入例にならって記せ。

構造式の記入例：

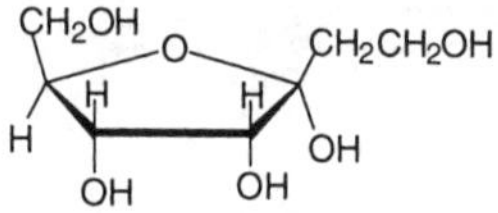

問4　構造**C**の分子1 molがフェーリング液と反応すると，下線部②の沈殿1 molが生成する。この反応について次の問に答えよ。

(1)　下線部②の沈殿の生成に関与する構造**C**中の官能基の名称を記せ。

(2)　下線部②の沈殿は何か。化学式で答えよ。

(3)　結晶**I**を水に溶かして長時間放置した溶液に，ある量のフェーリング液を加えて完全に反応させたところ，沈殿の生成は見られたがフェーリング液の色は消えなかった。このとき生成する下線部②の沈殿の物質量は，フェーリング液を加える前の水溶液中に存在するどの物質の量に近いか。次のa)～f)からもっとも適切なものを選び記号で答えよ。

a)　構造**A**の分子の物質量

b)　構造**A**と構造**B**の分子の物質量の和

c)　構造**B**の分子の物質量

d)　構造**B**と構造**C**の分子の物質量の和

e)　構造**C**の分子の物質量

f)　構造**A**と構造**C**の分子の物質量の和

問5　1.8 gの結晶**I**を水に溶かして50 mLにした試料溶液を用いて，下線部②の沈殿の生成を観察した。この実験で，試料溶液の濃度を段階的に薄めたところ，最初の濃度の720分の1になるまで沈殿の生成が確認できた。結晶**I**のかわりに，重合度nのアミロース1.8 gを水に溶かして50 mLにした試料溶液を用いて沈殿の生成を観察すると，nがいくつ以上のときに沈殿が確認できなくなるか。解答は得られた数値を四捨五入して，有効数字2けたで記せ。

99 アミノ酸とタンパク質の構造

（1999年度　第4問）

次の文を読んで，問1～問6に答えよ。

　タンパク質は一定の順序で α-アミノ酸が<u>アミド結合によって連結して作られた高分子である</u>。この場合のアミド結合は特に □（ア）□ 結合とよばれる。タンパク質分子の三次元構造は，基本的には空間的に近接した □（ア）□ 結合間における □（イ）□ 原子と □（ウ）□ 原子の間の □（エ）□ によって形作られる。また，α-アミノ酸の側鎖にある官能基が作る結合もタンパク質の形や性質を決めるのに重要である。その中には，硫黄原子を有する α-アミノ酸である □（オ）□ どうしの間に作られる □（カ）□ 結合のような共有結合や，正電荷をもつ基と負電荷をもつ基の間の □（キ）□ 結合がある。<u>タンパク質の水溶液に様々な処理を施すと，</u> □（ア）□ 結合は切れずに，分子の三次元構造が変化し，その性質が変わることがある。これをタンパク質の □（ク）□ という。

　生体での化学反応を触媒するタンパク質は □（ケ）□ とよばれる。例えば， □（ケ）□ の中には α-アミノ酸のカルボキシル基を水素原子に置き換える反応を触媒するものがある。側鎖に官能基をもたないある α-アミノ酸がこの反応を起こすと，不斉炭素原子を一つもつアミン A を生じる。アミン A の分子式は $C_5H_{13}N$ である。

　ところで，分子式 $C_5H_{13}N$ をもつアミンには数多くの異性体が存在する。それらは，窒素原子に水素原子が結合していないもの（グループ B），一つの水素原子が窒素原子に結合したもの（グループ C），二つの水素原子が窒素原子に結合したもの（グループ D）に分類される。

問1　□（ア）□ ～ □（ケ）□ に適切な語句を入れよ。

問2　下線部①の形式で作られる合成高分子に，6-ナイロン（ナイロン-6）がある。その構造式を記入例にならって記せ。

構造式の記入例：

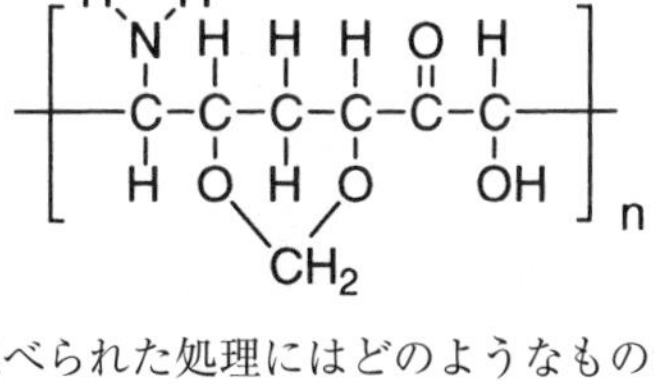

問3　下線部②に述べられた処理にはどのようなものがあるか。異なる三つの処理をそれぞれ10字以内で解答欄(i)～(iii)に記せ。

問4　アミン A の構造式を記入例にならって記せ。

構造式の記入例：

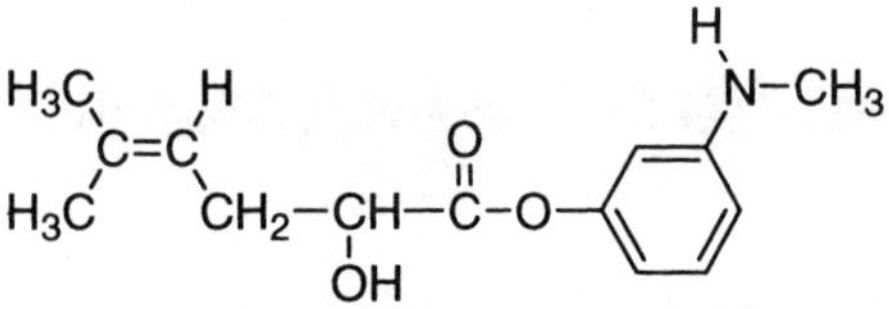

$$
\begin{array}{l}
\text{H}_3\text{C} \\
\text{C}=\text{C} \\
\text{H}_3\text{C}\text{CH}_2-\text{CH}-\text{C}-\text{O} \\
\text{OH}
\end{array}
$$

問5 グループ**B**，グループ**C**，グループ**D**にはそれぞれ何種類のアミンがあるか。その数を記せ。ただし，光学異性体の関係にあるものはあわせて一つと数えるものとする。

問6 グループ**C**に属するアミンの中には不斉炭素原子を有するものも存在する。そのすべての構造式を問4の記入例にならって記せ。

100 ペプチドの加水分解とアミノ酸配列

(1998 年度　第 4 問)

次の文(A), (B)を読んで，問 1 ～ 問 6 に答えよ。ただし，原子量は H = 1.0, C = 12.0, N = 14.0, O = 16.0 とする。

(A)　ペプチドは，α-アミノ酸（示性式 $H_2N-CHR-COOH$ で表され，R は側鎖とよばれる）が直鎖状に縮合重合したもので，分子の一端（N 末端）にはアミノ基を，他端（C 末端）にはカルボキシル基をもつ。

　ペプチドのアミノ酸の結合順序（アミノ酸配列）を決定する目的で，トリプシンという酵素が用いられる。トリプシンは，塩基性アミノ酸のカルボニル基を含むペプチド結合のみを加水分解する。

　ただし，以下の設問では α-アミノ酸 X，Z からなるペプチドのアミノ酸配列は，□□□内に示した表記例にならって N 末端を左に，C 末端を右に書くものとする。ここで，R_X，R_Z はそれぞれアミノ酸 X および Z の側鎖を表す。

N 末端　　　　　　　　　　　　　　　　　C 末端　　　　　　アミノ酸配列の表記例
$$H_2N-\underset{\underset{H}{|}}{CH}-\underset{R_X}{\overset{|}{C}}-\underset{}{\overset{O}{\|}}N-\underset{\underset{H}{|}}{CH}-\underset{R_Z}{\overset{|}{C}}-\overset{O}{\|}N-\underset{R_Z}{\overset{|}{CH}}-COOH \longrightarrow \boxed{X-Z-Z}$$

問 1　アルキル基を側鎖とする α-アミノ酸 X，および 1 つのアミノ基を側鎖に含む α-アミノ酸 Z からなる下記のペプチド P にトリプシンを作用させた。このとき，ペプチド P の①～⑤のペプチド結合のうち，切断される結合部位をすべて番号で答えよ。

　　　　　　① ② ③ ④ ⑤
ペプチド P：X－X－Z－X－Z－X

(B)　ペプチド A（分子量 1066）のアミノ酸配列を決定するための実験を行い，次に示す結果 1 ～ 結果 4 を得た。

〈結果 1〉　A の 10.66 mg に含まれる窒素をすべてアンモニアに変えた。このアンモニアを 0.050 mol/L 硫酸水溶液 10.0 mL に吸収させたのち，過剰の硫酸を 0.10 mol/L 水酸化ナトリウム水溶液で中和したところ 8.8 mL を要した。

〈結果 2〉　A を加水分解してアミノ酸の組成分析を行ったところ，問 1 で示した 2 種類の α-アミノ酸 X，Z のみが得られ，そのモル比は 4：1 であった。

〈結果 3〉　A にトリプシンを作用させると，X，Z からなるペプチド B（分子量 443）と X のみからなるペプチド C（分子量 216）が得られ，これら以外

のペプチドやアミノ酸は検出されなかった。

〈結果4〉 Cの2.16 mgに含まれる窒素は0.28 mgであった。

問2 結果1より，1分子のAから生成するアンモニアの分子数を求めよ。

問3 結果1および結果2より，1分子のAに含まれるX，Zの個数を求めよ。

問4 結果3および結果4より，1分子のCに含まれるXの個数を求めよ。

問5 結果3および問4の答を参考に，Xの側鎖部分の構造として考えられるものを記入例にならってすべて記せ。

部分構造の記入例： $-CH_2$ — ＜ベンゼン環＞ SO_3H

問6 Aのアミノ酸配列を文(A)中のアミノ酸配列の表記例にならってX，Zを用いて記せ。

年度別出題リスト

年度	番号	問題編	解答編	年度	番号	問題編	解答編
2022 年度〔1〕	1	2	24	2014 年度〔1〕	5	17	36
〔2〕	18	50	72	〔2〕	27	82	102
〔3〕	51	139	164	〔3〕	59	160	192
〔4〕	76	190	250	〔4〕	84	219	283
2021 年度〔1〕	12	37	58	2013 年度〔1〕	6	20	39
〔2〕	19	55	75	〔2〕	28	85	105
〔3〕	52	142	167	〔3〕	60	163	196
〔4〕	77	194	255	〔4〕	85	222	286
2020 年度〔1〕	20	58	77	2012 年度〔1〕	46	129	153
〔2〕	21	63	83	〔2〕	29	88	108
〔3〕	53	146	170	〔3〕	61	165	200
〔4〕	78	198	260	〔4〕	86	225	289
2019 年度〔1〕	22	67	86	2011 年度〔1〕	47	131	155
〔2〕	2	8	28	〔2〕	30	90	110
〔3〕	54	148	173	〔3〕	62	167	205
〔4〕	79	202	263	〔4〕	87	228	291
2018 年度〔1〕	3	11	31	2010 年度〔1〕	31	93	112
〔2〕	23	70	88	〔2〕	7	23	42
〔3〕	55	151	177	〔3〕	63	169	209
〔4〕	80	207	267	〔4〕	88	232	294
2017 年度〔1〕	24	73	91	2009 年度〔1〕	8	26	45
〔2〕	25	76	95	〔2〕	32	96	116
〔3〕	56	154	180	〔3〕	64	172	213
〔4〕	81	210	271	〔4〕	89	235	298
2016 年度〔1〕	45	126	150	2008 年度〔1〕	9	29	48
〔2〕	26	79	99	〔2〕	33	99	119
〔3〕	57	156	183	〔3〕	65	174	218
〔4〕	82	214	274	〔4〕	90	238	302
2015 年度〔1〕	13	40	60	2007 年度〔1〕	48	133	157
〔2〕	4	14	34	〔2〕	34	102	123
〔3〕	58	158	187	〔3〕	66	176	221
〔4〕	83	217	279	〔4〕	91	240	304

MEMO

MEMO